U0172864

全过程工程咨询实践与案例丛书

文化场馆项目全过程工程咨询实践与案例

浙江江南工程管理股份有限公司　编著

钱英育　胡新赞　陈家义　林作永　主编

中国建筑工业出版社

图书在版编目（CIP）数据

文化场馆项目全过程工程咨询实践与案例 / 浙江江
南工程管理股份有限公司编著；钱英育等主编. —北京：
中国建筑工业出版社，2023.11
（全过程工程咨询实践与案例丛书）
ISBN 978-7-112-29354-4

Ⅰ.①文…　Ⅱ.①浙…②钱…　Ⅲ.①文化馆－文化
建筑－建筑工程－咨询服务－案例　Ⅳ.① TU242

中国国家版本馆 CIP 数据核字（2023）第 222304 号

本书以代表性新建文化场馆全过程工程咨询服务项目案例为依托，首先对全过程工程咨询的
概念、文化场馆类项目特点以及建设管理模式进行介绍和分析；然后以项目建设时序为脉络，阐述
了前期阶段项目策划、资金筹措、项目建议书、可研报告以及实施阶段项目策划、招采合约、勘察
设计、工程施工相关工作内容，分别形成绪论篇、投资决策阶段的综合性咨询与管理篇、项目实施
阶段的咨询与管理篇、专项咨询与管理篇；最后对不同类型的文化场馆项目全过程工程咨询案例进
行分析，总结全过程工程咨询模式在文化场馆项目案例中取得的成效和经验，阐述全过程工程咨询
模式应用于文化场馆项目的优势，形成了工程实践案例篇。由于文化场馆项目的复杂性和专业功能
的特殊性，本书专门介绍了舞台机械工艺、声学工艺、展陈工艺、设计任务书、智慧场馆、配套商
业、配套交通等专项内容，形成专项咨询与管理篇章，更具有参考性，实用价值较高。

责任编辑：朱晓瑜　张智芊
文字编辑：王艺彬
责任校对：张　颖

全过程工程咨询实践与案例丛书
文化场馆项目全过程工程咨询实践与案例
浙江江南工程管理股份有限公司　编著
钱英育　胡新赞　陈家义　林作永　主编
*
中国建筑工业出版社出版、发行（北京海淀三里河路 9 号）
各地新华书店、建筑书店经销
北京建筑工业印刷有限公司制版
人卫印务（北京）有限公司印刷
*
开本：787 毫米×1092 毫米　1/16　印张：31　字数：715 千字
2024 年 4 月第一版　　2024 年 4 月第一次印刷
定价：**99.00** 元
ISBN 978-7-112-29354-4
（42121）

本书编委会

总策划：李建军

技术顾问：田村幸雄

主　　编：钱英育　胡新赞　陈家义　林作永

副主编：陈仕华　戴松涛　李金生

编　　委：（按姓氏笔画排序）

干汗锋　丰其云　王　泉　王长林

朱彦辉　刘金秀　刘佳俊　汪　远

李　冬　李　闯　李　锐　李光旭

李林峰　李博一　李钰佳　张　清

陈久磊　陈海南　周晨爽　胡伟成

耿忠平　徐慧文　翁家豪　高领宽

诸葛政桦　桑文国　黄　志

黄　杰　黄　涛　黄海耀　彭　磊

鲁晓琳　童科军　谢阿琳　薛小宽

薛晓晶

校　　对：吴　俊　杨　婧　周　婷　相光祖

潘浩鹏

序　言

文化是城市的内核和灵魂，文化场馆是城市展示、文化宣传的窗口，一个出色的、有特色的文化场馆可以展现出城市的面貌、与城市脉搏共振，让人加强城市记忆，改变人们对城市的固有印象和看法。自改革开放后，国民经济增长速度逐渐加快，人民精神生活的需求也越来越丰富，各地涌现的很多大型地标性文化场馆建筑，也激发了当地经济发展活力，城市影响力和知名度也因此提升。同时，伴随着城镇化快速发展，城市人口不断增多，使得开发建设更多的文化场馆设施势在必行。

我国制定的"十三五""十四五"发展规划，均提出把文化建设放在全局工作的突出位置，充分发挥文化在激活发展动能、提升发展品质、促进经济结构优化升级中的作用。在国家大政方针政策的指引下，文化场馆建设将在未来一定时期内处于高速发展阶段。

文化场馆往往被定位为一座城市的标志性建筑之一，有着规模大、投入资金量大、技术工艺复杂、交叉施工多等特点，且有着高品质的使命要求。传统模式的文化场馆建设管理，主要集中于施工阶段的质量管理，对全过程建设中其他阶段的目标管理缺少有效管控，也缺少全面系统的管控保障体系和与项目相符的高效管理模式，这就使得文化场馆项目的社会效益和经济效益不能实现最优化。因此，在文化场馆项目建设过程中，整合优质资源、实现项目管理系统化集成化的规模效应，发挥管理效能，在保障文化场馆使用功能的基础上，为项目品质增值，需要有新的组织管理模式进行突破。

浙江江南工程管理股份有限公司作为国内转型全过程工程咨询较为成功的企业，始终坚持专业、创新、实干、引领的精神，组织编写《文化场馆项目全过程工程咨询实践与案例》一书，总结文化场馆项目全过程建设管理经验，为提升文化场馆项目全过程建设管理品质和引领行业发展作出贡献。本书从全过程工程咨询角度，有针对性地提出文化场馆项目投资决策阶段综合性咨询、实施阶段咨询与管理、专项咨询与管理等内容，使其系统化和理论化，揭示了文化场馆项目全过程工程咨询与管理的核心内容，也丰富了文化场馆项目全过程工程咨询与管理理论；通过对选取的实施案例深入总结、分析与归纳，得出经验教训予以借鉴。本书对文化场馆项目的设计人员、建设管理人员和研究机构有关人员等，也具有参考价值。

未来，我们将不断深入项目实践，总结实践经验，持续完善全过程工程咨询相关理论与实践体系，树立行业标杆；我们将继续对标国际知名咨询服务企业，继续坚持创新，为促进和引领行业发展贡献力量；同时继续坚持将企业打造成为全球领先的工程顾问公司的发展理念，实现企业愿景。

俄罗斯自然科学院外籍院士

公司副总裁、江南研究院院长

2023 年 7 月

前　言

　　文化是国家和民族发展之魂，也是国家和民族传承之基。文化建设为发展中国特色社会主义、开创并巩固党和国家千秋伟业新局面提供了强有力支撑，凝聚了全面建成小康社会、实现中华民族伟大复兴的磅礴力量。改革开放以来，国家文化建设取得了历史性成就，公共文化服务水平不断提高，文化事业和文化产业繁荣发展，人民参与感、获得感、幸福感显著提升；和平发展的负责任大国形象进一步彰显，国家文化软实力和中华文化影响力不断显现，中华文明新发展为人类文明进步贡献了新增量。在此期间，全国各地也顺利完成许多重点文化场馆建设任务。

　　近年来，国务院、住房和城乡建设部先后发布了《国务院办公厅关于促进建筑业持续健康发展的意见》（国办发〔2017〕19号）、《住房城乡建设部关于开展全过程工程咨询试点工作的通知》（建市〔2017〕101号）、《国家发展改革委　住房城乡建设部关于推进全过程工程咨询服务发展的指导意见》（发改投资规〔2019〕515号）等文件，大力推动了全过程工程咨询服务模式的发展。多数文化场馆项目作为政府投资工程，被加入试点或推广全过程工程咨询服务模式的项目名单中。浙江江南工程管理股份有限公司作为住房和城乡建设部第一批全过程工程咨询试点企业之一，依靠企业自身强大的人才、技术、管理及经验等核心优势，承接了众多文化场馆全过程工程咨询服务项目，积累了大量的实践案例，并以此为基础，通过对实践案例总结分析，为后续文化场馆建设管理提供借鉴。

　　本书以代表性新建文化场馆全过程工程咨询服务项目案例为依托，首先对全过程工程咨询的概念、文化场馆类项目特点以及建设管理模式进行介绍和分析；然后以项目建设时序为脉络，阐述了前期阶段项目策划、资金筹措、项目建议书、可研报告以及实施阶段项目策划、招采合约、勘察设计、工程施工相关工作内容，分别形成绪论篇、投资决策阶段的综合性咨询与管理篇、项目实施阶段的咨询与管理篇、专项咨询与管理篇；最后对不同类型的文化场馆项目全过程工程咨询案例进行分析，总结全过程工程咨询模式在文化场馆项目案例中取得的成效和经验，阐述全过程工程咨询模式应用于文化场馆项目的优势，形成了工程实践案例篇。由于文化场馆项目的复杂性和专业功能的特殊性，本书专门介绍了舞台机械工艺、声学工艺、展陈工艺、设计任务书、智慧场馆、配套商业、配套交通等专项内容，形成专项咨询与管理篇章，更具有参考性，实用价值较高。本书选取的部分案例成果是基于项目前期建设成果的总结，尚未经过总体效果评价，这使本书存在不完善和有待商榷之处，还请读者理解。

　　本书作为浙江江南工程管理股份有限公司编著的"全过程工程咨询实践与案例丛书"之一，是参考水利项目、房屋建筑工程、市政基础设施工程、未来社区项目、体育建筑工程、学校教育项目和医院项目等书籍编写思路基础上的再次创作，由公司董事长李建军总策划，田村幸雄院士担任技术顾问，公司副总工程师、资深总咨询师钱英育，俄罗斯自然科学院外籍院士、公司副总裁、江南研究院院长胡新赞，公司文化场馆研究中心主任陈家义，公司文化场馆研究中心副主任、项目设计管理负责人林作永担任主编。本书共5篇、25章，其中第1章、第2章、第3章由李金生、胡新赞、徐慧文、汪远编写，第4章由胡新赞、陈仕华编写，第5章由李光旭、陈家义编写，第6章由周晨爽、陈家义编写，第7章由黄涛、薛小宽、刘佳俊编写，第8章由林作永、谢阿琳编写，第9章由钱英育、胡新赞、薛晓晶编写，第10章由李锐、李林峰、林作永编写，第11章由林作永、童科军编写，第12章由桑文国、王枭、黄志、王长林、朱彦辉、林作永编写，第13章由李金生、陈家义、林作永、徐慧文、丰其云编写，第14章由林作永、李闯、翁家豪、钱英育、陈家义编写，第15章由林作永、钱英育编写，第16章由李冬、李钰佳编写，第17～25章由钱英育、戴松涛、鲁晓琳、刘金秀、陈久磊、高领宽、张清、李博一、陈家义、诸葛政桦、彭磊、干汗锋、耿忠平、黄海耀、林作永、徐慧文、黄杰等整理编写，附录1、附录2由李锐、李钰佳编写整理，全书由胡新赞统筹定稿，上述人员均为本书编委。本书在编写过程中参考了相关文献，得到了江南研究院院士工作站和博士后工作站胡伟成、陈海南的指导，取得了建设单位的友情支持，在此谨向文献作者、两站人员及案例建设单位表示衷心感谢。

　　由于受到编委们知识面和项目实践经验的限制，本书尚存在不完善和有待商榷之处，敬请读者朋友们不吝提出宝贵意见，以共同推进全过程工程咨询在文化场馆项目建设中的发展。

编写组

2024年2月

目　　录

第1篇

绪 论

文化场馆建筑是一种特殊的具有文化娱乐、宣传教育、知识科普、旅游经济等多种社会化属性的建筑工程，作为重要的公共文化场所，发挥着文化教育、美学艺术传播、文化普及、休闲娱乐等作用。

无论政府投资或是社会投资的文化场馆建筑往往具有社会关注度高、投资大、风险大、影响面大、协调环节多、项目建设程序复杂、建设周期长等特点。本篇通过对全过程工程咨询概念、文化场馆项目特点、文化场馆项目建设管理模式进行阐述，说明文化场馆建设项目采用全过程工程咨询模式具有明显优势。

第1章　全过程工程咨询概述

1.1　工程咨询

1.1.1　工程咨询的概念

咨询是自语言和文字产生以来就有的一种智力交流活动，随着人类社会的发展，咨询活动渗透到政治、经济、军事、文化等领域的各个方面。咨询服务的领域、对象和内容不同，咨询的含义、用语和类型也不同。工程咨询是指运用工程技术、科学技术、经济管理和法律法规等多学科的知识和经验，为工程建设项目决策和管理提供咨询活动的智力服务，包括前期投资决策综合性咨询、勘察设计阶段咨询、施工阶段咨询以及投产或交付使用后的后评价咨询等工作。

1.1.2　工程咨询的特点

1. 咨询范围的广泛性

工程咨询业务范围弹性大，可以是国民经济宏观的规划或政策咨询，可以是工程项目全过程的咨询，也可以是工程建设某个阶段、某个问题、某项内容、某项工作的咨询。

2. 咨询任务的唯一性

每一项工程咨询任务都是一次性、单独的，只有类似性，没有重复性。

3. 咨询知识的密集性

工程咨询作为高度知识智力型服务，需要多学科知识、技术、经验和信息的集成及创新。

4. 咨询因素的复杂性

工程咨询牵涉范围广，涉及政治、经济、环境、社会、技术、文化等领域，需要协调和处理方方面面的关系，考虑各种复杂多变的因素。

5. 咨询视野的前瞻性

工程咨询活动需要预测将来、前瞻长远、谋划未然，能够经受时间和历史的检验。

6. 咨询产品的非物质性

工程咨询提供智力服务，咨询成果（产出品）属于非物质产品。

7. 咨询成果检验的客观性

检验工程咨询成果的优劣，不完全以建设单位的主观偏好作为唯一标准，而是要重视客观正确性。咨询结果是充分分析、研究各方面约束条件和风险的结果咨询结论可以是肯定的，也可以是否定的。结论可能为"项目不可行"的评估报告，也可能是质量优秀的咨询成果。

1.1.3　工程咨询的阶段划分与业务范围

工程咨询活动贯穿于项目投资决策、建设实施、运营与维护和项目拆除等工程全生命周期。

1. 工程项目前期阶段的咨询业务

（1）工程咨询单位在这一阶段提供的咨询服务，称为前期投资决策综合性咨询。其业务范围包括项目规划咨询、项目机会研究、项目可行性研究和项目评估等内容。

（2）项目决策咨询是本阶段咨询工作的核心，其中以可行性研究和评估为重点，内容涉及项目的目标（市场供求、最终产品等）、资源评价（物资资源、资金来源、技术资源和人力资源等）、建设条件分析（基础设施条件、场／厂址条件等）、经济效益分析（财务评价和经济评价等）以及社会和环境影响评价等。

2. 工程项目准备阶段的咨询业务

（1）这一阶段的咨询业务主要有工程勘察设计、设计审查、工程和设备采购咨询服务等。

（2）工程设计以批准的可行性研究报告为依据，按设计深度又可分为扩大初步设计和施工图设计。

（3）设计审查是对工程设计方案从项目目标、采用的设计标准与规范、工艺流程以及基础数据的选取等方面进行审核。

（4）工程和设备采购咨询服务是帮助建设单位有效开展采购工作，为项目建设准备所需的设备、材料和施工力量。其主要内容是工程与设备采购文件编制及准备工作、招标代理、评标以及合同谈判等。

3. 工程项目实施阶段的咨询业务

（1）项目实施阶段是指工程项目从开工建设至竣工验收的过程。这一阶段的咨询任务是使项目按设计和计划的进度、质量、投资预算来实施建设，最后达到预期的目标和要求。咨询业务包括项目管理和施工监理等。

（2）实施阶段咨询工作的核心是对工程进度、造价和质量进行控制，无论施工监理还是项目管理，均以这三大控制为主线展开。

4. 工程项目运营阶段的咨询业务

项目运营阶段指工程项目建成后投入正常生产运营的阶段。这一阶段的咨询业务包括三种类型：

（1）帮助建设单位对已投入生产和运营的项目进行回顾总结，以获得有益于改进今后工作的经验，其工作内容可以以项目绩效评价的方式进行、也可以以项目后评价的方式进行。后评价的基本内容可以包括过程评价、效率和效益评价、持续性评价、影响评价和综合评价等五个方面。

（2）为项目后续的运营模式进行策划与咨询，内容可以包括运营组织设计、招商策划、销售策划、人力资源管理策划、设备或设施管理策划以及财务管理策划等。

（3）参与项目运营阶段的管理，管理内容包括设施管理（如设施运营管理、设施空间管理、设施能源管理、设施财务管理和安全管理等）和资产管理等。

5. 改造或拆除阶段的咨询业务

目前的工程项目，改造或拆除咨询服务需求较少，因此该阶段的研究成果尚不成体系。根据类似工程经验，改造或拆除阶段的咨询服务内容可以包括：

（1）改造或拆除实施方案的对比分析（包括经济性、安全性、风险预警机制等），编制可行性分析报告。

（2）改造或拆除实施计划的管控及成本对比，编制咨询报告。

（3）改造或拆除工作采用 BIM 技术进行应用模拟，模拟方案的实施过程，判定实施方案的可靠性。

（4）借助监控或感知系统设备，全过程监督改造或拆除项目的工作情况，确保过程工作全部受控。

1.1.4 工程咨询的服务范围

根据《工程咨询行业管理办法》（中华人民共和国国家发展和改革委员会令 第9号）规定，工程咨询服务范围包括：

1. 规划咨询

含总体规划、专项规划、区域规划及行业规划的编制。

2. 项目咨询

含项目投资机会研究、投融资策划、项目建议书（预可行性研究）、项目可行性研究报告、项目申请报告、资金申请报告的编制以及政府和社会资本合作（PPP）项目咨询等。

3. 评估咨询

由各级政府及有关部门委托的，对规划、项目建议书、可行性研究报告、项目申请报告、资金申请报告、PPP项目实施方案、初步设计进行评估、规划和项目中期评价、后评价、项目概预决算审查以及其他履行投资管理职能所需的专业技术服务。

4. 全过程工程咨询

采用多种服务方式组合，为项目决策、实施和运营持续提供局部或整体解决方案以及管理服务。有关工程勘察、工程设计、工程检测和工程监理等资格，由国务院有关主管部门认定。

1.2　全过程工程咨询

1.2.1　全过程工程咨询的定义

全过程工程咨询是对工程建设项目前期研究和决策以及工程项目实施和运行（或称运营）的全生命周期提供包含设计和规划在内的涉及组织、管理、经济和技术等各有关方面的工程咨询服务。包括项目的全过程工程项目管理以及投资咨询、勘察、设计、造价咨询、招标代理、监理、运行维护咨询以及 BIM 咨询等专业咨询服务。全过程工程咨询服务由投资人授权一家单位负责或牵头，可采用多种组织方式，为项目决策、实施和运营持续提供局部或整体解决方案。

1.2.2　全过程工程咨询的发展历程

区别于全过程工程咨询建设组织模式，传统发承包模式中，建设单位须参与项目各个阶段的工程管理，大量的时间和精力被消耗在各阶段、各层面的工作协调上，例如立项前专项报审、设计招标、项目报建、材料采购、监理委托、施工管理、验收移交、运营维护等。往往由于缺乏类似工程管理经验，常出现建设工序混乱、各参建主体相互推诿、各项管理目标失控等复杂情况，增加了项目实施的风险。缺乏对项目全生命周期目标的管理和控制，制约了工程项目的经济和社会整体效益的实现。

2017 年住房和城乡建设部、国家发展改革委先后提出了建设项目全过程工程咨询建设组织模式并开展试点工作，标志着工程咨询服务模式向国际化进程迈出了重要一步。2019 年 3 月 15 日，两部委联合颁布的《国家发展改革委　住房城乡建设部关于推进全过程工程咨询服务发展的指导意见》（发改投资规〔2019〕515 号），标志着国内全过程工程咨询建设组织模式进入了全面推广阶段。七年来的试点与实践证明，全过程工程咨询建设组织模式为工程建设全面提升投资效益、建设质量和运营效率，推动高质量发展起到了全面助力的作用。

1.2.3　发展全过程工程咨询的意义

1. 促进建筑行业健康发展

知识经济时代下，若要实现我国建筑业健康有序发展，应大力推广全过程工程咨询服务，以促进整个建筑行业的变革，保证建筑工程与建筑行业适应新时代发展趋势。全过程工程咨询的发展遵从可持续发展观，运用现代科学技术和工程技术，促进咨询行业以及企业转型升级，有利于保证工程取得优良的经济与社会效益，有利于为工程全生命周期建设提供辅助决策、高效管理等。

2. 促进工程咨询转型发展

全过程工程咨询能够面向复杂工程的咨询需求，为其提供全程的咨询服务，保证在整个工程阶段都能得到有效的决策支持，从而巩固我国工程咨询发展的基础，更好地适应社会经济快速发展。实现全过程工程咨询的发展，有利于建筑行业应对经济全球化局面，推进工程咨询行业发展进入新时代，通过对前期工作、建设准备、项目实施和总结评价阶段的规划与设计，提供项目建设周期性咨询服务，使咨询行业发展水平能与国家政策环境、社会经济快速发展相契合。

3. 促进产业结构调整

现阶段工程越来越复杂，但因缺乏对工程咨询的系统理论研究，国内很多工程咨询企业只能凭借实践经验提供阶段性或是碎片式的服务，以至于影响建筑工程的建设效率与质量，使整个工程建设项目缺乏系统性，从而制约了我国工程咨询行业的发展。值得庆幸的是，目前全过程工程咨询发展得到了政府的大力支持，这必将能够推动工程咨询企业内部变革，转变工程咨询企业发展模式，从而发挥全过程工程咨询的优势，促进实现产业结构调整。

1.2.4　全过程工程咨询的主要特点

1. 全过程性

全过程工程咨询覆盖了项目建设的全生命周期，包括前期策划、规划设计、施工和运营维护等阶段，注重各阶段的有机衔接和一体化管理。

2. 综合性

全过程工程咨询提供多领域、多专业的综合性服务，包括项目管理、工程造价、工程设计、招标代理、工程监理等，旨在满足建设单位全方位的需求。

3. 集成化

全过程工程咨询强调各参与方的协作与配合，通过集成化管理，实现资源共享和信息互通，提高项目执行效率。

4. 价值导向

全过程工程咨询以实现项目价值为导向，关注项目的功能、质量、成本等方面的优化，力求为建设单位创造更大的价值。

1.2.5　全过程工程咨询的优势

全过程工程咨询的提出是政策导向和行业进步的体现。全过程工程咨询符合供给侧结构性改革的指导思想，有利于革除影响行业前进的深层次结构性矛盾、提升行业集中度，有利于集聚和培育适应新形势的新型建筑服务企业，有利于加快我国建设模式与国际建设管理服务方式的接轨。

在传统建设模式下，设计、施工、监理等单位分别负责不同环节和不同专业的工作，项目管理的阶段性、专业分工割裂了建设工程的内在联系。由于缺少全产业链的整体把控，易出现信息流断裂和信息"孤岛"，建设单位难以得到完整的建筑产品和服务。而全过程工程咨询打破了传统的碎片化工程咨询服务，转向专业化、一体化、全生命周期的咨询服务。其优势主要有以下几点：

1. 提高项目管理效率

通过提供一体化的咨询服务，全过程工程咨询有助于减少项目管理中的协调成本和沟通成本，提高项目管理效率。

2. 节约投资成本

全过程工程咨询采用单次招标方式，可使合同成本大大低于传统模式下设计、造价、监理等分别多次发包的合同成本。同时，由于咨询服务覆盖了工程建设的全过程，有利于整合各阶段工作内容，实现全过程投资控制，还能通过限额设计、优化设计和精细化管理等措施提高投资收益，确保项目投资目标的实现。

3. 优化资源配置

全过程工程咨询能够实现资源的优化配置，合理分配人力、物力和财力等资源，确保项目的顺利推进。

4. 降低风险

全过程工程咨询能够实现对项目全过程的监测和管理，及时发现和解决潜在的问题，降低项目的问题。在全过程工程咨询中，咨询企业是项目管理的主要责任方，在全过程管理过程中，能通过强化管控有效预防生产安全事故的发生，大大降低建设单位的责任风险。同时，还可避免多重管理的腐败风险，有利于规范建筑市场秩序、减少违法违规行为。

5. 提升项目价值

全过程工程咨询有助于促进设计、施工、监理等不同环节、不同专业的无缝衔接，提前规避和弥补传统单一服务模式下易出现的管理漏洞和缺陷，提高建筑的质量和品质。全过程工程咨询关注项目的全生命周期价值，通过优化项目的功能、质量、成本等，提升项目的整体价值。

1.2.6　全过程工程咨询的发展趋势

随着工程建设行业的发展和现代各类先进技术的应用，全过程工程咨询呈现出以下发展趋势：

1. 数字化技术的应用

数字化技术如 BIM（建筑信息模型）技术的应用，进一步促进全过程工程咨询的信息化和智能化，提高项目管理效率和服务质量。

2. 多专业融合发展

随着工程建设行业的复杂化和专业化程度的提高，全过程工程咨询将进一步实现多专业融合发展，提供更为全面和专业的服务。

3. 绿色化和可持续发展

在可持续发展理念的推动下，全过程工程咨询将更加注重绿色化和可持续发展，推动工程建设行业的绿色化和可持续发展。

4. 国际化发展

随着全球化的加速和中国企业"走出去"战略的实施，全过程工程咨询将更加注重国际化发展，提高中国企业在国际市场的竞争力。

5. 行业规范化和标准化

随着全过程工程咨询行业的发展和成熟，相关的行业规范和标准逐步完善，推动行业的规范和标准化发展。

全过程工程咨询作为一种新兴的工程建设服务形态，正逐渐成为工程建设行业的重要发展趋势。它能够为建设单位提供全面、专业、高效的项目管理服务，推动工程建设行业的创新和发展。未来，随着数字化技术等新兴技术的应用和发展，全过程工程咨询将迎来更为广阔的发展空间和应用前景。

1.2.7 全过程工程咨询的模式

对于全过程工程咨询模式，在试点初期，住房和城乡建设部或中国建筑业协会并未明确下发指引性文件，其模式总结来源于各地的试点经验。尤其是浙粤先行，为全过程工程咨询业务的推广和经验总结起到了良好的示范作用。2020年6月5日，浙江省住房和城乡建设厅发布了浙江省《全过程工程咨询服务标准》DB33/T 1202—2020；2020年12月10日，深圳市住房和城乡建设局发布了《深圳市推进全过程工程咨询服务发展的实施意见》及配套文件《深圳市全过程工程咨询服务导则》《深圳市建设工程全过程工程咨询招标文件》(示范文本)、《深圳市建设工程全过程工程咨询服务合同》(征求意见稿)等。

浙江省《全过程工程咨询服务标准》DB33/T 1202—2020规定了：全过程工程咨询服务是由项目建设管理和一项或多项的项目专项咨询组成的咨询服务，包括项目建设管理和项目专项咨询两部分内容。

《深圳市推进全过程工程咨询服务发展的实施意见》规定了：建设单位应积极采用"以项目管理服务为基础，其他各专业咨询服务相配合"的工程建设全过程咨询模式。在其配套文件中明确规定：全过程工程咨询采用"1＋N"模式，"1"指全过程工程项目管理。

中国建筑业协会《全过程工程咨询服务管理标准》规定：全过程工程咨询服务模式宜采用"1＋N＋X"模式，"1"指全过程工程项目管理。

综上，全过程工程咨询的服务模式可简单理解为："1＋N"或"1＋N＋X"。

"1"是指"全过程工程项目管理"，即项目决策、勘察设计、招标采购、工程施工、竣工验收、运营维护多个阶段"全过程工程项目管理"的服务内容。

"N"是指"项目专项咨询"，内容涉及投资咨询、勘察、设计、监理、造价咨询、招标代理、运营维护、BIM技术等服务。

"X"是指项目报建过程中所涉及的代理服务或其他专业咨询服务。

由此可见，任何一个全过程工程咨询项目，如仅有管理咨询（即行业基本认可的"全过程工程咨询1.0"阶段的咨询），没有包含技术咨询有关专项组合的咨询服务模式，也可以说是当下市场需求的"管理＋技术"咨询服务模式（即行业基本认可的"全过程工程咨询 2.0"阶段的咨询），这种模式意味着全过程工程咨询企业本身既能开展全过程项目管理，同时至少也能完成两项以上专项咨询业务，即管理咨询＋技术咨询。这里的"管理咨询"，不仅是传统意义上被动控制和审核、提供方案建议，还包含主动地参与到项目管理过程中，通过协调各专业咨询师对项目的各阶段进行优化，通过专业化、精细化管理提质增效；"技术咨询"服务外延也不再止于传统的常规工程咨询，而是要扩展到与工程相关的工程勘察、工程设计、造价咨询、招标采购咨询、运营咨询、法律风险防范、合规体系建立、财税、投融资、信息技术等方面的咨询服务。这种模式需要咨询企业内部有效协同，以信息化作为纽带，打造出"精前端＋强后台"的业务模式。

目前，国内同行也提出了"全过程工程咨询 3.0"阶段的咨询服务模式，即可以为建设单位的高层决策提供战略性、宏观性和总体性咨询服务的总控咨询服务。总控咨询的核心是为项目提供策划、顾问、管理体系的构建，以现代信息技术对信息进行采集和处理，编制各种控制报告，为项目最高决策层提供咨询服务，即"管理咨询＋技术咨询＋总控咨询＋运营咨询"等。

从当下国内全过程工程咨询的发展情况分析，从事全过程工程咨询的企业，大部分还处于 1.0 阶段，部分领军企业处于 2.0 阶段，真正能从事总控顾问咨询服务，即可以达到 3.0 阶段的企业则凤毛麟角，还需要国家政策继续扶持、需要市场继续培育。

第2章 文化场馆项目概述

2.1 文化场馆项目的特点

从文化场馆项目立项与建设实施的管理特点与管理要求等方面进行分析，文化场馆项目与一般房屋建筑工程相比，具有以下特点：

（1）大部分为社会发展服务和非营利的公益性项目。文化场馆项目将文化和旅游有机融合，旨在提高文化场馆综合体对公众的吸引力，进而促进消费。这些项目投资大、规模大、风险大、影响面广，建成后能有效地提高场馆所在地的基础设施水平，对附近区域经济带动能力很强，对社会经济发展及人民生活质量的提高也会起到显著作用。

（2）管理程序比一般项目更加严格。为保障财政基本建设资金得到有效应用，项目从立项决策到采购、实施、评审等相关方面都有严格要求，建设程序及项目评审程序均有严格的规定。

（3）以社会效益为先。政府投资的文化场馆项目既有经济成本也有社会成本，项目的建设主要是为了满足社会公共利益。

除此之外，其项目特点还体现在以下方面。

2.1.1 资金来源比较单一

文化场馆项目的建设资金一般来源于政府投资，或者是政府和企业按一定比例共同投资，相较于一般公共建设项目，资金来源比较单一。如何合理、有效地使用建设资金，让建设资金发挥最大效益是文化场馆项目建设管理的一个重要问题。

2.1.2 管控体系复杂

文化场馆项目建设过程中所涉及的政府职能部门、相关参建单位众多，项目组织架构、质量保证体系、安全保障体系等颇为复杂。

2.1.3 地标性强

大型文化场馆一般是当地的一张文化名片，其建筑结构大多体现了当地文化内涵，所以其地标性强。由于文化场馆项目建设中所筹集到的资金都来自社会和政府的投资，建设过程公开、透明。因此，项目建设过程会受到社会的广泛关注，对社会的发展也会产生较大的影响。

2.1.4 业态复杂且深度融合

文化场馆项目与城市旅游、商业相结合，通过对建筑或景观的功能分区，实现文化、商业和旅游相互渗透、高度融合，形成片区文化产业集聚区。这是一种新型的、明显不同于传统的产业集聚形式，近几年获得了扩张式发展，已经成为城市发展新增长点。但在实践层面各业态如何深度融合却是一个非常复杂的问题。其困难表现在：第一，在传统产业类型中，文化产业与其他产业间差异明显，且管理机构不同、经营实体不同，因此，要实现融合在前期需要大量的协调工作。第二，文化、商业和旅游之间如何因地制宜、合理布局，如何让公众沉浸其中获得文化的认同感、感受旅游带来的身心愉悦，进而提升消费欲望。第三，如何通过多样化的产业布局，实现资源的最优配置，满足各种不同偏好游客的需求，最大限度地吸引游客并使他们乐在其中。

2.1.5 与地产项目联系紧密

部分文化场馆项目属于地产项目，或者是为争取地产项目进行的投资。这里存在两种情况：一种情况是房地产商为了拿到地产项目，为政府主导的文化场馆项目进行代建，文化场馆项目完工后交给政府管理或第三方管理；另一种情况是房地产商为了促使其所拿到的地产项目增值，从批复的土地中划出一部分用于建设文化场馆项目，通过该项目促进其周边商业房地产的升值。房地产商参与和主导综合体建设由来已久，建筑的功能由单向度走向多向度。为了人为创造优势，将文化和旅游引入房地产开发之中成为一种选择。无形的文化资源通过房地产商得以有形化，房地产商借助特异性文化资源提升了产品的价值。因为无形文化资源具有公共产品性质，所以在理论上存在无限转化的可能性。

2.2 文化场馆项目建设实施的重难点

一般中型及以上文化场馆项目，体量大、投资多、建设标准高、外立面造型结构复杂、涉及专业多且相互交叉相互影响，文化场馆项目建设实施的重难点包括：

2.2.1 设计难度大

文化场馆项目的设计阶段，一般涉及岩土工程、建筑结构设计、建筑电气、景观设计、智能化设计、给水排水工程、人防设计、舞台工艺设计、幕墙设计等各专项设计，涉及专业众多，技术复杂。参与单位多，方案设计与施工图设计、建筑设计与专业设计管理等协调工作量大、面广、细节多，且工程结构复杂、功能全面，设计难度大。

2.2.2 组织协调难度大

文化场馆项目建设过程中参与单位多，包括使用单位、建设单位、设计单位、施工单位、全咨单位（含监理）、各专项分包单位等，沟通协调面广；重点事项多，涉及项目设计、工程投资、工期计划、竣工验收及运营等，沟通协调量大；决策层级多，涵盖项目选址、规划设计、方案比选、剧场功能、展陈类型、建筑效果等，决策流程线长。这些特点决定了项目的组织协调难度大。

2.2.3 施工难度大

文化场馆项目建筑外墙一般都包含特殊造型，导致钢筋绑扎、模板安装难度较大；声学要求高，给主体结构实施带来挑战；建筑标高、层高多变，控制难度大；钢结构桁架跨度大、钢构件尺寸大、单件构件重量大，导致吊装、施工难度大，安装定位困难；同时，文化场馆项目的幕墙、装修、机电安装等标准要求也非常高。

2.2.4 工期要求紧

文化场馆项目在建设过程中由于其地标性强，社会关注度高，工期要求一般都很紧；文化场馆项目由于功能需求复杂，在前期决策阶段，需要大量时间进行可行性研究及同类项目调研；在设计阶段，文化场馆项目涉及多专业协同，需要较多时间进行各专业沟通；文化场馆项目一般由核心功能区和配套项目组成，在施工阶段，场馆主要厅堂建设完成的同时，所有功能配套用房以及公共区域的装修和安装工程也必须全部完工。以上因素都会给文化场馆项目建设工期带来挑战。

2.2.5 资源整合难度大

文化场馆项目往往比常规公共建设项目具有更严格的目标要求，如进度、质量及投资等目标；为实现项目建设目标要求，项目建设过程中除要求材料、机械、资金、信息、科学技术等资源合理、高效使用外，还需充分利用建设单位、设计单位、施工单位以及行业内优质专家等人力资源，需要协调整合各单位优质资源，由此带来资源整合协调难度较大。

2.2.6 风险因素多

建设工程从立项、选址、项目定位、地质勘探、初步设计、施工图设计、工程招标投标、工程施工到竣工验收，整个过程要经过很多程序。各建设阶段涉及的单位有勘察、设计、施工、监理、检测部门；材料、设备供货方以及可行性论证、招标代理等相关咨询单位；各级政府的发展改革、文化、城建、规划、公安消防、环保、气象、人防和质检等行政管理部门；并且与政治、经济及生产力发展水平紧密联系；除此之外，还涉及运营使用单位。因此，文化场馆项目是一项涉及面广、政府部门协作配合环节多的复杂系统管理工程，在建设过程中不可预见因素多，例如气候的制约、矛盾的协调等，都增加了文化场馆建设工程的风险。

2.3 文化场馆项目建设的必要性和趋势

随着科学技术的发展和人民对美好生活的不断追求,工程建设领域、服务配套设施等,也在发生着翻天覆地的变化,项目建设的必要性不断增强、发展趋势也将持续更新。具体表现如下。

2.3.1 内容创新

随着社会的发展和观众需求的多元化,文化场馆项目需要创作和推出更加多样化、接地气的文化产品。这意味着文化场馆需要在展陈类型的确定、剧目的选择、演出风格的创新、艺术形式的多元化等方面进行探索和尝试。

2.3.2 与社会联系紧密

文化场馆不应只是一个艺术表演和展陈的场地,而应成为城市文化的交流平台和社会的精神底蕴。文化场馆应通过与当地学校、企业、社区等社会组织的合作,打造艺术教育、文化市场等多方面的相关项目,让更多的人参与到文化艺术活动中。

2.3.3 国际化和多元化

随着全球化进程的不断推进,文化艺术交流的国际化趋势愈发明显。文化场馆需要与国际接轨,引进更多优秀的艺术作品和演出团体,提供更多元化的文化艺术体验。同时,文化场馆也要积极突破传统的表演形式,将传统和创新相结合,推出更富有当代气息的作品。

2.3.4 青年文化艺术培养

青年是推动社会进步和文化艺术繁荣的重要力量。文化场馆应该加大对青年文化艺术的培养和扶持力度,鼓励年轻人参与文化艺术创作,激发他们的创造力。可通过开展艺术嘉年华、举办青年作品展演、设立艺术奖学金等方式,为青年提供更多的展示平台和培训机会。

2.3.5 科技应用

现代科技手段在文化场馆建设中扮演着越来越重要的角色。文化场馆应积极借助现代科技手段,扩大文化艺术的传播范围和影响力。例如,通过数字化技术提升演出的视听效果,通过互联网技术扩大演出的受众范围等。

2.3.6 绿色与可持续性

随着人们环保意识的提高,文化场馆建设也越来越注重绿色与可持续性。例如,采用环保材料、节能技术，降低建筑对环境的影响，以及通过合理的空间布局和设备配置，提高文化场馆的运营效率和能源利用效率。

2.3.7　现代化设施

文化场馆设施应向现代化方向发展，以满足观众的多样化需求。例如，提供舒适的观演环境、便捷的购票系统、丰富的餐饮服务以及良好的停车设施等。现代化的设施可以提升观众的观演体验，吸引更多人走进文化场馆。

2.3.8　社区化发展

文化场馆应更多地融入社区，成为社区居民文化生活的重要组成部分。通过与社区合作，开展各种文化艺术活动，例如音乐会、戏剧节、儿童剧等，吸引社区居民参与，增强文化场馆的社区影响力。

2.3.9　数字化与虚拟现实技术的结合

数字化和虚拟现实技术为文化场馆的创作和呈现方式带来了新的可能性。通过这些技术，观众可以更深入地了解剧目的背景和故事情节，获得更加沉浸式的观演体验。同时，这些技术也可以为文化场馆的创作人员提供更多的创作工具和手段，推动剧目内容和形式的创新。

2.3.10　全球化与地域化的平衡

在引进国际优秀剧目的同时，文化场馆也应注重推广和呈现本土的文化艺术作品。全球化与地域化并不是对立的，而是相辅相成的。通过平衡全球化与地域化的需求，文化场馆可以更好地满足本地观众的需求，同时也能吸引国际观众，促进文化交流与传播。

2.3.11　体现高质量整体发展观

人民对美好生活的向往是文化场馆项目发展的动力源泉。高质量发展不只是一个经济要求，而是对经济社会发展方方面面的总要求。文化场馆项目体现了高质量发展观，通过依托区域配套设施或系统，利用人文历史景观或新奇文化元素植入，实现"经济、旅游、文化、游客"连接和再造，促进商业空间的文化建设、游客流量、服务配套与文化创意发展等资源重新整合，催生了包含丰富创造力和文化底蕴、高附加值、高渗透性、强体验性、低消耗性的新业态，有助于打造新业态、拓展新场景、促进新消费、实现新体验，使人民生活质量和幸福指数进一步提升。

2.3.12　体现创新驱动和价值创造

文化场馆项目与旅游、商业融合发展，满足消费者多元化需求，有助于开发商业创造力、解放文化生产力、提升旅游竞争力，激发所在区域经济社会发展活力，推动商业模式创新，推动"城市商业系统优化、城市公共游憩空间建设、城市文化空间生产"，实现"实体商业文旅化、文旅商业生活化"，构建全新且持久的多元价值网络，产生"商业价值、游憩价值、文化价值"叠加效应，实现商业"流量"与游客"留量"兼得，助推城市经济行稳致远、文化繁荣兴盛、社会和谐安定。

2.3.13　推动城市功能完善和能级提升

依托文化场馆项目的城市游憩空间规划布局，影响着城市规划、城市景观、居民生活体验、社会文化、生态环境，是衡量城市居民生活质量和社会文明程度的重要因素。文化是旅游的灵魂，旅游是文化的载体。文化内涵挖掘有利于项目可持续发展和提升软实力。

第3章　文化场馆项目建设管理模式

3.1　全过程工程咨询模式

随着全过程工程咨询服务模式的推广，近年来全过程工程咨询大多按照项目决策、勘察设计、招标采购、工程施工、竣工验收、运营维护六个阶段开展咨询服务工作，虽然项目改造和拆除阶段的咨询服务需求也逐渐增多，但由于类似需求仍不是主流，本书暂不作详细阐述。

根据全过程工程咨询服务模式推广实践总结，全过程工程咨询的服务内容多为全过程工程项目管理十一项或多项专业咨询服务。如下：

3.1.1　全过程工程项目管理

主要包括项目计划统筹及总体管理、项目策划管理、工程勘察管理、设计管理、技术管理、进度管理、投资管理、质量管理、安全生产管理、项目组织协调管理、招标采购管理、合同管理、档案管理、报批报建管理、信息管理（含BIM咨询及信息化应用管理）、验收管理以及移交管理、工程结算管理、风险管理、后评价管理及与项目建设管理相关的其他工作。

3.1.2　专业咨询服务

分解全过程工程专业咨询服务需求，项目实施各阶段的咨询服务内容如下：

（1）项目决策阶段包括但不限于：机会研究、策划咨询、规划咨询、项目建议书、可行性研究、投资估算和方案比选等。

（2）勘察设计阶段包括但不限于：初步勘察、方案设计、初步设计、设计概算、详细勘察、设计方案经济比选与优化、施工图设计、施工图预算、BIM及专项设计等。

（3）招标采购阶段包括但不限于：招标策划、市场调查、招标文件（含工程量清单、投标限价）编审、合同条款策划和招标投标过程管理等。

（4）工程施工阶段包括但不限于：工程质量、造价、进度控制，勘察及设计现场配合管理，安全生产管理，工程变更、索赔及合同争议处理，专项技术咨询，工程文件资料管理，安全文明施工与环境保护管理等。

（5）竣工验收阶段包括但不限于：竣工策划、竣工验收、竣工资料管理、竣工结算、竣工移交、竣工决算和质量缺陷期管理等。

（6）运营维护阶段包括但不限于：项目后评价、运营管理、项目绩效评价、设施管理和资产管理等。

采用全过程工程项目管理十一项或多项专业咨询服务模式，建设单位应将项目的全过程工程项目管理以及投资咨询、勘察、设计、造价咨询、招标代理、工程监理等各专业咨询业务整合委托给一家具有国家现行法律规定的与工程规模和委托工作内容相适应的工程咨询资质的全过程工程咨询单位（或联合体）承担，如为联合体，应明确牵头单位，且总咨询师应由牵头单位派出；如一家全过程工程咨询单位不具备全部专业咨询能力的，建设单位可允许该全过程工程咨询单位将有关专业咨询工作分包给具备相关专业咨询资质和能力的咨询单位，由该全过程工程咨询单位与分包咨询单位签订分包咨询合同并提交建设单位认可备案。

3.2　全过程工程咨询＋专项顾问模式

所谓"全过程工程咨询＋专项顾问模式"是指建设单位在全过程工程咨询的服务范围、内容等基础上，结合项目规模和复杂程度（自然环境因素、社会因素、建设单位要求等）等要素，根据项目特殊性或重难点选择除全过程工程咨询单位以外的顾问单位，如全过程工程咨询＋声学顾问、消防顾问、剧场顾问、展陈顾问、幕墙顾问、景观顾问等。当建设单位委托多个咨询机构共同承担大型或复杂建设项目专项咨询业务时，建设单位可指定全过程工程咨询单位作为咨询业务主要承担单位，并应由其负责总体规划、统一标准、阶段部署、资料汇总等综合性工作；其他咨询顾问单位应分别按合同要求负责其所承担的具体工作。

3.3　指挥部模式

所谓"指挥部模式"是在已确定的重点项目建设中，由所涉及的各级政府和相关职能部门组成一个全权指挥的项目建设指挥部，集中解决项目建设相关问题的管理模式。通过这种模式，将管理和服务有效链接以实现相关职能部门和项目建设单位有机联动，从而有效加大项目的协调服务，加快信息的纵向流通。围绕这一目的，建设单位应进一步强化工作部署，明确工作任务，使项目各方在项目建设中切实承担起各自责任。指挥部模式具有以下特征：

1. 组织架构清晰

以郑州某剧院（郑州某文化建筑群）建设单位为例，按照"总指挥长—指挥长—副指挥长—办公室"配备的组织架构模式，开展重点项目建设工作。

2. 责任分工明确

指挥部成员单位在项目建设中要切实承担起管理和服务的责任，强化工作部署，最大限度地发挥在项目建设推进中的作用。一方面，明确指挥部工作职责。指挥部实行指挥长负责制，通过指挥部全体成员会议、指挥长会议制度，具体承担对各重点项目建设的指挥决策、服务、协调和监督职责。另一方面，明确指挥部办公室和各专项工作组职责，充分发挥各自工作的积极性、主动性、创造性，以大力促进指挥部工作模式的深入实施。

3. 注重沟通协调

工作中，各指挥部单位围绕项目建设的关键环节按照"抢时间、赶进度、提效益"的要求，始终坚持"工作上超常规，原则上不违规"的原则，务求决策快速明确、解决问题及时有效，工程实施周密有序。同时，坚持集中精力向重大项目进行服务、倾斜，对项目实行现场跟踪服务，及时掌握和解决项目建设中存在的突出问题。对指挥部内部能够解决的抓紧协调解决；对内部无法解决的，及时向总指挥部汇报沟通，多渠道进行协调，确保项目建设顺利进行。

3.4 IPMT 管理模式

IPMT（Integrated Project Management Team）是指一体化项目管理团队。一般是由建设单位与项目管理咨询公司按照合作协议，共同组建一体化项目管理部，并受建设单位委托实施工程项目全过程管理的项目管理模式。"一体化"即组织机构和人员配置的一体化、项目程序体系的一体化、工程各个阶段和环节的一体化以及管理目标的一体化。一体化项目管理以提高工程项目管理专业化水平和效率，降低管理成本为核心，运用先进的管理理论和技术，结合每个项目的特点，实现管理公司与投资方在各方面资源优化配置，从而保证项目目标的实现，同时最大可能地实现项目的增值与项目费用的节省。项目管理公司通过项目合同谈判、费用审核、方案优化、过程控制等专业化管理手段为投资方带来的直接成本节约和通过管理水平和效率的提高（如质量、工期等）创造的间接成本等非常明显。

该模式有利于整合资源、共享信息，强化沟通、加快决策，规范程序、统一流程，推进有序、保证目标。以某音乐厅项目为例，如图 3.4-1 所示。

与传统建设组织模式相比，应用 IPMT 管理模式主要有以下优势：

1. 组织优势

通过实施 IPMT 管理模式，信息交流更直接、快捷，各参建方管理人员一起协同工作，所有信息均第一时间共享，消除了沟通壁垒，降低了沟通成本，优化了资源配置。投资方、建设方、施工方之间的融合进一步加强，形成一套整体机制支持项目建设，改变以往多方指挥，各自指挥的弊端，建设单位可以免去大量的管理和沟通协调工作，减少人员投入，从具体事务中解放出来，关注影响项目的重大因素，确保项目管理的大方向。

2. 效率优势

采用 IPMT 管理模式分工协作效率高，可以充分发挥建设管理单位的优势，有利于建设单位在设计管理、招标采购、进度投资等方面起主导作用，对参建单位的管理更加有效，更有利于发挥建设单位的项目管理能力。

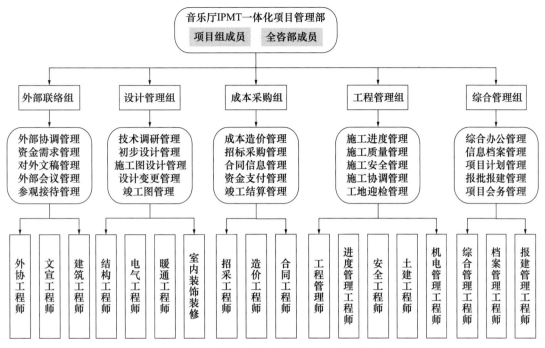

图 3.4-1　某音乐厅项目 IPMT 组织架构图

3. 集成管理优势

IPMT 管理模式的特点决定了项目进展中各管理层必须密切配合、相互融合、相互协调，确保项目进度计划要求。这种模式有利于发挥建设单位的集成管理优势，促进各阶段工作的合理衔接，实现建设项目的成本、质量、进度控制目标，从而获得较好的投资效益。

第2篇

投资决策阶段的综合性咨询与管理

投资决策综合性咨询是指在项目意向阶段，对可能影响项目开发的技术、经济、生态环境、资源、安全等要素开展市场调查，结合国家、地区、领域、产业发展规划及相关建设规划政策、技术标准及相关审批要求进行项目可行性研究和论证。文化场馆项目作为受国家、区域的文化及经济发展政策影响最大的一类建筑，开展全过程工程咨询模式下的项目投资决策综合性咨询，可以有效保障项目后期建设实施。

本篇主要以项目前期策划、项目资金筹措、项目建议书编制与评审、可行性研究咨询与管理、概念方案设计阶段的咨询与管理等项目前期咨询与管理为主线，阐述文化场馆项目投资决策综合性咨询相关工作。

第4章 项目前期策划

4.1 有关概念

建设项目前期策划是指在项目建设前期，通过调查研究和收集建设项目的相关资料，在充分占有信息的基础上，运用组织、管理、经济和技术等工具，对建设项目产品的形成和建设项目产品的实施，进行全面系统的分析、定义、评估和计划安排，形成建设项目产品策划书、建设项目管理策划书等策划成果的活动。

建设项目前期策划包括建设项目产品策划和建设项目实施策划两大类。其中，建设项目产品策划属于项目决策阶段对项目进行顶层设计的策划，主要是通过对项目前期的环境调查与分析，进行建设项目定位、项目基本目标论证、功能分析和面积分配等方面的分析与策划，形成建设项目产品策划报告，为项目的决策提供依据（即"建什么"）。建设项目实施策划主要是为了确保建设项目产品目标的实现，在项目开始实施之前及实施前期，对项目的实施进行项目管理组织、招标与采购管理、进度管理、合同管理、造价管理、勘察设计管理、技术管理、工程现场管理和信息资料管理等方面的策划，建立一整套针对项目实施期的系统、科学、规范的管理模式和方法措施，为建设项目产品目标的顺利实现提供支撑和保障（即"怎么建"）。

4.2 策划目的

通过项目策划，提前为项目实施创造良好的基础和条件，明确项目定位和使用功能，合理设置项目建设目标，开展项目技术研究与论证，健全项目组织架构和建管模式，从而保证项目具有充分的可行性，形成全过程把控方向性文件。项目策划的目的是为项目建设的决策和实施增值，其编制应该是一个动态的、不断完善更新的过程，指导项目全周期实施。

项目实施策划有关管理与咨询内容在本书第8章阐述，本章仅对建设项目产品策划有关管理与咨询内容进行阐述。

4.3 建设项目需求策划管理

建设项目需求策划管理包括项目建设内容的策划和项目需求策划管理，项目需求策划管理是指在项目的整个生命周期中，对需求进行识别、分析、规划、跟踪和控制的系统性工作进行策划管理，旨在确保项目团队能够理解和满足项目建设单位的需求，制定相关制度流程并确定组织实施方案，确保项目目标得以实现。需求策划管理涉及需求的收集、整理、确认、变更和验证等环节，是项目咨询工作中至关重要的一环。通过有效的需求策划管理，可以降低项目风险、减少不必要的变更、提高项目成功率，并增强各方满意度。

需求策划管理的重点在于全面收集和分析各方需求，明确项目的定位和功能定义，制定详细的需求计划，并进行持续的监控和调整。在不同的阶段，侧重点也会有所不同，但都旨在确保项目能够满足建设单位、运营单位和利益相关者的需求，最终成功完成项目。

4.3.1　需求策划管理内容

开展需求策划管理工作需要采取一系列措施，确保项目的需求得到充分了解、分析和满足。建议按照以下几个方面开展项目需求策划管理工作：

1. 建立需求策划管理团队

成立一个由专业人员组成的需求策划管理团队，负责全面了解和梳理项目的需求，做好统筹策划，确保各方利益得到充分表达。需要注意的是，团队成员应具备丰富的同类工程管理经验和专业知识，以便更好地理解和分析需求。

2. 深入调研和沟通

与项目相关单位进行充分沟通，包括建设单位、运营单位、设计师、承包商、政府机构等。通过问卷调查、访谈、会议等方式，深入了解各方对项目的期望和要求，确保需求信息的全面性和准确性。

3. 建立需求策划管理计划

制定详细的需求策划管理计划，包括需求调研、考察、分析、评估、跟踪和调整等环节。明确各阶段的目标、任务和时间安排，确保需求策划管理工作有序进行。

4. 需求分析和整理

对收集到的需求信息进行深入分析和整理，形成项目《需求建议书》，识别项目的核心需求和关键问题。对需求的优先级进行评估，为后续的项目决策提供依据。

5. 需求变更管理

在项目实施过程中，当发生需求变化时，可能需要对需求进行调整。建立有效的需求变更管理机制，及时记录和处理需求的变更，确保项目能够顺利进行。

6. 持续改进和反馈

在项目结束后，应该对需求策划管理过程进行总结和评价，发现存在的问题和不足之处。汲取经验教训，持续改进需求策划管理流程和方法，提高未来同类项目的成功率。

4.3.2　需求策划管理各阶段重点工作内容

针对文化场馆项目不同建设阶段，需求策划管理的重点工作包括：

1. 前期决策阶段

（1）需求收集和分析：这是决策阶段需求管理的首要任务，需要全面收集和分析各方面的需求，包括规划、国土、水利、市政等相关政府部门，建设单位、运营单位、设计团队、各顾问团队等相关单位需求。

（2）明确项目定位、功能、规模：明确项目的定位、主要功能及项目规模需求是该阶段的重要工作，它为后续的设计和开发提供基础。项目定位依据省、市、区各行政级别，形成相对应的需求，同时结合项目实际，孵化具体需求。如剧场项目等级确定，功能定位是否涵盖戏剧、话剧、儿童剧、地方戏、歌舞剧、交响乐，各观众厅座位数初步范围确定等；如博物馆项目功能定位应明确是历史类、艺术类、科学与技术类还是综合类博物馆，博物馆观众目标、数量的预测和服务规划等。

（3）投资估算：根据需求分析的结果，评估项目建设所需的人力、物力、财力等资源，进行投资估算制定，为项目的经济可行性提供依据，确保有足够的资金支持项目的实施，同时结合投资估算辅助项目定位的落地。

这一阶段的主要目标是确保项目需求得到准确、全面、可行的描述，形成《项目需求书》，为项目的后续设计和实施提供基础。

2. 设计准备阶段

（1）编制设计任务书：决策者要根据项目定位和功能需求，落实项目目标和整体性目标，细化功能需求，根据各方需求形成设计任务书。尤其是运营单位需求，对设计任务书的形成起到关键作用。

（2）规划关键节点：设计任务书确定后，应基于设计任务书开展项目策划，对实施进程中的关键节点进行规划，以及各关键节点的需求落定跟进等。

（3）环境影响因素分析：在开始设计前，需对项目的外部环境和具体实施地点的基础情况进行分析，包括周边环境与项目定位、场地环境与项目定位之间影响分析。

3. 概念方案设计阶段

（1）明确项目目标、需求和客观限制条件：根据项目定位和功能需求，结合前期场地及周边客观环境分析项目所在地人文环境、场地条件、法律环境、气候条件、相关工艺、运营单位需求、项目估算等结果，进一步明确项目的具体目标和限制条件。

（2）项目定位和功能需求落地：包括项目设计理念与整体需求匹配，方案效果与需求匹配，总平面的规划与功能需求匹配、功能流线满足基本需求，结合外部条件与需求落定匹配等，具体对设计概念方案的特殊限制和制约、建设场地的特点、场地开发需求、设施的功能需求、运营单位特点、特殊的设施需求、空间的相对位置和相互关系、估算、功能对未来变化的适应能力等。

概念方案设计阶段，应保证设计理念、基本功能、项目定位能满足决策者的需求，并向决策者初步展示规划布置和建筑设计（包括各类分析图、概念效果，概念方案剖面、主要立面和平面等），用于确定匹配该地块的设计理念和整体效果。

4. 方案设计阶段

在概念方案基础上，设计院应根据需求文件与建设单位、运营单位、各设计顾问及其他相关单位沟通，完成项目的方案设计。

（1）在落定各功能模块的功能布局、流线组织时，分析判断是否满足各类需求，包括建设单位需求、运营需求、专业需求（如剧场工程的演出、观赏、艺术交流需求、旅游娱乐等；博物馆工程的收藏、宣传教育、科学研究、科学普及、旅游）等。

（2）形成各类专题会议及各专项咨询报告、专项考察报告等，便于决策者确定基本功能需求，同时以效果图、实物模型、平面图、立面图、剖面图等具体形式，向决策者展示规划布置和建筑设计。决策者对功能需求、设计风格、结构形式、技术类型等方面进行最终确认，以便开展后续深化设计流程。

（3）此阶段需求管理的重点是具体需求落位管理和运营需求管理，需确定运营单位，由运营单位提出相关运营需求。

5. 初步设计阶段

初步设计阶段是实现文化场馆项目从方案到具体实施的关键阶段。在此阶段，需求管理有助于确保设计理念与项目的总体目标一致，从而确保项目的方向和重点得以体现。

（1）根据方案设计成果，进一步与建筑师、专业顾问、其他相关单位沟通，完成具有落地性的初步设计。

剧场、博物馆、图书馆等文化场馆项目涉及大量的空间布局和功能划分。以剧场为例，通过初步设计阶段的需求管理，可以更好地实现导演、演员、观众、工作人员的需求，以及落实货物流线、贵宾流线、安防要求、展陈需求、藏品需求，从而优化空间布局和功能划分，提高文化场馆的运营效率、观众的参观体验、演员的使用体验。

（2）在初步设计完全确定之前，需要及时对新增需求做出反馈，及时管理新增需求，如功能调整、标准变化、需求增加等，以及由此引发的其他专业设计的相应变化。

（3）此阶段需求管理的重点是与需求相关的技术路线确定，在面对需求增加或者调整时，重点梳理需求变化引起的关联专业调整、造价及工期等多角度变化，协助建设单位和运营单位评价该需求落实的相关影响以及是否需要落实。

6. 施工图设计与施工阶段

施工图设计与施工阶段的重点是需求的落实和固化。

（1）在施工图设计阶段，项目管理团队需要对项目的需求进行详细的分析与整理，确保对文化场馆的功能、布局、剧目、展陈、服务、藏品、安防等方面的需求有全面深入的理解并固化这些需求，为施工打好基础。

（2）施工阶段需求发生变化时，需要综合图纸调整的审图风险、工期影响、造价影响、拆改风险等因素，提供给建设单位选择影响最小的方案，顺利推进施工，尽量避免拆改，确保在改动最小的基础上完成需求调整。

4.4 建设项目产品策划内容与流程

4.4.1 建设项目产品策划工作内容

建设项目产品策划的主要内容及流程，如图 4.4-1 所示。

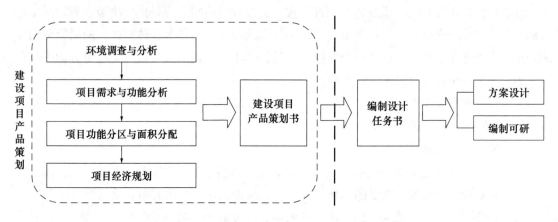

图 4.4-1 建设项目产品策划的主要内容及流程

4.4.2 建设项目产品策划工作内容

1. 环境调查与分析

（1）根据项目特点编制调查提纲。提纲主要内容包括：

1）建设意图：项目进度目标、投资目标、质量目标、建设目标等；

2）基本情况：立项报告及主管部门；

3）宏观环境：所在地的经济环境、所属行业的状况、项目可以享受的政策等；

4）当地外部环境：规划、交通、电力、供水、排水、供暖、电信、消防、环保、人防、绿建、地震、气象、造价等部门对项目有影响的规定或可提供的保障；

5）功能需求：项目最终用户的使用要求、特殊使用要求、使用面积要求，物业管理的要求等；

6）建设资金的来源：是财政拨款还是自筹或融资模式等。

（2）进行项目环境调查。调查的方式包括：

1）到项目所在地进行实地考察；

2）通过互联网进行资料的收集、购买等；

3）与项目建设单位的相关部门进行会谈，了解相关信息。

（3）编制初步报告。

2. 项目需求与功能分析

（1）项目总体定位：根据项目的宏观背景（宏观经济、区域经济、地域总体规划等）

确定并论证建设项目的可行性。

（2）项目需求与功能分析

1）分析项目最终用户的需要：明确项目最终用户的类型、对项目的期望、最终用户的活动分析；

2）分析项目经营管理的需要：建筑物的经营管理模式、建设面积的划分要求；

3）分析项目物业管理的需要：物业管理公司的管理要求、办公场所的功能；

4）编写项目管理需求与功能分析报告。

3. 项目功能分区与面积分配

（1）项目功能分区

1）根据项目需求与功能分析的结果，设定功能区并对各功能区进行定义；

2）明确各功能区的相互关系，根据项目工艺要求编制项目各功能区结构图和功能区列表。

（2）项目面积分配

1）根据需求分析，确定各功能区为满足需求所需要的使用面积；

2）根据规划要求，结合可建建筑面积的规定，综合平衡各功能区的面积分配；

3）根据项目各功能区之间的结构图和功能区列表，编制面积分配表。

4. 项目经济规划

（1）根据项目的功能需求、面积要求，结合环境调查中的有关经济造价资料，对实现项目建设目标所需的投资进行估算；

（2）结合项目结构，进行投资划分，明确实现各功能所需要的投资；

（3）根据建设单位的使用要求，运用价值工程的分析方法，对实现各功能区所需的投资进行分析与调整；

（4）结合建设单位的资金融资计划和项目建设进度节点的要求，为建设单位编制资金投入计划。

5. 建设项目产品策划书

建设项目产品策划书是建设项目产品策划的成果，主要包括设计任务书和可行性研究报告，形成过程如下：

（1）根据所完成的工作和文件，形成建设项目产品策划书的雏形；

（2）编制项目设计任务书和可行性研究报告；

（3）审查设计任务书是否满足项目建设要求和设计招标的要求；

（4）审查可行性研究报告是否满足可行性研究编制深度的要求和报批深度的要求。

4.4.3　建设项目产品策划工作流程

1. 收集项目信息资料

（1）收集项目内部资料。通过收集项目建议书及其批复文件，以及建设单位关于项目的会议纪要、建设用地批复文件、所在区域的法定图则等，熟悉项目定位、项目规模、投资、使用需求、工作计划等内容。同时应积极与项目所在地的规划、国土、水务、环保、交通等部门取得联系。

（2）收集项目建设有关的外部资料。通过收集场地及项目相关基础资料、各类技术报告等，了解并分析项目建设条件，确保资料收集的全面性和准确性。

（3）组织进行项目实地踏勘

项目实地踏勘的目的是将项目收集的信息资料与现场实际环境进行核对。通过了解用地条件、用地性质、现有的建筑物、构筑物、用地周边环境及配套设施等，研究场地地形特点，分析设计与建设难点，预判项目存在的问题等。

2. 编制策划方案大纲

按照项目需求和建设单位要求，编制策划方案大纲，指导并开展详细的策划工作。

3. 开展项目定位和目标研究

结合项目背景、使用单位需求、建设单位要求及市场调研，从城市规划及使用者的角度、建筑物全生命周期角度、管理角度出发，提出项目的定位；按照合同要求、建设单位需求以及相关文件要求，开展项目目标分析，确定项目建设目标。

4. 提炼策划内容

为了让项目更加明晰，需对项目的特点进行分析思考并提炼归纳，以达到清晰展示的目的。

5. 审议项目策划

提请建设单位审议项目策划方案，根据审议意见对其进行修改、完善，直至建设单位审议通过为止。经建设单位确认并同意实施的项目策划，作为项目实施建设的指导性文件。

4.5　文化场馆项目前期策划阶段重难点

文化场馆项目前期策划是在项目立项之前，以明确开发方向和路径的可研构思或概念方案，前期策划为可研报告及设计任务书的形成奠定基础。在实际操作中，文化场馆项目功能复杂、项目开发者决策人员多，需求及想法各异，无法统一；且由于此阶段较为前期，项目开发者对项目建设需求难以清晰描述，因此文化场馆项目前期策划存在较多难点。

4.5.1　确定项目定位需要进行深度研究

文化场馆项目定位需要结合国家及地区文化产业现阶段及未来发展规划、人民精神生活需要、地区文化场馆建设情况等进行项目调研；通过大量调查研究项目市场特色、项目市场潜力、业态分布及运营管理与盈利模式；分析类似项目发展情况、进行项目竞争力研究、合理确定项目定位。前期策划项目定位对项目建设指导是方向性的，是项目建设成功的关键，需要大量的时间、人力，进行充分的数据挖掘以及对趋势判断，需要非常专业的团队并投入较大的资源，进行深入研究。

4.5.2　前瞻性考虑后期规划及规模指标难度大

项目建设通常先策划再规划，策划和规划相互独立，又相互制约。策划阶段需要充分考虑建筑规模及规划内容（红线的规定、生态保护的要求等），既要保证建设规模以及规划符合相关规范要求，也要使后期项目规划满足相关审批部门要求，以确保策划成果具有更好的落地性。由于前期策划阶段和相关部门的协调沟通困难，并且需求规模和规范要求及后续规模批复可能存在较大差异；在策划阶段，前瞻性考虑后期规划及规模指标是策划的难点。

4.5.3　文化场馆项目内容创新策划难度大

文化场馆项目不断探寻着人们的精神需求，充分翔实的内容、活泼有趣的亮点、戏剧化的效果，才能吸引流量。如何巧妙地将智能化、信息化、数字化、可视化技术，运用到文化场馆的建设中；如何将更多仿真、虚拟、无展板技术通过动态、交互、沉浸、体验式等手段使内容更具表现性；如何对文化场馆项目进行内容创新，不断挖掘引发共情、构建叙事、塑造意义的内容等，都是文化场馆项目前期策划阶段在内容策划上的挑战。

第5章　项目资金筹措

项目资金筹措是项目前期阶段非常重要的一项工作，其成败直接影响项目的实施。建设项目资金筹措的渠道和方法很多，对于项目投资管理，要结合文化场馆项目的具体特点和资金需求开展相关工作，在资金的筹措方面，要尽可能拓展新的渠道，创新资金的筹措方式，才能够提高资金的利用效率。

5.1　项目资金筹措及其对投资项目的影响

所谓筹资，是指从各种不同的资金来源、渠道中挑选和争取，筹集足够的资金，以确保既定投资项目的顺利实施。建设项目投资所需资金应主要来自企业的内部积累，同时也应争取其他资金来源，从而形成多层次、多方式的资金筹措渠道。

建设资金来源是建设单位为了实现固定资产再生产的目的，必须从一定的渠道获得相应数额的资金。建设单位从不同途径取得资金，逐步形成了建设资金来源。建设单位的建设资金来源主要有：国家和其他方面拨款、银行借款及内部形成的资金等。

1. 国家和其他方面拨款是建设单位的无偿性建设资金来源，主要有预算拨款和自筹资金两种。预算拨款是由国家财政预算拨给建设单位用于建设的资金；自筹资金是由地方财政、各部门和各单位自行筹集并经批准拨给建设单位的资金。

2. 银行借款是指建设单位向中国各大商业银行、投资银行以及其他银行借入的各种建设款项，如建设投资借款、国内储备借款和临时周转借款等。

3. 内部形成的资金是指建设单位根据国家规定提取留用的建设资金。主要包括更新改造基金、生产发展基金、留用的建设收入等。

除此之外，近年来随着我国经济体制的改革以及对外开放的实施，建设资金的来源渠道也逐渐增多：一是利用发行债券、股票的方式筹集建设资金；二是利用外资，即通过在国外发行债券、中外合资经营、外汇借款等方式筹集建设资金。

多样化的建设资金来源渠道为我国固定资产再生产提供了有利的条件，同时也为我国的投资与建设管理工作提出了新的研究课题。

资金筹措对投资项目的影响巨大而深远。不同的资金来源、不同的资金结构、不同的资金成本、不同的还款方式、不同的偿还期限，不仅对投资方案的分析决策，而且对投资项目的顺利实施以及对投资项目投产后所产生的经济效益都起着举足轻重的作用。

5.2　建设项目资金筹措主体

5.2.1　融资主体的确定

建设项目资金筹措也称为项目融资，建设项目资金筹措主体即项目融资主体。项目融资主体属于项目法人单位，其主要职责是开展相关融资活动，并负有一定责任，承担相应风险。通常情况下有两种类型，分别为既有法人融资主体和新设法人融资主体。在确定融资主体过程中，要充分考虑建设项目的规模和行业属性。此外，还要对法人资产、经营现状、财务管理内容以及项目盈利程度综合考虑。对融资主体进行科学、有效地确定，能更高效地筹集资金，并化解部分债务风险。

5.2.2　既有法人融资与新设法人融资

（1）既有法人融资。这种融资方式，其融资活动的主体为既有法人。通常情况下，改造工程、扩建工程以及各类新建工程，都可以使用这种融资方式。

（2）新设法人融资。开展这类融资活动，其主体为新成立的、具有独立法人资格的项目单位。使用该融资形式的工程项目，其法人基本上都是企业属性。一些非营利性民生工程项目的推进建设，也要创立新事业法人。通常情况下，新建工程项目既有法人的部分资产剥离后，新成立的改建或扩建项目也可以使用这种融资方式。

5.3　建设项目投资筹措资金的基本要求

5.3.1　认真选择资金来源，力求降低资金成本

建设项目要想成功，无疑需要资金方面的大力支持。而对于决策人来说，必须采用科学的方法，认真选择资金来源。要选用科学的资金筹集渠道，为项目建设提供充足资金，同时能以更低的成本筹集到所需资金，从而全面提升项目的投资回报率。那么，应该如何选择正确的、合适的资金来源呢？这就要求全过程工程咨询单位协助建设单位在建设项目拟建之前，要针对各种资金来源的可能性和可行性进行认真地分析，科学选择资金筹集渠道，确保项目建设稳步进行，从而实现既定规划目标。

5.3.2　适时取得筹措资金，保证资金投放效率

项目建设需要一定数量的资金，不仅要确保资金筹措及时性还需保证资金投放效率。如果建设单位可以合理地安排该建设项目的投融资，而在时间方面又可以做到适时决策、完美衔接，那么就可以避免由于时间不合适而造成的损失。相反，如果在时间上没有进行合适的掌控，则会导致过早取得了资金，项目却迟迟没有启动，所筹措来的大量资金只能

闲置、浪费；反之，筹措资金的时间过晚，或者筹措来的资金过少，等到资金完备地落实时，建设项目的最佳投资时机已经错过。因此，在选择融资渠道时，需全过程工程咨询单位协助建设单位充分考虑筹资的经济性、便利性以及资金投放时间上的合理安排，从而有效节约相关费用。

5.3.3　合理确定资本结构，正确科学举债

如果建设单位能够合理利用项目举债，无疑可以为项目带来收益。贷款所支付利息，会先于所得税，被当作费用列支，并不显著影响项目的投资收益率。因此，建设单位通常会采取贷款方式，为建设项目筹集资金，从而能更加高效地使用内部资金。但同时需要注意的是，如果建设单位负债过多，那么也将承担更大的财务风险，从而降低建设项目的信用度，甚至一旦遇到不可预见的风险因素，这样的负债还可能导致破产。因此，全过程工程咨询单位要充分考虑建设单位资本构成，协助建设单位科学举债，有效确立内部资金和外债的比重，一方面要降低不必要的风险，另一方面要全面发挥举债的价值，保证建设单位有效开展建设活动。

5.4　资金筹措前资金需求评估分析

资金需求评估分析是一个相对复杂和系统的工作，需要进行全面考量，以确保项目能够正常进行并得到足够的资金支持。作为项目资金筹措前非常重要的一步，它能够帮助建设单位了解项目所需的资金量、资金计划及风险，为后续的资金筹措工作提供基础和依据。资金需求评估重点工作如下：

1. 成本估算

根据项目规划，全过程工程咨询单位协助建设单位进行成本估算工作，综合考虑项目性质、工期要求、质量目标、地区差异等情况，得出相对准确的成本估算结果。

2. 资金计划

全过程工程咨询单位协助建设单位制定详细的资金计划，确定项目各阶段所需的资金量和时间节点，以便合理安排资金筹措和使用，避免出现资金断层或浪费。

3. 市场调研

全过程工程咨询单位协助建设单位进行市场调研，了解当前资金市场的情况和各种筹资方式的可行性。通过与金融机构、投资者等多方面的沟通和交流，选择适合项目需求的资金筹措方式，并对筹措资金的利率、期限等条件进行评估和比较。

4. 风险分析

在资金需求评估中，全过程工程咨询单位还需要协助建设单位进行风险分析，考虑项目实施过程中可能会面临的不确定因素和风险，如市场价格波动、工期延误、技术变革等，对这些风险进行评估，并在资金筹措计划中留有一定的安全余量。

5.5　建设项目资金筹措的渠道及分析

5.5.1　地方政府债券

我国长期不懈地坚持改革开放，市场经济体制不断完善。在各个行业当中，政府的调控逐步被弱化，市场的调节作用进一步凸显。尽管如此，许多事关国家经济安全、民生的行业，政府仍发挥主导作用。在该类领域中，开展新建项目及项目扩建，资金需求量巨大，而政府投资就为其提供了重要资金保障。但随着各地财政投资紧缩，文化场馆项目未来建设资金的筹措也逐渐向多元化方向发展。

同时，国家为缓解政府投资资金压力也可以发行地方政府债券，地方政府债券按资金用途和偿还资金来源通常可以分为一般债券（普通债券）和专项债券（收益债券）。一般债券是地方政府为了缓解资金紧张或解决临时经费不足等情况而发行的债券。专项债券是地方政府为了筹集资金建设某专项具体工程而发行的债券。一般债券的偿还，地方政府通常是以本地区的财政收入作为担保。而专项债券的偿还，地方政府往往是以项目建成后取得的收入作为担保。

地方政府债券也有其缺陷，首先就是投资方向性较强，只有符合政策鼓励支持的产业才能够完成申请，而我国仍有较多的文化场馆项目是无法获得的，地方政府债券往往拥有较为严格的申请条件。

5.5.2　股东直接投资

股东直接投资这种资金筹措渠道，对建设项目来说是有一定优势的，最重要的优势就是项目主体通过这种投资渠道募集基金，可不必直面贷款投资的还款压力，资金也不会被抽调，使项目建设风险大为降低。

例如：中国海南国际文物艺术品交易中心项目，当地政府采用产业化运营模式，利用政府投资平台公司与社会资本相结合成立合资公司，共同负责项目的资金筹措、建设、运营，实现投资效率的最大化。

同时，股东直接投资的渠道也有一定的缺陷，会使项目发起人丧失原来的所有者地位，丧失控制权。

5.5.3　发行股票

企业为得到充足的资金，会不断开拓筹资渠道。上市公开发行股票，就是一种新的融资方式。新的股东向企业注资，会得到相应的管理权限，企业获得必要的资金，这就是股权融资。企业通过这种方式获得资金，可以不偿还本息，企业的债务压力明显降低。企业实施股权融资，新股东会获得相应所有权，并参与企业管理，由此公司的管理权限被进一步分化。当股东意见不一致时会对公司的正常发展造成影响，严重的会使原有股东丧失公司控制权，危及自身的利益。

5.5.4　银行贷款

根据不同的分类标准，银行贷款有很多种类。根据还款期限，可分为短期贷款和长期贷款。还款期限少于一年的贷款即短期贷款，超过一年，则被视为长期贷款；根据贷款条件，银行贷款分为信用贷款和抵押贷款。建设单位可以根据自己的信用等级，从银行得到不同金额的贷款，且不需要有抵押物的贷款即信用贷款；办理贷款时必须有抵押物，否则，根本不能从银行获得贷款的即抵押贷款。

5.5.5　企业债券

投资者购买企业的债券，企业向他们承诺会在固定期限内，偿还本金并支付利息。债券融资是一种新的融资方式，从根本上讲，债券是企业和投资者双方债务关系的证明，可以流通，具有安全性，并且购买者能获得收益。企业发行债券，能获得充足的发展资金，可以长期、自由支配使用，此外所形成的利息能抵扣企业税金，有较高的经济性。但如果企业经营活动举步维艰，等到发行的债券到期后，企业需要向投资人支付本金和利息，将会面临巨大的资金压力，甚至可能出现资不抵债的情况。

5.5.6　融资租赁

融资租赁是指企业将自身掌握的部分或者全部资产的占有权转交给承租方，他们愿意承受其风险和收益，企业从而获得一定数额资金的融资方式。

融资租赁方式的特点：第一，门槛不高，实施起来比较方便。企业要向银行申请贷款，会面对较高的门槛，如果企业通过贷款采购机械设备等大宗商品，则自身必须掌握固定金额的资金，这对企业发展极为不利。第二，当租赁期限完毕后，承租人有多种选择，可以继续租赁、停止租赁，也可以购买此设备。所以，当租赁期限结束后，如果设备受损严重，承租方可以停止租赁，从而有效规避风险。此方式在文化场馆项目建设中不适用。

5.5.7　借用国外资金

国内企业要借用国外资金，主要有两种渠道，分别是外国政府和国外金融服务机构。向外国政府申请贷款，利率会低于商业贷款，使用年限较长，但借贷金额受限制，而且手续繁琐，很难顺利实现贷款。相比而言，向国外金融服务机构申请贷款的难度相对较低，这类机构包括世界银行、亚洲开发银行等。

5.6　国内主要文化场馆投融资模式

本节选取国内五个不同规模的剧院类项目，分别介绍其投融资模式。

5.6.1　国家大剧院

国家大剧院是我国的重点文化工程以及中国最高表演艺术中心，建筑面积 12 万 m²，总座席 6000 多个，由国家财政拨款约 31 亿元兴建。国家大剧院定位为中央政府领导下的、公益性的、非营利的文化事业单位，每年总开支由国家拨款、经营收入社会筹资进行补偿。国家大剧院由北京市负责经营管理，实行理事会领导下的院长负责制。

大剧院的理事会由文化和旅游部、财政部、北京市的代表、社会知名人士、著名艺术家和大型企业的代表组成，院长由政府任命，负责大剧院日常的经营管理和艺术创作。

5.6.2　杭州大剧院

杭州大剧院位于杭州市钱江新城南端，总建筑面积 5.5 万 m²，总投资 8.78 亿元，全部由杭州市政府财政投资。杭州大剧院由杭州文化广播电视集团下属的杭州大剧院管理中心（杭州大剧院有限公司）运营管理。杭州大剧院始终秉持"艺术家展示才华的舞台、人民群众享受艺术的殿堂、构筑中外文化交流的平台"的理念稳步发展，努力打造一座让人民群众具有获得感与幸福感的剧院。

5.6.3　营口开发区大剧院

营口开发区大剧院坐落在营口经济技术开发区新城区，占地面积 5.2 万 m²，是落实《营口开发区文化事业"十二五"时期发展规划纲要》的重要工程。项目由外部景观区和大剧院主体建筑区两部分组成，总投资 7.07 亿元。外部景观区由开发区政府投资建设；主体建筑区引入社会资本，由北京京煤集团金泰地产公司和辽宁金帝建工集团联合投资以 BT（Build-Transfer，建设－移交）方式进行建设。投资范围包括除外部景观区之外的基础设施、大型停车场、主题剧场等。竣工后由投资方或其委托的审计部门负责审计，以审计的结算价作为基础价，考虑一定的优惠率，并在此基础上计算利息，利息按当期中国人民银行公布的 5 年期贷款利率高出 1 个百分点计算，依此计算政府回购价。政府回购分 4 次付款，每次支付回购价款的 25%。营口开发区大剧院引进北京保利剧院管理有限公司，通过与营口开发区政府签订委托管理合同，把经营管理权限交由保利院线进行后期的运营管理。

5.6.4　宁波文化广场大剧院

宁波文化广场大剧院是宁波文化广场项目的重要组成部分。宁波文化广场项目除大剧院之外，还包括科学探索中心、国际影城、健身中心、教育培训中心等。为了统筹项目建设，成立了项目公司即宁波文化广场投资发展有限公司，全面负责文化广场项目的投资、建设和运营管理任务，并对外进行文体产业多元化拓展。该项目公司由宁波开发投资集团有限公司牵头，与宁波市两家国有投资公司共同出资组建，注册资本 10 亿元，其中政府提供 8 亿元资本金。宁波文化广场项目总投资 32 亿元，其中，宁波大剧院总投资 6.15 亿元,实行"设计—建设—运营"一体化管理。项目公司从工程项目实施开始就寻找合作伙伴,把合作方对建筑的要求提前结合到项目设计建设之中。通过吸引国内外优秀的合作伙伴,引入战略投资者。起步阶段,宁波文化广场项目享受财政、税收、金融等政策优惠。宁波市政府每年补贴大剧院 1500 万元运行经费。宁波文化广场大剧院经营公司由宁波文化广场投资发展有限公司与北京保利剧院管理有限公司合资组建而成,实行所有权与经营权分离,面向市场自主经营。

5.6.5　武汉琴台大剧院

武汉琴台大剧院是琴台文化艺术中心的重要组成部分。琴台文化艺术中心由大剧院、音乐厅和月湖文化广场组成,总投资 26 亿元,建筑规模和现代化程度仅次于国家大剧院,位居全国第二。琴台文化艺术中心借助武汉市新区整体规划开发的契机,由武汉地产开发投资集团有限公司负责建设,其资金通过房地产企业的土地整理开发,土地增值后由政府进行上市交易获得项目建设资金。其中,武汉琴台大剧院项目总建筑面积 6.57 万 m^2,总投资 15.7 亿元,全部由武汉地产开发投资集团有限公司负责投资建设,政府给予政策支持。其管理体制与运营模式为:经市政府授权,北京保利剧院管理有限公司与武汉天河影业有限公司共同出资 300 万元,成立武汉琴台大剧院管理有限公司,出资比例分别为 51%和 49%。政府授权武汉地产开发投资集团有限公司代行国有资本出资者的职权,成立武汉琴台文化艺术中心经营管理有限公司作为武汉琴台大剧院的业主,委托武汉琴台大剧院管理有限公司经营。武汉市政府对武汉琴台大剧院采取"行业管理、委托经营、市场运作、政府补贴"的运营模式。年度经营目标确定为 100 场/年,政府补贴额度为 1800 万元/年,补贴范围为剧院物业管理、能源消耗、员工经费和演出补贴等。其中,演出补贴为平均每场 5 万元。

5.7　项目投融资模式分析与选择

本节以剧院项目为例,结合国内外大剧院建设实践,总结出大剧院投融资建设模式主要包括政府主导模式、BT 模式和公私合营模式(PPP)。三种模式对比分析,如表 5.7-1 所示。

剧院类项目投融资模式对比分析表　　　　　　　　表 5.7-1

序号	建设模式	建设目的	投融资模式	风险分担	投资效益
1	政府主导模式	发展文化事业	财政资金	政府承担全部投资、运营风险	资金使用效率低
2	BT 模式	发展文化事业	社会资金	投资方承担风险,政府承担回购风险	资金使用效率高
3	公私合营模式	发展文化事业、促进文化产业繁荣	财政资金与社会资金	企业和政府分担投资风险和运营风险	资金使用效率较高

5.7.1　政府主导模式

政府主导模式是剧院类项目建设普遍实行的一种模式。全部投资来自政府财政，成立事业单位对其进行管理与运营，如国家大剧院项目和杭州大剧院项目。其资金来源有两种：一是政府注资，二是银行政策性贷款。政府主导模式最大的优点就是资金来源有保障，资金投入风险小。但是，该模式财政投入大，不仅包括建设投资，还包括运行经费投入；财政负担较重，对银行贷款严重依赖，政府承担了绝大部分的投资风险。由于剧院类项目的盈利能力较差，借款期限多为中长期，政府还款压力大。因此，按照文化事业属性进行管理，不追求投资回报率，没有竞争压力，不利于提高经营管理水平和文化服务水平。从现有的剧院类项目运营情况来看，除上海大剧院外，其余大剧院市场化运作不足，自我造血功能不强，还需要政府的持续补贴。

5.7.2　BT 模式

BT 模式是指政府在项目建成后从私营企业中购回项目，可一次支付、也可分期支付，比如营口开发区大剧院建设模式。与政府主导模式不同的是，政府不用对项目建设过程进行投资与管理，不用先期垫付大量资金用于项目建设，规避了融资风险和建设风险。政府不参与项目建设，也避免了权力寻租行为。用于回购的资金往往是事后分期支付，减轻了财政压力；私营企业是项目投资人，负责项目融资和建设过程，承担了融资风险、投资风险和建造风险。私营企业必须向政府移交符合设计要求、工程质量合格的产品。通过 BT 模式，可以发挥私营企业的专长，运用市场机制，提高项目的设计、施工和建造水平，缩短工期，让剧院类项目尽快发挥社会效益和经济效益。BT 模式本质上是企业的资本运作和投资活动，风险大、收益也高，具有一定的激励作用，激励私营企业在政府规划目标下，提高项目设计与建造水平，降低造价，尽早交付合格的产品，并获得投资回报。

5.7.3　PPP 模式

PPP（Public-Private Partnership）模式是一种以公私合作"双赢"为理念的现代项目融资模式。PPP 模式的最大特点是将私人部门引入公共领域，利用私营企业所拥有的先进技术和管理经验，使公众得到更优质的公共服务。PPP 模式强调的是优势互补、风险分担和利益共享。在 PPP 模式中，政府始终参与其中，有利于政府对项目发挥必要的影响力，保证项目满足公众预期，如宁波文化广场大剧院、武汉琴台大剧院均是采用此种模式。

5.8　风险管理及筹措资金使用

5.8.1　风险管理

全过程工程咨询单位需要识别和评估资金筹措过程中可能存在的风险，并采取相应的管理措施来降低风险的发生和对项目的影响，并加强对资金流动性的监测和管理，确保筹措到的资金能够按时到位，避免资金断层或浪费。

项目资金筹措的风险管理是在项目实施过程中，针对资金筹措相关的风险进行识别、评估、控制和应对等一系列活动。

1. 风险识别

项目资金筹措阶段需要识别可能面临的各种风险。这些风险可能包括资金来源不稳定、相关方未能履行承诺、市场不确定性等。全过程工程咨询单位应通过对项目筹资过程进行全面分析和审视，提前识别潜在的风险因素。

2. 风险评估

全过程工程咨询单位对于已识别出的风险，应进行评估，确定其概率、影响程度和优先级，协助建设单位更好地分配资源和制定相应的风险管理策略。

3. 风险控制

在项目资金筹措阶段，全过程工程咨询单位协助建设单位采取多种控制措施来降低风险，如：多元化资金来源、建立合理的融资计划、寻求风险转移机会等。通过控制措施可以减少资金筹措过程中的不确定性和风险。

4. 风险应对

在项目建设过程中，即使已经采取了一系列控制措施，仍然可能出现未预料到的风险事件。在资金筹措阶段，风险应对包括建立灵活的应对机制、制定备用方案、与相关方进行积极沟通等，及时应对风险事件，可以减少其对项目资金筹措的影响。

5. 监测与审查

项目资金筹措过程是一个动态的过程，全过程工程咨询单位需要不断监测和审查已采取的风险管理措施的有效性。通过定期检查并与实际情况进行对比，及时调整和改进已采取的风险管理措施。

6. 合规性管理

在资金筹措过程中，合规性是一个重要的方面。确保符合法律、法规和政策的要求，避免违反相关规定所带来的风险。因此，在资金筹措过程中，全过程工程咨询单位应协助建设单位做到严格遵守相关法律法规，并确保透明度和诚信。

5.8.2　资金使用监控

全过程工程咨询单位应协助建设单位建立健全的资金使用监控机制，确保筹措到的资金用于项目建设，并按照合同约定和预算计划进行合理安排和使用；同时，对资金的支出进行审计和核对，确保资金使用的合规性和效益性。

资金使用监控是在项目执行期间对所获得的资金进行监测和控制的一种管理机制。它旨在确保项目资金被正确、有效地使用，确保其用于实现项目的目标和计划。

1. 资金规划

在项目启动阶段，全过程工程咨询单位应协助建设单位根据项目需求和计划制定涵盖各个项目活动的费用、资源分配以及时间安排等信息的详细资金规划，以确保资金使用的合理性和透明度。

2. 资金流程管控

全过程工程咨询单位应协助建设单位建立包括资金的收入、支出、结余等环节的清晰资金流程管控机制，以追踪项目资金的运作过程。通过建立审批流程、制定财务制度和规范操作程序来保证资金流向的准确性和合规性。

3. 费用核算与报销

项目所有支出必须符合资金规划，并且应有相关的凭证和文件记录作为依据。核算和支付过程应由专人负责，并进行严格审核和监督。

4. 监控与报告

对资金使用进行定期监控和报告，以确保项目运作的透明度和效率。监控可以通过财务报表、项目进展报告、会计审计等方式进行，及时发现和解决可能存在的问题或风险。

5. 内部控制机制

全过程工程咨询单位协助建设单位建立健全内部控制机制是资金使用监控的基础。健全的内部控制机制应包括清晰的责任分工、权限管控、信息系统安全等方面。通过内部控制的实施，可以有效防范潜在的风险和滥用行为，确保资金使用符合规定和政策要求。

5.8.3 资金回报管理

全过程工程咨询单位协助建设单位对筹措到的资金回报进行监管和管理，确保资金得到合理利用，按时偿还债务或分配收益，并制定明确的还款计划或股权回报安排。

1. 目标设定

在项目启动阶段，全过程工程咨询单位应协助建设单位明确可以通过量化的指标或者财务目标来衡量的项目目标和预期的资金回报，如投资回报率、净现值等。明确目标有助于确定预期的资金回报水平，并为后续的跟踪和评估奠定基础。

2. 资金跟踪与监测

全过程工程咨询单位应协助建设单位建立包括收入、支出和结余等方面的记录和报告有效跟踪和监测机制，对项目资金的使用情况进行实时监控。通过跟踪资金的流向和运作情况，能够及时发现潜在问题和风险，并采取相应的措施进行调整和优化。

3. 资金效益评估

全过程工程咨询单位应协助建设单位对项目资金的回报进行定期评估，分析项目所带来的经济效益和社会效益。评估可以通过财务分析工具和方法进行，如财务比率分析、投资评估模型等。同时，还可以考虑非财务因素，如社会影响和可持续发展等，进而综合评估项目的整体效益。

4. 控制和优化

全过程工程咨询单位应协助建设单位根据资金回报的评估结果，采取相应的控制和优化措施，包括调整项目活动、优化资源配置、降低成本、提高效率等。通过持续的控制和优化，确保项目能够最大程度地实现预期的资金回报，并与项目目标保持一致。

5. 学习和改进

全过程工程咨询单位应协助建设单位建立资金回报管理学习和改进机制，不断总结经验教训，优化管理方法和流程。通过经验积累和知识分享，提升组织对资金回报管理的理解能力，不断提高项目的资金回报水平。

5.8.4　信息公开透明

全过程工程咨询单位应协助建设单位及时向相关方披露项目资金筹措和使用情况，保持信息公开透明，以增加项目的吸引力和信任度。同时，积极与银行、政府、投资者等合作方进行沟通和协商，共同解决可能存在的问题和难题。

综上所述，文化场馆项目既是一个城市的标志性文化景观，也是传播文化艺术，培育文化消费市场，提高公众文化素养的重要场所；既是繁荣文化事业的依托，也是促进文化产业发展的载体，兼具社会属性和经济属性。同时，其设计、建造和运营的专业性强，选择合适的投融资模式，有利于发挥项目的文化功能，实现应有的社会效益和经济效益。作为文化体制改革的一部分，应根据项目的实际情况，积极探索合适的建设模式。在项目开展前期，全过程工程咨询单位应协助建设单位对项目建设运营方案进行决策分析，开展有效的资金筹措研讨会，进一步明确资金筹措的渠道和方式，避免资金筹措工作出现问题，提高资金筹措的效率，使建设项目决策准确、可行，明确建设项目投资管理的方向和目的，推动建设项目顺利开展。

第6章 项目建议书编制与评审

项目建议书又称项目立项申请书或立项申请报告，由项目筹建单位或项目法人根据国民经济的发展、国家和地方中长期规划、产业政策、生产力布局、国内外市场、所在地的内外部条件，对拟建项目提出框架性的总体设想。它要从宏观上论述项目设立的必要性和可能性，把项目投资的设想转变为精练的投资建议，以达到减少盲目选择项目的目的。本章主要阐述项目建议书阶段的全过程工程咨询服务内容。

6.1 咨询工作主要内容

6.1.1 编制依据与编制原则

1. 国家相关规定

（1）国民经济的发展、国家和地方对文化建设的中长期规划政策。

（2）产业政策、生产力布局、国内外市场、项目所在地的内外部条件。

（3）有关机构发布的工程建设方面的标准、规范、定额等信息。

（4）其他相关的法律、法规和政策。

2. 建设项目资料

（1）投资人的组织机构、经营范围、财务能力等。

（2）项目资金来源落实材料。

（3）项目初步设想方案。

（4）联合建设的项目需提交联合建设合同或协议。

（5）根据文化场馆建设行业要求，项目的特殊工艺设计需要的其他相关资料。

（6）全过程工程咨询机构的知识和经验体系。

（7）其他与项目相关的资料。

3. 编制原则

（1）根据国家社会经济文化发展的长远规划和行业、地区发展规划、经济建设的方针、技术和经济政策，结合资源情况、建设布局等条件，在调查研究、收集资料、调研踏勘建设地点、初步分析投资效果的基础上，把论证的重点放在拟建项目是否符合国家宏观经济政策上，是否符合产业政策和结构及资源、生产力布局上，以减少重复建设、盲目建设，避免由于项目与国家宏观经济政策不符而导致不能立项。

（2）在市场、技术分析方面，主要论述发展前景、工艺技术成熟性。

（3）在建设地点的选择方面，避免与当地的规划和用地发生矛盾。

（4）项目建议书阶段不能确定项目能否成立，属于推荐性质，其经济分析、计算指标不宜过多。

6.1.2　编制要求

（1）一般而言，项目建议书包括项目建设的必要性、建设内容和建设规模、场址选择、初步建设方案、项目进度安排、初步投资估算和资金筹措、财务与经济影响分析、环境影响评价与社会影响评价及结论与建议等内容。上述内容可根据实际需要对编制内容予以补充或删减。其中，项目建设的必要性是项目建议书的核心内容，主要从项目建设背景、相关规划与政策、需求分析、建设意义和时机等方面，阐述拟建项目的建设是否必要，时机是否恰当，需求是否迫切等问题。

（2）项目建议书应当按照有关规定附具文件，包括相关规划批复文件，以及法律、法规规定的其他相关依据性文件。

（3）项目建议书文本应规范，文字应简洁准确，数据应真实可信，资料应翔实，分析方法应科学，计量单位应标准化，结论应明确。政府投资项目的项目建议书成果文件应当加盖工程咨询单位公章和咨询工程师（投资）执业专用章。

6.1.3　编制要点

1. 前言部分

简要介绍项目的背景、项目提出理由与过程、项目实施的主要目的和意义、项目前期已完成工作的主要内容与结论，以及其他需要特别说明的内容。

2. 项目概况部分

（1）项目法人机构名称、机构类型、法定代表人、机构宗旨和业务范围等。

（2）项目建议书的编制依据。控制性详细规划、相关发展规划、建设规划、国家有关法律、法规、政策、建设标准、设计规范、中介服务合同及其他有关依据资料。

（3）项目基本情况。项目名称、建设地点、功能定位和建设目标、主要建设内容及规模、建设进度计划、投资估算与资金筹措。

3. 项目建设背景及必要性部分

（1）项目背景。阐述建设项目投资建设的缘由、酝酿和策划过程、项目建设的主要目的、拟建项目提出的依据，包括国民经济和社会发展规划、主体功能区规划、专项规划、区域规划、行业发展规划、专业规划的要求，以及当前存在的问题、前期工作内容及进展等。

（2）项目建设必要性分析。从宏观战略层面，分析论证拟建项目是否符合合理配置资源和有效利用资源的要求；是否符合国民经济和社会发展规划、主体功能区规划、专项规划、区域规划、行业发展规划、专业规划的要求；是否符合国家技术政策和产业政策、产业发展方向、产业空间布局、行业规范条件等要求；是否符合保护环境、可持续发展的要求。从微观需求和技术经济条件等层面，阐述拟建项目的迫切程度和建设时机的适应性，分析论证拟建项目是否能够改善城市公共基础设施条件与人民的精神生活水平、提升公共事业发展水平、促进区域社会经济文化协调发展等。

（3）项目建设作用和意义。综合阐述建设项目对合理利用资源、保护生态环境、促进社会公平、满足人民的文化精神生活需求、促进经济社会协调可持续发展的作用等。

4. 建设内容与建设规模部分

（1）社会和市场需求分析

阐述建设项目拟提供的服务（产品）供需现状；阐述社会公众需求意愿调查结果和分析结论；预测服务生存空间。对于有收费机制的政府投资项目，进一步分析项目的市场竞争力和发展前景，确定服务对象的目标市场。不同文化产品类型的项目的需求预测具体内容具有一定的差异性，但其研究深度和结果应满足项目建设规模和总体方案的要求。

（2）建设目标与功能定位

阐述建设项目功能定位、建设目标和建成后满足需求的程度等。

（3）建设内容与规模

根据建设项目需求分析的结果，确定建设内容，根据有关建设指标要求及内外部约束条件，论证项目建设规模的合理性。

5. 项目选址部分

（1）选址原则

按照土地管理、自然资源和环境保护等法律法规的规定，从节约用地、少占耕地、减少拆迁移民、保护自然环境和生态平衡、合理布置和安全运行等方面出发，结合项目所在行业及自身特点，科学合理地提出拟建项目的选址原则。

（2）选址方案

重点从工程条件、社会保障条件和经济条件等方面进行选择。工程条件包括占用土地种类及面积、地形地貌、气候条件、地质条件、地震情况、施工条件等的比选；社会保障条件包括征地拆迁和移民安置条件、社会依托条件、生态环境条件、交通运输条件等的比选；经济条件包括建设投资、运营费用及交通运输费用的比较等。

明确项目地点与地理位置、选址地块范围及周边环境、用地面积、土地权属类别、规划用地性质、占用耕地情况、取得土地的方式、建筑容积率限值、建筑高度限值等。

如有需要，应根据选址的基本要求和主要论证内容，结合相关规划情况和设计方案，对两个及以上的选址方案进行工程条件和经济条件的综合比较，通过科学的多方案分析比较，给出推荐方案和推荐理由。

6. 初步建设方案部分

（1）建设目标与功能定位

根据行业建设标准，并结合相关发展规划、建设规划和发展需求，采用定量化分析方法对项目建设内容和规模的需求进行分析研究。阐述拟建项目功能定位、建设目标和建成后满足需求的程度等。

（2）建设方案

根据拟建项目需求分析、初拟的建设内容和规模、初拟选址等方面，重点对拟建项目的方案进行初步比选研究，并推荐初拟方案。根据相应的建设标准和确定的使用功能，明确建设内容，既要列出整个工程建设内容，也要明确各工程单体的具体功能内容。涉及现状设施拆除的，还应对"拆旧新建"和"保留改造利用"进行技术经济比选，择优确定推荐方案。

布局方案主要包括研究拟建项目的平面布局、功能布局、建筑内部交通组织流线和竖向设计，合理确定总体布局方案；技术方案通常包括工程技术、工艺技术、主体结构选型和主要设备选型等，重点研究采用技术方案的合理性、先进性、适用性、可靠性、经济性。

（3）建设条件

分析为满足拟建项目的主体建设目标与功能所需的内外部条件，包括建设场地条件、交通条件、市政配套条件、污染物处理处置条件、施工条件、原材料供应条件等。对除主体建设方案之外的必要配套工程提出建设设想。

7. 项目进度安排部分

根据拟建项目的内外部条件，分析项目从决策到建成投产或交付使用所需的时间，结合项目特点，初步提出预期合理的建设工期和进度安排方案。

8. 初步投资估算与资金筹措部分

（1）编制说明

根据行业特点，确定投资估算的编制依据、范围及费用构成。

（2）初步投资估算

明确估算的价格基期及所采用的价格体系，依据相关标准规定初步估算拟建项目总投资，按照行业要求编制项目投资估算表。投资估算具体应包括建安工程费用、工程建设其他费用、预备费及列入项目投资估算中的相关费用。工程建设其他费用的具体内容和计算依据，按相关规定执行。

（3）资金筹措及使用计划

提出拟申请政府投资的方式、投资额、资金来源及融资方案，如有分期建设应初步明确资金分期使用计划，具体可以参考本书第 5 章内容。

9. 财务与经济影响分析部分

（1）财务与费用效果分析

依据行业的特点和要求，结合项目的不同情况，对政府直接投资项目主要进行初步的财务生存能力和费用效果分析；对政府注入资本金项目进行初步财务分析，主要分析其偿债能力和可持续能力。

（2）经济影响分析

对行业发展、区域经济或宏观经济产生明显影响的项目，重点分析拟建项目初步的经济费用效益或费用效果，对所在行业和关联产业发展的影响，以及对区域经济发展的影响。

10. 环境影响评价及社会影响评价部分

（1）环境影响评价

环境影响评价工作通常在项目决策和开发建设活动开始前开展，以防止项目建设对环境产生重大影响，具体开展时间可结合项目实施情况而定。在环境影响评价的组织实施中必须坚持可持续发展战略和循环经济理念，严格遵守国家的有关法律、法规和政策，做到科学、公正和适用。

（2）社会影响评价

从社会发展的角度，研究项目的实施目标及影响。通过对社会经济文化因素、社会组织、社会政治背景和利益相关者需求的系统调查，分析评价社会影响和风险等，以消除或缓解不利社会影响。

11. 结论与建议部分

概括地提出相关结论。包括：项目建设的必要性和意义；建设内容与规模；场址选择与建设地点；项目进度安排；投资估算及资金筹措方案等。针对下一阶段需要开展的工作，特别是需要进一步研究和解决的问题，提出措施建议。

12. 附表、附件和附图部分

包括项目投资估算表、初步建设方案附图及与编制项目建议书相关的附件。

6.1.4　常见问题解析

1. 项目建议书仅仅是给审批部门看

项目建议书对于政府投资项目是决策程序上的要求。通过项目建议书判断项目是否具有必要性，是否值得投入更多的人力、物力进行可行性研究。有人认为编制项目建议书仅仅是为了获得审批部门的认可和批复，以便进入下一阶段工作程序，这存在认知的片面性。

项目决策的参与部门包括项目单位、审批机关、咨询机构、有关行业主管部门甚至金融机构，所以编制项目建议书具有多重意义。报送审批部门获得批复的同时，也应站在建设方、投资方的立场，对项目构想进一步论证，从宏观角度分析研究项目的必要性和可行性，初步论证项目建设是否符合国家长远计划、地区和行业发展规划、产业政策和生产力布局，进行初步的市场调查和主要产品的市场需求分析；结合建设地点和项目特点初步分析项目建设条件（工程地质、工艺技术、资源供应、外部运输、环境治理等），采用粗略的估算方法初步匡算项目建设投资和资金筹措的设想方案，对项目的经济效益和社会效益进行初步分析。

从另一个角度说，无论投资方、建设方还是审批部门，其根本利益是一致的，共同目的是服务项目。故应通过编制建议书的过程，使各方充分沟通，从不同视角对项目提出合理建议，使决策更加科学，设计更加合理，以大大提高后期实施的便利性。所以，项目建议书实际是一个部门协作、共同优化项目的过程，绝不是单纯的"应付"审批部门。

2. 不重视项目前期信息的收集管理工作

项目建议书是政府投资项目决策的开端。通常来说，决策是人们为了实现特定目标，在掌握大量有关信息的基础上，运用科学的理论和方法，系统地分析主客观条件，提出方案、优化方案、确定方案的过程。编制好项目建议书，重要的基础是要掌握大量有关信息，信息越准确、分析方法越科学，设计越合理，则拟建项目越成熟、可靠。有的编制机构为了节约成本，往往省去了非常重要的调查研究环节；从建设方了解需求后，参考同类工程，加之经验构想，编织一段"故事"，使项目建议书看上去依据充分、内容合理。这种做法表面看是节约了成本，提高了效率，但却为下一阶段的工作埋下很多隐患，甚至"差之毫厘，谬以千里"。总体来说，项目建议书阶段应收集了解的主要信息包括：与项目实施相关的法律、法规、规划及政策信息，有关行业标准规范，区域自然资源情况、行业发展现状等。只有信息收集充分有效，才能够依靠高质量的信息资源，按照功能化、工程化、数量化的要求，进行项目方案的构造设计，提出合理的建设规模、选址方案、环境保护治理方案、资源利用方案等，保障项目下一阶段工作的准确性、有效性。

3. 项目建议书阶段即开始设计工作

为了使项目建议书看起来更加"专业"，很多项目建议书编制单位通常将工程设计章节大量描述，甚至达到初步设计的深度，占据了项目建议书的大量篇幅。一般情况下，适当提高项目建议书的编制深度，对项目前期工作是有益的。但是如果没有抓住项目建议书阶段需要解决的主要问题，在其他有关条件尚不成熟的情况下，过多地论述下一阶段的工作内容，不仅达不到预期目的，反而浪费了大量的工作精力。按照《政府投资条例》有关规定，项目建议书主要解决的是项目实施必要性的问题。对于工程设计的具体方案，在建议书阶段只是初步构想，真正指导项目实施的工程方案需要依法履行土地、规划、建设等部门相关审批手续后才可最终确定。在编制项目建议书过程中，应该遵从规律、抓住本阶段工作重点，不应超前去完成下一阶段的工作。

4. 只谈有利方面不讲风险

为了促成项目实施，在项目建议书阶段要充分列举项目实施的有利条件，详细说明项目的经济效益和社会效益，以此肯定投资的必要性。但一个项目从谋划到建设，再到运营，通常都有一个较长的周期。站在项目建议书阶段来看，项目是一项未来建设的投资计划，存在诸多不确定因素，如政策调整、环境与社会、技术升级、资源开发等，这些都将影响项目的建设及效果，有些影响甚至是颠覆性的。概括来说，项目建议书阶段的风险分析，应当尽量预估项目实施过程中可能存在的潜在风险因素，设想这些因素发生的可能性以及由此造成的影响，研究提出防止或减少不利影响的初步对策或建议，为下一阶段是否开展更深入的风险评估工作提供依据。

6.2　管理工作主要内容

6.2.1　组建编制团队

全过程工程咨询单位应根据与建设单位签订的书面委托合同要求，及时组建项目建议书编制团队，确定项目建议书编制负责人，针对文化场馆项目特有的舞台机械、灯光音响、展陈等工艺需要有对应的专业咨询人员作基础的技术指导。如果全过程工程咨询单位与建设单位签订合同中不包含项目建议书编制工作，全过程工程咨询单位则需要及时督促项目建议书编制单位组建团队，并审核编制团队人员资质是否满足合同要求。

6.2.2　收集项目基础资料，组织现场踏勘

全过程工程咨询单位完成上述团队组建后，应及时组织开展调查研究工作，收集整理有关资料，包括同建设单位对接，同行业主管部门调研沟通，到项目所在地区调研，多渠道收集了解项目背景、项目单位和工程方案、与项目有关的区域发展规划、产业政策、技术规范和标准、行业准入要求，以及规划批复等各方面所必需的信息资料和数据。如果已经确定项目选址位置，则需组织各单位进行现场踏勘，深入了解场地情况。

6.2.3　组织审核及评审工作

全过程工程咨询单位协助建设单位对项目建议书进行审核和评审，具体如下：

1. 内部审核

在项目建议书编制完成后，内部审核是必不可少的一步。该审核过程通常由内部专业人员或项目管理团队进行。审核人员需要仔细审查项目建议书的内容，确保其完整、准确、一致且符合相关要求。

2. 多部门评审

充分利用全过程工程咨询单位和建设单位各个部门的专业知识和经验，集思广益，为项目提供全面的意见和建议。多部门评审可以确保项目建议书能够获得多方面、多角度的评估和考量，以提高项目决策的准确性和可信度。

3. 外部专家评审

组织行业内的权威人士、学者或具有相关经验的从业者等外部专家评审，通过外部专家对项目建议书提出的独立、客观、专业评估意见反馈，帮助建设单位发现潜在问题，并为决策提供参考。

4. 管理层审批

项目建议书最终需要经过管理层的审批。管理层包括组织的高级领导和决策者，在审核和评审过程中起着至关重要的作用。他们根据项目建议书中的目标、需求、可行性分析以及审核和评审结果，对项目进行最终决策和批准。

5. 建议和改进

审核和评审过程的主要目的是为项目建议书提供建议和改进意见。当发现项目建议书存在问题或有待完善之处时，及时督促编制单位修改完善。

6.2.4 组织与政府审批部门沟通批复

项目建议书经过审核和评审后，全过程工程咨询单位需要协助建设单位与政府审批部门协调沟通，及时跟踪和反馈审批部门意见，确保项目建议书批复。

6.2.5 组织学习和改进

项目建议书批复后，全过程工程咨询单位应进行总结和反思，不断学习和改进管理思路和方法，通过经验积累和知识分享，提升项目建议书阶段的管理能力和水平，不断提高项目建议书的质量和有效性。

第7章 可行性研究咨询与管理

项目可行性研究是在项目建议书初步研究基础上，对项目建设可行性的深入研究。可行性研究阶段需要针对"项目背景及必要性、项目建设目标及定位、需求分析及建设规模、场地选址及建设条件、工程建设方案、交通影响评价咨询、项目运营管理、项目投资、项目风险分析"等具体内容提出翔实的意见。

7.1 咨询工作主要内容

7.1.1 项目背景及必要性咨询

在可行性研究阶段，项目背景分析是非常重要的一步。项目背景分析主要包括项目的发展背景、社会经济、文化环境、发展趋势以及市场需求分析和政策环境分析等方面。通过对项目背景的分析，可以更好地了解项目的需求和市场前景，为项目的后续规划和实施提供有力的支持。这些信息可以帮助确定项目的可行性和市场定位，为后续的研究和分析提供基础。

对于项目的必要性（主要包括对项目的市场需求、社会效益、经济效益等方面），全过程工程咨询单位应协助建设单位进行充分地分析和评估，以确定项目的可行性和发展前景。同时，还需要对项目的投资规模、建设周期、运营模式等方面进行研究和分析，为项目的后续规划和实施提供依据。此阶段的咨询中，对于文化场馆项目应重点分析对标项目以及本地区已建设完成的文化场馆项目的规模及用途，以避免追求大而全和不必要的重复性建设。

7.1.2 项目建设目标及定位咨询

全过程工程咨询单位针对建设目标咨询主要工作包括项目的功能定位、建设规模、投资预算、建设周期等方面的分析。同时，还需要对项目的运营模式和管理体制、市场定位等方面进行研究和分析，为项目的后续规划和实施提供依据。

合理确定建设项目的定位，全过程工程咨询单位的主要工作包括对社会需求、地理位置、投资规模、竞争情况、政策支持和文化特色等因素进行分析和评估，以确定项目的功能定位和市场定位。同时，还需要考虑项目的服务对象、文化内涵和发展方向等方面，为项目的后续规划和实施提供依据。

7.1.3 需求分析及建设规模咨询

1. 需求分析

需求分析主要包括社会需求分析、地理位置分析、投资规模分析、政策支持分析、文化特色分析和竞争情况分析等。

（1）社会需求分析：了解当地文化市场的需求和发展趋势，分析文化场馆的服务对象、服务内容和服务方式等方面的需求，为项目的功能定位和市场定位提供依据。

（2）地理位置分析：分析项目所处的地理位置和周边环境，了解当地文化市场的特点和竞争情况，为项目的发展方向和市场定位提供依据。

（3）投资规模分析：根据项目的投资规模和预算要求，分析项目的建设规模、建设周期和投资回报等方面的需求，为项目的投资决策提供依据。

（4）政策支持分析：了解当地政府对文化产业的政策支持和鼓励程度，分析政策对项目建设和运营的影响，为项目的规划和实施提供依据。

（5）文化特色分析：分析当地文化特色和历史背景，了解文化场馆项目的文化内涵和发展方向，为项目的功能定位和文化定位提供依据。

（6）竞争情况分析：分析当地文化市场的竞争情况和竞争对手的优劣势，为项目的市场定位和发展方向提供依据。

2. 建设规模咨询

全过程工程咨询单位的工作主要是协助建设单位根据项目的使用功能，确定建筑面积的需求；根据项目的投资规模和预算，确定建筑面积设置的可行性；根据当地的规划和建设标准，确定建筑面积设置的合理性；根据项目的市场定位和发展方向，确定建筑面积的优化方案；根据项目的运营模式和管理要求，确定建筑面积的功能布局和空间设计。

7.1.4 场地选址及建设条件咨询

场地选址及建设条件的咨询工作主要包括场地选址、场地评估、建设条件、建设成本、建设风险和建设可行性。

（1）场地选址。根据项目的功能定位和服务内容，结合当地的城市规划和发展趋势，选择合适的场地作为项目用址。

（2）场地评估。对选定的场地进行评估，包括场地的地理位置、交通便利程度、周边环境、土地性质、用地规划等方面的内容。

（3）建设条件。对场地的建设条件进行评估，包括场地的土地性质、地形地貌、水文地质、气候条件等方面的内容。

（4）建设成本。根据场地选址和建设条件，评估项目的建设成本，包括土地购置费、基础设施建设费、建筑物建设费等方面的内容。

（5）建设风险。对场地的建设风险进行评估，包括自然灾害、环境污染、政策风险等方面的内容。

（6）建设可行性。综合考虑以上因素，评估场地的建设可行性，为项目的后续规划和设计提供依据。

7.1.5　工程建设方案咨询

工程建设方案咨询的主要工作包括建设方案设计、土地选址和规划、工程设计、施工管理质量检测和环境保护等方面的考虑。具体来说需要根据项目的定位和服务内容，制定建设方案设计。

（1）统筹组织建筑方案设计，包括：场馆类型、功能、规模、布局等；

（2）选择合适的土地，并进行规划设计，包括场馆建筑、停车场、绿化带等方面；

（3）工程设计，包括建筑设计、结构设计、机电设计等方面；

（4）对施工过程进行管理和监督，确保施工质量和进度符合要求；

（5）对工程建设过程中的各项质量进行检测和评估，确保工程质量符合要求；

（6）对工程建设过程中的环境保护进行监督和管理，确保环境污染得到有效控制。

7.1.6　交通影响评价咨询

交通影响评价咨询的工作主要包括交通调查、交通模拟、交通影响评价、交通规划、交通管理、环境保护等。

（1）交通调查。对项目周边的交通状况进行详细的调查和分析，包括道路、公交、地铁、停车等方面的情况。

（2）交通模拟。利用交通模拟软件对项目周边的交通流量进行模拟，预测项目建成后对周边交通的影响。

（3）交通影响评价。根据交通调查和交通模拟结果，对项目建成后对周边交通的影响进行评价，包括道路通行能力、公共交通服务水平等方面的考虑。

（4）交通规划。根据交通影响评价结果，提出相应的交通规划建议，包括道路改造、公共交通优化、停车管理等方面的建议。

（5）交通管理。对项目建设过程中的交通管理进行咨询和监督，确保施工期间对周边交通的影响得到有效控制。

（6）环境保护。对项目建设过程中的环境保护进行监督和管理，确保环境污染得到有效控制。

7.1.7　项目运营管理咨询

项目运营管理咨询的工作主要有项目定位和服务内容、市场调研和分析、运营模式设计、运营管理组织架构设计、运营管理流程设计、运营管理系统建设、运营管理人员培训、运营管理监督和评估。

（1）项目定位和服务内容。根据项目的定位和服务内容，制定相应的运营管理方案，包括场馆类型、功能、规模、布局等方面。

（2）市场调研和分析。对项目周边的市场进行调研和分析，包括人口结构、消费水平和文化需求等方面的情况，为项目运营提供参考依据。

（3）运营模式设计。根据项目定位和市场调研结果，设计相应的运营模式，包括票务管理、场馆租赁、活动策划等方面。

（4）运营管理组织架构设计。根据运营模式设计，制定相应的运营管理组织架构，包括人员配置、职责分工等方面。

（5）运营管理流程设计。根据运营模式和组织架构设计，制定相应的运营管理流程，包括票务管理流程、场馆租赁流程、活动策划流程等方面。

（6）运营管理系统建设。根据运营管理流程设计，建设相应的运营管理系统，包括票务管理系统、场馆租赁系统、活动策划系统等方面。

（7）运营管理人员培训。结合运营管理组织架构和流程设计方案，对相关人员进行培训，确保运营管理工作顺利进行。

（8）运营管理监督和评估。对项目运营管理过程进行监督和评估，及时发现问题并进行改进，确保项目运营管理工作高效和顺利进行。

7.1.8　项目投资咨询

项目投资咨询的主要工作有项目投资估算、投资策略设计、投资风险评估、投资方案设计、投资协议起草、投资管理流程设计、投资管理系统建设、投资管理人员培训、投资管理监督和评估。

（1）项目投资估算。根据项目的规模、功能建设标准等因素，对项目投资进行估算，包括建设投资、运营投资等方面。

（2）投资策略设计。根据项目的投资估算和市场需求，制定相应的投资策略，包括投资方式、融资渠道、资金来源等方面。

（3）投资风险评估。对项目的投资风险进行评估，包括市场风险、技术风险、政策风险等方面，为投资决策提供参考依据。

（4）投资方案设计。根据投资策略和风险评估结果，制定相应的投资方案，包括投资计划、资金筹措方案、风险控制措施等方面。

（5）投资协议起草。根据投资方案，起草相应的投资协议，包括股权协议、合作协议、融资协议等方面。

（6）投资管理流程设计。根据投资方案和协议，制定相应的投资管理流程，包括投资审批流程、资金管理流程、风险控制流程等方面。

（7）投资管理系统建设。根据投资管理流程设计，建设相应的投资管理系统，包括投资审批系统、资金管理系统、风险控制系统等方面。

（8）投资管理人员培训。根据投资管理流程和系统建设，对相关人员进行培训，确保投资管理工作的顺利进行。

（9）投资管理监督和评估。对项目投资管理过程进行监督和评估，及时发现问题并进行改进，确保项目投资管理工作的高效和顺利进行。

7.1.9　项目风险分析咨询

文化场馆项目可研阶段的主要风险分析，需要在项目可行性研究报告中进行详细分析和评估。

（1）技术风险。文化场馆项目需要涉及建筑设计、装修、音响灯光等技术方面，如果技术不过关，可能会导致项目建设质量不达标，影响项目的正常运营。

（2）市场风险。文化场馆项目需要考虑市场需求和竞争情况，如果市场需求不足或者竞争激烈，可能会导致项目运营困难，甚至亏损。

（3）资金风险。文化场馆项目需要投入大量资金，如果资金不足或者管理不善，可能会导致项目无法正常运营，甚至破产。

（4）政策风险。文化场馆项目需要考虑政策法规的变化和政府支持的力度，如果政策不稳定或者政府支持力度不足，可能会影响项目的正常运营。

（5）管理风险。文化场馆项目需要考虑管理团队的能力和管理水平，如果管理团队能力不足或者管理水平不高，将导致项目运营不善，从而影响项目的正常运营。

7.2　管理工作主要内容

可行性研究阶段的全过程工程咨询管理工作，可参考项目建议书阶段进行管理，具体详见第 6 章 6.2 节，本节不作赘述。

第8章 概念方案设计阶段的咨询与管理

概念方案设计阶段是建设工程项目的一个重要阶段，针对用户的实际需求进行全面性的分析，最终产生项目的整体结构、功能和流程。概念方案设计是建筑创作过程，建筑师通过对环境、功能、形式、材料以及技术手段等诸多因素进行综合分析后提出多个解决方案，供建设方选择。其目的在于满足使用功能要求和在技术经济条件的制约下，创造出有文化内涵的建筑、有思想哲理的建筑、有个性特色的建筑。

8.1 概念方案设计原则

概念方案设计原则通常包括 8 个方面：

1. 原创性与标志性原则

概念设计应坚持"适用、经济、美观"的基本要求，打造具备原创性与标志性的建筑方案。

2. 整体性原则

设计应充分考虑项目地块的整体性，以项目使用功能为核心，同时兼顾用地范围内及地块与周边环境和公共配套功能的协调关系，鼓励统筹思考、整体设计。

3. 专业性原则

设计应考虑建筑、结构及机电等各专业要求以及文化场馆建筑特殊专业要求（如舞台机械、声学等），满足文化场馆的使用需要。

4. 在地性原则

设计应从自然、人文、生态、建构等维度充分考虑方案在地性，发挥地块优越的地理位置。如：考虑当地气候等特点，选择适应当地环境的建筑材质，营造舒适宜人的空间场所体验。

5. 未来性原则

设计应前瞻未来社会及生活方式的变革，结合时代发展和科技进步，引进世界先进的文化场馆建筑设计、运营管理等方面的新理念与新办法，合理结合新技术、新材料、新方法，展示未来可能的思维理念、艺术品位，探索现代建筑思潮的未来新方向。

6. 公共性原则

设计应注重建筑的公共性和开放性，提升市民与建筑的互动关系，充分考虑为多元文化活动提供室内外场所和空间，以公众视角营造充满社会活力的文化场所氛围。

7. 绿色、生态原则

设计应秉持绿色、生态原则，摒弃一些华而不实的建筑措施，从设计本身的空间、材料、技术等方面体现低碳、节能、绿色、生态、环保的设计理念，保障绿色建筑目标的达成。

8. 经济性原则

设计应合理考虑建筑艺术、技术与经济的平衡，使方案具有较高的落地性和实际操作性，避免以昂贵的造价体现其设计价值，避免建造形式的复杂与困难造成进度和成本的失控。

8.2　概念方案设计步骤

一般情况下，概念方案设计步骤包括确定项目目标和需求、创意生成和灵感收集、概念草图和初步设计、概念评审和反馈、概念方案设计的详细开发以及最终概念方案设计的确认和演示。这些步骤有助于设计师将想法转化为具体的设计方案，并最终实现项目目标，主要如下：

（1）确定项目目标和需求。在概念方案设计阶段，首先需要明确项目的目标和需求。包括了解项目的背景、目的、受众等信息，以及收集相关的资料和数据，从而明确设计的目标和要解决的问题。

（2）创意生成和灵感收集。在确定项目目标和需求后，设计师需要开始进行创意生成和灵感收集的工作。可以通过头脑风暴、参观展览、研究相关案例等方式进行。设计师需要搜集各种相关的设计灵感，以帮助生成新的创意和概念。

（3）概念草图和初步设计。在获得灵感和创意后，设计师可以开始进行概念草图和初步设计的工作。这一阶段主要是通过手绘、绘制草图、建立模型等方式，将创意和概念形象化，并进行初步的设计探索和方案筛选。

（4）概念评审和反馈。完成概念草图和初步设计后，设计师需要进行概念评审和反馈的工作。这一阶段主要是与相关项目团队成员、决策者和用户等进行讨论和反馈，以获得更多的意见和改进建议，并针对性地调整和完善概念设计。

（5）概念方案设计的详细开发。经过概念评审和反馈后，设计师可以开始进行概念设计的详细开发。这一阶段主要包括制作详细的设计图纸、建立模型或原型、进行样品制作等工作，以确保概念设计的可行性和可实施性。

（6）最终概念方案设计的确认和演示。设计师需要与项目团队成员和决策者进行最终概念设计的确认和演示。这一阶段主要是展示设计成果，解释设计思路和理念，并与相关人员进行交流和讨论，以确保概念设计符合项目目标和需求，并得到认可。

8.3　概念方案设计阶段咨询工作内容

8.3.1　主要咨询内容

概念方案设计阶段需对以下内容进行深度评价及论证，确保概念方案设计的可行性及落地性：

1. 建筑形体效果及标志性评价

建筑形体应富于变化，虚实结合，强化建筑的细部造型设计，立面形式与地域文化、周边建筑风格相协调，并具有创新性及标志性建筑效果，概念方案设计阶段需对建筑效果及标志性进行重点评价。

2. 建筑空间布局评价

建筑空间布局需要充分考虑美学、功能、灵活性、通风采光、隐私安全和可持续发展等因素。在规划建筑空间布局时，需要灵活运用这些原则，创造出适应需求、舒适美观的建筑空间。通过合理的空间布局，可以提升建筑物的使用价值，并为使用者带来良好的体验。

3. 建筑规模及使用功能评价

概念方案设计需要以设计任务书为依据，在进行建筑方案概念创作时，响应设计任务书要求的功能需求，且保证建筑规模在设计任务书及规范要求范围，概念方案设计时应对建筑规模进行严格评价。

4. 建筑规划指标评价

概念方案设计需满足有关规划部门提出的用地面积、建筑退线、建筑高度及间距、绿化率、覆盖率、车位数及充电桩数等要求，概念方案设计阶段需对上述内容进行重点咨询，严格控制概念方案设计超出用地红线及高度等重要指标限制，避免对概念方案设计进行颠覆性调整。

5. 采用四新技术的可行性评价

四新技术是指"新技术、新工艺、新材料、新设备"，政策鼓励工程设计及建设过程中采用四新技术，对于概念方案设计采用的四新技术需进行可行性研究，确保其安全可靠。

6. 投资估算论证

投资是保证建设项目实施的重要保障，文化场馆项目大多数为政府投资项目，对投资控制有严格要求，需对比类似项目造价指标，结合概念方案设计的特殊性进行投资估算对比分析，进行详细充分的投资估算论证。

7. 其他评价

概念方案设计阶段的咨询工作内容不限于以上评价及论证工作，可能涉及其他咨询工作，如交通及流线组织咨询、公众认可度调研、项目建设对环境影响等。

8.3.2　概念方案设计成果要求

概念方案设计阶段设计单位提交的成果应满足但不限于以下要求：

（1）总平面图，反映建筑周边的现状和规划情况，清晰表达建筑的空间布局、平面定位尺寸等。

（2）方案技术指标汇总表，包括经济技术指标、配套设施统计表、建筑信息表等相关信息。

（3）设计概念鸟瞰效果图，反映建筑与周边现状和规划建筑空间关系的实景。

（4）单体建筑透视图，从建筑的东北、西北、东南、西南四个角度反映不同视点的空间效果，视点可以反映周围多栋建筑。

（5）沿街建筑夜景亮化图，包括亮化效果图和做法，亮化灯具布置图和灯具型号、用电量，照度说明等。

（6）主要功能层平面图及剖面图，反映主要建筑平面的布置、剖面空间关系等。

（7）建筑整体、单体剖面图，反映建筑整体、单体的剖面空间关系等。

（8）建筑各单体建筑功能分区图，反映主要建筑平面的功能布置。

（9）建筑各单体建筑及周边流线组织分析图，反映各建筑单体与外部交通关系及内部主要流线分析。

（10）建筑外立面装饰材质及做法说明图，应标注建筑外立面墙体、造型、装饰等节点的材质和做法说明。

（11）其他必要的表达设计意图的分析图和构思说明图，能详细说明各套方案的创意特点及具体做法等。

第3篇 项目实施阶段的咨询与管理

从项目的基本建设程序角度来看，项目实施阶段主要是指项目立项和可行性研究报告批准后至项目竣工验收移交的阶段。项目实施阶段是相对投资决策阶段而言的，是项目投资决策阶段的延续，主要包括项目设计及实体施工工作内容；从全过程工程咨询管理角度看，实施阶段工作内容主要包括设计咨询管理、施工监理、招标采购咨询管理、造价咨询管理及报批报建报验等工作。

鉴于项目实施阶段，全过程工程咨询与管理工作内容较多，本篇仅对项目管理规范、工程监理规范之外的工作内容，如项目实施策划、招标采购合约咨询与管理、勘察设计咨询与管理、工程施工咨询与管理四个方面叙述全过程工程咨询模式下项目实施阶段的咨询与管理工作。

第9章 项目实施策划

编写项目实施策划是项目实施阶段的重要工作内容。项目实施策划原则上是在管理与咨询工作开始之前进行的，全过程工程咨询单位进场后应根据全过程工程咨询服务范围与内容有针对性地编制项目实施策划方案，作为全过程工程咨询后续工作开展的依据之一。

9.1 项目实施策划内容

项目实施策划包括项目概况、总体定位、重难点初步分析、建管模式及组织架构、设计品质管理、招标采购、投资控制、进度管控、质量与安全管控、材料设备管理、合同管理与履约评价、信息化与标准化管理、全生命周期管理、党建引领与廉政建设、信息公开或项目宣传等。

策划内容以标准化和个性化相结合，原则上须涵盖项目咨询大纲的相关要素。根据项目特点和管理思路，可适当提出要素以外的其他创新内容。

9.2 项目实施策划依据

9.2.1 法律法规

（1）国家及工程项目所在地现行的有关法律、法规、规章等；

（2）建设工程勘察、工程设计、工程监理、工程造价、招标采购、工程施工、工程验收与移交等相关规范或规程等；

（3）工程建设标准、定额等。

9.2.2 技术文件

（1）项目立项文件；

（2）批准的项目建议书；

（3）可行性研究报告及批复；

（4）设计任务书；

（5）设计方案（含竞赛方案）；

（6）城市规划设计；

（7）规划设计要点；

（8）其他文件资料。

9.2.3　合同文件

（1）建设单位围绕项目建设颁发的有关文件；

（2）建设单位围绕项目建设签署的各类合同（含招标、投标文件及相关合同文件等）。

9.2.4　有关会议纪要、函件

（1）政府有关建设工作的会议纪要；

（2）建设单位有关项目会议纪要；

（3）使用单位有关项目会议纪要；

（4）各单位有关项目建设的往来函件。

9.3　项目实施策划咨询的内容

全过程工程咨询单位负责项目实施策划的编制工作，具体包括：

9.3.1　完善项目概况

在项目前期阶段策划方案的基础上，结合项目推进情况，进一步阐述项目的目标定位、功能需求、场地条件、规划设计、方案设计、建管模式及组织架构、项目进展等主要情况。

建设规模及建设内容，包括：项目用地面积、建筑面积、投资规模、配套设施、市政接驳方案等，同时结合项目自身特点补充相关内容。

9.3.2　明确建设目标

结合项目定位、合同要求、使用单位需求、建设单位要求以及相关文件要求，通过市场调研与分析，合理确定项目的建设目标，包括但不限于质量目标、进度目标、安全目标、投资目标、BIM 应用目标、设计目标以及绿色建筑目标等。

9.3.3　进行重难点分析

结合项目空间论证、策划生成、设计方案确定、可行性研究论证等推进情况，此阶段，全过程工程咨询单位应进一步对项目重难点进行深入分析，提出解决方案。包括但不限于总体建设重难点、工程设计与技术管理咨询重难点、工程施工管理咨询重难点、投资控制管理咨询重难点、组织协调管理咨询重难点、危大 / 高危大工程管理咨询重难点、工期管理重难点、安全与文明施工管理重难点、高新技术应用等，对重难点进行分析与研究，提出项目存在的问题及其解决思路。

9.3.4　协助确定建管模式及明确组织架构

1. 协助确定建管模式

目前常用的建管模式，如传统碎片化建设组织模式、全过程工程咨询、建筑师负责制、代建模式、PMC 模式等。此阶段全过程工程咨询单位应结合项目特点进行选择或搭配，阐述建管模式实施方案，在保证投资、质量、安全的前提下，提高建设效率和人员效能。鼓励建设单位对建管模式进行创新试点，包括 IPMT 管理模式等创新措施。

2. 明确组织架构

明确项目管理组织架构，落实"建设单位管控，承包单位组织实施，全过程工程咨询服务，第三方实测实量和专家抽查"的建设管理格局。全过程工程咨询项目部结合项目实际情况，设置设计管理部、招采合约管理部、综合管理部、工程管理部等相关部门，按照矩阵式管理模式组建各专业小组，明确项目管理工作机制。

9.3.5　完善工期策划

1. 影响工期的因素分析

项目建设是一项系统性非常强的工程，制约进度的关键工序一般需要多个参建单位的紧密协作才能完成。在项目建设过程中，导致进度控制失控的风险因素很多，从根源上看，主要来自建设单位及其上级主管部门、勘察设计单位、第三方技术服务单位、政府建设主管部门、有关协作单位等。项目前期阶段常见的因素主要体现在以下方面：

（1）建设单位因素。如因建设单位使用需求的变化而进行设计调整、变更；阶段成果决策确认周期长。

（2）勘察设计因素。如勘察资料不准确，特别是地质资料错误或遗漏；设计内容不完善，规范应用不恰当，设计有缺漏或错误；设计人员对施工的可行性未考虑或考虑不周；设计人员投入不足，设计出图进度滞后。

（3）组织管理因素。如向有关部门提出各种申请审批手续的延误：建设工程设计是分阶段进行的，如前一阶段设计文件不能顺利得到批准，必然会影响到下一阶段的设计进度；计划安排不周密，组织协调不力。

（4）合同法律因素。合同签订时若出现遗漏条款、表述失当，将影响到项目签署方对项目合同约定条款的理解，从而导致工程进度受到影响。

（5）外部影响因素。一些外部的不可抗力因素，如相关法律、法规、规范、标准的实施、修订与废止，重大的设计修改、调整或不得不停工等待。因此，在管理过程中，应预见性地对潜在的制约因素进行分析，针对风险产生的不同原因，采取有效的跟踪措施。

2. 工期研判

全过程工程咨询单位应开展国内类似项目的调研，结合项目特点分析与论证，研判项目的合理工期。

3. 制定项目工期控制计划

（1）编制工期控制计划

全过程工程咨询单位应结合项目建设目标，盯控关键线路，合理穿插，制定项目工期控制计划，同步编制全生命周期进度计划网络图、全生命周期计划甘特图等。

依据总控计划细化其他计划，如设计出图计划、招标采购计划、报批报建计划、施工计划、投资计划、工程交付计划等。

（2）设置里程碑节点

全过程工程咨询单位应提出项目方案设计单位招标、用地许可和规划设计要点批复、可行性研究报告批复、方案设计确定、建设工程规划许可、初步设计及概算批复、施工总包单位招标完成、建筑工程施工许可、地下室主体结构完工、精装修样板确认、主体结构封顶、精装修工程施工完成、舞台工艺验收完成、展陈工程施工完成、外立面工程施工完成、室外工程完成、消防验收、竣工验收等里程碑进度节点，作为分阶段进度考核的控制点。

4. 关键措施

（1）寻找交叉推进工作事项

全过程工程咨询单位应通过对进度计划中各项工作的开展条件及开始时间进行分析，打破固定的前后工作关系，将后续工作的介入时间提前，或通过其他途径、方法将前后工作逻辑关系变成并联或交叉搭接开展。在保证按时完成项目既定进度计划目标的前提下，寻求加快工作推进的因素，最终争取项目进度目标提前完成。

如在开展设计招标工作时，可先进行详细勘察、勘察审查、施工图设计、施工图审查、水土保持设计等的招标准备工作；在方案设计工作基本稳定后，提前开展初步设计阶段的准备工作，如电气、给水排水、暖通的方案论证，各专业设计基础资料的收集及整理；在主体施工图设计时，可提前开展土石方开挖、基坑支护及桩基施工招标准备工作；在主体结构工程施工过程中，可开展如装饰装修工程、幕墙工程等施工招标。

（2）优化进度计划

在项目进度计划中，项目关键线路是进度的决定性因素。从某种程度上来说，管理好关键线路对缩短工期有很好的效果。但是，如果直接采取压缩关键工作的持续时间来把控工程进度，对工程质量可能造成负面影响。所以，一般采用调整工作的组织措施来实现进度计划优化。

第一，将顺序工作调整为搭接工作。前后工作的搭接程度高，才会缩短计划工期。第二，合理安排各项工作的开始时间。将非关键工作的开始时间适当提前，在任务少的时间段开展，从而能调动更多的人力、物力充分利用到关键工作上，保障进度计划目标的实现，同时也为压缩下一阶段关键工作时间提供可能。

（3）跟踪监督

加强对各参建单位的监督管理，对于因组织不力、管理混乱、投入不足等导致进度缓慢的单位，应及时提出批评、警告，情节严重的应根据合同及相关规定给予不良行为记录等处罚，并作为履约评价的依据之一。

（4）优化建管模式

1）全过程工程咨询。借助全过程工程咨询单位力量，全面梳理项目现状，制定科学有效的项目管理策划方案，以确保项目前期管理工作有序推进。

2）设计施工一体化管理。通过 EPC 管理模式，实现设计与施工过程的组织集成，促使设计与施工紧密结合，可以克服由于设计与施工分离导致的变更大量增加、变更审批事项堆积、无法及时处理等多重影响进度的问题，从而达到有效控制工期的目的。

3）快速开工模式。在工期紧张、项目进度不能满足既定开工进度目标时，在设计条件允许的前提下，通过多项前期工作并行，积极争取项目（或部分工程）提前开工（如桩基础提前开工）。

9.3.6 制定设计招标策划及设计管理方案

（1）根据项目所选择的建设管理模式制定项目的设计招标策划方案，如招标方式、招标范围、招标内容、招标组织等主要内容，不含设计招标方案。

（2）提出设计管理目标及措施，加强需求精细化管理，完善建筑设计方案审查论证机制，提高建筑设计方案决策效率及水平，加强结构选型优化，强化施工图规范化、精细化审查，确保设计安全。

（3）设计品质管理策划。视项目需要，制定相应的设计导则，规范和引导建筑设计，增强艺术性，丰富建筑内涵，统筹考虑现代功能、生态环保、建筑艺术、工期进度、投资造价等因素，在设计过程中充分做好方案、初设、施工图之间的协调，设计与施工之间的协调，确保设计效果真正落地。

9.3.7 工程招标策划

1. 招标标段策划

从组织、规模、工期、工程类别等方面统筹考虑标段划分，综合考虑项目管理、整体功能目标和专业化队伍选择等要素进行标段划分。

2. 招标择优策划

根据项目建设内容、建管模式等多方面的考量，制定项目的施工总包等招标策划，通过招标方式选择、招标条件设置、评标方法合理安排等，实现择优目标。招标策划不包含具体的招标方案。鼓励探索新型工程担保与保险。

9.3.8 投资管控策划

分析项目总投资水平、单方造价水平，开展全生命周期评估。预判项目投资风险，设定投资管理目标，提出确保投资目标实现、落实限额设计、加强建造成本精细化管控的主要措施。严格进行设计变更管理，探索清单报价和市场竞价机制。

9.3.9　质量与安全管控策划

1. 质量方面

明确项目质量目标、奖项目标，组建质量管理组织并明确其职责，编制质量计划文件，在系统控制、全过程控制、全要素控制、工序控制等方面做出合理安排。对第三方巡查、专家抽查、考核标准建设、履约评价结果应用等方面提出有力的质量管控措施。

2. 安全文明方面

确定安全文明管控目标，坚守三个底线：确保零死亡、零重大隐患、任意一次的随机检查中质量安全评分均要达到评分要求。开展安全风险分析，对重大分部分项工程、重要节点、重大变更事项（尤其涉及工期、工序、工艺、施工界面重大调整时）、危险性较大的分部分项工程进行预判分析，提出合理的防控机制，包括常规措施、防疫措施、应急管理措施等。

9.3.10　材料设备管理策划

根据项目的质量目标、进度安排和成本控制要求，开展采购分析，提出材料设备的采购与控制计划，选择合适的供应方式，建立材料设备采购管控的组织保障体系。对于特殊产品，应重点提出相应的招标采购方案和管控措施。

9.3.11　合同管理与履约评价策划

1. 合同管理

对合同体系、合同范围、承发包模式、合同种类、招标方式、合同条件、合同风险、重要合同条款等内容进行研究分析策划，发挥合同管理在项目管理中的核心作用。

2. 履约评价

构建针对参建各方的履约评价体系，充分发挥第三方巡查在常态化巡查、专项巡查、交付前巡查三种模式下的工程质量安全评价作用，确定巡查评价标准和评价细则，确保评价工作的针对性和有效性。同时要建立专家抽查机制，对施工、监理和第三方巡查机构履职情况进行随机抽查，加强履约监督和考核。提出履约评价结果反馈的有效机制，制订奖罚办法，奖优罚劣，营造创先争优的氛围。

9.3.12　信息化与标准化策划

1. 信息化管理

（1）数字化建造

全过程工程咨询单位应对符合 BIM 实施条件的项目，在策划阶段统筹考虑项目规划、勘察、设计、施工、运维准备阶段的整体 BIM 实施要求，形成项目策划方案 -BIM 实施专篇，指导项目 BIM 整体实施工作。实施策划应明确项目整体 BIM 实施目标、实施阶段、实施模式、实施范围、各阶段实施内容等，分析需通过 BIM 技术辅助解决的项目重难点问题，提出各阶段 BIM 实施的进度计划、管理措施、成果应用要求和奖项申报目标等。

（2）智慧化管理

全过程工程咨询单位应利用物联网、大数据、云计算、人工智能、融合通信等先进技术，依托政府工程建设智慧工务平台等信息化系统，开展智慧工地建设和创新应用策划，提出实施范围、总体要求、技术方案、进度计划、保障措施等内容和相应的创新应用评估，对工地现场的施工质量、安全等问题进行全面监控、自动识别、风险预警和闭环跟踪，预防安全隐患，提升现场管控水平。

2. 标准化建设

全过程工程咨询单位应结合项目类型及特点，提出完善建设单位标准体系建设的相关任务，包括但不限于功能、设计、选材用材、绿色节能等产品标准；需求研究、前期策划、招标采购、验收交付、履约评价、运行维护等政府工程管理标准；建造工艺标准等。

9.3.13 全生命周期管理策划

1. 运维管理

从运维角度，综合考虑建筑全生命周期经济效益，研究提出对建筑设计的要求。分析项目运维管理的重点，初步提出关于项目运维状态感知体系的设计、施工以及数据互通的要求、基于 BIM 模型的建设期数据资产维护及交付运维的要求等，明确项目参建各方的职责和工作内容，指导项目在建设期落实运维需求前置的相关实施工作。

2. 新技术应用

提出在绿色建筑、装配式建筑、海绵城市、综合管廊、无废城市、建筑废弃物处置、智慧建筑、减隔振等新技术应用方面的主要目标和措施。

9.3.14 党建引领与廉政建设、公共信息管理策划

1. 党建引领

成立项目联合党组织，落实特色党建品牌建设，明确党员责任要求、工作制度建设、政治学习计划、活动基地安排、党建台账管理、典型案例宣传等党建举措，提高"党建＋"活动质量，推动党建与业务工作深度融合。

2. 廉政建设

明确开展政治理论学习、党风廉政主题教育、廉政风险防范、完善过程监督、工程信息公开、业务流程监测预警、实名制监督、廉政文化建设等党风廉政建设的有力保障措施。

3. 公共信息管理

结合项目特点制定项目公共信息管理工作计划，包括但不限于：建设过程中的照片和视频等资料的形成、整理和归类，项目管理模式、招标投标、设计、质量安全管理、技术创新、信息化等亮点工作归纳总结，纪录片、画册和项目总结等策划制作，人物故事、感人事迹的挖掘与呈现，重大节点信息公开计划，党代表、人大代表、政协委员和社会监督

员监督视察计划，公众参与活动安排，满意度调查，舆情监测及应对等。

9.3.15　关键措施策划

1. 优选优质承包商

项目策划期间，对承包商和其项目团队的资格、能力均要认真进行市场调研。主要从以下几个方面对承包商进行考察比选：

（1）复核承包商的资质证书类别和等级，其资质证书类别和等级所规定的适用业务范围与拟建工程的类别、规模、地点、行业特性及要求的任务是否相符。

（2）考察承包商的管理水平，企业管理组织结构、标准体系、质量体系是否健全，是否通过 ISO 系列标准体系认证，是否获得行业内奖项。

（3）考察承包商实际项目业绩，尤其要重点考察承包商近几年是否有与拟建项目相同或相似的服务业务，并应了解其服务水平与质量。

（4）对承包商的主要技术人员，尤其是拟参与项目团队人员的执业资格进行核对，包括院士、大师、主创建筑师、项目经理、技术负责人、总工程师及各专业注册工程师、取得中、高级职称的技术人员，以及其从事工程设计时间的年限等。

（5）对承包商的取费标准进行了解。

（6）向其建设单位对接排摸承包商的合同履约情况，并了解其服务态度、服务意识、人员素质及施工期间相关人员驻场情况。

2. 实施咨询顾问模式

（1）全过程工程咨询

1）对工程建设组织模式无特殊要求的项目，应积极选择全过程工程咨询建设组织模式，引入全过程工程咨询团队。

2）工作内容：根据总体要求制定咨询服务大纲，明确项目管理的目标、策划建设实施组织模式、管理方法等。对项目的进度、质量、投资、需求、外部协调与报批报建、招标与合同进行管理。

（2）专项工程顾问

对于文化场馆项目专业性较强的建筑类型可选择专项咨询单位以提升设计质量，如工艺设计、特殊的幕墙、结构超限、特殊的消防设计等。

3. 建立进度预警机制

（1）审批进度滞后

在项目审批环节应督促设计等相关服务单位积极与审批部门对接沟通，及时解决技术层面的问题。如审批时限超出规定时限，应及时分析原因，报告责任领导，寻求解决办法。

（2）设计等工作进度滞后

指定专人对季度计划滞后的项目进行预警信号登记。前期咨询工程师应分析计划滞后的原因，报告责任领导。如因参建单位自身的原因造成实际进度滞后，将立即启动预警机制。

4. 创新招标模式

（1）根据项目特点对设计招标进行分类，分为方案设计招标和设计团队招标。可以通过设计团队招标，提高设计招标工作效率。

（2）采用设计国际招标、设计竞赛、捆绑招标等多种招标模式，优选设计团队，提升设计招标品质。

（3）推行预选招标，通过对工艺咨询、水土保持方案设计等前期服务项目进行预选招标，提高各类前期服务招标工作效率。

（4）实施机电施工总包招标，通过对项目的定位、标准和设计标准，实施项目机电工程施工总包模式，施工内容包括但不限于智能化工程、舞台机械、舞台灯光、舞台音响、标识标牌、泛光等。

5. 引进项目专项法律团队

（1）依托律师团队，参与处理合同管理过程中的法律事务，对重大事项出具法律意见书、律师函等法律文书。

（2）针对最新出台的法律法规及政策性文件，结合项目建设实际情况，不定期邀请法律顾问、相关政策制定部门开展培训。

6. 保证落实措施

提出确保项目策划各项内容落实的具体措施，通过项目管控、评价、奖惩等措施加强引领，促使各参建单位深入研究，加大投入，开展针对性的创新，与建设单位同向发力，共同推动项目建设高质量发展。

第10章　招标采购合约咨询与管理

建设领域招标投标活动除满足国家有关法律法规外，还要满足建设项目所在地区招标投标的具体规定；另外，针对不同的建设项目、建设组织方式，招标工作的内容、招标流程也各有差异。全过程工程咨询单位要根据项目实际情况有针对性地开展招标采购咨询与管理工作，制定招标采购咨询与管理措施，保证建设项目的各项招标工作顺利、高效地推进。

10.1　招标采购咨询与管理的原则

10.1.1　廉洁奉公原则

所有与招标工作相关的员工都应严格遵守职员职务行为准则，并有义务向投标人宣传此原则，任何个人不得采取任何手段影响或试图影响招标结果。

10.1.2　公平公正原则

在选择入围投标方、寻源过程、谈判、决策时必须对所有投标人保持公平，树立并维护建设单位良好的信誉和形象。

10.1.3　公开决策原则

招标过程必须有充分的透明度，各部门积极配合、全面沟通、信息共享，杜绝暗箱操作。

10.1.4　充分竞争、择优选择原则

应该有充分、适量的投标方参与投标，以保证招标具有充分的竞争性，应选择最具有竞争优势的投标方合作。

10.1.5　保密原则

各类招标方案、招标文件、入围投标方、决策过程、投标方隐私文件、报价、合同等，都是重要的机密，不得泄露或用于不当用途；也应要求各投标方对自己的报价资料保密，互不串通。

10.1.6　一致性原则

招标决策标准必须在招标实施之前，制定招标方案时确定，并在整个招标过程中保持不变。

10.1.7　可追溯原则

招标全过程资料包括：投标方管理（认证、评估、改进等）、寻源（招标方案、入围公示、寻源过程、约谈记录、相关会议纪要等）、协议等必须按照要求及时收集、整理和归档。

10.2　招标采购咨询与管理的工作内容

在该阶段，全过程工程咨询单位的主要工作包括：

（1）招标采购策划，包括确定招标采购的阶段和招标类型。

（2）施工招标策划（施工标段的划分，发包模式和总分包界定，合同形式的确定，计价模式的确定，选定材料、设备的采购方式，初步确定投标人入围方案）。

（3）合理划分各招标采购子项目，正确界定各子项目的界面。

（4）协助确定投标人方案，商讨确定入围方案。

（5）审核资格预审文件，包括资格预审条件的设定和评分办法。

（6）协助发布资格预审公告和招标公告。

（7）审核招标文件条款的合法性、逻辑性和准确性，审核施工招标文件工程量清单部分项目的完整性、内容描述的准确性，审核施工合同专用条款的完整性、正确性和严密性。

（8）审核和协助确定评标标准和办法。

（9）协助发布招标公告，协助组织投标人现场踏勘，协助组织答疑，审核补遗文件。

（10）协助开标、评标，审核评标报告。

（11）协助定标，包括确定中标人、发出中标通知书、编制招标投标情况书面报告。

（12）审核合同草案，协助建设方与中标人谈判，协助建设方签订合同。

（13）组织对建设方采购的材料、设备进行验收。

（14）招标投标活动的成果整理、归档。

10.3　招标采购咨询与管理的措施

10.3.1　招标采购的策划

全过程工程咨询单位受建设单位委托对项目全过程、全方位实施项目管理。在招标阶段除了常规的工作以外，最重要的是策划选择最佳的承发包模式和确定合同的计价方式。

根据工程项目特点和建筑市场实际情况与条件，经过周密的调查研究，经过多方案比较和定量分析，在与建设单位共同权衡利弊后，从中选择招标最佳的承发包模式。

1. 项目承发包模式的选择

目前，国内外工程建设项目的承发包模式主要为平行发包模式和总承包模式。平行发包模式是由建设单位自行选择设计、主体工程、若干分包及设备供应等承包单位的承发包模式，而总承包模式则分为工程总承包和施工总承包两种：

（1）施工总承包模式是当前国内普遍采用的承发包形式，除设计与主要设备由建设单位负责以外，其余均由总承包单位承揽。

（2）工程总承包模式是工程总承包企业按照合同约定，承担工程项目设计、采购和施工。

2. 项目招标投标计价方式的选择

当前国内推行工程量清单计价招标方式，此外还有固定总价合同、单价合同、定额计价合同等。

（1）根据工程量清单计价规范，必须采用工程量清单计价招标方式。

（2）根据工程特点，选择总价、单价或定额计价合同形式。如为 EPC 模式，则采用固定总价合同。

（3）根据有关工程建设法律、法规的规定，项目各专业设备采购须采用公开招标采购的形式。

10.3.2　编制项目招标采购计划

1. 编制项目招标采购计划前的准备工作

在实施招标采购前，必须明确所需采购货物或服务的各种类目、性能规格、质量要求、数量等。了解并熟悉国内、国际市场的价格和供求情况、所需货物或服务的供求来源、外汇市场情况、国际贸易支付办法、保险、损失赔偿惯例等有关国内、国际贸易和商务方面的知识。尤其应该重视市场调查和信息。必要时，还需要聘请咨询专家来帮助制定招标采购计划、提供有关信息直至参与采购的全过程。

2. 编制项目招标采购计划

项目招标采购计划的编制需要以项目设计、施工及报批报建具体进度计划为依据，招标采购计划最迟完成时间必须在开展相关设计、施工及其他相关工作前完成，以确保项目的各项工作顺利进行。

10.3.3　工程建设项目招标管理

1. 建设工程招标

（1）招标方式：公开招标和邀请招标。

1）公开招标是指招标人以招标公告的方式邀请不特定的法人或者其他组织投标。

2）邀请招标是指招标人以投标邀请书的方式邀请特定的法人或者其他组织投标。

（2）招标的一般程序

1）成立招标组织。

2）编制招标文件。

3）发布招标公告或发出招标邀请书。

4）对投标单位进行资质审查，并将审查结果通知各申请投标者。

5）发售招标文件。

6）组织投标单位踏勘现场并对招标文件答疑。

7）开标、评标和定标。

（3）招标文件的内容

根据《建筑工程设计招标投标管理办法》（2017年修订）（以下简称《设计招标投标管理办法》）和《工程建设项目施工招标投标办法》（2013年修订）（以下简称《施工招标投标办法》），工程设计和施工招标文件的内容规定如下：

1）根据《设计招标投标管理办法》第十条规定，招标人应当在招标文件中规定实质性要求和条件，并用醒目的方式标明。工程设计招标文件应包括以下内容：

①项目基本情况；

②城乡规划和城市设计对项目的基本要求；

③项目工程经济技术要求；

④项目有关基础资料；

⑤招标内容；

⑥招标文件答疑、现场踏勘安排；

⑦投标文件编制要求；

⑧评标标准和方法；

⑨投标文件送达地点和截止时间；

⑩开标时间和地点；

⑪拟签订合同的主要条款；

⑫设计费或者计费方法；

⑬未中标方案补偿办法。

2）根据《施工招标投标办法》第二十四条规定，招标人根据施工招标项目的特点和需要编制招标文件。招标文件一般包括下列内容：

①招标公告或投标邀请书；

②投标人须知；

③合同主要条款；

④投标文件格式；

⑤采用工程量清单招标的，应当提供工程量清单；

⑥技术条款；

⑦设计图纸；

⑧ 评标标准和方法；

⑨ 投标辅助材料。

（4）发布招标公告

《中华人民共和国招标投标法》（2017年修订）（以下简称《招标投标法》）第十六条第1款规定："招标人采用公开招标方式的，应当发布招标公告；依法必须进行招标的项目的招标公告，应当通过国家指定的报刊、信息网络或者其他媒介发布。"

（5）招标单位对参加投标者的资格审查

《招标投标法》第十八条提出了公开招标和邀请招标的资格审查要求，同时《施工招标投标办法》第十七至十九条对资格预审的有关事项进行了进一步规定：

1）资格审查分为资格预审和资格后审。资格预审，是指在投标前对潜在投标人进行的资格审查；资格后审，是指在开标后对投标人进行的资格审查。进行资格预审的，一般不再进行资格后审，但招标文件另有规定的除外。

2）采取资格预审的，招标人应当发布资格预审公告。资格预审公告适用本办法第十三条、第十四条有关招标公告的规定。采取资格预审的，招标人应当在资格预审文件中载明资格预审的条件、标准和方法；采取资格后审的，招标人应当在招标文件中载明对投标人资格要求的条件、标准和方法。招标人不得改变载明的资格条件或者以没有载明的资格条件对潜在投标人或者投标人进行资格审查。

3）经资格预审后，招标人应当向资格预审合格的潜在投标人发出资格预审合格通知书，告知获取招标文件的时间、地点和方法，并同时向资格预审不合格的潜在投标人告知资格预审结果。资格预审不合格的潜在投标人不得参加投标。经资格后审不合格的投标人的投标应予否决。

（6）发售招标文件

招标人在发售招标文件时，应遵守如下法律规定：

1）招标文件的发售

① 招标文件、图纸和有关技术资料发放给通过资格预审获得投标资格的投标单位。不进行资格预审的发放给愿意参加投标的单位。投标单位收到招标文件、图纸和有关资料后，应当认真核对，核对无误后以书面形式予以确认。

② 对于发出的招标文件可以酌收工本费。对于招标文件中的设计文件，招标人可以酌收押金。对于开标后将设计文件退还的招标人应当返还押金。

2）招标人的保密义务

招标人不得向他人透露已递交招标文件的潜在投标人的名称、数量以及可能影响公平竞争的有关招标投标的其他情况。同时招标人设有标底的，标底必须予以保密。

3）招标文件的澄清和更改

招标文件对招标人具有法律约束力，一经发出不得随意更改。根据《中华人民共和国招标投标法实施条例》（2019年第三次修订）（以下简称《招标投标法》）第二十一条的规定："招标人可以对已发出的资格预审文件或者招标文件进行必要的澄清或者修改。澄清或者修改的内容可能影响资格预审申请文件或者投标文件编制的，招标人应当在提交资格预审申请文件截止时间至少 3 日前，或者投标截止时间至少 15 日前，以书面形式通知所有获取资格预审文件或者招标文件的潜在投标人；不足 3 日或者 15 日的，招标人应当顺延提交资格预审申请文件或者投标文件的截止时间。"除应当履行上述法定义务以外，还应当同时报工程所在地的县级以上地方人民政府建设行政主管部门备案。该澄清或者修改的内容为招标文件的组成部分，招标人应保管好证明澄清或修改通知已发出的有关文件（如邮件回执等）；投标单位在收到澄清或修改通知后，应书面予以确认。该确认书双方均应妥善保管。

4）投标截止时间

《招标投标法》第二十四条规定："招标人应当确定投标人编制投标文件所需要的合理时间；但是，依法必须进行招标的项目由招标文件开始发出之日起至投标提交投标文件截止之日止，最短不得少于二十日。"对于建筑工程设计投标文件的提交时限，《设计招标投标管理办法》第十三条规定："招标人应当确定投标人编制投标文件所需要的合理时间，自招标文件开始发出之日起至投标人提交投标文件截止之日止，时限最短不少于 20 日。"

2. 建设工程开标、评标、定标

（1）开标

1）开标的时间、地点和参加人员

根据《招标投标法》第三十四条的规定："开标应当在招标文件确定的提交投标文件截止时间的同一时间公开进行；开标地点应当为招标文件中预先确定的地点。"第三十五条规定："开标由招标人主持，邀请所有投标人参加。"

2）应当遵守的法律程序

根据《招标投标法》第三十六条的规定，开标应当遵守如下法律程序：

① 开标前的检查。开标时，由投标人或者其推选的代表检查投标文件的密封情况，也可以由招标人委托的公证机构检查并公证。招标人委托公证机构公证的应当遵守司法部 1992 年 10 月 19 日制定实施的《招标投标公正程序细则》的有关规定。

② 投标文件的拆封、宣读。经确认无误后，由工作人员当众拆封，宣读投标人名称、投标价格和投标文件的其他主要内容。

③ 开标过程的记录和存档。开标记录的内容包括：项目名称、招标号、刊登招标公告的日期、发售招标文件的日期、购买招标文件的单位名称、投标人的名称及报价、截标后收到投标文件的处理情况等。

3）投标文件无效的几种情形

根据《房屋建筑和市政基础设施工程施工招标投标管理办法》（2019 年修订）第三十四条的规定，在开标时，投标文件出现下列情形之一的，应当作为无效投标文件，不得进入评标：① 投标文件未按照招标文件的要求予以密封的；② 投标文件中的投标函未加盖投标人的企业及企业法定代表人印章的，或者企业法定代表人委托代理人没有合法、有效的委托书（原件）及委托代理人印章的；③ 投标文件的关键内容字迹模糊、无法辨认的；④ 投标人未按照招标文件的要求提供投标保函或者投标保证金的；⑤ 组成联合体投标的，投标文件未附联合体各方共同投标协议的。

（2）评标

根据《评标委员会和评标方法暂行规定》中的有关规定，评标应遵守如下法律规定：

1）评标方法

包括经评审的最低投标价法、综合评估法或者法律、行政法规允许的其他评标方法。

2）否决其投标的几种情况

根据《招标投标法实施条例》第五十一条规定，有下列情形之一的，评标委员会应当否决其投标：

① 投标文件未经投标单位盖章和单位负责人签字；

② 投标联合体没有提交共同投标协议；

③ 投标人不符合国家或者招标文件规定的资格条件；

④ 同一投标人提交两个以上不同的投标文件或者投标报价，但招标文件要求提交备选投标的除外；

⑤ 投标报价低于成本或者高于招标文件设定的最高投标限价；

⑥ 投标文件没有对招标文件的实质性要求和条件作出响应；

⑦ 投标人有串通投标、弄虚作假、行贿等违法行为。

（3）定标

1）发出中标通知书

中标通知书，是指招标人在确定中标人后，向中标人发出的通知其中标的书面凭证。《招标投标法》第四十五条第 1 款规定："中标人确定后，招标人应当向中标人发出中标通知书，同时通知未中标人。"

2）中标通知书的法律效力

《招标投标法》第四十五条第 2 款规定："中标通知书对招标人和中标人具有法律效力。中标通知书发出后，招标人改变中标结果的，或者中标人放弃中标项目的，应当依法承担法律责任。"《招标投标法》第四十六条规定："招标人和中标人应当自中标通知书发出之日起三十日内，按照招标文件和中标人的投标文件订立书面合同。招标人与中标人不得再行订立背离合同实质性内容的其他协议。"

3）提供履约担保和付款担保

《招标投标法实施条例》第五十八条规定："招标文件要求中标人提交履约保证金的，中标人应当按照招标文件的要求提交。履约保证金不得超过中标合同金额的 10%。"履约担保可以采用履约保证金、银行、保险公司或担保公司出具履约保函等形式。

《中华人民共和国民法典》(以下简称《民法典》)第五、六条规定，民事主体从事民事活动，应当遵循自愿、公平原则，合理确定各方的权利和义务。根据上述原则，为保证招标人（发包人）按合同约定向中标人（承包人）支付工程款，当建设工程合同中设立付款担保条款时，招标人应当向中标人提供工程款支付担保。

10.3.4　物资设备采购管理

项目建设所需物资按标的物的特点可以区分为买卖合同和承揽合同两大类。采购大宗建筑材料或定型批量生产的中小型设备属于买卖合同。订购非批量生产的大型复杂机组设备、特殊用途的大型非标准部件则属于承揽合同。

1. 划分合同包的基本原则

划分合同包的原则是，有利于吸引较多的投标人参加竞争以达到降低货物价格，保证供货时间和质量的目的。主要考虑的因素包括：

（1）有利于投标竞争原则

按照标的物预计金额的大小恰当地分标和分包。若一个包划分过大，中小供货商无力问津；反之，划分过小对有实力供货商又缺少吸引力。

（2）工程进度与供货时间合理衔接原则

分阶段招标计划应以到货时间满足施工进度计划为条件，综合考虑制造周期、运输、仓储能力等因素。合理确定供货时间以免支出过多保管费用及占用建设资金。

（3）合理预计市场供应情况原则

应合理预计建筑材料和设备的市场价格的浮动影响，分阶段、分批采购。

（4）合理落实资金计划原则

考虑建设资金的到位计划和周转计划，合理地进行分次采购招标。

2. 采购的资格预审

合格的投标人应具有圆满履行合同的能力，具体要求应符合以下条件：

（1）具有独立订立合同的权利。

（2）在专业技术、设备设施、人员组织、业绩经验等方面具有设计、制造、质量控制、经营管理的相应资格和能力。

（3）具有完善的质量保证体系。

（4）业绩良好。要求具有设计、制造与招标设备相同或相近设备的良好运行经验。

（5）有良好的银行信用和商业信誉等。

3. 评标

设备采购评标，一般采用评标价法或综合评分法，也可以将二者结合使用。

（1）评标价法

以货币价格作为评价指标的评标价法，依据标的性质不同可以分为以下几类比较方法。

1）最低投标价法

采购简单商品、半成品、原材料，以及其他性能、质量相同或容易进行比较的货物时，仅以报价和运费作为比较要素，选择总价格最低者中标。但如果投标人的设备报价较低但运营费用很高时，则不符合以最合理价格采购的原则。

2）综合评标价法

以投标价为基础，将评审各要素按预定方法换算成相应价格后，增加或扣减到报价上形成评标价。投标报价之外还需考虑的因素通常包括：① 运杂费用。招标人可能支付的额外费用，包括运费、保险费和其他费用。② 交货期。评标时以招标文件的"供货一览表"中规定的交货时间为标准。③ 付款条件。投标人应按招标文件中规定的付款条件报价，对不符合规定的投标可视为非响应性而予以拒绝。但在大型设备的采购招标中若投标人在投标函内提出了若采用不同的付款条件可以降低报价的供选择方案时，评标时也可予以考虑。根据投标文件要求的条件进行调整。④ 零配件和售后服务。零配件以运行 2 年内易损备件的获取途径和价格作为评标要素。⑤ 设备性能、生产能力。投标设备的性能、生产能力等某些技术指标没有达到要求的基准参数。

3）以设备寿命周期成本为基础的评标价法

采购运行期内各种费用较高的货物，评标时可预先确定一个统一的设备评审寿命期（短于实际寿命期），然后再根据投标书的实际情况在报价上加上该年限运行期间所发生的各项费用，再减去寿命期末设备的残值。计算各项费用和残值时，都应按招标文件规定的贴现率折算成净现值。这些以贴现值计算的费用包括：估算寿命期内所需的燃料消耗费、估算寿命期内所需备件及维修费用、估算寿命期残值。

（2）综合评分法

按预先确定的评分标准，分别对各投标书的报价和各种服务进行评审计分：

1）评审计分内容

主要内容包括：投标价格、运输费、保险费和其他费用；投标书中所报的交货期限；偏离招标文件规定的付款条件；备件价格和售后服务；设备的性能、质量、生产能力；技术服务和培训及其他有关内容。

2）标底

可采用有标底或无标底的评审比较方法。

3）评审要素分值的分配

评审要素确定后，应依据采购标的物的性质、特点，以及各要素对采购方总投资的影响程度来合理划分各评审要素权重和打分标准。

4. 材料采购

（1）材料采购合同的主要内容。根据《民法典》，材料采购合同的性质属于买卖合同。买卖合同的内容一般包括标的物的名称、数量、质量、价款、履行期限、履行地点和方式、包装方式、检验标准和方法、结算方式、合同使用的文字及其效力等条款。

（2）材料采购合同的主要条款。根据《民法典》关于买卖合同内容的规定，材料采购合同的主要条款如下：

1）双方当事人的名称、地址、法定代表人的姓名。委托代订合同的，应有授权委托书并注明代理人的姓名、职务等。

2）合同标的。材料的名称、品种、型号、规格等应符合施工合同的规定。

3）技术标准和质量要求。质量条款应明确各类材料的技术要求、试验项目、试验方法、试验频率以及国家强制性标准和行业强制性标准。

4）材料数量及计量方法。材料数量的确定由当事人协商应以材料清单为依据，并规定交货数量的正负尾差、合理磅差和在途自然减（增）量及计量方法。计量单位采用国家规定的度量标准，计量方法按国家的有关规定执行，没有规定的可由当事人协商执行。

5）材料的包装。包装质量可按国家和有关部门规定的标准签订。当事人有特殊要求的，可由双方商定标准，但应保证材料包装适合材料的运输方式。

6）材料交付方式。材料交付可采取送货、自提和代运三种不同方式。

7）材料的交货期限。

8）材料的价格。

9）违约责任。在合同中当事人应对违反合同所负的经济责任作出明确规定。

10）特殊条款。如果双方当事人对一些特殊条件或要求达成一致意见，也可在合同中明确规定，成为合同的条款。当事人对以上条款达成一致意见形成书面协议后经当事人签名盖章即产生法律效力。若当事人要求鉴证或公证的，则经鉴证机关或公证机关盖章后方可生效。

（3）材料采购合同的履行。材料采购合同订立后，应依照《民法典》的规定予以全面、实际地履行，具体内容如下：

1）按约定的标的履行。卖方交付的货物必须与合同约定的名称、品种、规格、型号相一致。除非买方同意，不允许以其他货物代替，也不允许以支付违约金或赔偿金的方式代替履行。

2）按合同约定的期限、地点交付货物。实际交付的日期早于或迟于合同规定的交付期限，即视为提前或逾期交货；提前交付，买方可拒绝接受，逾期交付的应承担逾期交付的责任。如逾期交货，买方不再需要，应在接到卖方交货通知后 15 日内通知卖方，逾期不答复的视为同意延期交货。

3）按合同约定的数量和质量交付货物。对于交付货物的数量应当场检验，清点数目后由双方当事人签字。对外在质量可当场检验。对内在质量，需做物理或化学试验的，试验的结果为验收的依据。卖方在交货时，应将产品合格证随同产品交买方据以验收。

4）买方在验收材料后，应按合同约定履行付款义务，如按约定的价格及结算条款履行等，否则承担法律责任。

① 卖方违约责任。卖方不能交货的，应向买方支付违约金；卖方所交货物与合同约定不符的，应根据情况由卖方负责包换、包退，并包赔由此造成的买方损失。

② 买方违约责任。买方中途退货，应向卖方偿付违约金。逾期付款，应按中国人民银行关于延期付款的规定向卖方偿付逾期付款的违约金。

5. 设备采购

（1）设备的选用。设备的选用应着重从设备的选型、主要性能参数和使用操作要求等三方面予以控制。

1）设备的选型。设备的选择应因地制宜、因工程制宜，按照技术上先进、经济上合理、生产上适用、性能上可靠、使用上安全、操作和维修方便的原则选用。

2）设备的主要性能参数。设备的主要性能参数是选择设备的依据。选择设备要能满足需要和保证质量的要求。

3）机械设备的使用操作要求。机械设备的使用操作要求应该适应设备操作人员的素质并能很好地适应环境。

（2）生产设备采购。在购置设备时应特别重视以下几点：

1）必须按设计的选型购置设备。

2）设备购置应申报，对设备订货清单（包括设备名称、型号、规格、数量等）按设计要求逐一审核认证后，方能加工订货。

3）优选订货厂家。要求厂家提供有关信息资料。通过调查了解制造厂家的素质、资质等级、技术装备、管理水平、经营作风、社会信誉等方面情况，然后综合分析比较，择优选择订货厂家。对于某些成套设备或大型设备，还必须通过设备招标的方式来优选制造厂家。

4）签订订货合同。

（3）生产设备采购合同

1）设备采购合同的内容。设备采购合同通常采用标准合同格式，其内容可分为三部分：

① 第一部分为约首，即合同开头部分，包括项目名称、合同号、签约日期、签约地点、双方当事人名称或者姓名和住所等条款。

② 第二部分为正文，即合同的主要内容，包括合同文件、合同范围和条件、货物及数量、合同金额、付款条件、交货时间和交货地点及合同生效等条款。

③ 第三部分为约尾，即合同的结尾部分，包括双方的名称、签字盖章及签字时间、地点等。

2）设备采购合同条款。按相关法规及招标人要求，设备采购合同主要包括下列内容：

① 定义。对合同中的术语作统一解释。

② 技术规范。提供和交付的货物和技术规范应与合同文件的规定相一致。

③ 专利权。卖方应保证买方在使用该货物或其他任何一部分时，不受第三方提出侵犯其专利权、商标权和工业设计权的起诉。

④ 包装要求。卖方提供的包装应适于运输、装卸、仓储的要求，确保货物安全无损运抵现场，并在每份包装箱内附一份详细装箱单和质量合格证，并在包装箱表面作醒目的喷涂。

⑤ 装运条件及装运通知。卖方应在合同规定的交货期前 30 日以电报或电传形式将合同号、货物名称、数量、包装箱号、总毛重、总体积和备妥交货日期通知买方，同时应用挂号信将详细交货清单以及对货物运输和仓储的特殊要求和注意事项通知买方。卖方在货物装完 24h 内以电报或电传的方式通知买方。

⑥ 保险。出厂价合同货物装运后由买方办理保险。目的地交货价合同由卖方办理

保险。

⑦ 支付。按合同规定履行完义务后，卖方可按买方提供的单据和交付资料寄给买方。并在发货时另行随货物发运一套。

⑧ 质量保证。卖方须保证货物与合同的符合性，在货物最终验收后的质量保证期内，卖方应对由于设计、工艺或材料的缺陷而发生的任何不足或故障负责，费用由卖方负担。

⑨ 检验。在发货前，卖方应对货物的质量、规格、性能、数量和重量等进行准确而全面的检验，并出具证书，但检验结果不能视为最终检验。

⑩ 违约罚款。在履行合同过程中若卖方遇到不能按时交货或提供服务的情况，应及时以书面形式通知买方，并说明理由及延误时间。买方在收到通知后，可酌情修改合同，延长交货时间。如果卖方毫无理由地拖延交货，买方可没收履约保证金，加收罚款或终止合同。

⑪ 不可抗力。发生不可抗力事件后受事故影响一方应及时书面通知另一方，双方协商延长合同履行期限或解除合同。

⑫ 履约保证金。卖方应在收到中标通知书30日内通过银行向买方提供相当于合同总价10%的履约保证金，其有效期到货物保证期满为止。

⑬ 争议的解决。执行合同中所发生的争议，双方应通过友好的协商解决；如协商不能解决时，当事人应选择仲裁解决或诉讼解决，具体解决方式应在合同中明确规定。

⑭ 破产终止合同。卖方破产或无清偿能力时，买方可以书面形式通知卖方终止合同，并有权请求卖方赔偿有关损失。

⑮ 转包或分包。双方应就卖方能否完全或部分履行合同义务达成一致意见。

⑯ 其他。合同生效时间、合同正本份数、修改或补充合同的程序等。

10.3.5 招标采购管理工作程序

项目招标采购管理工作程序是基于项目全过程招标内容而制定的工作流程，根据流程开展相应工作，详见附录1。

10.3.6 招标工作的信息管理

1. 信息收集

招标采购阶段收集的信息包括：

（1）项目立项批文，建设用地、征地、拆迁文件，经审批的可行性研究报告。

（2）工程所在地的工程地质、水文地质勘察报告，当地的长期气象资料。

（3）经审批的扩大初步设计及设计概算书。

（4）施工图设计文件及施工图预算。

（5）设计、地质勘察、测绘的审批报告等方面的信息，特别是该建设工程有别于其他同类工程的技术要求、材料、设备、工艺、质量要求有关信息。

（6）工程所在地区的材料、构件、设备、劳动力价格的市场信息及其变化规律。

（7）当地施工单位管理水平，施工质量、设备、机具能力。

（8）本工程适用的规范、规程、标准，特别是强制性规范。

（9）国家和地方关于招标投标的相关法规、规定，国际招标、国际贷款指定适用的范本，本工程适用的建筑施工合同范本及特殊条款。

（10）所在地招标投标代理机构能力、特点，所在地招标投标管理机构及管理程序。

（11）该建设工程采用的新技术、新设备、新材料、新工艺。

2. 项目投资信息的整理、分发、检索和存储

（1）及时做好收发文登记，并由收发人员签字。

（2）项目信息在有追溯性要求的情况下，应注意核查所填部分内容是否可追溯。如果不同类型的项目信息之间存在相互对照或追溯关系时，在分类存放的情况下，应在文件和记录上注明相关信息的编号和存放处。

（3）信息管理人员应负责文件档案资料的真实性、完整性、有效性。

（4）文件档案资料以及存储介质质量应符合要求，适应长时间保存的要求。

（5）信息档案必须采用科学的分类方法进行存放，以满足项目实施过程查阅、求证的需要，又方便项目竣工后文件和档案的归档与移交。项目建设过程中文件和档案的具体分类原则将根据工程特点制定总目录、分目录及卷内目录。

（6）采用计算机对项目投资信息进行辅助管理。

（7）文件档案资料应保持清晰，不得随意涂改记录，保存过程中应保持记录介质的清洁和不破损。

3. 项目投资信息收集、整理、分发、检索和存储的要求

项目投资信息的收集应伴随工程的推进而进行，要保证信息真实、准确、完整，并按照项目信息管理的要求及时整理，经有关负责人审核签字。

10.4　国际招标咨询与管理

10.4.1　国际招标方案

国际招标泛指国际建筑市场的招标活动。凡除本国外，允许任何一个或一个以上在外国政府注册开业的投标人参加投标的招标活动，亦称国际招标。国际招标活动必须遵守招标工程所在国政府颁布的招标法规和有关的法律条款，并必须遵守招标工程所在当地地方政府颁布的一切有关的法律、章程和条例。

国际招标方案编制需要依据相关法律，主要包括《中华人民共和国建筑法》(以下简称《建筑法》)、《招标投标法》《中华人民共和国政府采购法》《招标投标法实施条例》《工程建设项目施工招标投标办法》《工程建设项目招标范围和规模标准规定》《房屋建筑和市政基础设施工程施工招标投标管理办法》《建筑工程设计招标投标管理办法》《建筑工程方

案设计招标投标管理办法》《工程建设项目货物招标投标办法》《房屋建筑和市政基础设施工程施工分包管理办法》《工程建设项目勘察设计招标投标办法》等。

除上述相关法律依据外，国际招标方案还应根据项目的投资方式、项目的规模及图纸深度等进行编制。在工程实践中，我们较常见的国际招标一般为设计国际竞赛。设计国际竞赛内容主要包括以下几个方面：

1. 招标方式

通常有以下几种方式：

（1）完全竞争性招标。按照招标人国籍不同，可分为国内竞争性招标和国际竞争性招标。这种方式是通过在主要报纸及有关刊物上发布招标公告。凡是对这项招标工程感兴趣的承包商都有均等的机会得到信息、购买招标资料进行投标。

（2）有限竞争选择招标。也称为邀请招标。采用这种方式，一般不刊登广告，而是建设单位根据以往的经验或资料，邀请某些承包商来参加投标。

（3）两阶段招标。实质上是完全竞争与有限竞争相结合，即国际竞争性招标与国际有限招标相结合的招标方式。

（4）谈判招标。是由建设单位指定有资格的承包商，提出报价经建设单位同意，谈判认可，即签订承发包合同。

以深圳某歌剧院方案设计及建筑专业初步设计国际竞赛为例，该竞赛由深圳市规划和自然资源局、深圳市文化广电旅游体育局、深圳市建筑工务署主办，采用"意向邀请＋公开征集"两种报名方式。主办方向国内外共8家知名设计机构发出邀请，同时召开新闻发布会后发布竞赛公告，采用全球公开报名的方式来选择理想的设计单位。

2. 标段的划分、标段范围确定的原则

（1）标段的范围、内容、与其他标段的界面、责任明确。

（2）经济高效。标段划分越细，甲方越能通过价格竞争最大化的手段更经济地发包工程，然而各标段间协调越难，工程建设效率越低。为了取得经济高效的效果，应根据工程特点进行平衡，找到一个最佳的标段划分方案。

（3）客观务实。标段划分要综合考虑被划分工程的特殊性，包括潜在的竞标对象的具体情况、建设方的财力和管理能力等客观因素。

（4）便于操作。包括招标的可操作性、建设方管理的可操作性、建设方确定标底的可操作性、使用知识产权的可操作性以及资金供应上的可操作性。

3. 投标人资格要求

包括公司资质、规模、经验、技术实力等方面的要求。招标时对潜在投标人的资质等级要求应根据住房和城乡建设部发布的相关资质等级管理文件确定。

4. 合同形式

建设工程合同根据合同计价形式可分为固定总价合同、可调总价合同、固定单价（或费率）合同、可调单价（或费率）合同、成本加酬金合同。当概算明确且预计变化不大的情况下，服务类合同宜采用固定总价的合同形式；当概算明确但预计会有比较大的突破或减少时，服务类合同宜采用固定单价（或费率）的形式。货物采购类在采购前要尽可能地确定数量并明确需求，在此基础上宜采用固定总价合同，如果预计数量和需求会有变化时采用可调总价合同。根据《建设工程工程量清单计价规范》GB 50500—2013 中"工程量清单应采用综合单价计价"的规定，公开招标的施工类合同应采用固定单价合同的形式。

10.4.2　国际招标文件

招标文件是提供给投标者的投标依据，招标文件应向投标者介绍项目有关内容的实施要求，包括项目基本情况、工期要求、工程及设备质量要求，以及工程实施过程中建设单位如何对投资、质量工期进行管理。

1. 编写招标文件的基本要求

（1）能为投标人提供一切必要的资料数据。

（2）招标文件的详细程度应随工程项目的大小而不同。

（3）招标文件应包括：投标邀请函、投标人须知、投标书格式、合同格式、合同条款（包括通用条款和专用条款）、技术规范、图纸和工程量清单，以及必要的附件，比如各种保证金的格式。

（4）使用世界银行发布的标准招标文件，我国贷款项目强制使用世界银行发布的标准招标文件；财政部编写的招标文件范本，也可作为必要的修改，招标资料表和项目的专用条款可作改动，标准条款不能改动。

2. 招标文件的基本内容

（1）投标邀请函；

（2）投标人须知；

（3）投标资料表；

（4）通用合同条款；

（5）专用合同条款；

（6）技术规范；

（7）投标函格式；

（8）投标保证金格式；

（9）工程量清单；

（10）合同协议书格式；

（11）履约保证金格式；

（12）图纸。

10.4.3　国际招标咨询要点

1. 确定招标控制价的合理性

招标控制价编制是评标、定标的重要依据，其合理性直接影响工程造价，是比较繁重的工作。招标控制价应客观、公正地反映建设工程预期价格。全过程工程咨询管理单位应依据建设单位的目标、工程项目所处的地理位置、项目所在地的环境，合理确定项目的定位，合理确定项目的招标控制价。

2. 重视合同管理，完善合同条款的编制

为了实现招标投标阶段造价的有力控制，合同管理是不容忽视的内容。合同内容是影响造价的关键指标。因此，一旦合同知识掌握不充足，条款不严谨，势必影响造价准确性。全过程工程咨询单位应协助建设单位加强合同管理，做好优化与细化。一方面，要将合同约束力有效地体现在招标投标文件之中，将这种形式作为合同文件构成的要素。另一方面，在合同中，要对双方权利、义务以及责任进行明确约定，尤其是对违约责任进行准确表述。除此之外，可以采取专业条款的方式，关注工程量调整以及履约保函等内容，以保证合同条款的合理性。

10.4.4 国际招标风险分析

1. 国际招标面临的信息风险

招标投标过程中双方的信息交流、处理、确认是一个非常重要的环节。在国际招标过程中，招标人与投标人所掌握的信息有可能不对称。首先，在招标的准备阶段，招标人对自身的使用需求等信息肯定掌握得比投标人多，而投标人对招标的需求信息知之甚少；其次，在招标文件发出之后，投标人获得大量的招标信息，可以根据自身优势来准备投标流程。在通常情况下，招标投标双方的信息会存在一定的差异性，招标投标企业为实现企业利益就会对招标进行风险评估，其最终目的在于双方进行充分的信息交流而达成供需目标。最后，在投标结束之后，招标人获取全部投标信息，而投标人只能获得部分投标人的价格信息，信息风险加大。由于信息的不对称，信息真假难辨，很容易发生判断错误，引发投标人的机会主义行为。投标企业为实现企业的利益，会采取非法手段，扰乱市场竞争秩序与环境，招标企业信息风险增加。

2. 国际招标面临的招标方式风险

（1）公开招标限制了竞争范围，使建设单位失去了可能获得更低报价、技术上更具竞争力的潜在承包商的机会。

（2）邀请招标评标工作量较大，费用较高，耗费时间长，以及增加了因对中标单位可能不了解而导致的今后协调困难风险和合同履行中承包商违约的风险。

3. 国际招标面临的管理风险

通过国际竞赛招到的设计机构为外国设计团队时，会面临合同管理风险。首先，境外设计单位，由于对报建图纸要求和流程不了解，不具备出图资质，对中国设计规范不熟悉等问题，要独立完成从方案到施工图的设计工作存在着较大的难度，一般都需要国内设计单位的配合。这就要求在合同订立阶段，明确境外设计单位的服务阶段和服务内容，斟酌其与国内设计单位的分工界面和合作方式，前期未明确这些内容，后面可能造成扯皮现象。其次，沟通上极大不便，跨国合作除了增加不必要的差旅成本外，语言沟通方面的障碍也使得设计开发周期不可避免地延长。另外，境外设计公司出图标准设计和配合反应速度与国内存在不小的差异，管理过程中可能会产生摩擦，影响工程进展。

10.5　招标采购合约咨询与管理问题解析

本节对已完成的复杂工程招标过程予以复盘，分析案例问题并总结提炼，供类似项目借鉴。

10.5.1　合理确定承发包模式

1. 案例

某剧院建设在招标时按照土建工程、机电安装工程及幕墙工程划分为三个合同包。在工程实际建设过程中，由于土建单位工作界面无法及时移交给舞台机械设备单位，舞台机械设备单位按计划生产的设备迟迟无法运至施工现场，工期延长近 6 个月。

2. 分析

工作面交接是困扰大型公建项目尤其是剧院建设的典型问题，剧院建设涉及专业多、技术复杂，建设单位在选择承发包模式时倾向于施工总承包加专业分包的管理模式。此种模式需要施工总承包单位具有较强的组织能力，能够按照总体进度需求及专业分包要求统筹管控进度计划，同时需具备相对专业的剧院建设经验，管理班子中应具有对剧院建设及舞台工艺等专业特点熟悉的技术人员，在编制总控计划时做到合理安排，统筹兼顾。

3. 启示

剧院建设包含的专业种类较多，建议在招标策划时，除舞台工艺专业性较高的工程外，尽可能采用施工总承包模式。既有利于建设单位和监理方的项目管理，也可以减少各单位之间由于利益冲突、界面划分等原因产生扯皮纠纷，便于施工进度的有效推进及项目建设总目标的实现。同时在施工总承包招标阶段明确专业工程工作面交接、工期及总承包管理服务费。

10.5.2　专业工程招标应及时

1. 案例

某剧院混凝土结构、砌体结构及前厅钢结构工程基本施工完毕，具备机电安装、初装修及屋面防水工程施工条件，但因部分专业工程没有及时确定专业分包单位（如金属屋面工程、舞台机械工程），导致部分施工工序不能按照正常程序进行。

该项目金属屋面工程需预先在屋面混凝土结构埋设埋件，埋件共计约 15600 块，因金属屋面招标工作的不及时，现屋面混凝土结构已浇筑完毕，目前采用植筋方式进行设置，为施工带来一定的难度。

2. 分析

因机电安装、初装修及屋面防水等工程专业分包单位迟迟未定，制约了后续工程的开展，导致工程停滞不前，金属屋面工程的招标滞后导致需后置埋件，增加施工难度及费用，同时也对施工质量有一定的影响，这都体现了专业工程招标滞后及安排不合理给工程整体进展造成的影响。

3. 启示

剧院类工程涉及的专业较多、专业性较强，需要通过招标确定专业施工单位，承担相关专业工程的施工，这不仅涉及专业单位资质的要求，也需要把控全局，分析在不同的施工阶段需要确定哪些专业分包单位，有计划地落实专业分包的招标工作，合理安排专业工程进驻现场，以利于各专业工程施工的有效衔接与配合。例如：

（1）钢结构、舞台机械、幕墙、电梯、机电安装等工程需由土建施工配合完成前期埋设预埋件、预埋管线等工作的，应根据土建施工进度提前进行各专业的招标工作。

（2）机电安装等专业工程的管线布置需与精装修工程配合，在土建主体完成后，进行水电暖等管线施工前，应完成精装修工程的招标工作。

（3）泛光照明与幕墙工程的配合，在主体结构完成后，幕墙正式开始施工前需完成泛光照明的招标工作。

10.5.3　合理划分特殊材料（设备）标段

1. 案例

某剧院各外立面出入口外门的做法根据其所处的部位，以及重要性分为4种，分别为不锈钢门框玻璃门、金属框石材门、铝合金门框玻璃门、镀锌钢板门4种类型共14樘门。精装修招标时，将这14个外门分别划入4个标段。由于外门的特殊性及重要性，经协调，取消了其他标段合同内的不锈钢门框玻璃门、金属框石材门，将其全部划入同一个标段施工；将铝合金门框玻璃门全部划给外装饰单位施工。

2. 分析

不同的加工厂即使选用同一个色号，加工出来的材料在颜色上都有一定的差异。本案例中，14个外门划入了4个标段，势必产生4种不同的效果。因此对外门的施工界面进行重新划分是正确的。主要出入口使用的不锈钢门框玻璃门、金属框石材门由一家实力较强的精装饰单位完成，更能保证门的安装质量和整体效果；铝合金门框玻璃门因要求铝合金框和外装饰铝板的色号一致，由外装饰单位施工也很合理，这样更能保证大剧院立面效果的统一性。

3. 启示

外立面的出入口门作为室内外的联络通道，其重要性可见一斑。因此在招标阶段标段划分时应充分考虑其效果统一性的要求，将外立面的门划入同一个单位施工更为合理。

10.5.4　准确描述招标投标文件中材料（设备）品牌

1. 案例

某剧院在幕墙招标时推荐玻璃品牌为：南玻、上皮、北玻或同档次产品。中标单位投标文件中填报品牌为南玻、上皮。中标单位进场后在进行品牌报审时申报品牌为天津耀皮。经核实天津耀皮为上海耀皮的子公司，产地在天津，但根据合同及招标投标文件相应条款解释，施工单位应该选择上海耀皮公司生产的玻璃。

2. 分析

上海耀皮集团全称为上海耀皮玻璃集团股份有限公司，集团下设上海耀皮建筑玻璃有限公司、上海耀皮工程玻璃有限公司、天津耀皮玻璃有限公司、天津耀皮工程玻璃有限公司、常熟耀皮特种玻璃有限公司、江苏皮尔金盾耀皮玻璃有限公司、江苏华东耀皮玻璃有限公司和江门耀皮工程玻璃有限公司等分（子）公司，不同分（子）公司各自独立生产、销售、核算，其产品线也不尽相同。"上皮"只是建筑界对耀皮玻璃品牌的习惯性称呼，不是其品牌。在招标文件中习惯性地将这个称呼写在玻璃品牌中，难免会引起争议。

3. 启示

在招标文件中推荐材料（设备）品牌时，一定要写明其品牌或工厂名称的全称，如果工厂设有多个产地的，尽量写明其产地或分支机构所在地，避免材料采购环节引起歧义。

10.5.5　合理确定材料（设备）暂估价

1. 案例

某剧院施工总承包合同价为 17144 万元（其中土建工程为 10041 万元，幕墙工程为 4598 万元，安装工程为 2505 万元），包含总额为 2704 万元的暂估价材料设备（其中土建工程 183 万元，幕墙工程 2341 万元，安装工程 180 万元，累计 86 种）。

2. 分析

本项目材料（设备）总额高，暂估材料（设备）种类多。幕墙工程中暂估价占幕墙工程造价比例高达 50.91%。当地审计局要求单项材料总价超过 50 万元必须采用公开招标，但建设单位仍有采用询价程序的情况，询价、定价程序较为繁琐，对工程总造价影响较大，而且容易存在暗箱操作行为，不易保证工程材料（设备）质量。同时询价程序违反了《招标投标法》关于材料（设备）暂估价必须采取建设单位和承包单位联合公开招标的规定。

3. 启示

招标前应充分调研、分析工程所用材料设备特点，尽量掌握清楚其技术参数、性能指标、价格区间及潜在供应商，在招标时尽量减少暂估材料（设备）种类和比例，以利于控制工程造价。确因情况特殊必须采用暂估价形式的大宗材料、设备，必须通过公开招标的方式确定供应商。

10.5.6　电梯招标宜尽量提前

1. 案例

某剧院项目共设计 7 台垂直电梯及 1 台扶梯，电梯设计基本参数见表 10.5-1。

电梯设计基本参数　　　　　　　　　　　　　　　　　　表 10.5-1

区域		名称	技术特征					数量	备注
			载重量（kg）	速度（m/s）	行程（m）	停靠站数	机房位置		
剧院部分	1 号电梯	DT1	1600	1.75	12.5	4	无机房	1	客梯
	2 号电梯	DT2	1600	1.75	12.5	4	无机房	1	客梯
	3 号电梯	DT3	800	1.75	24.85	7	无机房	1	货梯
	4 号电梯	DT4	800	1.75	24.85	7	无机房	1	货梯
	5 号电梯	DT5	1000	1.60	18.6	5	无机房	1	客梯
	6 号电梯	DT6	1000	1.60	18.6	5	无机房	1	客梯
影城部分	7 号电梯	DT7	1000	1.75	5.1	2	无机房	1	客梯

现场出现的主要问题如下：

问题一：DT1、DT2 井道设计尺寸为 2600mm×2200mm，现场勘测实际为 2450mm×2200mm。

问题二：由于建筑平面修改，导致电梯 DT5、DT6 不能按原方案实施。

问题三：DT7 设计速度为 1.75m/s，井道坑底深度为 1500mm，提升高度为 5100mm，2 层 2 站 3 门，井道尺寸为 2180mm×2870mm，现场勘测坑底实际为 1300mm。

2. 分析

针对上述问题，根据现场实际情况，处理如下：

问题一：由于井道尺寸的改变，按照国标 DT1、DT2 载重量由 1600kg 改为 1350kg。

问题二：由于建筑平面修改，DT5、DT6 在 5 层不设停靠站，停靠站数量改为 4 站。

问题三：按照国标 DT7 只能做速度为 1.0m/s，最终 DT7 变更为 2 层 2 站 2 门（2 层变更为非贯通门），速度为 1.0m/s。

3. 启示

由于主体结构施工时，电梯专业分包没有提前招标，电梯井道总包按原设计图纸施工，导致在电梯专业单位进场时井道尺寸复核时出现上述问题，所以在主体结构施工时，电梯等设备施工单位最好能提前确定，这样在土建施工时能及时发现并处理问题，减少不必要的返工，加快工程进展。

10.5.7　合理划分舞台木地板界面

1. 案例

某剧院舞台木地板工程被建设单位划分到精装修范围内，在实施过程中因为精装修单位无舞台工艺施工经验，导致与舞台机械、灯光、音响等专业单位发生较多交叉施工，产生矛盾，影响了工期和质量。

2. 分析

造成该事件产生的主要原因是建设单位将舞台木地板工程划分到精装修范围内。在实际工程中，将舞台木地板工程划分到精装修范围内可能会产生以下问题：

（1）使用时产生安全问题，责任无法界定。例如在演出时，因舞台木地板高低不平，造成演员人身伤害，则无法判定是机械安装问题还是木地板施工问题。

（2）目前国内精装修施工单位几乎无剧院舞台木地板施工经验，尤其施工舞台木地板，质量无法保证。

（3）舞台木地板不同于一般木地板，在地板安装完成后还需和舞台机械台下设备钢结构密切配合开长缝，如由两个不同单位施工，容易造成偏差，导致扯皮现象发生。

（4）舞台木地板涉及舞台机械、灯光、音响等专业大量开孔及活门制作等工艺，非舞台工艺专业施工舞台木地板，开孔或制作活门时，容易产生质量问题，造成各专业单位责任无法界定。

3. 启示

（1）考虑到舞台木地板施工的专业性、复杂性，建议由舞台机械承包商施工较为妥当。

（2）对于部分改建、修缮的剧院工程，若舞台区域只涉及木地板的修缮时，可考虑由精装修单位施工。

第11章　勘察设计咨询与管理

11.1　设计需求管理

11.1.1　方案设计阶段设计需求

1. 设计原始资料

方案设计作为设计工作启动的开始阶段，需要为其提供开展工程设计需要的原始资料。全过程工程咨询单位应在设计单位确定后，根据前期投资决策阶段明确的文化内核进行深度挖掘，从深度和广度两方面收集大量的素材，包括民间传说、历代典籍、名人轶事、名胜古迹、自然风光等，从中提炼出具有吸引力的表达核心，形成能够在建筑内有序表达的故事线、能够沉浸式互动体验的不同场景，或能近距离观看、沉浸其中。在这过程中，全过程工程咨询单位需要配合建设单位做好前期方案设计的方向性把关，必要时组织相关专家评审，征求主管领导意见等，尽量缩短方案确认周期。协助建设单位及时组织设计单位进行原始资料交接工作，设计原始资料主要包括片区规划图、用地红线图、现场原始地形地貌图、地下管线图、现场航拍图及场地周边相关资料等等。

2. 建筑功能及规模

建筑功能及规模是方案设计的核心依据，对设计方案的构思及空间布局有着重要影响。不同建筑功能区域对应的建筑面积是设计单位关注的重点，全过程工程咨询单位应在方案设计开始至方案设计完成阶段，协助建设单位与设计单位反复沟通，提前纳入运营单位的专业意见，对文化场馆空间进行合理科学的规划具有很大帮助，实现建筑功能及规模与设计方案在物理空间上的融合，也使得运营方在后期运营中更加得心应手。

3. 关键功能区域效果

关键功能区域效果对方案设计也有一定影响，如公共大厅、VIP包间、楼梯间、电梯间等特殊区域的层高和建筑风格等。在方案设计过程中，全过程工程咨询单位应提醒建设单位提出该部分设计要求，以指导设计工作。

4. 周边交通及市政接驳

根据项目周边交通条件，全过程工程咨询单位协助建设单位，组织设计单位向有关交通部门进行设计征询，明确方案设计的交通接驳条件，如地铁、市政道路等；向有关水、电、燃气及通信等部门征询，明确方案，设计水、电、燃气及通信等市政接驳点。

5. 场地内部交通流线

文化场馆项目比一般公共建设项目流线更加复杂，是设计工作的一大难点。场地内部常涉及较多流线，如设施设备转运、游客、观众、演员、职员及 VIP 会员等。因此，场地内部交通流线对设计方案建筑排布有着很大影响，在方案设计过程中，全过程工程咨询单位应协助建设单位尽早提出设计需求，避免对设计方案产生颠覆性影响。

6. 主要设计指标

主要设计指标也是方案设计阶段的重要需求，常规设计指标主要包括绿化率、覆盖率、人防面积、消防分区划分、消防车道及扑救场地、车位数量（是否含机械停车位）及充电桩数量（区分快充和慢充）等；对于文化场馆的特殊设计指标，主要包括舞台尺寸、台口尺寸、厅堂混响时间、背景噪声 NR 指标值等。全过程工程咨询单位应协助建设单位依据规划、建设主管部门要求以及建设单位需求等，向设计单位明确主要设计指标，以便设计工作高效开展。

11.1.2 初步设计及施工图设计阶段需求

初步设计及施工图设计阶段需求主要是基于设计方案成果基础上的需求延伸及优化，一方面，可能涉及方案设计阶段有关需求调整；另一方面，则更加注重对设计方案专业技术上的实施和落地要求，主要涉及以下内容：

1. 建筑专业功能需求

根据设计方案成果，全过程工程咨询单位应协助建设单位提出建筑平面功能布局、流线、层高及建筑效果等设计优化意见，确保设计满足使用运营要求，便于后期运营使用；对主要部位的建筑材料进行选择，如外立面材料、重要部位的装饰装修材料等，确保选择的材料具有可落地性。

2. 结构专业设计需求

结构专业设计除根据建筑专业设计成果及规范开展外，全过程工程咨询单位应协助建设单位就以下设计需求与设计单位进行确定，主要内容包括设计工作使用年限的确定，地基持力层的选择，基础形式选择，上部结构选型，设计荷载取值，伸缩缝、沉降缝和防震缝的设置位置，风洞实验、振动台实验及其他有关实验等。

3. 机电专业设计需求

机电专业涉及较多系统的选择，如消防联动系统、空调通风系统、给水排水系统、弱电智能化系统等，主要系统及重要设备的选择与建筑声学密切相关，同时也与后期建筑使用运维有很大关系，全过程工程咨询单位需协助建设单位向设计单位明确相关要求。

4. 专项工艺设计需求

舞台机械、声学及展陈等工艺是文化场馆建筑的专项工艺，全过程工程咨询单位需根据场馆定位、使用要求协助建设单位向设计单位提出具体需求，如舞台机械的承载力、运行速度、安全控制要求，声学设计除背景噪声指标以外的混响时间、可调混响以及反声罩等要求，展陈设计考虑对展品保护的温度、湿度计光线等要求。

5. 其他设计需求

全过程工程咨询单位应协助建设单位向设计单位提出其他设计需求，主要包括绿色建筑等级、装配式要求、海绵城市要求、消防车道及扑救场地、智慧运维、限额设计及进度要求等等，其中部分需求也可根据项目实际情况，在方案设计阶段就予以明确。

11.2　勘察设计任务书编制

勘察设计任务书是勘察单位、设计单位开展工作的主要依据，是勘察设计工作开展的前置条件，根据任务书作用不同，主要可以分为勘察任务书和设计任务书。设计任务书的编制内容具体详见本书第 13 章 13.1 节；勘察任务书根据勘察工作的两个阶段（初步勘察、详细勘察），可分为初步勘察任务书和详细勘察任务书，其编制依据为《岩土工程勘察规范（2009 年版）》GB 50021—2001 及方案设计文件等，主要通过勘探孔分布及其他技术要求来明确勘察单位勘察工作的内容，确保勘察单位查明项目用地红线范围内的工程地质条件，以形成工程勘察报告，分别为初步设计、施工图设计提供设计依据，鉴于勘察任务书的编制一般相对简单，此处不再赘述。

11.3　工程勘察咨询与管理

文化场馆项目勘察是确保项目建设质量的重要环节，勘察咨询与管理的规范化、专业化和科学化是文化场馆项目建设的关键，但是勘察管理与咨询一直是被大家所忽视的问题。

全过程工程咨询管理一般从项目前期就开始参与，因此工程勘察咨询与管理已成为全过程工程咨询项目服务的重要内容，本节总结了勘察咨询与管理的方法与经验，重点介绍了勘察咨询与管理过程中的主要内容，为提高勘察咨询与管理水平提供有益的借鉴。

11.3.1　审核勘察任务书

勘察任务书主要依据《岩土工程勘察规范（2009 年版）》GB 50021—2001 的规定编制，全过程工程咨询单位应从技术性角度进行勘察任务书内容的审核，勘察任务书审核应包含但不限于以下内容：

1. 总体要求

（1）勘察任务书的编制应包括但不限于项目概况、勘察目的及任务、勘察技术标准要求、设计工程量、提交勘察报告书等内容。

（2）应注明勘察阶段和勘察范围，详细勘察应符合施工图设计的要求，建议大型项目将初步勘察和详细勘察分阶段进行。

（3）明确勘察任务包含地形图测绘、现状地下管线探测（物探）、工程地质勘察等。

（4）工程概况应提供拟建工程的建筑高度、荷载、地下室埋深等基本信息，尽可能提供建筑功能特点、结构形式、地基基础形式、地基变形要求、建筑物抗震设防类别、建筑物安全等级以及其他特殊要求等信息。

（5）勘察依据的相关标准应侧重于现行地方标准的使用。

（6）测绘要求应单列且包含测绘的范围、精度和内容。测绘内容应包含场地红线内及周边地形图、高程、树木及数量清单等。

2. 详细要求

（1）查明建筑范围内地层结构、成因年代、深度、分布、工程物理力学性质和变化规律，分析和评价地基的稳定性、均匀性和承载力。

（2）查明有无影响建筑场地稳定性的不良地质作用，查明其类型、成因、分布范围、发展趋势及危害程度，并提出防治措施的建议。

（3）查明地下水类型、埋藏情况、季节性变化幅度和对建筑材料的腐蚀性。

（4）划分场地土类别，查明有无可液化土层，并对液化可能性作出评价，提供抗震设计的有关参数。

（5）查明对工程不利的埋藏物，如埋藏的河道、冲沟、墓穴、防空洞、孤石等。

（6）不良地质作用和地质灾害评估，对场地建设工程的可行性及适宜性作出评价。

（7）对建筑地基作出岩土工程评价，并对地基类型、基础形式、地基处理、基坑支护、工程降水和不良地质作用的防治等提出建议。

（8）根据建筑物和场地地质情况，对可供采用的地基基础设计方案进行论证分析，提出经济合理的基础设计方案建议，并对设计与施工应注意的问题提出建议。

（9）提供与设计要求相对应的地基承载力建议值，提供桩基础设计岩土力学参数，花岗岩地层中应提供泥浆护壁成孔灌注桩侧摩阻力取值。

（10）对需进行沉降计算的建筑物，提供地基变形计算参数，预测建筑物的变形特征。

（11）当采用基岩作为桩的持力层时，应查明基岩的岩性、构造、岩面变化和风化程度，确定其坚硬程度、完整程度和基本质量等级，判定有无洞穴、临空面、断层或破碎带定位走向等。

（12）持力层为倾斜地层，基岩面凹凸不平或岩土中有洞穴时，应评价桩的稳定性并提出相关处理措施。

（13）当有软弱下卧层时，提供相应参数并评价其对基础工程的影响。

（14）论证地基土和地下水在建筑施工和使用期间可能产生的变化及其对工程和环境的影响，提出防治方案、抗浮设计水位及地下室抗浮措施的建议。

（15）对深基坑开挖（有地下室部分）应提供稳定计算和支护设计所需的岩土技术参数，并论证和评价基坑开挖、降水对建筑物本身及邻近建筑物的影响。

（16）支护工程应查明开挖范围及邻近地下水特征，各含水层和隔水层的层位埋深和分布情况。查明施工过程中水位变化对支护结构的影响，并提出相关处理措施。

（17）应提出深厚软黏土（如有）的特殊指标要求，如有效抗剪强度指标、灵敏度等。

（18）岩溶地区勘察应采用工程地质测绘和调查、钻探、物探等多种手段相结合的方法。详细勘察应查明拟建工程范围及有影响地段的各种岩溶洞隙和土洞的位置、规模、埋深，岩溶堆填物性状和地下水特征，对地基基础的设计和岩溶的治理提出相关建议。

（19）岩溶勘察报告除应符合常规岩土工程分析评价和成果报告要求外，尚应包括岩溶发育的地质背景和形成条件，洞隙、土洞、塌陷的形态、平面位置和顶底标高，岩溶稳定性分析以及岩溶治理和监测的建议等。

3. 制图要求

（1）勘察任务书附图应包含测绘范围图、物探范围图和勘探孔布置图。

（2）勘探孔布置图除表达红线、建筑平面位置、基坑边线等基本信息外，主要表达孔点定位、孔点数量以及终孔深度要求，不表达与任务书文本重复的内容。

（3）勘探孔布置应根据建筑物特性和岩土工程条件确定，尽量结合柱位和可能的基础形式确定。

（4）同一建筑范围内的主要持力层或有影响的下卧层起伏较大时以及岩溶、孤石发育等特殊地质区段的勘探孔应适当加密，并布置在柱下；重大设备基础应单独布置勘探点。

（5）勘探过程中如发现特殊的地质现象应及时知会设计单位，并商讨确定勘探点的增减、勘探深度的调整。

（6）勘探孔布置图应表达勘探孔的定位，可逐孔标注坐标或提供钻孔坐标表。

（7）勘探孔应深入稳定的持力岩土层，穿过孤石、溶洞、破碎带、软弱夹层等不良地层。对于控制性勘探孔和一般性勘探孔进入中、微风化岩深度应分别提出且满足基础底面以下的稳定持力层厚度要求，同时对于基岩埋藏较深的场地，勘探孔深度可按进入稳定的持力层深度和最小总深度双控。

（8）勘探孔布置及深度除应满足岩土工程勘察规范外，尚应满足拟建场地的针对性规范、规程和标准，如高层建筑岩土工程勘察标准、基坑勘察规范等。

（9）项目涉及的基坑工程和边坡工程均应布设勘探孔，不得漏项；勘探孔布置和钻孔条件应按场地条件和基坑设计、边坡设计的要求确定。

11.3.2 审核勘察报告

全过程工程咨询单位应从技术角度审核勘察单位的勘察报告，提出审核意见，并督促勘察单位组织专业评审，具体审核内容如下：

（1）审查勘察报告中勘察企业和注册执业人员以及相关人员签章和签字的情况。

（2）审查岩土工程勘察报告内容完整性、深度、文件齐全性。主要内容应包括：岩土层分布、地下水条件、岩土的工程特征是否基本查明；对特殊性岩土、不良地质作用、地基承载力和变形特性、水和土的腐蚀性、场地地震效应等重要的岩土工程问题是否正确评价以及不良地质作用、特殊性岩土、边坡工程、岩土参数及图表等是否齐全。

（3）审查勘察报告是否符合勘察任务书要求，勘探点的布置、数量、间距及勘探孔深度是否满足设计文件以及规范要求，勘察采取土试样进行原位测试和室内试验的方式是否满足规范要求，查看场地和地基的地震效应、地下水水位、水土腐蚀性测试、地下水评价情况、不良地质作用、特殊性岩土情况，并提出整治方案的建议。

（4）对勘察报告的测试数据、设计参数、分析结果和建议进行审核，包括基坑围护设计参数、桩基相关参数的取值，提出合理化建议。

11.3.3　现场勘察作业管理

现场勘察作业管理中，全过程工程咨询单位主要协助建设单位对勘察外业（包括现场试验）进行质量控制、监督，在勘察实施过程中进行勘察见证管理工作。为确保现场勘察作业安全，施工单位进场作业前，需组织勘察单位现场踏勘，开展现场风险源识别并要求施工单位编制工程勘察安全生产专项实施方案，全过程工程咨询单位对方案进行审核批准后，勘察单位方可进场进行勘察作业，具体要求如下：

1. 提出安全生产专项实施方案的编制要求

（1）勘察单位应高度重视安全生产专项实施方案的编制工作，应在充分了解工程资料、场地情况、合同要求等基础上开展针对性编制工作，不得照搬照套，切实保证专项实施方案的编制质量，切实发挥专项实施方案对现场施工的指导及风险预控的作用。

（2）专项实施方案的编制及报审均应遵循合同或法规规定的时限要求，勘察单位应在规定的时限内完成编制、项目部审查、企业安全管理部门审批后报建设单位。应严格遵循"先方案后施工，先审批后进场"的基本原则。

（3）专项实施方案的编制、审核、审批人员均须符合现行建设行业法律、法规的有关规定，必须具备相应资格，不得代签、代编或越权签署，企业内部审查也应有具体审查意见。

（4）经批复的专项实施方案在现场施工时应严格执行，不得擅自改动。如现场实施时，有关条件变化导致确实应该调整时，勘察单位应针对调整内容重新报建设单位办理审批。

2. 制定安全生产专项实施方案的审批流程

（1）勘察单位在合同约定时间内完成安全生产专项实施方案编制及自审后，及时报全过程工程咨询单位审核，审核通过后报建设单位审核。

（2）需要勘察单位修改时，由全过程工程咨询单位提出审核意见，勘察单位修改落实后再报全过程工程咨询单位重新审核。

（3）最终经审批通过的安全生产专项实施方案由全过程工程咨询单位存档。

勘察单位按审定的安全生产专项实施方案组织施工，全过程工程咨询单位应同步做好验收及巡查，并做好全过程勘察工作的拍照记录和验收，如后期正式实施时因现场条件发生改变导致安全生产专项实施方案需作相应调整时，勘察单位应在施工前将变更内容书面报送全过程工程咨询单位重新审定后实施。

11.4　工程设计咨询与管理

11.4.1　设计管理目标

工程项目管理过程中，设计是整个项目的龙头，它直接决定了整个项目 80% 左右的成本，在项目实施过程中的作用至关重要。设计管理直接影响着项目设计质量、投资及进度等三大目标的实现。

为确保设计总目标的实现，全过程工程咨询单位应直接对设计进行全过程协调管理，设计管理的三大目标：设计质量目标管理、设计投资目标管理和设计进度目标管理。

1. 设计质量目标管理

对项目设计过程管理的质量进行控制，确保项目功能齐全，设施完善，技术先进，使用高效，以最短的工期完成项目建设。

2. 设计投资目标管理

对项目的设计投资进行控制，以实现使用功能和造价的最佳配置，方案设计与估算匹配，初步设计的概算不超估算，施工图预算不超概算，确保实现限额设计目标。

3. 设计进度目标管理

对项目设计进度进行控制，通过分解设计工作任务节点计划，在满足招标采购、报批报建、工程施工等前提下，明确各阶段设计成果提交时间，确保实现项目总进度目标。设计阶段进度目标主要控制节点为：取得用地许可和规划设计要点、完成设计方案、取得建设工程规划许可、完成初步设计、取得初步设计概算批复、施工单位招标、项目开工、完成施工图设计。

11.4.2　文化场馆项目设计管理重难点分析

1. 使用需求复杂、功能定位难度大

文化场馆项目的定位的第一步，即确定功能与规模。如剧院建设的定位是巡演剧场，还是驻团剧场；规模是 1200 座以下的中等规模，还是 1500 座以上的特大型规模；演出类型是纯粹的交响乐，还是兼有儿童剧、歌舞剧、综艺演出以及会议的多功能剧场；舞台设备的档次定位是全机械全自动，还是半机械；灯光音响是否预留后续多用途等。上述这些都需要经过多方面、多角度探讨和分析后，提出清晰、明确的定位才能指导后续工作开展，为其提供设计依据。

2. 功能分区多、流线设计复杂以及各空间净高确定难度大

文化场馆项目功能分区多，流线设计复杂，且各主要空间的净高（含舞台净高）确定需考虑建筑、结构、声学及舞台机械等多个专业，各空间净高的确定难度大。建筑设计在确定了方案基本选型及方向后，厘清各功能分区及各类流线，尤其是不同使用人群的人流和各类货物的物流；确保各出入口的交通系统相对独立，从水平交通系统和垂直交通系统

进行多角度分析，减少不必要的干扰；确定各功能空间净高以及相互间联系通道的净宽和净高，并落实到各专业设计中，共同保证实现各建筑的空间要求，这些都是确保各类文化场馆项目合理实现各种使用功能的重点关注项。

3. 大跨度、大空间结构体系设计挑战大

作为文化场馆这类功能复杂、规模大、要求高的公共建筑，结构设计的难点在于大跨度、大空间结构以及结构不规则等情况的结构选型与可行性论证分析，既要保证结构的安全可靠和经济合理，又要满足各功能空间的净高要求和设备管线的穿行需求，同时厅堂区的外露结构构件必须满足建筑选型和视觉效果的要求。比如无锡交响音乐厅的球壳结构，将幕墙体系与钢结构合二为一（≥90m 的大跨度结构和玻璃幕墙体系），减少结构构件，简化结构体系，提升大厅内观众的视觉感受。

4. 观众厅声场的分布要求高

建筑设计外观效果和使用效果是文化场馆建筑成功与否的重要标志。观众厅的厅堂体型决定了厅堂基本的声场效果。强调早期反射声的设计，能较好地处理好剧场对混响时间的不同要求，达到最佳混响时间是建筑声学设计的关键。在混响时间的基础上，深度分析侧向反射声，注重音质设计决定了厅堂是否能达到国内一流、世界领先水平。同时，建声结合灯光音响及暖通设备都是影响声场均匀分布和背景噪声的重要因素。处理好建声与这些影响因素是取得优良声学效果的重点和难点。

5. 观众厅温度场均匀分布较难解决

观众厅池座与楼座观众的舒适度直接取决于室内温度、新风等人工小气候的设计。从设计上如何合理解决池座观众感受过冷或楼座观众感受过热的温度差异问题（包含舞台区温度过高，观众区温度过低的问题），是众多文化场馆项目建筑设计所需面对的技术难题。

6. 舞台机械灯光音响设计与其他专业协调配合复杂

在进行建筑设计前期，应尽快确定舞台的变化形式、舞台机械的空间布局、基坑深度及载荷。考虑到舞台设备的多样性及复杂性，对建筑结构设计有着更高的要求，对舞台建筑设计而言，舞台机械设计、加工安装、调试周期长，管控难度大。同时，舞台灯光的效果与耳光室、面光桥位置，音响系统的效果与音箱点位数量布局等与一般装修要求存在一定的矛盾关系。

7. 大空间结构消防设计规范不完善

目前有关文化场馆建设的国家规范过于笼统，在相关部门暂未制定文化场馆防火规范的情况下，大空间疏散、防火分区及消防报警灭火系统确认等问题成为亟须完善的重要事项。

8. 管线综合与设备降噪设计控制难度大

文化场馆类建筑涉及的管线具有高复杂性、高声学要求，尤其是大剧院和音乐厅。在兼备多种使用功能的楼层中，高复杂性表现得尤为突出。根据常规设计原则，管线一般布置于走廊，设计中各专业仅考虑单独满足各自专业的设计需要，导致管线未加统筹密布，以及检修井、消声器没有空间布置。因此，在前期设计上合理统筹地安排各种管线，布置消声器或设置专门能源通道，以及确定合理建筑层高及走廊宽度等显得尤为重要。

9. UHPC 在文化场馆项目中的应用存在问题

UHPC 也称"超高性能混凝土"，主要以"三高"著称：强度高、耐久性高、工作性能高。另外，其外观厚重、文化艺术感强，同时造价比较高，应用相对不普遍（文化场馆项目应用较多）。目前，UHPC 应用中存在着几个难点：

（1）UHPC 的曲面不规则易使模具比低，甚至接近 1:1，导致成本居高不下，如何降低模具比是 UHPC 应用的重要难题；

（2）UHPC 外立面优化程度与 UHPC 专业顾问有很大关系；

（3）与造价强相关的其他因素还有粉料选择、模具选择、是否双面模具、表面纹理选择等方面。

10. 太阳能光伏建筑一体化在文化场馆项目中的应用存在问题

太阳能光伏建筑一体化设计简称 BIPV，目前应用越来越多。太阳能光伏所用来发电的半导体材料主要有单晶硅、多晶硅、非晶硅及碲化镉等。目前与建筑结合很好的案例也有很多，主要有结合建筑立面、屋面等方式。应用过程中存在着以下难题：成本造价比立面或者屋面的常规材料高，如何完全利用太阳能资源需统筹考虑，是否需要储能设施需要前期充分论证，太阳能特殊效果的屋面存在新产品研发的需求（存在不确定性，比如类似谷歌的龙鳞屋面）。

11.4.3 设计咨询与管理内容

1. 方案设计阶段

（1）方案设计前提条件

文化场馆作为文化艺术类公共建筑，比一般建筑的建设标准高，投资大。必要的市场调研、民意征集是文化场馆项目功能定位的前提条件，全过程工程咨询单位需协助建设单位明确建设项目面向的目标群体。例如，剧场类项目的目标群体可以是广大市民或是旅游团体。面向市民的剧场要具有演出多种剧种的功能，可以同时建设 2~3 个不同侧重点的厅堂，工艺配置满足多样化需求。面向旅游团体的剧场则可以建成主题剧场，工艺配置需根据演出内容及导演团队的具体要求确定，相对固定。方案设计前全过程工程咨询单位还需协助建设单位明确建设项目的投资规模及建设标准，投资规模直接决定了建设规模及建设标准。政府投资建设文化场馆项目是为了提升城市形象和弥补公共文化设施不足的举措，属于公益性事业，项目的建设和后期的运行费用都由政府财政投入。文化场馆项目作为文化艺术类公共建筑，比一般建筑的建设标准高、投资大。企业投资建设文化场馆项目需要重点考虑运行期收益，设计阶段重点考虑功能定位、建设标准，尤其是装修标准要严格控制。方案设计前，从审批程序上要求政府投资项目必须完成立项批复，企业投资项目则需办理备案手续。

（2）方案设计依据

全过程工程咨询单位应协助建设单位取得有关方案设计依据，包括项目选址意见书、用地红线图、项目建议书及批复、政府有关部门会议纪要等文件，并向设计单位提出方案设计需要满足相关法律法规、规范标准等要求。

（3）方案设计内容

全过程工程咨询单位应向设计单位提出方案设计成果内容，方案设计成果包含但不限于以下内容：

1）总平面设计说明、各专业设计说明及投资估算，并附有建筑节能设计专篇：应包含各专业与设计有关的依据性文件、执行的主要法规及采用的主要标准、设计基础资料、设计内容和范围、工程规模及主要技术经济指标等。

2）总平面图及建筑设计图纸：总平面图应详尽阐述总体方案的构思意图和布局特点；建筑图纸应包括平面图、立面图和剖面图。

3）透视图、鸟瞰图及模型等：以方案效果图和必要的模型为主，直观反映方案实景效果。

4）舞台样式、尺寸等参数。

（4）方案设计深度要求

全过程工程咨询单位应向设计单位提出方案设计深度要求，主要包含但不限于以下内容：

1）总平面图应明确反映场地的区域位置、范围及四邻环境；体现场地内拟建道路、停车场、建筑物等的布置、尺寸及相邻建筑物之间的距离；体现拟建建筑物的主要技术参数（名称、高度、层数、出入口位置等），并根据需要绘制反映方案特征的分析图（功能分区、空间组合、交通分析）等。

2）建筑平面图应注明平面的总尺寸、开间、进深尺寸及柱网、承重墙位置和尺寸；明确各主要房间的功能、楼层标高、屋面标高等，注明图纸名称及绘图采用的比例。

3）建筑立面图应体现建筑造型的特点，标明各主要部位的标高和主体建筑的总高度；注明图纸名称及绘图采用的比例。

4）建筑剖面图应剖在高度和层数不同、空间关系比较复杂的部位，并注明室外地面标高、各层标高及建筑总高度，注明剖面编号及绘图采用的比例。

5）建筑图还应注明舞台的总尺寸、主舞台、侧舞台、后舞台各自的开间、进深尺寸、台口宽度以及舞台区域柱网、墙体的位置和尺寸、台仓深度等。提出舞台机械控制室等机房需求。舞台音响系统和灯光系统需要根据建筑规模初步确定音响控制室、灯光控制室、耳光室、面光桥、追光室、硅柜室等工艺用房数量、位置及面积指标。

6）其他专业不用设计图纸，仅做好各专业设计说明，注明本专业各项主要技术经济指标、设备选择方案等参数即可。

7）其他设计深度要求参考《建筑工程设计文件编制深度规定》，在此不再赘述。

（5）设计方案审批程序

全过程工程咨询单位应制定方案设计审批流程，并协助建设单位和设计单位沟通，确保各单位就方案设计审批程序达成一致意见，以便设计工作有序推进：

招标确定方案设计单位→设计单位提交方案设计文件→建设单位组织相关部门和人员进行审查论证→设计单位按照审查论证意见进行调整，并正式出具方案设计文件→由建设单位上报规划部门进行审批→方案设计审批完成。

（6）投资估算深度要求

全过程工程咨询单位应向设计单位提出投资估算编制要求，投资估算应包含投资估算编制说明、总投资估算表和单项工程综合估算表三项内容。投资估算编制说明中应包含编制依据、编制方法、编制范围、主要技术经济指标及其他必须说明的问题；总投资估算表由工程费用、其他费用、预备费和建设期利息组成；单项工程综合估算表应包含各单位工程的建筑工程、装饰工程、机电设备及安装工程、室外工程等专业的工程费用估算内容。

2. 初步设计阶段

（1）初步设计编制前提条件

初步设计编制前，全过程工程咨询单位应协助建设单位对方案设计成果进行确认，如方案设计的建筑效果、材料选择、建设标准及投资规模等，并取得相关主管部门的审批；另外，向设计单位对初步设计条件进行明确，如室外配套条件（电力、燃气、给水、排水、热力、通信）等。

（2）初步设计编制依据

随着设计工作的推进，初步设计与方案设计阶段相比，更需要全面及明确的设计条件，因此，全过程工程咨询单位应协助建设单位向设计单位尽可能明确设计要求的所有条件，初步设计编制主要依据相关法规及政府有关部门的批文（项目立项批复文件、可研报告批复文件、方案设计审批文件等）及所采用的主要标准、公共设计和交通运输条件、规划、用地、环保、消防、抗震等各方面要求，建设单位提供的设计任务书等其他要求。

（3）初步设计内容

1）全过程工程咨询单位应向设计单位提出初步设计内容，主要包含但不限于以下内容：

① 设计说明书，包含设计总说明、各专业设计说明、建筑节能设计和消防设计专篇。

② 有关专业的设计图纸，包含总图、建筑、结构、电气、供暖及通风空调、给水排水、智能化、消防、舞台灯光、舞台音响、舞台机械等各专业图纸及相关计算书。

③ 主要设备材料表。

④ 工程概算书。

⑤ 初步设计阶段需明确以下问题：建声与电声、面光与耳光、暗藏与明挂、隔声幕是否需要，乐池的高度、大小和位置的设置要求等。

（4）初步设计文件编制深度要求

全过程工程咨询单位应向设计单位提出初步设计文件编制深度要求，包含但不限于以下内容：

1）设计总说明及总平面图：设计总说明应明确设计依据、设计规模和范围、总用地面积、总建筑面积等各项总指标，设计特点及新材料和新工艺情况，提请在设计审批时需解决或确定的主要问题等。总平面图应明确设计依据及基础资料、场地概述、总平面布置、竖向设计、交通组织和相关技术经济指标等内容。

2）建筑：说明中要表述清楚建筑的主要特征、功能分区、平面布局、立面造型等参数，简述建筑的交通组织、垂直运输设施、防火设计、节能设计等内容。图纸中应完善方案设计中的轴线、定位尺寸和总尺寸、主要构件的位置等参数，单独出具防火设计和防火分区的分隔位置与面积等图纸。剧场项目初步设计文件的建筑专业应明确流线，演员的上下场、化妆、走台、串场，观众入场、散场疏散、中场休息，VIP 中场休息，如厕时间，厕位比例，排练场设置等。

3）结构：说明中应注明工程概况、设计依据、建筑分类等级、主要荷载取值、上部及地下室结构设计、地基与基础设计、结构分析、主要结构材料及其他需说明的内容。图纸应注明各层平面布置，定位尺寸、构件截面尺寸、关键性节点、支座示意图，伸缩缝、沉降缝、后浇带等的位置和宽度等内容。

4）建筑电气：设计文件应包括设计说明书、设计图纸、主要电气设备表和计算书。设计说明书要明确变电、配电、发电系统、照明系统、防雷系统、消防电系统、智能化、通信网络等各类系统的形式和功能要求等内容。设计图纸主要需明确各系统图及平面布置图。主要电气设备表应注明设备名称、规格、型号、单位、数量等参数。计算书应包含用电负荷计算、设备选型计算、系统短路电流计算、防雷类别的选取和计算、照度计算和照明功率密度值计算等，并将结果标注在设计说明或相应图纸中。

5）给水、排水：设计文件应包括设计说明书、设计图纸、主要设备器材表和计算书。设计说明书要明确室外给水排水系统、室内给水排水系统等各类系统的必要设计参数、管材、接口及敷设方式等。设计图纸主要需明确总平面图和系统原理图。主要设备器材表应注明设备器材的名称、性能参数、计数单位、数量、使用运转说明等参数。计算书应包含各类用水量和排水量计算、有关的水力计算及热力计算、设备选型和构筑物尺寸计算等，如设计有中水系统还应有中水水量平衡计算。

6）供暖与通风空调：设计文件应包括设计说明书、设计图纸、设备表和计算书。设计说明书要明确设计计算参数（室外空气计算参数和室内空气设计参数）、供暖、空调的负荷及通风、防排烟的区域及方式等各项参数，同时需进行节能设计及明确废气排放处理及降噪、减振等环保措施。设计图纸需包括图例、系统流程图、主要平面图，系统流程图包括冷热源系统、供暖系统、空调水系统、通风机空调风路系统、防排烟系统等的流程，平面图与流程图一一对应。设备表应注明主要设备的名称、性能、数量等参数。计算书应对供暖通风与空调工程的热负荷、冷负荷、风量、空调冷热水量、冷却水量及主要设备的选择作初步计算。

7）舞台工艺：包括舞台机械、灯光、音响系统等专业。初步设计文件应包括各专业设计说明书、设计图纸、设备表等。设计说明书要明确设计功能参数（舞台机械可以实现的功能、动作模式、台上设备、台下设备等）；灯光专业须明确灯光设备配置，各种灯具位置，灯光供电、网络系统及各接口箱布置，主要线缆选用等参数；音响专业须明确扩声、内通、视频监控系统配置及接口箱布置位置、主要线缆选用等参数。设计图纸包括图例、系统图、主要平面图等。设备表应注明主要设备的名称、性能、数量等参数。

8）其他设计深度要求参考《建筑工程设计文件编制深度规定》。

（5）舞台工艺专业与建筑专业协调配合

初步设计阶段的舞台工艺专业与建筑专业相关联，全过程工程咨询单位应组织舞台工艺专业与建筑专业的设计协调沟通。舞台工艺设计应向建筑设计提供舞台机械的种类、位置、尺寸、数量，台上和台下机械布置所需要的空间尺度、设备荷载、内力分析、预埋件、用电负荷及控制台位置等要求；建筑设计应满足舞台机械安装、检修、运行和操作等实用要求。同时，应提供舞台灯光系统追光室、面光桥、耳光室、控制室、信号机房、硅柜室等所需要的建筑条件，提供舞台音响系统控制室、功放机房、音响室、声桥、信号机房等所需要的建筑条件等。

建筑专业应按照舞台工艺专业提出的用电负荷、消防灭火条件开展对应专业设计。如灯光、音响控制室存放贵重设备，需要采用气体灭火系统而非传统喷淋系统；音响系统用电负荷虽小，但抗干扰要求高，需要采用独立变压器供电。

（6）文化场馆项目演出功能用房配置建议（以剧院类项目为例）

设计单位完成初步设计后，全过程工程咨询单位应对文化场馆项目演出功能用房配置提出建议。以剧院类文化场馆建筑为例，根据规范要求及实际需要：甲等剧院大、中、小化妆室均不宜少于4间，总面积不小于200m²；乙等剧院大、中、小化妆室均不宜少3间，总面积不小于160m²；丙等剧院大、中、小化妆室均不宜少于2间，总面积不小于110m²；同时规定：1～2人的小化妆室，每间使用面积不小于12m²；4～6人的中化妆室，每人不应小于4m²；10人以上的大化妆室，每人不应小于2.5m²。实际上，有关演员化妆间的位置、面积及数量，虽有规范要求，但与演出实际需求有较大差异，化妆间面积、数量偏少。根据剧院类项目运营实际情况，建议演员化妆间宜设置在舞台同层且离舞台区域较近的位置；演员化妆间的面积宜按每人3.0～3.5m²计算（主要考虑除化妆台位外，还需给演员演出服装临时存放预留一定空间），设置单人化妆间2～5间，有效使用面积为15～20m²，普通化妆间以中、大型化妆间为主（小型化妆间使用率较低，尽可能少配），中型化妆间10～15人，大型化妆间15～25人，甲、乙等剧院化妆间宜可满足150～180人同时化妆的使用需求，丙等剧院宜可满足80～100人同时化妆的使用要求。

甲、乙等剧院中、大型普通化妆间总面积不小于450m²，丙等剧院中大型普通化妆间总面积不小于240m²。对其他功能用房如贵宾休息厅、票务中心或售票处、技术库房、观众男女卫生间及基本业务办公用房有效使用面积、数量的要求都要妥善安排；兼有音乐会演出功能的剧院（目前国内部分新建和在建剧院兼有音乐会演出功能），应考虑钢琴房的设置及位置、有效使用面积要求；驻团（指院团合一）剧院还应考虑排练用房的面积、数量要求。

（7）初步设计概算

文化场馆项目一般为政府投资的公共建筑，相对一般项目，其初步设计概算控制显得更为重要。全过程工程咨询单位应组织概算编制宣贯启动会，向设计单位强调概算重要性，提出初步设计概算编制内容及深度要求以及有关注意事项。

1）初步设计概算的重要性

① 初步设计概算是编制建设项目投资计划，制定和控制建设投资的重要依据。经批准的建设项目初步设计概算的投资额，是该工程建设的最高限额，在整个建设过程中均应严格控制实际投资额不超过概算投资额。由于初步设计文件深度或者编制概算文件疏漏等问题，经详细论证后确有充分证据需进行概算调整的，则重新履行概算审批程序，在批准前不得突破原初步设计概算额。

② 初步设计概算是考核设计方案经济合理性和控制施工图预算的依据。

③ 初步设计概算是考核和评价工程建设项目成本和投资效果的依据，只有工程最终投资不超批准的初步设计概算，才可以说有效地进行了建设投资控制，才可以进行后续的投资效果评价。

2）初步设计概算编制内容及深度要求

全过程工程咨询单位应向设计单位提出初步设计概算编制内容及深度要求，主要包含编制说明、建设项目总概算表、其他费用表、单项工程综合概算表、单位工程概算书等内容。编制说明需明确工程概况、编制依据、编制范围、特殊问题的说明、概算成果说明（说明总金额、工程费用、其他费用、预备费及列入项目概算总投资中的相关费用、技术经济指标、主要材料消耗指标）。建设项目总概算表由四部分费用组成，分别为工程费用、其他费用、预备费及列入项目概算总投资中的相关费用。其他费用表中需列明费用项目名称、费用计算基础、费率、金额及其依据。单项工程综合概算表按每一个单项工程内的各单位工程概算书汇总而成，表中要明确技术经济指标（技术经济指标包括计量指标单位、数量和单位造价）。单位工程概算书由建筑工程、装饰工程、机电设备及安装工程、舞台工艺工程、室外工程等专业的工程概算书组成（应考虑零星工程费）。

3）初步设计概算编制注意事项

① 初步设计概算是一项重要的技术经济工作，编制时必须严格按照国家或地方的方针、政策、法规等进行，并严格执行规定的设计标准。

② 初步设计概算要完整、准确地反映设计的全部内容。编制初步设计概算时，要认真了解设计意图，根据设计文件、图纸准确计算工程量，避免重算和漏算。设计修改后，要及时修正概算。

③ 初步设计概算要坚持结合拟建工程的实际情况，反映工程所在地当时的价格水平。为提高初步设计概算的准确性，要求实事求是地对工程所在地的建设条件、可能影响造价的各种因素进行认真的调查研究，并在此基础上正确使用定额、指标、费率和价格等各项编制依据，按照现行工程造价的构成，根据有关部门发布的价格信息及价格调整指数，考虑建设期的价格变化因素，使概算尽可能地反映设计内容、施工条件和实际价格。

④ 初步设计概算编制前要拟定出初步设计概算的编制大纲，明确编制工作的主要内容、重点、编制步骤等，并严格按照大纲进行编制。

3. 施工图设计阶段

（1）施工图设计主要内容

1）出图顺序：总体→建筑→结构→舞台工艺专业（灯光、音响、舞台机械）→水、暖、电等机电专业→室外工程。

2）施工图设计文件所包含的内容：合同要求所涉及的所有专业的设计图纸（含图纸目录、说明和必要的设备、材料表）、施工图预算文件（可另行委托专业单位编制），设计图纸及施工图预算编制深度须满足住房和城乡建设部颁发的《建筑工程设计文件编制深度规定》的要求。

（2）建筑声学、舞台工艺设计

建筑声学及舞台工艺设计是文化场馆建筑不同于常规专业的设计内容，本节作重点介绍。以大型常规剧场为例，建筑声学设计应根据剧场定位，明确建声与电声的关系，主要表现在音质设计、噪声和振动控制设计两个方面，其中音质设计是根据区域的使用功能确定该区域主要建筑声学技术指标，并根据相应的声学指标进行所在区域的体型设计和表面的声学性质设计，进而确定所在区域的造型和面层材料参数。噪声和振动控制设计主要体现围护结构的隔声、工程设备的减振、空调系统的消声与减振等三方面的内容。

舞台工艺设计主要包括灯控室、音控室、舞台机械控制室及耳光室、追光室、硅柜室等舞台工艺专业用房设计，主要要求如下：

1）灯控室、音控室、舞台机械控制室及耳光室、追光室、硅柜室等舞台工艺专业用房等位置应设置舞台监督对讲终端器（内通信号终端）。

2）灯控室、音控室应设在观众厅后区正中位置，通过监视窗口应能看到舞台表演区全部。

① 音控室应能听到直达声，尺寸：宽度≥5m，进深≥4m。灯控室面积暂无明确要求，一般应≥10m²。

② 室内净高≥2.80m，地面荷载为300kg/m²。设置防静电活动地板。

③ 观察窗：长≥2.4m，高≥1.2m，距观众地面≥1.6m，距控制室完成地面0.8m，演出时窗户可完全打开（最好为电动升降）。

④ 接地电阻小于1Ω，设有通风和空调装置，不得使用喷淋灭火。

3）舞台机械控制室一般位置有：

① 设置在上场口侧台上空的舞台机械控制室，这种设置的优点是能看到上场口侧台整个区域及主舞台区域，缺点是看不到下场口区域，而且受边条幕的遮挡，不能完整看到主舞台整个区域的演出。

② 设置在一层天桥前区的舞台机械控制室，这种设置的优点是能看到整个主舞台区和上场口侧台区域，缺点是看不到下场口区域，需通过现场监督对讲机或监视器了解下场口处的情况。

4）舞台机械控制室的其他要求

① 靠舞台面需设置平移推拉玻璃窗，窗子大小应适宜，推拉应轻便，能通长开启，

最好要求三面玻璃窗，封闭防尘，能直接看到全部舞台机械的运行过程。

② 地面应做防静电活动地板。

③ 室内应完全防水，要求配置空调。

④ 强弱电等电位点应分别单独引到室内，接地电阻小于 1Ω。

⑤ 照明、荷载和消防按低压配电间设计规范执行。

5）耳光室设在观众厅两侧，靠近舞台台口处

① 第一道耳光室位置应使灯具光轴经台口边沿，射向表演区的水平投影与舞台中轴线所形成的水平夹角不应大于 45°，并应使边座观众能看到台口侧边框，不影响台口左右声道扬声器传声。

② 耳光室应分层设置，第一层底部应至少高出舞台面 2.5m。每层净高不低于 2.1m。灯架每层间隔尺寸不小于 1.0m。

③ 投射口净宽：不应低于 1.2m。

④ 甲等剧场可根据表演区前移的需要，设 2 道或 3 道耳光室，乙等剧场未设升降乐池时，可只设 1 道耳光室。

⑤ 耳光室宜做回风处理。

⑥ 面光设在观众厅吊顶内，根据项目体量设置一至三道。第一道面光桥：光轴射到台口线，与台面的夹角为 45°～50°；第二道面光桥：光轴射到大台唇边沿或升降乐池前边沿，与台面的夹角为 45°～50°。同时考虑灯具的俯仰角度可调节的空间。

A. 马道尺寸：高度≥2.2m；宽度≥1.2m。

B. 马道载荷：通道载荷 300kg/m²，灯架载荷 100kg/m²。

C. 投射口：长度≥舞台台口宽，高为 0.8～1.0m。

D. 面光马道宜做回风处理，闷顶面光桥，增设有消防卷盘的消火栓。

⑦ 追光室应设在楼座观众厅的后部，左右各 1 个，或中间位置。面积不宜小于8.00m²，进深和开间均不得小于 2.50m，室内净高不应小于 2.20m；投射口的宽度、高度及下沿离地面距离应根据选用灯型计算（当不设追光室时，可在楼座观众厅后部或其他合适位置预留追光电源）。

⑧ 功放室宜设在舞台区上场门侧，靠近主扬声器组的位置，应远离调光硅柜室。

A. 室内净高≥2.80m，地面荷载：600kg/m²，设置防静电活动地板。

B. 电气要求：甲等为 60kW（TN-S）；乙等为 40kW（TN-S）；具体应根据功放数量相应配置。

C. 设有通风和空调装置，配置消防设备，不得使用喷淋灭火。

⑨ 硅柜室宜设在靠近舞台区下场门侧，栅顶与一层天桥之间。

A. 室内净高≥2.80m，宽度≥10.0m，进深≥4m，地面荷载：600kg/m²，设置防静电活动地板。

B. 电气要求：甲等为 800～1200kW（TN-S）；乙等为 600～800kW（TN-S）具体应根据调光回路进行相应配置。

C. 设有通风和空调装置，配置消防设备，不得使用喷淋灭火。

（3）主要专业施工图审查要点

施工图审查首先应进行规范准确性、图纸完整性等通用性问题检查，主要包括以下内容：

1）认真审核以下重点：执行标准是否过期、设计要求是否前后矛盾、设计要求是否能实现、设计采取的措施有无更好的解决方案、设计意图是否符合规范要求等。

2）全面审核各专业平面图，保证各专业平面布局合理、不缺、不漏，建筑专业需增加审核是否满足消防专业的各项要求（疏散、防火、平面布置等），如有则提出供设计单位修改。

3）认真检查各专业做法是否合理可行，如：建筑构造做法、建筑和结构节点详图、机电专业系统图和流程图等。

各专业上述三个方面均无问题后，组织各专业交叉审查，也就是所谓的"叠图"，防止专业间发生冲突，如发生冲突也需提出，以供设计单位修改，主要包括以下内容：

① 建筑专业

施工图设计是建筑工程从设计方案转化为实施阶段前的最后一道工序。因此，建设项目的实用性、可靠性、经济性以及作为功能建筑与艺术作品最后成功与否，均取决于施工图设计质量的优劣。本阶段工作重点应为审查设计文件选用规范、规定、标准的正确性；构造、节点、材料、详图选择的合理性；各专业配合一致性和协调性。

主要审核内容为：本阶段各种批文资料的齐全性；施工图设计文件的完整性；设计依据选用规范、标准的完整性和准确性；设计文件的平面空间主要尺寸的审核；设计说明的完整性。节点、详图是否齐全、合理；各专业配合的一致性和协调性；各专业图纸会签的确认；设计文件的技术交底与审核；提出施工图设计文件的审核报告。

② 结构专业

施工图设计主要对图纸进行审核，其主要内容为：审核结构设计的平面图与建筑设计平面图的主要尺寸是否一致；结构图的标高与建筑图的标高是否协调一致。

结构设计的抗震构造措施是否得当，构造节点详图是否齐全；钢筋混凝土构件的配筋是否合理；与其他专业有关的主要留洞、预埋件、设备基础预留钢筋等是否表示完全；重要或特殊结构构件的设计需要重点复核。

③ 暖通专业

重点有：水量和水管、风管管径的计算及相关设备选型、过程、结果必须正确；水管、风管及相关设备的位置标高，支吊架、保温、绝热保温等表示方式和选用应正确；图纸的组成、表示方式应符合标准；设计说明、施工说明及使用说明应表述正确；管道留洞、设备基础与供电、控制专业的相互配合齐全、正确；系统、设备的调试，运行参数应清楚。

④ 给水、排水专业

重点有：各种水的水量、水压计算，管径、设备计算、选型，构筑物计算的方法、过程、结果必须正确；管网、设备的位置、标高，支吊架、绝缘、保温等表示方式应正确；

设计说明、施工说明、使用说明应表述清楚；管道、设备的基础、留洞、相互配合应齐全、正确；系统、设备、构筑物的调试、运行参数应交代清楚。

⑤ 建筑电气专业

外供电源的回路数、电压等级，专用线或非专用线，低压供电的是内部变电所还是公用变压器；自备发电机容量、启动方式；用电计量方式：高供高量、高供低量、低供低量、集中电表；涉及有多家业主单位的采取分户计量方式；用电容量是否考虑了所有用电设备所需用电量，特别是那些舞台设备及专有设备用电量；当发生重大设计变更时，须复核变压器用电容量是否满足要求；大型灯具的安装要求；防雷接地电阻值要求；低压配电系统的接地形式（TN-S、TN-C-S、TT、IT），接地装置电阻值要求；人防区域电源的重复接地要求；火灾警报装置的配置、安装方式；消防控制室位置；消防联动、监控要求等；弱电系统是否齐全，且没有冗余功能等内容。

4. 深化设计

深化设计一般由专业的施工单位在施工图设计成果的基础上，结合施工需要（构件的加工、安装、吊装等）进行施工落地性的图纸设计工作；在此阶段，全过程工程咨询单位应梳理需要进行深化设计的专业，明确深化设计原则，制定深化设计流程，严格遵守出图规定，组织原设计单位与施工图深化设计单位交底及复核，具体内容如下：

（1）需要深化设计的专业

需要深化设计的施工图主要包括专业性强的分部分项工程，如：舞台机械、舞台灯光、舞台音响、智能化、消防、装饰装修、幕墙、钢结构和标识等，如有大空间的话，可能还有预应力混凝土工程等。

（2）深化设计原则

在不改变原设计方案或原则的前提下，对涉及的设计内容进行细部深化及优化、节点完善等工作，如确需变更原方案或原则，必须书面提出申请，经原图纸审核单位审核批准后执行。

（3）深化设计程序

设计院出具设计图纸，明确要求→深化设计单位按要求进行深化设计→深化设计单位提交深化设计成果初稿，各相关单位熟悉了解→组织召开专题会议，深化设计单位进行深化设计汇报，各相关单位提出意见和建议→深化设计单位根据要求进行调整、完善→正式履行深化设计报审手续→深化设计正式出图。

（4）深化设计出图规定

深化设计图纸必须在审核完成、原设计单位加盖确认章后方可正式出图；深化设计图纸需发建设单位、全过程工程咨询单位、造价咨询单位、总包单位及其他有关联的专业单位，深化设计完成后，原设计图纸不再使用；深化设计出图后，如再发生变更，需重新履行各项审核确认手续，并再次发各相关单位。

（5）深化设计与相关专业设计条件的复核

1）通过深化设计，部分专业设计条件发生变化，可能对相关专业局部做法产生相应改变。舞台机械专业深化设计完成后，基坑深度、舞台机械控制室位置及面积、台上及台下电气柜室面积及灭火形式、舞台机械总用电负荷及配重、钢丝绳行走路线上预留洞口位置等均可能调整。

2）舞台灯光专业深化设计完成后，用电负荷、灯光控制室位置及面积、面光桥数量及位置、耳光室角度、追光室地板高度、硅柜室位置及灭火方式、场灯回路数量等均需要与相关专业复核。

3）舞台音响专业深化设计完成后，用电负荷、接地系统方式、音响控制室位置及面积、扬声器安装所需位置及条件等均需要与相关专业复核。管风琴需要将机房位置、面积、高度、荷载及用电负荷与相关专业复核。

4）智能化专业深化设计完成后，重点将系统总用电负荷和相关专业进行复核，保证协调一致，保证预留电量充足，智能照明回路与电气专业设计回路能够一致，楼宇控制系统控制模块与机电系统末端设备能够一一对应。

5）消防专业深化设计完成后，重点将消防联动控制模块与末端联动设备如排烟风机、消防水泵等一一对应。

6）室内装饰装修深化设计完成后，重点将门窗洞口尺寸及位置、卫生间预留下水孔位置、装饰照明回路数量及用电负荷与相关专业复核调整。

7）观众厅载荷设计偏低的情况时有发生，导致后期施工中，声学装饰不得不削减重量，进而影响声学效果，因此应在设计阶段充分考虑。

11.5 勘察设计咨询与管理问题解析

回顾已经完成的文化场馆项目勘察设计咨询管理过程，总结存在的问题及处理措施，供类似项目借鉴。

11.5.1 土建设计

1. 主体结构设计与舞台工艺衔接

（1）案例

某剧场工程舞台工艺专业承包单位在主体结构施工完成后进场，进场后全过程工程咨询团队组织设计单位、总包施工单位、舞台工艺专业承包单位等工作对接，发现存在如下问题：

1）因结构施工时未在结构上预留相关洞口，需在已完结构上后开洞，而且部分桥架洞口实施存在较大难度，无法实施，部分桥架只得绕行。

2）结构施工时未考虑舞台栅顶、马道等施工，导致在结构上未预埋相关预埋件，需要后期采用化学锚栓。

3）结构施工时未考虑舞台机械等设备安装要求，如台口防火幕配重轨道预埋件等，虽然现场根据初步设计方案进行了预埋，但是不能满足设备安装要求。

（2）分析

产生上述问题的主要原因在于舞台工艺专业承包招标过于滞后，舞台工艺设计未能在主体结构施工时提出相关配合要求，从而导致上述问题产生。

（3）启示

1）在剧场类项目中，舞台工艺专业（尤其是舞台机械）工程建议在主体结构施工之前完成招标，提早进场可以避免或减少产生上述问题。

2）可聘请经验丰富的咨询公司、项目管理团队早期介入，以避免或减少因舞台工艺专业不能提早招标而带来的影响。

2. 剧场工程钢结构设计内容及界面划分

（1）案例

剧场工程一般为地标建筑，因使用功能的需求，大厅、观众厅、舞台区域均为高大空间，结构复杂、造型奇特，结构形式多采用钢结构、钢管混凝土结构、型钢混凝土结构等。某项目因建设单位、设计单位对舞台工艺不熟悉，导致出现钢结构设计内容不全、施工招标时界面划分不合理等情况，甚至出现主舞台栅顶层钢格栅、小剧场滑轮梁钢结构及舞台机械埋件无设计图纸。

（2）分析

1）施工图设计单位的结构专业设计人员对剧场工程舞台工艺要求不熟悉，大剧场舞台栅顶层钢格栅、舞台及观众厅的钢马道、面光桥、小剧场舞台顶的滑轮梁等内容设计不全面甚至缺项。

2）舞台工艺及其关联内容未经舞台工艺专业承包单位设计或建设管理方未组织舞台工艺专业承包单位向施工图设计单位提资，造成舞台工艺及其关联内容施工图设计缺失。

3）建设管理单位缺乏剧场工程建设管理经验，施工招标阶段，对钢结构、型钢混凝土结构等与舞台工艺有关内容的施工界面划分不合理，增加施工过程中的施工措施费及现场协调管理工作量。

（3）启示

1）设计单位招标时，应选择有剧场工程设计经验的设计单位和设计团队。

2）舞台工艺专业内容应由舞台工艺专业设计团队完成，设计成果经专家评审后，组织设计交底，并定期组织召开专业分包、施工总承包、设计总包单位等参加的协调会，重点检查舞台工艺及其关联专业需要的条件是否落实。

3）建设管理人员应具有剧场工程建设管理经验，并参与项目建设的全过程管理（如方案设计、施工图设计、招标、施工、结算和保修等）。

4）建议将剧场工程钢结构施工内容纳入施工总承包范围，确保有效衔接并节省二次措施费用和施工工期，特别是舞台的栅顶层、滑轮梁及钢马道、观众厅的面光桥、马道等。

5）舞台机械工程的预埋件应由舞台机械施工单位深化设计，埋件施工视舞台机械工程施工招标进度，可将舞台机械工程舞台面以下（含升降乐池）的预埋件交由施工总承包单位完成。

3. 结构设计界面划分不清造成的缺陷

（1）案例

某歌剧院观众厅设计采用预应力混凝土梁作为屋盖承重结构，梁下还需要吊挂面光桥、声桥及葡萄架等钢结构，而在结构图纸中只在声桥位置的预应力梁底部设计了钢结构埋件，面光桥及葡萄架钢结构未设计埋件也无相应的钢结构图纸。在图纸审查时发现此问题并及时与建筑设计单位沟通，结构设计师回复不在本次设计图纸中，需精装及舞台工艺专业配合设计。

后续采取后置埋件的方式增加一整层钢结构吊挂钢梁及钢结构检修马道，用于承担观众厅 GRG 荷载及检修马道荷载，影响观众厅装修进度近一个半月时间。

（2）分析

1）此问题出现主要原因是建筑设计与精装、舞台工艺设计界面划分不清。

2）建筑设计在前，精装设计及舞台工艺设计在后，设计对接滞后，导致建筑设计收到投资不足。

3）精装设计及舞台工艺设计提资给建筑设计后，未跟踪到结构图纸落实情况，各专业设计未相互沟通。

（3）启示

剧场工程涉及的专业特别多，因此在设计管理工作中，建筑设计单位应作为剧场工程设计工作的牵头单位，咨询单位要抓牢建筑设计单位，采取派驻现场设计人员、定期组织设计专题会议、报送设计周月报等措施，严格控制各设计单位，才能确保工程的顺利开展。

4. 剧场池座结构形式的选择

（1）案例

某剧场观众厅池座设计采取楼梯式结构形式（池座整体为一个大的斜板形式，在斜板纵向和横向分别设置挑梁及环形梁承受斜板荷载，在斜板上布置分布筋），现场施工时座席通风孔套管定位困难，误差大，台阶侧模支设稳固性差，进度慢。该剧场通风孔套管定位安装及侧模定位安装持续 2 个月，影响后续工序的进行。

（2）分析

1）剧场观众厅池座主要结构形式有楼梯式和梁板式（梁板式由一道环形梁与一道环形水平板构成了一层台）。楼梯式池座结构搭设支撑架，安装观众厅板底模板时不需要提前确定观众厅边线位置；梁板式定位放线从下部结构平面直接上返，观众厅边线即梁底边线，定位精确。

2）该剧场在绑扎观众厅钢筋，安装座席送风孔套管时，套管长度需要满足底模到观众厅地板表面的厚度，最长的 800mm 左右，且都是在坡面上定位，套管下部需根据不同的坡度提前开好不同的坡口，与梁板式相比安装定位难度大，施工非常不方便。

3）楼梯式台阶侧模只能在观众厅板钢筋上焊接钢筋支架进行固定，定位放线需要多次折返，多次校准，观众厅边线定位准确性差，且需要与纵向钢筋串联焊接在一起，与梁板式相比，由于混凝土侧压力大，容易发生偏移、跑位现象，且侧模拆除需切除固定钢筋，施工难度大，进度慢，工期长。

（3）启示

观众厅池座是剧场建筑重要的结构构件，池座施工质量及工期进度对工程进展起着至关重要作用，所以在剧场的设计中，应多考虑后期施工的质量与施工工期，选择最优的池座结构形式。

5. 精装设计方案与建筑结构设计方案不统一

（1）案例

某剧场工程入口大厅钢结构是由 4 根跨度 32～40m 的钢梁作为主结构梁，两侧中一侧为结构钢柱，一侧为混凝土承重梁。在精装设计方案时，在入口大厅穹顶下方设计安装了艺术灯具（建筑院按照普通装修荷载 50kg/m² 设计，不能满足要求），导致幕墙设计穹顶网壳结构杆件加大，原钢结构荷载不足，需对钢结构两侧支撑部位进行结构加固，一侧增加钢梁上下翼缘板截面，一层采取粘钢加固。

（2）分析

此设计问题的出现，是精装修设计方案阶段未考虑原建筑设计意图，导致精装方案汇报完成后，无法更改，同时反映出原结构设计预留的荷载值较小，未考虑精装修可能采用较重的设计方案。

（3）启示

1）在钢结构图纸审核过程中，要高度重视屋面结构设计预留荷载，及时与设计单位沟通，能够提前预留足够的装饰荷载。

2）精装设计单位在精装方案设计时，要对方案与建筑设计的一致性进行复核，确保精装设计的方案在建筑及结构上能够实现，避免出现类似的为满足装饰效果而进行结构加固情况，延误工期、增加投资。

3）由此案例可知，在后续的剧场工程结构设计中，应在方案设计阶段充分考虑公共大厅、台塔、观众厅等重点部位的屋盖荷载。

6. 台塔屋面结构形式的选择

（1）案例

某剧场工程台仓底部标高为 −11m，台塔屋面标高为 42.7m，高差 53.7m，屋面结构采用"2 榀主桁架＋13 榀次桁架＋轻钢混凝土屋面"的组合结构，单榀桁架最重 72t。此种结构形式与混凝土结构屋面形式相比，有自重轻、工期短、施工安全性高、综合经济效益高的特点。

（2）分析

国内剧场常用的台塔屋面结构形式有"混凝土结构、钢结构＋轻钢混凝土结构"两种形式。以本工程屋面结构形式为例，与混凝土结构相比有以下几个优点：

1）钢桁架采用工厂批量加工，质量可以保障，且不占用工程施工的关键线路时间，可有效缩短工期（吊装施工＋屋面轻钢混凝土一般为 1～2 个月工期，而混凝土结构需要搭设 53.7m 的超高支撑架，采用预应力混凝土大梁，龄期满足要求后方可拆除模板、支撑架，最少需要按 5～6 个月考虑）。

2）钢桁架吊装施工采用常规吊装机械、下部设置 3 根支撑胎架（一侧 1 根，一侧 2 根）即可实现，不必考虑超高支撑架的搭设问题，技术成熟、简单，施工方便、安全。

3）钢桁架上部的轻钢混凝土结构采用"铺设压型钢板、绑扎钢筋、浇筑屋面混凝土"的顺序即可实现。各工序也均是成熟工艺，操作起来非常简单。

4）主、次钢桁架总重大约 500t，而要达到相同的承载要求，需要浇筑的钢筋混凝土大梁总重大约 670t，可见"钢结构＋轻钢混凝土结构"要比"纯混凝土结构"轻很多。而且轻质的屋面结构对于整个结构的受力计算也有一定的优化作用。

（3）启示

相较于"混凝土结构"屋面，"钢结构＋轻钢混凝土结构"屋面无论是在钢桁架的生产、吊装，还是轻钢混凝土结构的施工等各方面来讲，各功能完全能够实现，并且更加省时、省力，综合经济效益更高，值得在今后类似的剧场工程项目中大力推广。

7. 服装间的布置

（1）案例

某剧场工程设计有歌剧院、中剧场和音乐厅三个主要功能区域，呈"品"字形布置。歌剧院布置在西区，舞台 ±0.000 为结构二层平面，设计在候场区三层左侧设有 1 个临时服装储藏间，建筑面积 79m²；在候场区四层左侧设有 1 个服装储藏间，建筑面积 34m²。中剧场和音乐厅在东区并列布置，舞台 ±0.000 为结构一层平面，候场区未设置服装间。

（2）分析

以上问题均属于演出用房功能不完备或缺失，势必会造成使用上的不便。

1）《剧场建筑设计规范》JGJ 57—2016 第 7.1.2 条要求，服装间应按男、女分别设置，且应不少于 2 间，面积不少于 64m²。表面看服装间数量、面积均满足规范要求，但实际上述要求应该理解为针对每个演出区域分别布置，即本工程中剧场、音乐厅的后台区域也需要按上述标准要求设置服装间。

2）歌剧院演员活动的主要区域在 2 层平面（舞台 ±0.000），而服装间分别在候场区 3 层、4 层设置，且未按男、女分别设置，也会对使用造成较大的不便。

（3）启示

剧场工程中，在候场区均应设置服装间，且男、女最少各布置 1 间，尽量靠近化妆间和上下场口。若缺少该房间或布置的位置不合理，势必会给将来的使用带来不便，其他剧场项目在审图时需多加注意。

8. 卸货平台设计问题

（1）案例

某音乐厅卸货平台区域在装修完成后，净高已不足 3.4m，且与卸货平台相连的运景门净高为 2.3m，而按照《剧场建筑设计规范》JGJ 57—2016 第 7.2.15 和 7.2.16 条规定"卸货平台上方的净高和运景门的净高不应小于 3.6m"，由于运景门净高远低于规范要求，后期必将对音乐厅的景物、道具等货物运输造成影响。经与设计联系，此区域已经无法进行更改，这也成为音乐厅建设的一大缺憾。

（2）分析

由于该工程设计单位剧场类建筑设计经验不足，未根据剧院建筑的功能使用要求，而仅按照普通房间功能进行考虑，所以出现运景门高度不满足规范要求的情况，给后期使用带来了极大的不便。

（3）启示

卸货区作为剧场工程运营时，使用最为频繁的区域，应在设计时予以重视。卸货区设计关键点在于货（景）的运输路径和装卸作业空间。一般来说，舞台运景门常设于侧舞台或后舞台，因此，卸货平台位置应与此对应。特殊要求下，运货（景）车可直接驶入台面，那么还需特别关注舞台与道路的衔接，同时运景门、坡道或机械提升装置须满足运货（景）车的各项要求。对于剧场类建筑，在其建设过程中，必须结合剧院的使用功能，否则必将极大地影响剧院的后期运营。

9. 人员通道混流问题

（1）案例

在对某剧场工程方案设计审查时，发现不同类型的人流组织在多处出现混流交叉，不便于使用和管理。

（2）分析

1）区域 1 普通演员、明星演员、观众三者有约 54m 混流，容易造成混乱、拥堵。

2）区域 2 普通演员与明星演员有约 30m 混流。

3）区域 3 普通观众与贵宾有约 20m 混流，普通观众要穿过贵宾休息区到达剧场，影响贵宾休息，且一旦发生紧急情况，无法保证贵宾第一时间撤离危险现场。

4）普通观众流线整体长度约 170m，整个区域需步行，对观众进场、散场带来一定困扰。

（3）启示

1）剧场工程设计方案在合乎规范、满足功能要求的前提下，还需重点考虑运营管理要求。

2）对于较为复杂的剧场工程，建议咨询单位或管理单位提前介入，积极发挥自身技术和管理方面的专业知识，对设计方案进行审查，将问题消灭在前期。

10. 剧场工程标高控制

（1）案例

某剧场工程施工图设计的各楼层标高（不计舞台基坑）分别为 −4.8m、±0.000m、4.2m（夹层）、7.5m、15.65m、20.1m、25.7m、30.1m、38.1m 和 46.5m（屋面）。从图纸信息得出，层高最低的一层（4.2m 夹层～7.5m）还有 3.3m 的高度，其他各层之间的净高都在 4m 以上甚至更多，空间应该很理想。但结构施工完成，机电安装专业开始后，净高不足问题开始暴露。虽然机电专业对管线进行了综合排布，部分管线路由还进行修改，但由于受框架梁的影响，不少部位还是净高不足，例如：在 -4.8m 层一通道处，装修完成后楼层净高 1.5m；4.2m 夹层楼层净高只有 2.2m；其他许多空间的楼层净高也在 2.4m 左右；尤其是一些较大空间的部位，装饰完成后的楼层净高较低，非常压抑，但已经既成事实，造成了永久的遗憾。

（2）分析

剧场工程由于构造的特殊性，各楼层均有多个标高，升板区域、降板区域很多（本工程从 -4.8m 楼层到 7.5m 楼层之间，仅仅 3 个标准楼层，就有十几个楼板标高），同时剧场类工程结构截面较大，结构梁动辄就是 1m 高的大梁，研究标高时要充分考虑结构专业的影响。

（3）启示

对于设计管理来说，在剧场工程楼层标高控制方面，应该从初步设计阶段入手，充分考虑剧场类工程结构形式的影响，在设计单位确定楼层标高时，建议增加一个"楼层标高设计汇报"环节，各专业人员均参加汇报，综合考虑结构影响、机电管道影响等，尤其是结构梁较大的部位，以合理确定设计标高。

11. 安全疏散

（1）案例

某音乐厅工程在装修完成后，发现以下问题：池座首排座位观众就座后，腿部侵占安全通道及就近疏散门，影响前排人员的安全疏散；池座两侧走道虽然净宽满足规范要求，但其净高受楼座的影响，在楼座下方区域行人通行时，易出现碰头的情况，同样影响池座观众的安全疏散。针对上述问题，积极与设计单位沟通，但因施工已经完成，且结构条件不允许，无法进行更改。

（2）分析

该音乐厅池座在装修设计时，建设单位为了装饰的整体效果及最大限度地增加座席数，所以选用了该装修方案，导致安全疏散无法满足防火设计的要求。《剧场建筑设计规范》JGJ 57—2016 中对座席排距的要求，一是考虑观众观看演出舒适程度，二是考虑观众疏散，同时还需考虑观众厅视线及声学效果。采用合理参数是保证观演效果、节约建筑面积、满足疏散安全的重要因素。

（3）启示

剧场类工程往往都是人流集中的地方，其防火设计是重中之重，否则一旦有意外出现，将造成不可估量的损失。因此剧场在选择装修方案时，除了保证剧院的使用功能外，还要综合考虑建筑的防火、声学、美学等方面要求。

12. 门的选型

（1）案例

某剧场工程，原建筑图纸设计的门分为钢质甲级防火门、钢质甲级防火隔声门和普通门三种形式，并按此进行了总包招标；装修设计后出现了钢质防火门、木质防火门、隔声门、钢质防火隔声门、木质防火隔声门、密闭保温门等各种形式的门，为此在装修招标时将总包范围没有包含的门进行了招标。装饰单位进场后，设计单位对装修图纸进行了一次升版，对各类门的技术参数又进行了一次调整和细分。因此，总包及装修单位对门的技术参数、责任范围划分等存在疑问。为防止错漏或重复，管理公司组织有关单位对本工程每个门进行了编号，并按照功能需求对每个门的种类、材质、颜色、防火、隔声的技术指标等各项参数进行明确，同时对每个门的责任归属也进行了明确，经建设单位、设计、咨询、施工单位签字后执行，保证了工程的正常进行。

（2）分析

剧场工程对门的防火功能、声学指标、装饰效果等均要求很高（防火功能是规范的要求，声学指标是使用功能的要求，装饰效果是满足设计理念、总体感观的要求），同时一些特殊的功能用房还需要特殊设计（如：乐器库等房间需恒温恒湿，门必须采用保温密闭门），剧场工程的门必须要同时满足这些指标才行，否则就会像本工程一样，建筑图纸升版了三次、装饰图纸也升版了三次，最终还是未能将本工程的各类门完整的表述清楚，只能采用最原始的办法：将所有门编号，逐个与设计沟通，设计回复后进行汇总，汇总后设计签字确认，再由施工单位执行。

（3）启示

一般剧场工程设计单位在开始设计时，门的技术指标不完整的情况时有发生，有些门甚至没有技术指标，或者门的各项指标均按最高标准来设计（如：最初本工程防火门全为甲级防火门，但按规范井道的防火门为丙级防火门即可，强弱电机房、楼梯间及前室等的防火门为乙级防火门即可），往往会在工程执行过程中提出变更，增加相应的参数。设计单位往往在一张设计变更中进行统一说明，但从工程管理角度，这些变更参数的门，需要重新定价，如果已经施工完成还需要进行拆改，极不利于工程造价的控制，也不利于工程推进。

11.5.2　机电设计

1. 剧场工程采暖（冷）形式的选择及安装

（1）案例

某剧场工程内设综合剧院、音乐厅及多功能厅等主要功能区。配套技术用房有灯光硅室、功放室、舞台控制室、乐器储存室等剧场工程特有机房，结合主要功能区和特殊机房要求不同，设计院选择了不同类型的空调形式。

如：乐器储藏室采用恒温恒湿空调系统；观众厅的冷、热源机组为三台溴化锂机、一台螺杆机，溴化锂直燃机冬季可制热。

（2）分析

1）剧院、音乐厅及多功能厅等属大空间区域，这些区域冷、热源机组为三台溴化锂机、一台螺杆机，溴化锂直燃机冬季可制热。

2）灯光硅室、机械电气柜室、功放室等特殊机房，为单制冷多联机。

3）舞台控制室、灯光音响控制室，冷、热源为多联机。

（3）启示

考虑剧场运营成本并结合各功能空间实际需求，应在设计阶段对空调系统设计进行分析，建议大空间采用制冷、制热机组较为合适；无人机房（灯光硅室、机械电气柜室、功放室等）因电气设备较多，散热量大，若与其他房间共用集中空调系统，在过渡季节时冷水机组不启动，这些机房会出现温度过高的现象，因此采用单制冷多联机较为合适；有人机房（舞台控制室、灯光音响控制室等）采用冷热多联机较为合适。该项目运营效果良好，值得其他剧场借鉴。

2. 节能设计应关注使用功能

（1）案例

某大型剧场化妆间设计时充分考虑了节能要求。洗脸台盆使用感应水龙头、镜前灯使用了冷光源的节能灯。待竣工使用后，剧团演员均提出化妆间使用不方便，化妆效果受影响，使用台盆卸妆不方便等。

（2）分析

演员化妆后的妆容应在化妆间和舞台灯光下体现出相同的效果，由于化妆间的灯光显色指数与舞台灯光显色指数相差较大，导致演员化妆间的效果和舞台效果相差较大。演员卸妆时需要的出水量较大，感应水龙头的出水较少，不易进行卸妆操作。因节能设计影响了化妆间后期的实际使用效果。

（3）启示

资源紧缺的当今社会，节能设计是大势所趋，但剧院项目有其独特的使用要求，设计时要深入了解剧场使用需求，注重功能，关注细节，做到设计方案合理、好用、节能。

3. 舞台空调系统送回风设计

（1）案例

某甲等大型剧场，地下 1 层，地上 1 层（局部 5 层），建筑总高为 29.7m，总建筑面积约为 17933m²。其舞台通风空调设计情况和施工图如下：

1）主舞台通风空调设计：剧场舞台由主台及左右两个侧台组成。主台送风采用侧送及下送相结合的方式，回风均采用下回的方式。侧送部分采用喷口送风，喷口置于台上机械电气室（标高 12m）下方。下送部分采用铝合金双层百叶下送，铝合金双层百叶风口置于主台后侧。回风口均置于侧台与主台隔墙处，距地面上 300mm。侧送部分空调机组均置于 18m 标高处的空调机房内，下送部分空调机组均置于地下一层空调机房内。主台送回风管上均设置 2 级消声器，消声器采用片式消声器或消声弯头。主台平时设置 2 台低噪声离心式风机箱排风，风机箱置于 29.4m 屋顶平台。主台同时设置 2 台低噪声离心式排烟风机箱，风机箱置于 29.4m 屋顶平台。

2）侧舞台通风空调设计：本剧场左右两个侧台均采用上送下回的气流组织。送风采用铝合金双层百叶及温控型旋流风口顶送，风管由置于 18m 标高处的空调机组接入，在进入侧台上方后沿着侧台三面墙体下送。回风口均设于侧台 0.3m 标高处。侧台送回风管上均设置 2 级消声器，消声器采用片式消声器或消声弯头。左侧舞台一层三侧（离地 300mm）设置 20 个送风口，与主舞台分隔的隔墙处（离地 300mm）设置 3 个回风口。右侧舞台设置 4 处回风口，其他与左侧舞台相同。初始设计，两侧舞台上空分别设置 4 个温控旋流风口，位于标高 6m 处。

3）舞台台仓通风空调设计：本剧场舞台共设置 2 处台仓，分别置于主台台下及乐池下方。两处台仓空调气流组织均采用侧送侧回的方式，送风口均采用铝合金双层百叶侧送，回风口均为铝合金单层百叶顶回。两处台仓均设置机械排烟系统及机械补风系统。

（2）分析

剧场两侧舞台上空风管和行车安装位置冲突，按现在风管安装位置，舞台机械装景行车无法安装。侧舞台是放置交响乐使用的反声罩和大型演出节目道具，所使用侧舞台的高空 10m 以下不应有任何障碍物，风口设置在侧台梁下方 6m 位置不妥，既影响反声罩和道具的存放，同时也影响侧舞台行车行走的空间。该部位设计调整后避免了行车与风管的冲突，满足了行车的使用功能，也未影响空调的使用功能。空调通风部位原设计未考虑墙面的装修（舞台墙面设置木质防火隔声板），从而导致楼板空调孔预留不准确。后期调整风口的方向进行弥补。

（3）启示

1）主舞台气流组织为下送侧送相结合，侧送喷口为可控旋流喷口，下送为可调双百叶风口，由于主舞台区域侧送风会扰动布景及侧幕，对演出影响较大。建议主舞台取消侧送喷口，全部改为下送可控旋流喷口，如此调整可降低演出期间气流组织对布景及幕布的扰动。

2）主舞台应设置相应的排风设备，以便有效地将舞台灯光余热及烟火效果的烟雾迅速排出，如果利用舞台消防排烟设备兼顾主舞台排风也可以，但要避免消防排烟风机的噪声对舞台区域的影响。

3）面光桥内应根据灯光设备发热量设置排风设备，以消除灯光的热量对观众厅温度的影响。

4. 地板采暖兼供冷的技术应用

（1）案例

某剧场工程一层大厅和 7.5m 共享大厅设有地板采暖，地板采暖系统要求温度自动控制，限温运行。对共享大厅，考虑夏季太阳辐射，利用地板采暖系统，在夏季通冷水辅助供冷，主要通过地板表面低温，形成对人员的冷敷设，在共享大厅冷量不足的情况下，增加人员的体感舒适度，利用温控系统，并增加室内露点温度检测，用以进行温度控制，防止地面结露。

（2）分析

地面辐射供冷整套技术比较复杂，涉及热泵技术、温湿度控制技术、防结露控制技术等，施工难度较大。同时，由于地面辐射供冷系统的冷表面在地面下，供冷空间难以通过对流的形式实现冷热交换，必须辅以必要的通风系统，并且系统存在通过楼板向下层的冷量传递，必须做好楼板的保温工作，以避免下层楼板结露。

（3）启示

由于地面辐射供冷没有成熟的经验可供借鉴，施工前，应与设计单位、施工单位、专业设备厂商进行深入讨论，分析可能出现的各种不利后果，采用适当的二次侧供回水温度（本工程暂定 $-16℃\sim0℃$，后期根据运行情况调整），并且适当增加地面的测温点，保证地面温度 $\leq 26℃$。施工过程中，应对地面保温工序严格监督，保温板厚度必须符合设计要求，保温板的拼接缝确保严密，盘管敷设完毕后，及时进行压力试验，合格后及时浇筑混凝土，以避免成品受到破坏。

5. 剧场工程智能化深化设计分析

（1）案例

某剧场工程智能化深化设计由专业分包单位完成后，经过原设计单位审核，造价由4700 万元增至 5670 万元。

（2）分析

1）深化设计应是对原设计图纸进行必要的节点细化、管线及设备定位优化、与其他配合专业的图纸校核等，原则上不得改变原设计内容。根据合同要求，造价变化必须经建设单位批准方可实施。

2）由于该项目原设计及施工图审核在 3 年前完成，部分电子产品出现更新换代，原设计部分内容已不合适。如设视频监控系统：由半数字系统深化为数字监控，前端摄像头由模拟变更为数字摄像头，图像质量提升为高清，交换机、磁盘容量等相应增加，进而增加造价。

3）原设计为限额设计，各系统设计为中档质量及价位，没有确定各子系统设备品牌，而子系统设备品牌对造价影响很大。

4）原设计漏项。如车位引导系统、室外弱电工程及智能照明系统。本项目仅设计漏项就增加造价 414 万元。

（3）启示

1）应对设计院提出限额设计的要求，在初步设计阶段应完整体现智能化系统功能及使用需求并计入概算，避免施工图增加。

2）智能化技术发展迅速，设备更新快，设计选型要有一定超前性，应适应未来一段时间的发展。

3）施工招标时应对设备更新有一定预见性，避免施工单位借机突破造价控制限额。

6. 剧院消防验收中关于设计存在问题

（1）案例

某剧院由东西两个 800 座剧场组成，分别为话剧中心、演艺中心。剧场中间由共享门厅连通，建筑高度为 32.23m。原设计中除观众厅外，其他房间的使用功能均为设备用房。在进行消防设计审查时，建筑定性为单层建筑（观演建筑），把话剧中心前厅及二层疏散廊、演艺中心前厅及二层疏散廊、合用门厅一起作为首层展厅，面积为 7774m²，并顺利通过消防设计审查。

由于设计单位对建筑性质的判断错误，且在项目实施过程中部分房间功能变更，导致消防不予验收。经过建设单位、设计单位及消防部门沟通，在话剧中心与共享门厅之间增加一道防火隔墙。增加的防火隔墙不但给原本通透的大厅造成一定的视觉、美观上的影响，并且影响验收进度，而且还导致了费用增加。

（2）分析

因使用单位要求，施工过程中将部分设备用房改为排练厅等其他功能用房，且消防验收人员通过对现场施工情况进行检查，认为建筑定性有误，需以二类高层建筑进行报审并重新划分防火分区。

（3）启示

在设计阶段一定要对建筑物进行准确的功能定位并以此进行相关设计。设计单位应能及时准确的掌握地方设计标准及验收标准。此外，咨询单位人员应不断提高自身素质，能对工程变更及后果进行准确的预判。

11.5.3　舞台设计

1. 台口与主舞台关系

（1）案例

某剧院方案设计单位为境外设计公司，方案设计舞台台口宽为 18m，主舞台设计宽度为 27.4m，主舞台升降台群数量为 4 行 ×4 列，主舞台马道为 6 层。

（2）分析

1）按照我国剧团演出的需求，台口宽 18m 的剧场，主舞台每侧应比台口宽 6～7m（即主舞台宽度应为 30～32m），该项目每侧只比台口宽 4.7m，在演出过程中会出现穿帮现象，不能满足适应要求。

2）该项目主舞台升降台群的行、列数为偶数，实际应为奇数，以免演出时使用单个升降台，不能保证演员处于舞台中间位置，施工图设计时改为 5 行 ×5 列。

3）国内一般剧场主舞台马道，只需 3 层就能满足演出需求，该项目设计 6 层马道，数量过多。

（3）启示

剧场项目境外设计方案大多数只考虑国外剧种的演出需求，因此境外设计方案在最终确定前，需建设单位或使用单位召开专家论证会，论证方案设计的合理性和可实施性，避免剧场建成后某些功能不能正常使用，甚至出现演出功能的缺陷。

2. 舞台面光桥设计要求

（1）案例

某剧场主要以演出话剧为主，同时也兼顾其他剧种。设计单位在进行面光桥设计时，采用了两道面光桥与舞台台口平行，呈直线型的设计方案。舞台灯光专业分包进场后，提出此方案不能满足灯光专业要求，后设计单位按照舞台灯光专业提资，对面光桥进行了设计变更以满足灯光专业使用要求。

（2）分析

舞台灯光是剧场演出时重要组成部分，舞台灯光工艺对剧场建筑有特殊要求，如：面光桥不能与舞台台口平行、需要具有一定的弧度，面光桥长度应大于等于舞台台口宽度，这些要求需要建筑设计配合到位，才能满足演出时舞台的照度、均匀度等舞台灯光要求。

（3）启示

在进行舞台灯光设计深度及专业性要求较高的施工图设计时，如果舞台工艺施工单位已确定，要求其尽早介入，与相关方密切沟通，能为以后的深化设计节省时间，更重要的是提高了图纸质量，能有效减少缺陷的发生。

3. 舞台工艺专业预留预埋问题

（1）案例

某剧场工程因舞台专业设计单位介入时，主体结构已经完成，在舞台灯光硅控室、舞台音响功放室等处均未预留舞台专业电缆桥架洞口，对后期舞台灯光、舞台音响专业施工造成一定的影响。

（2）分析

1）舞台专业设计介入晚，相关的专业预留洞资料提供时间滞后结构施工时间，造成遗漏。

2）建筑设计院结构设计师对舞台工艺不了解，也未与相关专业进行沟通，造成遗漏。

3）舞台专业设计深度不够，在建筑设计院施工图上只标明了桥架的走向，对桥架的安装高度、安装位置、穿墙时需要预留的洞口位置尺寸等未明确，需专业施工单位进行深化，致使洞口预留滞后。

（3）启示

1）剧场工程应尽早确定舞台专业设计单位（包括舞台机械、舞台灯光、舞台音响、座椅、管风琴等专业），保证专业设计图纸及时与主体结构进行对接。

2）舞台专业设计出图后，建设单位、咨询单位要及时组织各专业对图纸进行审核，结构设计要按照专业设计要求及时补图，专业设计深度不能满足现场施工要求的，要及时与专业设计沟通对图纸进行补充。

3）相关洞口未预留的问题出现后，为保证结构安全，专业施工单位按照深化图纸确定需要开洞位置及洞口尺寸，通过结构设计确认后再进行后开洞施工。

4. 舞台机械与机电专业因设计冲突导致返工

（1）案例

某剧场由一个1200座的中型歌舞剧场、一个150座的黑匣子小剧场和演艺培训等功能组成，为一栋多层建筑，地上5层，建筑高度23.90m。现场舞台机械设备存在以下问题：

1）在标高14.32m多功能厅设备平台上，机电桥架、消防喷淋支管、空调冷凝水管占据了舞台机械安装空间。

2）歌剧院主舞台 −3m 处演员通道消火栓管、喷淋管及风管与舞台机械台下设备冲突。

3）歌剧院主舞台 −10m 处台仓排水管与舞台机械台下设备冲突。

（2）分析

由于设计单位缺乏剧场项目设计的相关经验，暖通和水电设计事先未考虑舞台机械系统的影响，暖通和水电系统安装侵占舞台机械设备安装空间，舞台机械施工单位进场相对较晚，导致部分机电管道和设备已经安装完成，为保证舞台机械功能实现，机电专业进行整改以满足机械设备安装需求，导致工期、投资增加。

（3）启示

1）剧场的水、电、暖、风设计与普通建筑设计有很大不同，主要在于剧场项目多为异形建筑、高大空间，系统复杂，并且需要考虑与舞台工艺专业设备在安装时是否会发生冲突。

2）剧场作为观演性建筑，首先要满足观看和演出的需求，因此在舞台工艺专业与其他专业发生冲突时，应确保满足舞台工艺的安装要求。

3）建议舞台工艺专业尽早确定，并对各专业初步设计、施工设计图纸进行审查，避免机电安装施工结束后出现与舞台工艺专业冲突而导致返工整改，造成工期拖延和成本增加。

5. 剧场乐池设计问题

（1）案例

某剧场工程因演出需要，设置了升降乐池。建筑设计单位设计的乐池结构，没有充分考虑使用需求，给今后运营带来不便。

（2）分析

通常情况下，乐池演出使用位置在舞台下距舞台面 2.2m 左右，当演出有多个剧目，且各剧目需要主持人进行报幕时，主持人距台唇边缘距离需超过 2.5m，才会增加主持人的安全感、降低临空感。该剧场当乐池降至演出位置时，主持人位置距台唇仅有 1.5m，同时舞台灯光的照射（尤其是追光）会使主持人看不清舞台面的情况，无法保证安全。因此建设单位要求设计单位对乐池结构进行修改：减小乐池开口尺寸、适当增加台唇宽度。修改后不但能保证演出效果，还能节省投资。

（3）启示

剧场工程设计涉及专用功能时应首先考虑使用需求。建议在选择设计单位时，考虑该设计单位是否有过类似的设计经验。在进行舞台工艺专业等设计深度及专业性要求较高的施工图设计时，如果舞台工艺施工单位已确定，要求其尽早介入，与相关方多进行沟通，尽量避免或减少日后修改和变更。

6. 乐池底标高对功能的影响

（1）案例

某剧场原设计升降乐池分为 3 块，中间 1 块为七步升降台阶，舞台机械施工单位进场后对结构进行复核，发现升降乐池基坑深度与进深尺寸不足，导致七步升降台阶无法实现。

（2）分析

七步升降台阶驱动装置需要一定的安装空间，由于乐池基坑深度为 −7.2m，比升降台阶驱动装置需要的空间浅了 0.5m，且台阶的驱动齿条与乐池钢架、驱动、基坑底部多处干涉，结构上的限制导致其升降功能无法实现。

（3）启示

建议升降乐池在设计阶段，将乐池底标高留有足够的余地，结构施工过程中严格控制结构面标高。升降乐池进深尺寸应考虑导轨的安装空间，防止升降乐池安装空间不足，打凿混凝土结构，对结构的安全和地下室防水产生极大的破坏。除乐池外，其余台下机械设备安装所需要的台仓深度、进深等，建筑设计院在设计时也需要特别关注。

7. 追光室设计问题

（1）案例

某音乐厅对追光室进行装修设计时，追光窗窗台高度为 600mm，而窗台进深超过 1000mm，在此种情况下，追光室内灯光很容易被窗台遮挡，很难透过追光窗直接到达需要的位置。为解决追光不到位的问题，参建各方根据现场实际情况，在追光窗位置设置一个长 2500mm，宽 1900mm 以及护栏高为 1300mm 的操作平台。

（2）分析

在选择追光室的装修方案时，过多地考虑装修的效果，而忽视了其自身所需要的功能，给后期使用带来不便。追光室射光口的宽度应使投射光斑能投射到舞台表演区左右边沿，深度应覆盖整个主舞台表演区（还需要考虑部分剧场表演区向观众席延伸的要求）。射光口高度应便于追光人员观看到舞台整个表演区（包括升降乐池区域）。射光口下沿距地面高度应根据灯架高度和追光灯射到舞台前沿的光轴俯角来确定，一般高度为 0.40m，不宜过高。追光室设计时前后进深距离太小，不便于灯光人员操作。投射光轴与舞台平面夹角不宜过小，否则追光效果不好。

（3）启示

剧场建筑内的功能用房，都是为剧场演出服务的，所以不仅要考虑其使用功能，而且要便于后期的运营管理，在设计阶段应充分考虑，此部位具体设计应由舞台工艺专业深化。

8. 灯控音控室观察窗视线问题

（1）案例

某剧场灯控音控室设置在池座后侧，装修完成后池座最后排标高 4.2m，灯控音控室内地面标高 4.4m，观察窗下沿室内高 900mm，室外高 1100mm，池座后侧观众站立时（按 1.7m 身高考虑），则高出窗口 600mm，严重遮挡操作人员视线，影响操作人员对舞台直达声、光的判断，可能影响整场演出效果。

（2）分析

建筑设计师不熟悉舞台工艺的要求，舞台工艺配合单位也仅提出窗口长、宽尺寸的要求，且剧场内各部位空间关系复杂，致使出现设计疏漏。

（3）启示

1）在方案设计阶段，可要求设计单位对观众厅周边功能房间的平面布局、舞台工艺要求、功能实现情况等方面进行专题汇报，以杜绝类似问题。

2）在空间布局时考虑相互区域之间的不利影响，在结构设计时调整灯控音控室内外标高，可有效消除上述影响。

3）审图时加强剖面图的审核力度，必要时建议建设单位邀请专业单位协助审核，尽量在实施前消除不利因素。

4）若条件允许，建议使用单位提前介入，提出相应的合理化建议。

9. 剧院精装设计应综合考虑灯光、音响的布局

（1）案例

某大型剧场观众厅顶部精装使用了张拉膜结构，为了满足作为会议功能时的会场照度，在顶部设置了 LED 亚克力羽毛花灯。由于张拉膜结构及花灯在设计时未能充分考虑耳光、面光的投射角度，导致耳光与二道面光局部被张拉膜结构和花灯遮挡。

（2）分析

1）精装修设计时，设计师只考虑内部装饰感观上的视觉效果，未能考虑室内张拉膜结构钢骨架空间位置上对耳光投射路线的遮挡，缺乏对舞台工艺专业知识的了解。

2）厅内大型花灯在深化设计时对羽毛角度调整幅度考虑不够，与原设计的沟通不够，同时对其他专业的要求了解不够，导致最终羽毛遮挡了二道面光的局部投射线路。

（3）启示

剧场工程专业性较强，建筑、结构、装饰、灯光、音响、舞台设备在设计时应同时参与，对功能性要求应认真复核，避免因疏忽导致功能条件无法满足。设计变更发生时更应要求各专业会签，注重加强对剧场使用功能方面的复核。

10. 声闸间优化

（1）案例

某剧场工程的多功能剧场 1 层观众入口声闸未形成有效独立闭合空间，造成演出期间人员进出场发生漏光、漏声现象，不符合规范要求及使用习惯。

（2）解决方案

根据咨询单位建议，设计单位优化该区域设计，增加一道独立隔声门，形成闭合声闸间。

（3）启示

剧场工程因演出和使用需求，观众厅出入口均需要设置声闸门，用来防止演出期间人员进出观众厅对舞台演员造成的影响。该工程通过增加一道声闸门，满足规范和演出管理要求，提升了使用品质。设计单位应结合演出和运营要求，做好重点区域的设计工作。

11. 同声传译室位置优化

（1）案例

某剧场工程 200 人报告厅同声翻译室位于主席台两侧，不符合同声传译室应面对主席

台要求，无法满足专业人员的使用要求。

（2）解决方案

根据咨询单位建议，设计优化了平面布局，将同声翻译室位置调整到正对主席台位置。通过修改，满足了同声翻译人员的使用习惯，保证使用功能，提升了使用品质。

（3）启示

在进行特殊工艺设计时，如果工艺施工单位已确定，要求其尽早介入，与设计院进行充分沟通和提资，如果工艺施工单位未确定，设计院应对该工艺对建筑结构的需求，进行调研形成专题汇报，并征求建设单位和使用单位意见，尽量避免或减少日后修改和变更。

12. 演员化妆区流线优化

（1）案例

某剧场工程设计后场化妆区位于下场口方向，导致演员上场流线错误，跑场线路长，且容易造成上下场人员交织混乱。

（2）解决方案

由于该项目已经进行施工图阶段，无法对平面布局进行重大调整，经讨论，基于现有条件，在后台区增加演员上场跑场通道，同时在上场口设置候场区，一定程度上解决上下场演员交叉问题。通过修改，避免上下场演员两股人流交叉，基本解决了对演出秩序的影响，极大地提升了演出效率。

（3）启示

我国剧场在演出时习惯按照左进右出（面对舞台）的方式组织演员进出场，因此化妆间一般应靠近上场口区域设置，且应尽量缩短演员跑场通道的长度。在后续剧场工程中一定要注意化妆间、抢妆间、候场区等空间的设计，从根本上解决跑场过长、人流交叉的问题。

13. 升降乐池消防疏散优化

（1）案例

某剧场工程升降乐池在演出标高 −2m 时，没有对外疏散通道，发生火灾时演员无法疏散，不满足规范要求。

（2）解决方案

在该标高增加结构层连接升降乐池，优化疏散线路以满足疏散要求。通过修改，乐池演出标高有进出通道，满足规范要求，保证合理使用功能，也规避了消防验收无法通过的风险。

（3）启示

剧场工程的乐池区域消防、结构、使用功能较为复杂，设计单位应加强此区域案例收集，在满足消防要求的前提下，做到功能最优、使用方便。

14. VIP 休息室位置优化

（1）案例

某剧场工程 VIP 休息室位于舞台侧后方，VIP 进入贵宾座席需要穿过侧舞台，不符合剧场管理及使用习惯。

（2）解决方案

基于项目平面现状，在主入口通道一侧单独设计 VIP 休息室，解决了 VIP 观众进出观众厅流线问题。通过修改，VIP 观众进出观众厅流线能够做到不与普通观众及演职人员有交叉，满足了使用功能需求及 VIP 观众的舒适度。

（3）启示

剧场观演人员分为普通观众、特殊观众（无障碍）、VIP 观众等，不同观演人员之间流线不应交叉。在进行 VIP 休息室设计时，不但要避免人员流线交叉，同时还需要考虑 VIP 流线不宜过长。

15. 伸缩式舞台优化

（1）案例

某剧场工程 1200 人大报告厅设有伸缩式舞台，根据报告厅实际使用功能并征询使用单位意见，该伸缩式舞台使用功能定位仍无法明确，且报告厅为活动座席，要求空间组合灵活性强。伸缩式舞台占用大量主席台区域位置，不利于充分利用空间，且舞台无法存放到储藏室。

（2）解决方案

经过论证确定了使用单位实际功能需求，并结合该项目投资情况，最终决定将该伸缩式舞台改为模块化可拼装式舞台。此建议在满足原有使用功能前提下节约投资约 100 万元，模块化舞台有效解决了储藏问题，同时使得整个报告厅空间利用更加灵活。

（3）启示

剧场工程舞台形式、数量、尺寸、动作方式等参数对日后使用有着至关重要的影响，建议在设计阶段征得建设单位（使用单位）意见，选择最适合日后运用的舞台参数。

11.5.4　建筑声学

1. 建筑设计与声学设计要求不匹配

（1）案例

某音乐厅建筑设计座席 786 座，精装修施工单位将音乐厅观众厅深化设计后，提交声学设计单位审核，发现观众区座席容积超过 $16m^3$/座，不符合声学设计要求，合理容积宜为 $10m^3$/座左右。经参建有关各方共同研究商议，决定通过降低音乐厅天花底标高减少容积约 $1400m^3$、座席增加约 80 座、墙面增加吸声面积约 $250m^2$ 等措施，实现声学要求，由此工期耽误近 2 个月。

（2）分析

此问题反映出设计阶段专业设计未发挥作用，属于设计重大失误；建筑设计与声学设计脱节，导致在精装修施工阶段发现此类问题。

（3）启示

类似剧院项目实施阶段，建筑设计及专业设计（特别是声学设计）对建筑布局、材料选择等及时沟通核对，避免事后发现问题再变更调整，影响工期和工程造价。

2. 八字墙无法满足左右声道音箱辐射角度问题

（1）案例

剧场八字墙在舞台音响系统左右声道音箱安装时，应保证左右声道音箱辐射角度能满足使用功能要求。某剧场项目八字墙在左右声道音箱安装辐射角度范围内有混凝土柱，遮挡了一定的音箱辐射角度，无法满足声学设计要求。

（2）分析

经过建设单位、设计单位、咨询单位和施工单位四方讨论后，提出以下解决措施，经过对整个声场的模拟，现有深化设计基本满足原设计方案的要求：

1）将此区域原招标方案的 4 只全频音箱，水平角度：90°，垂直角度：15° 改为 3 只全频音箱，水平角度：90°，垂直角度：60°，最大程度上满足要求。

2）将原 4 只全频音箱中的 1 只放在声桥上使用，对声场有一定优化作用。

（3）启示

1）要求建筑设计单位在设计时，应与舞台工艺设计进行对接，相互交底，了解舞台工艺设计意图、重点区域、重点参数之后，完善建筑设计，避免出现此类问题。

2）聘请有经验的咨询单位、施工单位，在土建结构施工之前进行图纸排查，找出相关问题与设计单位沟通解决，尽量杜绝类似问题的发生。

3. 后台化妆区通道与舞台之间的降噪隔声

（1）案例

某大剧场工程后台化妆区的通道与舞台之间仅一墙之隔。装饰设计时未考虑该部位的隔声处理。使用过程中，发现后台在演出时比较嘈杂，对舞台演出产生了一定的影响。

（2）分析

后台噪声来源较多，如果降噪隔声处理得不好，演员跑场、练声、练琴和说话声就会传向舞台。对于舞台上的演员来讲，环境噪声降低，能减少干扰，更专注于表演；对于观众来说，舞台演出的声音可以听得更清楚。

（3）启示

剧场作为专业性特别强的场所，在设计时更应考虑其功能要求，建筑声学的设计直接影响剧场最终功能的实现，尤其是舞台的降噪，对演员和观众都有直接的影响。因此声学设计应考虑全面，并做相应的模拟分析，确保声学设计满足使用要求。

4. 空调主机房（制冷站）降噪与减振

（1）案例

某剧场工程空调主机房（制冷站）设置在大剧院、音乐厅侧下方地下室。施工之前，设计对空调主要设备和管道的减振方式未明确。施工中，运营单位进行现场踏勘，发现主机房设备基础未施工在浮筑楼板上，对机房的噪声控制提出意见，并提出空调主机房的主要设备和管道需要做高精度的减振措施。

（2）分析

空调主机房（制冷站）进行设计时，没提供大样图纸，施工单位直接在地下室底板上浇筑混凝土设备基础，未考虑设备振动通过结构传递噪声到大剧院和音乐厅，影响大剧院和音乐厅的演出效果。

（3）启示

空调主机房（制冷站）设计时，应该和声学设计单位进行详细沟通，并且出具空调主要设备和管道的减振图，严格控制设备运行时的噪声标准。在机房施工时，声学设计应该定期进行现场踏勘，用专业设备进行模拟噪声，发现问题及时处理，保证大剧院和音乐厅的建筑声学满足设计和演出要求。

11.5.5　观演体验

1. 剧场观众厅视线设计

（1）案例

某剧场项目 1 层楼座水平最远视距达到 35.425m，2 层楼座水平最远视距达到 32.925m，楼座的最大视距超出了剧场建筑设计规范要求，在剧场投入使用后，将影响楼座观众的观演效果，降低观众观看演出的满意度。

（2）分析

根据《剧场建筑设计规范》JGJ 57—2016 中规定："观众席对视点的最远视距，歌舞剧场不宜大于 33m"，该剧场楼座的最远视距已经超出了观众观演的最佳效果。如果将楼座最远视距调整至不超过 33m，考虑人体高度及楼座的建筑高度，则 2 层楼座无法施工。为了达到较好的观看效果，设计应优先考虑观众席的最远视距，使最远视距不大于 33m。针对此问题，项目设计阶段咨询工程师曾建议对观众厅的视线设计进行调整，但由于剧场总体方案已经确定，如果调整方案，将对工程造价和进度产生重大的影响，最终经各方综合考虑，决定不作调整，不满足视距的区域座席改作他用。

（3）启示

1）在剧场设计中，良好的视线设计至关重要，方案设计阶段审图过程中发现视线分析有问题应及时提出，要求设计修改。

2）剧场的视线分析不仅要包含有利位置（正面）的视线分析，还要有最不利位置的视线分析，如果没有，应要求设计补充。

3）在楼座设计中要使最远视距和最大俯角都满足设计规范一般比较困难，通常首先确保最远视距不大于 33m，以便让观众产生比较好的观演效果。

2. 剧场工程座席布置

（1）案例

某剧场工程观众厅形状为马蹄形，设计有池座和 3 层楼座，共计 1800 座席，平面排布为所有座席均向观众厅中心聚焦。

（2）分析

1）按设计单位设计的座席布置方案，虽然最大限度保证了座席数量，但视线分析中 2 层楼座和 3 层楼座两侧座席的视线大部分被结构遮挡，部分位置观众即使站立也无法完全看到舞台。后经方案比较，确定改变座席排布形式，使座席朝向舞台进行布置，并对两侧楼座楼板采用装饰做法，进行加高找坡以保证座席视线。

2）为了保证楼座两侧座席的舒适性，修改后座席总数减少了30座，但所有座席的视线都得到了满足（均可以看到舞台）。

（3）启示

1）座席平面布置除了要满足任务书要求的数量外，更重要的是要保证观众观看演出时的舒适性，要充分考虑观演效果。

2）剧院座席排布设计时，设计人员要对场内所有座席进行最不利视线分析，确定座席排布最优方案。

3. 水平挑台对视线的影响

（1）案例

某1200座剧场观众厅分为池座和楼座两部分，由于在结构设计过程中，楼座两侧的挑台为水平设计，导致部分座位的观众不能看到舞台上的演出，进而导致部分座位无法售票。

（2）分析

在设计观众厅的座位时，应充分考虑观众的视线问题，特别是楼座两侧的结构应有一定的倾斜角度，以保证楼座上的观众能欣赏到整个舞台的表演。

（3）启示

剧场工程设计涵盖的专业较多，其主要目的是保证观众能欣赏到一场完美的演出。在方案设计时，观众厅除了要考虑观众的灯光、音响效果外，观众的视线也是设计的重点。因此在设计的过程中就要求各专业设计人员能够及时沟通、交流，以保证设计出最优方案。

4. 池座区域两侧座席被结构影响问题

（1）案例

池座区域是剧场内主要的观演区域，大型剧场池座区域座席数量通常超过总数量的70%。一般情况下，池座最前排到最后排存在5m左右的高差，为有效利用空间，设计师一般在池座最后排向两侧区域延伸形成一个结构挑台，并布置座席，形成一个"两侧高区池座"，其结构投影范围内的池座座席则无法正常排布。

（2）分析

设计师仅考虑观众厅内空间的利用，片面追求座席数量以达到相应的规模，没有统筹考虑增加区域与原有区域相互之间的影响。

（3）启示

1）要求设计增加剖面图范围，尤其是剧场内部，建议突出观众厅墙面的结构均应剖到，必要时纵、横剖都要出具，并认真分析各部位之间的空间关系及影响，防止出现空间冲突现象。

2）剧场类工程空间关系非常复杂，建议使用BIM手段，重点区域进行建模重点研究，避免类似现象发生。

5. 观众厅座席送风洞口预留方案

（1）案例

某剧场为 1199 座的中型歌舞剧场，剧场观众厅采用全空气低速送风系统，池座、楼座均采用座席下送风。座席下送风洞口定位需经座椅厂家深化设计，由于池座、楼座结构施工时，座椅专业未能进场，因此座席下送风口结构洞口采用结构板后开洞。

（2）分析

剧场观众厅座席送风口结构洞口预留有两种方案，一是结构板施工完成后进行后开洞，二是采用套管在结构板施工时同步进行预埋。座席送风口待结构板施工完成后进行后开洞相比采用套管在结构板施工时同步进行预埋，避免了与钢筋混凝土交叉施工过程中对预埋套管定位的影响，因此采用该方案施工座席送风口洞口定位偏差小，座席安装精度高。但由于其是在混凝土结构板上开洞，对混凝土结构安全存在一定的影响。

（3）启示

上述观众厅座席送风洞口预留的两种方案各有优缺点，实际施工过程中应依据观众厅座席设计方案进行选择。若观众厅座席下送风口作为座席承重柱，由于该座席形式的座席定位和送风口的定位必须是一致的，施工过程中对送风口洞口定位偏差精度要求高，因此座席下送风口结构洞口建议采用后开洞。若观众厅座席下送风口与座席分离，且座席平面定位图经座席中标单位深化设计，由于该座席形式的座席定位和送风口的定位偏差精度要求相对低，因此从成本上考虑座席下送风口结构洞口建议在结构板施工时同步进行洞口预留。

无论采用哪种方案，座席送风口结构洞口施工过程中都应采取相应措施，避免送风洞口定位产生较大偏差，从而影响后期座席安装精度、观众视听效果等，否则，只能通过后期开洞调整来达到要求，这样既给结构安全带来隐患，又造成了成本浪费，还对工期造成了影响。

6. 静压箱座席送风问题

（1）案例

某剧场音乐厅池座前七排座席下静压箱空间狭小（结构完成面该区域最大净高为26cm），不仅导致前七排座席无法送风，该区域装修也无法施工，且静压箱在后期极易出现结露、积水发霉等现象。针对上述问题，参建各方首先根据现场实际情况，采取音乐厅池座两侧增加送风的方式保证送风效果；其次在进行静压箱装修深化设计时，结合现场实际情况，综合考虑该区域的除湿、保温等效果。

（2）分析

该区域在建筑设计时未考虑观众厅座席送风的形式，静压箱在进行装修设计时仅按普通房间进行，而未考虑其使用的环境和功能，致使出现了上述问题。

（3）启示

剧场类建筑在进行设计时，必须结合其所具有的特殊性以及房间的使用功能进行综合考虑，而不能只考虑装修效果，忽略了后期的使用效果。建议建设单位聘请有剧场工程设计经验的设计单位，以减少工程建设中的问题。

7. 舞台灯光与自然光的结合

（1）背景

某音乐厅位于高纬度地区，设计方案将安装的灯具与透过玻璃幕墙的自然光相互配合，达到最佳的光影、视觉效果。

（2）分析

为了达到室内与室外最佳的视觉效果，音乐厅的采光要具有恰当的透光率，同时还与室内的灯光效果相呼应，以达到理想的感光效果，使灯具的配置和其他设置形成一套完整的体系。

（3）启示

该案例音乐厅的玻璃幕墙采用透明玻璃，内层玻璃使用凹凸不平的层压式玻璃将直射光扩散，而舞台灯光主要考虑舞台演出效果及舞台的整体性，将自然光有效地与舞台灯光结合，利用玻璃幕墙的特性去除掉过强的自然光，使之更加柔和，使音乐厅中舞台灯光现场表演达到完美的效果。

8. 声光控制室的观察窗

（1）案例

某剧场原设计中声光控制室的观察窗为折叠玻璃窗，室内地面为亚麻油地板。

（2）分析

1）剧场项目声光控制室中放置的调音台和调光台非常精密且贵重，其摆放的位置紧贴观察窗窗台。如采用折叠窗需人工开启，要跨过调音台和调光台，极有可能对调音台和调光台产生破坏。电动开启窗只需轻按电动按钮即能实现观察窗的开启、闭合，不会对调音台和调光台产生人为破坏，但在设计时需考虑观察窗扇的收纳空间。

2）声光控制设备均为电子设备，人体及设备产生的高压静电如果不能通过防静电地板等电位接地将其有效释放，轻则干扰设备正常运行，重则将其内部电子元件击穿，因此声光控制室地面必须采用防静电地板。

（3）启示

考虑声光控制室的使用功能，观察窗采用电动开启窗更利于后期使用及对调光台、调音台的保护，剧场项目的设备控制室的地面必须采用防静电地板，上述均应在设计初期就考虑周全。

9. 控制室观察窗开启困难

（1）案例

在剧场工程建设中，常见舞台灯光、音响控制室观察窗开启困难现象，直接影响操作人员对演出时表演区的直达声、光的判断，从而影响整场演出效果。

（2）分析

舞台灯光、音响控制室内控制台横向宽度普遍较大，纵向深度大于1.2m，加上窗台深度，往往会超过1.5m，导致手动开窗困难。

（3）启示

1）在建筑结构设计时，应明确舞台灯光、音响控制室观察窗以电动提升窗为佳，方便开启或关闭。

2）如结构条件限制确实无法实现观察窗的电动启闭时，尽量避免使用推拉窗；可采用相对较方便的折叠窗，但应特别注意折叠后玻璃纵深不得碰触控制台。

10. 舞台监控系统专业的协调

（1）案例

某剧场在管线深化设计图纸复核过程中，发现舞台音响施工单位与弱电施工单位在化妆间、服装间等点位终端电视信号盒发声部位重叠。

1）在一般的剧场演出中，在售票大厅、观众走廊、化妆间、乐队休息室、演员后场区、声光控制室等一些点位需要安装电视机。该电视机的作用是在演出时可以观看舞台演出情况，方便演员候场、观众中途入场了解演出是否中场休息，从而进入观众席（因为在一般的音乐会等候演出时，一个曲目表演不结束，是不允许观众中途进场的，以免打扰其他正在欣赏演出的观众）。

2）在音响系统招标时，招标的系统内容为视频采集监控系统，设备包括摄像机、硬盘录像机、控制键盘（主要作用是储存视频资料，导演、音控、灯控、舞台机械、乐池指挥等点位可以通过控制键盘，切换这套系统内的摄像机，实时观看并了解现场演出情况和观众情况），包括各个点位的视频终端盒安装，舞台音响施工单位对招标文件要求内的这部分设备进行了配置。

3）弱电施工单位负责提供各个化妆间、售票大厅等区域的电视机、电视信号，这些点位与舞台音响施工单位的点位有重叠，弱电点位只能提供有线电视或者信息提示等功能，提供不了舞台演出画面，但一般的功能性机房都应该具有这些画面，舞台音响施工单位让各个化妆间等区域布置的视频点位也是为实现这项功能，所以可能终端重叠，但功能未实现。

（2）分析

1）如果舞台音响施工单位单独增加设备会造成两套设备的重叠浪费，因为每个房间的电视机只有一个，信号源有两个，每个化妆间都必须通过遥控器进行切换视频内容，较为繁琐。

2）舞台音响施工单位提供视频监视系统信号及音频信号给弱电，由弱电施工单位将这些信号统一混入弱电系统，直接供给各个电视机，实现多种信号同步传输。

如果要实现该项功能，需要增加调制解调器、视频放大器、视频分配器等设备，这需结合弱电施工单位的系统综合考虑；从弱电施工单位了解到，该项功能还在深化设计阶段，可以考虑在设计时，增加此项功能，设备统一采购，统一管理。

3）经咨询单位组织舞台音响施工单位与弱电施工单位技术讨论，最终确定由弱电单位负责将舞台音响系统信号和弱电系统进行整合。

（3）启示

前期设计时，应结合各项使用功能，在满足各专业要求前提下，尽量做到节省造价，相关专业施工图深化过程中，应要求施工单位加强设计人员驻场深化设计，且定期组织进行图纸会审，既能结合现场实际情况又能将各方深化情况与过程中出现的问题及时沟通解决，避免后期与其他专业产生矛盾。

第 12 章　工程施工咨询与管理

工程施工是将建筑设计图纸转变为建筑实体的过程，全过程工程咨询单位在工程施工阶段咨询与管理的核心任务是工程施工；在此阶段，全过程工程咨询单位应协助建设单位制定项目施工管理目标，并组织施工单位做好项目的进度、质量、投资等控制，确保施工目标实现。

12.1　施工管理目标

12.1.1　施工管理总体目标

不同项目的目标各有差异，需根据实际情况制定符合自身定位的目标。通过实施领导、组织、控制、协调等施工现场管理手段，确保工程项目的施工现场质量、进度、投资处于受控状态，以及工程安全、质量、进度管理目标的实现。以下介绍一般项目管理目标，仅供读者参考。

12.1.2　质量管理目标

文化场馆项目质量要求高，且大多数项目要实现评优创奖的要求。文化场馆项目的质量管理目标如下：

（1）总体质量一次验收合格，单位工程一次验收成优。

（2）分部、分项、检验批质量检验、评定、报验一次通过率为 100%。

（3）基础和主体分部均达到"结构优质"的标准。

（4）各项施工记录、工程技术资料等按部位、施工进度收集及时、准确，归档率、合格率为 100%。

（5）各类原材料、成品、半成品的检验和试验率为 100%，按规定时间试验和报验率为 100%，准确率为 100%。

（6）计量、检测、试验等设备、器具的送检、鉴定率和合格率为 100%。

（7）各类人员的持证上岗率为 100%。

（8）管理及技术资料达到优质要求、分部工程优良率为 100%、分项工程的优良率 ≥90%、一次验收合格率为 100%。

12. 1. 3　投资管理目标

确保实现概算不超估算、预算不超概算、结算不超预算的三级投资控制目标。

（1）工程量清单核查目的是对招标工程量清单进行核对和修正，以作为投资控制及竣工结算的依据。

（2）合理编制资金使用计划对未来建设项目的资金使用和进度控制有所预测，消除不必要的资金浪费和工期失控，有效地控制工程造价上升。

（3）根据项目特点按专业和总投资各建立一本台账，以系统了解总投资中各专业拨款情况。定期进行投资实际支出值与计划目标值的比较；发现偏差，分析产生偏差的原因，及时采取纠偏措施，以实现动态控制造价成本。

（4）严格审核施工组织设计和施工方案，对主要施工方案进行技术经济分析，以便挖掘潜力、节约投资，为项目实现增值。

（5）严格按照合同约定及流程规定审核支付工程款，做到不超付、不冒算。

（6）工程变更的费用应根据合同要求和现场情况进行审核，并严格审查变更签证手续的时效性、真实性、完整性，以达到减少施工过程中变更和由变更引起索赔的目的。

（7）施工类及供货类合同结算额控制在签约合同价以内。

12. 1. 4　进度管理目标

按计划实现总建设目标、里程碑节点目标，确保项目按时竣工。

（1）进度控制的目的是在保证项目按合同工期竣工、工程质量符合质量控制目标的前提下，达到资源配备合理、投资符合控制目标等要求的工程进度整体最优化，进而获得最佳经济效益。因此，进度控制是施工管理的重要一环。

（2）进度控制是目标控制，进度控制是指在限定的工期内，以事先拟定的合理且经济的工程进度计划为依据，对整个建设过程进行监督、检查、指导和纠正的行为过程。工期是由从开始到竣工的一系列施工活动所需的时间构成的。

（3）根据合同工期或建设单位的工期要求如期完成总进度目标。

（4）按工程全过程阶段进行分解，突出前期报批报建、招标、设计、施工、运营等阶段的进度控制目标，在不同阶段确定重点控制对象，并制定相应的实施细则，达到保证各阶段的进度控制目标如期实现。

（5）各分进度计划或子项进度计划如期或提前实现。

（6）年、季度、月、周、日等进度计划如期或提前实现。

（7）各阶段详细计划实现的里程碑目标。

12. 1. 5　安全管理目标

（1）杜绝重伤及以上人身事故。

（2）杜绝重大机械、重大交通、重大火灾事故。

（3）杜绝重大环境污染事故。

（4）不发生严重影响身体健康的事故。

（5）杜绝急性中毒事故。

（6）控制轻伤及严重未遂事故。

（7）控制习惯性违章作业的发生频次。

（8）人员安全教育培训率达到 100%。

（9）个人防护用品的到位率达到 100%。

（10）安全防护设施及时到位，保证作业环境安全可靠。

（11）争创一流文明施工现场。

（12）始终贯彻"预防为主，防消结合"的工作方针，强化消防管理工作，实现杜绝火灾事故，避免火灾报警事故，减少冒烟事故的目标。

12.1.6　创优管理目标

1. 国家优质工程奖

经国务院确认的我国工程建设领域设立最早，规格最高，跨行业、跨专业的国家级质量奖，包括鲁班奖、詹天佑奖、全国建筑工程装饰奖、中国建筑工程钢结构金奖、绿色创新奖等 9 类，国家级优质工程奖获奖项目应当具备以下条件：

（1）建设程序合法合规，诚信守诺。

（2）创优目标明确，创优计划合理，质量管理体系健全。

（3）工程设计先进，获得省（部）级优秀工程设计奖。

（4）工程质量可靠，获得工程所在地或所属行业省（部）级最高质量奖。

（5）科技创新达到国内先进水平，获省（部）级科技进步奖，或已通过省（部）级新技术应用示范工程验收，或积极应用"四新"技术、专利技术，行业新技术的大项应用率不少于 80%。

（6）践行绿色建造理念，节能环保主要经济技术指标达到同时期国内先进水平。

（7）通过竣工验收并投入使用一年以上四年以内。

（8）经济效益及社会效益达到同时期国内先进水平。

2. 省级优质工程奖

各省工程建设领域设立最早，规格最高，跨行业、跨专业的国家级质量奖，包括长城杯、杨子杯、钱江杯、白玉兰杯、海河杯、巴渝杯、龙江杯等 27 类。不同省（部）级优质工程奖获奖项目通常需要具备以下条件：

（1）符合工程基本建设程序。

（2）工程通过竣工验收，并已竣工验收备案，且经过一年使用检验。

（3）工程设计、施工工艺和技术措施合理、先进，符合国家强制性和行业技术标准、规范。

（4）工程建设符合国家及地方现行法律法规要求。

（5）工程技术档案资料完整（含过程影像资料）。

（6）建筑工程被评为市级优质工程，或经主管部门审核推荐的专业工程。

3. 市级优质工程奖

各市地方上设置的质量奖，包括各市级优质结构工程奖、优质专业工程奖、安全文明施工优良奖等，市级优质工程奖获奖项目通常需要具备以下条件：

（1）各市范围内以及市直属企业在外地完成的工程项目。

（2）申报参评的单位已通过 ISO 9000 认证。

（3）申报项目应按基建程序、符合法律法规的规定所组织建设的工程。

（4）已取得竣工验收备案回执，并投入使用，至今未发生质量缺陷的工程项目。

（5）申报项目是上一年度竣工的工程。

12.2 文化场馆项目施工管理重难点分析

文化场馆项目作为地标性公共建筑具有专业工程多、技术复杂，多为创奖工程，质量标准要求高，危大工程多，安全文明管理影响因素多，工期紧、多专业交叉施工，协调、管理难度大等特点，全过程工程咨询单位应根据建设项目的实际情况，进行施工管理重难点分析，文化场馆项目施工通常在以下几个方面存在挑战。

12.2.1 地基与基础、主体结构部分

1. 深基坑工程

（1）住房和城乡建设部《危险性较大的分部分项工程安全管理办法的通知》规定：深基坑工程指开挖深度超过 5m（含 5m）或地下室 3 层以上（含 3 层），或深度虽未超过 5m，但地质条件和周围环境及地下管线特别复杂的基坑土方开挖、支护、降水工程。部分省市对深基坑工程的规定更严格，应根据地方标准执行。

（2）深基坑工程的施工方案必须进行专家评审，实施过程中有重大变更时应再次进行专家评审。

（3）深基坑工程的正确使用是基坑安全的前提，设计方案应结合施工场地具体情况进行设计，个别场地狭窄，无法满足坑边堆载要求的应在基坑方案设计时考虑。

（4）深基坑工程的监测频率要根据天气情况适当加密，遇台风、暴雨等异常天气应加密观测。对深基坑工程预警值应分析原因，加密观测，及时预警处理，避免基坑带病作业而引发事故。

（5）深基坑工程的日常维护：深基坑工程处于合理的使用状态外，还要进行日常的维护才能保证基坑的安全，对坑顶裂缝、坑顶积水、异常堆载、基坑积水、基坑渗水等应及时处理，并查找原因，使基坑处于正常的使用状态。

2. 垂直运输

（1）文化场馆项目均存在建筑面积大、结构形式复杂、造型独特等特点，决定了垂直

运输量大，应结合项目具体情况考虑垂直运输方案，要考虑各专业交叉施工和专业单位施工、大型设备吊装、钢结构吊装等要求。合理选择运输设备，并综合考虑运力和布置方案。

（2）部分省市对起重设备基础按照危大工程管理，应组织专家论证，具体按照地方标准执行。

3. 高强度混凝土

（1）材料要求

1）混凝土的配制强度要大于设计要求的强度，以满足强度保证率的要求。高强度混凝土的配制强度不低于强度等级的 1.15 倍；配制高强度混凝土所用的水胶比（水与胶结材料的重量比）宜采用 0.25～0.42。

2）配制高强度混凝土所用的水泥量不宜大于 450kg/m^3，水泥与掺合料的胶结材料总量不宜大于 550kg/m^3。

3）粉煤灰掺量不宜大于胶结材料总量的 30%，磨细矿渣不宜大于 50%，使用复合掺合料，其掺量不宜大于胶结材料总量的 50%。

4）混凝土的砂率为 33%～44%。

5）高效减水剂掺量宜为胶结材料总量的 0.4%～1.5%。

6）粗骨料的最大粒径不宜大于 25mm。粗骨料宜采用二级级配。

7）细骨料宜采用质地坚硬、级配良好的河砂或人工砂，其细度模数不宜小于 2.6，含泥量不应大于 1.5%。

（2）混凝土拌制与浇筑

1）混凝土原材料均按重量计量，计量的允许偏差为：水泥和掺合料 ±1%，粗、细骨料 ±2%，水和化学外加剂 ±1%。

2）配制高强度混凝土必须准确控制用水量。砂、石中的含水量应及时测定，并按测定值调整用水量和砂、石用量。

3）获得高强度混凝土的一个重要条件是低用水量和低水胶比，因而拌制时需准确控制用水量。各类原材料（特别是砂子和溶液型高效减水剂）中的含水量必须扣除。严禁在拌合物出机后加水，混凝土自由倾落的高度不大于 3m。

4）浇筑高强度混凝土采用振捣器捣实。一般情况下采用高频振捣器，垂直点振，不得平拉。

5）不同强度等级混凝土现浇构件相连接时，两种混凝土的接缝设置在低强度等级的构件中，并离开高强度等级构件一段距离。

6）当接缝两侧的混凝土强度等级不同且同时浇筑时，沿预定的接缝位置设置快易收口网。由于部分柱的混凝土强度比梁、板的混凝土强度高出数级，故梁柱接头处不同强度等级混凝土浇捣的处理方法如下：

① 将柱的高强度混凝土一次性浇捣至梁底 50mm 部位，浇捣梁板混凝土时，首先浇捣墙柱部位高强度混凝土，并且将高强度混凝土浇捣范围扩大至柱四周各加宽 1m 的部位，在这一部位，采用快易收口网堵头，保证在高强度混凝土初凝前开始梁板其他部位混凝土

的接触连续浇捣。

②为了保证施工过程中级配正确，浇捣扩大头范围时利用塔式起重机吊斗进行混凝土的输送，而梁板则利用混凝土输送泵进行输送。

③在混凝土脱模前后，定期洒水养护，在脱模后使混凝土表面始终保持湿润状态，养护时间不少于14d。

（3）混凝土养护

高强度混凝土终凝后，立即在混凝土构件的表面外露部位覆盖塑料薄膜、湿麻袋，并进行淋水养护，每天淋水不少于2次，以保持混凝土表面湿润。养护时间不少于14d。

为保证混凝土质量，防止混凝土开裂，高强度混凝土的入模测试根据环境状况和构件所受的内、外约束程度加以限制。养护期间通过测温，确保混凝土的内外最高温差不大于25℃。

4. 大体积混凝土

（1）大体积混凝土是指混凝土结构物实体最小几何尺寸不小于1m的大体量混凝土，或预计会因为混凝土中胶凝材料水化引起的温度变化和收缩而导致有害裂缝产生的混凝土。大体积混凝土主要的特点是体积大，实体最小几何尺寸大于等于1m，水泥水化热释放比较集中，内部升温比较快，混凝土内外温差较大时，会使混凝土产生温度裂缝，影响结构安全和正常使用。

（2）大体积混凝土施工前准备

1）大体积混凝土施工前应编制专项施工方案，内容主要包括原材料控制、浇筑工艺、测温、降（保）温措施、养护、异常处理。

2）原材料优选、配合比设计：大体积混凝土主要防止混凝土因水泥水化热引起的温度差产生的温度应力裂缝。因此在材料选择、技术措施等有关环节要求施工单位做好充分的准备工作，以确保大体积混凝土施工质量。为减少水泥水化热的产生，选择水化热相对较低的水泥。并应对其强度、安定性、凝结时间、水化热等性能指标及其他必要的性能指标进行复检。粗骨料选用粒径较大、级配良好，含泥量不大于1%的石子配制的混凝土。细骨料采用细度模数大于2.3含泥量不大于3%的中粗砂，减少混凝土收缩。

（3）大体积混凝土施工

大体积混凝土施工要合理划分施工段，分层浇筑。为便于散热，混凝土浇筑时采用"分区定点、一个坡度、循序推进、分层浇筑、一次到顶"的方法。大体积混凝土的测温点要按照方案埋设，为避免振捣时破坏测温点可适当多埋。

（4）大体积混凝土温控

1）混凝土测温频率。在混凝土浇筑完毕6h后开始测温，前4天每2h测温一次，5~14天每4~6h测温一次，后期可12h测温一次。测温必须按编号顺序进行，并按事先准备好的表格记录所测数据；混凝土入模温度的测量，每台班不少于2次。

2）测试过程中宜及时描绘出各点的温度变化曲线和断面的温度分布曲线。

3）测温过程中，表面温度与大气温度的差不宜大于20℃，里表温差不宜大于25℃。

降温速率不宜大于 2.0℃/d，混凝土浇筑体在入模温度的基础上温升值不宜大于 50℃。应及时采取措施，控制温差。

5. 超长混凝土结构

（1）超长混凝土结构特点

超长混凝土结构其特殊之处在于结构平面尺度过大，导致混凝土热膨胀、收缩、徐变等效应放大，从而影响结构受力形态和使用性能，表现构件因温差、收缩产生非荷载作用而受拉开裂。

（2）超长混凝土结构施工控制要点

1）预拌混凝土所用的水泥、水、骨料、外加剂等必须符合规范及专项方案要求，检查出厂合格证或试验报告是否符合质量要求，且不定期派人到搅拌站抽查。

2）设专人检测混凝土出罐坍落度，混凝土坍落度损失值控制在 ±20mm 的范围内。

3）在浇筑混凝土时，严格控制下料的厚度，一次下料不能过厚，每层下料厚度控制在 500mm 以内，按顺序振捣，以防少振或漏振。保证浇筑出的混凝土面光滑、密实，不会出现蜂窝。对于墙、柱根部及易发生质量通病部位的振捣要派专人监督控制，在浇筑墙、柱根部前，要先接浆，底部浇筑混凝土分层薄一些，增加振捣密实度。

4）浇筑前质检员要对各个部位的混凝土垫块或塑料保护卡进行检查，防止出现垫块或塑料保护卡移位、漏放，钢筋紧贴模板造成漏筋。

5）支设模板前要及时涂刷脱模剂并严格控制拆模时间，拆模不要过早，防止构件表面混凝土粘附在模板上造成麻面脱皮。具体拆模时间应依照同条件试块的试验结果确定，以保证混凝土强度不小于 1.2MPa。

6）柱接头、门窗洞口等特殊部位的模板要具有足够的刚度，且支设此部位模板时要严格控制端面尺寸，以保证梁柱连接处、门窗洞口处的断面尺寸。

7）模板穿墙螺栓要紧固可靠，浇筑时防止混凝土冲击洞口模板，在浇筑洞口两侧混凝土时振捣要对称、均匀，防止洞口移位变形，同时应注意在洞下口模板上应留设出气孔，使浇筑混凝土后滞留在模板内的空气顺利排出。

8）混凝土应振捣密实，不得有蜂窝、孔洞、露筋、缝隙、夹渣等缺陷。

6. 超高结构模板支撑

超高结构模板支撑由于方案缺陷或者支撑搭设缺陷、混凝土浇筑顺序等，坍塌事故屡有发生，应作为控制的重点。

（1）超高结构模板支撑作为危大工程，专项施工方案编审人员必须符合要求，方案必须经过专家评审，修改后经专家组确认后方可实施。

（2）支撑搭设的钢管、扣件必须送检合格，严禁使用锈蚀严重的材料搭设支撑体系。

（3）对于扣件抗滑移低于标准值的，应验算通过后方可使用，否则应更换。

（4）搭设人员必须持证上岗。模板基础必须符合方案要求，搭设后的支撑架分层验收合格后方准进行模板安装。

（5）按照先柱后板的原则，先进行柱混凝土的浇筑，再进行梁板混凝土的浇筑。

（6）严格按照专项方案的混凝土浇筑顺序进行混凝土浇筑。

7. 劲钢混凝土结构

（1）劲性钢柱、梁一般由钢结构单位实施，钢筋工程一般由主体单位实施，虽然设计文件对劲性钢柱、梁节点进行了设计，但实施过程中往往存在下列问题影响结构安全：

1）梁柱主筋与钢柱搭接长度不足，或者主筋无法绕过钢柱。

2）钢柱未设与梁主筋搭接的转接板。

3）梁柱箍筋无法施工。

4）钢筋较密集影响混凝土浇筑。

（2）解决措施：

1）钢结构节点根据钢筋施工图纸必须进行二次深化，并经设计复核，钢筋无法穿过或者绕行时，处理方案应经设计确认。

2）钢筋与钢结构转接板的焊接工人必须持证上岗，焊接质量必须符合规范要求。

3）为保证焊接质量，便于施焊，在焊接完成前严禁进行梁侧模板安装。

4）梁柱节点浇筑困难的应有解决方案，如采用自密实混凝土或者其他振捣措施。

12.2.2 钢结构工程

文化场馆项目钢结构工程，总体量大、难度高。钢结构作为一个专业工程，必须由专业单位实施，全过程工程咨询单位作为项目的管理者，应从以下几点进行管控：

（1）管理体系。要求专业承包施工单位健全质量管理和安全保证体系，人员具备相应从业资格，主要管理人员具有类似工程经验。

（2）深化设计。要求钢结构施工单位具有深化设计能力，且深化设计图纸必须经原设计院审核确认。

（3）钢结构加工厂。钢结构加工厂必须经考察确认，其生产能力满足需要、管理体系健全。

（4）钢结构方案需要专家评审的必须组织专家评审，其他配套专项方案齐全。

（5）质量管理。工艺评定、技术交底到位，焊工等特种作业人员具备相应操作资格，焊工进场必须进行现场考试，合格后方准许上岗。

（6）安全管理。安全方案具有针对性，安全管理人员业务能力、数量满足要求，各项安全措施落实到位。

（7）协调配合。合理的施工顺序，同土建施工单位、幕墙施工单位有效配合。

12.2.3 安装工程

1. 防振隔声要求突出

（1）空调通风、给水排水等系统有振动的设备全部布置在室内，除设计选用低噪声型设备外，安装设备时还需采用隔振处理；地面设备安装弹簧减振垫和防振橡胶垫；悬挂设备安装防振吊架；设备进出口接管安装软管接头，全空气系统设备出口均设计有消声器，与空调设备的连接均为保温软管接头，以尽可能减少噪声污染。

（2）水系统所有有振动的管道均采用减振支吊架，各类管道穿越楼板和墙壁时，管道和洞壁间的缝隙必须用不燃性材料填充密实。为消除管网荷载对设备运行的影响，水泵及冷水机组进出水管均采用减振补偿器连接。

（3）对于大剧院观众席和中剧院观众席，室内噪声级别要求高，其空调风管必须采用具有消音隔声等作用的超级风管，确保送风噪声效果。

2. 应急状态下发电

柴油发电机组并机作为备用电源，当市政高压电源发生故障后 15s 内自动启动，确保消防、应急疏散照明等用电负荷，当市政电源恢复 30～60s（可调）后，自动恢复市电供电，柴油发电机组经延时冷却后自动停机。

3. 空调和通风的风量平衡与气流分布

大剧场和中剧场的观众厅、舞台均设有排风系统，排风系统跟踪新风系统，使得各系统风量平衡，舞台空调和通风系统气流分布不能造成舞台幕布晃动。

4. 机电系统联合调试

机电工程系统繁多复杂，设计单位众多，专业配合多，涉及功能多，因此需要采取以下措施：

（1）编制详细的调试方案。

（2）成立调试管理小组（组长 1 人，各专业调试工程师若干人，各专业厂家技术人员至少 1 人），若干工人组成调试小组，各调试小组接受管理小组的管理，在管理小组的统一协调下最后进行联合调试。

（3）进行调试的交底培训及演练，并制定调试的应急预案。

（4）重点关注空调系统、消防系统等调试。

5. 综合协调

文化场馆项目专业齐全、系统复杂，需要精心策划才能确保目标，因此需要采取以下措施：

（1）成立专门的协调小组，协调深化设计和现场施工。

（2）每周定期组织协调会，统筹制定交叉施工和技术协调配合流程，并在实施中严格要求与执行。

12.3　施工咨询与管理的内容

施工咨询与管理的内容，一般包括施工准备阶段、施工阶段、工程验收阶段、工程结算阶段、移交阶段、工程竣工备案和保修期间等的咨询与管理。其中，施工准备阶段除了解决合规性、办理相关报批报建手续并取得相关许可文件外，还要解决施工阶段需要的临时设施（包括临时办公、职工生活、业余活动等配套用房与设施）、临水（即施工期间的生产、生活、消防等用水）、临电（即施工期间的生产、生活和场区场地与道路照明等的用电）、通信网络、临时道路等配套设施，其供给量要保证现场施工期间的使用需要。因此，施工准备阶段，全过程工程咨询单位有关人员要认真做好测算工作（申请的容量不宜过于保守，也不宜有较大差距），提前向政府有关部门（如自来水公司、电力部门、国土规划部门、道路管理部门、消防部门等）提出申请，并办理相关手续，保证开工前具备接驳或使用条件。施工单位进场前，依据上述条件编制施工组织设计，经有关各方审批通过后实施。施工准备阶段的工作内容虽然看似简单，但是如果有一项或某项中的局部没有提前解决好，都会造成工程施工不能如期或顺利进行的局面，影响整个工程进展。工程管理与咨询其他内容分别阐述如下。

12.3.1　进度控制与管理

广义工程总控制计划涵盖项目决策阶段、实施阶段、运营阶段，工程项目管理的时间范畴是建设工程项目的实施阶段，项目的实施阶段包括设计前的准备阶段、设计阶段、施工阶段、动工前准备阶段，其中施工阶段的进度除受施工进度自身因素影响外，报批报建、设计、招标、施工单位进场时间等对施工进度也有重大影响。

1. 报批报建对进度的影响

（1）报批报建作为工程建设必须履行的基本建设程序，对项目进度有较大影响。国内工程建设项目一般需要先行取得相应的报批报建手续，按《建筑法》等相关法律的规定，工程建设项目必须具备施工许可证后方可开工建设；但也有少数项目存在报批报建程序未完全履行即先开工建设，后补办手续的情况，该做法存在被主管部门要求停工处罚的风险，严重影响项目进度。

（2）报批报建中的工程用地批准手续办理（土地使用证），如城市规划许可证（包括建设用地许可证、建设工程规划许可证）等是申请施工许可证的 8 项批准条件中的首要条件，因此报批报建工作直接影响工程的最早开始施工时间，对施工进度有决定性影响。

2. 设计工作对进度的影响

（1）施工图是编制工程预算的重要依据，工程预算经工程所在地财政审核部门审定后确定招标控制价，这是招标的前提；施工图设计深度必须满足材料、设备加工、采购的条件和施工要求，由此可见设计工作进度如果滞后，将影响工程建设的多方面（招标、采购、施工等）工作开展，并对工程进度产生影响，因此设计管理是项目管理工作的重中之重。

（2）目前，部分建设方项目管理中的设计管理人员无工作经验或配备的设计管理人员不足，可能是由于出图计划考虑不全面、对施工图设计质量约定不明确或出图计划不满足设计周期等问题；从而使设计单位盲目赶进度，以致施工图设计深度严重不足，各专业设计不协调影响设计进度，产生错、碰、漏等诸多问题，严重影响施工招标及施工进度，甚至造成前期设计不到位、后期设计变更增加工程投资的事件发生。

（3）设计进度管理是项目进度管理的重要环节。设计进度管理普遍出现问题的主要原因为：

1）设计进度计划本身设置不合理。

2）设计单位各专业设计不协调。

3）设计单位内部管理不到位。

3. 招标工作对进度的影响

招标工作一般分为服务类、施工类、设备类，其中施工类、设备类招标的进展程度直接影响施工和设备安装进度。

（1）施工类招标工作须从各分部工程（专业）的标段划分、标段范围、招标条件、招标方式、合同形式、施工界面划分、招标时间顺序、招标时间间隔、设备招标插入时间等方面统筹考虑。

（2）设备类招标须从设备加工、运输、安装、外购件采购周期及与现场施工条件等方面统筹考虑。

（3）舞台机械、电梯、管风琴、变配电、柴油发电机组等大型设备的功能确定、选型及招标投标、采购须提前确定和落实，否则将影响建筑、结构的设计和施工进度。

4. 各施工单位进场对进度的影响

（1）砌体结构、幕墙施工期间，要考虑舞台机械、电梯、空调机组进入室内的运输及吊装通道，此时应通知设备厂家到工地现场查看，并要求设备厂家书面提交设备运输及吊装所需预留的通道及装饰单位等其他相关单位需安装配合的施工条件等。

（2）舞台机械施工期间，需协调舞台机械安装单位与总包单位、消防、智能化、通风与空调、给水排水工程等施工单位之间的交叉作业施工。

（3）电梯安装之前，须协调电梯安装单位与总包单位进行土建工序交接；电梯安装期间要协调电梯安装单位与装饰单位、幕墙单位之间的交叉作业和技术配合（如：装饰单位配合开孔等）。

（4）空调机组安装期间，须协调空调机组安装单位与智能化、通风与空调、给水排水、装饰工程等施工单位之间的交叉作业与技术配合工作。

12.3.2　质量控制与管理

1. 施工准备阶段管控措施

（1）施工准备期间应督促施工单位参加图纸会审、设计交底的工作。

（2）认真做好施工组织设计、施工方案的审查工作，确保其可行性、针对性。

（3）审查施工单位现场的质量管理组织机构、管理制度及专职管理人员和特种作业人员资格。

（4）应认真审核施工单位报送的分包单位资格。确保分包单位拟承担分包工程的内容与其资质等级、营业执照相符。

（5）监理工程师应对施工单位测量人员的资格证书和测量设备检定证书进行审查，检查、复核施工单位报送的施工控制测量成果及保护措施。

（6）专业监理工程师应检查施工单位为工程提供服务的试验室（包括施工单位自有试验室或委托的试验室）的资质等级及试验范围、试验设备出具的计量检定证明等。确保其符合要求后予以确认。

（7）项目监理机构应对施工单位报送的工程材料、构配件、设备报审的质量证明文件的真实性、有效性进行严格审查。

2. 施工过程的质量控制

（1）巡视。项目监理机构应对施工现场进行的定期或不定期的检查活动，即巡视。项目监理机构应安排监理人员对工程施工质量进行巡视。巡视要点如下：

1）施工单位应实施样板引路制度，设置实体样板和工序样板。

2）原材料，施工现场原材料、构配件的采购和堆放是否符合施工组织设计（方案）要求，其规格、型号等是否符合设计要求，是否已见证取样并检测合格，有无使用质量合格证明资料欠缺的材料。

3）施工人员、施工现场管理人员，尤其是质检员、安全员等关键岗位人员是否到位。能否确保各项管理制度和质量保证体系落实，特种作业人员是否持证上岗，人证是否相符，是否进行了技术交底并有记录。

4）基坑土方开挖工程，土方开挖条件、开挖顺序、分层厚度、基坑坑边堆载等是否满足要求。

5）砌体工程，基层清理是否干净，是否有"碎砖"集中使用和外观质量不合格的块材使用现象，砂浆饱满度是否合格，灰缝厚度是否超标。

6）钢筋工程，钢筋原材料外观质量是否满足要求，钢筋型号、规格、数量、尺寸、搭接长度、位置、连接方式是否符合设计要求。

7）模板工程，支模前的模板支撑、隐蔽内容是否已经验收合格，拆模是否先按程序和要求向项目监理机构报审并签认。

8）混凝土工程，现浇混凝土结构构件的保护层是否符合要求，拆模后构件的尺寸偏差是否在允许范围内，有无质量缺陷。缺陷修补处理是否符合要求，现浇构件的养护措施是否有效、可行、及时，是否按要求留置试块。

9）钢结构工程，钢结构零部件加工条件是否合格（如场地、温度、机械性能等），安装条件是否具备（如基础是否已经验收合格等），施工工艺是否合理且符合相关规定，钢结构原材料及零部件的加工、焊接、组装、安装及涂饰质量是否符合设计文件和相关标准、要求等。

10）装饰装修工程，工作面是否完成移交工作，需要进行隐蔽的部位是否已经按程序报验并通过验收，安装、涂饰等是否符合设计要求和相关规定，各专业之间工序穿插是否合理，有无相互污染、相互破坏现象等。

11）安装工程，重点检查是否按规范、规程、设计图纸、图集和批准的施工组织设计（方案）施工，是否有专人负责，施工是否正常等。

（2）旁站，项目监理机构应按要求对工程的关键部位或关键工序的施工质量进行旁站，根据部门规范性文件，房屋建筑工程旁站的关键部位、关键工序有以下几项。

1）基础工程方面包括：土方回填，混凝土灌注桩浇筑，地下连续墙、土钉墙、后浇带及其他结构混凝土、防水混凝土浇筑，卷材防水层细部构造处理，钢结构安装。

2）主体结构工程方面包括：梁柱节点钢筋隐蔽工程，混凝土浇筑，预应力张拉，装配式结构安装，钢结构安装，网架结构安装，索膜结构安装。

3）其他工程的关键部位、关键工序，应根据工程类别、特点及有关规定和施工单位沟通确定。

12.3.3　安全文明控制与管理

1. 备案人员方面

（1）备案人员原则上全部到岗，如果确有人员由于特殊原因无法到岗，应经建设单位同意后进行人员的变更，同时应确保由同等级别的人代替。

（2）所有备案人员必须按要求到岗打卡。

2. 资料方面

（1）按规定编制监理规划和安全监理实施细则。

（2）按规定审查施工组织设计中的安全技术或者专项施工方案的针对性、可行性。

（3）按规定审核各相关单位资质、证书和特种作业人员操作资格安全生产许可证，审核"安管人员"安全生产考核合格证书并做好记录。

（4）审查施工单位的三级教育、交底资料的真实性。

3. 现场安全生产要点

（1）基坑工程

1）基坑支护及开挖应符合规范、设计及专项施工方案的要求。

2）基坑施工时，主要影响区范围内的建（构）筑物和地下管线保护措施应符合规范及专项施工方案的要求。

3）基坑周围地面排水措施应符合规范及专项施工方案的要求。

4）基坑地下水控制措施应符合规范及专项施工方案的要求。

5）基坑周边荷载应符合规范及专项施工方案的要求。

6）监测报警及日常检查应符合规范、设计及专项施工方案的要求。

7）基坑内作业人员上下专用梯道应符合规范及专项施工方案的要求。

8）基坑坡顶地面应无明显裂缝，基坑周边建筑物应无明显变形。

（2）脚手架工程

1）作业脚手架底部立杆上设置的级向、横向扫地杆，连墙件的设置，步距、跨距、剪刀撑的设置，架体基础，架体材料和构配件，架体的封闭，脚手架上脚手板的设置等均应符合规范及专项施工方案要求。

2）立杆应按规定进行抽样复试；脚手架上严禁有集中荷载。

3）对于附着式升降脚手架，附着支座设置、防坠落与防倾覆安全装置、同步升降控制装置、构造尺寸等均应符合规范及专项施工方案要求。

4）对于悬挑式脚手架，型钢锚固段长度及锚固型钢的主体结构混凝土强度、悬挑钢梁卸荷钢丝绳设置方式、悬挑钢梁的固定方式、底层封闭、悬挑钢梁端立杆定位点等均应符合规范及施工方案要求。

5）对于高处作业吊篮的使用，各限位装置应齐全有效，安全锁必须在有效的标定期限内，吊篮内作业人员不应超过2人；安全绳的设置和使用、吊篮悬挂机构前支架设置均应符合规范及专项施工方案要求，吊篮配重件重量和数量应符合说明书及专项施工方案要求。

6）对于操作平台的使用，移动式、落地式、悬挑式操作平台的设置均应符合规范及专项施工方案要求。

（3）大型起重机械

1）大型起重机械的备案、租赁，安装、拆卸，使用前的验收。定期检查和维护保养均应符合要求，并应按规定办理使用登记。

2）大型起重机械的基础、附着均应符合使用说明书及专项施工方案要求。

3）大型起重机械的安全装置应灵敏、可靠；主要承载结构件应完好；结构件的连接螺栓、销轴有效；机构、零部件、电气设备线路和元件应符合相关要求。

4）大型起重机械与架空线路的安全距离应符合规范要求。

5）施工与安装单位应按规定在起重机械安装、拆卸、顶升和使用前向相关作业人员进行安全技术交底。

6）对于塔式起重机的使用，其作业环境应符合规范要求；多塔交叉作业防碰撞安全措施应符合规范及专项方案要求；起重力矩限制器、起重量限制器、行程限位装置等安全装置，以及吊索具的使用与吊装方法均应符合规范要求；应按规定在顶升（降节）作业前对相关机构、结构进行专项安全检查。

7）对于施工升降机的使用，其防坠安全装置应在标定期限内，升降机的安装应符合规范要求；应按规定制定各种载荷情况下齿条和驱动齿轮、安全齿轮的正确啮合保证措施；附墙架的使用和安装应符合使用说明书及专项施工方案要求。

8）对于物料提升机的使用，其装置应齐全、有效；钢丝绳的规格、使用应符合规范要求；附墙应符合要求；缆风绳的设置应符合规范及专项施工方案要求。

（4）模板支撑体系

1）应按规定对搭设模板支撑体系的材料、构配件进行现场检验，扣件应抽样复试。

2）模板支撑体系的搭设和使用应符合规范及专项施工方案要求。

3）混凝土浇筑时，必须按照专项施工方案规定的顺序进行，并指定专人对模板支撑体系进行监测。

4）模板支撑体系的拆除应符合规范及专项施工方案要求。

（5）临时用电

1）施工单位应按规定编制临时用电施工组织设计，并履行审核、验收手续。

2）施工现场临时用电管理，施工现场配电系统，配电设备、线路防护设施设置，电保护器参数均应符合相关要求。

（6）安全防护及其他

1）洞口防护、临边防护、有限空间防护、大模板作业防护、人工挖孔桩作业防护等均应符合规范要求。

2）建筑幕墙安装作业，钢结构、网架和索膜结构安装作业，装配式建筑预制混凝土构件安装作业等均应符合规范及专项施工方案的要求。

（7）登高作业方面

地下车库登高作业采用专业的云梯设备，商业内的作业平台全部加固到位，并经验收合格后再使用，杜绝使用违规的作业平台，管理人员在日常的巡查中对登高作业安全用具的使用、作业平台的安全性进行检查，发现隐患及时消除。

（8）小型机械设备方面

现场的小型机械设备主要是手持电钻、电焊机、切割机、套丝机，针对这些小型机械设备，建立危险源清单、管理台账，每天由专职安全员对设备的安全情况进行检查，检查合格后才允许投入使用，一旦发现有外壳损坏、漏电、保护接地不到位、运转不正常等问题应禁止使用。

（9）运输、吊装、泵车等机械

现场用于运输原材料的叉车、货车，需提供有效的合格证，司机应持证上岗，临时进场的泵车、吊装设备司机、指挥人员上岗证应在总包单位备案。监理单位负责对方案、人员等信息进行审查。不能提供相关证件、不按方案要求施工的不得进场。

（10）消防防火方面

现场、生活区应按消防专项施工方案要求设置消防水池、消防水泵、消防水管、灭火器等消防设施。后期应督促施工单位做好消防设备的维保工作，发现有过期、失效的及时更换；生活区、现场应设置电钻、电瓶车等用电设备的集中充电区域，杜绝私拉乱接充电。

（11）危险性较大的分部分项工程

1）基坑工程

① 开挖深度超过 3m（含 3m）的基坑的土方开挖、支护、降水工程。

② 开挖深度虽未超过 3m，但地质条件、周围环境和地下管线复杂，影响建筑物安全的基坑的土方开挖、支护及降水工程。

2）模板工程及支撑体系

① 各类工具式模板工程，包括滑模、爬模、飞模、隧道模等工程。

② 混凝土模板支撑工程，搭设高度 5m 及以上，或搭设跨度 10m 及以上，或施工总荷载（荷载效应基本组合的设计值，以下简称设计值）$10kN/m^2$ 及以上，或集中线荷载（设计值）$15kN/m$ 及以上，或高度大于支撑水平投影宽度且相对独立无联系构件的混凝土模板支撑工程。

③ 承重支撑体系，用于钢结构安装等支撑体系。

3）起重吊装及起重机械安装拆卸工程

① 采用非常规起重设备且单件起吊重量在 10kN 及以上的起重吊装工程。

② 采用起重机械进行安装的工程。

③ 起重机械安装和拆卸工程。

4）脚手架工程

① 搭设高度 24m 及以上的落地式钢管脚手架工程（包括采光井、电梯井脚手架）。

② 附着式升降脚手架工程。

③ 悬挑式脚手架工程。

④ 高处作业吊篮。

⑤ 卸料平台、操作平台工程。

⑥ 异型脚手架工程。

5）拆除工程

可能影响行人、交通、电力、通信设施或其他建（构）筑物安全的拆除工程。

6）暗挖工程

采用矿山法、盾构法、顶管法施工的隧道工程。

7）其他

① 建筑幕墙安装工程。

② 钢结构、网架和索膜结构安装工程。

③ 人工挖孔桩工程。

④ 水下作业工程。

⑤ 装配式建筑混凝土预制构件安装工程。

⑥ 采用新技术、新工艺、新材料、新设备都可能影响工程施工安全，尚无国家、行业及地方技术标准的分部分项工程。

（12）超过一定规模的危险性较大的分部分项工程

1）深基坑工程

开挖深度超过 5m（含 5m）的基坑（槽）的土方开挖、支护、降水工程。

2）模板工程及支撑体系

① 各类工具式模板工程：包括滑模、爬模、飞模、隧道模等工程。

② 混凝土模板支撑工程：搭设高度 8m 及以上，或搭设跨度 18m 及以上，或施工总荷载（设计值）15kN/m² 及以上，或集中线荷载（设计值）20kN/m 及以上。

③ 承重支撑体系：用于钢结构安装等满堂支撑体系，承受单点集中荷载 7kN。

3）起重吊装及起重机械安装拆卸工程

① 采用非常规起重设备、方法，且单件起吊重量在 100kN 及以上的起重吊装工程。

② 起重量 300kN 及以上，或搭设总高度 200m 及以上，或搭设基础标高在 200m 及以上的起重机械安装和拆卸工程。

4）脚手架工程

① 搭设高度 50m 及以上的落地式钢管脚手架工程。

② 提升高度在 150m 及以上的附着式升降脚手架工程或附着式升降操作平台工程。

③ 分段架体搭设高度 20m 及以上的悬挑式脚手架工程。

5）拆除工程

① 码头、桥梁、高架、烟囱、水塔或拆除中容易引起有毒有害气（液）体、粉尘扩散，易燃易爆事故发生的特殊建筑物、构筑物的拆除工程。

② 文物保护建筑、优秀历史建筑或历史文化风貌区影响范围内的拆除工程。

6）暗挖工程

采用矿山法、盾构法、顶管法施工的隧道、洞室工程。

7）其他

① 施工高度 50m 及以上的建筑幕墙安装工程。

② 跨度 36m 及以上的钢结构安装工程，或跨度 60m 及以上的网架和索膜结构安装工程。

③ 开挖深度 16m 及以上的人工挖孔桩工程。

④ 水下作业工程。

⑤ 重量 1000kN 及以上的大型结构整体顶升、平移、转体等施工工艺。

⑥ 采用新技术、新工艺、新材料、新设备可能影响工程施工安全，尚无国家、行业及地方技术标准的分部分项工程。

4. 安全管控措施

（1）专项施工方案的编制

施工单位应当在危大工程施工前组织工程技术人员编制专项施工方案，实行施工总承包的，专项施工方案应当由施工总承包单位组织编制；危大工程实行分包的，专项施工方案可以由相关专业分包单位组织编制，所有方案应按照规定流程进行审核。

（2）专项施工方案的论证审查

对于超过一定规模的危大工程，施工单位应当组织召开专家论证会对专项施工方案进行论证。论证的专家应当从地方人民政府住房和城乡建设主管部门建立的专家库中选取，符合专业要求且人数不得少于 5 名。与本工程有利害关系的人员不得以专家身份参加专家论证会。专家论证通过后，应当形成论证报告：对专项施工方案提出通过、修改后通过或者不通过的一致意见，专家对论证报告负责并签字确认。

（3）安全管理的措施

1）督促施工单位在现场显著位置公告危大工程名称、施工时间和具体责任人员，并在维修区域设置安全警示标志。

2）专项施工方案实施前，督促施工单位方案编制人员或者项目技术负责人对施工现场管理人员进行方案交底。施工现场管理人员应当向作业人员进行安全技术交底，并由双方的项目专职安全生产管理人员共同签字确认。

3）督促施工单位严格按照专项施工方案组织施工，不得擅自修改专项施工方案。因规划调整、设计变更等原因重新调整的，修改后的专项施工方案应当重新审核和论证。

4）应当结合危大工程专项施工方案编制监理实施细则，并对危大工程施工实施专项巡视检查。发现施工单位未按照专项施工方案施工的，应当要求其进行整改，情节严重的，应当要求其暂停施工，并及时报告建设单位。施工单位拒不整改或者不停止施工的，应当及时报告建设单位和工程所在地住房和城乡建设主管部门。

12.3.4 投资控制与管理

1. 进度款支付的控制

（1）在日常工作中写好工作日记，记录天气情况、与各方文件（含变更、洽商等）的来往、主要大事和处理意见等。

（2）每月定期检查工程进展情况，并进行登记。按建筑物分段分层绘制单柱网示意图，按工程进展标注各部位完成时间。对照施工进度计划及时发现问题，确保施工期并据此作为月形象进度拨款的依据。对虚报或未达到设计要求和质量要求的部分，予以扣除，避免超前拨款。

（3）做好承包方申报工程、工程形象进度月报表等的登记。对于工期较长的项目，做好工程交接、洽商、隐蔽工程验收和试验报告及会议记录等各项登记工作很有必要。变更和洽商按时间顺序、分专业编号登记，作为索赔和反索赔的依据。

（4）建立月形象进度拨款专业审查表。

（5）定期进行投资实际支出值与计划目标值的比较：发现偏差，分析产生偏差的原因，及时采取纠偏措施。

（6）对工程施工过程中的支出做好分析与预测，并不定期提交项目投资控制及其存在问题的报告。

2. 工程变更的控制

按照工程变更程序进行管理和处理。工程变更处理的方法如下：

（1）对于工程变更，应从变更的技术可行性、费用、工期、质量的影响等方面对其进行综合评价，对综合评价可行的工程变更按施工合同的约定，就工程变更的质量、费用和工期方面与施工单位协商，经协商达成一致后，通知设计单位编制设计变更文件，由施工单位组织实施。

（2）在和施工单位未能就工程变更的费用等方面达成协议时，应提出暂定的价格，作为临时支付工程进度款的依据，该项工程款最终结算时，应以和施工单位达成的协议为依据。

（3）工程变更评估的具体步骤

1）工程变更的部位、名称、原因及方案。

2）确定工程变更项目与原工程项目之间的分类程序和难易程度。

3）工程变更的技术要求是否符合有关规定，施工条件是否具备。

4）确定工程变更项目的工程量。

5）确定工程变更的单价。

6）工程变更实施后对工程造价和工期有何影响，若工期可能延长，采取何种补救措施。

7）工程变更是否与招标投标文件、合同条款有矛盾或不符之处，若有，如何重新认定。

8）工程变更可能引起当事人合同责任或风险责任的分担情况。

9）就工程变更费用及工期的评估情况与施工单位协商。

（4）工程变更价款的调整办法

1）工程量清单漏项或设计变更引起新的工程量清单项目，其相应综合单价由承包人提出，经发包人确认后作为结算的依据。

2）对于工程量清单工程数量有误或设计变更引起工程量增减，属于合同约定调整幅度以内的，执行原综合单价；属合同约定调整幅度以外的，其增加部分的工程量或减少后剩余部分的工程量的综合单价由承包人提出，经发包人确认后，作为结算依据。由于工程变更实际发生了规定以外的费用损失，承包人提出索赔要求，与发包人协商确认后，给予补偿。

（5）对增加造价较大的工程变更，与设计方商讨是否有更为经济的方案。

下列情况不予办理工程变更：

1）招标文件规定应由承包人自行承担的。

2）施工合同约定或已包括在合同价款内应由承包人自行承担的。

3）承包人在投标文件中承诺自行承担的或投标时应预见的风险。

4）由于施工单位责任造成的工程量增加。

5）法律、法规规定不能办理的。

（6）工程变更实施完毕后要及时审核和签复施工单位提交的工程量清单和价格。

3. 现场签证管理

现场签证是指承包人应发包人的要求完成合同以外的零星项目，非承包人责任事件等工作，承发包双方就该工作所作的签认证明，包括隐蔽工程签证、工程变更签证、施工期间出现的不可预见因素的处理签证等。现场签证应遵循以下原则：

（1）工程签证由承包人提出，理由充分、资料齐全。

（2）提供的资料必须满足能够准确反映所需签证的实际情形与状态，必须标明时间、地点、事由、几何尺寸、原始数据，并附有必要的图纸及照片、施工方案、施工措施、计算书、工程造价等。

（3）现场签证应在计价规范规定的期限内完成。

（4）未经发包人审核批准的现场签证一律不计入工程造价。

（5）现场签证涉及新增单价情形的，新增单价与现场签证一同办理。

4. 现场索赔管理

索赔管理的任务包括索赔和反索赔，索赔是合同一方对自己已经受到的损失进行追索；反索赔是反驳对方不合理的索赔要求和防止对方提出索赔要求。常见的引起索赔的事件包括：设计错误、工程变更、现场条件不好、恶劣气候等。

（1）索赔管理的原则

以合同为依据，以原始资料（或数据）为证据，以预控为主要手段，独立、客观、公正、及时地处理索赔和反索赔。

（2）工程费用索赔和反索赔的控制方法

1）通过对招标文件和施工承包合同的风险分析，找出易发生费用索赔的因素及部位，利用合同转移风险和防范索赔。同时，合同条款要全面、细致、准确，以避免或减少因合同条款的不完善和不准确引起的索赔，导致工程费用增加。

2）必须充分熟悉并详细分析合同条件和协议条款。以合同为依据，公平地处理合同双方的利益纠纷。在处理索赔时，应根据施工合同的约定处理费用索赔与反索赔事宜，公正地审查索赔与反索赔的证据资料，承发包双方应进行必要的协商，合理地确定费用。

3）造价管理人员在项目实施过程中，应主动管理，提前对可能引起索赔的事件进行预测，采取预防措施，避免索赔的发生。在材料设备方面，根据材料、设备订购合同，配合订货部门督促材料、设备供应单位按时、按质送货进工地，防止因材料供应不及时或质量原因影响工期和工程质量而发生索赔问题。

4）造价管理人员应及时收集、整理有关的工程原始资料，做好日常的造价管理记录和造价管理台账，做好施工机械设备进出场记录、材料进场与清退记录、劳动力使用情况记录、灾害性气候记录；保存各种设计文件，特别要注意实际施工有变更情况的图纸，为正确处理可能发生的索赔提供证据。

5）对于因工程变更发生的合同修改、补充，应着重考虑对投资的影响，尽可能避免因此造成的索赔。重点控制项目包括：更改工程有关部分的标高、基线、位置和尺寸，增减合同中约定的工程量，改变有关工程的施工时间和顺序，其他有关工程变更需要的附加工作。

6）索赔发生后，造价管理人员应依据合同的约定迅速、及时、妥当地处理索赔，根据过程中收集的工程索赔和反索赔的相关资料，迅速对索赔事项展开调查，分析索赔原因，审核索赔金额，并与承包商据实协商解决。

5. 竣工结算的控制

竣工结算有严格的审查流程，通常情况包括以下几个方面：

（1）核对合同条款

首先，应核对竣工工程内容是否符合合同条件要求，工程是否竣工验收合格，只有按合同要求完成全部工程并验收合格才能进行竣工结算；其次，应按合同约定的结算方法、计价定额、取费标准、主材价格和优惠条款等，对工程竣工结算进行审核，若发现合同开口或有漏洞，应请发包人与承包人认真研究，明确结算要求。

（2）检查隐蔽工程验收记录

所有隐蔽工程均需进行验收，2人以上签证；实行工程监理的项目应经监理工程师签证确认。审核竣工结算时应核对隐蔽工程施工记录和验收签证，只有手续完整、工程量与竣工图一致方可列入结算。

（3）落实设计变更签证

设计变更应由原设计单位出具设计变更通知单和修改的设计图纸、校审人员签字并加盖公章，经发包人和监理工程师审查同意、签证；重大设计变更应经原审批部门审批，否则不应列入结算。

（4）按图核实工程数量

竣工结算的工程量应依据竣工图、设计变更单和现场签证等进行核算，并按国家统一规定的计算规则计算工程量。

（5）执行定额单价

结算单价应按合同约定或招标规定的计价定额与计价原则执行，防止各种计算误差，工程竣工结算子目多、篇幅大，应认真核算，防止计算错误。

12.3.5　工程档案管理

文化场馆工程档案是指文化场馆建设、装修、维修等方面的相关文件和资料，包括设计图纸、施工合同、验收报告、维修记录等。对于文化场馆工程档案的管理，可以采取以下措施：

1. 建立完整档案管理制度

制定文化场馆工程档案的管理制度，明确档案的归档、借阅、查阅等流程和要求。

（1）归档要求：明确文化场馆工程档案的归档要求，包括归档时间、归档标准、归档流程等。

（2）档案分类：将文化场馆工程档案进行分类，按照不同的类别进行归档，方便查询和使用。

（3）档案编号：为文化场馆工程档案进行编号，建立档案编号系统，方便查询和管理。

（4）借阅流程：明确文化场馆工程档案的借阅流程和要求，包括借阅申请、借阅期限、借阅范围等。

（5）档案维护：对文化场馆工程档案进行定期维护和整理，更新档案内容，保证档案的完整性和准确性。

2. 设立档案室

建立专门的档案室，对文化场馆工程档案进行存储和管理，保证档案的安全性和完整性。

（1）位置选择：档案室应该选择在文化场馆内部或者附近，便于管理和使用。同时要考虑到档案室的安全性和保密性，避免被盗或者泄露。

（2）空间布局：档案室应该按照档案的分类和编号进行布局，方便查询和使用。同时要保证档案室的通风、防潮、防火等设施完备。

（3）设备配置：档案室应该配备专业的档案管理设备，如档案柜、档案架、档案箱、防火柜等，方便档案的存储和管理。

（4）管理人员：档案室应该配备专业的档案管理人员，负责档案的管理、维护和借阅等工作。同时要进行专业的培训，提高档案管理水平。

（5）定期巡检：档案室应该定期进行巡检和维护，保证设施的完好和档案的安全。同时要进行防火、防潮、防虫等工作，保证档案的完整性和可靠性。

3. 做好档案备份

对文化场馆工程档案进行备份，避免档案的丢失或损坏。

（1）选择备份方式：备份方式有多种，如硬盘备份、云备份、光盘备份等。根据档案的大小、数量和重要程度，选择合适的备份方式。

（2）确定备份周期：备份周期应该根据档案的更新频率和重要程度来确定。对于重要档案，备份周期应该缩短，以保证档案的安全。

（3）确定备份地点：备份地点应该选择在安全、稳定的地方，避免备份资料的丢失或损坏。同时要进行备份资料的分类和编号，方便查询和使用。

（4）确定备份人员：备份人员应该具备专业的技能和经验，能够熟练操作备份设备，保证备份的准确性和完整性。

（5）定期检查备份：备份完成后，需要进行定期检查和测试，确保备份资料的完整性和可靠性。同时要对备份资料进行保密管理，避免泄露和损坏。

（6）定期更新备份：备份资料也需要定期更新，避免备份资料的过期和失效。同时要对备份资料进行分类和编号，方便查询和使用。

12.3.6　验收、移交管理

1. 验收管理

（1）验收划分

1）文化场馆工程的竣工验收一般分为两个部分：一是场馆建筑的竣工验收；二是场馆舞台工艺的竣工验收。场馆建筑包括建筑设计、施工和装修，主要目的是给观众提供一个良好的观剧环境和观剧体验。

2）场馆舞台工艺包括舞台技术、音效、灯光、视觉效果和其他特效。其中，舞台技术包括舞台机械、舞台效果等；音效涉及声音的收录、处理和呈现；灯光则包括舞台照明的设计、布置与演出效果的呈现；视觉效果则泛指在舞台上通过各种形式营造出的视觉效果。

（2）验收内容

1）文化场馆建筑竣工验收的内容

① 建筑结构的安全性和稳定性；

② 空气质量和噪声控制符合规定标准；

③ 消防系统以及电气系统的检查与测试；

④ 设备和设施的运行状态和可靠性检查；

⑤ 火灾自动报警系统、火灾自动灭火系统、紧急照明和疏散系统的检查；

⑥ 安全出口及疏散道路的设置是否符合相关法律和标准；

⑦ 暖通空调及给水排水系统的检查和测试；

⑧ 建筑卫生和环境卫生的验收；

⑨ 施工方的材料、施工质量和工程量是否符合合同要求。

2）文化场馆舞台工艺竣工验收的内容

① 舞台制作以及布景的设计和制作是否符合安全标准；

② 舞台灯光和声音的音效是否符合效果要求；

③ 视觉和音响效果的呈现是否符合规定要求；

④ 烟雾、爆破、闪烁灯等特殊效果是否符合安全标准；

⑤ 舞台机械设备的运行状态和安全性；

⑥ 灯光调试和声音平衡的测试和检测；

⑦ 舞美设备、灯光音响设备的播放和调试是否符合效果要求；

⑧ 专业作业人员的技能水平是否符合相关规定。

3）验收的组织责任

① 根据《建筑工程施工质量验收统一标准》GB 50300—2013，建筑工程质量验收应划分为单位（子单位）工程、分部（子分部）工程、分项工程和检验批。

② 检验批应由专业监理工程师组织施工单位项目专业质量检查员、专业工长等进行验收。如剧场舞台机械检验批划分可按照设备外观、单体设备技术性能、设备组合技术性能、单体设备噪声等进行。

③ 分项工程应由专业监理工程师组织施工单位项目专业技术负责人等进行验收。剧场舞台机械分项工程划分建议按照舞台机械设备、舞台机械荷载、舞台机械噪声等进行。

④ 分部工程应由总监理工程师组织施工单位项目负责人和项目技术负责人等进行验收。勘察、设计单位项目负责人和施工单位技术、质量部门负责人应参加地基与基础分部工程的验收。设计单位项目负责人和施工单位技术、质量部门负责人应参加主体结构、节能分部工程的验收。

⑤ 单位工程中的分包工程完工后，分包单位应对所承包的工程项目进行自检，并应按相关标准规定的程序进行验收。验收时，总承包单位应派人参加。分包单位应将所分包工程的质量控制资料整理完整，并移交给总承包单位。

⑥ 单位工程完工后，施工单位应组织有关人员进行自检，总监理工程师应组织各专业监理工程师对工程质量进行竣工预验收。存在施工质量问题时，应由施工单位整改。整改完毕后，由施工单位向建设单位提交工程竣工报告，申请工程竣工验收。

⑦ 建设单位收到工程竣工报告后，应由建设单位项目负责人组织监理、施工、设计、勘察等单位项目负责人进行单位工程验收。

⑧ 单位工程质量验收（也称质量竣工验收）合格后，建设单位应在规定时间内将工程竣工验收报告和有关文件，报建设行政管理部门备案。

4）专项验收（表 12.3-1）

专项检查及验收事项统计表　　　　　　　　　　　　　　　　　表 12.3-1

序号	名称	验收部门	验收依据	验收需满足的条件	备注
1	规划验收	规划局	《中华人民共和国城市规划法》等	建设工程主体和外立面完成，建设单位委托有资质测绘机构测绘，并出具《建设工程竣工测量成果报告书》，室外道路、管网、园林绿化已完成，消防主管部门已出具建筑工程消防验收意见书	规划验收之前必须完成规划测量工作，规划测量同样由规划局的相关部门来完成。在环保、排水、空气环境检测合格的基础上进行，是竣工验收的前提条件
2	环保验收	环保局	建设项目竣工环境保护验收技术规范等	工程完工	在排水验收合格的基础上完成，是竣工验收的前提条件
3	消防验收	消防支队	《中华人民共和国消防法》《建设工程消防监督管理规定》等	室内防火分区（含封堵）、防火（卷帘）门、消火栓、喷淋（气体）灭火、消防指示灯、消防报警、电气等系统完成联动调试，室外幕墙防火构造、庭院环形路、室外接合器等完成，并自检合格。建设单位委托有资质的消防检测机构检测，并出具消防检测报告书	消防验收在消防检测合格的基础上进行，是竣工验收的前提条件
4	防雷接地验收	气象局防雷办	《防雷装置设计审核和竣工验收规定》（中国气象局令第 21 号）	屋面、幕墙、金属门窗避雷系统完成设计内容，并自检合格；建设单位委托相应资质的防雷检测单位出具的检测报告	是竣工验收的前提条件
5	景观绿化	市政和园林局绿化质量监督管理中心	《园林绿化工程施工及验收规范》CJJ/T 82—2012、《城市园林绿化评价标准》GB/T 50563—2010 等	室外工程已全部完成、绿化已按图纸种植完成	绿化工程全部完成
6	防疫卫生专项验收	疾控中心	《公共场所集中空调通风系统卫生规范》WS 394—2012、《公共场所集中空调通风系统卫生学评价规范》WS/T 395—2012 及《公共场所集中空调通风系统清洗消毒规范》WS/T 396—2012	集中空调系统、新风系统全部施工完成且完成自检工作	主要对公共场所集中空调通风系统卫生进行检测，主要参考规范《公共场所集中空调通风系统卫生规范》WS 394—2012、《公共场所集中空调通风系统卫生学评价规范》WS/T 395—2012 及《公共场所集中空调通风系统清洗消毒规范》WS/T 396—2012 等

序号	名称	验收部门	验收依据	验收需满足的条件	备注
7	特种设备验收	质量技术监督局	《电梯安装验收规范》GB/T 10060—2023、《进出口锅炉压力容器监督管理办法》《锅炉压力容器制造监督管理办法》《固定式压力容器安全技术监察规程》TSG 21—2016、《小功率电动机　第21部分：通用试验方法》GB/T 5171.21—2016、《超高压容器安全监察规程》《压力容器产品安全质量监督检验规则》《压力容器定期检验规则》TSG R7001—2013 等	各类特种设备已施工完成并经施工单位自检合格	电梯、锅炉以及压力容器等
8	人防验收	人防办		地下人防工程已完成通风、灯具、人防门安装，并自检合格，如：人防工程室外口及"三防设备"不具备条件，可出具缓建证明及暂不安装证明	
9	节能分部验收	公共建筑节能专家认定委员会	《民用建筑节能条例》（中华人民共和国国务院令第530号）、《建筑节能工程施工质量验收标准》GB 50411—2019	（1）承包单位已完成施工合同内容，且各分部工程验收合格。（2）外窗气密性现场实体检测应在监理（建设）人员见证下取样，委托有资质的检测机构实施。（3）供暖、通风与空调、配电与照明工程安装完成后，应进行系统节能性能的检测，且应由建设单位委托具有相应检测资质的检测机构进行检测并出具检测报告	竣工验收的前提条件
10	舞台机械、灯光、音响验收	专家组、有资质的第三方	《舞台机械　验收检测规范》GB/T 36727—2018、《舞台灯光系统验收检测规范》WH/T 97—2022	已施工完成并经施工单位自检合格	试运行的前提条件
11	竣工档案专项验收	城建档案馆	《建设部关于修改〈城市建设档案管理规定〉的决定》（建设部令第90号）等	承包单位已完成图纸和施工合同内容，且各分部工程验收合格，按照要求工程资料（含竣工图）准确、完整	建设工程竣工验收、办理建设工程竣工备案手续的必要条件

续表

序号	名称	验收部门	验收依据	验收需满足的条件	备注
12	竣工验收备案	建设工程质量监督站	《建筑工程施工质量验收统一标准》GB 50300—2013、《房屋建筑和市政基础设施工程竣工验收规定》	（1）完成工程设计和合同约定的各项内容。（2）施工单位在工程完工后对工程质量进行了检查，确认工程质量符合有关法律、法规和工程建设强制性标准，符合设计文件及合同要求，并提出工程竣工报告。工程竣工报告应经项目经理和施工单位有关负责人审核签字。（3）对于委托监理的工程项目，监理单位对工程进行质量评估，具有完整的监理资料，并提出工程质量评估报告。工程质量评估报告应经总监理工程师和监理单位有关负责人审核签字。（4）勘察、设计单位对勘察、设计文件及施工过程中由设计单位签署的设计变更通知书进行检查，并提出质量检查报告。质量检查报告应经项目勘察、设计负责人和勘察、设计单位有关负责人审核签字	需在环保、消防、规划验收的基础上进行，同时要有勘察、设计的检查报告等文件

2. 移交管理

（1）移交具备条件

1）现场实体工程施工完毕，各项检测、调试完成，通过最终竣工验收并取得验收备案证；

2）竣工图纸编制完成并经过监理人员审核签字；

3）档案资料编制完成并取得档案馆出具的审查合格证；

4）正式用水、用电、燃气及雨污水已经与市政干线接驳并投入使用；

5）有条件的项目，可以在移交前由建设单位组织对舞台机械、灯光、音响进行测试性演出，以验证系统性能是否达到设计功能。

（2）移交责任主体及协作单位

文化场馆工程移交责任主体单位原则上应为建设单位，由建设单位组织监理单位、施工总承包单位及所有参建单位进行移交。

（3）移交注意事项

1）移交前，监理单位全面、仔细排查现场质量通病及瑕疵，力求彻底整改到位，避免接收单位在接收过程中提出大量质量问题造成拒收。

2）如遇接收单位在接收过程提出质量问题，应要求施工单位记录在册，承诺整改日期，监理单位督促落实整改，保证及时移交。

3）接收单位在接收过程如提出关于调整平面布局、增加使用功能、改变现有设计图纸等诉求，作为移交单位原则上不再接受此类诉求，避免变更、签证增加费用。

4）移交时间控制紧凑，力求 7～10 天完成全部移交工作，避免移交周期太长，造成参建单位成本增加。

5）移交后，及时组织施工单位专业技术人员对各专业、机电系统进行培训，注意培训应要求接收单位参加人员签到，避免后期试用期间因使用不当造成损坏追责。

12.3.7　保修阶段管理

1. 组织管理

全过程工程咨询单位应协助建设单位，组织施工单位明确保修的范围、保修的内容和保修的时间，制定保修计划，及时通知施工单位开展保修工作。同时，需要对保修工作进行监督和管理，确保保修工作的质量和进度。

（1）确定保修的范围和内容。对文化场馆工程的设施和设备进行全面的检查和评估，明确需要进行保修的范围和内容，制定保修计划。

（2）制定保修计划。根据保修的范围和内容，制定保修计划，明确保修的时间、保修的方式和保修的目标等。

（3）组织相关人员进行保修工作。根据保修计划，组织相关人员进行保修工作。需要明确各个保修任务的责任人和责任部门，确保各项保修任务得到有效执行。

（4）监督和管理保修工作。对保修工作进行监督和管理，及时发现和解决问题，确保保修工作的质量和进度。需要建立保修工作的监督和管理机制，包括定期检查、评估和反馈等。

（5）确定保修费用。根据保修计划，确定保修费用，包括人员费用、材料费用、设备费用等。需要合理控制保修费用，确保保修工作的质量和进度。

（6）保修工作的记录和报告。对保修工作进行记录和报告，包括保修工作的完成情况、保修费用的使用情况、保修工作的质量和进度等。需要建立保修工作的档案和报告制度，以备后续的管理和维护。

2. 人员管理

全过程工程咨询单位应对施工单位保修人员提出要求，要求施工单位配备专业的维修人员，确保维修人员具备必要的技能和经验，能够对文化场馆设施进行有效的维修和保养。

（1）人员配备。需要配备专业的维修人员，包括电气工程师、机械工程师、建筑工程师等，确保维修人员具备必要的技能和经验，能够对文化场馆设施进行有效的维修和保养。

（2）岗位职责。需要明确维修人员的岗位职责和工作任务，包括对设施和设备进行检查、维修、保养等，确保维修人员能够按照任务安排进行工作。

（3）培训和提高技能。需要对维修人员进行培训和提高技能，包括技术培训、安全培训、管理培训等，提高维修人员的专业技能和维修能力。

（4）工作安排和监督。需要合理安排维修人员的工作时间和任务，确保维修人员能够按时完成工作任务。同时，需要对维修人员的工作进行监督和管理，及时发现和解决问题。

（5）奖惩制度。需要建立奖惩制度，对维修人员的工作进行评价和激励，鼓励维修人员积极工作，提高工作效率和质量。

3. 安全管理

全过程工程咨询单位应对文化场馆的安全进行全面检查和评估，制定安全管理措施，确保文化场馆的安全运行。

（1）安全检查和评估。需要对文化场馆的设施和设备进行全面的安全检查和评估，发现潜在的安全隐患，制定相应的安全管理措施。

（2）安全管理措施。需要制定安全管理措施，包括安全制度、安全操作规程、应急预案等，确保文化场馆的安全运行。

（3）安全培训和教育。需要对文化场馆的工作人员进行安全培训和教育，提高工作人员的安全意识和应急处理能力，确保工作人员能够有效应对突发事件。

（4）安全监测和报告。需要建立安全监测和报告制度，定期对文化场馆的安全情况进行监测和报告，及时发现和解决安全问题。

（5）安全改进和优化。需要对文化场馆的安全管理进行改进和优化，不断提高安全管理水平，确保文化场馆的安全运行。

4. 质量管理

全过程工程咨询单位应对保修工作进行全面的质量检查和评估，确保保修工作的质量符合要求，提高文化场馆设施的使用效率和安全性。

（1）质量检查和评估。需要对保修工作进行全面的质量检查和评估，发现存在的问题和不足，制定相应的改进措施。

（2）质量管理措施。需要制定质量管理措施，包括质量管理制度、质量检查规程、质量标准等，确保保修工作的质量符合要求。

（3）质量培训和教育。需要对保修人员进行质量培训和教育，提高保修人员的质量意识和技能水平，确保保修工作的质量。

（4）质量监测和报告。需要建立质量监测和报告制度，定期对保修工作的质量进行监测和报告，及时发现和解决质量问题。

（5）质量改进和优化。需要对保修工作的质量进行改进和优化，不断提高保修工作的质量水平，提高文化场馆设施的使用效率和安全性。

12.4　工程施工咨询与管理问题解析

回顾已经完成的文化场馆项目工程施工过程存在的问题，解析对问题的处理措施，总结咨询管理成效，供类似项目借鉴。

12.4.1　土建施工

1. 复杂的建筑造型导致测量放线

（1）案例

某剧院项目平面及空间几何造型具有较多的弧形曲面，现场施工放线难度很大。施工单位先采用传统大样放线，但无法保证定位精度；后重新采用计算机 CAD-SITE 技术模拟放线，通过 CAD 辅助技术控制现场放样精度。实践证明，采用计算机 CAD-SITE 技术进行现场测量放线，可以保证测量弧线精度高，放线速度快，且可以有效避免计算错误。

（2）分析

传统测量方法存在放样精度差、定位准确度低等问题，不适合造型复杂的文化场馆项目，该剧院项目施工放线采用了高精度的测量仪器和先进的测量方法，运用电子版的图纸和计算机 CAD-SITE 技术模拟放线，最终解决了工程测量难点。

（3）启示

建筑施工测量在测量方法和测量仪器上均有较多选择性，针对不同项目选择合适的测量仪器和方法是保证施工品质的关键。该剧院为满足建筑造型需要，设计图纸上有较多弧线，采用传统测量仪器和测量技术不能满足施工精度需要，通过使用高精度的测量仪器，结合先进的计算机辅助测量技术，高质量完成了测量放线工作，不仅保证了放样精度，也提高了施工工作效率，节约了工期。

2. 基坑内钢结构、设备锈蚀问题

（1）案例

剧院主舞台基坑内钢结构、机械设备安装周期通常在半年以上，由于钢结构安装周期长，在钢结构安装期间常常出现钢结构、设备表面锈蚀现象，影响工程质量，严重时带来使用安全隐患。

（2）分析

基坑内钢结构、设备锈蚀问题主要原因有 3 个方面：

1）国内剧院主舞台基坑深度通常超过 10m，特大型剧院基坑深度达 20m，属于深基坑，且多数剧院临海、江、湖及河等水域建设，带来基坑内高水位、潮湿严重问题。

2）非本地的设计单位，对建筑所在当地气候、环境等不了解，在基坑设计时未采取及时排出潮湿空气的通风措施。

3）基坑混凝土底板、外墙浇筑及防水施工存在质量问题，发生渗漏现象。

（3）启示

建议设计上采取加强舞台基坑、地下室等区域的通风措施防止发生潮湿、结露现象，如配置一定数量的除湿机；施工上严格按照已批准的施工组织设计进行基坑底板及侧墙在混凝土浇筑（防水混凝土），严格检查卷材防水施工质量，避免出现渗漏等问题。

3. 钢结构地面自由组合拼装施工

（1）案例

某剧院建筑中，大剧院单体高度 56m，最大跨度 85m，小剧院单体高度 24m，最大跨度 48m。该剧院建筑大小剧院及售票厅钢结构屋盖为三维自由曲面造型，由异形双层或多层焊接球网架、弯扭箱形截面单层网壳、扇形曲面折弯梁等多种复杂结构共同组成，首次实现了多种类的异形扭曲钢结构同时应用于一个建筑单体。该剧院屋盖钢结构组成雪堆丘包，造型效果极具视觉冲击力，同时也给施工带来了较高挑战。

（2）分析

钢结构地面拼装常使用脚手架或其他材料搭设固定的拼装平台，对于无法进行重复利用的拼装平台需要重新搭设，施工工效较低。目前，建筑空间钢结构造型越来越复杂多变，对拼装平台的平整度、外形变化等要求越来越高；因此，在工程实践中发明了可将拼装平台自由组合的拼装方法，采用该方法可以有效提高施工效率，保证施工品质。

（3）启示

上述施工工艺与常规施工方法相比，具有以下优点：

1）拼装便捷，可根据需要任意移动组合，拼装效率高，节约工期。

2）选用常用材料，适用性强，节省胎架材料，且有利于现场标准化施工。

3）有利于保障项目钢结构地面焊接拼装质量，确保施工质量检验合格。

4. 池座、楼座结构板质量通病控制

（1）案例

某甲等剧院的大小剧院楼座形式为一层池座和两层楼座。池座、楼座结构混凝土浇筑施工过程中出现胀模现象，带来结构板面标高高于设计标高等问题。

（2）分析

上述问题主要原因有：

1）底模标高未按设计要求控制。

2）马凳筋过高，板面筋保护层过厚。

3）混凝土浇筑过程中未有效控制板厚。

4）侧模刚度及强度不够，固定不牢固。

5）在浇筑过程中，未安排人员看模。

（3）启示

上述问题解决措施：

1）严格控制底模标高，在底模安装过程中宜按负偏差（-5mm）进行控制。

2）严格控制马凳筋的高度和板面受力钢筋的保护层厚度。

3）增加浇筑过程中板厚检查次数及板面标高复测的频率。

4）加密模版木方间距，模板采用对拉螺杆或双股 8 号铁丝固定。

5）选择合适的混凝土浇筑振捣设备，控制好振捣时间。

5. 观众厅弧形墙施工

（1）案例

某多功能剧院墙体为弧形，弧形墙外架兼支模架，由于架体横向水平杆突出架体长短不一，满挂安全网后，突出架体的横向水平杆部分将影响安全文明施工整体形象。

（2）分析

由于架体横向水平杆突出架体长短不一，导致安全文明施工整体形象问题，如果割去长短不一突出部分的横向水平杆，不仅存在高空坠物的隐患，还容易引起安全网方面的隐患。经安全技术分析，通过在支模架外侧再搭设双排脚手架，使小横杆长度一致，再满挂安全网加剪刀撑刷红白漆、踢脚板刷黑黄漆，安全文明施工形象明显提升，同时也保证了安全。

（3）启示

脚手架作为安全措施，优先考虑的是安全，在安全的基础上再考虑形象。脚手架施工前，施工单位应进行安全技术交底，在保证安全的前提下提升安全文明施工形象。

6. 楼梯施工

（1）案例

某剧院项目楼梯存在多跑旋转楼梯，由于该类型楼梯支模速度较慢，与主体结构同步施工，直接影响工程的施工总进度。考虑项目施工工期要求，该类型楼梯在主体结构封顶后再施工。因主体施工时未考虑钢筋预埋，导致后续楼梯施工质量问题。

（2）分析

由于前期主体施工时未考虑钢筋预埋，后期楼梯施工时需采用化学植筋。由于化学植筋强度受植筋胶的质量、孔深及孔洞清理情况等因素影响，很难保证植筋后抗拔试验全部符合设计强度要求，导致一定的施工质量和安全隐患。

（3）启示

建议不同结构区域应尽量与主体结构同步施工，如遇到无法与主体结构同步施工的特殊情况，施工单位应按图纸和相关规范要求在施工缝处预埋插筋，并做好施工缝处理工作，避免产生混凝土疏松、接茬明显、沿缝隙渗漏水等问题，确保工程主体结构质量和结构安全。

7. 内通系统的完善

（1）案例

某剧院工程包含大剧院、音乐厅和多功能厅 3 个场馆，3 个场馆中大剧院含有内通系统，多功能厅和音乐厅不含内通系统，但施工单位将要进场开始舞台音响施工时，运营单位提出分别在多功能厅和音乐厅增设内通系统的要求。

（2）分析

内通系统需要设计大量的喇叭和显示器设备，需要进行开孔及管线敷设，如果在精装修施工后期增设此系统，将对顶板的外观产生较大的影响，需要对顶板的布局进行调整，从而对进度及投资方面都会产生影响。

（3）启示

舞台机械、灯光、音响等是一项专业性较强的系统工程，在设计阶段，建议聘请业内专家、运营单位技术人员以及有经验的咨询公司等专业人员对该系统工程进行全面审核，及早发现问题，避免施工完成后重新拆改，影响施工进度和投资。

8. 剧院座椅送风口预留常见质量问题分析

（1）案例

某剧院由 1338 座大剧院和 356 座小剧院组成，大小剧院均为一层池座和两层楼座。大小剧院观众厅均采用座椅下送风，且选用固定底座与送风柱一体的座椅形式，因此座椅位置和送风口位置必须严格对应。该剧院座椅送风口位置施工过程中容易产生偏移，严重影响后期座椅安装精度，后期需要重新开洞调整洞口位置，既给结构安全带来隐患，又造成成本浪费，且对工期造成影响。

（2）分析

该剧院施工现场测量时，洞口定位放线误差与图纸上有 3cm 偏差，主要原因是施工单位采用了错误的施工放线方法，套管安装过程中未及时进行洞口位置复核校正，且混凝土浇筑时预留套管固定不牢固，对预留孔套管的防护措施不到位。

（3）启示

解决剧院座椅送风口预留质量问题，可采用以下措施：1）安排经验丰富的测量放线人员，按照座椅厂家要求进行预留孔套管的测量定位；2）必须每个孔位单独测放预留孔测量放线，不得采用先每排测放 1～2 个预留孔位，其他孔位采用钢尺测量定位的方式；3）必须确保预留套管固定稳定性；4）混凝土浇筑前，座椅厂家应对预留孔位逐个进行复核，确保位置准确；在混凝土浇筑完成后同样需要座椅厂家及时复核预留孔位置。

9. 剧院消防验收中关于建筑专业问题

（1）案例

依据相关规定，建设工程未经依法消防验收或者消防验收不合格，禁止投入使用。剧院工程作为大型公共建筑，消防验收涉及面广，专业多，因此做好消防验收工作是剧院工程的重中之重。剧院工程消防验收不合格常表现在"钢结构防火涂料厚度不符合设计要求、音乐厅反声板未与消防系统联动、建筑防火材料不满足设计防火等级要求"等几个方面。

（2）分析及启示

上述消防验收不合格情况分析如下：

1）钢结构防火涂料厚度不符合设计要求

钢结构工程面积大，局部涂料厚度不足，消防验收过程中，验收人员使用测厚仪重点对边角、焊缝、涂刷困难部位检查，发现局部不满足设计要求。因此，管理人员在过程控制时，重点仔细检查上述部位，以确保验收时满足设计要求，同时要求检测单位提供钢结构防火涂料及厚度检测报告。

2）音乐厅反声板未与消防系统联动

音乐厅消防系统采用喷淋系统，喷淋设置在反声板上方，发生火灾时反声板遮挡消防喷淋设施，不能起到灭火作用，不满足消防要求，需要设置反声板与消防系统联动，起火时反声板能够下降至楼面部位，确保消防喷淋系统正常使用。

3）建筑防火材料不满足设计防火等级要求

施工单位按要求提供防火材料的防火性能检测报告，包括剧院防火幕、防火窗、防火玻璃、木饰面板、面层装饰材料、座椅、地板等，确保建筑防火材料不满足设计防火等级要求，对于防火玻璃，特别注意应按《建筑用安全玻璃　第 1 部分：防火玻璃》GB 15763.1—2009 规定，每块防火玻璃的右下角应有不易擦掉的产品标记、企业名称或商标，确保验收时能直接看到此标记。

12.4.2　机电安装施工

1. 管道综合排布优化

（1）案例

某大剧院负一层走廊较窄、管道较多，存在较多管线碰撞问题，不利于工人施工。

（2）分析

针对此情况，施工单位通过 BIM 技术，进行该区域管道的综合排布优化设计。使用管道综合排布优化过程中，技术特点现总结如下：

1）快速完善施工详图设计和节点设计。应用管道综合排布优化设计，可以使各专业的施工单位和人员提前审图并熟悉图纸。通过这一过程，使施工人员了解设计意图，掌握管道内的传输介质及特点，弄清管道的材质、直径和截面大小，明确各楼层净高，管线安装敷设的位置等。

2）控制各专业的施工顺序。通过管线综合排布优化设计，把各个专业未来施工中的交汇问题全部暴露出来并提前解决，为将来工程施工与管理打下良好基础。在施工过程中可以合理安排、调整各专业的施工工序，有利于穿插施工。

3）预先核算、计算并合理选用综合支吊架。应用管线综合排布优化设计，不仅可以统筹安排各个专业的施工，而且可以合理选用综合支吊架。综合支吊架的最大的优点就是不同专业的管线使用一个综合支架，从而减少支吊架的使用量，合理利用建筑物空间，同时降低了施工成本。

（3）启示

1）施工前细致的管线综合排布优化设计可将原本纵横交错、种类繁多的各专业管线变得条理分明、排布有序，可极大缓解机电安装过程中存在的各种管线安装标高重叠、位置冲突的问题，不仅可以控制各专业的施工工序，减少返工，还可以控制工程的施工质量与成本。

2）由于图纸制作、处理、审核全在现场进行，安装工程有关的管理及施工人员均可通过管线综合排布优化，对图纸所涉及的专业内容进行合理调整，及时掌握图纸的变更状况，实现施工过程的动态控制。

3）剧院工程专业众多，管道安装工程量巨大，提前利用 BIM 技术进行管道综合排布，可以保证工程质量、加快工程进度，从而提高整个工程的效益。

2. 弧形管道制作安装

（1）案例

某大剧院地下一层安装施工过程中，发现主楼外侧圆弧管道在制作和安装时，存在弯管弧度不协调及支吊架位置不合理问题，原因为工人现场施工技术条件和现场条件达不到要求，且施工单位对该处的施工深化不到位，没有给出具体的煨弯方案和排布方案。

（2）分析

针对现场所发生的问题，要求施工单位做出弧形管道制作样板，联合设计单位给出管线综合深化方案，同时进行施工全过程的把控和监督：

1）图纸深化：根据原设计图纸进行管线综合深化，尽量将弧度统一，同时确定管道标高及分支管位置，进行管线综合布置。

2）管道定位：根据深化图纸进行各个管道定位工作，确定所采用支架的位置及样式。

3）管道弯制及弧度校验：首先使用弯管机进行试弯，校验并修正管道偏移量，避免因更换模具及设备磨损等出现累计误差。初步管道弯制完成后，进行弧度检查，校核各顶弯点是否满足尺寸要求。

（3）启示

1）在施工过程中，发现工程存在的缺陷应及时与施工单位、设计单位保持联系沟通，及时解决。

2）使用机械弯管弯曲的管道弧度均匀、美观，且操作简单快捷，有助于提高工作效率。

3. 剧院上空网架内机电管线安装方式

（1）案例

某大剧院项目的剧院和音乐厅使用钢网架屋面，装饰的 GRG 板吊顶紧贴着网架下弦杆，导致屋面给排水管线和消防风管无可靠的布置方式。管道支架直接焊接在网架的腹杆上，存在严重的质量安全隐患。

（2）分析

因网架结构标高和吊顶标高相平，导致机电管线敷设在网架上下弦杆之间，相应管道支架无可靠固定点。现场施工人员未征询设计意见，直接将管道支架焊接在网架的腹杆上，此做法不仅不符合施工要求，并且还存在严重的质量安全隐患。

（3）启示

对于大剧院和音乐厅使用大跨度钢网架结构屋面时，需要考虑吊顶内机电管线的综合排布以及管道支架的固定方式，需要出具详细的施工大样图。在不损伤钢网架的基础上，尽量使吊顶内的机电管线排布做到美观及合理，满足使用要求。

4. 空间受限机房内排布工艺较差、未预留洞口

（1）案例

某剧院舞台机械厂家进场后，积极组织开展深化设计工作，在深化设计完成后，施工

单位将深化设计图纸平行发给建设单位、监理单位、原设计单位，在核对深化设计图纸时发现，存在台上机房内的机柜摆设工艺不合理以及未预留桥架过墙洞等问题。

（2）分析

出现上述问题的原因如下：

1）因空间限制，机房机柜双排对面布置，柜前1700mm（小于2000mm），导致机柜排列工艺性较差；舞台机械招标工作滞后，舞台机械专业施工单位进场后主体部分已完成，无法更改。

2）舞台机械电气部分桥架的预留孔洞未预留，需要后开孔，后开孔洞的具体点位以及尺寸需要设计单位确认，经过确认开洞的点位部分有暗梁不能开洞，布线路径需要重新调整。

（3）启示

设计单位在建筑设计时，既要考虑整体空间布局，也要考虑舞台工艺专业的各类机房的空间需求。

5. 喷淋管道与栅顶施工的矛盾

（1）案例

某剧院主舞台上空喷淋管道原设计标高为24.6m，栅顶层标高是25.2m，喷淋管道在栅顶层下方，会导致施工难度大且后期维护困难问题；设计单位将喷淋管道调整在栅顶层上方，但是舞台机械施工单位要求栅顶层和滑轮梁层之间不应有任何的喷淋管、排烟风管、舞台机械、灯光的电缆桥架布置，必须遵循栅顶干净、整洁、美观的原则。

（2）分析

该剧院主舞台上空喷淋管道安装在栅顶层上方，施工较方便，但是对部分单点吊机的使用有很大影响，因此舞台上空喷淋管道应安装于栅顶层下方，确保整个栅顶层干净、整洁，便于各类舞台机械使用及检修。

（3）启示

机电安装工程不应只考虑施工上的方便，与舞台机械有交叉的施工内容，应得到舞台机械施工单位的确认，不应对舞台机械造成影响。

6. 空调专业与土建施工的协调

（1）案例

某项目有大小两个音乐厅，围护结构外层为夹胶玻璃幕墙，内层为雕刻声学玻璃幕墙，空调系统满足夏季空调降温、冬季空调供暖要求；施工单位在施工过程中发现，3层地面空调风口的预留洞口尺寸及洞口未确定。

（2）分析

音乐厅3层地面均匀分布50个1250mm×300mm的空调送风口，风道在2层敷设，由于深化设计过程中，内层玻璃幕墙尺寸一直未确定，导致音乐厅3层地面均匀分布的50个沿幕墙边预留的地面洞口位置也难确定。

（3）启示

为赶项目进度，施工图纸深化设计不及时、未及时发现各专业设计冲突，带来各专业施工问题不可避免，因此需要认真审图，提前发现、及时沟通，以确保使用功能为前提，积极解决问题。

7. 冷冻机房管道施工

（1）案例

某剧院工程冷冻机房管道（冷却水、冷冻水及乙二醇等管道）排布复杂，在有限的空间内既要保证管道排布美观，又要保证实现管道功能，同时还需考虑管道自身结构的安全以及安装的可实施性。

（2）分析

在机房管道施工之前，施工单位按照设计图纸进行管线综合排布，提前优化支吊架的形式以及安装位置，在满足规范和结构安全的情况下设置支吊架，确保支吊架的设置美观及安全。为实现管道功能，采用如下性能管道：

1）本工程使用的管材：自来水管道采用衬塑镀锌钢管，室外地源系统埋地管道采用PE管，空调管道采用管径＜DN100镀锌钢管及管径≥300mm的螺旋焊接管，其余管道采用焊接钢管。

2）机房内空调冷却水及冷冻水管道连接采用焊接钢管和螺旋焊接管通过焊接或法兰连接，为了保证焊接质量，施工单位选择了具有丰富实践经验的焊工进行管道焊接作业，并采用合适的焊接工艺。

（3）启示

对于冷冻机房管道施工，重点在于管道的综合排布以及焊接质量的控制。施工前，施工单位针对项目制定冷冻机房管道施工方案；施工过程中，严格按照方案实施，通过加强过程控制，最终实现使用功能及观感质量既满足设计要求，也得到建设单位满意的效果。

8. 大型剧院设备机房浮筑隔振施工技术

（1）案例

某大型剧院项目总建筑面积59000m²，在标高−4.5m、0.00m、10m、16m、19m、27m处有多处大型设备机房，设备机房邻近位置主要为观众厅和其他功能房，为防止机房内设备振动噪声的不利影响，设备机房与其他功能房之间采用双层墙体结构，墙体不设置任何洞口，所有管道和桥架均不从空调机房直接通到其他功能房及观众厅，设备采取两级隔振措施，第一级为浮筑隔振地台，第二级为机械设备本身隔振处理（橡胶隔振器＋槽钢）。

（2）分析

本工程设备多、体积及质量大，设备功率高，产生的较大振动噪声，而剧院对振动及噪声有较高要求，施工上常存在下述问题：

1）隔振隔声板凹凸有方向性，从内墙角向外拼装铺筑施工时，需注意安装顺序，避免影响施工质量。

2）大型设备型号及厂家确定难度大，导致大型设备进场较晚，用于大型设备减振降噪的橡胶隔振器无法预先定位安装，以保证构件的整体性。

3）传统减振降噪做法在大型设备机房中难以奏效，资源投入相对较高。

（3）启示

在大型剧院设计中，浮筑隔振地台对设备机房的隔振隔声有较好效果，已成为剧院设备机房的首选隔振隔声措施。浮筑隔振地台施工技术是通过拼装加工好的带楔口的新型隔振隔声板，组合形成隔振隔声板组，通过隔振橡胶把隔振隔声板组与墙体隔开，并采用橡胶隔振器、铺设槽钢等措施，提高隔振隔声性能的目的，且有利于提高施工效率，缩短工期，降低成本。

9. 空调机房设备基础防水施工

（1）案例

某剧院工程项目，为了保证空调机组浮筑楼板（设备基础）隔振效果和机房防水效果，在设备基础浮筑层和隔振隔声垫之间设有一层 2mm 厚防水卷材。施工时，施工单位采用 1.2mm 厚的防水卷材代替，监理工程师提出返工整改要求，施工单位建议采用两层 1.2mm 厚卷材代替单层 2mm 厚卷材的整改措施，监理工程师坚持要求按图施工。

（2）分析

声学报告对浮筑楼板的单层防水卷材的厚度提出了要求，当单层卷材厚度不足时，采用双层卷材替代的措施，将会产生质量安全隐患，如双层卷材搭接缝隙较多，会造成浮筑层的水泥浆漏至隔振隔声垫内，改变隔振隔声垫的性能，影响隔振隔声效果，同时也会留下防水质量隐患。该施工质量问题出现的主要原因如下：

1）施工单位技术人员对声学专业不了解，未能真正理解图纸的设计意图。

2）施工单位技术人员工作责任心不强，对细部构造研究不透彻，没有对专业工长和项目物资部门工作人员进行专项交底。

（3）启示

为避免上述施工质量问题，建议做好下述工作：

1）施工前，应将图纸、相关报告等文件发放到位，做好发文记录；组织声学设计单位对相关单位人员做好设计交底工作；督促施工单位项目技术负责人进行专项技术交底。

2）施工过程中，应按设计图纸要求对进场材料进行严格验收，并做好见证取样复试。

10. 空调管道保温施工

（1）案例

某剧院工程空调系统采用地源热泵系统，空调供回水系统保温采用橡塑保温，由于空调系统的保温施工质量问题，带来保温层在系统运行过程中产生冷凝水，导致石膏、矿棉顶受损开裂，既不能满足节能环保的要求，又会影响剧院观感质量。

（2）分析

本工程设计要求：冷冻水管及热水管均用 40mm 厚的橡塑保温管；机房内地源侧管道和地源循环水泵以及连接冷却塔的管道采用 25mm 厚橡塑保温管；乙二醇管道采用 40mm 厚的橡塑保温管；在实际施工中，由于胶水涂刷不均匀，保温材料粘结不严密，保温材料的厚度选用不正确以及外观形式不统一、形式不美观等，带来保温质量通病。

（3）启示

剧场工程通常存在较多大空间部位，如观众厅区域、舞台区域、休息厅区域等，该区域空调效果对观众、演员舒适度体验有十分重要的影响，而管道保温的施工质量对空调系统性能有很大影响。为了达到设计和规范要求，应做好管道保温的施工质量控制及质量通病的防治工作，才能减少和避免后续修复的工作量，应要求施工单位在施工前编制专项施工方案，并对施工班组进行专题技术交底，在施工过程中加强质量控制，随时解决出现的质量问题。

11. 风管在使用过程中出现结露问题

（1）案例

某剧院工程，夏天通风空调在使用过程中，风管出现结露现象。

（2）分析

产生上述现象的主要原因分析如下：

1）风管保温钉未按照规范要求设置，设置数量过少；保温钉排列不均匀，致使保温棉与风管之间粘贴不紧密，产生空鼓。

2）风管表面清理不干净，致使保温钉与风管粘贴强度低，造成保温钉脱落。

3）保温钉粘贴后胶水固化时间未达到要求就开始安装保温棉。

4）风管在保温施工过程中环境温度低，造成胶水固化强度达不到要求。

5）保温棉搭接处存在缝隙。

6）风管法兰未做保温，产生"冷桥"现象。

（3）启示

为避免上述施工质量问题，建议采取下列措施：

1）严格按照规范施工，保温钉数量风管底面每 m^2 不少于 16 个，侧面不少于 10 个，顶面不少于 8 个，并按梅花状排布均匀，首行保温钉与保温棉边缘距离要小于 120mm。

2）粘结保温钉前应确保粘结物表面清洁，同时要在胶粘剂的适用条件下（温、湿度，操作时间等）进行施工，且要选用性能好的胶水。

3）应保证胶水的凝固时间，采用企口型连接板材间接缝，接口处必须涂抹胶水。

12.4.3 装饰装修施工

1. 曲面异型穿孔 GRG 板施工

（1）案例

某剧院工程小剧院墙面造型独特，呈现多弧曲面效果，采用异形曲面穿孔 GRG 板装饰，GRG 板厚度平均为 30～50mm，自身重量较大，给 GRG 板的安装稳定性、板缝拼缝处理及整体观感效果带来施工难度上的挑战。

（2）分析

为了保证材料加工精度及安装精度，施工单位采取了以下措施：

1）利用计算机辅助测量建立空间模型，准确定出控制点位置。利用土建结构设定空间转换层固定点，合理布置吊杆，确保 GRG 板受力均匀；利用全站仪、水准仪测控预设控制点位置，通过该控制点利用光电测量仪校准吊顶板的拼装精度。

2）GRG 板生产加工前，根据现场放线定位图，要求厂家制作详细的加工图。

3）基层钢架与 GRG 预埋件及 GRG 板块交接处采用坞邦加固，避免后期开裂，降低维修成本。

（3）启示

对于异形曲面 GRG 板的装施工，施工质量控制的重点在于准确测量放线，运用计算机辅助手段，制定详细的加工图纸，在加工厂进行预拼装；同时，现场严格按照专项方案施工，监理严格控制质量，GRG 板的安装质量及成形效果才会达到设计要求。

2. GRG 挂接问题

（1）案例

某大剧院项目观众厅及大厅墙面为 GRG 板，由于空间限制原因，GRG 板的龙骨安装距离土建墙体很近，导致工人无法将 GRG 后挂接点与墙体骨架焊接，存在多处漏焊，无法保证 GRG 挂接安全。

（2）分析

由于骨架靠墙体过近，施工空间不足，焊工无法对所有挂接点进行合格施焊施工，为了保证安全和质量，通过采用 GRG 板下部挂接点旁临时开小洞，在洞内对下部挂接点焊接的措施解决焊接施工问题。

（3）启示

GRG 板与骨架的焊接质量是保证 GRG 板连接安全的关键，应先在 GRG 板安装前进行样板试安装，了解施工难点并采取解决措施，同时对工人进行交底，确保工程质量。

3. GRC 板＋实木条工艺

（1）案例

某剧院公共大厅及观众厅的设计上运用了大量的实木元素，拟采用 GRC 板贴实木条的施工工艺。该工艺采用 1:1 比例异形 GRC 板为基层，中间为结合层，表面为复合实木条。

（2）分析

该剧院拟采用 GRC 基层板贴实木条的工艺做法，主要优点有：

1）GRC 板形体适应性强，可以做出丰富的形体变化。

2）采用的是 7～10mm 的厚实木条，很好地保证了实木对声学的效果。

3）GRC 板为 A 级防火无机不燃材料，物理性能稳定。

4）GRC 板工厂成品生产，便于安装。

（3）启示

该剧院室内设计师与厂家经过两年多的研究与实验，不断改进工艺，使 GRC 板＋实木条工艺更加成熟。从项目建成后的效果看，由于实木本身的厚重感、丰富的质感变化使整个剧院呈现高贵、典雅的艺术气质。值得注意的是，为保证施工工艺和材料在声学和防火方面达到工程要求,必须对材料的施工工艺进行严格控制,如材料在高温、高压蒸煮脱脂处理后,需保证木材在常温、常湿的环境条件下不收缩、不起鼓、不膨胀、不虫蛀、不变色、耐久性强、抗老化长等,并且避免木材不受当地常年温差 75℃气候温度的变化影响而产生收缩、吸潮膨胀、开裂等现象。

4. 室内墙面石材干挂处理

(1)案例

某剧院工程公共区域墙面为石材干挂墙面,用于干挂石材的后置埋件采用膨胀螺栓加埋板做法。施工单位在遇到砌体墙体时,干挂石材的后置埋件采用穿墙螺丝对穿,背面使用小垫片的加固措施,该做法并不满足设计要求。

(2)分析

由于砌体墙材料本身强度较低,且砌体墙多为自承重结构,砌体墙采用膨胀螺栓固定埋件后背加垫片做法容易使后置埋件受力不均,石材失稳,造成质量隐患。建议在遇到砌体墙时,通过将固定干挂墙面石材的竖向槽钢延伸至混凝土结构板底或梁侧固定;若无法采用上述方法,则在后置埋件背面使用整块背板,保证整体受力稳定性,后期进行抹灰处理。

(3)启示

作为现场管理人员,要加强现场巡视,进行严格的质量管理,做到及时发现并解决问题。石材干挂施工时,既要考虑石材美观性,更重要的是考虑安全性和耐久性。施工时,务必根据现场情况制定专项的、具有针对性的施工方案。经各单位审批完成后,才可组织现场施工。

5. 木质扩散体质量通病分析

(1)案例

某剧院观众厅墙面装饰材料采用木质扩散体,除了满足声学效果外还具有很强的装饰效果,而剧院工程中木质扩散体的施工质量不满足要求是常见的质量通病。

(2)分析

木质扩散体是一种不规则的平面设计装饰材料,有利于在反射中产生扩散,使混响声从侧向、头顶、前方到达听众,让声音更加丰富而圆润,木质扩散体可显著地改善剧院、音乐厅等场所的音质条件,解决大面积声音扩散需求。常见木质扩散体的施工质量问题主要有:

1)因扩散体与龙骨之间的连接方式不正确,导致扩散体墙面整体变形,甚至脱落。

2)基层板定位精度不高、安装顺序不合理导致单元板块之间水平接驳口不平整、上下拼接缝隙大小不一致。

3)油漆未用电脑进行调色且喷涂顺序安排不合理导致板块饰面层油漆有色差。

4)未严格控制加工质量,导致安装过程中产生过多钉眼。

5)加工时每层胶水未涂抹均匀,且压机压制时间不足,导致使用过程中板面出现分层起鼓现象。

（3）启示

上述木质扩散体的施工质量问题，主要解决措施如下：

1）扩散体墙面容易出现整体变形，甚至脱落，主要预防措施有：① 扩散体龙骨应固定在钢筋混凝土结构上；② 扩散体龙骨不宜采用轻钢龙骨，应采用型钢龙骨；③ 型钢龙骨与扩散体间增设一层基层（如 9mm 木夹板），采用螺钉将基层板与龙骨固定，采用类似角码的型钢片和钢螺钉将每块扩散体与基层板连接。

2）板块之间水平接驳口不平整、上下拼接缝隙大小不一致，主要预防措施有：① 基层板龙骨间距要设置合理、垂直平整度要符合设计要求，严格控制水平、垂直施工线；② 现场从中间向两侧进行水平安装，再从中间上下左右连续安装，可以有效减少板块加工产生的累计误差；③ 对于板块水平接驳口高差，可将低的板块垫平再固定，拼接口做倒角处理。

3）板块饰面层油漆有色差，主要预防措施有：尽量保证饰面板选择同一批次产品；厂家加工生产过程中，尽量将同一面墙进行同一批次喷涂，避免产生色差。

4）饰面产生过多钉眼，主要预防措施有：① 安装过程中，将钉枪从板块的侧边斜向楔入，板块背面涂刷白乳胶水；② 对曲面较厚的板块，在板块背面预先用螺丝安装铁皮固定片在基层板上，板块背面点涂 AB 石材胶固定；③ 对墙面上端靠天花及地面下端的板块采用 AB 石材胶固定、再用钉枪在板块上下接驳口打钉加固。

5）使用过程中板面出现分层起鼓现象，主要预防措施有：① 制作扩散体的夹板应采用质量过硬的产品；② 扩散体一般由多层夹板粘合而成，应采用质量好的胶水，粘合后立即用压机压制 18h。

6. 舞台乐池升降栏杆与精装木饰面冲突

（1）案例

某剧院在乐池升降栏杆施工时，发现存在两个问题：1）乐池升降栏杆有效载荷不能满足精装修面层要求，即装饰面层总重量超出舞台机械设计的乐池升降栏杆的有效载荷；2）装饰面层安装完成后，对乐池栏杆的升降功能产生影响。

（2）分析

乐池升降栏杆的钢结构、驱动系统通常由舞台机械施工单位完成，表面装饰由精装修施工单位实施。实际施工过程中，通常出现舞台机械表面装饰载荷超出舞台机械单位要求或者装饰安装对乐池栏杆升降功能产生影响等现象。产生该现象的原因如下：

1）精装设计与舞台机械设计未进行沟通，舞台机械设计升降栏杆时未考虑足够的装饰面层载荷要求。

2）混凝土结构施工的误差，舞台机械导向杆组件、滑轮组件、滑轮套组件安装偏差，导致乐池栏杆升降功能无法实现。

（3）启示

剧院工程专项工艺内容多，应确保各单位充分协调配合，采取措施如下：

1）舞台机械设计单位在进行升降栏杆结构、驱动设计时除自身重量外，还应考虑装饰载荷要求。

2）在装修工程深化设计时应与舞台机械设计单位就此部位装饰载荷互相配合，采取适当装饰做法。

3）过程中加强结构施工控制和舞台机械安装精度控制。

4）除乐池升降栏杆装饰外，舞台假台口装饰也存在此类问题，设计时应统筹考虑。

7. 舞台及池座前排地面异响

（1）案例

某音乐厅项目为满足项目进度要求，将原有施工方案进行了调整，故将舞台及池座前四排由加气混凝土砌筑改为在轻钢龙骨内填充珍珠岩；由于施工过程中珍珠岩未填充密实，导致装修完成后地面出现异响的情况。

（2）分析

由于该音乐厅在整个建设过程中，设计方案持续变化，导致施工单位的应对策略不稳定。为了确保该音乐厅按照既定节点完成并投入使用，在装修过程中就出现了很多不合理的施工情况。

（3）启示

剧院工程在建设前，必须要明确其功能需求，确定好建筑方案，否则随着项目的进行，将产生大量的工程变更，这样不仅严重迟滞工程的进展，还将会对工程的质量产生重大影响。

8. 座椅安装与装修结合

（1）案例

某剧院座精装修施工单位进行观众厅池座走道台阶施工时，发现走道留置西侧距座椅 100mm，而台阶东边距座椅 500mm，座椅安装后不美观。现场查看发现，造成该问题的原因是观众厅墙面安装的 GRG 板占据了座椅的位置，使得每排座椅减少了两个，而座椅安装施工单位为了让每排多安装一个座椅，对座椅位置进行了调整，调整后未与精装修施工单位沟通，两家单位各自按各自的图纸施工，造成了走道位置的错位。

（2）分析

精装修施工单位按施工图进行观众厅墙面施工时，由于弧形造型，占据了原图纸上边座椅的位置。为尽量增加座椅，减少剩余座椅做出的位置改动，座椅安装施工单位在放样座位位置时调整了座椅安装位置，但未提前与精装修施工单位沟通，导致上述问题。经甲方、设计、监理、施工方四方商议，改动走道台阶位置，既不影响座椅安装也不影响装饰效果。

（3）启示

剧院观众厅装修造型一般较为复杂，如因墙面装饰占据原有空间而影响座椅的安装位置或数量应及时提出，确保按实际数量进行座椅招标，避免浪费。座椅安装施工单位在进行座椅安装位置施工放样时将座椅位置进行了调整，应提前和精装修单位沟通，以免造成不必要的返工。需要注意的是，座椅不应过早进行加工、生产，建议在精装修完成深化设计后开始加工，确保座椅效果与整个剧院的装修效果相匹配。

9. 吸声板安装案例

（1）案例

某剧院声学装饰吸声板材主要包含穿孔石膏板、FC 板及穿孔木挂板等，主要用于多功能厅、综合剧院及音乐厅声闸间、舞台四周墙面、空调机房、音响室、土建静压箱等部位。上述板材施工完成后，发现存在板缝翘曲及错位、板面裂缝、墙体罩面板不平及凹缝不匀等质量通病。

（2）分析

吸声板是可以有效降低设备间噪声的装饰装修材料，它以墙面罩面板的方式安装于墙面，既起到降噪作用，也具有装饰效果。产生上述质量通病的原因如下：

1）产生板缝翘曲及错位质量问题的原因：吸声板材与龙骨的固定不牢固。

2）产生板面裂缝质量问题的原因：未按设计要求设置变形缝、未控制房间温湿度。

3）产生墙体罩面板不平质量问题的原因：龙骨安装横向错位、面板厚度不一致。

4）产生凹缝不匀质量问题的原因：施工误差、原材料加工误差。

（3）启示

为避免产生上述施工质量问题，可采取如下预防措施：

1）板缝翘曲及错位质量问题预防措施：吸声板存放应避免受潮变形；吸声板安装前要存放在安装房间 1～2 日，以适应环境的温湿度、吸声板结构构造要合理，应具备一定刚度、合理设置变形缝；安装时局部节点应严格按设计处理，钉固间距、位置、连接方法应符合设计图纸和相应的规范要求。

2）板面裂缝质量问题预防措施：超过 12m 长的墙体应按设计要求做控制变形缝，以防止因温度和湿度的影响产生墙体变形和裂缝；应控制供热温度，并注意开窗通风，以防干热造成墙体变形和裂缝。

3）墙体罩面板不平质量问题预防措施：严格检查龙骨安装尺寸及间距等是否有错位现象，检查安装面板厚度是否均匀一致。

4）凹缝不匀质量问题预防措施：严格控制施工时的面板尺寸及接缝宽度，做好提前排版及固定前试装工作；选择加工精度高的原材料供应商，严格控制原材料加工尺寸的精度。

10. 可升降吊顶装饰荷载

（1）案例

某剧院观众厅天花为可升降吊顶，舞台机械施工单位在进行舞台机械深化设计时，提出该吊顶载荷要满足 $100kg/m^2$（投影面积）要求，并征得建筑设计单位的书面确认，设计单位出具设计变更时对水泥纤维板的面密度取值为 $10kg/m^2$。因考虑观众厅天花装饰材料防火等级为 A1 级的要求，装饰装修施工单位采购的水泥纤维板面密度为 $13.5～14.0kg/m^2$，导致装修载荷超舞台机械设计载荷值。

（2）分析

该剧院观众厅天花为可升降吊顶，目的是利用升降吊顶改变观众厅的容积，以满足不同演出模式下的混响时间要求。由于建筑设计单位对升降吊顶装饰材料的选用未考虑消防验收要求，导致变更后的装修载荷超舞台机械设计载荷值，对项目投资和工期均产生影响。

（3）启示

装饰装修工程是剧院工程的重中之重，因此装饰装修设计时，必须考虑以下影响因素：

1）剧院项目观众厅大于800座的吊顶装饰材料必须采用A1级。

2）剧院观众厅升降吊顶钢骨架及驱动装置由舞台机械施工单位深化设计，但是建筑设计单位在对主体结构进行设计时必须装饰载荷考虑周全，保证安全系数富余。

3）建筑设计单位在对装饰材料有特殊要求时，如材料面密度要求，应进行市场调查，避免出现施工单位无法在市场上采购到设计图纸上要求的材料。

12.4.4 舞台工艺

1. 舞台监督系统

（1）案例

剧院工程通常需要在售票大厅、观众走廊、化妆间、乐队休息室、演员候场区、舞台工艺专业控制室等位置安装监视器，目的是实现在演出时可看到舞台演出状况，从而方便演员候场、误场观众中途入场等。某剧院工程在深化设计过程中，发现舞台音响与弱电部分终端设备在上述位置存在重复，造成投资浪费。

（2）分析

舞台音响系统与弱电系统是由不同单位实施的两套独立系统，部分设备重叠，造成浪费；由于每个房间的监视屏幕只有一个，舞台音响系统与弱电系统有两个信号源，实际使用时必须通过遥控器切换视频内容，操作较为繁琐；经舞台音响系统施工单位与弱电系统施工单位结合工程实际情况进行技术分析，舞台音响系统施工单位将舞台监督的音视频信号提供给弱电系统施工单位，由弱电系统施工单位将信号通过弱电相关系统供给各个监视器，可实现在各个化妆间等区域看到舞台区域演出的功能。

（3）启示

在招标阶段，应对舞台音响系统各项使用功能充分考虑，在满足使用功能的前提下尽量做到节省造价；在施工图深化设计过程中，应要求施工单位深化设计人员驻场深化设计，定期组织图纸会审，及时沟通解决问题，避免功能缺失或重复。

2. 台仓底板中心点测量精度控制

（1）案例

某剧院工程的总包施工单位在多功能厅台仓底板中心点测设时，未按照设计图纸要求进行，导致部分台下设备无法安装。为了满足舞台机械台下设备安装顺利进行，对舞台口的框架柱、框架梁进行截面变更、加固处理。

（2）分析

台仓底板中心点位置的准确性直接影响舞台机械台下设备的安装精度，如台仓底板中心点位置偏差较大，将导致台下设备无法安装。台仓底板中心点位置测量不满足要求，主要原因包括：

1）施工单位测量人员责任心不强，导致测量放线误差较大。

2）监理工程师未认真复核测量成果。

（3）启示

针对上述施工问题，建议采取下述措施：

1）督促施工单位加强测量人员工作责任心教育，强化过程质量控制。

2）严格审查施工单位测量仪器的校正证书是否在有效期内。

3）严格复核施工单位的测量成果（采用水准仪、钢尺平行复核）。

3. 台口混凝土墙体施工误差与台口防火幕安装冲突

（1）案例

某剧院项目台口防火幕是 18.8m×11.5m×0.14m 的钢制防火幕，幕体通过螺栓将 18 块分幕连接组成，行程为 12m。在进行防火幕安装时，发现现场预留位置不能满足防火幕升降要求。因此，施工时将胀模混凝土进行部分凿除，并取消舞台内部分吊杆才使防火幕得以顺利安装。

（2）分析

经现场测量结果分析，现场预留位置不能满足防火幕升降要求的主要原因是墙体在混凝土浇筑施工时产生胀模现象，导致墙体不垂直，挤占防火幕升降空间，致使该部位无法满足防火幕安装所需空间。

（3）启示

混凝土浇筑胀模问题是施工中常见的质量通病，因此对安装精度有要求的部位需要严格控制混凝土构件施工后的尺寸，确保结构施工精度。否则，可能增加费用、影响施工进度，甚至造成部分使用功能缺失。

4. 台口水幕管的特殊安装方式

（1）案例

某话剧中心主舞台台口防火幕采用整体升降设计方式，台口水幕管是直径 150mm 的热镀锌管（卡扣连接），由于台口水幕管的设置位置会阻碍防火幕升降，因此无法与台口上方的剪力墙横向固定连接。

（2）分析

台口防火幕采用整体直接升降方式，配合消防水幕可以有效起到分隔防火区域和降温的作用，防火幕占用整个台口上方的位置，导致没有任何墙面可以用来固定消防水幕管。结合现场条件，利用设备层钢格栅直接安装吊环悬挂水幕管，并在水幕管的两端（不影响防火幕的位置）加支架与墙面横向固定，这样既不影响防火幕的使用功能，又能解决消防水幕管的固定安装问题。

（3）启示

剧院类项目中，舞台机械与机电安装工程紧密联系，在设计过程中应相互沟通，密切配合，互相核对设计方案，以避免在后期的施工过程中才发现问题，导致反复修改，甚至返工。

5. 综合剧院主舞台上空防水施工

（1）案例

某剧院工程的综合剧院主舞台上空设计为钢格栅，与钢格栅同一标高位置两侧的设备间为混凝土楼板，钢格栅紧贴楼板，交接处无其他构造处理措施。考虑到设备间在施工和使用过程中会产生积水、尘土等，可通过钢格栅流到主舞台上，对主舞台上的木地板造成损坏，因此该设计不合理，存在安全隐患。

（2）分析

由于设计单位经验不足，未考虑钢格栅两侧的设备间在施工和使用过程中会产生积水、尘土等可能通过钢格栅流入主舞台，损坏木地板的情况。为解决上述隐患，采取在混凝土楼板与钢格栅之间增设了 200mm 高挡水台的措施。

（3）启示

设计单位在设计过程中结合项目实际情况，一定要充分考虑安全设计，避免项目在使用运营过程中由于设计不合理，导致安全事故发生。

6. 舞台机械配重防护问题

（1）案例

某剧院综合剧场舞台机械工程，为实现舞台机械配重设备自由升降，需要在楼板上预留 6 个 1200mm×2700mm 的洞口。由于设计单位未考虑后期配重设备的检修需要，在洞口四周设计了砌筑墙体，因此需要将原设计砌筑墙体变更为防护网以及检修门。

（2）分析

上述变更出现的主要原因是由于设计单位缺乏舞台机械设计经验，未考虑舞台机械后期检修问题，导致设计变更。

（3）启示

在设计过程中，建议要求设计单位聘请有经验的舞台机械设计单位做顾问，指导舞台机械专业的设计；招标阶段，选择有经验的舞台机械施工单位（包括深化设计），及时审核，避免返工；施工阶段，选择有经验的监理单位，施工前或者施工过程中及时进行图纸审核。

7. 舞台机械电动杆安装与钢结构的关系

（1）案例

某剧院电动吊杆由电机、拐角滑轮、过线轮、钢丝绳以及杆件组成。拐角滑轮组和吊点滑轮组通过压板和螺栓固定在设备格栅层的滑轮梁上，由于施工精度问题，拐角滑轮组和吊点滑轮组对应的钢丝绳槽未在同一直线上，导致后续电动吊杆无法正常使用。

（2）分析

过线轮通常固定在钢梁上，由钢结构施工单位进行施工，而舞台机械安装单位往往在钢结构施工完成后进场施工。由于过线轮安装精度要求在 ±2mm 范围内，因此要求钢结构施工单位在前期钢结构施工中必须保持钢结构构件安装精度，否则舞台机械施工单位后期无法进行正常安装。

（3）启示

电机、拐角滑轮、过线轮以及杆件属于同一根钢丝绳连接在一起的整体，每个部件安装必须满足精度要求，其中一个部件有偏差均会导致设备在运行中产生异响，甚至影响布景效果以及灯的照射效果。因此，在钢梁施工安装过程中，舞台机械施工单位需专人配合，保持钢梁安装精度，避免后期钢结构施工大量返工。

8. 舞台栅顶与滑轮梁空间关系

（1）案例

某剧院舞台栅顶层与滑轮梁之间高度为 0.5m，该高度既不符合规范要求，也会造成后期施工设备安装空间不足，同时带来使用阶段设备运行安全及检修维护问题，存在严重安全隐患及使用缺陷。

（2）分析

设计单位一方面对剧院建设规范不熟悉，另一方面对舞台工艺使用需求不了解，导致上述设计问题。设计单位通过将屋面标高由 21.4m 提高至 22.4m，栅顶标高 19.15m 降低至 18.75m 有效解决上述问题。

（3）启发

设计单位在设计过程中，应结合使用需要，合理确定建筑高度及栅顶层位置，避免建成后拆除重建的重大损失。

9. 剧院栅顶钢格栅缝隙的安全防护

（1）案例

某剧院使用过程中，物体从栅顶下坠的情况时常发生，给剧院使用带来严重的安全隐患。

（2）分析

剧院在使用运营期间，栅顶设备及设施也需要检修，由于该剧场在建设时，栅顶钢格栅缝隙大于 50mm，不满足《剧场建筑设计规范》JGJ 57—2016 中"……栅顶的缝隙除满足悬吊钢丝绳通行外，不应大于 30mm……"的规定，导致检修工具及其他杂物容易从缝隙中坠落。

（3）启示

从安全角度出发，需要杜绝维修工具、零配件及杂物等从栅顶钢格栅缝隙下坠情况发生，可以采取的措施有：

1）严格按照规范要求设计栅顶钢格栅缝隙。

2）在规范栅顶缝隙的基础上，加设栅顶安全网。

3）加强维修操作人员安全管理，以人为本，方能保证安全。

10. 舞台机械控制室位置选择

（1）案例

某剧院舞台机械控制室位置设置在后舞台后侧，此位置不能完全观察到舞台区域运行状况，对该剧院今后的运营十分不利。

（2）分析

舞台机械系统设备在演出时，涉及升降、旋转及平移等多种运动方式。《剧场建筑设计规范》JGJ 57—2016 中规定："……舞台机械控制室应有三面玻璃窗，密闭防尘，操作时可以直接看到舞台全部台上机械的升降过程……"。因此，舞台机械控制室应设置在可以保证操作人员可以直接看到设备运行状态的位置，否则容易产生安全隐患。该剧院机械控制室选择靠近后舞台位置设置，由于演出时舞台表演区存在大量幕布和布景道具，必然阻挡操作人员视线，存在安全隐患。

（3）启示

剧院建筑是综合艺术、科技与建筑三门科学的建筑工程，而舞台工艺更是专业性较强的专项工程，因此剧院工程对建筑设计要求极高。在条件允许情况下，建议选择既熟悉剧院设计规范，又熟悉剧院运行流程等有类似设计经验的设计单位，才能有效避免设计方案不合理。

11. 舞台机械预埋件施工

（1）案例

在剧院工程中，舞台机械预埋件施工常见的质量问题有：

1）台仓底板舞台机械预埋件安装位置不准确。

2）框架梁侧面舞台机械预埋件在梁模板拆模后，预埋件位置偏移较大。

（2）分析

舞台机械预埋件施工产生上述质量问题的原因有：

1）预埋件施工人员责任心不强，应付了事。

2）预埋件的锚筋与台仓底板钢筋位置发生冲突，造成埋件安装位置不准确。

3）预埋件锚筋与框架梁侧面的构造钢筋或抗扭钢筋未能有效固定，混凝土浇筑时导致埋件位置偏移。

（3）启示

舞台机械预埋件施工质量控制，可采取以下控制措施：

1）加强对埋件施工人员技术交底，明确埋件位置的精度要求及重要性。

2）组织舞台机械设计师进行预埋件施工专项交底，并明确预埋件平面位置允许偏差的最大值，或预埋件直接由舞台机械施工单位负责预埋。

3）台仓底板钢筋安装前应将预埋件位置对钢筋安装班组进行交底；预埋件安装不能等到底板钢筋全部安装完成后进行，应在具备安装条件后及时进行。

4）框架梁侧面的预埋件安装前，先确认框架梁钢筋绑扎已完成，并经验合格；必要时，对预埋件部位钢筋绑扎进行焊接加固处理；预埋件要与梁钢筋焊接加固，且每根锚件（预埋件锚固端）与结构梁的连接点不少于2处。

5）在混凝土浇筑前，对埋件位置进行标记，待混凝土浇筑振捣时，尽量避免在埋件部位进行振捣。

12. 舞台机械预埋件出现边缘翘曲现象

（1）案例

某剧院工程舞台机械部分预埋板边缘出现翘曲变形，可能导致预埋板受力承载力不足，存在安全隐患。

（2）分析

该剧院工程此类预埋件共 12 块，分别分布在舞台两侧。经现场勘验，并结合设计图纸，可判断预埋件受力处于偏心状态，加上焊接时受热产生微变形，由此造成预埋件边缘翘曲。为了确保结构安全，需要通过荷载试验检验预埋件边缘翘曲是否会进一步发展。根据现场荷载试验结果得出结论：预埋件边缘翘曲部位受力达到设计荷载 120% 后，未发生任何变形；荷载卸载后，预埋件边缘翘曲缝隙稳定，没有进一步发展的趋势。

（3）启示

预埋件的预埋点位、预埋质量是舞台机械安全运行的保障，应对所有预埋件进行重点质量管控。在施工过程中，预埋件的预埋点位要准确，确保预埋件预埋点位的尺寸偏差达到设计标准，为后续进场的舞台机械施工单位提供良好的施工作业面；在安装过程中，焊接质量对于舞台机械来说尤为重要，舞台机械施工单位应严格按照焊接作业指导书进行作业，在焊接人员、工具及工序等环节加强管理。

13. 舞台机械与机电安装的关系

（1）案例

某话剧中心空调系统风管部分占用吊笼的位置，影响灯光吊笼的安装和使用功能。通过设计变更，修改空调系统的风管走向，即可以保证空调系统的功能，也可以满足灯光吊笼的安装使用要求。

（2）分析

灯光吊笼设置于主舞台上空，专门用于安装舞台灯具的装置。灯光吊笼可以上下运行，也可以垂直于台口方向水平移动，在移动的过程中不得有任何机电设备影响。

（3）启示

出现上述问题的原因是在设计过程中没有充分考虑各专业的配合。在设计过程中，各专业技术人员应相互沟通、相互配合，注重细节，否则可能直接影响设备的安装及施工进度。

14. 舞台实木地板典型质量通病

（1）案例

剧院工程舞台木地板的加工及安装常见质量通病有：木地板出现裂纹、地板板块之间平整度偏差较大等。

（2）分析

在剧院中舞台木地板是普遍使用且十分重要的材料，出现上述质量问题的原因有：

1）木地板裂纹质量问题产生的原因：木地板干燥时间未达到规定要求，造成强度不够，出现开裂；木地板平衡含水率不满足安装所在地要求，导致过度收缩或膨胀；地板成品保护不到位，地板安装完成后上部荷载超载。

2）地板板块之间平整度误差较大质量问题产生的原因：舞台机械台下设备钢架平整度超过要求，导致木地板平整度误差较大；木地板自身平整度不符合要求，造成相邻板块之间平整度难以调节；木地板下层龙骨安装的稳固性及平整度造成面层平整度误差。

（3）启示

上述质量问题的防治措施有：

1）木地板裂纹防治措施：剧院在实际使用中，对超宽超重物体进行增加地胶保护，避免二次破坏。尽量避免超载及过载设备长时间在舞台实木地板上碾压，造成实木地板的破裂；确保所采购木地板的平衡含水率满足安装所在地环境湿度要求；木地板成型后要根据板材厚度及环境温度合理确定烘干时间，一般情况下不低于 72h。

2）木地板板块间平整度偏差较大防治措施：舞台机械台下设置钢架时，严格按照设计要求进行，确保钢架表面标高和平整度符合要求；基层龙骨安装需经过严格的平整度、稳固性检查，确保基层的稳定性和龙骨的平整；木地板铺装前，应在铺装环境内置放 2日，使得地板适应环境温、湿度。

15. 座椅声学测试

（1）案例

某剧院观众厅按声学设计要求，需进行相关声学测试。该剧院观众厅座椅的设计规模为 1600 座，座椅的设计吸声量约占总吸声量的 1/2，其声学性能对观众厅的声学指标影响很大。因此对本剧院观众厅座椅的选择有较高的要求。

（2）分析

按声学设计，测试分为空场和满场两种方式，其中空座座椅排在测试房间的角落，满座座椅排距需与剧场观众厅内设计的座椅排距一致，且测试人员的衣着需满足设计要求。设计要求观众厅声学特性在满场和空场的混响时间最大变化在 10% 以内，要实现这一目标就必须满足在空场时座椅的吸声量同满场时观众身体的吸声量接近。

（3）启示

根据剧院类建声设计要求，观众厅的声学性能在空场和满场的情况下应该差别不大，否则会给演员演出带来极大的影响，特别是以自然声演出为主的剧院；如果空、满场混响时间的差异很大，演员在彩排时将无法预计正式演出时观众的真实听感，严重影响演出质量。

16. 音响专业典型质量通病分析

（1）案例

近年来舞台表演越来越追求实景化，更多的声光电、道具、媒体信息控制新技术被引入舞台表演中，音响系统是舞台表演系统的重要组成部分。音响系统极易受外部干扰产生噪声，即使最轻微的系统干扰噪声也会严重地影响观众的观演效果，因此在复杂的表演系统中构建一个"无"噪声的高保真系统往往是音响系统建设最大的难点。

（2）分析

音响系统受干扰产生噪声的主要原因分析：

1）电源干扰产生噪声。音响系统如果未采用独立电源或加装电源稳压装置，非独立供电的音响系统就会因其他系统在同一电网中工作，从而在供电线路上产生浪涌电流或不同频率的纹波电压，从而通过电源线路窜入音响系统供电电源，此干扰噪声通常无法被音响设备有效的滤除，从而形成系统噪声。

2）音响系统本底噪声。产生的主要原因有：

① 音响系统线路较长。由于剧院舞台表演区域较大，从信号馈入点至中心信号机房（信号交换机房）或中心信号机房至功放室的线路往往超过 100m，长距离的信号往往会造成系统信噪比参数的降低，从而导致系统噪声的放大。

② 布线不合理。布线区域穿过强电辐射区域（如可调光硅控室）或与强电交叉并行，相互间距小于规定要求且未采取必要的防电磁辐射措施。

③ 强弱电线缆有共管共桥架现象。

④ 接地不可靠。

⑤ 多点重复接地。

⑥ 接插头焊接错误，造成规定接口之间存在电位差。

⑦ 音响等电位和系统之间存在电位差，不合理的等电位联结造成系统从接地点或其他系统馈入噪声。

⑧ 平衡端口及不平衡端口之间直接馈接引入噪声。

⑨ 多级设备级联后，系统噪声被放大。

3）受其他系统干扰产生噪声。产生的主要原因有：

① 音响系统主机房或接口点位附近存在强电磁辐射干扰源。

② 在音响系统工作频率范围内存在相近频率的其他专业大功率设备，使得音响系统的无线频率接收端受到强电磁干扰（如手机屏蔽器，无线基站、电台等）。

③ 外来演出团体自带音频系统未经隔离变压与音响系统直接连接，两系统接地端之间存在电位差。

（3）启示

音响系统受干扰产生噪声的防止措施：

1）电源干扰排除。主要措施：

① 在进场前与供配电部门做好对接，严格执行音响系统独立供电，对于不具备独立供电条件的，应要求对于音响系统总供配电箱下端加装音频隔离变压器。

② 将音频供电系统与动力、空调、照明设备用电分开，有条件的话，加设隔离净化电源器。

③ 严格禁止非音响专业用电设备接入音响系统电网。

④ 对音响机房供配电间强电供电回路走向严格控制，避免对机柜或操作设备形成干扰。

⑤ 对于音响系统供电质量进行测试。如对供电电源使用示波器观察是否有高频波毛刺，以排除电网干扰源。

2）音响系统本底噪声控制。主要措施：

① 对音响系统专业线材进行控制，对于敷设距离较长的线路，应采用高规格质量的专业线材。

② 电源线不能和音频信号线同沟、同管、同槽敷设，若必须交叉、平行敷设时，要保持相当的距离，更不能用扎带将电源和信号线捆绑在一起布线，必须严格按照建设部颁布的《建筑电气工程施工质量验收规范》GB 50303—2015 严格施工，应该将交流电源线和信号线分别使用铁管或铁线槽隔离敷设，以避免对音频系统造成干扰。

③ 严格避免音响系统与其他专业的管线交叉，布线区域应避免受到相关电磁辐射干扰。

④ 严格避免强弱电共管共桥架现象。对于必须共槽的强弱电线路，应在桥架中设立隔离槽及对共敷设范围内采取必要的防电磁干扰措施。

⑤ 严格控制接地点，禁止音响专业与其他专业共用接地端子，对于接地完成后的音响系统，应及时做好接地电阻测试。

⑥ 线路接插头焊接尽可能采用平衡连接方式，接插头焊接应安全可靠，有条件的采用四星对角焊接方法。

17. 吊杆滑轮处涂装要求

（1）案例

某剧院钢结构施工单位先完成舞台区域栅顶上方钢结构构件防火涂料的涂装工作，舞台机械施工单位在涂装完成的钢结构上通过螺栓将安装吊杆滑轮固定，剧院使用阶段发现大部分螺栓松动，存在较大的安全隐患。

（2）分析

舞台机械设备中吊杆滑轮通过螺栓紧固在钢结构上，当滑轮安装在防火涂料涂装完成的钢结构上时，虽然最初安装时螺栓为紧固状态，但滑轮垫板与钢结构之间留有防火涂料，随着滑轮在工作时产生的震动、摩擦及钢结构上的防火涂料脱落，使之缝隙变大，螺栓松动，从而导致安全事故的发生。

（3）启示

为避免上述事件的发生，在钢结构防火涂料施工时，舞台机械施工单位要与其进行配合，预留出安装滑轮的位置，以保证滑轮直接安装在钢结构表面，从而保证使用安全。

18. 反声罩等专业设备设计协调

（1）案例

某剧院工程，国外设计单位负责方案设计及建筑声学设计工作，国内设计单位负责初步设计及施工图设计工作，其中舞台工艺设计部分由国内设计单位分包给舞台工艺设计单位。在舞台机械施工单位招标过程中，舞台工艺设计单位未提供反声罩设计图纸，要求反声罩设计图纸由舞台机械施工中标单位出具，舞台工艺设计单位负责确认反声罩图纸中工艺的可行性，国外方案设计单位负责确认反声罩的造型和饰面装饰材料。在反声罩生产、加工过程中，舞台机械施工单位将反声罩设计图纸提交至舞台工艺设计单位确认，而未提交国外方案设计单位确认，就进行生产加工。经国外方案设计单位复核，舞台机械施工单位提供的反声罩造型及材料均与原建筑声学设计方案不符，因此建设单位要求舞台机械施工单位必须按原设计方案及技术要求对反声罩重新进行深化检测与调试。

（2）分析

反声罩是建筑声学设计的重要内容之一，由于各专业设计之间互相联系较少，建筑与舞台工艺相关专业未能形成有效沟通，各自对建筑设计的理解不同，再加上没有一个统一的设计协调管理机制，造成上述问题。

（3）启示

舞台机械施工单位按常规做法完成反声罩的深化设计，提交舞台工艺设计单位确认后就组织生产，造成反声罩与建筑声学设计方案不符。该做法体现了建设单位、监理单位及舞台工艺设计单位对反声罩的深化设计确认流程不熟悉。因此需要加强各个专业的设计管理工作，避免此类问题发生。

19. 建筑结构影响耳光效果

（1）案例

某剧院工程耳光室位置因建筑造型限制设计不合理，导致耳光照射角度难以满足相关标准要求。设计单位采用挑台悬挂灯具的方式弥补，使耳光照射角度满足使用要求。

（2）分析

耳光室的设置位置应满足"使灯光光轴经台口边沿射向表演区的水平投影和舞台中轴线所形成水平夹角小于45°"的要求。原设计投射角度不理想，需要耳光室补充其他侧光，通过模拟计算，设计单位采用挑台悬挂灯具的方式弥补，可以满足各种形式的演出需求。

（3）启示

舞台灯光中耳光应呈左右交叉地射入舞台表演区中心，用于加强舞台布景、道具和人物的立体感，应能射到舞台的每个部分，是舞台灯光必不可少的一部分，尤其是可作为舞蹈的追光，随演员流动。因此在设计阶段，设计单位应与舞台工艺设计单位充分沟通，明确耳光室的合理位置；当设计不合理时，应尽早提出，否则等到现场结构主体施工完毕，将很难弥补设计缺陷。

20. 舞台灯光与场灯、排号灯照明关系

（1）案例

某话剧中心工程，精装修施工单位在深化设计时，发现场灯和排号灯预留的调光/直通回路过少，无法满足精装修场灯和排号灯回路需求，需要压缩场灯回路数量以满足要求。

（2）分析

某剧院内的灯光分为舞台灯光、工作灯、场灯、排号灯、疏散指示灯及应急照明灯，其中场灯及排号灯主要服务于观众，观众入场前场灯起到基础灯照明作用，演出中场灯熄灭，排号灯常亮以便于观众对号入座。一般情况下，舞台灯光及工作灯由舞台机械施工单位负责实施，场灯和排号灯由装饰装修单位负责实施，疏散指示灯及应急照明由消防或总承包单位负责实施。由于设计考虑灯光类型较多，导致灯光回路数设置不合理。

（3）启示

由于舞台灯光、工作灯、场灯、排号灯、疏散指示灯分别由几家施工单位施工，因此在设计时，各单位应相互配合，充分沟通。

21. 多功能厅无影网上检修通道

（1）案例

某剧院工程多功能厅天花采用英国进口无影网，一方面可实现灯光无影投射，另一方面可满足维修人员进行无影网上部空间的灯具、管线等设施维护需要，但设计单位未留置检修门，造成维护困难。由于发现问题时，结构施工已经完成，即使增加检修门，仍不能保证检修高度和宽度满足使用要求，导致后期维修非常不便。

（2）分析

由于建筑专业设计人员不了解舞台专业使用需求，也未与舞台工艺设计单位进行沟通，未设计进入检修层的专用检修门，导致上述问题。

（3）启示

防止上述问题的主要措施有：1）选择设计单位时，要选择有舞台设计经验的单位。2）需要舞台深化设计单位认真核对建筑设计图纸，并及时提出相关使用要求。3）选择有经验的项目管理公司或监理公司，在施工前提出该问题，并向建设单位提出处理建议。

22. 舞台区域检修马道不方便出入及存在安全隐患

（1）案例

某剧院工程二层马道标高为18m，操作人员只能通过马道外侧20.1m标高爬梯进入，不仅进出不方便还面临舞台上空到舞台面20m的高差，存在很大的安全隐患。

（2）分析

剧院工程中，大部分舞台上空均有2～3层马道，操作人员经常在此区域进行演出配合及设备维护、检修等工作。但由于其层数多，标高复杂多变，往往结构楼梯无法设置或不便设置，需设置钢楼梯或钢爬梯以到达相关区域。通常，设计单位仅仅标明钢爬梯或钢楼梯，但实际安装时存在很多制约因素，致使无法顺利到达或无法安装，造成永久的遗憾。主要是设计师缺乏对错综复杂的舞台区域标高进行细致的研究，楼梯不方便设置或无法设置的区域仅一笔带过，待后来处理时已成事实，存在很多的客观因素无法处理或不好处理。

（3）启示

剧院类工程空间关系非常复杂，应提高对设计单位的要求，杜绝设计师"偷懒"现象，建筑图纸中各类构造做法、设计形式等尽可能不直接引用图集，必须根据实际情况设计。有条件的，建议在设计阶段全面推行BIM技术，对细节区域、细节做法反复推敲，及时发现并处理问题。

第4篇 文化场馆项目专项咨询与管理

　　文化场馆项目一般分为演绎及展览两大类，对于大型文化场馆项目而言，项目往往具有一项或多项专项工艺功能，如演绎类场馆具有舞台工艺、声学专项工艺，展览类场馆具有展陈、物流等专项工艺。因此，文化场馆项目从系统性、专业种类及专业化等技术方面更具有挑战性。另外，文化场馆项目建设场地一般位于城市的核心区域，对项目的配套交通、配套商业也提出更高要求。本篇主要对文化场馆项目全过程工程咨询建设模式下专项工艺、专项技术、专项配套等咨询与管理内容进行详细阐述。

第13章　专项工艺咨询与管理

文化场馆项目涉及专项内容比较多，包括舞台工艺、声学工艺、展陈工艺及沉浸式主题空间工艺等，本章从分析各专项工艺的特点出发，提出了各专项工艺在不同阶段全过程工程咨询单位应重点咨询和管理的内容。

13.1　舞台工艺咨询与管理

13.1.1　舞台机械咨询与管理

1. 咨询工作的特点

舞台机械专业工程咨询服务的业务范围既可以是全过程的，也可以是阶段性的。全过程工程咨询服务模式中，咨询单位接受建设单位的全权委托，参与项目建设的投资机会研究项目建议书、可行性研究、初步设计舞台机械设备设计（含方案设计、初步设计、施工图设计）、编制招标文件、参与评标和合同谈判、合同管理、施工管理（监理）、生产准备（含人员培训）、调试验收、总结评价等，陆续将阶段咨询工作成果提交建设单位审查、认可。阶段性咨询服务是指咨询单位接受建设单位委托，在建设工程项目中开展某一阶段或某一具体工作的咨询服务工作。建设单位在一个建设工程项目的实施过程中，根据不同工作阶段的特点聘请咨询公司，例如项目可行性研究、工程设计和施工监理分别聘请不同的咨询公司，以单独的合同进行咨询工作，在一个工程项目中委托不止一个工程咨询公司进行设计审查，聘请第三家公司进行施工监理等。建设单位的意愿、项目的规模、项目的技术复杂程度、项目资金来源等多种因素，决定了工程项目对咨询公司的依赖程度。

2. 舞台机械专业的前期咨询工作

（1）舞台机械专业在工程建设中的地位

1）通常，把舞台机械设备的设计采购、制造、安装、调试等形成的全过程和最终形成的结果统称为舞台机械设备工程，可简称舞台设备工程。它隶属于某一项目或演出场馆建设工程项目而不能或很少独立存在。舞台机械设备工程相对于建设项目的其他工作既独立，又是整个工程建设项目的重要组成部分，与整个工程建设项目的其他工作过程密不可分。

2）项目建设工程的前期工作，是以建筑专业为主体项目的可行性研究和初步设计。通过对项目的社会需求、地区及周边社会经济发展状况、文化市场状况、原有演出场馆及演出资源情况、地区文化历史底蕴及文化传统背景、人口文化素质及人口发展前景、地区及周边文化事业发展规划等因素的综合分析，确定项目建设的一系列重大问题，如建设一个以什么剧种为主的剧场、是专业剧场还是多用途剧场，剧场的定位及主要功能、规模和等级、采用何种管理体制等，并对资金筹措、环境影响、建设条件、社会效益、经济效益等内容从技术、经济、工程等方面进行分析比较，对该建设项目提出咨询意见。舞台机械专业在剧场建设可行性研究阶段的主要任务，就是配合总体研究工作，根据确定的定位、功能，结合规模、演出剧种、经营模式等条件，初步确定舞台形式、舞台大小，对舞台机械设备的工艺配置设备选型、设备的品种数量、设备的主要技术要求等提出设想，体现已经确定的项目定位和功能，配合建筑专业完成项目建筑的总体配置，并提出舞台机械设备工程的投资估算。在建设项目的初步设计阶段，舞台机械专业将对这些技术问题提出更加具体的建议和意见，把在可行性研究中的初步原则和设想变成确定的、量化的设计，提出舞台机械设备工程的投资概算，并为舞台机械设备工程的设备招标做好准备。由此可见，舞台机械专业的咨询工作在建设工程项目中具有非常重要的作用。

3）舞台机械的类型多，如升降台、转台、车台、鼓筒台、吊杆、钢制防火幕等，而且这些专业机械与建筑、结构的关系密切。目前，没有一个建筑师能够既掌握建筑、结构、水暖、通风、消防等建筑学相关知识，又具备全面的舞台工艺布置、舞台机械、舞台照明和音响等专业知识。国内项目建设的实践证明，那些没有舞台机械专业人士密切配合建设的项目，都或多或少地存在功能和配置缺陷，给项目的使用、运营和管理带来诸多不便，甚至成为终生的遗憾。

4）舞台机械设备大多都是非标准设备，是为适应不同项目而专门设计的。设计、制造、安装调试、竣工验收的周期较长，而且其施工进度不仅对工程总进度有很大影响，还必须与工程施工的阶段进度密切配合。这点对复杂的项目建设来说，更显出咨询工作的重要性。

5）舞台机械设备（含其控制系统）的投资占整个项目工程总投资的比例较大，没有舞台机械专业的配合，就无法确定工程的投资估算和概算，也无法进行经济分析。

可见，舞台机械专业的咨询工作绝非可有可无，而且，在项目建设启动伊始就应参加，而不是待项目建设施工或建成以后，各种问题已经出现的时候，再请舞台机械专业人员进行修补，那样只能以较大代价买教训了。国内项目建设一再发生此类事件的事实证明，没有舞台机械专业人员或机构介入或介入较晚的项目，往往出现很多问题，有些还直接影响了演出效果，造成极大的遗憾。

（2）舞台机械专业在工程建设前期的主要咨询内容

1）可行性研究阶段

项目建设的可行性研究要从整体上论证建设及投资的必要性，技术的可行性，财务、组织、经济、环境社会的可行性，以及对风险的评价和对策，最终确定项目的性质、规模和等级、功能、经营管理模式等关键问题。舞台机械工程具有较强的整体依附性，故舞台机械专业必须按照已经确定的建设原则，根据先进性、可靠性、安全性、经济性和法规适应性的原则，着重对舞台的形式和基本尺寸、舞台机械设备的工艺配置方案、设备的选型、主要设备的类别、设备的技术参数范围以及与上述内容相关联并就与建筑关系密切的问题提出建议，同时还要提出投资估算。舞台机械专业的咨询工作者还必须提供必要的资料和图纸（主要是舞台部分显示舞台机械工艺配置的平面图、横剖面图和纵剖面图）供建筑专业总体设计使用。工程项目需要借鉴国外的经验或条件时，咨询工作必须结合国内实际情况做出具体的分析和判断，否则可能会造成错误的投资导向。咨询工作的具体内容如下：

① 确定舞台的形式。根据项目的主要演出剧种和功能确定舞台的基本形式，是带镜框式台口的箱形舞台，还是开敞式舞台（如近端式舞台、中心式舞台、岛式舞台等）。如果是箱形舞台，还要确定有没有侧舞台和后舞台。

② 初步确定舞台的基本尺寸。根据项目的规模考虑其他因素确定舞台的基本尺寸，如对于箱形舞台，首先要决定台口尺寸，因为台口的大小是决定舞台其他尺寸的基点。根据台口的宽度确定主舞台的宽度，根据台口的高度确定台塔的高度，根据台下机械（主要是升降台）的结构、行程、数量确定台仓的大小和深度。

③ 初步确定台下主要设备。根据已经确定的演出剧种和基本功能、项目规模以及表演区大小，研究并初步确定台下主要设备的类型，如演出剧种为歌剧则可能使用升降台、车台系统，话剧则可能使用转台系统，并根据表演及布景分区的需要，选择使用设备的规格和数量。根据演出需要和舞台尺寸初步确定台上设备的品种、数量和规格等。

④ 初步确定舞台机械设备的工艺布置。按照演出要求、使用机械设备的品种、数量和基本尺寸，得到工艺布置图（包括台上和台下各层平面图、横剖面图和纵剖面图）。

⑤ 初步确定单台舞台机械设备的技术参数和设备分组运动情况，包括行程、速度、载荷、运动状态等；初步确定舞台机械设备总体综合指标，如定位、同步、同时运转、台间缝隙等。

⑥ 提出对设备操作与控制的总体设想及要求，提出粗略的设备总用电负荷。

⑦ 对设备机房以及其他技术用房的位置和大小提出初步建议。

⑧ 初步确定舞台栅顶及各层马道的标高、对需开门洞的位置及大小和其他演出用房的位置及大小提出初步建议。

⑨ 提出舞台机械设备工程（含控制系统）的投资估算。在可行性研究阶段，一般以规格、数量为基础，根据类似项目的价格估算费用，或以可比项目的成本为依据，估算出项目各组成设备的总价格。

2）初步设计阶段

建设项目的初步设计依据是：经论证并由主管部门批准的可行性研究报告；与建设单位或建设部门签订的设计合同，政府及有关主管部门颁布的法规、法令、规章及标准，与其他部门签订的有关技术、资源、社会协作等方面的协议和相关方提供的有关数据及资料等。初步设计的主要任务是以批复的可行性研究为依据，对工程建设项目的实施在技术、经济、环境和社会诸方面提出详细而具体的方案和论述。舞台机械专业的工作主要是细化和落实在可行性研究中已经确定的、在舞台范围内的主要设计内容，提出实现舞台全部功能的具体方法和措施，尽可能多地向建筑专业提供设计信息和设计要求，配合建筑专业和结构、电气、水暖、通风消防等专业共同完成初步设计工作。主要工作内容有：

① 最终确定舞台的形式和尺寸。根据设备的种类、规格、数量及外形尺寸，画出最终确定的舞台机械设备工艺布置图（舞台各层平面布置图、能显示设备与建筑关系的横剖面图和纵剖面图）。该工艺布置图是在对各主要单项舞台机械比较充分研究的基础上与建筑专业及其他相关专业协商后确定的。

② 对各主要单项设备进行研究。其主要任务是：对设备的总体方案进行构思，确定设备的工作原理、主要结构总体布置。确定设备应具备的主要性能（特别是安全性能）、精度、噪声、寿命等方面的总体质量指标以及其他要求后进行方案比较，要进行初步的、必要的设计计算，确定主要设备的驱动形式，大致确定设备外形尺寸，画出设备草图。最终确定舞台栅顶标高、台仓尺寸和基坑深度。确定单台舞台机械设备的技术参数，包括行程、速度、载荷、运动状态等。确定舞台机械设备总体的综合技术性能与指标，如同步精度、定位精度、运动模式、台间缝隙大小、降声指标等。

③ 确定舞台机械的总体控制方案，提出控制及操作系统的总体和具体要求。提出主操作控制室的位置和大小及对建筑的要求，如通风、供暖、消防地板、照明等。

④ 提出舞台机械台上设备的装机容量、台下设备的装机容量和总装机容量。提出台上、台下同时工作设备的名称、数量和功率，以便电气专业确定足够的用电负荷。

⑤ 提出初步的电气布线走向图以配合其他专业管线的综合布线工作。

⑥ 提出建筑各层标高上（特别是栅顶平面和基坑平面）的载荷分布图，标明载荷的种类、大小、方向和作用点。

⑦ 确定台上悬吊设备机房（含卷扬机房和控制柜机房）的大小和位置，台下设备控制柜机房的位置和大小，并提出其他工艺要求（如地板、通风、照明、空调、消防等）。

⑧ 与建筑专业一起确定大型布景或集装箱的输送方法及通道的布置，确定货物的垂直与水平运输设备。

⑨ 与建筑专业一起确定绘景间道具制作间（如有）的位置和大小，确定绘景与道具制作设备的种类和数量。

⑩ 对其他演出技术用房（如灯控室、声控室、同声翻译室、调光柜室、功放室等）以及演出用房［如化妆室、服装室、道具室、乐器存放室、乐队休息室、跑场道（多与演员娱场、休息兼用）］的位置和大小提出建议。

⑪ 提出舞台机械工程的投资概算。在初步设计阶段，投资概算应足够精确。确定投资概算时，应考虑年度通货膨胀率以及由于计算方法缺陷或缺少数据引起的误差等不可预见因素。

⑫ 确定舞台机械设备的供货量，并结合建设工程的总进度，确定舞台机械工程准备各阶段进度和具体施工进度。

3）招标投标阶段

根据《招标投标法》的规定，对工程建设项目，包括项目的设计、施工、监理以及与工程项目建设有关的重要设备、材料的采购必须进行招标。这些项目包括：大型基础设施、公用事业等关系社会公共利益、公共安全的项目，全部或部分使用国有资金投资或者国家融资的项目，使用国际组织或者外国政府贷款援助资金的项目。通常，属于公用事业的工程包括舞台机械设备大多都是国有资金投资，必须依法进行招标、投标工作。

在此阶段，舞台机械专业咨询工作的内容主要是配合招标人确定招标方式（公开招标或邀请招标）、程序和评标办法，编制招标文件的技术部分，参与招标人组织的评标工作等。现将招标文件中技术部分的主要编写内容简述如下：

① 采购内容。通常，舞台机械专业在配合建筑专业完成初步设计后，机械设备的设计、制造、安装、调试验收等工作可由一个承包商完成（交钥匙工程），或由数个承包商分别完成，故招标文件中首先应明确采购内容。采用交钥匙工程模式进行总承包建设（有以设计为主体的工程总承包，以设备制造、安装和调试为主体的工程总承包，以管理公司为主体的工程总承包和设计—建造总承包、设计—采购—建造总承包等多种形式）时，设备采购的内容应为：舞台机械设备的总体工艺配置的施工图设计、舞台机械设备的初步和施工图设计、设备的制造、供货、安装、调试试车直至竣工验收的全部工作，以及为完成这些工作所需要的设备材料和建筑及其他相关专业的配合协调的所有服务工作。有数个承包商分别完成的工程项目，应视其具体项目内容确定各个承包商的采购内容。

② 工作范围。应明确提出承包商的工作范围，除承包商在采购范围内应做的工作外，还包括那些虽由第三方完成但与舞台机械设备工程密切相关，建筑结构、消防、装修、照明、音响等专业进行施工图设计工作需要，应由承包商积极配合提供资料或图纸的各项工作。

③ 责任。明确各方在工程中的责任和义务，特别是在质量、进度和投资方面的职责、权利和义务。

④ 明确承包商在设计、制造、安装、调试验收等过程中应采用的标准、规范、规程。

⑤ 确定在设计、制造、安装、调试验收各阶段应该提供的图纸、资料以及这些图纸、资料的提供时间和审查方法。

⑥ 对设备机件、安全电气元件控制操作单元等提出通用技术要求，对单项设备提出具体的技术要求（如载荷、速度、行程、控制、噪声等）。对重要单项设备的主要结构、传动形式、控制要求等做出明确限定。

⑦ 对设备的检验（工厂检查与试验）、运输、安装、调试、竣工验收、维修、备品备件、人员培训和售后服务等作出具体规定。

⑧ 结合剧院工程的总体计划工期，提出明确的舞台机械设备工程的实施进度计划和预定的、可以有条件调整阶段的进度计划。

⑨ 招标人或建设单位提出的其他要求事项。

3. 舞台机械设备的质量监理

舞台机械设备质量现场监理是全过程工程咨询单位进行舞台机械设备质量控制的关键环节，对舞台机械设备质量控制有重要作用。

（1）设备质量监理的依据

全过程工程咨询合同、设计文件及资料、国家及地方政府有关部门发布的有关质量管理的法律法规性文件、各种技术标准规范等，是设备质量监理工作必须遵守的基本文件。

1）设备监理单位与项目法人或建设单位签订监理合同，合同规定设备形成过程中要进行监理的具体范围。国内已经实行的舞台设备监理工作的重点是设备的安装、调试和竣工验收，有时也涉及设计、采购和制造工作的部分内容。

2）国家的有关法律，如《民法典》《产品质量法》《招标投标法》《标准化法》等；有关设备监理的行政法规和规章，如《设备监理管理暂行办法》《设备监理师执业资格制度暂行规定》《设备监理规范》《设备监理师执业资格考试实施办法》（2023 年 2 月 13 日颁布）等。

3）适用于不同设备和不同质量监理过程或对象的技术法规、技术标准、规范，如针对各种机械设备的国际、国家、行业、地方和企业的技术标准，设备制造、安装、验收等通用技术条件、各种舞台机械的国家或行业标准等。这些技术标准是正常生产和工作应遵守的准则，也是衡量设备质量的具体尺度。技术标准包括：有关原材料、半成品和构配件质量方面的标准；制造工序质量方面的技术标准和设备质量评定方面的标准等。对于一些采用新技术、新工艺的工程，应有权威性技术部门的技术鉴定书及相关的质量指标、工艺规程和质量标准，并以此作为质量监理的依据。

4）为执行技术标准、保证生产和制造有序进行的技术规程、规范。这些是为有关人员专门制定的行为准则。

国内专门的、舞台机械方面的有关技术标准和规范还很缺乏，目前的设备监理工作主要依据承包合同中关于舞台机械的技术要求、通用机械设备的有关标准，同时也参考业内认可的国外的相关标准。

（2）设备质量监理的具体范围

1）机械设备（包括舞台机械设备）的质量，包括单机的质量和成套系统设备的质量。除对单机进行质量监理外，还要对成套系统设备的协调性、关联性等进行质量监理。即在设备形成的过程中对设备的主机、辅机、配套件和系统的质量进行全面的监控。

2）设备形成的每一环节和过程，对其质量都有直接或间接的影响，因此应对设备形成的全过程进行监理。设备质量的波动性和隐蔽性，只有加强对过程的监理才能解决。其中，设计、采购、制造、安装调试等过程是设备监理的重点，应对技术标准和图纸、人员技术状况、生产设备状况、生产工艺和过程、原材料、设备储运、设备安装和调试等环节实行重点监理。

（3）设备监理的方式和工作制度

1）设备监理的方式有：巡回检查、抽查检查、报验检查、旁站监督、跟踪检查和审核。可根据舞台设备形成过程的不同阶段，按照已经确定的关键点或监理重点采用不同的方式。根据需要，设备监理过程中还要进行理化检查、几何测量和性能试验等。

2）设备监理应建立的工作制度主要有：设计文件图纸审查制度；技术交底制度；材料、构件报验及复检制度；涉及变更的确认制度；设备安装质量阶段报验制度；特殊工艺跟踪制度；缺陷及不合格品跟踪和复验制度；事故处理制度和监理日志、会议制度等。在设备形成的不同阶段，工作制度的重点也应有所侧重。

13.1.2　舞台灯光、音响咨询

1. 咨询工作的必要性

以剧场为例，剧场是专业的艺术表演场地，文化培育的重要场所，也是各个城市的地标性建筑，项目涉及多个不同的细化专业，且各个专业的要求都相当高，无论是建筑的造型、观众厅舞台高大空间的结构、建筑声学条件、装修及外立面，还是舞台机械和灯光音响设备配置的合理性及功能效果等等，均需要达到科学合理的标准。因此，为保障建设成功，同时具备一定的前瞻性，并满足日后常年演出使用需求，建设单位需要聘请专业的技术咨询公司，在功能定位、建设规模控制、设备配置优化、资金投入控制方面给建设单位提供最佳建议，聘请既具备建设工程咨询经验，又具备经营管理或演出使用经验的咨询公司，做到真正从使用角度出发、从实际管理角度出发，指导和协助建设单位进行建设工作。

2. 咨询工作内容

（1）咨询服务内容

在建设工程中提供相关技术咨询服务，提供项目建设不同阶段（如前期策划阶段、初步设计阶段、扩初设计阶段、施工图设计阶段、招标阶段、施工阶段等方面）的咨询服务，配合建设单位完成项目的可研及立项工作。

建筑、功能布局、交通流线、功能用房面积分布、舞台灯光、舞台音响、暖通、给水排水机电设备、弱电智能化装修设计、招标、采购、施工及验收等重要节点。

（2）按阶段划分咨询服务内容（表 13.1-1）

不同阶段咨询服务内容表

表 13.1-1

序号	项目阶段	咨询内容
1	前期策划阶段	（1）针对项目的定位及规模，撰写舞台灯光、音响项目策划书、建议书 （2）协助建设单位撰写项目舞台灯光、音响前期可研报告 （3）针对项目的实际情况，撰写建筑方案阶段设计任务书 （4）配合建设单位完成设计单位招标工作 （5）提供以往国内同类项目舞台灯光、音响投资、规模、招标、运营等建设资料作为参考 （6）为建设单位联系国内规模相似的已开业项目进行参观调研
2	初步设计阶段	（1）协助建设单位制定设计阶段的管理组织措施 （2）对项目的舞台灯光、音响设计成果进行评审，并提出书面咨询意见 （3）针对项目的实际情况，撰写项目舞台灯光、音响初步设计阶段设计任务书 （4）组织提交舞台灯光、音响造价估算 （5）对项目的通风空调、消防、强电、弱电、智能化、精装修等阶段涉及的舞台灯光、音响专业进行设计文件的审核 （6）对项目的建声、隔声、视线设计、舞台灯光、音响专业进行本阶段设计文件的审核，重点对建筑专业观众厅面光、耳光、挑台光、舞台灯光、音响设备布置、各个功能用房、观众席的视线分析等给出工艺布置设计建议。特别是乐池的设计高度、乐队休息室、乐器房等 （7）为建设单位提供项目初设过程中所需参考的以往国内同类项目资料 （8）为建设单位联系国内规模相似的已开业项目进行参观调研

续表

序号	项目阶段	咨询内容
3	施工图设计阶段	舞台灯光、舞台音响专业进行本阶段设计文件的审核
4	招标阶段	（1）对项目的舞台灯光、音响、会议系统、录音棚等专业招标文件进行审核，将舞台机械、灯光、音响等要求落实到设计方案中，参与舞台设备招标与合同谈判 （2）配合建设单位完成以上专业的招标工作，提供以上各专业施工单位以往业绩、项目评价、企业情况、资质等调研情况，在建设单位有需求的前提下帮助建设单位联系施工单位进行考察
5	施工阶段	（1）针对舞台灯光、音响、会议系统等专业过程，定期到施工现场进行检查，发现施工质量不达标，不便于运营及使用的现场问题后，提出书面整改建议 （2）负责审核舞台专用设备承包商的深化施工图。对舞台灯光、音响等各专业的深化设计及技术方案提出书面咨询审核意见书 （3）参加涉及舞台工艺专业的重要设计联络会、重要节点工序验收，检查舞台专业现场施工情况，协调各个专业之间的总体设备布局。起到与建筑设计院沟通解决问题的桥梁作用 （4）对项目建设中所遇到的问题予以专业性解答

13.2　声学工艺咨询与管理

剧场的声学咨询管理工作重点是针对声学设计单位在不同建设阶段编制的室内声学设计、建筑隔声设计、噪声与振动控制设计文件成果进行审核，提出合理化意见和建议，使项目声学效果满足使用要求。

13.2.1　室内声学设计咨询

1. 方案设计阶段

方案设计阶段，全过程工程咨询重点工作包括：

（1）从建筑声学角度对声学方案设计文件进行分析，提出优化建议，并协调声学设计单位与建筑方案团队共同完成方案设计阶段工作。

（2）根据各功能厅（歌剧厅、音乐厅、综合剧场、多功能厅等）的主要用途，对建筑声学指标进行审核，提出合理化意见和建议。

（3）审查其他重要空间的建筑声学指标（如：排练厅、休息厅、观众前厅、录音棚等），并提出合理化意见和建议。

2. 初步设计阶段

初步设计阶段，全过程工程咨询重点工作包括：

（1）针对声学设计提出的各功能厅及其他空间的墙面、吊顶声学装修材料（包括吸声面、反射面及扩散面）的布置，材料选择及构造方案，声学座椅的声学技术要求进行审核，提出合理化意见和建议。

（2）协助声学设计单位和建筑设计单位，解决与建筑声学相关的技术问题，如舞台声学处理、声桥、八字墙、面光桥、耳光口及追光室的设置及有关隔声、吸声问题。

（3）针对声学设计提出的视线分析报告进行审核。

3. 施工图设计阶段

施工图设计阶段，全过程工程咨询重点工作包括：

（1）组织声学设计单位、舞台工艺设计单位、建筑设计单位做好设计对接和协同配合，同时对室内声学设计成果进行审核并提出优化意见。

（2）协助建设单位确定剧场室内重要空间表面材料、表面处理方法和需要安装的声学元素。

（3）审核最终的内装施工图，提出审核意见，确保满足室内声学设计要求。

（4）审核声学设计单位提供的结合各专业施工图的室内声学深化设计报告，提出合理化意见和建议。

4. 招标投标阶段

招标投标阶段，全过程工程咨询重点工作包括：

（1）声学材料、设备、座椅等采购配合，确定招标文件中的声学要求和应达到的技术规范。

（2）审核舞台音响系统设备选型，并给出审核意见。

（3）推荐产品质量可靠、服务能力一致认可的重要声学材料、产品、设备及座椅等材料设备供应商（每一类声学相关的重要产品或设备供应商≥3家），供建设单位（或总承包单位）参考调研。

5. 施工阶段

施工阶段，全过程工程咨询重点工作包括：

（1）组织声学设计单位及时（3个工作日内）答复在施工现场所遇到的所有与声学有关问题。

（2）在施工期间按照合同要求项目实际需求，进行现场巡查、现场会议、专业交流等。

（3）每次现场巡查后提交一份书面报告，阐述巡查内容、施工质量、存在问题及需要采取的补救措施等。

6. 竣工验收阶段

竣工验收阶段，全过程工程咨询重点工作包括：

（1）参与各个厅和重要空间的室内声学中期测试和验收测试，根据测试结果提出整改意见。

（2）审核声学设计单位提供的室内声学验收测试报告。

13.2.2 建筑隔声设计咨询

1. 方案设计阶段

方案设计阶段，全过程工程咨询重点工作包括：

（1）要求声学设计单位根据项目所处位置，针对现场背景噪声进行测量，并提供环境噪声评估报告。

（2）对建筑隔声设计方案可实施性进行分析，提出优化建议，并协调声学设计单位与建筑方案团队共同完成方案设计阶段工作。

2. 初步设计及施工图设计阶段

初步设计及施工图设计阶段，全过程工程咨询重点工作包括：

（1）审核建筑隔声初步设计文件，并提出合理化意见和建议。

（2）审核建筑隔声施工图设计文件，并提出合理化意见和建议。

3. 招标投标阶段

招标投标阶段，全过程工程咨询重点工作包括：

（1）结合声学设计文件，编制招标文件中所有内外墙体、楼板、屋顶、门等的隔声技术规范要求，建议采用合适的建筑材料和结构形式。

（2）结合声学设计文件，编制招标文件中所有专业隔声系统（如声闸门、浮筑地板、双层玻璃系统等）的隔声技术规范要求。

（3）结合声学设计文件，编制招标文件中隔声材料和专业隔声系统的技术规范要求。

（4）协助建筑师对重要区域和空间的墙体、楼板和门等建筑材料和结构形式进行选择和确定。

（5）推荐符合要求的供应商（每种材料或产品至少推荐 3 家的供应商）。

4. 施工阶段

施工阶段，全过程工程咨询重点工作包括：

（1）组织声学设计单位及时答复在施工现场中所遇到的所有与建筑隔声有关的问题，给出优化建议。

（2）在施工期间按照合同要求项目实际需求，进行现场巡查、现场会议、专业交流等。

（3）每次现场巡查后提交一份书面报告，阐述巡查内容、施工质量、存在问题及需要采取的补救措施等。

5. 竣工验收阶段

竣工验收阶段，全过程工程咨询重点工作包括：

（1）监督隔声材料和产品供应商对所供应材料和产品的验收测试。

（2）针对发现的问题，给出解决的意见和建议。

13.2.3　噪声与振动控制设计咨询

1. 方案设计阶段

在该阶段，全过程工程咨询单位应对噪声与振动控制设计方案可实施性进行分析，提出优化建议，并协调声学设计单位与建筑方案团队共同完成方案设计阶段工作。

2. 初步设计及施工图设计阶段

在该阶段，全过程工程咨询主要工作包括：

（1）对声学设计单位提供的地铁、空调通风系统、给水排水系统、舞台机械、机电设备及管道安装等的噪声和振动控制指导报告进行审核，并提出合理化意见和建议。

（2）审核声学设计单位根据空调通风系统设计图纸提供的空调通风系统噪声控制报告，并提出合理化意见和建议。

（3）审核声学设计单位提供的通风设备及管道安装的降噪方案，并提出合理化意见和建议。

（4）审核声学设计单位根据给水排水系统设计图纸提供的所有给水排水设备和水管安装的隔振方案，并提出合理化意见和建议。

（5）审核声学设计单位根据舞台机械设备的技术规范要求，提供的舞台机械设备噪声控制标准，并提出合理化意见和建议。

3. 招标投标阶段

在该阶段，全过程工程咨询主要工作包括：

（1）结合声学设计文件，编制噪声和振动控制设备招标文件中的技术规范要求。

（2）结合声学设计文件，推荐材料设备满足噪声和振动控制要求的材料设备供应商（至少推荐 3 家供应商）。

（3）审核中标的设备供应商的深化设计图纸涉及噪声和振动控制的部分，并提出合理化意见和建议。

4. 施工管理阶段

在该阶段，全过程工程咨询主要工作包括：

（1）组织声学设计单位及时答复在施工现场中所遇到的所有与噪声和振动有关的问题，给出优化建议。

（2）在施工期间按照合同要求项目实际需求，进行现场巡查、现场会议、专业交流等。

（3）每次现场巡查后提交一份书面报告，阐述巡查内容、施工质量、存在问题及需要采取的补救措施等。

5. 竣工验收阶段

在该阶段，全过程工程咨询主要工作包括：

（1）参与各个剧场和排练厅的背景噪声测试，审核声学设计单位提供的验收测试报告。

（2）针对验收发现的问题，给出解决意见和建议。

13.3　展陈工艺咨询与管理

13.3.1　展陈工艺概述

随着经济水平的不断提升，人民对精神文化的需求也随之提升，我国公共文化服务体系逐渐趋于完善，随之也带动文化迅速发展。改革开放以来，随着国家对地方文化建设重视程度的提高，文化场馆的建设也进入了蓬勃发展时期。

展陈工艺是文化场馆建设工作中一项十分重要的内容，它是基于一定展示主题及内容，在特定空间内以相关展品为基础，配合各种形式的艺术组合，进行展品的展览和陈列，其实质主要是关于展品陈列和展览所进行的系列设计和施工活动，不仅包含技术性的工作，而且具有空间设计和艺术设计双向内涵。文化场馆项目如何向观众输送知识，传达展品性质特征，反映文化内涵，需要设计人员精心策划，只有推出在思想、科学、知识等各方面都独具特色而又具有强烈艺术感染力的精品展览才能充分发挥其社会作用，实现经济效益，获得可持续发展的动力。因此，展陈工艺对文化场馆建设起到了极其重要的作用。

13.3.2　展陈工艺的特殊性

展陈工艺包含设计及施工两个方面，展陈工艺设计是一项科学的艺术工程，融合建筑设计、环境设计、平面设计、家具设计、数字媒体设计、交互设计及施工工艺等多门学科，因此展陈工艺设计与传统设计有着巨大差异，设计上存在自身特点及难点，展陈工艺施工则涉及多专业交叉施工，对施工组织方面也提出更高要求。

1. 展陈工艺设计特点及难点

（1）展陈工艺设计的特点

展陈工艺设计包含了视觉、听觉、触觉和味觉等感官体验，综合了二维、三维和四维的物质形态，还需综合运用材料工艺、灯光色彩、数字媒体技术等表现手段，集合图形思维与造型思维、逻辑思维与形象思维，需全方位、多角度地为参观者提供展览体验，设计特点如下：

1）直观生动性。为了让观众全面了解展品信息，包括展品的名称、类型、历史文化背景、价值功能等，展陈工艺设计最基本的要求即让观众看得懂，并吸引观众，能让观众留下印象，因此，设计师需要为观众营造出一个沉浸式观赏环境，保证陈列品以各种形式生动呈现出来。

2）丰富多元性。不同的展品具有不同的价值或者意义，展陈工艺设计需要尽可能地将各种展品的特色和价值体现出来，要具有较强的观赏引导功能和审美辅助。一般而言，展陈工艺设计是按照展品类型或文化属性等来合理组合、搭配，保持同类或非同类展品之间的自然过渡，丰富多元的展陈工艺设计，也可以使观众在参观过程中获得多样化的丰富体验。

3）科学真实性。科学性和真实性是展陈工艺设计的前提，展陈提出的观点、思想、知识和信息都必须建立在科学的学术研究成果之上；另外，图文版面的设计、艺术或科学的辅助展品的创作等，也都必须以客观真实为基础，是有依据地还原、创作和重构。

4）人景互动性。对于一些特殊的文化场馆，如科技馆类建筑，常常需要进行人与环境空间的交流互动，使观众融入场景，实现身临其境的感觉，以体验科技的神奇。因此，常常需要在展陈工艺设计时，通过人对外部环境或设备的触摸、操作，实现多种交互方式来获得真切、丰富的感受。

5）知识教育性。教育已成为文化场馆最核心的功能，宣传教育是文化场馆的最终目的，文化场馆展览是为了进行知识普及和文化传播，服务公众教育。因此，一个有思想知识内涵、能起到知识普及和发挥公共教育作用的内容设计，才符合文化场馆展览要求。

（2）展陈工艺设计的难点

基于以上设计特点分析，展陈工艺设计往往要求设计师具备社会、文化、经济、市场、科技等诸多方面的知识，对设计师的综合能力提出更高要求，主要设计难点如下：

1）设计时要突出展示主题。展陈工艺设计时一定要先明确展览主题，所有的内容要围绕展览主题进行。展览主题是展览的灵魂，是展览要表达的中心思想，既是内容设计的起点，也是落脚点。主题鲜明连贯、逻辑清晰有序才能更好地使观众理解展览的内涵。设计工作中，设计师往往由于缺少对展览主题的充分认识和理解，而无所适从、不知所云。

2）设计时要实现整体空间形式与氛围融合。展陈整体版式设计要与空间形式设计相协调，在统一中求变化，在变化中求统一，做到展览形式与主体氛围融合。但由于展陈工艺设计涉及元素过多，元素融合给设计师带来巨大挑战。

3）设计时在保证观赏效果的同时做到造价可控。展陈工艺设计做到美观和可观赏性。设计时为了实现展示效果和场景营造，往往采用一些大型、豪华场景设计形式，就会带来造价的提升；采用设计造型、工艺和结构上较为简单的形式，又无法保证设计效果。既要实现观赏效果又要确保工程造价可控是设计难点。

4）设计时要融合科技属性。随着科学技术的发展，展示手段大大丰富，各具特色的数字多媒体技术大大拓展了传统展示效果，如幻影成像和全息投影技术，使展览朝着互动和虚拟的方向发展。但在设计时，由于设计师缺少对一些新技术、新科技的深入认识，使得设计与科技的衔接产生问题，也给设计工作带来一定阻碍。

2. 展陈工艺施工重难点

（1）材料选择方面。展陈空间一般作为公共活动空间，对展陈施工所用的各项材料（木材 / 板材、化工产品、胶类、漆类、灯具、开关、插座、线缆等）的环保性和安全性要求十分高，且装修后必须满足各项空气检测指标，在施工时，对材料环保性、安全性要求严格，因此材料的选择为工程重点。

（2）人力组织方面。展陈空间一般为某一特定展览空间，因此，展陈工艺施工为特定封闭空间区域，为了确保项目展品、材料和设备的安全，必须精挑细选高素质的有相关经验的技术工人，因此，工人的挑选是工程的一大难点。

（3）材料（半成品）运输方面。为了工程施工时的噪声控制，所有产生噪声的工作必须在场外完成，运输到现场再进行组装。考虑到展墙、展品、支架等都比较大，运输路线受外部条件局限性较大，因此材料（半成品）运输是工程控制的难点。

（4）材料堆放方面。由于施工作业的活动空间在室内，因此，材料只能根据施工进度统筹兼顾，随到随用，不能一次性到位。同时部分辅助材料将根据项目施工进度，随时调整堆放位置，材料堆管理、现场平面布置是项目管理难点之一。

（5）环境保护方面。施工时要把安全文明施工、环境污染等作为本工程的重点。

（6）成品保护、设备保护方面。对于内部装饰面皆已完成的工程，布展施工时，需要对已完的装饰面及成品、设备进行保护。在具有临时性主题的展览活动中，展览完成后，需要进行展陈现场施工拆除，在展览拆除过程中，应确保展览产品的安全，保护展览结构不受损坏，也是项目管理控制的重难点。

13.3.3　展陈工艺设计及施工工作内容

展陈工艺作为文化场馆建设的重要专项内容，了解展陈工艺设计及施工工作内容，对于全过程工程咨询管理者而言十分必要，以下阐述展陈工艺设计及施工工作内容：

1. 展陈工艺设计内容

对于文化场馆的展陈工艺设计而言，首先需要进行策划，继而确定展品数量，梳理展陈大纲，然后根据大纲进行总体规划设计和展陈艺术形式设计，主要包括两方面内容，即内容设计和形式设计。

（1）内容设计

内容设计就是依据展品信息资料，用文字表达方式为展览构建一个提纲，并对展品进行组织策划，使展览策划按照既定框架来达到所需要的展览目的。内容设计是整个展览设计的重要部分，主要是对展览内容、主题、展品作一个提纲，让展览变得清晰、有条理。内容设计实际上就是通常说的编写展览大纲。对于某些特定的场馆而言，展览大纲的编写有固定的格式和顺序，编写时，文字表达精练准确，有理有据，特别是不允许出现模糊或者没有确切依据的语言。

（2）形式设计

形式设计是展陈工艺设计的关键。形式设计首先需要设计者使用图的形式向人们展示展览效果立体片段，把所有的展览效果联系起来，形成一个完整的空间立体视觉效果；最后，设计者把俯视视觉、平视视觉、仰视视觉叠加形成三维空间的立体效果图，完整地展示所有空间视觉效果。值得注意的是，在展览没有布展好的情况下，通过设计者的口述不可能充分表达展陈工艺设计的实际效果，因此，展示陈列的载体与方法选择对最终实际效果有重要影响，是形式设计完成的关键一步，常用的展陈形式设计中展示陈列的载体与方法如下：

1）展墙、展壁及展板的陈列方法

这种陈列方法是通过设置固定或者移动的展墙、展壁、展板来悬挂实物展品，实物展品主要类型为标本、照片、地图、书法、绘画等影像资料。展墙、展壁、展板在美术馆中使用较多，作为美术艺术作品展示的载体，是展厅不可缺少的设施。尺寸和造型根据展陈空间和内容而定，其主要功能是安置悬挂展品，也可对展厅内部空间作分隔，并对观众的参观路线进行引导，具体效果如图 13.3-1 所示。在文化场馆建筑使用最多，其主要结构组成特点具体分析如下：

图 13.3-1　展墙、展壁及展板陈列方法效果示意

① 活动展墙。活动展墙由暗藏自动升降系统、万向调节滚轮轴、钢结构底座、全铝制内框架、内置挂画槽、热压成型基层板（木夹板＋软木板）、海基布涂料组成。

其特点包括：展墙内部设置暗藏式全自动电动驱动系统及全自动电动液压升降系统，实现上下自动调节以及前后左右的位移；展墙的底座由钢制方管制作而成并做防火防锈处理，可作为展墙及其钉挂展品后的全部承重底撑，展墙内部框架均由铝方通制作而成，以满足展墙的安全性、稳定性、平整性，同时能满足展墙钉挂展品后的负荷要求；墙体的板面可使用阻燃环保胶合板（木夹板）再外附环保软木板，经专业数显热压设备多次热压后整体一次成型，同时满足展墙反复多次钉挂展品后不扩大钉眼、不出现裂缝及变形；展墙表面装饰面采用外敷海基布、外刷环保乳胶漆，满足展品挂装后的钉眼修补。

② 展壁。展壁由龙骨、热压成型基层板（木夹板＋软木板）、海基布涂料面层组成。

其特点包括：可拆卸、不变形、不开裂、可多次重复使用，安装简便、易操作、新型环保；展壁本体任意位置也可安装挂画槽，以使挂钩在挂画槽中灵活顺畅地自由移动；从内至外均为层压结构，分别采用耐火、防潮的纤维水泥板作为底层，附上阻燃、环保的胶合板（木夹板），再外附环保软木。

③ 展板。展板由转弯路轨、滑轮系统、隐框龙骨、热压成型基层板（木夹板＋软木板）、海基布涂料面层预置内置挂画勾等组成。

其特点包括：隐藏式边框处理突出展示效果；能达到多方向、多岔、多弧设计功能效果；内置挂画槽，展板本体任意位置也可安装挂槽，以使挂钩在挂画槽中灵活顺畅地自由移动。

2）展架、书架的陈列方法

展架、书架的陈列方法与展墙的陈列方法基本相同，也是通过悬挂、承托展品来进行展示陈列，展架、书架一般在图书馆中使用较多。展架、书架相对于展墙具有布置灵活、节省空间、方便更换的优势。展架、书架的形式设计丰富多样，也可以同时与背景搭配传播信息。展架、书架还可以形成空间中的屏风、隔断以丰富空间视觉效果。展陈、书架的陈列方法效果，如图 13.3-2 所示。

图 13.3-2　展架、书架陈列方法效果示意

3）展柜和展台的陈列方法

展柜、展台主要是艺术品、模型、沙盘的陈列工具。展柜、展台多用于博物馆中，而展台较多用于承托大型实物。展柜、展台的形式、色彩和材质要求与展品本身协调统一。展柜、展台的尺寸需要根据人体工程学进行确定，一般较大展品使用较低的展台，小型展品则用较高的展台。展柜通常分为靠墙展柜。展柜和展台的陈列方法效果，如图 13.3-3 所示。

图 13.3-3　展柜和展台的陈列方法效果示意

4）场景设计的陈列方法

场景设计是一个融合艺术学、建筑学、舞台设计等多学科理论的综合陈列方法，通过使用主体标本或模型制作等三维实物进行场景展示，突破实物展品在展出时对信息传播的局限性，展示效果能够给观众留下深刻的印象。场景设计的陈列方法在博物馆建筑中有着越来越广泛的应用，根据展陈的规模，场景设计又可以分为橱窗封闭式场景和大型开放式场景。

① 橱窗封闭式场景

橱窗封闭式场景设计是将展品按照真实比例或缩小比例装进类似橱窗的封闭式大展柜，通过封闭的展示环境对展品进行保护。橱窗封闭式场景的陈列方法效果，如图 13.3-4 所示。

图 13.3-4　橱窗封闭式场景的陈列方法效果示意

② 大型开放式场景

大型开放式场景设计是将场景直接修建在展示空间中，一般适用于尺寸场景展示，不设置封闭的玻璃或者隔断物去进行保护，可在周边设置护栏或围栏，有的场景则可以让参观者参与进去成为场景的一部分。该展示方法适合展示及复原一些历史人物事件、社会民俗礼仪、传统的手工艺等内容的原貌，同时可结合声、光、电等因素使参观者有身临其境的感觉。大型开放式场景的陈列方法效果，如图 13.3-5 所示。

图 13.3-5　大型开放式场景陈列方法效果示意

2. 展陈工艺施工内容

根据工程经验及有关资料，展陈工艺施工主要包含基础工程、展览制作、现场布展施工、施工验收等四个方面的内容：

（1）基础工程

基础工程是指展陈工程中装饰装修和安装工程，主要包含现场测量、装饰装修施工、安装工程施工：

1）现场测量内容。主要包括顶面、墙面及地面部分的放线。其中，顶面：顶面室内装修末端装置综合布置控制线、吊顶标高控制线、吊顶面层、辅助展项控制线；墙面：墙面室内装修末端装置综合布置控制线、墙面标高控制线、墙面造型、展具、辅助展项定位线、墙面展览版式控制线；地面：地面标高控制线、展厅功能分区、墙体定位、洞口定位（门、窗）控制线、展厅十字中线、展线通道控制线、面层起铺点控制线、铺装排版尺寸控制线、展具、辅助展项、展品点位置控制线。

2）装饰装修施工内容。主要包括展墙、地面、吊顶、玻璃、饰面板和饰面砖、涂饰、裱糊、护栏和扶手制作与安装项目内容。

3）安装工程施工内容。主要包括给水排水与供暖、建筑电气、通风与空调、建筑智能化、消防工程的施工。

（2）展览制作

展览制作是指除基础工程以外，展览陈列展具和辅助展项等制作项目，一般由第三方厂家制作完成，主要包括展具制作和辅助展项制作：

1）展具制作。主要包括展柜、展壁、展台、标牌、支架、展托、卡具等展览用具制作。

2）辅助展项制作。是指用于辅助展示主题内容的图文、图表、场景、模型、沙盘、雕塑、创作画、多媒体、互动等制作。

（3）现场布展施工

在基础工程验收合格后，现场施工才具备条件，现场布展施工主要包括展具组装、辅助展项组装、展览照明调试、综合布展施工等工作内容，其中综合布展施工需待展具组装、辅助展项组装完成后进行。

（4）施工验收

施工验收工作是展陈工艺施工内容的重要组成部分，是保证展陈工艺施工质量的重要措施，主要包括展柜制作与安装验收、壁龛制作与安装验收、展台制作与安装验收、展品标牌制作与安装验收、展架、展托、卡具和容器制作与安装验收、图文展板制作与安装验收、场景、模型和沙盘制作与安装验收、创作画和雕塑制作与安装验收、多媒体展项制作与安装验收、互动展项制作与安装验收。

13.3.4　展陈工艺设计及施工质量管理内容

1. 展陈工艺设计管理

由于展陈工艺设计涉及建筑设计、装饰装修设计等其他专业协调配合问题，展陈工艺设计工作相比于其他设计工作更为复杂，一般展陈工艺设计及室内装饰装修设计在建筑设计时提前介入，在建筑设计时，提前对建筑设计提出要求；待具备条件后，开展展陈工艺设计及室内装饰装修设计，保持与整体风格一致，软装设计同步介入配合；最终，装饰装修设计专业负责再次进行效果图整合更新，力求效果图效果即为落地效果。极高的效果图要求，也对各专业的技术水平和出图能力提出很高的要求。同时，也对设计管理工作提出更高要求，设计管理工作具体内容如下：

（1）制定科学的工作计划。在经过严格评选，确定展陈工艺中标单位后，管理团队需组织相关参建单位，制定科学的工作计划，根据各分计划配合协作并落实到人。执行过程中，管理团队做好过程监督，并做好组织协调工作。

（2）组织开展展陈大纲交底。展陈大纲一般是专业编写人员根据甲方提出的展览主题，通过收集、整理陈列品的前提下进行编写的，通常展陈大纲专业编写人员对甲方意图、展览主题等有着深刻的理解，在展陈工艺设计工作开始前，需组织展陈大纲专业编写人员对设计团队进行交底，这样做可以保证设计人员在开展展陈工艺设计时，把握展览内容的方向性，避免出现内容方面的错误。

（3）组织进行总体规划论证。由展陈大纲专业编写人员及建筑、展陈及装饰装修设计师共同商讨、反复论证最后确定展陈的总体规划。总体规划中应该讨论规划展线、展厅的分布位置等，确保设计风格和展览内容相一致。

（4）组织进行展陈工艺设计方案比选。在整体规划确定后，组织讨论展览陈列设计整体风格、确保设计风格和展览内容相一致，组织设计单位（建筑设计、装修设计、展陈工艺设计）开展方案设计比选，主要包括内容策划设计、空间设计、展线设计等；通过设计方案比选形式，选择最优的展陈工艺设计方案。

（5）组织开展展陈工艺深化设计。具体工作包括：由承担展览艺术形式设计的设计师根据展览大纲、展览整体风格的规定要求、展区面积尺寸，在确定的方案基础上完成展览艺术形式设计工作，主要应该包括：基础工程设计、展品位置、灯光设计、详细线路及区域划分、展具设计、辅助展项设计、版式设计、展品布置设计、展览照明设计、展陈智能化设计、施工图设计。

（6）如果招标范围内有大纲编制，需将大纲深化放在深化设计的第一个步骤进行。在进行深化设计的过程中，需组织展陈大纲专业编写负责人与设计人员及时商洽在设计中出现的内容与形式的问题，以便形式设计的顺利进行。展陈大纲专业编写负责人有责任协助形式设计人员理解内容；形式设计人员应该完全理解内容的本质，以便采取更恰当的形式去表现内容。展览内容和形式要做到相辅相成，形式服务于展览内容并使内容得到最大化体现。

（7）组织开展展陈工艺设计优化。具体工作包括：深化设计完成后，要向甲方、有关专家进行汇报，听取各方面的意见，再进行优化设计，使展陈工艺设计达到最优效果。优化设计工作主要包括版式优化设计、艺术品优化设计、多媒体优化设计、施工图优化、预算优化。

2. 展陈工艺施工质量管理

文化场馆的展陈施工具有复杂的步骤、流程和环节，相比一般建筑施工与工程装饰施工，在展陈施工中存在各种问题与矛盾。文化场馆的展陈施工不仅强调进度、质量、成本、安全等目标，还需突出展览的文化性和艺术性，故必须加强展陈施工质量管理，保证工程施工顺利。

（1）重视材料设备选择管理

因为展陈工程的特殊性质，在施工过程中需要用到很多不同材质的搭配。比如，展柜材料中不仅含有支撑、饰面、积木材料，还需要用到固定扣件的材料，因此在管理施工的过程中，需要加强材料的选择管理，保证制作成本，也要通过材料将艺术效果因素体现出来，同时确保材料为无毒、无辐射以及无害气体的绿色环保材料；另外，鉴于玻璃材料和灯光在展陈工艺设计的大量应用，而普通玻璃会在灯光的照射下导致光源光束的反射情况增加，从而导致产生反射眩光情况，则需要在选择保护展品的玻璃时尽可能地选用特殊材质，而消除反射眩光。

（2）做好展陈施工过程工序管理

和其他房建类工程施工工序不同，展陈制作工程的施工工序需要考虑陈列品的特点和保护要求。因此，在施工管理中，要加强各个单位之间的沟通与协作。比如，在展陈制作工程施工中，各类展柜、装饰物都是由第三方机构进行制作，运输到现场进行组装的；又比如，部分大型展品对楼道、门洞、货梯等有一定的要求，需要提前安装到预定位置等。因此，需预先做好各个单位的协调沟通，为展柜、装饰物的安装预留好相关位置。同时，要对加工场所的加工进度进行追踪，灵活调整施工工序，提高施工质量和效率。

（3）做好陈列品保护措施管理

在文化场馆中，多数陈列品都比较贵重，陈列品保护是展陈工艺十分关键的环节。一方面是展陈布展施工过程中，对展品需要设置针对性的保护机制，保护施工过程中陈列品不受破坏；另一方面，很多陈列品在长期展示过程中，也有一些保护措施要求，如防火、防水、防腐蚀，以及防潮、防尘等，利用真空玻璃、除湿设备等措施进行保护，同时也要做好监督管理，以提升陈列品的观赏性，减少陈列品保护需要付出的人工成本。

（4）加强施工过程安全管理

在展陈项目施工过程及后期展览过程中，应遵循安全第一、预防为主的原则，按照相关安全管理规范、制度执行，并对现场安全加强管理。对于大型展品、艺术品、雕塑、玻璃制品、金属制品等存在一定危险性的工程，须确立专项施工计划，论证通过后方可进行。展陈施工中，常常会出现一些安全事故，如：对于有较大且有一定重量的立体或悬挂陈列品，可能出现坠落、倾倒等；对于纸质或针织物品，可能发生失火等；对于玻璃或雕塑展品，可能出现破碎等；对于有照明要求的展品；可能出现触电等；又比如，对部分大型物品布展时，需反复验证施工时建筑承载能力，建立单独的专项施工方案，确保施工安全性。

13.3.5　展陈工艺设计及施工咨询服务内容

全过程工程咨询根据展览项目建设阶段，开展相应专业咨询服务，主要内容如下：

1. 决策阶段

一般建设工程项目决策阶段是指立项和可行性研究阶段，此处决策阶段为完成项目可行性报告的制定、申报和批准后，开展展陈工艺设计工作前。此阶段主要工作为组织相关专家编制展览大纲，确定展览大纲的内容，并编制详细的展览大纲文本脚本。同时，组织人员收集和修复展览所需的物理展品、图形材料、图像材料和相关设计材料。该阶段主要咨询工作如下：

（1）展览主题咨询。展览主题是整个展览活动的精髓所在，是展览活动的指导思想、宗旨、目的等最凝练的概括与表达。找准展览主题，使众多内容围绕一个点来展示，让观众通过展览知道该展览主要表现什么内容。确定展览主题是展陈工艺设计第一任务，也是展陈大纲编写的依据和前提，展览主题需要结合项目背景，在详细的文化背景研究支持下完成的，文化场馆项目往往会因为无法确定主题导致设计方案反复修改，项目无法深入，从而拖延工程的进展，因此相关单位应尽早明确主题，必要时聘请专业人员开展专门研究及咨询。

（2）陈列品选择咨询。陈列品一定要按大纲主题内容来确定，确定的陈列品必须反映主题思想，否则会出现跑题现象。陈列品挑选要具有代表性、能反映主题的品，且不同陈列品之间相互关联，共同反映一个中心思想，具备了这些条件，才能被挑选为陈列品。同一主题下可能对应多个可选择的陈列品，但不是所有展品都可以挑选放入展厅，需要考虑整个展览路线的规划进行综合选择，同时，需要考虑相关费用问题，在选择展品时要少而精，于众多展品中提炼精华，因此陈列品的选择具有较强的专业性。

（3）展品征集措施咨询。文化场馆一般需要大量陈列品，对于已有的陈列品可以继承使用，当需要某一主题陈列品，而又缺少时，需要开展征集活动，具体的征集措施需要结合实际情况进行策划，常见征集方式有：① 捐赠：接受个人、法人和其他组织的无偿捐赠或有偿捐赠；② 移交：接收其他部门移交的展品，如公安、海关、法院、工商管理等部门依法没收的展品；③ 调拨：接收其他国有单位调拨展品；④ 购买：在符合国家法律法规的前提下，以一定经济代价向私人或通过拍卖会途径购买展品；⑤ 复制：在不违反有关保密规定的前提下，对已经消失或仍在使用，但具有特殊历史或艺术价值的文物、实物资料进行复制；⑥ 其他方式：如在所有权不变的原则下，采取代为保管、租借等方式进行。

（4）展品征集费用筹措咨询。经费预算是展览制作筹措经费的关键，征集费用活动性很大，一件陈列品有几元、几十、几百、几千、几万甚至几十万上百万元，价格高低不等，根据具体情况需要，预算出陈列品所需费用，做到经费预算应严肃认真、面面俱到，避免遗漏造成资金断接，导致展陈制作无法完成。以经费测算为依据，开展征集费用筹措咨询，制定具体费用筹措措施，确保费用来源可靠至关重要，展品征集费用筹措可参考本书第 5 章内容。

（5）展陈大纲编制咨询。展览大纲决定着展览制作的水平高低，大纲编写的主要内容包括：展览的目的和要求、指导思想和原则、展览主题和内容、展览数据收集和范围、展览规模和面积、表达形式和技术、艺术技术设计、施工管理和要求、展览时间和地点、展厅设计要求和招标文本等。展览大纲编写需依据展品对历史、民族、民俗、哲学、艺术、天文地理、宗教信仰、科学技术等多门知识进行综合运用，是知识高度集中的体现，进行展陈大纲编制咨询，更能为后续设计打下坚实的基础。

2. 招标阶段

常见的招标方式包含公开招标、来源采购、邀请招标、国际竞赛等形式。招标阶段，可根据招标资金预算等因素，提出合理的招标选择方式；也可根据展陈项目的特殊性、复杂性、多样性等，综合考虑设计与施工有效衔接，提出选择设计施工分离或设计施工一体化招标的咨询意见。

3. 设计阶段

为确保展陈工艺设计过程中设计质量和品质，设计阶段可以提供如下咨询内容：

（1）展陈工艺规划设计咨询。展览空间是要创造一个使人身心健康，安全舒适的参观环境，需要从使用参观角度，设计合理空间格局，通过对展陈空间布局的规划，来满足不同的功能需要。在坚持以人为本的设计原则，结合人的行为和浏览习惯设计流线顺序，注重规划的层次和节奏，考虑后续方案设计的可行性及落地性的前提下，从使用运营、功能需要、建筑消防等方面，提出空间布局、功能分配及交通组织等咨询意见。

（2）展陈工艺照明方案设计咨询。光对展陈空间的设计有着重要的影响，是参观者参与展品感知的关键，对照明系统设计者的水平有较高要求。目前，展陈工艺设计中，照明问题仍然较为突出，主要为眩光问题和均匀性问题。进而导致展品在展览过程中，相对较多的展品没有在观赏者面前呈现，导致出现了较多的色泽误差、形状性误差等，展陈工艺照明方案设计咨询需要从光对人的影响、对展陈效果影响及避免眩光问题和均匀性问题且满足规范要求角度，提出照明方式、照明亮度和色温的咨询意见。

（3）展陈工艺设计展品防护咨询。不同的展品（如纸质展品、木质展品、陶瓷展品、丝织展品、金属展品等）对温湿度有着不同的敏感度，容易受环境因素的影响，出现不同程度的损坏，造成不可逆的损失。因此展陈工艺设计时，需要通过空调系统、恒温系统和除湿设备等调控展陈空间的温湿度，实时监测、控制展品所处环境的温湿度变化情况，消除环境中的不利因素，使温湿度维持在适宜区间。通过展陈工艺设计展品防护咨询，提出温湿度要求，结合展品的具体类型，给出空调系统设计建议方案及环境变化监测建议方案。

（4）展陈工艺设计安全咨询。安全可靠是最基本及最重要的要求，需要坚持安全第一，预防为主的原则，必须满足观众的人身安全，设计阶段是解决安全隐患的关键阶段，通过展陈工艺设计安全专项咨询，提出设计安全隐患并进行设计优化非常重要。例如，对于观众可接触到的部位，充分采用有弧度的边角设计；露螺栓连接部位采用下沉或圆头等设计；开关按钮采用低压控制设计；大型展品需要进行专门的承载力可行性计算等。

（5）展陈工艺设计其他咨询。除以上设计咨询外，色彩设计、流线设计、消防设计、声学设计、新技术、新材料及新工艺在设计中的应用等均可在设计阶段提出专业咨询意见。

4. 施工阶段

为确保展陈工艺施工过程中的施工质量和品质，施工阶段，全过程工程咨询单位可以提供如下咨询内容：

（1）展陈工艺施工组织设计咨询。施工组织设计作为指导施工组织与管理、施工准备与实施、施工控制与协调、资源的配置与使用等全面性的技术文件，是对施工活动的全过程进行科学管理的重要手段。针对工程的特点，根据施工环境的各种具体条件，施工单位编制施工组织设计。通过审查施工单位施工组织设计文件，对整体组织架构、施工平面布置、施工工期、施工机具设备和劳动力安排等内容提出咨询意见，可实现展陈工艺施工，有利于控制施工整体进度、质量和安全。

（2）布展专项施工方案咨询。在基础工程验收合格后，施工单位具备现场布展施工条件，主要包括展具（展柜、展壁、展台等）组装、辅助展项（图文、图表、模型、沙盘、雕塑、多媒体等）组装。对技术复杂、技术难度大的展陈工艺布展施工时，施工单位应编制专项施工方案，通过审查施工单位布展专项施工方案，提出保证施工质量、安全的咨询意见。

（3）展陈工艺辅助展项制作咨询。辅助展项包括图文和图表展板、模型、沙盘、雕塑、创作画、多媒体、互动等，辅助展项制作，一般为第三方厂家制作完成。制作前，可提出满足功能要求、质量的咨询意见，如图文和图表展板应在展板周边做压边处理，避免边缘发生开胶现象；模型与沙盘制作比例等。

（4）展陈工艺专项验收咨询。目前展陈工艺施工缺少专项施工验收规范，根据展陈工艺施工内容，结合工程经验，提出不同专项验收的主控项目和一般控制项目的咨询意见，有利于控制展陈工艺施工质量。

（5）展陈工艺施工其他咨询。除以上施工咨询外，施工色差质量控制、消防、机电安装工程质量控制、环境保护措施等均可在施工阶段提出专业咨询意见。

13.4 沉浸式主题空间工艺咨询与管理

随着我国经济的飞速发展、文化自信的提升及文化场馆商业形态的变化，消费者不再局限于基本的物质层面的需求，精神以及情感上的需求显得更加突出，在文化旅游或综合体项目中，沉浸式体验式消费已经发展为新的潮流，社会层面对人文环境的关注度也越来越高。线上交易的冲击与城市商业文化场馆综合体的迭代升级促进了文商旅综合体发展的进程。

文商旅综合体中文化、旅游和商业的融合方式非常丰富，其核心是围绕如何通过文化、旅游和商业的融合式发展，为综合体带来更多流量。其中沉浸式主题空间是近几年在国内兴起比较典型的一种融合方式，多个实践案例成功证明这一产业模式。沉浸式主题空间主要构成元素包括互动艺术装置及声光电融合应用的沉浸式演艺创作。

13.4.1 互动艺术装置介绍

互动艺术装置作为近年发展势头高涨的艺术类型，逐渐从展览空间走进这一新的商业空间。沉浸式消费体验也是文商旅综合体的主要发展方向。互动艺术装置以新颖的热门话题、灵活多变的表现形式和较强的视觉冲击力，吸引了公众广泛关注并促使其参与其中，也成为文商旅综合体引流的一大亮点。互动艺术装置的引入，不仅顺应了商业综合体的发展趋势，也对营造具有可持续性的沉浸式互动体验社交空间起到了至关重要的作用。

互动艺术装置和顾客的良好互动性，使其不仅仅是艺术家个人的创作，而是艺术家和顾客共同创作，顾客的参与完成了互动艺术装置的最后一块拼图。互动艺术装置的特殊之处在于"互动"的双向性，顾客作为初始信息的输入者，会根据自身理解对互动艺术装置做出不同的反应，而互动艺术装置作为信息的处理和输出者，通过对观众的不同反应进行分析，并给予相应的反馈。输入信息的不同必然导致反馈信息的不同，而这一差异性又会反过来影响观众，去寻求互动艺术装置的更多可能，这种不可控的结果导向给予了互动艺术装置与众不同的特性，观众与其互动会改变艺术品的某些特质，是重复的创造和再创造的过程。同时，互动艺术装置与普通艺术品相比规模也会更大，一般放置在开放性的公共空间，以满足观众亲身参与其中的需求。现有互动艺术装置融合了各种先进的科学技术，如机械、灯光、音响、投影、影像、水系、图像处理、激光、雷达、香氛系统等各类先进技术，同时横跨了多个学科，包括艺术学、设计学、雕塑制作、数字编程、电子工程、机械工程等，通常以艺术装置或者机械装置为载体，将其他系统嵌入其中。在初始阶段，互动艺术装置大多以美术展览的形式与公众接触，现在已大量应用于城市公共空间或商业综合体中，为这些空间带来了大量的人气。因此，互动艺术装置对文商旅综合体项目的成功与否具有非常重要的作用。

13.4.2　互动艺术装置分类

文商旅综合体中互动艺术装置一般布置于主题场景中或者散落的布置在各个功能空间，现从如何运用目前已成熟的声光电等技术营造一种能够使人沉浸其中的空间氛围，对互动艺术装置进行简单分类：

1. 投影互动艺术装置

对于以投影为主的互动艺术装置而言，装置本身并不需要太多的造型与结构，因为人们关注的焦点主要在所投影的光影效果上，这需要投影设备做好隐蔽安装避免外露影响环境美感。投影设备投影的载体根据接收光源面的不同可以分为平面类与复杂曲面类，平面类的载体一般为墙面、地面、桌面以及天花板等，而复杂曲面则可以是雕塑，模型以及人体等。

投影内容可以简单分为具象物和抽象物，具象物是指投影内容是十分具象的实物，可以是动物、植物、生活用品以及各种沉浸式的场景等，而抽象物是指投影内容在现实中并没有与之相对应的实物，例如浪漫的场景，波涛汹涌的海浪，虚构的动画人物，任意变化的几何体等。与人之间的互动一般是靠红外感应器、雷达或者图像识别技术实现的，当人进入装置可感应的范围内，通过传感器便可以将人的行为信息进行收集，并通过后台服务器数据进行处理并作出相应的投影内容的改变或随动。

2. 机械互动艺术装置

机械互动艺术装置是互动艺术装置中的一大类，各种机械装置应用层不出穷，如翻转机械互动艺术装置、旋转机械互动艺术装置、开合机械互动艺术装置、移动互动艺术装置等。

翻转机械互动艺术装置一般由很多个单独的翻转单体组合而成的互动墙，每个翻转单体正面看基本都是比较规整的矩形或圆形。翻转体的厚度和翻转速度不同，所展现的效果区别较大，尤其是一些正方体翻转块，可以在多个面展现不同的内容。

旋转机械互动艺术装置主要集中在旋转的角度上，其形式就像向日葵会随着太阳的移动而发生角度的偏移。当然也可以通过每个单元体旋转实现不同的角度，从而形成一个整体画面，例如通过手势指挥小动物或者花朵左右旋转摆动等。

开合机械互动艺术装置主要有展开和闭合两个动作，一般以模拟真实的具有开合性质的事物，其对装置的艺术性和美观性要求较高，例如花朵、雨伞的开合等。

移动互动艺术装置一般是配合其他形式的装置共同完成效果的展示，该装置一般也是由多个相互配合的单元共同组成，一般分为水平移动和垂直移动，也存在少量的在三维空间中的移动装置。

3. 灯光互动艺术装置

灯光在互动艺术装置上有非常广泛的应用，主要包括灯泡、灯管、LED 显示屏等，尤其是可以通过控制实现各种颜色、各种效果的灯光，对人们的视觉冲击很大。

LED 显示屏展现的内容十分的丰富与复杂，但成本相对较高，而且需要参与者身处较远的位置才能辨识出显示屏中的内容。

以灯具为主的互动艺术装置可以适用于大空间大场景，也可以适用于小空间小场景，在大空间里一般需要灯光阵列以满足空间覆盖及亮度需求，有利于营造沉浸式氛围，增加观赏体验。

4. 镜面互动艺术装置

镜面互动艺术装置是通过镜面反射形成丰富多彩的效果，镜面本身能够反射周围的事物，如果将镜面安放在空间的墙面上具有增加视觉空间感的作用，仿佛将视线进行了延伸。如果将多面镜子组合在一起，再通过光线的不断反射可以在镜面中形成无限多个循环场景，这些场景将会拓宽参与者的视野。作为单个镜面来说根据镜面的曲面变化可以使得镜面反射的效果发生偏移，例如哈哈镜就是通过镜面的凹凸将镜面中的人体进行拉伸或挤压，以此形成多种不同的效果。

5. 声音互动艺术装置

声音互动艺术装置一般要配合其他类型的装置实现互动效果的展示，声音不论是作为装置的传入系统还是装置的主要输出系统，都是根据声音的不同属性进行整合划分的。设计师一般会根据声音具有音量高低、音阶变化、音响频率等属性应用到不同种类的装置主体中。

当声音作为主要的输入信息时，参与者所能提供的是声音的大小以及声音所能传达的信息内容。如果与灯光相互配合，灯光的明亮程度可以随着参与者输入的声音大小进行变化，如果与喷水装置相结合，水柱的高低则可以随着声音的大小而变化，如果与晃动装置相结合则声音越大，晃动的幅度也就越大。

6. 映射互动艺术装置

映射互动艺术装置是通过装置的输入端对一个或多个参与者的互动行为进行收集，并通过输出端作用于另外的参与者中，以装置为媒介实现人与人之间的互动。这可以很好地满足多人互动的需求，同时增加了互动装置的趣味性。

13. 4. 3　互动艺术装置设计

文商旅综合体是公众参与社交活动的重要场所，其商业属性决定了在设计过程中需要充分考虑公众的审美水平及情感需求。同时，必须将激活商业空间活力增加消费者流量作为设计的首要目的，同时提升消费者体验的新要求。

设计师需围绕一种或多种文化主题展开空间设计，互动艺术装置是文商旅综合体中文化内核的实景表达，借助消费者视觉、听觉、触觉、嗅觉等感官媒介进行信息的输出反馈，通过互动体验或者沉浸式观演，诱发用户对场景的共鸣，达到更高层次的精神满足。具体在设计中可从以下几个方面展开设计：

1. 围绕文化内核展开设计

文化是文商旅综合体的灵魂，在互动艺术装置设计过程中，要紧紧围绕这一主题展开，挖掘文化深度，密切结合当地文化符号或相关热点话题，在提升空间艺术氛围的同时借助公众的文化认同，为综合体的商业属性提供增益效果。

2. 必须以用户为中心

充分了解目标顾客群体的需求和喜好；需要触摸操作的面板，设计直观、易于使用的界面，降低使用门槛；确保信息呈现清晰，交互流程符合用户习惯。

3. 交互方式的多样性

结合不同的交互方式（如触摸屏、语音控制、手势识别），为不同的用户群体提供定制化的交互体验；利用先进技术（如增强现实、虚拟现实）提升互动性。

4. 集成与兼容性

确保系统与总控、声光电等系统的兼容性；集成多种技术和平台，以提供无缝的用户体验；考虑系统的可扩展性和未来的技术发展。

5. 美学与实用性的融合

装置设计应符合美学标准，造型美观，同时满足功能性需求；考虑空间布局、颜色方案和材料选择，以增强视觉吸引力；确保所有设计元素都服务于提高用户体验的目标。

6. 安全性和可访问性

确保系统设计符合安全用电等规范要求；装置设计满足公共空间安全规范要求，尤其是注意小孩子的安全；为不同能力的用户提供等同的访问和使用机会，如残疾人如何方便使用。

13.4.4　沉浸式主题空间设计难点

1. 如何合理利用新媒体技术，突出设计主题

声光电、AR、VR等新媒体技术已非常成熟，广泛应用于演艺空间、游戏行业等，通过沉浸式的空间营造和炫酷的特效，受到业内追捧。其中AR技术侧重将虚拟信息应用到现实场景，将真实场景和虚拟场景进行叠加；VR技术侧重于创造虚拟的空间，通过模拟真实场景中的感知，让用户产生身临其境的体验。但一个成功的沉浸式主题空间内，不是简单的各类技术的堆叠，更不是所使用的新媒体技术越多越好，如何围绕某一个主题展开设计，在有限的空间和时间内，把文化内核充分表达出来，让顾客能够放松身心沉浸其中，愿意为综合体驻足，从而激发消费意愿。

2. 互动艺术装置设计需和装饰设计同步推进

很多综合体在室内装修完成以后或临近尾声时才考虑互动艺术装置设计，往往由于基础载荷不够、安装空间限制、设备安装破坏装修等原因，同时，以避免造成空间大面积改动，减少不必要的支出为由，使互动艺术装置设计不得不妥协让步，主动或被动地减少互动艺术装置与空间之间的互融，造成艺术品和商业空间整体氛围较为割裂的情况。

因此，一旦文商旅综合体确定了其中风格主题或者某一区域打造主题元素，就要开始大场景合计，大的场景确认后便可以开始互动装置设计。在这个空间内，所有的设计风格必须协调统一，都为这一场景主题服务，其次是以互动艺术装置为主，突出互动艺术装置所表达的核心立意，空间营造方面也围绕互动艺术装置展开，借用其设计元素延伸至整个空间。这个前后关系非常重要，主次要明确。

3. 互动艺术装置设计要兼顾艺术美感和经济性

互动艺术装置在文商旅综合体中主要目标是提高综合体的吸引力，必须制作精美且有观赏性，其细节要求越高相应的造价也就越高。在满足场景营造的前提下，在工艺和材料选择上尽量选择经济性的方案。这既有利于控制投资额，也有利于综合体的可持续发展。毕竟，在商业竞争如此火热的今天，很难有某个场景是常青树，每隔几年进行改造升级是很有必要的。

13.4.5　互动艺术装置调试流程

1. 系统集成测试

测试各个硬件组件和软件系统的集成，确保它们能够无缝协作；进行功能测试，验证每个部件按预期工作；检查数据传输和处理流程，确保无延迟和数据丢失。

2. 性能测试

对系统进行压力测试，模拟高用户流量，确保在高负载情况下的稳定性；评估系统的响应时间和处理速度，确保符合性能标准；进行可靠性测试，以验证系统在连续运行时的稳定性。

3. 用户体验测试

通过真实用户或测试团队模拟使用场景，收集反馈；关注用户的操作便利性和整体体验；根据反馈调整用户界面和交互流程。

4. 安全性和兼容性测试

测试系统的安全性，确保用户数据的安全和隐私保护；确保系统与其他设备和平台的兼容性。

5. 故障排除和调整

在测试过程中识别并解决出现的问题；根据测试结果调整和优化系统配置和性能。

6. 文档记录和反馈整合

记录测试过程中的发现和修改；将测试结果和反馈整合到系统的最终版本。

13.4.6　互动艺术装置技术工艺和维护管理

1. 维护计划的制定

（1）定期维护：制定详细的维护计划，包括定期检查、清洁和必要的硬件更换。

（2）预防性维护：通过定期检查预防可能的故障，减少意外停机时间。

2. 技术更新与优化

（1）持续监测技术发展趋势，定期评估和升级系统软硬件。

（2）根据用户反馈和行业标准对系统进行优化调整。

3. 故障排除和应急响应

（1）建立快速有效的故障诊断和响应机制。

（2）提供专业培训给维护团队，以应对各种可能的技术问题。

4. 文档化和记录

（1）记录所有维护、更新和故障处理的详细信息。

（2）利用这些记录进行历史性能分析，优化未来的维护策略。

5. 系统的可持续性

（1）考虑环保和可持续性因素，选择能源效率高且对环境影响小的技术。

（2）实施绿色维护策略，如使用可再生能源和环保材料。

13.4.7　性能优化和用户反馈

1. 性能监控与数据分析

实施持续的性能监控，收集关于系统运行的详细数据；使用数据分析工具识别性能瓶颈和优化机会。

2. 用户反馈的收集与分析

设立有效的机制收集用户反馈，包括调查问卷、直接访谈和在线反馈渠道；定期分析这些反馈，寻找关于系统改进的洞见。

3. 动态调整和优化

根据收集的性能数据和用户反馈，不断调整和优化系统。实施软件更新和硬件升级，以提高效率和用户体验。

4. 用户体验的提升

专注于用户界面（UI）和用户体验（UX）的改善。使系统更加直观易用，减少用户的操作难度。

5. 测试和验证

在进行任何重大更改后，进行彻底的测试验证新的优化是否有效。确保改动不会对系统的稳定性或其他方面产生负面影响。

6. 持续的改进过程

将性能优化和用户反馈的处理视为一个持续的过程，而非一次性任务。保持对新技术和方法的关注，以不断提升系统性能。

13.4.8　沉浸式主题空间施工重难点

1. 深化设计需充分了解方案设计意图

沉浸式主题空间造型独特，凸显主题，寓意深刻。施工单位在拿到方案设计文件之后，首先，要充分理解方案设计师的创作意图，从而保证在落地过程中可以完美的呈现精品。其次，为了更好的落地效果，深化设计中若发现需要优化改进的地方，要及时提出并与方案设计师沟通，将所有的不确定第一时间解决。最后，在所有方案深化设计完成以后，由全资公司组织建设单位、方案设计单位及顾问专家团队进行确认审核，直到各方都认为没问题后方可开始制作。

2. 超大体量互动艺术装置三维精准设计

对于超大体量的互动艺术装置，在深化设计中要格外"关照"。因为这类装置往往和建筑紧密相连，要么位于综合体外围，要么在其内部紧密生长在一起，要么和电梯等大型设备合为一体。这类装置在设计过程中不仅仅要严格遵循方案设计，更要和建筑、结构、机电等其他专业协同设计，共同推进。此类装置最好采用三维模型精准设计，确保各专业之间配合0误差，同时建议采用BIM技术将各相关专业合模，对尺寸进行复核并检查干涉，并且对相互交叉的区域细节以及如何划分收口工作面，要提前沟通并严格执行。在现场安装前，还需要提前复核紧密相关的实物尺寸，确保一次性安装完成。在项目管理中，要求施工单位编制超大体量的互动艺术装置专项施工方案，确保人员和装置的安全。

3. 样品反复多次制作确认周期较长

对尺寸较大和艺术要求高的互动艺术装置，在完成深化设计确认后，需先制作小样，有时也可以和深化设计同步进行。这一步很关键，是将互动艺术装置从电脑挪到实体空间最直观的展示。互动艺术装置需要在装置实体中嵌入很多声光电设备，如何巧妙的隐蔽式安装，又不影响其功能，做到见光不见灯，闻声不知何处来，这就需要大量的样品测试。对于某些大尺寸的艺术装置，局部小样制作或缩小比例制作，很难准确把握它的生命力，那种艺术表达的感觉，也会出现反复多次制作样品的情况。艺术的追求是无止境的，在这个环节，需要全资公司适时把握分寸，促进样品确认，以保证项目工期。

4. 多专业交叉作业，施工难度大

为了主题场景风格的一致性和更好的艺术效果，前述提到在设计过程中需协同设计，同理，交叉互融的空间必然伴随着交叉施工问题。这需要专门的协调管理团队统筹协调各方，保证现场施工稳步推进，以最优最快最省的方案交叉进行。其包括建筑、结构、精装、消防、暖通、机电、互动艺术装置等多个专业，尤其是各专业在空间上相互交错，很难同时施工，有时甚至需错峰在夜晚施工；在综合布线中，各专业又紧密相连；有些专业前后施工又密切相关，反复多次移交工作面，施工难度大。

5. 交叉施工互动艺术装置成品保护难度较大

文商旅综合体中往往存在多处或多个艺术装置，在各专业交叉施工中，有一部分会率先完成。如生根于地面的装置安装完成以后，精装单位吊顶尚未完成，也经常面临施工运输车辆或货物的剐蹭；中庭悬吊装置施工完成以后，高层拦河装饰或顶部照明灯具尚未安装完成等，这些深度交叉施工的，对成品保护带来了很大困难。轻微刮伤掉漆等尚可现场修复，部分艺术装置变形或者严重损坏的，有时需要工厂重新制作。互动艺术装置是艺术品，需要各参建单位管理人员宣贯，提高工人保护意识，人人参与保护。

6. 数字孪生等虚拟模拟技术节省工期

如果按部就班的工作方式难以满足项目工期要求，数字孪生技术可以很好地将互动艺术装置及演艺场景调试工作前置，和装置制作及安装过程同步推进。这可以极大地节省时间，但需要投入更多的专业工程师，对项目团队的素质要求更高，也会产生更多成本。通过数字孪生技术，可以在虚拟空间中 1∶1 模拟互动技术和虚拟演艺，同时可以不断的在线改进。等现场安装完成具备调试条件后，可直接输出控制代码，实现无缝衔接，彻底将工期"榨干"。

7. 主题演艺创作空间大，很难定稿

沉浸式主题演艺融合了互动艺术装置、灯光、音响、视频、投影、激光、机械装置等其中的一部分或者全部。主题演艺虽围绕着一个或多个主题展开，但开放性决定了其有非常多的表现手法和创作方式。在创作过程中，前期要进行演艺脚本策划，舞美效果概念设计，剧本大纲撰写，动态分镜设计，角色及主题元素设计，场景气氛图设计，预演场景空间搭建；在中期，需要进行三维建模，材质贴图绘制，角色及主题元素骨骼绑定，动画 layout 制作，单点装置演艺效果设计，主题音乐 DEMO 设计，单点装置声效设计，模拟软件点位展开图制作，预演界面功能制作及优化，视频数据采集程序编写；在后期，需要进行整体演艺效果图深化，MP 绘制，特效制作，灯光渲染，视效合成，视频剪辑调色，内容渲染输出，主题音乐成品输出，预演软件效果模拟，生成演艺编排节目单。在这 3 个阶段中，每一步工作都有很多创作分支，都需要经过不断的打磨，因此定稿是很困难的。

8. 沉浸式主题空间系统调试复杂

在文商旅综合体中，调试工作和其他文化场馆类似，分四步走。第一步，先进行单装置单专业调试；第二步，进行单装置调试；第三步，进行单专业调试；第四步，综合调试。如某装置中含有灯光和音响系统，首先，分别进行灯光调试和音响调试，各调试无误后，再进行单装置的所有系统调试，确保这一个装置中所有系统都可靠运行。其次，再进行全场景的灯光专业（或其他专业）的调试，确保整个主题场景中某一专业系统稳定。最后，由总控专业负责整个主题场景全系统运行，所有设备运行无误后，各专业配合总导演分场景进行调试合成，再总体合成演艺效果。以上是整个调试过程，但现实中往往前两步需要和安装工作同步进行。同时现在很多综合体考虑节能设计，外立面和屋顶大量使用幕墙玻璃，确保白天在自然光下有足够的能见度，因此大量的调试工作需要在夜晚进行。

第14章 专项技术咨询与管理

文化场馆建设中应用或关联的专项技术很多，本章选取设计任务书、智慧剧院、BIM技术应用、CIM应用、微气候、专项法务、运营维护七个方面，论述其咨询与管理主要工作内容。

14.1 设计任务书咨询与管理

14.1.1 设计任务书的重要性

设计任务书是确定建设项目、编制设计文件的主要依据，是建筑师设计工作的文字依据。有学者认为"建筑设计任务书是设计思想完整而集中的体现，有明确的设计任务书，不见得一定有好的建筑成果，但如果没有明确的建筑计划书，要想有好建筑就很难了"。还有学者指出"设计任务书对设计具有指南功能、沟通功能、评价功能、推动功能；设计任务书是建筑各项工程设计的依据，是设计应遵循的纲领性文件，是使用单位与设计单位有效沟通的基础性文件，是设计进行平面布局、功能区划分的重要依据，是使用单位进行建后验收和用后评估的依据，设计任务书非常重要"。

所谓凡事预则立、不预则废。国内部分建筑，由于建设单位受自身对项目专业性了解程度和技术能力的限制，缺乏对项目的整体把握，且没有制定一个结合项目特色、引导设计开展的设计任务书，导致设计缺乏依据，设计成果不为人们所接纳。因此，成功的设计作品往往起始于一份既要求明确又有广阔创作空间的设计任务书，设计任务书作为建设单位与设计师的重要沟通桥梁至关重要。

14.1.2 设计任务书编审流程

设计任务书是在可行性研究报告基础上形成的，一般由建设单位提供。建设单位可委托专业设计单位、工程咨询单位来编制，也可以由建设单位组织单位内部的专门人员来进行编制。设计任务书编制完成后，建设单位应首先组织专业技术人员及决策人员审查。

为了确保设计任务书的质量，需要进行反复修改和多次审核。首先，建设单位确定设计任务书编制单位和团队成员。其次，编制单位完成设计任务书初稿。然后，由全过程工程咨询单位审核、需求咨询顾问审核（如有）、使用单位审核（如有）、建设单位审核，如果不合格，编制单位需要重新编制初稿；如果合格，则进一步修改后成为设计任务书待

219

定稿。最后，由编制单位组织召开设计任务书专家评审会，如果不通过，编制单位需要重新编制待定稿；如果通过，编制单位按照评审意见修改后，出具正式的设计任务书文件。全过程工程咨询单位需要在设计任务书编制全过程中，督促编制单位及时对审核中发现的问题进行修改。设计任务书编审流程，如图14.1-1所示。

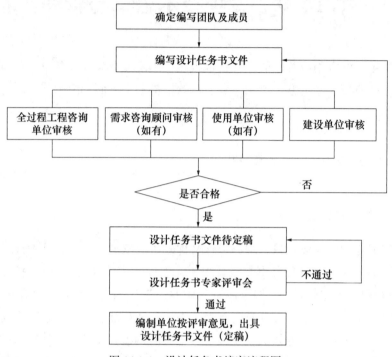

图 14.1-1　设计任务书编审流程图

14.1.3　设计任务书的主要内容

文化场馆项目定位各不相同，使用单位也因场馆不同而异。在设计任务书编制过程中，编制单位应与使用单位做好对接沟通工作，参考场馆定位，结合使用单位使用需求，编写设计任务书，用以指导设计。原则上设计任务书中应尽量避免指向性的描述，最好不具体，以鼓励设计师更多地研究思考和设计创新；同时，设计任务书也可根据具体需求对设计师的设计工作提出具体要求，以保证设计成果满足使用单位要求。原则上设计任务书可以分为方案设计任务书、初步设计任务书以及施工图设计任务书，也可将不同阶段设计任务合并为设计任务书，可以根据建设项目具体情况而定。以下从建筑、结构、暖通、给水排水、电气及专项工艺等几个方面对设计任务书内容进行介绍，仅供读者参考。

1. 建筑专业编制内容

（1）项目概况

1）项目背景

项目简介及建设背景、项目区位概况、总体规模、项目建设目标、设计定位、运营模式、项目投资概况、项目建设周期、分期建设概况。

2）设计条件

设计内容及设计范围、地块范围、基地周边情况、基地现状、交通情况、公共设施配套、规划设计要点。

（2）设计依据

现行的相关国家标准、行业规范和政策法规；项目所在地发改部门、规划国土部门以及人防、消防、交通、园林、市政等主管部门针对项目的批复和审查意见；甲方发出的设计招标文件、补疑书和答疑书等；甲方按要求向乙方提供的全部资料、文件及设计需求条件等。

（3）主要设计要求

1）使用需求及面积指标

使用需求及面积指标是设计任务书中的核心内容，设计任务书中需要提供各功能面积指标表。不同文化场馆建设项目功能需求各不相同，设计任务书的编制过程中，应结合文化场馆的类型，明确各功能区面积需求，严格按照项目建议书、可行性研究报告批复的面积指标要求，在设计任务书中，合理进行各功能面积分配，各面积指标分配既要满足使用要求，又不能太过于详细，既要给设计留有操作空间，又能有效指导设计开展。

2）总体布局设计

① 须按照国家日照规范要求进行日照测算；

② 建筑严格按照规划设计要点退红线并满足规划设计要点要求；

③ 总图中应做好消防车道及消防车登高面设计，注意人车分流，在满足规范的同时，尽量减少对环境的影响；

④ 对地形复杂的项目，需对场地的标高进行详细的设计，综合考虑各方面的因素确定场地的标高，做到经济、合理；

⑤ 房间开窗及花园需尽量避免周围环境、景观不利因素的影响；

⑥ 垃圾中转站需设在下风向，减少对人员活动的干扰；

⑦ 物业管理用房的设置需便于管理；

⑧ 需对场地的排水进行综合设计，做到通畅简洁；尽量使用暗沟组织场地的排水系统，确需使用明沟时，需减少对环境的影响；

⑨ 对地块内综合管线进行有机地组织，地块内检查井、雨水井等室外管井不允许设在环境里。尽量将检查井、雨水井、通风井等设于隐蔽处或结合景观设计巧妙处理；

⑩ 景观设计需密切配合建筑设计，一是有利于环境、交通等整体设计，达到最佳效果；二是便于功能与标高的整体解决，减少设计上不必要的冲突和反复。

3）地下室设计

① 控制单个车位面积，当地下车库为异形时，需结合具体方案排布，尽可能多地布置停车位，做到停车位利用率最大化。在无法布置标准车位大小但可以布置微型车位的空间，应尽量布置微型车位，在既定空间里争取获得更多停车位。

② 提出地下室车道净高要求，结构设备各专业亦应以此为设计依据。

③ 地下室设计应明确功能分区，防火、防烟分区符合规范，车流、人流疏散设计合理。

④ 明确地下室顶板上方覆土深度为 800~1500mm（根据项目具体要求选择）。如地下室顶板上方有构筑物，须考虑相应荷载要求。

⑤ 地下室顶板上方覆土深度应考虑乔木的种植需要。地下室上方的景观花园内如设有构筑物及大型水景，须考虑相应荷载及防水要求。

⑥ 车库出入口坡道的设计应合理。出入口坡度高度不应小于 2.5m、坡道应有防滑构造、照明装置，坡道入口应做 100mm 高反坡，并在反坡外及坡道底端设排水沟。

⑦ 应系统考虑地下室排风系统在地面出气孔位置的布置，不应对建筑主体、主要景观、主要人行流线及主要展示空间产生不良影响。

⑧ 标准车位按 2400mm×（5000~5300）mm 绘制，微型车位按 2200mm×4000mm 进行绘制。主要双向行车道净宽≥5500mm。

⑨ 消防车道荷载应结合园林设计的消防道路走向设计，消防道路结合景观设计优化调整。

⑩ 应根据规范要求设计无障碍车位。

⑪ 需合理布置地下室停车位至电梯厅的流线，避免过多迂回曲折。

⑫ 地下室防火分区划分界线需简洁，避免出现较多转折造成地下车库空间凌乱。

⑬ 地下车库坡道应和车库内主要车道关系顺畅。

⑭ 防火分区应尽量用足规范标准，减少防火分区数量。

⑮ 疏散楼梯应尽量避免布置在车位处，考虑在地下室防火分区间共用，尽量减少出室外的疏散楼梯。

⑯ 设备用房需单独划分防火分区。

⑰ 尽量利用车位间防火墙分隔防火分区，减少防火卷帘数量。

⑱ 地库集水井（隔油沉砂池）应选择隐蔽靠车尾的位置，地面排水明沟应选择车尾位置，不跨越车道或采用预埋管连通。

⑲ 消防电梯集水井应选择隐蔽位置，尽量避免直接靠着地下室外墙，增加支护成本。

⑳ 地下车库采光天井的设置需结合车位数量、地下大堂效果、进排风等因素综合考虑。

㉑ 地下车库防火分区的划分除必须满足国家规范以外，尽量减少对停车位的影响。

4）环境设计

① 场地内原有植被应尽量保留，进行一定改造后加以充分利用，使环境绿化具有天然优美的景观效果。

② 考虑到景观中的植物元素在很长一段时间内处于生长状态，要求在设计中充分考虑时间的影响，兼顾近期和长期的景观效果。

③ 注意植物种类的合理搭配，包括花期、颜色、气味等，使四季都有理想的景观效果。

④ 在设计中考虑植物生长的最小土层厚度（以有关部门颁布的标准为参考）。

⑤ 设置不同功能性质的休憩场所，以满足不同人群休闲和活动的要求。

5）道路系统设计

① 道路系统满足交通、消防等方面的要求。结合地形，合理选择道路坡度及断面形式，减少土方量。

② 须对地块内的人行系统进行规划设计，做到简洁通畅，方便人员出入。

③ 人车分流，人行道尽量按无障碍标准规划，包括园林中的步道适当考虑无障碍设计。

（4）设计成果要求

1）总体要求

① 成果内容。主要包括设计总说明、各专业设计说明、其他专项设计说明书、有关专业的设计图纸、主要设备或材料表、工程概算书、各专项设计文件、有关专业计算书、要求提供的其他文件。

② 设计说明书。所有设计图纸必须按国家行业制图标准及项目所在地相关制图标准及规范深度要求绘制。

③ 图纸目录应绘制设计图纸目录、选用的标准图目录及重复利用图纸目录。

④ 主要材料做法表应给出使用的主要材料、数量、分缝示意、做法、注意事项、备注等，且不得标注带有品牌指向性的设备产品型号。

⑤ 专项设计文件可单独成套出图，包括图纸目录、设计说明、主要设备材料表、平面图、典型大样图等。

2）设计总说明

① 设计依据。主要包括政府有关主管部门的批文；设计所执行的主要法规和所采用的主要标准；工程所在地区的气象、地理条件、建设场地的工程地质条件；公用设施和交通运输条件；规划、用地、环保、卫生、绿化、消防、人防、抗震等要求和依据资料；建设单位提供的有关使用要求或生产工艺等资料。

② 总指标。主要包括总用地面积、总建筑面积和反映建筑功能规模的技术指标；其他有关的技术经济指标。

③ 其他说明。主要包括设计规模、分期建设的情况及承担的设计范围等。

3）总平面

① 设计说明

A. 基础资料。主要包括方案设计依据资料及批示中与本专业有关的主要内容：有关主管部门对本工程批示的规划许可技术条件，以及对总平面布局、周围环境、空间处理、交通组织、环境保护、文物保护、分期建设等方面的特殊要求；本工程地形图编制单位、日期，采用的坐标、高程系统。

B. 场地概述。说明场地所在地的名称及在城市中的位置；概述场地地形地貌；描述场地内原有建筑物、构筑物，以及保留、拆除的情况；摘述与总平面设计有关的不利自然因素。

C. 总平面布置。说明总平面设计构思及指导思想；说明功能分区、分期建设、预留发展用地的设想；说明建筑和场地空间组织及其与四周环境的关系；说明无障碍设施的布置。

D. 竖向设计。说明竖向设计的依据；说明如何利用地形；注明初平土石方工程量；防灾措施。

E. 交通组织。说明与城市道路的关系；说明基地人流和车流的组织、路网结构、出入口、停车场（库）布置及停车数量的确定；消防车道及高层建筑消防扑救场地的布置；说明道路主要的设计技术条件。

F. 景观设计。说明环境景观和绿地布置及其功能性、观赏性等；绿化面积分布情况和计算原则。

G. 管线组织。根据市政条件进行给水、排水、污水、雨水、燃气、高压进线等管线的接入设计说明；有现状各类管线需要进行迁改的，需要提供迁改设计的设计说明。

② 设计图纸

主要包括：区域位置图（根据需要绘制）、总平面图、首层总平面图（根据需要绘制）、竖向布置图（简单项目可与总平面图合并）、消防总平面图（简单项目可与总平面图合并）、绿化总平面图（简单项目可与总平面图合并）、管线总平面图（简单项目可与总平面图合并）、交通组织平面图（根据需要绘制）、土方平衡图（根据需要绘制）、日照计算图、其他图纸（如有）。

4）建筑单体

① 设计说明

A. 设计依据。主要包括设计任务书和其他依据性资料中与建筑专业有关的主要内容；设计所执行的主要法规和所采用的主要标准；项目批复文件、审查意见等的名称和文号。

B. 设计概述。主要包括建筑的主要特征；建筑的使用功能和工艺要求；建筑的功能分区、平面布局、立面造型及与周围环境的关系；建筑的交通组织、垂直交通设施的布局及参数；建筑的防火设计；无障碍设计；人防设计；当建筑在声学、建筑光学、建筑安全防护与维护、电磁波屏蔽等方面有特殊要求时所采取的特殊技术措施；主要技术经济指标；建筑的外立面用料及色彩、屋面构造及用料、内部装修使用的主要或特殊建筑材料；对具有特殊防护要求的门窗作必要的说明。

C. 分期建设。对需分期建设的工程，说明分期建设内容和对续建、扩建的设想及相关措施，主要包括：建筑节能设计说明；绿色建筑设计说明；装配式建筑设计说明；消防专项设计说明；门窗和幕墙专项设计说明；人防工程专项设计说明；室内和室内标识设计说明；景观和室外标识设计说明；BIM 设计说明；水土保持设计说明；海绵城市设计说明；交通设计说明；电梯设计说明；泛光照明设计说明；其他特殊工程设计说明（如有），如特殊屋面工程、管线迁改、展陈工程、智慧停车设计、剧院工艺等。

② 设计图纸

A. 平面图。标明承重结构的轴线、轴线编号、定位尺寸和总尺寸，注明各空间的名称和门窗编号；绘出主要结构和建筑构配件，当围护结构为幕墙时，应标明幕墙与主体结构的定位关系；表示主要建筑设备的位置；表示建筑平面或空间的防火分区和面积以及安全疏散的内容，宜单独成图；标明室内、室外地面设计标高及地上、地下各层楼地面标高；首层平面标注剖切线位置、编号及指北针；绘出有特殊要求或标准的厅、室的室内布置，也可根据需要选择绘制标准层、标准单元或标准间的放大平面图及室内布置图；图纸名称、比例。

B. 立面图。应选择绘制主要立面；立面图上不同材料必须标注清晰；立面节点构造大样须有明确的引注，并有平面图上的节点构造；大样引注保持一致；针对天井、外墙转折处等特殊部位应绘制立面展开图，并有清晰的轴号示意；在确认外墙材料样板尺寸后，应补充各立面详细的设计排砖图、分色图；应针对立面图无法反映材料设计的部位，专门绘制局部剖立面排砖图和分色图；建筑立面表达应反映建筑真实情况，须注意变形缝、消火栓等；雨水管位置应优先考虑阴角和凹口内，以减少对立面影响，雨水管应根据外墙面色彩作相应处理。

C. 剖面图。剖面应剖在层高、层数不同且内外空间比较复杂的部位，应准确、清楚地绘出剖到或看到的各相关部分内容。

D. 节点详图。根据需要绘制局部的平面放大图或节点详图。

E. 其他图纸要求。对于毗邻的原有建筑，应绘出其局部的平、立、剖面；当项目按绿色建筑要求建设时，以上有关图纸应表示相关绿色建筑设计技术的内容；当项目按装配式建筑要求建设时，设计图纸应表示采用装配式建筑设计技术的内容。

2. 结构专业编制内容

（1）设计总则

1）设计工作须符合国家、省、市现行有关规范、规程要求，并应满足 ISO 标准要求。

2）确保结构安全的前提下，结合具体工程需要，提倡采用新技术并注意总结经验。对某些超出规范要求的环节，如建筑物超高等要慎重对待，必要时要坚持做诸如动力模型试验及风洞测试等，力求稳妥、可靠。对于大的悬挑及缺乏实践经验的构件，设计时要留有一定余地。

3）对重大结构方案，应作技术经济比较。基础设计方案和上部结构设计方案应提交技术委员会评审。

4）地质勘察报告是结构设计依据之一。任何工程施工图均应有详勘报告。高层建筑方案设计阶段要有初步工程勘察报告，初步设计阶段则必须有详勘阶段的工程地质勘察报告。对勘察报告应进行评审以满足设计深度要求。对需要采用时程分析方法的工程，应提出地震安全性评估的要求。

5）每个单项工程初步设计和施工图设计前，专业负责人应分别提出具体工程的统一技术条件。该技术条件若与本工程统一技术规定不一致时，应在方案评审时进行讨论。

（2）荷载与作用

除特别规定外，荷载应按现行《建筑结构荷载规范》GB 50009—2012 取值，特殊荷载参照《全国民用建筑工程设计技术措施》（结构篇）取值。结构设计对承载力极限状态和正常使用状态分别进行荷载（效应）组合，并应取各自的最不利的效应组合进行设计。

1）风荷载取值要求如下：

风荷载标准值应根据《建筑结构荷载规范》GB 50009—2012 按结构设计使用年限要求及工程所在区域的具体情况选用。基本风压的重现期与设计使用年限应一致。对安全等级为一级或高度超过 60m 的高层建筑，结构水平位移按 50 年重现期的风压值计算，承载力设计时按基本风压的 1.1 倍采用。对于具有规范中未涵盖的特别复杂体型的超高层建筑，宜由风洞试验确定风载作用、风振舒适度等设计参数。

2）竖向荷载，除按《建筑结构荷载规范》GB 50009—2012 外，作如下补充：

① 隔墙荷载可对补充明确特殊材质的墙体材料荷载。

② 其他常用荷载，要求如下：

A. 对雨缝、檐沟等悬挑构件，除按使用情况计算强度外，尚应对临时荷载（在悬挑端作用 1.0kN/m 竖向荷载）进行强度验算。若有反沿时应考虑积水荷载。

B. 地下室顶板的楼面活荷载一般取为 10.0kN/m^2。对地下室顶板、架空层等，在施工阶段要作临时堆场或作汽车通道者，要注意做施工临时堆载等的验算（或在施工图中遇此情况应设临时支撑等）。消防车轮压等效楼面均布荷载应综合考虑板跨和不同覆土层厚度确定，根据《建筑结构荷载规范》GB 50009—2012 相关条文及条文说明，常规的 300kN 总重的重型消防车轮压等效均布荷载可参考规范选用，其他覆土厚度及板跨时可线性插值选用。

C. 抗浮验算时水头，按地质勘察报告提供的抗浮水位取值。裂缝验算取抗浮水位值，注意用软件计算时检查准永久组合中水的作用（不应折减）。强度验算时，地下水浮力取值应取设计水头乘以分项系数 1.2，但不应使水位超过地下车库入口处标高。

D. 当温度作用产生的结构变形或应力可能超过承载能力或正常使用极限状态时，如地下室平面某一方向平面尺寸超过 150m 或对温度作用影响较大的钢结构造型等，宜考虑温度作用效应。

E. 覆土的容重均取 18kN/m^3，地下室外墙内摩擦角一般取 20°，侧压力系数一般取 $K = 0.50$。

F. 上机计算时混凝土容重取值：剪力墙结构取 28kN/m^3，框架结构取 26kN/m^3，框剪结构取 27kN/m^3。

（3）材料

1）混凝土

对基础垫层宜用 C15；对设备基础宜用 C15 或 C20；对单独柱基及墙下钢筋混凝土条基应不低于 C20；对一般框架的梁、柱和一般剪力墙不应低于 C20；对水池、筏板基础、箱形基础均不应低于 C30（当上部结构底层柱的混凝土强度等级高于箱基墙混凝土强度等级时，若局部承压不够时，可在墙顶做与上部柱同强度等级的钢筋混凝土圈梁以扩散压应力）；对钢骨混凝土构件不应低于 C30；对一般地下室不应低于 C30，地下室外墙不宜大于 C35；对框支柱、框支梁、刚性过渡层楼层以及刚性过渡层以下的落地剪力墙应不低于 C30。

对一级抗震的框架和一级抗震的剪力墙的底部加强区，均不应低于 C30（梁、柱、剪力墙的混凝土强度相差不宜大于 5MPa，如相差超 5MPa 时，其节点区施工时应作专门处理，使节点区混凝土强度不低于柱和剪力墙的混凝土强度）。

2）钢筋

$\phi6$（HPB300 级）钢筋仅可作为非受力筋使用。多层及高层结构中的纵向受力钢筋，优先选用 HRB400 级钢筋；箍筋宜用 HPB300、HRB400 级钢筋；其他构造钢筋一般选用 HPB300 级钢筋。

3）钢材

多层及高层钢结构中的钢材，宜优先选用 Q345B。

4）焊条

E43 系列用于焊接 HPB300 钢筋；E55 系列用于焊接 HRB400 热轧钢筋。焊接两种不同材质钢筋或钢板时，焊条应与低强度等级的材质相匹配。冷轧带肋钢筋不得采用焊接连接。

（4）结构计算

1）计算分析的总体要求

① 结构设计应采用通过国家、省级鉴定或获得国际广泛认可的计算软件，计算软件的技术条件应符合现行工程建设标准的规定。

② 结构计算应选择合适的计算假定、计算简图、计算方法及计算软件，应确保输入数据的准确性，对计算结果应进行仔细分析，判断其是否合理及有效。

③ 根据结构的类型及施工方法，应分别按照有关的设计规范对结构在施工阶段和正常使用阶段进行强度、刚度和稳定性计算，混凝土结构应按要求进行挠度及裂缝宽度验算。

④ 复杂结构及超高层建筑结构的计算分析应采用至少由两个不同单位编制的结构分析软件进行整体计算，结构分析软件之间的计算结果差异应控制在合理的范围内。

⑤ 抗震结构应选用适宜的结构抗震性能目标，计算分析应依据规范规定的各项宏观技术指标来判断结构受力特性的有利和不利情况，确定结构方案是否合理；若结构方案不合理，则应对建筑结构方案予以调整。

2）计算分析程序选择

① 使用通过国家或获得国际广泛认可的常用计算软件，包括：SATWE、YJK、PMSAP、ETABS、SAP2000、Perform-3D、MIDAS/GEN、MIDAS/BUILDING、3D3S、ABAQUS、ANSYS 等。

② 一般高层结构可选用 YJK 或 SATWE 软件进行结构计算与设计，复杂及超限项目应采用两个或两个以上的软件相互校核。

③ 弹塑性静力推覆分析（Push-over）可选用的软件包括：ETABS、MIDAS/GEN、MIDAS/BUILDING 等。

④ 弹塑性动力时程分析可选用的软件包括：PKPM/SAUSAGE、MIDAS/BUILDING、Perform-3D 等；对于大型复杂结构可选用国际通用有限元软件 ABAQUS、ANSYS。

3）计算简图要求

① 结构计算简图应基本符合原结构的受力特征、传力关系和边界条件。

② 转换梁、连梁、悬挑梁、非调幅梁、层间梁等描述梁构件的属性特征和框支柱、角柱、跨层柱等描述柱构件的属性特征，因为涉及内力调整、构造措施等设计要求有别于普通梁柱构件，当软件不能自动判断或判断不正确时应进行人工指定。

③ 地下室侧壁宜按墙单元输入，以考虑其实际面外刚度。

④ 构件之间存在偏心时一般应采用偏心刚域处理。若通过加刚性杆来约束节点之间变形协调，会出现节点内力不平衡的现象，计算模型中应尽量减少设置刚性杆，必须设置时应复核传力路径的正确性。

⑤ 高层结构由于梁柱截面尺寸较大，宜考虑框架梁、柱节点区的刚域，考虑刚域的计算模型将提高结构整体刚度及框剪结构中框架承担的内力。

⑥ 转换层及嵌固层的框架梁建议按非调幅梁输入。

⑦ 当剪力墙肢的梁跨高比不大于 2.5 时，宜按墙洞输入；当跨高比不小于 5.0 或梁轴线与墙肢轴线夹角大于 25° 时，宜按普通框架梁输入。

⑧ 当框支梁承托剪力墙并承托转换次梁及其上剪力墙时，由于传力路径较复杂，应补充局部应力分析，并按拉应力校核配筋和加强构造措施。

⑨ 与剪力墙肢单侧垂直相交的梁，梁端宜按铰接输入。

⑩ 当楼板存在凹凸不规则或不连续、平面内变形较明显时，应采用弹性楼板补充计算。

⑪ 带斜屋面的结构，宜按照实际布置输入斜屋面，斜梁根据不同组合内力分别按照受弯、拉弯或压弯构件计算，支撑斜屋面的柱应考虑斜梁水平推力产生的附加弯矩。

⑫ 现浇板的内力，按弹性理论计算。支承条件的选取应符合《混凝土结构设计规范》GB 50010—2010 第 10.1.2 条。支座负弯矩按乘以 0.8 系数后采用，同时增加相应的跨中正弯矩。

⑬ 边支座为梁时可以按固端计算，但当计算的次梁负筋较大难以配筋或主梁的抗扭纵筋值较大，超过其构造腰筋时，应点为铰支。按简支端考虑时，跨中钢筋应适当减少，边支座上部负筋取跨中实配钢筋量的 1/4～1/2。

4）特殊高层结构计算分析要求

① 超高层建筑除应计算结构整体的抗倾覆稳定性外，还应验算结构整体在水平力作用最不利组合情况下，桩基础的抗拉或抗压承载力。

② 连体结构应采用符合实际施工过程的模拟施工计算。连体结构自振振型复杂，抗震设计时应进行扭转效应分析；连体结构的连体部分应考虑竖向地震作用的影响；当连接体与塔楼设计成强连接形式时，宜验算在罕遇地震下连接体与各塔楼连接处的构件承载力。高层连体结构宜考虑风力相互干扰的群体效应。

③ 大底盘多塔楼结构宜按整体模型计算和设计。当设计软件的功能不能完全满足整体模型计算和设计要求时，可按整体模型和各塔楼分开的模型分别计算，并采用较不利的结果进行结构设计；采用整体模型计算时振型数应取足够多，保证每个塔楼的平动振型参

与质量不小于 90%；裙房屋面的楼板不宜采用刚性楼板假定计算；各塔楼之间间距比较近时宜考虑风力相互干扰的群体效应。

5）结构计算的参数选取

上机计算前，应根据项目特点制定《软件计算参数表》《荷载统计表》。

6）计算结果的判断

① 采用不同力学模型的计算软件进行结构分析对比，容易发现结构模型输入错误，避免由于软件功能设计上的缺陷造成的安全隐患。对于非常规结构或计算中出现较大异常的结构，应采用多软件分析对比。

② 应检查结构在重力荷载作用且考虑模拟施工下基本不出现侧移，可通过结构在重力荷载下的三维模型变形动画判断。

③ 多高层结构计算所得两方向的第一平动周期宜接近，弱轴方向与强轴方向的比值不宜小于 0.8。若第二周期是扭转为主的周期，则沿两个主轴方向抗侧刚度可能相差较大。

④ 竖向刚度、质量变化较均匀的结构，在外力的作用下，其内力、位移等计算结果自上而下也应均匀变化，不应有较大的突变，否则，应检查构件截面尺寸或者输入的计算参数是否正确、合理。

⑤ 由于计算刚度比的公式不同，对于不满足刚度比要求的软弱层，抗震规范要求地震作用放大系数取 1.15，高层规范要求地震作用放大系数取 1.25，结构计算时应取二者的不利情况。软弱层和薄弱层不宜出现在同一层。

⑥ 对于大底盘单塔结构，刚重比验算较难满足规范要求，原因是裙房重量太大，可按塔楼投影范围结构进行计算，判断刚重比是否满足要求。

⑦ 抗震规范基于"规定水平力"的计算要求，主要涉及楼层位移比、框剪结构的框架部分剪力调整和框架与剪力墙倾覆力矩比等三个宏观控制指标，其他指标仍采用基于反应谱 CQC 组合结果判断，打印计算书时应选取对应的结果。

⑧ 每条地震波弹性时程分析得到的结构主方向底部总剪力不应小于振型分解反应谱法计算结果的 65% 且不大于 130%，多条地震波弹性时程分析所得结构底部总剪力的平均值不应小于振型分解反应谱法计算结果的 80% 且不大于 120%。计算罕遇地震作用时，特征周期应增加 0.05s。

⑨ 罕遇地震下采用弹塑性静力推覆分析（Push-over）或弹塑性动力时程分析进行变形验算和构件损伤验算时，应检查混凝土构件钢筋用量是否符合工程实际，不应人为地提高或削弱构件承载能力，造成薄弱部位判断错误。

⑩ 弹塑性静力推覆分析一般适用于第 1 振型参与质量占总质量 50% 以上且楼面刚度整体性较好的结构。测推荷载分布模式对静力推覆分析结果影响较大，宜采用两种以上模式计算，取较不利结果。若发现计算判断的薄弱部位与抗震设计概念不一致，宜采用弹塑性动力时程分析进行计算对比。

（5）结构构造

根据项目的实际情况，提出基础、地下室、框架梁及柱、剪力墙、板、组合梁等结构，除规范规定的一般构造要求外，需要设计单位另外考虑构造加强措施。

（6）制图规定

1）所有的工程图纸的制图均严格遵照《房屋建筑制图统一标准》GB/T 50001—2017、《建筑结构制图标准》GB/T 50105—2010 制图要求。

2）明确楼层结构标高要求、各子项图纸规格（最多不能超过两种规格，图纸目录除外）、构件编号等制图要求。

（7）结构设计提交的成果要求

1）结构施工图提供第三方审查的计算资料

① 电算计算书

主要包括：总信息文件；各层荷载简图：面荷载、线荷载与集中荷载分别输出；各层平面简图；层质量、质心坐标、结构总重力；周期、地震作用、振型；各情况下的楼层位移；底层柱、墙底最大组合内力；底层大空间剪力墙结构需计算框支层结构与上部相邻层结构的剪切刚度比。

② 手算计算书

主要包括：荷载来源及数据（荷载统计表）；桩基计算书；独立基础计算书；其他形式构件。

2）成果提交后需提交归档的资料

主要包括：以上的计算书（x 套）；各专业委托资料（x 套）；工程的光盘，包括计算、绘图文件（必须修改完整）。

（8）结构计算书要求

1）计算机计算要求

① 根据建筑物的结构层数、结构形式、活载大小、平面形状及楼层结构布置等条件，选择能正确反映结构受力状况的计算程序计算。

② 上机计算前，必须将计算的基本数据以书面形式列出，包括建筑层与结构层，结构标准层与荷载标准层的对立层次，竖向构件截面与混凝土强度等级变化层次，经审核人和其他专业认可的各层结构布置，总信息等。

③ 计算结果应进行鉴别判断，判断按下列项目进行：自振周期、振型曲线、扭转量、地震作用、水平位移特征、内外力平衡、对称性、渐变性和合理性（柱、墙的轴压比，柱、墙、梁的配筋率）等。

④ 发现异常，必须找出原因，进行调整和修改，再上机计算。

⑤ 计算完成后，必须提交计算成果进行校对和审核，校审时应对基本数据和计算成果全面校审。

⑥ 计算人列出计算书目录并签字，校对、审核人在计算书封面签字。

2）手算计算书要求

① 计算书书写应完整、清楚、整洁；

② 计算书步骤要有条理，引用数据要有依据；

③ 被计算的构件应明确其平面位置及编号；

④ 计算中应明确荷载取值、计算草图及引用公式；

⑤ 计算过程应详细明了；

⑥ 计算完毕应明确结论；

⑦ 计算书必须经过校对、审核，校审时应用与计算书书写颜色不同的笔标注校审意见或更正计算数据的错误；

⑧ 计算人列出计算书目录并签字，校对、审核人应在计算书封面签字。

3. 暖通专业编制内容

（1）标准与依据

主要包括：现行的相关国家标准、行业规范和政策法规；相关专业提供的设计资料；建设单位提供的相关技术文件及设计资料。

（2）设计范围及内容

根据不同工程项目增减设计范围和内容：空调系统、通风系统、防排烟系统、燃气系统、人防通风、自控与节能要求、环保要求。

（3）设计原则

1）通风设计原则

① 应首先考虑采用自然通风消除建筑物余热、余湿和进行室内污染物浓度控制。对于室外空气污染和噪声污染严重的地区，不宜采用自然通风。当自然通风不能满足要求时，应采用机械通风或自然通风和机械通风结合的复合通风。

② 对建筑物内放散热、蒸汽或有害物质的设备，宜采用局部排风。当不能采用局部排风或局部排风达不到卫生要求时，应辅以全面通风或采用全面通风。

③ 属于以下情况之一时，应单独设置排风系统：两种或两种以上的有害物质混合后能引起燃烧或爆炸时；混合后能形成毒害更大或腐蚀性的混合物、化合物时；混合后易使蒸汽凝结并聚积粉尘时；散发剧毒物质的房间和设备；建筑物内设有储存易燃易爆物质的单独房间或有防火防爆要求的单独房间；有防疫的卫生要求时。

④ 室内送风、排风设计时，应根据污染物的特性及污染源的变化，优化气流组织设计；不应使含有大量热、蒸汽或有害物质的空气流入没有或仅有少量热、蒸汽或有害物质的人员活动区，且不应破坏局部排风系统的正常工作。

⑤ 进入室内或室内产生的有害物质数量不能确定时，全面通风量可按类似房间的实测资料或经验数据，按换气次数确定，亦可按国家现行的各相关行业标准执行。

2）空调设计原则

① 初步设计阶段可使用热、冷负荷指标进行估算。

② 空调区宜集中布置。功能、温湿度基数、使用要求等相近的空调区宜相邻布置。采用局部性空调能满足空调区环境要求时，不应采用全室性空调。高大空间仅要求下部区域保持一定的温湿度时，宜采用分层空调。

③ 舒适性空调，空调区与室外或空调区之间有压差要求时，其压差值宜取 5～10Pa，

最大不应超过30Pa；工艺性空调，应按空调区环境要求确定。

④选择空调系统时，功能复杂、规模较大的公共建筑，宜进行方案对比并优化确定。

⑤通风空调系统风机的单位风量耗功率符合现行国家标准《公共建筑节能设计标准》GB 50189—2015的规定。

⑥空调冷水系统循环水泵的耗电输冷比比现行国家标准《民用建筑供暖通风与空气调节设计规范》GB 50736—2012规定值低20%。

⑦屋面设备、立面风口应减少对外立面的影响。

⑧暖通施工图注明所有管井用途及标明所有预留设备名称、占地位置及大小。

（4）空调系统设计要求

1）空调冷热源

①空调冷热源应根据建筑物规模、用途、建设地点的能源条件、结构、价格以及国家节能减排和环保政策的相关规定等，通过综合论证确定；

②集中空调系统的冷水机组台数及单机制冷量选择，应能适应空调负荷全年变化规律，满足季节及部分负荷要求。机组不宜少于两台；当小型工程仅设一台时，应选调节性能优良的机型，并能满足建筑最低负荷的要求；

2）空调水系统

①采用冷水机组直接供冷时，空调冷水供水温度不宜低于5℃，空调冷水供回水温差不应小于5℃；有条件时，宜适当增加供回水温差。

②集中空调冷水系统的选择，冷水水温和供回水温差要求一致且各区域管路压力损失相差不大的中小型工程，宜采用变流量一级泵系统；系统作用半径较大，涉及水流阻力较高的大型工程，宜采用变流量二级泵系统。

③空调水循环泵不宜少于2台，台数不宜过多。

④当设计工况时并联环路之间压力损失的相对差额超过15%，应采取水力平衡措施。

⑤补水泵的扬程，应保证补水压力比补水点的工作压力高30～50kPa；补水泵宜设置2台，补水泵的总小时流量宜为系统水容量的5%～10%。

3）空调风系统

①风管内的空气流速宜满足规范要求，确定风管规格。

②可燃气体管道、可燃液体管道和电线等，不得穿过风管的内腔，也不得沿风管的外壁敷设。可燃气体管道和可燃液体管道，不应穿过通风空调机房。

③空调系统基本按建筑平面的使用功能及防火分区设置。

4）空调区的送风方式及送风口选型，应符合下列规定。

①宜采用百叶、条缝型等风口贴附送。

②设有吊顶时，应根据空调区的高度及气流的要求，采用散流器或孔板送风。

③高大空间宜采用喷口送风、旋流风口送风。

④送风口的出口风速，应根据送风方式、送风口类型、安装高度、空调区允许风速和噪声标准等确定。

⑤ 回风口的布置，不应设在送风射流区和人员长期停留的地点，采用侧送风时，宜设在送风口的同侧，且回风速度满足要求。

（5）通风系统设计要求

1）用于自然通风的生活、工作的房间的通风开口有效面积不应小于该房间地面面积的 5%。

2）卫生间、车库均应设置机械排风系统，保证污浊空气直接排至室外，避免串入其他房间。

3）事故通风系统应设置相应的监测报警及控制装置，并在室内外便于操作的地点设置手动开启装置。

4）机械送风系统进风口的位置，应符合下列规定。

① 应设置在室外空气较清洁的地点。

② 应避免进风、排风的短路。

③ 进风口的下缘距室外地坪不宜小于 2m，当设在绿化地带时，不宜小于 1m。

5）建筑物全面排风系统吸风口的布置，应符合下列规定。

① 位于房间上部区域的吸风口，除用于排除氢气与空气混合物时，吸风口上缘至顶棚平面或屋顶的距离不大于 0.4m。

② 用于排除氢气与空气混合物时，吸风口上缘至顶棚平面或屋顶的距离不大于 0.1m。

③ 用于排风密度大于空气的有害气体时，位于房间下部区域的排风口，其下缘至地板距离不大于 0.3m；

④ 因建筑结构造成有爆炸危险气体排出的死角处，应设置导流设施。

（6）防排烟系统设计要求

防排烟设计除应满足现行国家标准《建筑设计防火规范》GB 50016—2014、《建筑防烟排烟系统技术标准》GB 51251—2017 防烟排烟计算部分，对现行规范没有规定的场所的排烟设施，应与消防部门共同确定。

（7）燃气系统设计要求

燃气设计应符合现行《城镇燃气设计规范》GB 50028—2006、《建筑设计防火规范》GB 50016—2014 及相关国家标准的要求。燃气设计范围包括由现有市政燃气管网接入口开始至红线范围内的室外管网，以及文化场馆建筑内的用气管道设计。室外管线在车道上燃气埋深大于 0.9m（管顶深度）；埋地管线管径大于等于 $DN300$ 时采用钢质管道，其防腐采用三层 PE 涂料防腐，管径小于 $DN300$ 时采用 PE 塑料管道。室内管线采用钢质管道。

（8）人防通风系统设计要求

专业队队员掩蔽部和二等人员掩蔽所的战时通风方式，应包括清洁通风、滤毒通风和隔绝通风；物资库应包括清洁通风和隔绝通风。战时人员新风量满足规范要求。防空地下室的通风系统，根据不同的通风方式应由消波装置、密闭阀门、过滤吸收器、通风机等防护通风设备组成。

防空地下室的排风系统，根据不同情况应由消波设施、密闭阀门，自动排气阀或防爆超压自动排气活门等防护通风设备组成。

4. 给水排水专业编制内容

（1）设计依据

主要包括：现行的相关国家标准、行业规范和政策法规；相关专业提供的设计资料；建设单位提供的相关技术文件及设计资料。

（2）设计范围

1）本工程用地红线内的所有给水排水工程、消防工程及专项设计工程；

2）本工程用地红线内最后一个排水检查井和给水阀门井与市政接驳点之间的连接管道设计；

3）设计范围包括但不限于合同文件约定设计内容。

（3）设计要求

1）总体要求

① 初步设计需提供给水系统、消火栓系统、喷淋系统设计、室外雨水、污水管网计算书；

② 除满足本设计任务书规定外，初步设计文件还应满足国家和地方相关法规规范要求。

2）室外工程

① 室外给水工程

A. 管道覆土深度。室外给水管道尽量设置在绿化带或人行道下且覆土深度不得小于0.3m，设置在车行道下时其管道覆土深度应满足车行荷载要求，且不得小于0.7m要求，不满足要求时应采取保护措施。

B. 总水表设置要求。室外生活给水、消防给水、商业给水应根据水务部门或相关部门计量要求分设总水表。且总表应设置在隐蔽处或绿化带内，均采用地上式水表。若设置地上式有困难需设置地下式水表时，其下沉井内应采取排水措施，排至室外雨水口，并且下沉式水表井应采取防跌落措施。

C. 室外给水管道要求。室外给水管径不得随意放大，应经计算确定，且应符合《建筑给水排水设计标准》GB 50015—2019第3.6节相关条款要求；室外给水管道埋地时，应采用施工方便、节省造价、运行可靠且耐腐蚀管材；给水管道防腐方面：采用球墨铸铁管和钢管管内壁衬水泥砂浆；埋地铸铁管（含套管）外刷冷底子油一道，石油沥青二度；埋地钢管（含套管）外刷冷底子油一道，石油沥青二度。

② 室外给水管道敷设要求

A. 室外埋地给水管道与排水管道、构筑物间距应满足《建筑给水排水设计标准》GB 50015—2019附录B相关要求，若不能满足，需采取相应措施。

B. 给水管道与污水管道或输送有毒液体管道交叉时，给水管道应敷设在上面，且不应有接口重叠。

C. 室外给水管道裸露敷设，应避免阳光直接照射或暴晒在阳光下，对于塑料或撞击易损坏的管道应采取有效的保护措施。

D. 室外给水管道基础。给水管道一般宜直接敷设在未经扰动的原状土层上；若地基土质较差或地基为岩石地区，管道可采用砂垫层，其厚度金属管道不小于 100mm，塑料管不小于 150mm，并应铺平、夯实；若地基土质松软，应做混凝土基础，如果有流砂或淤泥地区，则应采取相应的施工措施和基础土壤的加固措施后再做混凝土基础。

E. 室外给水品质要求。室外消火栓、水泵接合器、给水总表等不应设置在建筑物入口及入口两侧 10m 范围内、不应设置在人员活动密集区域、不应设置在主要出入口，应设置在隐蔽位置或绿化带内且应满足规范相关要求，如场地限制不能满足要求，应与风景园林专业配合，作隐蔽或美化处理。

F. 室外给水管道安全性要求。严禁室外给水管道与室外中水、回用雨水管道连接；室外给水管道敷设严禁穿越有毒、有害的房间或场地。

③室外排水工程

A. 室外排水敷设。室外排水应根据总图竖向设计地形情况、建筑物和道路布置情况、市政排水接驳口情况综合分析，按管线走向距离短、埋深小原则，确定室外排水走向；室外排水管道的敷设、连接方式、覆土深度均应满足《室外排水设计标准》GB 50014—2021 5.3 节相关要求，无法满足要求的应采取管道不被压坏措施。室外埋地排水管道与给水管道、构筑物间距应满足《建筑给水排水设计标准》GB 50015—2019 附录 B 相关要求。

B. 排水管道基础。如为软土，则应更换土壤或每 2.5～3.0m 做混凝土枕基；室外排水管下方应设置管沟。

C. 室外排水管径。室外排水管道管径应经计算确定其管径、坡度、最大充满度、最小流速取值应当符合《室外排水设计标准》GB 50014—2021 第 5.2 节相关要求。

D. 室外雨水总量。室外雨水设计总流量应根据汇水面积、径流系数、暴雨强度确定，其中径流系数应采用加权平均法算出综合径流系数，雨水重现期按 5a，管道设计降雨历时应视地形情况、管道长短情况综合考虑确定。

E. 雨水口设置。室外雨水口的设置间距，应根据雨水汇水面积产生的流量计雨水口的泄水能力确定，雨水口间距要合理，不能过于密集，雨水口深度不超 1m，并设置沉泥槽。

F. 海绵城市要求。当该项目有海绵城市要求时，室外雨水排水设置要求应根据海绵城市相关要求设计。

3）室内给水排水工程

①室内给水工程

A. 室内给水管道敷设。室内给水管道敷设不能影响生产操作、交通运输或建筑物使用等要求，也不应布置在烟道、电梯井道内；室内给水系统应根据方案阶段确定的系统进行设计，并对管道敷设走向进行合理优化；室内入户给水管根据情况可埋地敷设或吊顶内敷设，埋地敷设管道外径应满足敷设要求，吊顶内敷设管道应满足室内净高要求；地下室车库应设有冲洗给水管道，且冲洗龙头应设置在排水沟、集水坑或排水地漏处。

B. 生活水箱要求。生活水箱须采用满足生活饮用水水质标准的不锈钢材质；严禁设置露天水箱，严禁将生活水箱设置在暴晒的环境中；生活水箱进出水管应分别设置，应采取短流措施；生活水箱四周与建筑墙体的间距应满足规范要求且不宜小于过人或检修的间距要求，顶板面与建筑板底的净空应满足人员检修要求且不宜小于0.7m；生活水箱高度应根据水箱实际水位深度及预留空间高度确定，水箱长宽高应满足一定的稳定性要求，箱体的高度不宜超过3m。

C. 室内给水加压泵房。生活水泵房与消防水泵房应分开设置；水泵房内应设置控制室，控制室的观察窗宜能观察到水泵运行情况；泵房选址应远离住宿区域，不可毗邻住户，避免位于有住宿房间正投影下方；屋顶稳压装置严禁设置在住户顶板上，尽量设置于楼梯间上方；生活水泵房宜设置在专用房间，其直接上层不应设置厕所、浴室、盥洗室、厨房、污废水处理间、洗衣房及垃圾间等产生污染源的房间，且不应和上述房间毗邻；选用低噪声水泵机组，严禁在图纸中指定水泵品牌或明确水泵品牌代号等；泵房内地面应设置防水层；进出口管道均应采用柔性接头，设置弹性支吊架。穿墙处采取防止固体传声的措施。

D. 室内给水系统分区。给水系统的竖向分区应根据建筑用途、层数、使用要求、材料设备性能、维护管理、能耗等因素综合考虑；室内给水管采用减压阀分区时，其减压阀数量不得少于两组，减压阀应设置便于排水的位置。

E. 水表要求。每层入户给水管若设置计量表，其水表应设置在管道井或者便于抄表的位置，不得设在公共卫生间比较明显或吊顶内，每层入户给水系统压力不得超过0.2MPa；水泵房内设置水表的计量装置，应距离地面一定高度，且设置在易于抄表的地方；对于不同水质要求单独计量的，无特殊要求的（如根据用户单独收费的），不宜设置点位式水表，应集中设置总计量表。

F. 室内给水管径。室内外给水管管径，室内外排水管管径，消防、喷淋管径应根据流量及流速逐段计算确定，不可仅凭经验随意放大管径。

G. 室内给水品质要求。公共建筑入户大堂、电梯厅等美观度要求较高的场所，室内给水立管不能明设外露；对于室内给水管道结露会影响环境、装饰、物品受损的场所，应采取防结露措施。

H. 室内给水安全要求。对于用水保障安全性要求较高的加压给水工程，其生活水箱用水量可按最高日用水量的100%储存，当储水时间超过48h时应采取消毒措施，宜采用紫外线消毒措施；生活给水箱内补水要防止水箱内出现死水或短流，应采取必要的改善水质的措施；室内给水应采取防污染措施，保障饮用水安全性，给水水质防污染措施应满足《建筑给水排水设计标准》GB 50015—2019第3.2节相关要求。

I. 其他要求。剧场、博物馆等给水排水设计除应执行《建筑给水排水设计标准》GB 50015—2019外，还应执行有关剧场、博物馆等相关建筑设计规范中的"给水排水"章节要求。

②室内热水工程

A. 室内热水系统。集中热水供应系统的热水循环管道宜采用同程布置的方式，当采用同程布置困难时，应采取保证干管和立管循环效果的措施；热水系统宜与给水系统分区一致，各区水加热器、贮水罐的进水应由同区的给水系统专管供应，无法满足时应采取保证系统热水、冷水平衡的措施；当热水有预热、加热罐时，预热、加热罐的大小应按热水的小时耗热量全负荷选择，并考虑预热、加热罐任意一个在检修或故障时能确保热水系统的安全运行；当给水管道的水压变化较大，且用水点要求水压稳定时，宜采用开式热水系统；当要求设置太阳能热水系统时，太阳能热水系统宜作第一热水循环系统使用。

B. 热水管道敷设。室内热水管道敷设要求同室内给水管道敷设要求；热水管道应选用耐腐蚀和安装连接方便可靠的管材，对于热水承压压力较高的主干管道不宜采用塑料热水管，当采用塑料热水管和金属复合管道时，管道的工作压力应按相应温度下允许的工作压力选择，设备机房内的管道不应采用塑料热水管，管道管件与管材宜采用同一材质；定时供热水的系统因其水温周期性变化大，不宜采用对温度变化较敏感的塑料热水管；热水管道管径在选取时，应考虑长期结垢和腐蚀引起水断面减小、水头损失增大等问题；热水管道尽量利用自然补偿，铜管、不锈钢管与衬塑钢管直线管道长度应进行补偿计算，过长时应设伸缩节、不锈钢波纹管等伸缩器解决管道伸缩量问题；热水立管与干管的连接处，热水立管应加弯头以补偿立管的伸缩应力。

C. 室内热水设计安全性。燃气热水器应安装在通风良好的厨房或阳台，严禁在浴室内安装直接排气式燃气热水器等易在使用空间内积聚有害气体的加热设备；电热水器必须带有保证使用安全的装置；居住燃气热水器应与煤气表、煤气灶保持一定的水平距离，净距不少于 0.3m；集中热水供应系统应采取避免压力不平衡造成热水烫伤的措施；屋顶太阳能集热板应采取防台风措施并且与女儿墙之间保持一定安全距离；室外电加热热水设备应采取防漏电接地措施；水加热设备上设置安全阀时，安全阀的泄水管应引至安全处且不得在泄水管上装设阀门。

③ 室内消防工程

A. 消防设计说明中应明确以下内容：建筑物的高度、体积等关键因素；室内消火栓、自动喷水灭火系统的用水量及火灾延续时间、消防水池及屋顶消防水箱的设置位置及有效容积，设置稳压装置的应说明稳压设备情况；室内消火栓系统的分区、减压稳压消火栓楼层数以及消火栓箱的规格；自动喷水灭火系统的分区及报警阀设置位置；自动喷水灭火系统应交代火灾危险等级及设计基本参数；室内消火栓及自动喷水灭火系统的管材、连接方式及承压等级（要考虑分区因素）；室内消火栓及自动喷水灭火系统控制方式。

B. 消防给水系统分区。消防给水系统分区与方案阶段消防系统方案内容保持一致；消火栓分区环网设置，应考虑美观性、经济性、可操作性，可以考虑设置在地下室、架空层、避难层，若设置于标准层应考虑其管道穿梁，若有吊顶应考虑其空间净高，且竖向分区应满足规范要求；消防给水系统应设置防超压措施。

C. 室内消防给水泵房要求。附设在建筑物内的消防水泵房不应设置在地下三层及以下或室内地面与室外出入口地坪高差大于 10m 的地下楼层；室内消防给水泵房噪声控制要求同室内加压给水泵房；消防泵房内的消防水池宜采用钢筋混凝土水池，消防水池应与生活给水水池分开设置，严禁消防水池与生活水池合用；消防水池可以和其他生产用水合用，但水质应满足消防给水水质要求，且应保证消防用水不被动用；水泵房应有直通室外的出口，且应有足够宽度的门以保证设备运输。水泵房层高应满足水泵安装要求，一般不小于4.5m。门口应有200mm高挡水槛；消防水泵房内的管道不宜穿越消防水池，消防水泵的间距需满足规范要求。消防水泵宜采用立式消防水泵；消防水泵房应设置消控室，其消控室需设置观察窗，能够观察到消防泵的运行情况。

D. 消防设计美观及品质要求。消火栓设置一般要满足两股水柱的要求，间距应合理，消火栓设置应该美观（尽量暗装），对于室内场所美观度要求较高的采用组合式箱体，地下车库采用普通消火栓；要求塔楼、裙房的大堂（含首层及地下各层）及走道人流视线较易达到处，消火栓应暗装，架空层消火栓宜暗装。为保证暗装，应与建筑师密切配合，并保证其附近空间的完整；喷淋喷头设置应按规范要求布置，同时不应影响建筑空间的使用和效果，在满足相关规范或消防局要求时可设置侧喷喷头；报警阀室优先考虑与消防水泵房结合。确需另设的，应选择不影响停车、行车且有排水措施的区域，未设置专用房间的报警阀区域应设置防护栏杆；办公楼等走道应校核消防管道净高，对于无法满足建筑室内净高要求的宜考虑消防管道穿梁敷设。

E. 气体灭火设置。当地下室高、低压配电房及其他电气用房集中设置时应设置管网式气体灭火，当其分散时面积不大于$120m^2$的电气房间可设置柜式气体灭火装置；灭火系统的灭火剂储存量，应为防火区的灭火设计用量、储存容器的灭火剂剩余量和管网内的灭火剂剩余量之和，选择瓶组容量时，不能随意放大瓶组容量；七氟丙烷灭火系统设计时防护区实际应用的浓度不应大于灭火设计浓度1.1倍；气体灭火系统泄压口不应设置在防火分区的隔墙上。

F. 灭火器配置要求。人员密集场所，合理选择配置灭火器类型，最大限度降低因使用灭火器对人体造成的二次伤害。

④ 室内排水工程

A. 室内排水系统选择。室内污水排水系统应根据建筑物使用性质、卫生标准要求、使用方要求、环保部分要求等确定是否采用污废分流系统。

B. 排水管道的敷设。一层排水出户管应以最短距离出户，若是出户管道超出规范要求应设置检查口或清扫口，检查口和清扫口应设置在便于检修、隐蔽的位置；当建筑物沉降量较大时，在排出管出外墙后设置柔性接口，接入室外排水检查井的标高考虑建筑物的沉降量；对于室内污水废水共用通气立管的排水系统，其"H"管件设置，可每层或隔层分别设置与污水立管和废水立管连接，但应经过水力计算确定。

C. 室内排水管道的材质。建筑高度超过100m的高层建筑内，排水管应采用柔性接口机制排水铸铁管及其管件。环境温度可能出现0℃以下的场所应采用金属排水管；连续或经常排水温度大于40℃或瞬时排水温度大于80℃的排水管道，如公共浴室、旅馆等有热水供应系统的卫生间生活废水排水管道系统、高温排水设备的排水管道系统、公共建筑厨房及灶台等有热水排出的排水横支管及横干管等，应采用金属排水管或耐热塑料排水管；对于洗衣房、锅炉房等经常有高温热水排放的应设置降温池，降温池应设置于室外。

D. 阳台、露台、空调等排水。建筑物户内阳台、露台、花池、带反坎的空调位，公共区域阳台、花池、前室、走道近端（敞开式）处等所有可能飘雨的位置均需考虑排水，不得遗漏，当排水面积较大时，应根据面积计算确定排水管径及数量；放置洗衣机的生活阳台，地漏排水应采用带存水弯直通地漏，其存水弯水封高度不小于 50mm，生活阳台排水地漏采用 DN50；当阳台长度大于 6m 时，宜设置地漏 2 个，分别设置阳台 2 侧，从中间向两边找坡；阳台地漏设置应靠近立管端附近；集中中央空调应采取有组织排水，空调冷凝水统一组织排放；对于分体式空调冷凝水应有组织排放，不得散排至室外散水，有条件时可散排至不经常上人的裙房屋面且应隐蔽。冷凝水支管口标高比留洞底低 150mm。室内留洞应保证冷凝水可顺坡排出，立管管径一般为 DN32；空调冷凝水排水立管不得与其他排水立管合用，应单独设置，当采用地漏间接排水时不受此条限制；分体空调排水水立管不应暗埋墙体，冬天排冷应考虑表面冷凝水解决措施。

E. 卫生间排水。对于上下卫生间对齐的公共建筑卫生间，不宜采用结构大降板；对于有降板卫生间应设置沉箱二次排水措施。

F. 排水设计安全性。高层阳台雨水排水应单独排放，并排至室外雨水口或排水沟内；屋面雨水排水工程应设置溢流口、溢流管等溢流设施，其溢流排水不得危害建筑设施和行人安全；设置污废水管、雨水管应牢固地固定在建筑物的承重结构上；排水管其他设置应当遵守《建筑给水排水设计标准》GB 50015—2019 第 4.3 节安全性要求。

4）管线综合工程

① 一般情况下地下室最小净高要求

A. 地下室用于停放汽车时，当只考虑停放微型和小型汽车，坡道处净高不小于 2.3m，当地下室结构为无梁楼板结构时，行车道净高不低于楼板底面下 0.6m 的高度；当地下室为梁板结构时，行车道净高不低于梁下 0.5m 的高度；车位上方净空应最大限度提高，最低高度不能低于 2.3m。当考虑停放大中型汽车，应根据使用方要求另行确定坡道及地下室净高。

B. 地下室用于停放自行车时，坡道或楼梯踏步处净高不小于 2.2m，停车库净高不小于 2.0m。

C. 地下室用于设备用房时，其净高遵从相应专业要求。

D. 地下室净高还应满足安装于地下室的设备运输和检修条件，在大型设备的进出通道上，管线应避让，以预留足够的空间。

E. 以上"净高"，指空间内管线设备安装完毕后，最低点处（包括支架、卡箍）至地面的垂直距离，即日常有效使用空间的垂直距离。

注：管线综合工程仅适用于普通停车库，不适用于机械停车库。

② 净高最大化原则

A. 管线应尽可能贴结构敷设，且多层管线应在高度方向排布紧凑，而不仅仅局限于满足最小净高。

B. 开敞空间各类同向管线，不能在高度方向重叠；管线交叉点处最多为三层。

C. 车库空间应优先保证行车道处净高，尽量避免在车道上方顺向布置管线（尤其是密布管网或断面面积较大的风管）。

③ 管线路径最短原则

A. 应优化管线走向，使得每种管线总长尽可能最短。

B. 当各专业管线发生冲突需要绕行时，综合单价较高的管线（插接母线、电缆等）优先走捷径。

④ 管线敷设限制

A. 从塔楼或地面收集雨水、污水的排水管，不宜经由地下室空间排出室外，宜在地下室顶板覆土层敷设。

B. 与防空地下室无关的管道不宜穿过人防围护结构；除上部建筑的雨污管、燃气管不得进入防空地下室外，其他不得已必须穿过防空地下室顶板、临空墙和门框墙的管道，其公称直径不宜大于150mm；凡进入防空地下室的管道及其穿过的人防围护结构，均应采取防护密闭措施。

C. 变配电房、发电机房、配电柜上方严禁有给水排水管线经过，以避免管线渗漏或外壁结露时，有水落下损坏设备。

⑤ 便于安装和维护、避免相互影响

A. 管线与建筑、管线与管线之间应预留安装、维护的必要空间。

B. 开敞空间各类管线平行排布时，强弱电管线应分别置于风管两侧。

C. 狭窄空间不得已需要重叠排布时，遵循电上水下原则，热水管在上冷水管在下原则，给水管在上雨污管在下原则，通风管道在中或下原则。

⑥ 美观原则

A. 管线走向应"横平竖直"，并与结构梁平行或正交，原则上不允许出现平面斜交情况。

B. 各管材不同颜色进行刷漆区分，并用字体注明管道名称和液体或气体流向。

5. 电气（强电）专业编制内容

（1）设计依据

主要包括：现行的相关国家标准、行业规范和政策法规；相关专业提供的设计资料；相关专业提供给本专业的工程设计资料；建设单位提供的相关技术文件及资料，如：供电部门、消防部门、通信部门、公安部门、人防部门等认定的工程设计资料。

（2）设计范围

1）项目拟设置的建筑电气系统，主要包括但不限于以下系统：高、低压变配电系统（含高压系统、低压系统、备用及应急电源系统、电能计量、无功功率补偿等），动力及照明配电系统，建筑防雷接地系统，电气节能设计等。

2）明确本专业的设计内容及相关专项设计的分工界面。

（3）设计原则

1）符合国家现行的有关规范、规程，设计深度按有关规定执行。

2）满足当地主管部门关于建筑设施供配电、计量、公安、消防、通信、防雷等方面的规定和要求。

3）应从工程规模、形式及重要性等方面确定电气负荷等级及供电要求。如项目为改扩建工程，应适当、合理地处理新旧建筑物的用电系统关系。

（4）设计要求

1）高、低压变配电系统

① 负荷分级及负荷计算

根据相关规范的负荷分级规定及项目建筑特点，对项目各功能区域的供电负荷进行分级，并进行用电负荷计算，提供负荷估算书。

② 高压配电系统

明确项目的供电电压及电压等级，根据项目估算用电量并结合市政供电条件，合理选择市政电源容量及进线数量、线路路由及敷设方式（需与当地供电部门沟通落实）。

对于大型项目（尤其用电量大且对供电电源要求高的项目），则尽量争取高压专线供电或两路独立市政高压电源同时供电。

当两路高压电源同时供电，应互为备用，采用单母线分段的接线方式；当其中一路进线停电或故障切除后，手动投入母联开关，由另一路电源负担全部用电负荷；两路进线开关与母联开关之间加电气及机械连锁。开关设备须是满足当地供电部门要求的型号，并且为真空充气、空气绝缘型或 SF_6 绝缘型，禁止使用油浸式开关设备。

③ 低压配电系统

变电所内 400V/230V 低压系统应实行单母线分段接线，正常情况下各段母线分段运行，当其中一台变压器因故停运时，切除部分非重要负荷，手动投入母联开关，只对消防负荷及重要负荷进行供电；变压器出线主开关与母联开关实行电气连锁，防止变压器并列运行。

市电与柴油发电机（15s 内启动）电源间设机械和电气连锁切换装置，对各重要的消防设备采用双回路末端切换。

④ 备用及应急电源系统

A. 须提供应急的柴油发电机系统，以满足当市政供电失电后，提供应急备用供电。

B. 应急发电机要求在市政供电失电后 15s 内，自动启动并提供电力供应。发电机的大小须满足瞬时峰值负荷要求。

C. 日用油箱燃油储量应满足有关规范要求。当无室外储油装置时，建议在首层适当位置设置燃油进油设施，以方便从油车直接注入燃料至日用油箱。

D. 电能计量：明确项目采用的电能计量方式是采用高压还是低压计量，专用柜还是非专用柜（需满足供电部门要求和建设单位内部核算要求）；供电部门计量应按当地供电部门的要求设置，并与供电部门协调落实设置位置，以便日后操作和管理；内部核算计量采用低压计量方式，在每台变压器低压侧设置计量电表。

E. 无功功率补偿：功率因数采用低压侧集中补偿，补偿后高压侧的功率因数不小于0.9 或按当地供电局要求。大容量电容器补偿柜内应设通风散热装置；补偿装置中电容器应串联适当电抗器。

F. 电力监控系统：设置智能电力监控系统，对供电系统（包括高、低压配电系统、应急发电机组）进行监测及实施节能控制。智能电力监控主机设置于值班室，通过网络接口、开放式协议与 BAS 系统进行集成。智能电力监控系统的仪表设置及功能选择应满足实现供电系统分项用电计量的要求。

2）动力及照明配电系统

① 动力配电系统

A. 低压配电系统应采用放射式与树干式相结合的方式，对于单台容量较大的负荷或重要负荷采用放射式供电，对于照明及一般负荷采用树干式与放射式相结合的供电方式。普通负荷采用低压无卤阻燃电缆，消防负荷的干线采用满足规范及防火要求的低压无卤阻燃耐火电缆或矿物绝缘电缆。

B. 消防水泵、喷淋水泵、水幕水泵（如设置）及消防风机尽量采用直接启动方式；当电机容量大于或等于 30kW 时可采用 Y-Δ 启动方式。冷冻水泵、冷却水泵推荐采用变频控制。

C. 在发生火灾时，消防系统设备（水泵、风机）在运行过程中如发生过载等故障时，系统报警，但不能切除电源。

D. 应严格按国家规范要求进行各功能场所的配电及安全保护。

② 照明配电系统

A. 应充分合理利用自然光，使之与室内人工照明有机地结合，以合理节约电能。

B. 满足照明质量的前提下，优先选用高效能光源和灯具（如荧光灯、紧凑型节能荧光灯、高压钠灯、金属卤化物灯、LED 灯等）。

C. 在需要的场所应设紫外线杀菌灯，照度与控制方式标准参照相关规范实施。

D. 设计时应结合现场具体情况完成景观照明、泛光照明设计。

E. 应考虑智能照明系统。

3）建筑防雷、接地及安全措施

① 防雷

应按建筑类型及规模、位置确定防雷等级和建筑物电子信息系统雷电防护等级；应明确防直接雷击、防侧击、防雷击电磁脉冲的措施，并应符合相关条文的要求。说明利用建筑物、构筑物混凝土内钢筋做接闪器、防雷引下线、接地装置应采取的措施和要求。

② 接地及安全措施

应明确项目等电位设置要求、接地装置做法要求，当需作特殊处理时应说明采取的措施、方法等；各系统安全接地电阻值应符合有关规定。

4）电气节能设计

① 配电系统节能

A. 合理设计供配电系统：合理设计变配电所的位置，尽量靠近负荷中心，节约有色金属，减少线路电能损耗。合理确定用电负荷指标。合理确定变压器容量、台数，配电系统接线适应负荷变化，能按经济运行的方式灵活投切变压器。

B. 选择高效节能环保型变压器和变压器合理的负荷率。

C. 提高系统的功率因数，选择功率因数较高的用电产品和在合理的地方进行无功补偿。

D. 抑制谐波的措施：选用 D，yn11 接线组别的三相配电变压器；在电容器回路串联电抗器，抑制谐波电流。

E. 单相负荷供电的配电箱进行三相平衡配置。

F. 采用具有节电效果的低压电器。

② 照明系统节能

A. 进行绿色照明设计，合理选用高效节能产品。

B. 利用自然采光，减少照明的设置。

C. 对大面积照明场所，如车库、室外夜景照明及环境景观照明应进行照明节能控制。控制方式可采用定时或亮度控制方式，亦可采用两者兼用方式。

③ 设备节能控制

A. 合理选择电梯和自动扶梯，采用节能电梯，多台电梯之间采用群控方式，扶梯采用自动启停的节能控制措施。

B. 给水排水系统。对生活给水、潜污泵及污水提升泵、水箱（水池）的水位及系统压力等进行监测。

C. 电动机设备。30kW 以上电动机采用星－三角启动。

D. 分项计量系统。将项目中的空调用电、其他动力用电、照明插座用电和特殊用电等分别计量。分项计量采用带通信接口的电子电能表，分项计量不应影响计费系统正常工作，不应与计费电能表共用互感器。

5）电气消防

① 火灾自动报警系统

A. 按建筑性质，合理确定项目的保护对象等级，确定系统形式及系统组成；系统设计应满足国家相关规范、强制性标准和当地消防部门的要求，并针对项目特点，做到安全适用、技术先进、经济合理。

B. 火灾自动报警系统应提供与可燃气体探测报警系统、电气火灾监控系统、消防设备电源监控系统、消防应急照明及疏散指示系统、防火门监控系统、安全技术防范系统、BAS 系统、智能化弱电系统集成的接口，且各系统间的信号传输、显示和联动控制应满足国家相关规范、标准的要求。应提供与城市火灾自动报警信息系统联网的接口预留（具体按当地有关部门的要求执行）。

C. 系统主机容量宜预留不小于 15% 的余量，每一总线回路连接设备的地址码总数，应预留不小于10%的余量。

D. 火灾自动报警系统采用控制中心型智能消防报警系统，应能集中显示火灾报警部位信号和联动控制状态信号。

E. 系统设备应为符合国家有关准入制度的产品，且具有高技术质量、高可靠性、零或极低故障率的品质。应明确消防应急广播系统声学等级及指标要求；说明广播分区原则和扬声器设置原则、消防应急广播联动方式以及系统主电源、备用电源供给方式。探测器的选择需满足相关规范要求，且需与有关专业密切配合，合理选型和布设位置。消防联动控制的设计应满足国家相关规范、当地消防部门的要求，并与相关专业认真协调落实。

② 电气火灾监控系统

应按建筑性质及规模合理确定保护设置的方式、要求和系统组成，说明监控点设置，设备参数配置要求，明确传输、控制线缆选择及敷设要求。

③ 消防设备电源监控系统

合理确定监控点设置，设备参数配置要求，传输、控制线缆选择及敷设要求。

④ 防火门监控系统

合理确定监控点设置，设备参数配置要求，传输、控制线缆选择及敷设要求。

（5）图纸要求

1）负荷计算书

负荷计算书应包括整个项目负荷容量计算与变压器的选择，柴油发电机组容量的计算与选择；负荷计算书应为EXCEL的表格形式。

2）电气总平面图

电气总平面图应标示市政高压进线接驳口、电气专业各管线走向、回路编号、导线及电缆型号规格及敷设方式，各主要机房（变、配、发电站）的设置位置、编号及设备的装机容量。

3）管线综合

电气管网敷设方式及走向应结合综合管线图进行综合考虑、合理布局，管线平行或交叉时应满足电气设计规范要求。

4）主要设备

列出主要设备清单表，应注明主要电气设备名称、型号、规格、单位、数量。

6. 电气（弱电）专业编制内容

（1）设计依据

主要包括：现行的相关国家标准、行业规范和政策法规；相关专业提供的设计资料；相关专业提供给本专业的工程设计资料；建设单位提供的相关技术文件及资料，如：供电部门、消防部门、通信部门、公安部门、人防部门等认定的工程设计资料。

（2）设计范围

设计范围主要包括但不限于以下几大系统：火灾自动报警系统、信息化应用系统、信息设施系统、建筑设备管理系统、安全防范系统、机房工程等。

（3）设计原则

1）在满足国家和地方规范要求的前提下，应遵循安全可靠、经济实用、技术先进、扩展灵活、操作维护管理方便的原则。

2）设计前应了解通信、有线电视等市政条件是否具备，了解各管线的引入方向以及相关主管部门的要求。

3）应明确项目的智能化需求，是否需要按智慧建筑的标准进行设计。如项目为改扩建工程，既有新建建筑又有保留的建筑，设计的各系统应适当合理地处理新旧建筑接口、点位、路径、设备等关系。

（4）设计要求

1）信息化应用系统

根据建筑物性质，信息化应用系统的配置应满足该建筑业务运行和物业管理的信息化应用需求。

2）信息设施系统

① 综合布线系统

本系统分为语音布线系统和数据布线系统。工程一般采用光纤与铜缆混合的综合布线系统。语音主干采用大对数电缆，数据主干采用光纤，水平配线均采用六类或七类双绞线，以适应信息点使用功能的变换。必要的场所处设置视频摄像机。

根据使用需求，有些项目内部设置无线 AP 点，实现无线覆盖，提供上网的方便，预留 5G 管井、线槽及护管。

② 移动通信室内信号覆盖系统

项目应设置移动通信室内信号覆盖系统解决室内信号覆盖，提高网络覆盖质量，且信号覆盖系统应覆盖手机信号全频段。

③ 用户电话交换系统

电话、宽带进线及配线机组设备向电信运营商申请并由电信运营商提供。该布线系统与综合布线系统统一考虑。当项目为改扩建项目时，应考虑新、旧建筑语音中心机房的程控交换机对接。

例如设置电话交换系统时，电话交换总机应具有呼叫保留、呼叫转移、热线电话及无线通信接口等专用功能，并应具有模拟中继、数字中继接口。

④ 计算机网络系统

计算机网络系统采用星形拓扑结构，支持最新主流网络协议，满足支持集数据、语音、视频、图像于一体的通信。

根据建筑物规模以及使用需求，确定是采用三层网络架构还是两层网络架构。核心交换机支持双电源、双交换引擎和链路冗余连接。要求支持多层交换、高带宽传输、高密度和高速率接入、支持不同网络协议和高容错性能。

⑤ 有线电视系统和闭路电视系统

优先选用当地有线电视网络信号，且系统设计须满足当地有线电视管理部门的要求。

提供邻频 860MHz 之双向传输网络。系统用户出口电平为 65±5dB。系统分配采用分配分支方式。提供机房至各分区弱电间的水平布线线槽和竖井内垂直布线线槽。

⑥ 公共广播系统

系统须满足全区同时广播的功能。功率放大器输出总功率应不小于所有扬声器同时广播时总功率的 1.5 倍。广播分区需兼顾功能分区及防火分区。需明确消防广播和背景音乐是合用还是分开设置,确定广播分区原则和扬声器设置原则。

⑦ 会议管理系统和多媒体视讯会议系统

在会议厅设置会议视频(同声传译系统)管理系统,将会议功能、会议室内的空调和照明联动控制功能、视频和音频系统统一置于会议管理系统。

⑧ 信息引导及发布系统

信息引导及发布系统共用工作站。信息引导系统的终端预留在主要出入口、电梯厅、扶梯处(具体位置需与使用运营单位沟通确定)。发布系统要求具有多信息源切换功能。信息源包括计算机多媒体信息、有线电视信号、DVD、摄像机、闭路电视监控信号及现场直播信号等多种音频、视频信息。

3)建筑设备管理系统(BAS)

① 建筑设备监控系统

楼宇自控系统(或称设备监控系统、楼宇管理系统)是由中央管理站、各种 DDC 控制器及各类传感器、执行机构组成,并能够完成多种控制及管理功能的网络系统,它是随着计算机在环境控制中的应用而发展起来的一种智能化控制管理网络。系统设计包括暖通空调系统、送排风系统、给水排水系统、变配电系统、照明系统、电梯系统等,采用集散系统进行自动化监控和管理,以便对各类机组提供可靠的、经济的优化控制。

② 安全防范系统

③ 视频安防监控系统

大楼内的门厅、公共走道、电梯厅、院区、停车场等一些必要的场所,设置闭路监视摄像机,不能存在监控盲区。存储设备应考虑不同区域对存储时长的要求,并考虑扩展性问题。

④ 入侵报警系统

系统主机设置于消防安保控制中心,与出入口控制系统、电子巡查系统共用管理工作站。入侵报警系统应能提供与报警联动的视频监控、灯光照明等控制接口信号。

⑤ 出入口控制系统

出入口控制系统机房设在保安中心与消防控制室合用。在重要场所的出入口设有门磁开关、电子门锁、读卡器、门内开门按钮,对通过对象及其通行时间进行控制、监视及设定。

门禁系统与火灾自动报警系统联动,有火灾信号时各门禁装置应处于打开状态,便于疏散。

⑥ 停车场管理系统

停车场管理系统的主要功能包括：对进出车辆进行控制和管理，对停车场内停放车辆进行管理，对停放车辆的收费管理，对停车位进行可视化引导管理，对停车位进行停车诱导管理，车位查询导航管理等。

⑦ 安全防范综合管理系统

建设一套安全防范综合管理平台将视频监控系统、入侵报警系统、出入口控制系统、智能停车管理系统及工程包含的其他安防子系统，接入共同的管理平台，实现数据共享，智能安防管理。设计时，管理系统要考虑集成化、数字化、智能化、整体化。

⑧ 应急响应系统

文体场馆都有一个共同点，即会出现大量的人员聚集，而在人员聚集的场所，突发危急事件的风险也相应地增加。因此，为了确保场馆内人员的生命安全、维护场馆设施的完整性，以及提升应急能力，文化场馆的应急响应系统显得更为重要。文化场馆的应急响应系统主要包括火灾自动报警系统、水位监测系统、消防联动系统、结构变形监测系统、人流监测系统等。应急响应系统的最终实施方案需与当地市政府应急办、上下级机构、政府部门应急指挥系统进行讨论，建设标准及接入方案。

4）机房工程

机房工程是建筑智能化系统的一个重要部分，机房建设的内容包括：机房的建筑装修、供电、照明、防雷、接地、UPS 不间断电源、精密空调、环境监测、火灾报警及灭火、门禁、防盗、闭路监视、综合布线和系统集成等技术。

（5）图纸要求

1）弱电总平面图

弱电总平面图应标示网络、电话及电视市政进线接驳口位置，弱电专业各管线走向、导线及电缆型号规格及敷设方式，各主要机房的设置位置。

2）机房布置

应有中心机房、数据机房、消防控制室、监控室等重要机房设备布置平面图。

3）主要设备

列出主要设备清单表，应注明主要设备的名称、型号、规格、单位、数量。

7. 其他专业编制内容

（1）舞台工艺

1）舞台机械系统

根据舞台的使用需求及定位，明确舞台的形式、尺寸和数量（主舞台、侧舞台、后舞台等）、主舞台面至格栅高度、台仓深度等。

2）舞台灯光系统

根据项目具体需要及定位确定，主要包括但不限于以下内容：灯位设计（面光/耳光/顶光/柱光/侧光/天地排/追光/回路预留等）、灯光控制、调光（直放）回路、信号网络传输、灯具及效果器材的选型配置、供配电（含舞台临时配电箱）及演出视频显示系统（演出字幕显示、投影设备及控制、LED 显示屏及控制）。

3）舞台音响系统

根据项目具体需要及定位确定，主要包括但不限于以下系统：主扩声系统、舞台返听系统、舞台及观众厅效果声系统、舞台管理系统［舞台通信联络、广播呼叫（演员化妆间及演职员休息区域的单向广播）、催场广播（观众休息区域的单向广播）、演出视频监控、时钟、提示灯等系统］及音视频节目制作［音／视频节目摄／录、编辑、制作、存储、档案资料管理以及音／视频节目转播（广播、电视录播／直播、网络直播）等系统］。

4）设计及深度要求

提供完整的舞台灯光系统设计方案，主要包括但不限于以下内容：设计说明（设计理念、依据、标准规范、系统组成及安全保障措施、功能描述、参数指标要求的阐述）、设备配置清单（设备名称、单位、数量、主要技术指标参数、品牌推荐）、工程造价估算、全部图表（系统原理、回路／信号传输网络接口／工作电源分配、接口箱（盒）面板布置、控制室设备布置、供配电、管线路由）。

5）附属技术用房及建筑预留条件的提资

主要包括但不限于以下内容：与建筑关系、建筑空间条件尺寸预留、荷载要求、预留预埋要求、供配电技术要求、附属技术用房位置、面积及机房工程的基本技术要求等。

（2）声学设计

1）重要空间的功能定位及主要声学指标

结合项目需要，提出重要空间的声学指标要求，如混响时间 RT、音乐明晰度 C80、侧向反射系数 LF、强度因子 G、初始时延间隙 ITDG、舞台支持度 ST1、背景噪声等。

注：除了混响时间为满场，其他声学指标均为空场条件；考虑到不同使用功能的声学要求不一样，各个空间可以采用一定的混响可调技术以满足使用方的精细要求。

2）背景噪声控制要求

① 结合项目实际，提出背景噪声控制要求，如根据项目周边的交通情况，评估交通噪声的影响（特别是地铁噪声），并提出相应的振动控制方案；合理布置设备机房，使其尽量远离重要空间，做到闹静分离。应对设备机房的设备和管道等采用减振措施，并提出相应的减振方案。应对设备机房和重要空间的围护结构采取隔声措施，并提出相应的隔声方案。

② 对重要项目、重要空间部位，提出背景噪声的控制指标要求。

③ 室内音质设计要求

通过体型设计应减少直达声损失，每排座位升起应使听众双耳充分暴露于直达声范围内，不能有任何遮挡。充分利用 80ms 内的早期反射声能；观众厅应声场分布均匀，严禁出现回声、颤动回声和声聚焦等音质缺陷。

大型歌剧厅的观众厅体型建议采用马蹄形或钟形，设置多层楼座，侧楼座应尽量延伸至台口。池座宽度宜≤25m，规模比较大，座席排布有困难时，池座宽度可适当放宽至≤28m。应重视乐池的声学设计。乐池内、舞台台口侧墙和吊顶应重点设计，以保证乐队在乐池演奏时拥有良好的相互听闻条件。

　　大型音乐厅体型建议可采用观众环绕演奏台进行布置，演奏台侧面和后部的观众数量不宜超过观众总数的 30%。池座宽度宜≤25m。在满足 120 人四管制乐队的前提下，舞台应适当控制，面积不能太大。舞台面积太大时，就会加大乐师之间的距离，乐队内部的直达声就会减小。舞台太宽时，前排两侧的听众听到就近乐师演奏的声音要先于演奏台另一侧传来的声音，时差太大会对音乐的融合产生不良影响；台太深时，舞台后部乐器的声音是在前部乐器声音以后经过一段可分辨的时差才能到达听众耳朵，也会产生类似副作用。

14.2　智慧剧院咨询与管理

　　智慧剧院应以数字剧院为基础，以实现剧院的运营智慧化、管理智慧化、服务智慧化并使其具备分析能力。

14.2.1　智慧剧院咨询内容

　　1. 智慧剧院需求分析

　　配合建设单位梳理项目运维管理阶段对项目的本体结构、环境、能耗、机电设备运行的监测需求和智能化运营管理需求。内容包括但不限于：

　　（1）简述项目的基本信息（如项目、功能定位，工程名称、规模、性质、用途、建筑面积、占地面积、地理位置等）；

　　（2）根据项目基本情况，对智慧运营设计与建设阶段的重难点及需求进行分析，确定项目运营目标。

　　2. 提出配套建设的软硬件设备设施建议

　　（1）结构健康监测方案

　　根据项目运营目标，配合建设单位对设计单位的结构健康监测设计工作提出相关建议，开展可研、概算申报、设计施工图深化工作。确认项目工况条件，针对项目特点进行监测需求分析，同时结合国家相关监测规范标准要求和设计依据，以及同类相关建筑的监测案例，提出项目监测要求，内容包括但不限于：

　　1）监测需求分析与整理。

　　2）根据监测需求分析提出布点方案。须说明监测类型、监测设备、监测点数量、监测布点位置。监测布点可根据实际情况采用布点示意图进行描述，并提供相应的文字说明。

　　3）梳理监测所需的软硬件设备清单和对应工作量报表，协助开展相关费用估算。

　　4）配合建设单位及设计单位开展智慧管理工作目标的确定，辅助方案的顺利开展。

　　（2）机电与环境监测方案

　　结合项目设计资料，提出机电设备和环境监测需求和建议。根据监测需求，梳理需要监测的机电系统、弱电系统和环境监测系统的数量和具体监测内容，提出监测方案及其规格要求说明，内容包括但不限于：

1）梳理接口类型和数量，说明硬件和软件接口的类型和数量。

2）梳理监测类型、监测数量、监测点位布置。

3）梳理新增监测传感设备的清单，协助开展相关费用估算。

4）提出设备设施供应商需要开放的数据接口要求。

5）梳理和说明平台、自控系统、网关、传感器等设备之间通信方式、技术实现手段。

6）配合设计单位开展施工图深化工作。

（3）全生命期数据资产管理方案

结合项目特点，提出运维阶段对项目建设期数据管理方案，内容包括但不限于：

1）对数据内容进行梳理，包括结构化数据（如设备设计参数、设备性能参数、设备供应商参数等）和非结构化数据（如图纸、模型、图片、视频等）。

2）梳理数据采集、查询、验收、交付的流程，明确参与方在各阶段对数据管理的职责内容，明确各阶段数据交付形式。

3）结合上述内容，提出全生命期数据资产管理平台功能方案。

（4）基于 BIM 运维平台功能技术要求

结合项目运维特点，以 BIM 数据为载体，提出运维平台功能方案，内容包括但不限于：

1）对楼宇各个子系统归集整合，提出运维管理平台功能方案。

2）结合运维需求分析，平台业务功能模块包括但不限于数据资产管理、结构与机电环境运行监测管理、能耗管理、巡视巡检、维护保养、运维知识库等多项业务。

（5）提出设计和建设阶段参建各方的协同建议

1）运维实施管理及实施流程

配合建设单位提出设计和建设阶段参建各方的协同管理方案，内容包括但不限于：

① 梳理设计和施工单位需要开展的工作内容。

② 梳理全过程咨询（或监理）需要管理的重点。

③ 提出参建各方协同运作的机制及梳理实施流程。

2）智慧运营实施总体计划和保障措施

全过程工程咨询单位配合建设单位，提出项目总体实施计划和运维实施过程的保障措施方案，主要内容包括进度保障措施，质量保障措施，技术保障措施和沟通机制。

14.2.2　设计阶段咨询

通过态势感知实现对剧院人、车、物、事件、环境、安全等重要指标日常运行的监测，以及对剧院全局的把握和资源的综合调度，实时、可视化掌握剧院各系统运行状态，结合大数据，为智慧剧院的运营提供决策分析依据。

1. 建设背景

（1）剧院建设单位智慧化建设的痛点

1）剧院基础设施待优化

剧院内业态愈加复杂，弱电系统、网络、数据中心等基础设施规划无法有效支撑，有线无线等多张网络独立部署，彼此不联通，缺乏跨业态的智能化基础。

2）剧院数据缺乏治理、信息孤岛现象严重

各部门/各业务的信息系统庞杂林立，数据不能有效共享、互通数据获取困难，信息孤岛现象严重；同时，缺乏对数据的有效挖掘，数据应用少，系统之间无法联动，无法实现整体智能化。

3）剧院建设缺乏顶层设计

传统剧院建设往往缺乏系统性和前瞻性规划，智慧化建设以碎片化功能建设为主，系统性考虑不足，各子系统封闭孤立。剧院基础建设长达数年甚至数十年缺少顶层设计，将导致剧院建成后，无法平滑迭代演进，重复投资等突出问题。

4）剧院管理运营能力薄弱

剧院管理粗放，严重依赖物业大量的人工管理，人力资源浪费严重。如安全防护以人工为主，问题处理被动响应，主动服务不足，对持续运营重视不足。同时存在缺乏对物业的量化考核和清晰的工作量评估。

5）剧院智慧化服务需要提升

剧院重视物理设施建设，缺乏对用户体验的关注，设施、空间无法感知人的需要，不能提供主动服务，或者监管大于服务。未实现可视化管理和智能化联动，造成剧院服务难以满足用户要求，体验感差。

（2）剧院物业方运维人力和制度的管理痛点

1）人员效率低，运维系统多，值班班组多，值班场景分散，有效注意力不饱和。

2）要求高：

知识储备：不同班组均对专业知识的要求高；

执行经验：对现场实操能力和经验的要求高。

3）人力成本高，人才招聘难，人员流失频繁。

4）缺少制度，过程不透明，考核不量化，响应不及时，流程不闭环。

（3）剧院物业方运维管理工具痛点

1）强弱电系统

① 数量多：根据专业划分，智能化子系统众多，常见子系统近 20 个（个别项目多达 30 个）。

② 独立：子系统之间相互独立，界面独立、业务独立、数据独立。

③ 人工维护：场景分散，子系统间需人为建立业务、数据联系或完全失去联系。

2）传统集成化系统（IBMS）

① 仅界面整合：子系统间业务逻辑并未打通，业务依然独立。

② 数据未集成：没有统一的数据规范、标准，数据依然独立。

③ 重运行轻响应：报警和报事处理过程缺乏报警辅助功能、响应保障机制。

④ 无交互方式：缺乏业务开展引导性、空间信息的三维体验感。

（4）剧院畅想

1）剧院经营。提升投资回报、降低投资风险、创新商业模式，产生更多收入来源（租赁收入、服务收益、数据变现）。

2）剧院物业管理。节省人力成本、能耗成本；提高物业、资产等运营效率；提高企业和用户满意度。

3）健康舒适的生活体验。绿色低碳、安全可控的智慧化服务；有益于身心健康的舒适环境。

4）高效便捷的工作空间。便捷高效的协同平台、提高个人工作效率。

5）社交成长需求。开放剧院社交平台，资源共享，合作共赢。

6）助力业务持续增长。良好的营商配套环境和企业服务，提升品牌形象，促进企业业务增长。

7）提升品牌形象／留住人才。打造剧院IP，品牌溢价；吸引高端人才，减少优秀人才流失。

8）借助生态共生发展。良好的产业生态链，助力业务上下游形成共生发展。

9）促进产业经济发展。如促进GDP、税收、产业均衡发展。

10）促进民生治理改善。安全生产、环境保护、人才乐业。

（5）运营中心五大功能

运营中心功能包括态势感知、运行实时监测、决策支持、事件管理与优化和联动应急指挥等五大功能。

1）态势感知。对物联设备接入，感知剧院的态势变化；实现对剧院人、车、物、事件、环境、安全等态势感知。

2）运行实时监测。及时掌握运行态势，了解剧院各领域运行特征；对运行异常情况实时发出预警，并快速响应。

3）决策支持。对运行数据实时分析，辅助运营团队科学决策；开展能源、设施、安防相关专题分析，提高管理水平。

4）事件管理与优化。事件发生后对事件的管理，寻找事件原因，分析事件产生影响；事前、事中、事后措施优化。

5）联动应急指挥。平滑接入和融合现有业务系统，如：停车、消防、门禁等；通过数据融合驱动、人工智能等新技术更好地支撑业务协同运行。

（6）运营中心管理驾驶舱

实现对剧院人、车、物、事件、能耗、环境、安全等重要指标信息的全面查询和监测，以及对全局的把握和资源的综合调度，为剧院的管理人员了解整个剧院的运行情况，并为决策提供数据支撑。

（7）运营中心分权分域体验

为不同级别的人员赋予特定的可管理、可使用资源和通行权限，以达到通行／不可通行、可见／不可见、可管理／不可管理的目的。

2. 综合安防

（1）视频巡更＋人工电子巡更

1）核心功能及亮点

视频巡更＋人工电子巡更：视频巡更和人工电子巡更路线科学规划，优势互补。视频巡更在监控室即可完成，节省人力物力。人工电子巡更可巡查监控无法覆盖的区域和重点防范区域。

精准考核：视频巡更时可随机要求打卡，系统记录视频巡更和人工电子巡更记录，并生成报表。

2）方案价值

提高巡更效率：借助 IOC 运营中心对巡更记录进行管理，自动生成报表考核安保巡更效率。

节省人力：节约大量安保力量。

提高安全：视频巡更可对警情进行图片抓取和留存，保存证据。

（2）周界防护

通过周界系统产生告警：检测到人员入侵。

联动调阅视频监控图像：视频分析后台基于模型比对，确认告警是否误报（树叶、小动物侵入），当告警属实，指挥人员一键调拨最近安保人员，现场处置。

1）核心功能及亮点

自动保存摄像头告警前 15s 和后 15s 的视频，用于分析与取证。入侵告警、摄像头、地图多系统联动，入侵时调取附近摄像头实时视频和历史录像等信息。

2）方案价值

周界告警误报率大大降低，提升事前处置效率。

自动检测周界入侵，确保周界安全，特别适用面积较大的剧院项目。

通过告警与摄像头联动，消除周界误报告警，避免不必要的人力浪费。

（3）系统联动

视频监控与消防、门禁系统等进行集成，快速联动，应对危急事件时能快速响应，提升剧院危机应对能力。

1）消防联动

综合安防与消防系统进行联动，当出现消防事件时，平台联动附近摄像头推送告警点实时监控视频到运营中心，由值班安保人员对告警信息进行确认。

2）门禁联动

综合安防与门禁系统进行联动，当出现消防事件时可以开启门禁设备，便于人员快速撤离。当出现入侵事件时可以进行联动处理。

（4）轨迹追踪

通过输入需要寻找人员的人脸图片，系统对楼宇监控画面进行分析比对和查找，通过视频拼接服务，查看老人和小孩经过每个摄像头的拼接录像并绘制行走轨迹。有效提高处置特殊情况的能力，提高剧院安全水平。

1）核心功能及亮点

人行轨迹：上传指定人脸照片，通过视频拼接服务，查看指定人员经过每个摄像头的拼接录像和行为轨迹。

2）方案价值

快速查找指定人员：快速查找指定人员行为轨迹和现在位置。

（5）人员布防和黑白名单

基于 AI 算法对人脸进行识别与管理，将捕捉到的人脸与后台人脸数据库对比，若比对到黑名单人员，推送告警信息到平台，并可对其轨迹进行追踪，实现无盲点监控。

（6）AI 行为分析和告警

基于 AI 算法对员工行为、消防通道占用等违规行为进行捕捉，发现问题时可联动系统进行告警，触发工单并通知相关人员快速进行处理。

3. 能源管理

（1）能效统计

平台与空调、照明、变配电、BA 等用电系统进行集成，通过对项目能源数据整合，以结构化、图像化方式实时展示能效数据。通过对能耗数据进行深度挖掘分析，进行统计和规划处理，进行二次计算、统计分析，辅助管理人员加强能源管控。

（2）节能策略

通过远程智能控制和监管能源设备的使用情况，根据不同的使用场景制定不同的策略实现按需控制和精细节能。

（3）用能挖掘

通过对能源数据进行分析，实时掌握项目能源使用情况，通过大数据对比分析能源情况；用能数据横向对比，发现节能空间，并对漏电支路进行诊断。

4. 动态监测

（1）环境监测

平台与环境设备、系统集成，获取设备实时监测状态，发生异常数值时，可第一时间通知相关责任人员。

全面监测：基于智能化终端，实时监测室内、室外、地下区域环境，构建空气质量监测、水质水位监测，实现剧院项目环境监测数据的实时感知和分析。

多渠道发布信息：多渠道发布环境信息，推送相应提示。

（2）能耗优化

通过查看环境监测子系统，发现场内环境变化情况，迅速调整设备运行策略。如夏季下暴雨后，可自动调节温度或适当减少空调设备开启数量。

5. 智慧同行

（1）智慧车行

通过集成出入口管理系统（车牌识别系统）、车位引导系统、反向寻车系统和停车缴费系统等，在 APP 和小程序公布实时车位空余情况，并提供车位预约服务。预约完成后自动导航到停车场，离场前扫码自助缴费，快速无感离场。

（2）智慧人行

在楼栋的关键出入口设置人脸闸机和人脸门禁，通过一脸通行和一码通行，提高关键区域的安全水平和通行效率。

1）核心功能及亮点

人脸通行：仅需人脸即可通行权限控制区域。

一码通行：如人脸无法使用，用二维码即可通行所有权限控制区域。

2）方案价值

全面布控：在安全门处安装人脸识别摄像头，对进出人员进行图像识别比对，白名单人员通行，黑名单人员告警。

中央控制：通过部署人脸识别通行闸机、安装人脸识别门禁，对所有开关门进行中央管理和监控。平台也可与其他相关系统对接（访客系统、安保系统等）。

（3）智慧访客

通过线上方式进行预约，到达后"一脸、一码通行"园区，提高接待访客效率，提升用户体验感。

6. 设备智管

（1）设备监测

实现对设备状态和业务数据采集、分析、告警和统一平台处理闭环，确保设备正常运行，提高设备管理效率。

1）核心功能及亮点

通过接入现有设备和新增传感器，实现各类设备故障告警在一个统一平台实时监测和处理。

故障告警阈值灵活设置，对告警进行预处理（去重和部分过滤）。

2）方案价值

统一管理：实现不同系统设备的告警和故障统一管理并实现端到端的处置，提高设备管理效率。

实时监测：实时监测设备运行状态，及时发现问题，解决问题，确保设备正常运行。

（2）工单管理及闭环

设备出现故障时可自动上报平台，平台通过自动派单维修人员完成修理。实现全闭环工单管理操作。

7. 资产管理

（1）平台搭建

建立资产管理平台，通过物联网 RFID ＋ AP 技术，实现资产位置智能实时监控，对剧院资产实现科学化管控，提升管理工作效率，降低运营成本。

（2）资产盘点

自动对资产进行盘点统计，通过射频识别获取资产数量信息，实现无人化秒级盘点，提高盘点效率。

（3）电子围栏和资产轨迹

电子围栏：结合电频信号建立的电子围栏，防止资产离开限定范围，避免资产丢失。

资产轨迹：对设备定位进行实时监控，避免出现找不到资产的情况，同时可以根据位置形成资产轨迹跟踪，提高资产安全性。

8. 智慧办公

（1）智慧会议

支持线上会议预约，会议室状态实时查询，会议室签到记录，会议室使用时间统计及统计图表可视化展示，会议室使用时间预到时提醒，提高资源利用率。

（2）智慧厕位

通过厕位设备进行集成，获取实时厕位情况，将数据进行可视化展示，对厕位占用状态进行查看，避免排队。

厕位占用提醒：当厕位占用时，系统自动通知当前厕位已被占用。

9. 智慧物业

（1）告警机制

每个系统可以自定义上报逻辑，具备分级告警机制与告警升级机制，避免告警信息堆积、滥报，淹没重要告警信息。

（2）工单和绩效

平台对设备故障信息可见，对工单维修情况可见，可查看全维修工单记录，便于管理人员决策以及物业绩效量化。

14.2.3 实施阶段咨询

1. 智慧剧院深化设计

智慧剧院深化设计应注意以下事项：

（1）在智慧剧院深化施工图设计阶段，一般其他专业的设计已经完成，但仍有局部的修改。该阶段，要注意处理好主导设计单位的技术界面，建设单位也应及时将相关专业图纸的变更、修改文件提供给智慧剧院深化实施单位。

（2）深化施工图与施工图最大的不同在于前者更着重于某个品牌的系统设备在工程上的具体应用，所以深化设计应首先注意对该选型系统设备的特性、配置、通信方式详细了解，例如不同品牌的楼控控制器的点数及 AI、AO、DI、DO 分配不同，深化施工图设计需要明确到某一控制器的某一通道接入到某一传感器或执行器，以及接入线缆的规格和管路的规格及走向。

（3）深化施工图设计是在原施工图和招标投标文件的基础上结合选型设备的技术特性、建设单位认可的优化方案所绘制的施工图纸，在经过建设单位、原设计单位确认后成为施工时技术性依据文件。但投标时的商务文件是依据原施工图做出的，从深化图纸来看，实施单位要据此及时修正商务文件，以保证技术性依据文件和经济性依据文件的一致性。

（4）由于深化设计时，已经很难有各专业的管道汇总，所以设计中涉及公共区域的设备，如公共区域的线槽等的定位、标高需要特别注意，与现场管理统一协调，否则很容易引起管道打架或因破坏已完管道而造成返工。

2. 智慧剧院与各专业界面划分

（1）与舞台工艺的界面划分

智慧剧院与舞台工艺交叉界面，需要注意的是，剧院的设备中可能有给演出使用的手机信号屏蔽器，此信号屏蔽器屏蔽的频率与音频系统的无线传声器发射器的使用频率有交叉，因此，在采购无线传声器发射器前应考虑这一点，避免干扰。

（2）与精装修的界面划分

需外露安装于装修表面的设备，须将设备安装尺寸大样图提交给装修分包单位，由装修分包单位按照设备尺寸进行开孔，智慧设备安装完毕后由装修分包单位进行收口工作。

（3）与机电专业的界面划分

1）电气系统将市电电源引至智慧系统设备机房并提供机房配电箱，机房配电箱之后的智能化设备供电线路的材料安装敷设由智慧系统自行完成。并按智慧系统的要求在相关部位提供设备及能源监测的模块接入点。

2）消防火灾报警系统需按智慧系统的要求在相关部位提供消防监测、切换模块及设备接入端口。

3）水、暖系统需按智慧系统的要求在相关部位提供设备及能源监测的模块接入点。

14.2.4 运营阶段咨询

1. 价值收益

彻底数字化，全方位重塑剧院安全、体验、成本和效率；以物联网、大数据、云计算、人工智能、移动互联、GIS/BIM 等新型数字化技术为基础，通过集成的数字化运营平台对人、车、资产设施进行全连接，实现数据全融合，状态全可视，业务全可管，事件全可控，使剧院运营更安全、更舒适、更高效。

2. 资产保值增值

参考资本市场对持有物业资产简单估值方法，采用收益法之直接资本化法，其中 CapRate（资本回报率）按 6% 测算：

$$资产估值 = NOI/CapRate（资本回报率）=（总收入 - 总支出）/6\%$$

根据资本市场对持有资产的估值公式，通过智慧化工具 IOC 的引入，在降低物业人员人力费用、能耗成本及设施设备维修费等成本的同时，大大提升了资产的估值，也体现了数字化的价值。

14.3 BIM 技术应用咨询与管理

BIM 技术是一种应用于工程设计、建造、管理的数据化工具，通过对建筑的数据化、信息化模型整合，在项目策划、实施和维护的全生命周期过程中进行共享和传递，使工程技术人员对各种建筑信息作出正确理解和高效应对，为设计、施工、运营单位等建设主体提供协同工作的基础，在提高生产效率、节约成本和缩短工期方面发挥重要作用。

14.3.1 文化场馆项目 BIM 工作重难点

1. 参建单位众多，组织架构不明确

对于文化场馆项目而言，具有规模大、参建单位众多及影响因素庞杂的特点，项目在建设过程中存在一系列复杂的管理问题，传统的松散式项目管理方法已无法满足目前场馆类项目的管理需求，需要建立层次合理的管理组织架构来应对这一系列复杂的管理问题。

2. 信息沟通渠道不统一，信息采集周期长

协作沟通、信息交互是大型项目的日常工作之一，在本身项目参建单位众多的情况下，如果获取信息的渠道不统一，最终各参建单位取得的版本就不尽相同，无形中增加了沟通的成本。因此，需要建立平台管理思维，通过平台协同管理来解决信息采集周期长，成本高，实时性差的难题。

3. 建筑功能复杂，模拟分析要求高

文化场馆项目的建筑空间变化丰富、功能流线繁多，需要同时考虑观众流线、贵宾流线、后台演员职员流线、布景道具流线、消防车流线等问题，在工艺方面主要考虑建筑声学、舞台机械、灯光音响技术需要与设计同时开展，相比于教育类项目和医疗类项目，BIM 应用不仅仅局限于空间净高分析和管线综合排布的应用成效，而更多地从文化场馆本身服务于观众的角度出发，利用 BIM 技术进行室内剧场环境的视野可视化分析、室内观演区的自然采光通风模拟分析等应用。

14.3.2 文化场馆项目 BIM 管理

为保证文化场馆项目的 BIM 工作质量，辅助项目管理提质增效，要求 BIM 管理与项目管理相结合，明确 BIM 管理工作及流程，使管理工作中有据可依，以 SZ 歌剧院项目为代表的文化场馆项目的 BIM 管理从日常管理和平台管理两方面进行阐述。

1. 日常管理

（1）建立 BIM 管理组织架构

文化场馆项目 BIM 工作开展前，由建设单位协同全过程工程咨询单位建立层次合理的管理组织架构—信息科技组，基于项目级协同管理平台制定项目工作流程，采用 BIM 技术辅助完成自身业务管理，为项目管理与决策提供可视化、数据化的依据，提高信息化

管理水平。

（2）编制及审核《BIM 实施方案》

为保证 BIM 实施工作的顺利进行，SZ 歌剧院项目各参建单位应编制《BIM 实施方案》，BIM 实施方案须包含以下内容：BIM 实施目标、BIM 实施团队、BIM 实施软硬件环境、BIM 应用价值点及方案、BIM 协同实施、BIM 实施的保障措施。

BIM 实施方案审核由全过程工程咨询单位 BIM 负责人组织参建单位参加 BIM 实施方案汇报会议，会议要求参建单位提前三天将 BIM 实施方案汇报文件发至管理单位邮箱，由管理单位 BIM 负责人从实施方案要点完整性和要点深度两方面进行评审，并在汇报会议开始时，在参建单位 BIM 负责人汇报完成项目的 BIM 实施方案之后，出具评审意见，与会各方进行讨论，最终出具书面整改意见，后期管理单位 BIM 负责人跟踪参建单位 BIM 实施方案的整改和落地情况，复盘当前节点方案与实际工作的符合度。

（3）建立 BIM 例会机制

每两周组织一次 BIM 技术管理工作例会，会议议题以近两周 BIM 工作情况、后续 BIM 工作安排、需协调的问题为主，了解和处理近期 BIM 工作的进展情况和存在的问题，保障项目 BIM 工作正常推进。

根据项目进展情况，不定期组织 BIM 工作专题会议，时间安排应提前一天，以全过程工程咨询单位发出会议通知单为准，会议议题以专项问题的沟通协调、临时工作安排与建议意见为准，确保问题高效解决和工作的高效完成。

（4）建立模型审核机制

全过程工程咨询单位接收设计单位提供的设计阶段 BIM 成果，基于图模一致性原则，审查设计阶段的 BIM 成果，根据模型审核情况，提交模型审查意见单，审核要点如下：

1）构件的几何表达精度是否满足相应阶段的编制深度规定或应用需求。

2）构件的信息深度是否满足相应阶段的编制深度规定或应用需求。

3）构件的命名、颜色、材质等属性信息表述是否满足相关标准与规范。

4）模型的命名、编号与描述是否规范合理。

5）模型是否按照通用格式或开展应用所需的格式进行存储。

6）各部位、各专业模型是否基于统一的坐标系和高程系统建设。

7）各部位、各专业模型文件的单位、距离等的设置是否合理。

8）各专业模型构件的属性信息是否准确。

9）完整地交付相应阶段要求的单个或多个部位的模型，单个或多个专业模型，以及各部位、各专业的总装模型。

10）各专业系统构件是否存在冲突。

全过程工程咨询单位接收施工单位提供的施工阶段 BIM 模型，基于实模一致性原则，审查施工阶段的 BIM 模型，根据现场检查情况，提交 BIM 现场巡检报告单，审核要点如下：

① 现场的准确性和正确性，模型是否与现场施工一致，变更是否在现场中实时反映。

② 审核模型的临边洞口是否做了安全防护。

③ 审核深化模型在施工中的可实施性。

（5）建立项目奖惩机制

根据《设计单位 BIM 实施履约评价细则》《施工单位 BIM 实施履约评价细则》，建立相应的奖惩机制，有助于增加设计、施工单位工作积极性及全过程工程咨询单位对 BIM 工作进度、质量的整体把控。

（6）建立 BIM 进度管控机制

为确保歌剧院项目的 BIM 工作实施循序渐进，要求全过程工程咨询单位编制 BIM 实施总进度计划，用于各个大节点的 BIM 工作把控，同时要求各参建单位根据大节点编制 BIM 周进度计划（包含本周的 BIM 工作完成情况和下周的 BIM 工作计划），在每周五下班前上报给全过程工程咨询单位，每周六上午全过程工程咨询单位汇总形成本周的 BIM 管理工作简报，根据简报完成情况，对比 BIM 实施总进度计划，对滞后的工作进行比较纠偏。

（7）建立 BIM 清单销项机制

为确保日常工作的及时反馈和跟进，全过程工程咨询单位编制 BIM 工作销项清单，跟踪责任单位问题的落实情况，通常包括问题序号、工作内容、计划完成时间、完成情况、情况描述、责任单位、落实责任人等，由全过程工程咨询单位对清单任务进行定时检查，不定期抽查，采用预警制度和通报制度，强化各参建单位的问题解决能力。

2. 平台管理

（1）搭建平台的基本要求

项目级协同平台应以多端协同应用为主，主要端口包括：插件端（Revit、Navisworks）、手机移动端（iPhone、Android）、PC 电脑客户端（Win7～Win10）、Web 端（谷歌、火狐等多种浏览器），各端口使用功能如下：

1）插件端（译筑云 ForRevit；译筑云 ForNavisworks）：BIM 模型轻量化、上传；移动端（译筑云 ForiPhone；译筑云 ForAndroid）：模型轻量化浏览，二维码扫码应用，数据采集（包括问题、现场照片、进度等数据）等。

2）PC 电脑客户端（译筑云 ForPC）：模型轻量化浏览、漫游、剖切、测量等，二维码生成打印、资料、协同，质量、安全、进度等数据集成统计分析应用。

3）Web 端（译筑云 ForWeb）：账号管理，权限管理，模型轻量化浏览，资料管理，综合办公，质量管理，安全管理，进度管理，工作台、项目看板数据集成统计分析。

（2）搭建平台的信息安全策划

1）服务器运行机制

项目级协同管理平台（以下简称"平台"）需使用多台服务器组成集群模式提供服务，包含数据库集群、中间件服务集群、应用服务集群；服务器内部提供服务负载均衡，多台服务器容错的目的在于保证系统数据和服务的高可用性，即当某台服务器发生故障时，仍然能够正常地提供数据和服务。

2）服务器数据存储

硬件磁盘阵列：把多个类型、容量、接口一致的企业级专用磁盘连接成一个阵列，使其以更快的速度，准确、安全的方式读写磁盘数据；磁盘阵列类型采用 RAID10，提供 100% 的数据冗余，保证硬件存储安全，并且可以获得更好的性能和可靠性。

在多台服务器实时数据同步基础上增加数据备份措施，备份措施在有条件的情况下可以使用定时备份策略、快照、备份数据异地存储、第三方备份服务等保障数据安全，减少因意外情况带来的不必要损失。

3）平台中用户信息的存储安全性

为了保护用户的密码不被攻击者窃取，平台采用一种称为"md5 ＋ salt"的散列函数对密码进行加密，生成一个不可逆的密文信息。在这个过程中，平台会随机生成一个"盐"的信息，与用户密码结合进行加密。"盐"的作用是增加散列值的随机性，提高破解难度。最终，平台会将"盐"和密文信息存储在数据库中，而不会存储用户的明文密码。这样，即使攻击者获得了数据库的信息，也无法直接获取用户的密码。

通过使用"md5 ＋ salt"的散列函数，可以使用户密码更加安全。具体而言，md5 是一种常用的散列函数，可以将任意长度的消息映射为一个 128 位的散列值。但是，由于 md5 具有可逆性，也就是说，如果攻击者获得了散列值，他们可以使用彩虹表等工具来破解密码。为了增加破解难度，我们需要增加散列值的随机性。

在登录过程中，平台会将用户输入的密码进行"md5 ＋ salt"加密，与数据库中存储的密文信息进行比对，从而验证用户的身份。这样，即使攻击者截获了用户输入的密码，由于无法知道平台生成的"盐"值，也无法进行有效的破解。

4）平台登录过程中 RSA 加密技术引入

RSA 算法中，有两个密钥：公钥和私钥。公钥可以公开，任何人都可以使用公钥对数据进行加密，但只有持有私钥的人才能够解密。私钥则只有密钥持有人才可以使用，用于解密从客户端传送来的加密数据。

在登录过程中，客户端首先向服务器请求公钥。服务器查询是否存在有效的密钥，如果有则返回密钥中的公钥，如果没有则生成新的密钥对，并将该密钥的公钥返回给客户端。客户端使用公钥对用户填入的用户信息（如用户名和密码）进行加密，然后将加密后的数据发给服务器端。服务器端收到加密数据后，使用私钥对数据进行解密。服务器端将解密后的数据和数据库中的用户信息对比，如果信息无误则登录成功，否则登录失败。

5）平台中的网络通信加密

网络通信加密是指通过加密算法对网络通信数据进行加密，以防止黑客或未经授权的访问者窃取或篡改网络通信数据。在网络通信加密中，对称加密算法和非对称加密算法都可以应用。平台采用 HTTPS 协议，该协议使用非对称加密算法和对称加密算法来保护数据传输的安全性。

6）平台中的多重身份认证

多重身份认证（MFA）是一种安全措施，需要用户在登录时提供两个或多个身份验证因素，以验证其身份。常见的身份验证因素包括密码、生物识别技术（如指纹或面部识别）、硬件令牌或移动应用程序等。

平台提供多种身份验证方式，如密码、短信验证码，基于OAuth2.0的第三方登录认证。在用户登录时，需要提供两个或多个身份验证因素，以验证其身份。

7）平台中的访问控制策略

平台采用细粒度的访问控制策略，即使用角色、岗位和部门等概念来控制用户的访问权限。这种策略可以帮助确保只有经过授权的用户才能访问敏感数据和执行关键任务，从而有效地保护组织的数据和业务安全。

（3）平台功能模块的开发需求

1）权限管理模块

项目级协同管理平台考虑使用对象层级的不同，需定制权限管理模块，自主设置不同的权限模板，赋予不同的单位、部门或者人员，确保单位、部门或者人员在自有权限下访问平台，是保障项目信息安全的要素之一。

2）轻量化模型的上传和查阅模块

平台支持Revit、IFC模型进行轻量化，Revit模型可直接使用"EveryBIMforRevit"上传模型；IFC文件可通过Navisworks进行打开后，使用"EveryBIMforNavisworks"上传模型。

各端口（Web、PC客户端、手机移动端）均支持轻量化模型浏览展示，可随时随地进行模型浏览，系统自动将模型构件进行分类，可按需求分楼层、分专业进行模型显示／隐藏，且模型是无损进行轻量化，可随时获取构件属性、问题、进度等信息。

3）资料管理模块

平台集成图片、文档、视频等各类文件在线预览查看功能，可按需求详细对资料文档进行分文件夹、分权限管理，文件夹划分支持无限层级，且每个层级文件夹均可设置权限，满足项目现场实际资料文档私密性，解决现场资料文档因外部原因导致丢失的问题。且通过平台进行文档共享，最终形成方案、节点做法等资料数据库，供大家浏览使用，现场人员也可以通过移动端现场查看资料，解决了现场查看各类资料不方便的问题。

4）自定义流程管理模块

平台支持OA级工作流程管理，流程自定义，通过流程结合平台功能模块进行固化管理，例如成果审批流程、深化设计审批流程，结合表单与流程功能进行审批管理，实现责任到人，动态把控流程处理的时效性，如图14.3-1所示。

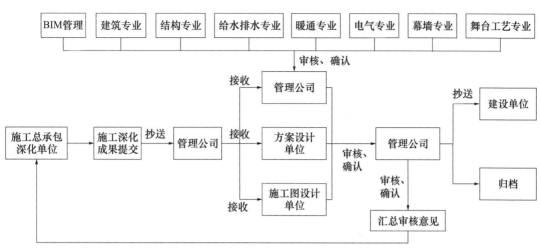

图 14.3-1　流程模块示意图

14.3.3　文化场馆项目 BIM 应用

全过程工程咨询单位在开展文化场馆项目 BIM 应用咨询工作之初，从服务于观众的角度出发，组织参建单位利用 BIM 技术进行室内剧场环境的视野可视化分析、室内观演区的自然采光通风模拟分析等应用。

1. 室内剧场视野可视化分析

（1）视野可视化分析准则

要衡量优良的视野，有六个基本准则：

1）舞台前沿：观众应可以看见舞台前沿的 80% 以上，且能够达到这个标准的座位在稍稍倾向舞台方向时，应能看到最侧边表演者的腰部以上，这个准则适用 14m 左右的台口。

2）舞台布景：观众应可以看见舞台布景的 75%（假定布景高度是 8m 左右）以上。

3）上舞台区域：观众应该能够看到上舞台区域布景的一部分，大约高 4m 宽 3m 左右。

4）乐队指挥：观众应可以看见乐队指挥的头部（指挥可能站在指挥台上）。

5）前舞台：观众应可以看见前舞台的大部分区域。

6）台口上方横幕：观众应可以看见台口上方横幕的 100% 以上，且还应保证部分观众可以看到其他字幕显示的屏幕设备。

另外，座席视野也需要符合视野到大幕线中心点上 0.3m 处的视点，以及至少看到 80% 的舞台表演区域，如图 14.3-2 所示。

（2）视野可视化的应用方法

对剧场内部观众的视野分析，通过 BIM 技术建立 3D 视野分析模型，在模型的舞台上有一个 16m×16m 的格栅区域，代表了演出中通常所需要的表演范围，上面站有按比例缩放的演员模型。舞台结构台口开口目前设置为 19m 宽 ×11m 高，内设假台口 16m 宽 ×9.5m 高，通过模型鸟瞰、模型内部实景图像以及设定视野率的方式进行辅助视野分析，如图 14.3-3 所示。

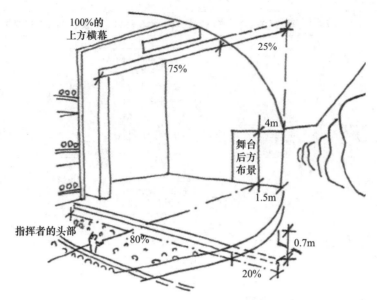

图 14.3-2　舞台视野分析示意图

图 14.3-3　视野分析模型示意图

（3）视野可视化的应用成效

通过 3D 视野分析模型分析池座与池座之间高度和排距、观众视野与舞台的关系等，优化了池座每排升起（从第一排 80mm 开始）20mm，以实现剖面上的平缓弧形布置，保证观演厅内的观众视野达到最佳，同时，三维模型也能够加强视野分析的直观感受。

2. 室内剧场的自然通风模拟分析

（1）室内剧场的自然通风模拟分析原理简述

室内通风过程的数值模拟研究主要有节点法、数学模型法和计算流体力学法。计算流体力学（CFD）针对某一区域或房间，建立质量、能量及动量守恒等基本微分方程，根据周边环境，设定合理的边界条件，然后利用划分的网格，对微分方程进行离散，将微分方程离散为代数方程，通过迭代求解，得到空气流动状况。采用 CFD 对自然通风模拟，主要用于自然通风风场布局优化和室内自然通风优化分析。

由于室内空间流动往往是湍流，模拟中常采用标准 $K\text{-}\varepsilon$ 模型及其他湍流模型方程。涉及的控制方程主要包括：连续性方程、动量方程、能量方程。

（2）室内剧场的自然通风模拟分析应用方法

1）选择模拟的区域／范围，收集数据，建立分析所需的模型。

2）设定初始条件下的风速、风向、计算模型范围及网格尺寸设置。

3）采用计算流体动力学仿真模拟软件对各类型功能房间的自然通风情况进行模拟分析，分析判断室内主要功能空间的风速分布及换气次数是否达到绿色建筑评价标准的要求，分别获得单项分析数据，综合各结果反复调整模型，进行评估，寻求建筑综合性能平衡点。

（3）室内剧场的自然通风模拟分析应用成效

1）模拟分析结果。以 SZ 歌剧院项目为例，在计算工况下，所选典型评价范围内主要功能房间的换气次数平均达标面积比例为 62.57%，不满足标准要求；所有产生污染源的房间类型均无污染物流向其他空间或采取了避免污染物串通到其他空间的措施，满足标准要求。

2）模拟分析改进措施。优化建筑空间和平面布局，改善自然通风效果，确保过渡季典型工况下主要功能房间平均自然通风换气次数不小于 2 次／h 的面积比例达到 70%。

3. 室内剧场的天然采光模拟分析

目前常用的采光评价方法有平均采光系数（Cav）公式法、采光系数（DF）静态模拟法、动态模拟法，其中平均采光系数（Cav）公式法是在典型条件下的快速算法，《建筑采光设计标准》GB 50033—2013 给出了具体的计算公式；采光系数（DF）是室内目标点上的照度与全阴天下室外水平照度的比值，表征全年中最不利的天气条件下的采光情况。以上的评价方法具有计算简单、使用方便等优点，但这种评价方法的缺点也很明显，未考虑建筑朝向、太阳光直射、天空状况、季节不同等因素。近年来，国际上发展起来一些新的天然采光评价指标，包括 Daylight Autonomy（DA）、Useful Daylight Illuminances（UDI）等。2019 年修订的《绿色建筑评价标准》GB/T 50378—2019 提出了一种动态的分析方法，即动态采光评价法，文化场馆项目即采用动态采光评价法进行采光设计。

（1）室内剧场的天然采光模拟分析原理简述

动态采光评价法指的是主要功能房间采用全年中建筑空间各位置满足采光照度要求的时长来进行采光效果评价，计算时应采用标准年的光气候数据。对于文化场馆项目，根据《绿色建筑评价标准》GB/T 50378—2019 中对建筑室内光环境与视野的具体要求为：

1）内区采光系数满足采光要求的面积比例达到 60%。

2）地下空间平均采光系数不小于 0.5% 的面积，与地下室首层面积的比例达到 10% 以上。

3）室内主要功能空间至少 60% 面积比例，区域的采光照度值不低于采光要求的小时数，平均不少于 4h/d。

4）主要功能房间有眩光控制措施。

（2）室内剧场的天然采光模拟分析应用方法

1）确定天然采光模拟分析软件

通过采用绿色建筑天然采光模拟分析软件 PKPM-Daylight 进行建模和室内采光计算，分析判断室内主要功能空间的采光效果是否达到《绿色建筑评价标准》GB/T 50378—2019 的要求，并根据《民用建筑绿色性能计算标准》JGJ/T 449—2018 的要求输出报告书。

2）天然采光模拟分析参数设置

材料的材质、颜色、表面状况决定光的吸收、反射、投射性能，对建筑采光影响较大，模拟分析时需根据实际材料性状对参数进行选值。对各种不同材料构造的光学性能参数提供的参考指导值进行赋值计算分析。以 SZ 歌剧院项目为例，玻璃及内饰面材料光学性能参数取值，如表 14.3-1 所示。

SZ 歌剧院项目玻璃及内饰面材料光学性能参数取值表　　　表 14.3-1

序号	构造部位	材料	内饰面反射比	可见光透射比
1	墙面 1	绿建新国标推荐值：墙面	0.60	—
2	顶棚 1	绿建新国标推荐值：顶板	0.75	—
3	地板 1	绿建新国标推荐值：地板	0.30	—
4	外窗 1	6Low-E ＋ 12A ＋ 6C 灰色遮阳 Low-E 中空玻璃 0.65	—	0.65

（3）室内剧场的天然采光模拟分析应用成效

1）模拟分析结果。以 SZ 歌剧院项目为例，在计算工况下，照度达标时数如图 14.3-4 所示。普遍照度时间为 0～1h，公共建筑室内主要功能空间 49.8% 面积比例区域的采光照度值低于采光要求的小时数，平均小于 4h/d。

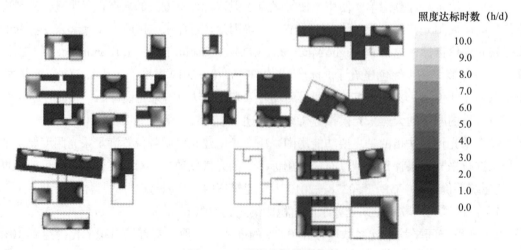

照度达标时数（h/d）
10.0
9.0
8.0
7.0
6.0
5.0
4.0
3.0
2.0
1.0
0.0

图 14.3-4　照度达标模拟分析

2）模拟分析改进措施。优化建筑空间和平面布局，改善门窗的开启位置和大小，确保室内主要功能空间至少 60% 面积比例区域的采光照度值不低于采光要求的小时数，平均不少于 4h/d。

14.3.4　应用体会

文化场馆项目 BIM 工作必须从需求出发，抓实抓严 BIM 管理和 BIM 应用咨询工作。以 SZ 歌剧院项目为代表的文化场馆项目，在 BIM 管理方面，通过日常管理和组织搭建了项目级协同管理平台，解决了传统以填报统计模式信息系统不易落地、信息采集周期长、成本高、实时性差的难题，将 BIM 技术与工程生产经验管理深度融合，不断积累形成工程管理大数据，通过数据驱动效率提升，竞争力提升；在 BIM 应用方面，从方案设计阶段开始，全过程工程咨询单位就组织专业技术团队尽早地介入项目中，包括绿色建筑团队、声学模拟单位等，从项目本身服务于观众的角度出发，组织参建单位利用 BIM 技术辅助项目做出相关专业的模拟分析工作，将不利因素点在 BIM 模拟过程中提前暴露出来，为项目领导决策、方案优化提供借鉴。

14.4　CIM 应用咨询与管理

CIM 直译为"城市信息模型"（City Information Modeling），是以建筑信息模型 BIM、地理信息系统 GIS、物联网 IoT 等技术为基础，整合城市地上地下、室内室外、历史现状及未来等多维多尺度信息模型数据和城市感知数据，构建起三维数字空间的城市信息有机综合体。

14.4.1　CIM 的政策背景

2018 年，印发《住房城乡建设部关于开展运用 BIM 系统进行工程建设项目审查审批和 CIM 平台建设试点工作的函》（建城函〔2018〕222 号），要求"运用 BIM 系统实现工程建设项目电子化审批审查""探索建设 CIM 平台""统一技术标准"，为"中国智能建造 2035"提供需求支撑，标志着我国 CIM 建设正式启动。

2020 年 9 月，住房和城乡建设部印发《城市信息模型（CIM）基础平台技术导则》。导则指出，在以后的建筑工程中，项目建设立项用地规划、设计方案模型报建、施工图模型、竣工验收模型备案等内容都要在城市信息模型（CIM）基础平台进行审查和审批。

2021 年 12 月，深圳市人民政府发布了《关于加快推进建筑信息模型（BIM）技术应用的实施意见（试行）的通知》（深府办函〔2021〕103 号），要求到 2022 年末，全市半数以上重要建筑、市政基础设施、水务工程项目建立 BIM 模型并导入空间平台。

2022 年 2 月，深圳市人民政府办公厅发布《市领导调研深智城集团的会议纪要》，并组织人员赴深智城集团调研，会议要求在 2022 年底前建成全市 CIM 平台（1.0 版），并实现不少于 10 个市直部门、每个部门不少于 3 项智能化深度应用。

14.4.2　CIM 平台的总体设计思路

CIM 平台的总体设计思路，如图 14.4-1 所示，主要从以下几个方面考量。

（1）一个平台。建设一个平台，实现工程项目全生命周期数字化管理。

（2）一组场景。构建一组基于 CIM/BIM 的应用场景，覆盖规划、设计、施工、运维等阶段，支持质量、安全、进度、合同、信息管理功能。

（3）一批项目。打造一批 CIM/BIM 应用示范工程。

（4）一套经验。形成一套对内可复制可推广、对外可宣传可汇报的成果和经验。

（5）一支队伍。培养一支科学管理、科学赋能、适应高质量发展要求的管理团队。

图 14.4-1　CIM 平台设计思路

14.4.3　CIM 应用场景策划

1. 规划阶段

通过无人机航拍技术将项目场地周边的道路、构筑物等进行三维扫描建模，导入基于 2000 国家大地坐标系或国家 2000 投影坐标系（WKID：4547）的方案设计模型，基于 CIM 平台对场地既有管网、周边主干管网及高压线、河道、交通基础设施、海事工程与项目本身的关系进行协同分析，支撑项目前期分析决策可视化，实现周边环境协同建设分析，如图 14.4-2 所示。

图 14.4-2 项目周边环境协同建设分析

2. 设计阶段

（1）方案比选

组织参建单位对建筑面积、功能要求、建造模式和可行性等方面进行深入分析，结合需求分析，创建多个备选的设计方案模型（包括建筑、结构、设备）进行比选，将比选的成果导入 CIM 平台，通过 CIM 平台提供不同视角，可查看项目设计模型效果，通过弹窗形式展示详情信息，可展示总平面图布局、项目功能三维分布与分析、效果图归纳展示、建筑材料清单管理、施工与建设工艺、项目经济性预估、建筑技术应用预览，如图 14.4-3 所示。

图 14.4-3 项目与周边环境可视化分析

（2）基于CIM平台的工作汇报

通过CIM平台融合PPT的底层功能，创建各个功能模块，包括工作进展汇报、项目管理措施和请示事项等，在汇报准备阶段，将汇报材料导出成为16∶9的.png格式，通过CIM后台服务器将图片导入工作汇报模块中，实现基于CIM平台的工作汇报，如图14.4-4所示。

图14.4-4　基于CIM平台的工作汇报

（3）基于CIM平台的交通模拟分析

通过CIM平台呈现项目周边两公里范围与建筑红线内的道路模型、周边环境模型和车辆模型，进行人员行走、车辆行驶仿真模拟，模拟人员、车辆轨迹和交通流量，分析建筑红线内交通情，如图14.4-5所示。

图14.4-5　基于CIM平台的交通模拟分析

（4）基于CIM的消防模拟分析

为确保消防车辆能够在应急时间段内快速抵达项目任何一处受灾区域，项目通过在

CIM 平台上标记消防车辆出入口部位和项目消防登高面，设置车辆流线或箭头特效等标识模拟消防路线，通过 CIM 视角模拟消防车辆在应急时间段内快速响应到达目的地，配合项目消防报审可行性研究，如图 14.4-6 所示。

图 14.4-6 基于 CIM 的消防模拟分析

3. 建设阶段

（1）基于 CIM 平台的进度管控

建立"三图两曲线"工期管控体系，即利用甘特图、网络图科学编制计划，利用工作量矩阵图精细化核定工程量，利用形象进度对比曲线、项目资金支付曲线加强工程项目调度。同时利用"三图两曲线"与 BIM 模型的挂钩联动，以 BIM 为核心协同业务管控，基于 CIM 平台研判项目计划偏差，如图 14.4-7 所示。

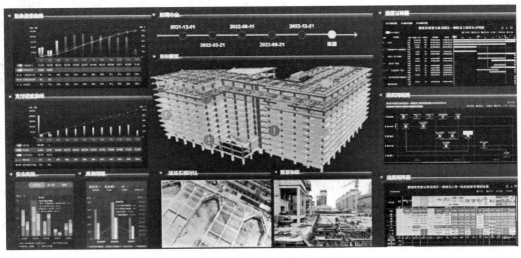

图 14.4-7 基于 CIM 平台的进度管控

（2）基于 CIM 平台的施工场地布置

通过 CIM 平台将原始地形模型与 BIM 施工场地模型进行融合，根据现场各工作对材料的需求，对模型中材料堆场进行评估，使其布置合理，减少二次搬运量，并对各施工阶段进行施工组织模拟，支撑项目施工组织策划汇报，如图 14.4-8 所示。

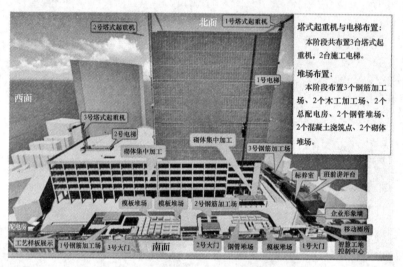

图 14.4-8 基于 CIM 平台的施工场地布置

4. 运维阶段

CIM 平台集成了大量的城市信息数据和项目级信息数据，在设备管理模块中，通过可视化方式查看片区工程关键设施设备运行状态，点击设备模型，快速查看设备基础信息和动态运行数据，基础信息包括设备名称、编号、生产厂家、技术参数等，动态运行数据包括手动自动状态、故障状态、启停状态等，通过可视化手段实时掌控设备运行状况，如图 14.4-9 所示。

图 14.4-9 基于 CIM 平台的运维管理

14.4.4 CIM 应用总结

智慧城市发展需求迫切，信息化、工业化和城镇化深度融合，已成为实现新型城市建设管理的新思路。CIM 作为智慧城市的基础，随着智慧城市的建设需求增大，CIM 的建设需求也越发迫切。如何快速搭建 CIM＋应用，推进城市规划、建设、管理过程中的技术融合和业务协同也成为当前 CIM 建设的难题。

CIM 应用咨询，从工程建设角度出发，通过建立一个平台，实现工程项目全生命周期数字化管理，通过搭建 CIM 平台，实现城市基础地理信息等数据库直接调取，构建一组基于 BIM/CIM 的应用场景，覆盖规划、设计、施工、运维等阶段，实现对项目模型二/三维地图的展示，全方位满足 CIM 信息的展示和分析需求，为智慧城市的规划、建设、管理提供更直观、更精准的数据决策和数据支撑。

14.5 微气候咨询与管理

14.5.1 概述

微气候是指一个细小范围内与周边环境气候有异的现象，简称小范围内部的气候。

在自然环境中，微气候通常出现水体旁边，该处的气温会较其周边低。而在不少城市内，大量的建筑物则会形成另一种微气候，气温会较其周边高，除了温度方面，微气候还会影响降雨、降雪、气压和风力。

人们活动的一定范围内（如居室、体育馆、运动场等），由于周围建筑物、树林等因素作用所形成的与室外或局部范围以外不同的气象条件，这种特定环境下的小气候属于微气候，主要由气温、气湿、气流和辐射组成，对机体的直接作用是影响体温调节机能和人体自我感觉，间接地影响机体其他系统机能。和备受关注的环境问题一样，微气候也开始凸显出其重要性，微气候差不仅影响着人们的工作、生活和健康，并且在很大程度上决定人们工作生活质量的优劣。

局部地区小范围内的特定气候称为微小气候，包括气温、气湿、风速等。微小气候易受局部地形条件及人为因素等影响而改变，例如车间、住宅、商店、火车、轮船内的微小气候等。采取一定措施能创造良好的微小气候条件，显著改善微小气候。微气候包含的基本要素有：

1. 温度

生理学家测定证明，在 15～18℃的环境里，人的思维敏捷，记忆力强，工作效率最高，温度低于 15℃时，人会产生懈怠情绪，工作效率也降低。

当环境温度在 30～35℃时，人体血液循环加快，代谢能力加强，此时要及时排散体内的热量，否则体温升高，人便会神疲力倦，思维迟钝。

2. 湿度

湿度也叫空气湿度，指空气中水蒸气的含量。夏季里，温度高，湿度大；冬季里，温度低，湿度小。湿度与温度一起构成了不可分开的环境因素，但相比之下却很少被注意。工作场所中，水分蒸发及蒸汽散发的多少导致湿度的大小，一般用相对湿度表示，即在某一温度下，空气中实际水蒸气量与饱和水蒸气量之比的百分数，直接反映了空气被水蒸气饱和的程度。一定温度下，相对湿度越小水分蒸发越快。

大量考察表明，相对湿度24%～70%内机体体温易于维持，相对湿度在45%～65%是人体感到舒适的湿度范围。

3. 气流速度（风速）

空气的流动速度叫气流速度（风速），是评价微气候条件的主要因素之一。室内环境中的气流除受外界风力影响外，主要与室内场所中的热源有关。热源使空气加热而上升，室外的冷空气从门窗和下部空隙进入室内，形成空气对流。室内外温差越大，产生的气流越大。

4. 热辐射

物体在热力学温度大于 0K 时的辐射能量，称为热辐射。热辐射是一种红外线，它不能加热气体，但能被周围物体所吸收而转变成热能，从而使之升温，成为二次辐射源。当周围物体表面温度超过人体表面温度时，周围物体向人体辐射热能使人体受热称为正辐射，反之称为负辐射。

14.5.2　信息收集

研究微气候的第一步是评估项目所在地区域的天气数据，向距离项目现场最近的气象站或者气象局咨询收集有关的气候数据。同时，收集项目条件信息。

14.5.3　微气候关键指标

大多数文化场馆项目可以容纳各种配套活动，包括大型屋顶下的零售、餐饮、教育和其他聚集，提供舒适的半室外和室外环境，对于多功能公共空间至关重要。大屋顶作为周围环境和其下方空间之间的界面层，屋顶控制阳光并影响这些半室外空间中的空气流动，影响其微气候并影响使用者的温度感觉。微气候分析有助于描述使用者的当地环境。

1. 室外热舒适性分析

室外热舒适性分析是指根据设计场所室外活动情况，确定热舒适度要求，通过输入局部环境的量化舒适条件，模拟得到场所热舒适度分布情况，确保设计场所舒适度水平达到理想效果。影响室外舒适度的因素有周围温度、相对湿度、辐射温度、活动水平、穿衣厚度等。

控制室外舒适度有助于激活公共空间并吸引人群。因此，需要在设计中确定舒适度范围。控制室外舒适度的措施因项目类型而异，并取决于项目内的活动。设计和景观元素被广泛使用，如遮阳和绿色屋顶通常作为在夏季保持户外舒适并保持空间全面运作和占用的策略。

2. 遮阳效益

遮阳效益一般是确定最有利于遮阳的遮阳篷区域，以提高室外舒适度。

3. 标准有效温度 SET

标准有效温度 SET（Standard Effective Temperature）是一个合理且最全面的舒适温度指标。它通过两个生理参数（皮肤温度和皮肤感受）计算。使用者可接受的热感觉取决于气候、活动水平、预期停留时间和心理状态等因素。

可以使用三种活动（路过、短暂停留和长时间停留）类别，定义大屋顶下半室外空间的可接受 SET。在定义可接受的 SET 后，应为空间设计的活动类型选择合适的占用小时百分比。通过研究当地人在相同气候下可接受的相似现有空间，进一步完善目标，如图 14.5-1 所示。

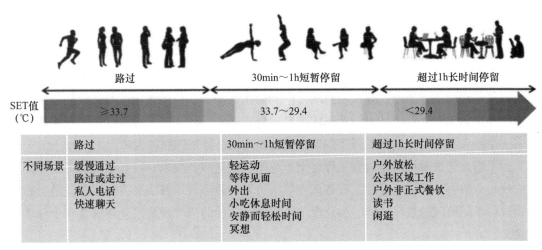

	路过	30min～1h短暂停留	超过1h长时间停留
SET值（℃）	≥33.7	33.7～29.4	<29.4

	路过	30min～1h短暂停留	超过1h长时间停留
不同场景	缓慢通过 路过或走过 私人电话 快速聊天	轻运动 等待见面 外出 小吃休息时间 安静而轻松时间 冥想	户外放松 公共区域工作 户外非正式餐饮 读书 闲逛

图 14.5-1　SET 分级示意图

14.5.4　管理措施

1. 景观微气候调节设计

从区域的景观微气候调节设计开始，从量变的积累到质变的飞跃。在景观生态学理论的指导下，从光照、风、土石、水、植物等因素以人工或半人工的手段塑造园林景观来调节局部气候，形成舒适、宜人的微气候空间环境。

微气候的调节设计为改变气候提供可行性，如通过引导夏季风，以降低温度；与水源、植物等紧密结合会让冷却效果更加明显；在冬季，建筑可以让人躲避寒冷的风，并收集更多的阳光，创造一个温暖的微气候；具有良好保温和隔热效果的土壤和石材，也是微气候调节的设计元素；水能调节空气湿度，降落灰尘，并具有良好的降温效果；植物不仅可以吸收二氧化碳，释放氧气，净化空气环境，也可以为人们提供阴凉，改善日常生活的区域气候。

2. 开展微气候分析

用于微气候分析的方法主要包括信息收集、热舒适度分析、CFD 模拟、定义主动干预和协调措施。信息收集和热舒适度分析建立了基础的知识和项目的基线，以了解项目现场与空间计划和活动相关的微气候条件；进行 CFD 模拟以了解风力对使用者和建筑物的影响，分析影响与舒适度、雨水浸入和屋顶结构压力的关系；根据研究制定积极干预措施，战略性地满足重点区域所需和期望的条件或舒适度目标；协调基于关键发现和结论采取的最终措施，以确保与设计相结合。

14.6　专项法务咨询与管理

14.6.1　专项法务咨询的必要性

随着我国全过程工程咨询服务的蓬勃发展，建设单位对全过程工程咨询服务提出更高要求，但在全过程工程咨询服务过程中，除总咨询师及相应专业技术人员外，大多数项目服务团队很少设置专项法务咨询工程师岗位。由于专业技术人员法律专业能力的欠缺，并且在项目实施中专业技术人员在沟通、协调及管理上往往消耗大量时间与精力，容易忽视项目管理过程的法律风险，导致项目法律问题突出。同时，伴随我国改革开放的步伐不断加快，越来越多的境外团队参与到国内建筑市场竞争中。由于涉及境外合作，给项目带来更多法律隐患，更需全过程工程咨询单位提供强大的法务咨询服务保障。

为了满足建设单位对全过程工程咨询单位的高质量服务要求、增强全过程工程咨询单位的核心竞争力，开展全过程工程咨询专项法务咨询服务对填补法务咨询服务空白、有效识别项目不同阶段的法律风险、为建设单位提供有效的防范和规避风险建议具有十分重要的意义。

14.6.2　专项法务咨询服务的内容

为深入了解和掌握项目的境内外招标采购活动、知识产权保护等相关法律事务，积极主动为前述事务作出政策风险、法律风险提示，提出解决方案或建议报告，有效防控相关风险，专项法务咨询服务内容可根据项目实际情况确定，包括但不限于以下内容：

1. 境内外招标采购相关法律服务

（1）参与项目境内外招标采购活动（包括但不限于公开招标、邀请招标、竞赛、单一来源采购、竞争性谈判等方式），对招标方案进行合法合规性审核。

（2）协助建设单位对使用单位及潜在利益相关群体的意见及建议进行审核及回复。

（3）对招标文件（包括合同条款、技术部分、商务部分内容等）的完整性、合法合规性进行审核，提出专业建议和修改意见，必要时出具分析报告。

（4）按建设单位要求进行营商环境公平性审核，出具专项审核报告。

（5）协助建设单位处理招标采购活动中的异议、投诉事项。

（6）按要求对境内外投标企业进行资信审查，出具审查分析报告。

（7）协助建设单位对投标文件进行合法合规性审查。

（8）对境外招标采购项目中招标投标文件所涉及外语的翻译文本提出核对意见。

（9）对境外招标采购特种或定制设备有关文件进行审查，对高度关联的特种管理体系和设备附随控制软件是否涉及管制与制裁提出意见，对所涉及的知识产权问题提前预设，并做出合同衔接安排。

（10）对境外招标采购项目所涉及国家或地区有关采购的法律制度进行研判，编制境外采购合同，协助进行合同谈判和签订。

（11）对境外招标采购项目的设备采购过程进行风险管理。

（12）参与项目境内外合同谈判、签订事宜，协助制定谈判方案，负责草拟、审查、修改有关合同或法律文件或往来函件，提出法律建议和意见。

（13）协助建设单位管理项目各类合同，协助处理项目合同履行过程中相关法律问题。

2. 知识产权相关法律服务

（1）审查项目承包商提交的新设备、新材料、新技术的境内外知识产权权属情况，涤除第三人权利。

（2）协助建设单位对项目建筑方案设计、初步设计及施工图设计的建设工程图形作品的著作权作出合同安排。

（3）协助建设单位预设项目境内外投标企业的图纸资料、设备及其附随软件、材料和技术所涉及知识产权相关事宜的合同安排，协助进行相关权属和使用及转让等知识产权条款谈判。

（4）协助建设单位处理项目其他知识产权事务，如项目宣传报道、书籍出版、媒体采访、奖项申报等。

（5）协助建设单位办理项目建筑作品著作权登记。

3. 其他有关法律服务

（1）按要求出席项目会议，并根据会议内容发表律师意见。

（2）为建设单位管理决策或重大事项决策提供法律建议和意见。

（3）对项目重大会议的会议纪要（草稿）、会议记录（草稿）、备忘录（草稿）等进行审查修订，确保符合法律法规规定的建设程序、技术标准以及其他各项规定等。

（4）根据建设单位的授权，草拟和发布有关声明、致函等文件，以法律顾问的名义对外签发律师函。

（5）根据建设单位的授权，通过报纸、杂志、广播、电视、互联网等公众传播媒体发表公开声明，维护建设单位合法权益。

（6）参与处理与项目专项法律服务相关的尚未形成诉讼或仲裁的民事纠纷，参加相关讨论会，提出分析意见和建议，协助建设单位进行必要的调解、和解工作。

（7）接受建设单位委托，代理建设单位参加项目民事、行政等各类纠纷案件的仲裁或诉讼。注意，参与此类活动的委托代理费不包括在专项法律服务合同酬金内，双方需另行签订《委托代理合同》，费用另行支付。

（8）对项目专项法律服务工作进行总结，提出法律风险防控措施、合同管理优化建议，并形成相关报告，为后续项目提供先行示范经验。

（9）根据建设单位需求，提供项目专项法律服务内容相关的课题研究服务。

（10）为建设单位提供相关法律培训服务。

（11）办理建设单位委托的与项目相关的其他法律事务。

14.6.3　建设工程合同法律风险及纠纷

建设工程合同，是指一方约定完成建设工程，另一方按约定验收工程并支付一定报酬的合同。前者称承包人，后者称发包人。建设工程合同属于承揽合同的特殊类型，因此，法律对建设工程合同没有特别规定的，适用法律对承揽合同的相关规定。按照《民法典》的规定，建设工程合同主要包括三种：即建设工程勘察合同、建设工程设计合同和建设工程施工合同。

1. 建设工程勘察、设计合同的法律风险及纠纷

建设工程勘察、设计是一项高水平的智力服务，工程设计单位的工作水平与整体工程项目的质量、工期和成本密切相关。但由于勘察、设计工作的成果载体为图纸和文字，而非施工过程中的工程实体，且具有较强的专业性及技术性，为保证后续设计工作顺利开展，无论是发包方还是承包方均要对合同风险及防范措施进行系统性熟悉，将前瞻性的风险点在合同中予以明确，确保规避风险，保证建筑工程勘察、设计合同的合法合规性。

另外，在建设工程勘察、设计合同纠纷案件中，裁判者不是合同的参与者，其查明案件事实的基础在于当事人的证据。因此，合同签订双方必须熟悉设计合同纠纷在司法处理过程中的争议点及举证难点，增强法律意识和证据意识，并在整个合同管理过程中，保留好相关图纸、纪要、电子邮件、微信聊天记录以及其他沟通文件，一旦发生合同纠纷，需要进入司法程序，提交有利于自身的举证材料，对保护自身利益至关重要。

（1）建设工程勘察、设计合同风险及防范

1）勘察、设计资质风险

根据国务院颁布的《建设工程勘察设计管理条例》（2017年修订）的规定，国家对从事建设工程勘察、设计活动的单位实行资质管理制度，对从事建设工程勘察、设计活动的专业技术人员实行执业资格注册管理制度。《建设工程质量管理条例》（2019年修订）规定，从事建设工程设计应当取得相应的资质证书，国家对无资质及超越资质等级许可承揽工程设计予以禁止。《建筑工程方案设计招标投标管理办法》（2019年修订）第20条规定，对于参加建筑工程项目方案设计的境内企业投标人"应具有建设主管部门颁发的建筑工程设计资质证书或建筑专业事务所资质证书，并按规定的等级和范围参加建筑工程项目方案设计投标活动"。可见，方案设计有工程设计资质准入的要求。初步设计和施工图设计直接涉及后续施工工作，也应当具备相应资质条件。为防止出现勘察、设计单位不具备设计资质的风险，在设计合同签订之初，发包人应重视对设计单位的背景调查，特别是涉及境外

设计事务所的工程项目。

2）勘察、设计范围与内容约定不明确风险

因建设工程设计活动具有多阶段层层细化、层层递进的特点，后一阶段的设计需在前一阶段的基础上进行。发包人在签订设计合同时必须明确工程设计范围与内容。工程设计范围与内容约定不明确、不具体，在合同履行过程中容易产生纠纷，给合同双方带来损失。为防范此风险，设计合同签订时应明确约定但不限于以下内容：

① 项目名称、建设规模、用地性质、建筑功能等。

② 工程设计范围与内容。结合项目实际情况进行约定，包括但不限于建筑、结构、排水、电气、景观等。

③ 设计阶段。结合项目设计实际情况，确定是否含有方案设计、初步设计、施工图设计等设计阶段，以及是否含有相关配合阶段，如施工配合阶段。

④ 发包人将同一项目按不同建筑单体或者设计阶段委托多个设计人时，应明确各设计人的设计范围与内容之间的界限划分和接口，既要保证设计工作不缺项漏项，同时也要避免发生设计合同出现重复委托的情况，特别是政府投资项目若发生合同重复委托，将对发包人带来较为严重的责任。

3）设计周期约定不明确或不合理的风险

在招标过程中，因设计周期约定不明或者不合理，容易导致合同履行时产生风险。因此，设计合同签订时应明确约定以下内容：

① 明确工期计算的开始时间或者确定开始时间的方式。

② 结合项目实际确定设计周期，并保证其符合国家或者地方的建筑设计工期定额标准。

4）勘察、设计费用调整风险

建设工程设计合同的计价方式一般有固定总价、固定单价两种，对于设计品质要求较高、资金投入控制较为严格的项目，合同中会增设限额设计等条件。但许多设计合同对上述固定价款具体所涵盖的范围约定不明，后续极有可能产生"修改费"。

因此，建议在起草、审核设计合同时，对修改费予以明确分类。不应仅作类似"固定价款已包括设计费、修改费、加班费等所有费用，不予调整"的约定，应将修改费进行细分，可分为政府原因调规所造成的修改、发包人原因所造成的修改、设计人原因所造成的修改等；并将修改工作量作分割，如将修改工作量分割为低于总工作量20%的、超过总工作量20%的（颠覆性修改）等，尽可能地细化，并一一设置处理办法。

5）工程勘察、设计质量要求约定不明确风险

工程勘察、设计质量要求约定不明确，容易导致合同履行过程中工程勘察、设计产生质量问题。为防范此风险，建设工程勘察、设计合同应明确约定以下内容：

① 勘察、设计成果文件质量应符合国家相关法律、法规、规章的规定；符合质量、安全、节能、环保等工程建设强制性标准。

② 符合设计任务书或合同中明确约定的功能和使用要求。工程勘察、设计服务质量

应符合本专业的服务标准和工程设计的标准和准则。

建设工程勘察、设计合同签订时，如果在合同中仅作"勘察、设计人服务应达到最高标准要求"或"工程设计应获得某设计奖项"约定，在后续实施过程中很可能因为勘察、设计成果无法达到要求而产生风险，因此建议合同中避免此类约定。

6）工程勘察、设计现场服务约定不明确风险

建设工程项目施工时，工程勘察、设计公司一般会被要求提供工程勘察、设计现场服务，现场服务约定不明确，容易导致工程质量出现问题或发包人的利益受损。为防范此风险，建设工程勘察、设计合同签订时，应明确勘察、设计人现场服务的内容，如解决施工中设计相关的技术问题，定期参加重要的工程例会，解答建设单位咨询的相关技术问题和协助建设单位办理与勘察、设计相关的报批手续，现场服务设计人员的资格、数量、服务时间与方式、费用等。

7）工程勘察、设计费数额与支付方式约定不明确的风险

建设工程勘察、设计合同纠纷绝大多数会涉及费用支付纠纷，其余的争议焦点包括设计范围、变更、工程鉴定、违约责任等。因此，费用支付可以说是建设工程的核心焦点。工程勘察、设计费相关内容约定不明确，将直接导致勘察、设计单位经济利益受损，引起合同履约风险。为防范此风险，建设工程勘察、设计合同签订时应明确约定以下内容：

① 如果费用约定为固定价，应明确是总价还是单价；如果约定为可调价，应明确调整标准、方式、程序等。费用未包干的应约定为"估算"费用。明确勘察、设计人员赴现场的差旅费标准、额度，超出约定标准、额度部分的明确支付来源。

② 明确费用支付进度、支付方式、各次付费百分比及时间节点、支付条件等；此外，应明确约定各阶段勘察、设计费支付与之对应的勘察、设计成果。

8）预付款约定不明的风险

以《建设工程施工合同（示范文本）》GF—2017—0201 为例，通用条款第 12.2.1 条约定"除专用合同条款另有约定外，预付款在进度付款中同比例扣回。在颁发工程接收证书前，提前解除合同的，尚未扣完的预付款应与合同价款一并结算"，第 12.2.2 条约定"发包人要求承包人提供预付款担保的，承包人应在发包人支付预付款 7 天前提供预付款担保，专用合同条款另有约定除外。预付款担保可采用银行保函、担保公司担保等形式，具体由合同当事人在专用合同条款中约定。在预付款完全扣回之前，承包人应保证预付款担保持续有效。发包人在工程款中逐期扣回预付款后，预付款担保额度应相应减少，但剩余的预付款担保金额不得低于未被扣回的预付款金额。"建设工程施工合同范本中，设置了预付款扣回、担保的条款，对发包人预先支付的工程款进行保护，避免发包人预付款的落空。

根据经验，很少有发包人会就预付款所对应的价值及其扣回模式在设计合同的专用条款中作明确约定，且大部分设计合同中存在将预付款与定金混同的情形，实践中由此产生了大量争议。故在建设工程设计合同领域，预付款的定义、扣回方式与一方违约时对预付款的处理方式需作明确定义。

9）设计变更与索赔约定不明确的风险

建设工程设计变更的认定是建设工程设计合同履行过程中的常见焦点，由于建设工程设计活动的自身特点，建设工程设计文件提交后通常会被要求进行数轮修改。实践中，双方的实际履约行为可能被视为对原合同进行的变更，过程文件中的文字表达要格外注意。因工程设计变更与索赔的标准、方法与程序约定不明确容易导致纠纷。为防范此风险，设计合同签订时应明确约定以下内容：

① 进行工程设计变更，应以书面形式通知。

② 工程设计变更的依据和条件。

③ 设计变更产生的修改费用。

④ 设计变更、索赔的标准、方法与程序。

10）工程勘察、设计进度风险

实践中，常出现勘察、设计单位迟延交付成果文件，而给发包人造成损失，影响项目进度的情况。为防范此风险，发包人应提出勘察、设计方需保证人力、物力，严格按照合同约定时间、内容、质量提交成果文件的要求，以及延期提交成果的处罚措施。

11）知识产权风险

设计成果的著作权归属可能会对未来的项目发展造成深远的影响，因此一般需在合同中明确约定设计成果的著作权归属。《中华人民共和国著作权法》第十九条规定，受委托创作的作品，著作权的归属由委托人和受托人通过合同约定。合同未作明确约定或者没有订立合同的，著作权属于受托人。因此，一旦设计成果的著作权归属设计人，若干年后如项目后续需改造加固，相关设计图纸、计算文件需进行修改的，则应当经原设计人同意，否则发包人存在侵犯著作权的法律风险。

因此，较为公平的约定应当为"发包人分阶段支付设计费的，相应阶段设计费付清的，对应该阶段设计费支付前应交付（包括已交付）的设计成果的知识产权归属发包人；相应阶段设计费未足额支付的，对应该阶段设计费支付前应交付的设计成果的知识产权由发包人、设计人共有，应付设计费全部支付给设计人后归属为发包人"。

12）建设工程质量事故分析风险

如勘察、设计单位未及时参加建设工程质量事故分析，可能会造成事故危害和损失的扩大。为防范此风险，发包人应在合同中明确设计人员应参加建设工程质量事故分析，并对因勘察、设计造成的质量事故，提出相应的技术处理方案。

（2）建设工程勘察、设计合同纠纷争议

实践中，合同签订双方可以通过建设工程勘察、设计合同约定明确双方责任，但是即便非常完善的合同也无法避免合同履行中不产生纠纷。由于设计工作具有较强的技术性和专业性，司法实践中可供参考的司法案例也较少，一旦合同签订双方产生合同纠纷，无论是对合同签订双方进行举证还是司法裁判者裁决都将带来困扰与挑战，进而加大了设计合同纠纷裁判的不确定性，不利于合同当事人对裁判结果作出合理预期。通过查阅大量资料发现，建设工程设计合同纠纷的争议点主要集中在价款、质量、设计周期、合同解除及合同效力等方面，针对以上几个方面，总结出设计合同纠纷中主要争议点及特点：

1）勘察、设计费争议

建设工程勘察、设计合同纠纷大多因设计费争议导致，争议原因集中表现为发包人资金不足、项目停建或缓建等。实践中，争议主要有以下特点：

① 费用金额认定具有专业性。在合同中途解除或工作量发生变更的情况下，无论是勘察实物工作量的计算还是设计工作量的认定，都会涉及专业知识。勘察费用涉及实物工作量的计算方法、不同类型勘察项目技术工作收费的比例确定，以及完成部分技术工作时的费用认定等；设计费用则包括完成设计的阶段及工作量的认定、变更对设计工作的影响，以及变更增加工作量的认定等。

② 费用金额认定具有主观性。除勘察实物工作量容易量化外，勘察技术工作和设计工作，主要都是以智力劳动为主。特别是在中途解约或发生变更时，由于没有确定的计算标准，人工费用难以准确量化。

③ 工作量鉴定具有主观性。在没有量化标准确定设计费用的情况下，即使进行工作量的鉴定，也是由鉴定人根据有关勘察设计文件深度编制规定的定性要求和自身经验进行判断，由此可能导致鉴定结果的主观性较强，容易导致鉴定结果具有不确定性。

2）勘察、设计质量争议

勘察成果是建设工程设计的基础条件，设计成果是建设工程施工的依据。因此，勘察、设计成果质量对最终的建设工程质量来说至关重要。一般来说，认定勘察、设计成果质量是否存在缺陷，可以从以下几个方面进行考察：

一是勘察外业的原始数据是否真实、准确。勘察外业数据的真实性、准确性，是勘察成果质量合格的基础。《建设工程勘察质量管理办法》第十四条第 1 款对此作了明确规定："工程勘察工作的原始记录应当在勘察过程中及时整理、核对，确保取样、记录的真实和准确，禁止原始记录弄虚作假。钻探、取样、原位测试、室内试验等主要过程的影像资料应当留存备查。"

二是勘察、设计文件的编制深度是否符合有关规定。《房屋建筑和市政基础设施工程勘察文件编制深度规定》（2020 年版）、《建筑工程设计文件编制深度规定》（2016 年版）及《市政公用工程设计文件编制深度规定》（2013 年版）等文件，对建设工程勘察、设计文件的编制深度都作了较为详细的规定。

三是勘察、设计成果质量是否符合合同约定及有关技术标准的规定。建设工程勘察、设计成果的质量应当满足发包人要求，同时还应当符合有关技术标准的强制性规定。《建筑法》第五十二条和第五十六条、《建设工程质量管理条例》（2019 年修订）第十九条、《建设工程勘察设计管理条例》（2015 年修订）第五条均对此作了规定。

但是需要注意的是，此部分争议的难点主要在于设计质量缺陷的判断标准，不同设计阶段对设计质量缺陷责任认定问题，输入条件、环境介质以及其他原因是否对设计质量造成影响。例如勘察报告与场地实际情况不符，不一定表明该勘察成果质量不合格，这需要从发包人是否存在变更、地质条件是否存在不确定性及当前技术手段是否存在局限等多个方面进行综合分析判断；另外，基于设计过程的交互性特征，如果设计成果没有违反技术标准的强制性规定，发包人仅因对设计美感、功能定位等不同理解认为设计成果不符合要求，也不一定会得到支持。

3）设计周期争议

实践中，因设计周期引发的纠纷较少。多数情况下，设计周期争议伴随设计费纠纷产生，通常是发包人应对勘察人或设计人主张价款的一种对抗手段。

虽然发包人举证证明设计人的工作周期较为容易，但裁判者往往清楚，在建设工程设计合同履行过程中，设计人的工作受到发包人工作的制约。一般来说，进行设计工作需具备的条件主要包括设计任务书、必要的基础文件、技术资料和图纸等，但设计工作中存在的技术性因素需要当事人反复沟通。例如，设计工作本身就是将发包人的想法、意图转化为设计图纸、文件的过程。在设计之初，发包人的意图可能是不明确，甚至是模糊的，因此在确定设计方案的过程中，需要设计师和发包人不断进行沟通交流，在交流中让设计师理解发包人的意图，也让发包人的意图变得更为清晰。这样的交流会对工期产生较大的影响。另外，由于设计的工作成果为图纸文件资料等智力成果，设计开始工作日期和实际完成工作日期的认定具有特殊性，因此设计人也会提出上述各种理由及举证材料进行抗辩，导致裁判者难以裁决，导致诉讼过程漫长。

4）设计合同解除争议

此类争议主要在于解除合同的原因是否成立，以及对于合同解除时已完成工作量的认定等。工作量的认定一般根据工作进度结合合同约定酌情确定，同时也需要通过鉴定程序确定。勘察设计工作量认定具有很强的特殊性，如勘察的工作量既有勘探等外业实物工作量，又有内业整理报告书、编制图纸等技术性很强的工作量；设计的工作量主要是以绘制设计图纸、编制设计文件等为主，具有明显的智力成果特征。因此，对于设计合同解除时已完成工作量的认定具有特殊性，且存在认定困难的问题。

5）合同效力争议

由于建设工程合同的特殊性，其不但受《民法典》规制，还要受到《建筑法》《招标投标法》《建设工程质量管理条例》等法律、行政法规的规制。上述法律、行政法规对承包人资质和招标投标的管理要求，直接影响到建设工程合同的效力。加之工程建设领域挂靠、转包和违法分包等行为多发，从而导致在建设工程合同纠纷中，合同无效的情形较为多见。

建设工程设计合同纠纷也不例外，由于合同是否有效直接影响违约责任的认定，因此，在设计合同纠纷中，合同效力的判断往往是裁判者首先需要解决的问题。

与建设工程施工合同相比，设计合同有其自身的特点，在进行合同效力认定时，往往包含以下争议：

一是合同性质存在混淆。例如，需要辨别设计合同与技术咨询合同、技术服务合同的区别；需要根据合同的实质性内容，来分析设计优化、设计深化的性质等。

二是主体资格认定。例如，概念方案设计与实施方案设计是否存在差异；实践中哪些设计业务不需要资质等。

三是转包、违法分包行为。例如，如何确定设计中的主要工作和关键性工作是难点；设计人承包设计工作后又将其中某一部分进行分包是否合法等。

2. 建设工程施工合同的法律风险及纠纷

建设工程具有高风险性和专业性强的属性，这两个属性决定建设工程施工合同具有以下特点：周期长；变量多；参与主体较多，具备一定的综合性、复杂性；与施工效益及风险密切相关，从发包方的视角来梳理施工合同的法律风险、防范措施及常见施工纠纷等。

（1）施工合同风险及防范

1）合同签订前的法律风险

合同签订前也就是工程招标投标阶段，需要防范的法律风险主要有如下三点：

一是招标范围不明确。招标范围界定了投标人承担的工作量、招标人与投标人的责任划分界线，向潜在投标人说明参与招标项目投标时所需要考虑的成本、技术和资格条件范围。若招标范围不明确，一方面会造成投标报价不准确，另一方面容易产生合同争议，影响工程项目的实施。

二是工程量清单编制错误。工程量清单反映了拟建工程的全部工程内容，以及为实现这些工程内容而进行的所有工作，是投标人投标报价的依据。招标人编制工程量清单时，如果出现错项、漏项、工程量不准确的问题，可能引起承包方的索赔或通过不平衡报价等方式提高工程造价，从而损害发包方的利益。招标过程中一旦出现工程量清单不准确的问题，投标人可以对工程量清单的准确性提出书面疑问，要求招标人进行澄清。招标人应将招标答疑和澄清文件发给各投标人，并在签订施工合同时将招标答疑和澄清文件作为合同附件，置于招标文件之后。

三是合同风险。通常发包方在拟定施工合同条款时往往过多地将风险转嫁给承包方，造成承包方履约不力，这种有失公平的合同对于发包方来说，常常存在更大的风险。为了避免这种风险，发包方应当站在相对公正的立场上来设计合同条款，在维护自身合法权益的同时兼顾承包方的合法权益，这样才能调动承包方履约的积极性。

2）合同签订阶段的法律风险

此阶段最重要的工作是合同审核，从审核流程来讲，建议工程施工合同应当首先由工程技术人员、造价人员进行审核，之后再由财务和法务人员进行审核。从审核内容来看，建议从合同条款完备角度及合理性角度进行全面审查，建设工程施工合同的主要条款包括但不限于以下内容：

① 工程概况。包括工程名称、工程地点、承包范围、承包方式。

② 工期。应明确开工日期、竣工日期和总日历工期。如果施工周期较长，建议列出重大节点工期，以便发包方更好地对工程进度进行管理。

③ 合同计价方式。施工合同的计价方式分为以下三种：总价合同、单价合同、成本加酬金合同，不同类型的工程采用不同的计价方式。建议该条款由专业造价人员进行审核。

④ 成果质量要求，需要专业工程技术人员审核。

⑤ 进度要求、权利与义务及违约责任等均需审核。

3）合同履行阶段的法律风险

① 发包方应控制好工程进度及工程款的拨付

发包方应监督承包方全面、适当地履行合同。首先，当承包方不能按节点工期完成约定工作或出现其他违约情形时，发包方应及时发函明确责任，催告对方进行整改，并留存承包方的签收记录，避免超过诉讼时效。其次，无论工程进度款是按节点支付还是按每月完成的工程量支付，发包方都应按合同约定履行必要的审批手续，包括由工程技术人员现场审核承包方实际完成的工作量，并由造价人员审核其申报的进度款。最后，当承包方出现违约情形时，发包方应及时通过书面形式催告对方进行整改，必要时可追究承包方的违约责任，避免超过诉讼时效。

② 做好分包工程的管理

如果在施工过程中需要对某些工程进行分包，建议发包方最好与总包单位进行协商，由分包方与总包单位签订分包合同，尽量避免由发包方与分包方签订分包合同，有利于减少工程项目的参与主体，降低工程管理的成本，从而避免总包单位与分包方发生争议时互执一词，对工程项目的整体进度产生不利影响。

③ 工程变更及意外事件带来的风险及其防范

首先，需要正确区分"设计变更""工程洽商""工程签证及工程联系单"。

A. 设计变更是指设计单位对原施工图纸和设计文件中所表达的设计内容的改变和修改。由此可见，设计变更仅包含由于设计工作本身的漏项、错误等原因而修改、补充原设计的技术资料。

B. 工程洽商是由多方（发包方、设计单位、监理单位、承包方等）开会商议并签字形成的文件。适用承包方为了方便施工或根据发包方意图或发现了在图纸会审时未发现的图纸问题时，向设计单位提出意见的情形，又称技术洽商。

C. 工程签证，主要是指承包方就施工图纸、设计变更所确定的工程内容外，施工图预算或预算定额取费中未含有而施工中又实际发生费用的施工内容所办理的签证，如由于施工条件的变化或无法预料的情况发生而引起工程量的变化。工程签证单可视为补充协议，如增加额外工作、额外费用支出的补偿、工程变更、材料替换或代用等，应具有与协议书同等的优先解释权。

D. 工程联系单可视为对某事、某措施可行与否、变更替换或代替等的请求函件，通常都是在不会产生工程费用或直接产生严重后果的场合使用。比如通知承建商参会，或者通知停水停电，提醒注意节假日的工作安排等。有时工程联系单也会产生费用，比如上级领导来视察，通知承建商"清水洒街"，这显然要产生费用，但此时工程联系单仍仅产生"通知"效用。费用的确认与获得，必须走"工程签证"或"工程洽商"，才会被确认。

其次，发包方要重视工程签证在施工合同履行中的重要意义。

a. 工程签证属于双方法律行为，具有补充协议的性质。因此签证主体必须是发包方与承包方，只有一方签字不是签证。

b. 发包方、承包方必须对行使签证权利的人员进行授权，缺乏授权的人员签署不能发生签证的效力。

c. 签证的内容必须涉及工期、质量或费用的变化。

d. 双方必须协商一致，通常表述为双方一致同意、发包人同意、发包人批准等。如果发包人签署意见为"情况属实"，则只能作为索赔的证据材料，而非真正意义上的签证。

（2）施工合同纠纷争议

1）施工资料纠纷

施工资料是建设工程竣工验收备案时，建设单位按照建设行政主管部门的要求提交的书面材料，其目的在于证明施工程序合法，质量已经检验合格。实践中，承包人出于各种原因往往不能提交全部施工资料，这将直接导致验收备案受阻，建设单位无法办理权属证书，为此，建设单位往往通过诉讼来解决。由于施工资料数量较多，种类繁杂，建设单位的诉讼请求往往仅用"有关资料""全部资料"等概述，庭审中往往也提交不出具体明细，导致裁判主文难以全面表述，而且此类标的物均为特定物，不宜执行。这就提醒广大建设单位，在履行建设工程施工合同过程中，要建立健全档案管理体系，完善参建单位留痕留档制度，建立相关档案台账，以防发生诉讼时诉求不明或举证不能。建设单位也可在缔约时，与施工单位明确约定逾期提交施工资料时应承担的违约责任，遇到此类纠纷时，可通过提起违约之诉或损害赔偿之诉的方式实现权利救济。

2）施工质量纠纷

《民法典》第八百零一条规定"因施工人的原因致使建设工程质量不符合约定的，发包人有权要求施工人在合理期限内无偿修理或者返工、改建。经过修理或者返工、改建后，造成逾期交付的，施工人应当承担违约责任"。《最高人民法院关于审理建设工程施工合同纠纷案件适用法律问题的解释（一）》（2021年1月实施）（以下简称《建设工程施工合同解释（一）》）第十二条规定"因承包人的过错造成建设工程质量不符合约定，承包人拒绝修理、返工或者改建，发包人请求减少支付工程价款的，应予支持"。

可见，我国法律规定，因施工人的原因致使建设工程质量不符合约定的，发包人的救济途径是有权要求施工人在合理期限内无偿修理或者返工、改建、减少报酬、承担违约责任、赔偿损失等。但发包人在未有证据证明已向施工人发出修理或返工、改建的通知的情况下，擅自对工程进行修缮，存在履约不当，且在不能证明自己具体修缮的部位及修缮的具体工作内容的情况下，要求对施工方已完工部分进行质量问题司法鉴定，因此时工程已不能反映施工方完工时的原貌，将失去鉴定的基础。提醒广大建设单位，在履行建设工程施工合同时，不但要诚信履约，还要正当履约，并且要有证据保存、保护意识，否则，一旦发生诉讼，将可能承担举证不能的法律后果。

3）合同资质纠纷

建设工程施工合同不同于一般民事合同，涉及建筑工程质量，事关国家利益和社会公共利益，因此国家对建设工程施工合同的成立生效给予更多的干预和监管。根据《中华人民共和国建筑法》第十二条、第十三条、第二十六条的相关规定，从事建筑活动的建筑施工企业，按照其拥有的注册资本、专业技术人员、技术装备和已完成的建筑工程业绩等资质条件，划分为不同的资质等级，经资质审查合格，取得相应的资质等级证书后，方可在其资质等级许可的范围内从事建筑活动。承包建筑工程的单位应当持有依法取得的资质证书，并在其资质等级许可的业务范围内成立工程。《建设工程施工合同解释（一）》）第一条的相关规定，承包人未取得建筑施工企业资质或者超越资质等级的，应依法认定合同无效。由此可知，我国对建筑业企业实行资质管理，不允许无资质的建筑业企业或者超越资质等级许可的范围承接建设工程，否则所签订的合同无效。对于装饰装修工程，根据国务院《建设工程质量管理条例》第二条规定，本条例所称建设工程，是指土木工程、建筑工程、线路管道和设备安装工程及装修工程。因此，施工装饰装修工程亦应具有法定的施工资质，无施工资质的个人所签订的装饰装修合同应依法被认定为无效。但在司法实践中，从事装饰装修工程的承包人无施工资质的情况大量存在，也由此引发诸多纠纷。因此，在装饰装修工程中，无论是发包人还是承包人，均应根据我国法律规定，依法签订、履行合同，避免因违反法律强制性规定导致合同无效，不能实现合同目的，既不利于维护建筑行业的健康发展，也不利于建筑施工方合法权益的维护。当然，在实践中，对工程量少、造价低的家庭居室装饰装修，也可以依据有关承揽合同的规定进行处理，不因承包人无资质而认定合同无效。

4）工程量认定纠纷

《建设工程施工合同解释（一）》第二十条规定"当事人对工程量有争议的，按照施工过程中形成的签证等书面文件确认。承包人能够证明发包人同意其施工，但未能提供签证文件证明工程量发生的，可以按照当事人提供的其他证据确认实际发生的工程量"。本条规定从实际出发，从证据的角度来平衡双方的利益关系，对维护施工单位合法权益有利。实践中，根据工程惯例，确认工程量的证据除工程签证单外，"其他证据"一般还包括：双方往来函件、会议纪要、变更通知、设计变更图纸、施工日志、工程费用定额等。实际中，常常因记载内容纷繁庞杂，不易辨别，且可能前后记录不一致，导致举证困难。这也提醒广大建设单位，在施工单位履行建设工程施工合同时，要保存好关于证明自己签证的实际完成工程量的证据，不仅保存完整，而且要记载清晰，以防发生诉讼时举证不能或提交的证据被误读的情形。

5）工程款支付或结算纠纷

此类约定在建设工程施工合同中较为常见，但是，当建设单位长期不对工程造价进行结算时，会导致实际施工人或分包单位长期无法收到工程款，其向合同相对方索要工程款时，常会以建设单位未结算或未付款为由被拒。审判实务中常见的与此相关的拖延结算事由通常需要由政府机关或关联单位主导审计结算、建设单位将工程自行分包以及由承包人另行转（分）包的工程因管理混乱导致工程资料不齐全或各分包单位相互牵制导致难以结算等，其中既可能有主观恶意拖延的因素，也可能有受客观条件限制的原因。但对于实际施工人或分包单位而言，不论拖延结算的原因为何，其投入资金建造工程后，长期收不回资金，面临巨大的资金压力以及工人追讨欠薪压力等，多数会向法院提起诉讼。法院在处理该类纠纷时，对于该类约定，一方面会尊重当事人意思自治，对于当事人自愿签订的合同条款效力依法予以认定，另一方面对于该类条款合法有效时会进一步对于该约定的付款条件是否成就或期限是否届满进行实质性审查。审查的关键问题之一就在于对建设单位长期未结算或未付款的原因进行认定。如若查明建设单位存在恶意拖延导致长期未进行审计或结算及付款，承包人亦不积极主张的，此时，继续坚持适用转（分）包合同中约定的按照建设单位付款进度或比例进行付款，对于实际施工人或分包单位明显不公平，可以不再按照合同约定的上述条件作为付款条件，或参照《民法典》第一百五十九条规定，视为双方约定的合同履行过程中的付款条件已成就，判令承包人立即向实际施工人或分包单位支付欠付的工程款。如果查明建设单位有正当理由并非无故恶意拖延审计结算及付款的，原则上，仍然应当按照双方约定作为付款条件。在举证责任分配上，对于建设单位长期未审计结算的情形，如若建设单位系案件当事人之一，则应当由建设单位举证证明其长期未审计结算的原因；如若建设单位不是案件当事人的，则由实际施工人或分包人的合同相对方——承包人来承担相应的举证责任。对于法律规定当事人因客观原因等难以自行收集的证据，必要时，当事人也可以依照法律规定申请法院向建设单位调查取证。总之，对于此类合同约定，法院往往通过举证责任分配以及兼顾公平合理的原则，查明相关事实，对该类约定是否作为付款条件予以认定。

6）施工合同效力及合同无效处理纠纷

涉及合同纠纷，法院首先要依职权审查合同效力，如果合同有效，依照合同约定及法律规定做出认定。如合同无效，还应对合同无效的后果进行处理。法律和司法解释对建设工程施工合同效力认定主要通过列举的方式。根据《民法典》合同编和《建设工程施工合同解释（一）》，下列建设工程合同无效：①虚假的建设工程合同；②恶意串通，损害他人合法权益的；③承包人未取得建筑业企业资质或者超越资质等级的（承包人超越资质等级许可的业务范围签订建设工程施工合同，在建设工程竣工前取得相应资质等级，当事人请求按照无效合同处理的，人民法院不予支持）；④没有资质的实际施工人借用有资质的建筑施工企业名义的；⑤建设工程必须进行招标而未招标或者中标无效的；⑥承包人因转包、违法分包建设工程与他人签订的建设工程施工合同；考虑到建设工程施工合同的特殊性，对此类合同无效的一般处理原则是"无效认定，有效处理"。具体还要区别建设工程是否经竣工验收合格，如竣工验收合格，按照《建设工程施工合同解释（一）》第二条的规定，承包请求参照合同约定支付工程款，应予支持。如验收不合格经维修后又合格的，发包方应支付工程款但可以请求承包人承担修复费用。如验收不合格经维修后仍不合格的，承包人主张工程款的，则不予支持。无论是建设单位、发包方、合法转包人、分包人还是实际施工，在签订建设工程施工合同时，都应了解法律和《建设工程施工合同解释（一）》的相关规定，避免因合同无效而导致自己利益受损。

7）建设工程价款优先受偿权纠纷

建设工程价款优先受偿权，是指承包人在发包人不按照约定支付工程价款时，可以与发包人协议将该工程折价或申请人民法院将该工程拍卖，对折价或者拍卖所得的价款，承包人有优先受偿的权利。《建设工程施工合同解释（一）》第四十一条规定："承包人应当在合理期限内行使建设工程价款优先受偿权，但最长不得超过十八个月，自发包人应当给付建设工程价款之日起算"。建设工程款优先受偿权的保护范围包括施工过程的全部建安成本，即应包括施工工程中发生的机械费用、管理费、措施费等。在我国，建设工程的建设单位或发包人拖欠施工单位的工程款问题十分普遍。优先受偿权设立的立法目的是保护劳动者的利益，因为在发包人拖欠的承包人工程款中，有很大一部分是承包人应当支付给施工工人的工资及其他劳务费用。建设工程价款优先受偿权常常受建设工程施工合同效力、行使主体、工程价款优先受偿权的行使期限、行使范围、行使方式等诸多问题影响，实务中争议都比较多。

14.7　运营维护咨询与管理

工程建设的最高目标应是交付给使用单位一个美观、功能齐全、易维护且低能耗的项目。为实现这一目标，全过程工程咨询单位以结果为导向、以运维为最终目的，通过总结和调研，在对国内同类型项目运营维护现状进行分析的基础上，开展相关咨询工作。

全过程工程咨询单位应从项目使用单位的需求和使用习惯出发，协助建设单位和使用单位在项目设计、施工、使用、维保等环节提出使用习惯和需求，指导项目建设决策阶段、设计阶段、实施阶段及验收移交阶段的各项工作。

14.7.1　决策阶段咨询

项目决策阶段对整个建设项目影响重大，是全过程工程咨询单位实现自身价值的重要阶段，决策的正确与否直接决定项目运营的优劣。全过程工程咨询单位应对运营维护单位组建时间、组建方式提出建议。

1. 项目运营维护单位的组建时间

建议项目立项阶段确定运营维护单位，以运营维护单位的使用需求来指导项目全生命周期的建设，做到目标明确、经济实用，同时提高项目决策效率，推动项目顺利实施以及便于后期使用和维护。

2. 项目运营维护单位组建方式

经过对国内已投入使用的文化场馆调研，目前主要的运维方式有三种，即：自营模式、合作经营模式和外包经营模式。三种模式占据国内已投入使用文化场馆的绝大部分。

（1）自营模式

自营模式也称自建自管模式，由文化场馆工程建设单位承担工程投产后的使用、管理工作。自营模式要求运营单位具有强大的内容制作、节目策划、票务销售及文化场馆管理等专业人才阵容，同时当地演出市场容量大，并且政府能给予有力的财政支持。

国内以国家大剧院、江苏大剧院、杭州大剧院为代表的部分文化场馆实行该模式。

（2）合作经营模式

由文化场馆产权单位和文化场馆专业管理公司合作进行经营管理。一方拥有文化场馆工程及其附属设备设施的产权；另一方拥有经营管理资源和经验，双方按照一定比例出资，共同组建一个有限责任公司，由这个公司来负责文化场馆的各项运营管理工作。双方资源互补、共享利益、共担风险。

国内以遵义大剧院、南通大剧院为代表的文化场馆实行该模式。

（3）外包经营模式

外包经营模式又分为文化场馆所在地政府财政补贴外包模式和非财政补贴外包模式。

1）财政补贴外包模式

国内现有绝大部分文化场馆运营收益难以补贴其庞大的运营管理开支，在多年文化场馆运营管理实践中财政补贴是作为必备前提条件的，政府作为财政补贴方，往往将惠民演出作为谈判条件确定补贴额度，政府财政补贴也是这些文化场馆能够正常运营的重要支撑。国内绝大部分文化场馆采用财政补贴外包模式。

2）非财政补贴外包模式

自广州大剧院通过竞争方式由中国对外文化集团公司以零补贴方式取得经营权后，财政补贴文化场馆运营模式被打破。通过多年经营，运营方在完成主管部门要求的节目质量和演出场次的前提下，实现了收支平衡，也为当地演出市场的蓬勃发展作出巨大贡献。

3. 关于运营维护单位组建的建议

场馆运营成功与否，不仅要得到政府的大力支持，更为重要的是运营公司的资源和运营能力。

（1）根据目前国内文化场馆运营情况，现阶段建议优先选用非补贴外包运营模式，使场馆早日发挥其功能，为社会公众服务。但此模式需要文化场馆软硬件配置齐全、功能先进且所在城市已经具有较强的文化底蕴和演艺市场，同时，市民对文化艺术的需求与文化场馆定位相匹配。

（2）其次推荐采用财政补贴外包运营模式，利用运营维护单位的资源打造项目吸引力，在一定时间内（一般5～10年）培养所在城市及周边城市（高铁一小时）市民的文化艺术欣赏能力，使项目快速实现其社会价值，创造社会效益。

（3）确定运营维护模式后，应及时组建运营维护团队。建议按照以下时间节点确定各专业团队进场时间：

1）决策阶段：运营维护单位负责人进场。

2）设计阶段：工程部、舞台部、业务部、物业管理部等负责人进场。

3）施工阶段：工程部、舞台部、业务部团队进场。

4）验收及移交阶段：工程部、舞台部、业务部、安保部、物业管理部团队进场。

5）试运行阶段：全编制人员进场。

（4）决策阶段确定运营维护单位后，全过程工程咨询单位在此阶段应协助运营维护单位就拟建工程的建筑规模、重点空间需求等提出运营维护方的书面意见。

1）提出建筑重点需求

建筑面积是整个项目的运营基础。首先确定总建筑面积，地上建筑面积及地下建筑面积等，建筑规模应与总投资额相匹配。根据运营需求确定重点空间，如博物馆类的展陈空间，剧场类的大剧院、音乐厅、戏剧厅等建筑面积。

全过程工程咨询单位提供项目运营维护意见和建议供运营维护单位参考和比选；协助运营维护单位完善需求建议书；结合需求建议书协助建设单位做好决策以及其他相关咨询工作。

2）提出关键工艺配置及需求

关键工艺配置（如剧院的舞台工艺、博物馆的展陈工艺等）对项目投产运行阶段至关重要，同时也深度影响项目实施阶段投入和维护阶段的工作量、维保支出。使关键工艺系统既能最大限度地满足使用需求，又能使其在配置、参数与投资、维护方面取得合理均衡，是运营维护单位此阶段的关注重点。

3）其他需求建议书

其他需求需要在决策阶段结合运营维护单位实际需求提出，其中包括：

① 拟建项目 / 项目群不同单体的能源配置、消防配置、安保配置等系统界面的需求。

② 配套商业的属性和数量以及与之相关的能源配置需求。

③ 云系统、5G ＋ 物联网、VR 等信息技术的需求。

4. 决策阶段其他咨询内容

（1）为保证良好的运营效果、便于维护保养、全生命周期内做到效益最佳，建议首先明确运营模式、尽早组建运营维护团队。

（2）没有明确运营模式、未组建运营团队的项目，建议优先选择非财政补贴外包形式，能够利用外包企业的资源和经验，同时还能减轻财政补贴压力。

（3）已经明确运营模式或已经组建运营团队的项目，全过程工程咨询单位应协助建设单位、运营维护单位对周边已有商业进行调研，同时根据运营维护单位实际情况，提出配套商业需求。

（4）协助运营维护单位在项目决策阶段就初定配套商业的管理制度和要求，完善需求提资。

14.7.2　设计阶段咨询

设计阶段，运营维护单位可根据自身的场馆运营使用经验，对建筑、结构、机电安装及舞台工艺等专业提出总体需求。

全过程工程咨询单位除针对设计成果的质量、进度进行管理，对投资进行控制等，更为重要的是将运营维护单位的需求进一步细化，结合运营要求和使用习惯，协助运营维护单位明确各项需求，形成设计任务书，并将这些需求落实在图纸中。

（1）提供设计阶段运营维护意见和建议

在设计阶段，全过程工程咨询单位提出相关意见和建议，从运营维护角度为项目出谋划策，协助运营维护单位做好项目工程设计任务书，从设计管理层面助力项目建设。

（2）协助运营维护单位确定使用要求 / 习惯

协助建设、运营维护单位确定使用要求 / 习惯，针对运营维护单位使用要求 / 习惯，在设计阶段协助运营维护单位将使用要求／习惯具体化，并落实到相关设计任务书中。

（3）落实使用要求／习惯到设计任务书

督促初步设计及施工图设计单位、深化设计单位按照经建设单位、运营维护单位确定的使用要求／习惯进行图纸设计。

（4）使用要求／习惯设计符合性审查

全过程工程咨询单位对设计任务书及设计成果进行符合性审查，对设计单位出具的成果进行全面校核，以满足运营维护单位的使用要求／习惯，如有分歧，按照沟通解决机制进行协调。

14.7.3　施工阶段咨询

运营维护单位要根据项目实施进度，在项目施工阶段成立项目小组，并明确各专业人员，全过程参与项目建设。项目小组各专业人员，应按照施工进度分批进驻现场，在熟悉现场工作环境的同时对施工过程进行检查监督，发现问题及时提出，尽量避免工程出现问题。

全过程工程咨询单位在此阶段除完成常规施工管理工作外，还需特别注意：

（1）工程施工前，会同运营维护单位项目小组就各专业图纸进行核对，确保运营维护单位需求已全部体现在图纸中。

（2）施工过程中协助运营维护单位项目小组对工程进行检查，对发现的问题协同各参建单位研究解决，并监督施工方限时完成。

（3）工程施工完成后，由全过程工程咨询单位按照合同要求和运营维护单位需求组织验收；对尚无验收标准的相关专业还应报请建设单位委托独立的检测机构进行全面的检验。

（4）由全过程工程咨询单位牵头，组织运营维护单位参加工程预验收，主要审查各专业施工单位的自检报告和检测数据，必要时可对主要设备提出复验。

14.7.4　验收及移交阶段咨询

（1）组织编制验收及移交方案

在项目预验收合格后，全过程工程咨询单位组织编制项目验收及移交方案，在与建设单位沟通后，同运营维护单位项目小组一起进行竣工验收，针对竣工验收时发现的现场各专业问题，形成销项清单，明确问题责任单位和整改完成时间，对整改结果及时进行复查，对各专业工程，在每个联合检查验收周期内，形成文件性的验收意见，作为移交阶段工作成果。

移交方案应包括各专业工程移交要求、移交计划（时间）、设备清单核对时间、现场问题整改完成时间等。

移交方案是工程移交的指导性文件，应在移交前根据工程特点及实际情况组织完成。

（2）组织编制培训手册

涉及舞台工艺、灯光、音响、消防、智能化等设备较多、专业性极强的系统，运营维护单位需要求专业单位或设备厂家进行系统培训。全过程工程咨询单位应组织各相关单位按照运营维护单位培训需要编制相关培训手册。

培训包括但不限于系统组成和原理、设备使用方法、维护方法和频率等，必要时还需设备厂家提供培训。

（3）组织编制各专业《使用说明书》

全过程工程咨询单位组织施工单位结合各专业培训手册（培训材料）编制各专业使用说明书，在工程移交过程中，与工程档案资料一并移交运营维护单位。

（4）配合项目移交和运营管理

全过程工程咨询单位在项目试运行期间及运营维护单位管理过渡期间，按照合同约定在维修期内督促施工单位进行工程实体质量维修，同时配合运营维护单位进行剧院运营管理。

14.7.5　试运行阶段咨询

试运行是指剧场完成移交之后到正式投入运行之前这段时间的剧场运行，此期间内，尚未发生门票、租金等经营性收入。试运行旨在检验剧场整体设计指标的合理性，如：水电消耗量指标、疏散时间、声学指标、卫生间是否满足使用要求等；各项功能实现程度，如：标识系统能否及时、准确发挥引导作用；舞台机械、灯光、音响效果是否实现预期；各种设备运行状况，如：空调、通风、排污、给水、电力、消防设施等是否正常运转。

试运行应由运营维护单位组织，因尚未正式投入公开经营，又属人员密集场所，消防许可、卫生许可、公共安全等均需要审批，建议运营维护单位编制试运行管理方案，从组织机构、项目筹划、后勤供应、技术保障、设备租赁、疏散引导、安全保障等方面作出详细规定，做到组织有章可循，测试数据准确，应急情况有预案。全过程工程咨询单位结合运营维护单位试运行方案，完成以下工作：

（1）协助组织试运行

试运行的目的是尽早发现和解决潜在缺陷，使系统设备的有关性能指标能够持续、稳定地达到预期。同时也可以使运营维护单位的各专业管理人员在施工单位技术支持人员的指导下进一步积累实操经验，提高管理水平。

全过程工程咨询单位应根据试运行方案，组织各专业施工单位技术人员、管理人员驻场配合试运行，协助运营维护单位保障试运行期间各项系统运转正常。

（2）协助完善各系统

针对试运行期间发现的各类问题，全过程工程咨询单位应及时组织建设单位、设计单位、施工单位进行分析研究，按照合同约定和既定需求提出整改措施、明确完成时限；对于超出合同约定和既定需求的优化要求，全过程工程咨询单位应协助运营维护单位进行经济、技术分析论证，并协助运营维护单位对优化要求进行实施过程监督。

第 15 章　专项配套咨询与管理

15.1　配套商业咨询与管理

随着产业融合的发展，单一的文化场馆已不能满足未来社会发展的需求，文化场馆综合体已成为未来文化产业发展的重要趋势。文化场馆综合体是指可以实现多种业态的共同运营，实现资源的最优配置，实现各业态间的相互包容、相互借鉴、相互交流及共同发展的大型单体建筑或建筑群。由于文化场馆综合体承载多种业态和复合业态，所以文化场馆综合体具有建设复杂和完善周期较长的特点，且与当地其他项目密切相关，呈现出政策性、集约性、多元性、复合性、交叉化、特色化的特征。因此，开展商业咨询十分必要，咨询内容主要包括商业策划和建筑策划两个方面。

15.1.1　策划的主要原则及流程

1. 总体原则

文化场馆综合体不同于传统商业综合体，它是集观光旅游、娱乐休闲、文化演艺、餐饮娱乐、院线电影等于一体的综合性空间。相较于传统商业综合体，更突出文化、旅游、商贸和体育等元素。其策划的总体原则如下：

（1）突出文化、体育元素

在文化场馆综合体适时推出各地特色文化演艺项目及知名活动赛事，培育方言、喜剧、庭院剧等各类文化娱乐形态，提升活动及地区知名度；鼓励在夜间举办特展，促进夜间经济发展；鼓励书店、书吧、画廊、美术馆提质升级，突出特色文化主题，形成知识消费新热点；加强综合体总体文化定位，使各场景融为一体，增强游客的体验感与沉浸感。

（2）加强科学技术投入

以互联网＋的思维打破传统，对接大众需求，打造产品。鼓励有条件的项目依托自然文化景观，通过水幕、激光、投影、建筑照明等特效，辅以多媒体、AR/VR等技术渲染，为夜间游客和消费者搭建多角度的场景化环境，营造良好夜间消费氛围；融入多媒体和 VR＋3D 裸视、5G 等场景应用的核心技术领域，将"运动、艺术、潮流、文化"等元素与科技深度融合，打造各店铺独特的科技亮点。

（3）构建品牌体系

主要涉及但不限于以下三种品牌：

一是文化品牌。结合文化场馆建设，联动文化载体，培育国际戏剧节、国际时装周等节庆活动。着力发展文化娱乐活动，推动文化产业发展。

二是美食品牌。发展特色餐饮消费，做大美食名片。

三是旅游品牌。景区串点成线，形成特色旅游线路和产品，发展夜间消费。

（4）打造多元发展格局

文化场馆综合体应聚焦主营业务，最大限度激发资源整合的强大效益，在文化、体育、旅游、商业、公共服务等方面科学谋划、精心布局，以文体中心、旅游景点、文化资源为基础，以细分市场客群、形成服务圈层、提高市场占有率为纽带，以打通旅游目的地消费、文体活动消费、住宿餐饮消费之间的产业链为抓手，实现资源共享、市场共享、产业链共荣的多元化产业发展格局和文体商旅消费模式。

2. 商业策划流程

商业策划是一个各项工作配合协调的过程，涉及业态策划及建筑策划两方面，业态策划包括区域调研、业态组合与配比、业态选择、租金收益，建筑策划包括面积要求、工程技术要求、辅助功能区的布置及人流动线，具体操作流程如图 15.1-1 所示。

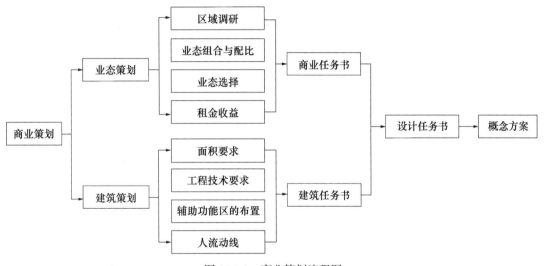

图 15.1-1　商业策划流程图

15.1.2　商业策划内容

商业策划的内容非常广泛，大到城市商业空间的布局调整、现代化商业街区的建设，小到一个店铺的促销活动。根据项目定位的不同，类型、规模、档次等策划结果会产生多种可能性。在商业策划阶段，与建筑设计联系最紧密的当属商业的业态规划，这也是商业策划部分的核心内容。商业业态的分布比例直接影响着建筑的各个方面，大到建筑形态，小到建筑细部。可以说，建筑设计的每一步几乎都离不开商业业态的制约。商业策划主要包括如下内容：

1. 区域调研

不同的城市等级，决定不同的商业消费能级；不同的地理位置，决定不同的商业价值。

一般而言，不同城市商业地块价值差异显著，区域经济发展水平决定消费能力的水平。因此，在项目开展之前，全过程工程咨询单位应协助建设单位从城市的 GDP、三大产业比重、人均社会零售额、城市职工的人均收入、人均消费金额等方面入手调查该区域的经济情况。

地段和商业定性有着密切关系，成熟的商家进入一个地方，一定会先关注这个区域的交通、人口流量、人口消费能力。从某种意义上说，项目的地理位置决定其商业价值，人口稠密、消费能力强是商业增值的必要条件之一。

同样不容忽视的还有区域内商业容量的调查。国际人均商业面积配置标准是 $1.2m^2$，国内标准是 $0.5\sim0.7m^2$，若区域内商业容量超标，会形成恶性竞争。如果原来的商业已经落伍，就会被新商业取代，以新代旧的形式不受面积的限制。

2. 业态组合与配比

丰富的业种、业态组合是文化场馆综合体项目发展所必需的，但是这种组合需要以市场作为支撑，考虑与项目定位、目标市场的一致性。这是商业空间资源能否充分利用、租金回报能否稳定上升的先决条件。一个文化场馆综合体项目是否与城市发展水平相匹配，是否与当地人民的消费习惯与能力相匹配，决定它能否成功；其次，城市的发展前景也间接影响着项目的业态规划。因此，必须对商业业态作长远规划，合理的项目规划可以在一定程度上影响该城市的消费习惯。进行业态规划时，需要保持适度超前的理念，但也不能偏离太远。

文化场馆综合体项目在城市中的地理位置直接影响着其定位及业态配比。在不同城市及不同地理位置，各业态比例也会有相应的调整，有时甚至差别较大，需要根据具体的区域调研结果进行专门规划。就商业形态而言，按功能性质分类包括百货、超市、精品区（服装、箱包、珠宝、饰品、食品、化妆品、文体用品等）、专业卖场（家居、家电、建材、配件等）、生活配套服务（美容、美发、美甲、药店、花店、杂货店、干洗店、宠物店等）、餐饮、娱乐、体育、教育、休闲、文化等。这些缤纷多彩的业态大体分为零售、休闲娱乐和餐饮三大类，这三大类业态的面积比例在商业业态配置中往往各占三分之一，也可依据项目定位和经营情况略有调整。

3. 业态选择

业态的选择要根据项目定位和市场需求等来确定，而不是依赖品牌效应或者规模效应，认为品牌和规模越大越好。

（1）常见业态基本特点及占比分析，如表 15.1-1 所示。

常见业态基本特点及占比分析　　　　　　　　　　表 15.1-1

序号	业态类别	比例	特点
1	中式餐饮、西式餐饮、北欧风情、甜品店等	35%	提供特色餐饮
2	咖啡馆、Bar 等	10%	休闲空间

序号	业态类别	比例	特点
3	电影院、KTV 等	20%	娱乐空间
4	大型超市、银行、药店、个人护理等	10%	生活配套
5	书店、文创店、画廊、其他等	25%	文化及其他

（2）业态选择原则

文化场馆综合体业态应当业种复合程度高，种类齐全，形成涵盖全业态的高度综合化结构，并体现出高度专业化趋势，不同行业的专业主题店相互补充，展现出丰富多彩的购物环境，能够为消费者提供一站式购物享受。

首先，商业规模较大时，为了保持其所需的核心竞争力，必须合理设置主力店的数量。

其次，商业的规模直接决定消费层次的划分，为了与消费层次合理对应，要大大丰富商业的多样性，满足不同年龄层次、档次的消费需求，再加以特色文化吸引国内外消费群体，从而达到多方位、全方面、一体式的消费与享受。只有尽可能扩大自身业态的覆盖范围，才能超越一个商业综合体的客流下限标准，增强自身的综合实力，并参与其他类似商业模式的竞争。

最后，文化场馆综合体需要高度特色专业化，错位经营差异化。这是基于项目文化定位，体现商业的核心竞争力，并多方位、多角度地吸引不同层次、不同类型的消费群体，通过创新经营方式，让不同阶层的消费者都能在此购买到自己需要的商品和服务。

（3）业种组合

其目标有三方面：一是提供生活所需；二是提供生活便利；三是消费过程中愉悦心情。因此，商业经营所需的是一个多样性的结合体。要做到弹性丰盈的业种组合，对业种的具体分布、营业场所的布置都需要深入研究消费者的心理，掌握影响消费者的各种因素。要完成业种的功能分布，可以根据以下原则：

首先，商业业种的分布要以激发顾客的消费欲望为目标，将容易产生消费冲动的产品种类临近布置，以吸引消费者的注意力；其次，使用频率高的，交易量不高的，选择性较低的产品种类放置在便于购买的位置，以此节省时间，而价高、复杂、贵重的产品，放置在较高层，便于提供一个相对较理想的挑选环境；最后，应遵循"主力店优先，辅助店随后"的原则，集中优势位置资源布置主力店铺。例如，在大型商业综合体的线性端点处，优先选择设置主力店，可对人流的分布产生较优化的影响。

4. 租金收益

商业租金是文化场馆综合体项目运营费用的来源之一，可以有效降低政府财政补贴，同时商业租金也是商户经营成本的一个重要组成部分。一个商业的经营能否成功，经营寿命能否持久，在很大程度上取决于租金方式的选择。租金通常分为纯租金、纯扣点以及租金加扣点三种形式。对于不同业态在租金方式的选取方面也存在着很大的差异，例如：服装类业态在运营方式上大多存在纯租金、纯扣点、租金加扣点三种形式；而生活服务、娱乐休闲类则往往采用纯租金的方式。因此，在进行业态布局的时候就应当对不同业种承租能力进行考虑，合理安排以达到租金收益的最大化。

15.1.3 商业策划指导下的建筑策划内容

建筑策划是指在建筑学领域内建筑师根据总体规划的目标设定，从建筑学的角度出发，为达成总体规划的既定目标，对建筑设计的条件、环境和相关制约因素进行分析研究，从而为建筑设计提供科学、优化的依据。

文化场馆综合体项目作为文化载体，又兼顾商业活动，具有文化、商业和建筑的多重属性。因此，需将文化及商业属性融入建筑中，这是系统策划过程中的一个原则性步骤。商业策划是我们进行建筑策划的主要依据，再以建筑策划反馈的信息修正商业策划，建筑策划主要包含以下内容：

1. 面积要求

面积要求不仅影响业态规划及建筑设计，且不同业态对面积的要求也不尽相同，所以业态规划中必须要考虑这一点。规划面积过大或过小都会造成资源的浪费。在进行建筑设计时，大致了解每种业态需要的面积，有利于设计方案把握整体项目的主旨，增加商业盈利。

2. 工程技术要求

建筑设计最终需要落实到实际建设中来，而不同的商家对于其经营业态的工程技术要求也有所不同，涉及层高、柱距、荷载、电气、给水排水、暖通、消防等多个方面的条件。统筹考虑这些影响因素，对于建筑的平面和剖面设计有着直接的指导作用。

例如商场，首层层高就要求在 5.5m 以上，柱距 8m 以上，楼板承重在 $400kg/m^2$；而超市一般要求柱距在 10m 左右，食品楼层荷载 $1000kg/m^2$；影院业态层高要求在 8m 以上等，这些不同的业态直接关系到建筑的平面剖面布局形式，建筑必须具备相应条件才可以将某种业态布置于此。

3. 辅助功能区的布置

辅助功能区是指那些在商业场所中必备的，而又不能用于营利的区域，例如停车场、卫生间、楼梯间等。

商业业态的多样性决定辅助功能区的多样性，例如，有大型超市的基本配置就是卸货区以及相应面积的停车场，且预留一定数量的手推车停放处；而餐饮业态对设备用房的要求较高，同时涉及消防、卫生等多方面的政策，也与其他业态不同。因此，辅助功能区也是设计中的重要考虑因素之一。同时，辅助功能区的设置有可能影响租金收益，楼梯间可以提升其邻近范围内的店面租金，从而选择有实力的商户入驻，实现经济利益的最大化。

4. 人流动线

对于文化场馆综合体来说，人流动线十分重要。良好的人流动线不仅可以活跃商业氛围，还可以吸引人流，使其能在此停留消费。因此，通过建筑设计有效合理地布置商业业态，规划人流动线，引导消费者至购物场所各层，避免商铺死角，使商铺价值最大化。通常来说，主力店的租金要比非主力店铺低，高楼层商铺租金要比低楼层低。例如，考虑到主力店铺对于人流的引导作用，尽管其所需面积较大，但租金常常是小店铺的 1/3 甚至 1/10，而非主力店铺租用面积虽小，但支付的租金较高；另外，一般情况下餐饮业不会布置于首层等重要位置。因为餐饮业所需面积往往较品牌服饰等店面要大，整体可以承受的租金价格水平低，而低楼层租金水平高，不在餐饮业态的承受范围之内，将其放置楼层高处，除了引导人流来到高层以外，较低的租金也是一个关键因素。因此，建筑师在设计中需要不断平衡各方条件，合理进行业态分布规划，这些都会在交通流线等建筑元素上反映出来。

15.1.4　实施案例

1. 项目定位阐述

SZ 歌剧院项目是代表城市文化发展水平的最高艺术殿堂。纵观纽约、伦敦、巴黎、维也纳等国际文化大都市几乎都有一座建设成世界级高标准的艺术殿堂、片区文化交流新平台、艺术文化新地标和国际歌剧艺术交流中心的标志性歌剧院。

高端的演出场所是高层次演艺的重要依托，但发展创作型的演艺项目设施也是培育地区演艺氛围、文化沃土的先决条件，除举办高层次歌剧演出以外，SZ 歌剧院也应成为集文化艺术交流、研究、展示和培训于一体的标志性文化场所。

公共服务和文创体验区，作为歌剧院重要的组成部分，承担着培育演绎文化氛围的重要责任。除作为艺术交流展现空间之外，也是服务剧场观众、市民参观及游客体验的共享性文化展示公共空间，更是为歌剧院提供造血功能、减轻财政支出的重要功能空间。

公共服务和文创体验区通过全景式展示歌剧的起源、发展、互鉴与融合，实现歌剧院表演空间的延伸、歌剧艺术的普及、公众体验的提升、整体艺术氛围的营造，是具有前瞻性国际视野、高端艺术化形象、高公众参与度的全球性的歌剧院体系化服务与艺术感知空间。

2. 目标客群分析

目标客群包括市民、艺术爱好者、国内外游客、演艺人员。SZ 歌剧院项目将服务片区乃至全国的艺术爱好者和都市文旅游客，以及国际艺术家和国际游客。

3. 整体功能落位建议

在不影响歌剧院艺术展示性的前提下，合理地利用动线的静区进行设置，公共服务和文创体验区主要以中西方歌剧艺术发展脉络为主线，设置展览演艺、公共教育、文创与艺术生活、公共配套等四大功能模块。

（1）功能定位

展览演艺：空间上将不同时期的中西方歌剧艺术发展脉络与街区建筑形态进行有机结合，通过全景式歌剧艺术展览展示与沉浸式互动体验，提升访客体验感。

公共教育：设置公众展演及艺术培训空间，集合公共教育与公众展演功能，以更为自然轻松的方式将歌剧艺术普及展开，满足各年龄阶段艺术文化需求，创建各年龄阶段友好型剧院。

文创与艺术生活：将歌剧艺术与日常生活相融合，设置文创体验业态，从延长访客驻留时间的角度，提升访客与观众的驻留体验，有效增强歌剧院片区与市民及游客的黏附度。同时为项目运营提供适度的造血功能，减轻每年财政的补贴压力，从项目自身实现财政减负。

公共配套：设置票务、礼品售卖、文创衍生销售等多功能综合服务。

（2）SZ 歌剧院项目艺术街区功能划分表，如表 15.1-2 所示。

SZ 歌剧院项目艺术街区功能划分表　　　　　　　　　表 15.1-2

序号	功能类别	业态	间数	面积指标 （单位：m²）
1	展览演艺	Opera Gallery	1	2500
2		歌剧院沉浸互动体验	1	4500
3	公共教育	艺术培训中心	3	3000
4		歌剧艺术儿童互动体验空间	1	1200
5		国际歌剧艺术交流中心	1	950
6	文创与艺术生活	乐器展售	2	1000
7		录音室 Amateur Studio	1	400
8		唱片馆	1	300
9		艺术书店	1	1500
10		歌剧艺术生活方式空间	4	1200
11		歌剧美学空间	1	1000
12		餐饮配套	若干	1850
13	公共配套	客服及集散中心	1	300
14		礼品商店	1	300
15	合计			20000

4. 各功能板块设计内容

（1）展览演艺

1）业态一：Opera Gallery

业态描述：设置歌剧艺术展览馆，以自办展览（固定展、主题展）、合作展览、空间运营等为主。SZ 歌剧院项目的歌剧艺术展览区，与常规展陈需求不同，常规展陈功能需先行提出展陈大纲，本展区结合歌剧创作、制作及外来剧目引进等，分年度逐步布置展陈区，因此展陈大纲需要结合剧目的排期进行引进，按时间梯度以年度为单位进行布展。

空间需求：Opera Gallery 建筑面积 2500m²，规划四个小空间，根据展览类型和规模对空间的需求，可进行灵活组合成大空间。Opera Gallery 主要展出项目建成后相关艺术创作、制作的服装、道具，以及引进剧目的相关艺术作品等。

2）业态二：歌剧院沉浸互动体验

业态描述：设置歌剧院沉浸互动体验中心，以著名歌剧／话剧作品为素材打造专属沉浸式歌剧，区别于以往的歌剧形式，还原剧目场景、人物、服装、道具，消除演员和观众的距离，打破了舞台的约束，让走进剧场的观众不再只是旁观者，而是整个故事的参与者，打造沉浸式互动体验空间。

品牌参考：《不眠之夜》演出展区，面积约 6000m²。

空间需求：歌剧院沉浸互动体验建筑面积 4500m²，规划一间，作为"主力店"引流，可设置在面积异形难以高效利用区域。沉浸体验中心能与户外演出场地、核心展演区、街区互动，采用多种形体组合，功能空间上形成联动互通。通过沉浸互动体验，有利于将人流向各个业态板块输送和串联。

（2）公共教育

1）业态一：艺术培训中心

业态描述：考虑市民及儿童艺术体验及兴趣培养需求，项目设置相应艺术教育空间，音乐类和舞蹈类各一个，由文体局自营。

品牌参考：市场上艺术类培训（如邓肯舞蹈），单机构面积为 500～1000m²。

空间需求：艺术培训中心总建筑面积 3000m²，规划三个艺术机构，各机构自行分隔教室、公共区等空间。作为儿童兴趣艺术培训的学习空间，建议预留各类公益艺术讲座空间和培训管理用房。

2）业态二：歌剧艺术儿童互动体验空间

业态描述：设置儿童歌剧艺术体验空间，打造知识性、教育性、趣味性于一体的歌剧艺术儿童互动体验空间，以戏剧、多元艺术课程教育为核心，为儿童打造通识教育与多元艺术文化相结合，绘本与戏剧相融合的氛围，培养儿童对歌剧艺术的热爱。

品牌参考：MEIYI 英皇宝贝，面积需求为 1000～2500m²；小橙堡，面积需求为800m² 以上。

空间需求：总建筑面积规划 1200m²，由一家机构运营，内部空间为规划不小于 400m²的无柱舞台空间（该空间无须设置舞台功能），作为儿童舞台剧培训展演区域。

3）业态三：国际歌剧艺术交流中心

业态描述：设置国际歌剧艺术交流中心，主要用于歌剧艺术交流、公共教育，建筑面积约 600m²，此区域也可兼具疏散人群功能。

空间需求：国际歌剧艺术交流中心总建筑面积 950m²，规划 1 间，空间上与建筑模型相结合，形成多功能复合的空间。

（3）文创与艺术生活

1）业态一：乐器展售

业态描述：设置专业化乐器零售店铺，将乐器零售、体验、艺术展示功能相融合，以全景化体验塑造音乐艺术零售胜地，既为专业人士提供消费和交流空间，也向大众普及乐器乐理等相关基础知识。

品牌参考：斯坦威旗舰店，面积需求为 $400\sim500m^2$。

空间需求：乐器展售商业总建筑面积 $1000m^2$，共设置两间专业化乐器零售店铺，打造体验式的乐器展售空间。

2）业态二：录音室 Amateur Studio

业态描述：设置录音室 Amateur Studio，通过引入高端设施设备，既能为专业音乐人、乐队团体，也能为普通大众提供数字化体验和展示舞台。

空间需求：录音室 Amateur Studio 总建筑面积 $400m^2$，共设置一间，机动化处理，既可以拆分为两间供独立音乐人或群众租赁完成独奏录音使用，也可以合并成一间大型录音室，供小型乐团进行音频录制。

3）业态三：唱片馆

业态描述：设置唱片馆，除基础唱片销售以外，设置唱片展示墙、唱片试听间、交流沙龙等功能，为喜欢唱片及"淘碟"爱好客群提供消费和交流的场地，打造音乐人的文化殿堂。

空间需求：唱片馆总建筑面积 $300m^2$，按一间商铺设置，打造以唱片为主题的经典录音类产品集合门店。

4）业态四：艺术书店

业态描述：设置艺术书店，打造具有世界知名歌剧 IP 符号的主题概念书店，将书店与咖啡轻餐、特色展览相结合，咖啡区除日常营业外，定期也可组织音乐名人面对面等讲座活动；特色展览则与在演剧目宣传相结合，通过展示演出照片、部分表演视频等方式实现内外双向宣传引流。将普通的书店打造成为地区音乐艺术文化的传播阵地，进而成为中国乃至世界歌剧文化传播的重要阵地。

品牌参考：深圳钟书阁，面积需求为 $1100m^2$；广州方所，面积需求为 $1800m^2$；茑屋书店，面积需求为 $1500\sim3000m^2$。

空间需求：艺术书店总建筑面积 $1500m^2$，规划一间，打造集书店、咖啡轻餐及特色展览等功能于一体的集成式书店。

5）业态五：歌剧艺术生活方式空间

业态描述：设置歌剧艺术生活方式空间，充分引入与歌剧艺术及其衍生品相结合的生活方式集合业态，如主题摄影摄像工作室、珠宝、服装、形象设计等，通过音乐艺术相关附属产品销售及服饰摄影体验，打造消费胜地，同时进一步宣传歌剧文化内涵，以持续扩大其大众影响力。

空间需求：歌剧艺术生活方式空间总建筑面积 $2000m^2$，总共规划四间，四间分设摄影、服饰零售、珠宝零售及形象设计功能，空间上四间铺位独立设置，功能上起到承接作用，多方位营造歌剧艺术文化氛围。

6）业态六：歌剧美学空间

业态描述：歌剧院场景与生活相结合的常设艺术空间，举办各种主题活动。

空间需求：歌剧美学空间总建筑面积 $1000m^2$，规划一间，将歌剧艺术特色与建筑空间相融合，设计上采用音符、乐器等相关艺术元素。充分考虑展陈的灵活性，展览区域则设计成可利于改造和分割的活动式展厅，方便随时更换展览内容以适应不同展览的空间需求。

7）业态七：餐饮配套

业态描述：以中式及西式餐饮为主，设置品质型餐饮业态及休闲西餐酒吧业态。

品牌参考：根据市场常规面积，中餐约为 $350m^2/$ 间，西餐约为 $200m^2/$ 间。

空间需求：餐饮配套总建筑面积 $1850m^2$，其中规划中餐三间，西餐四间。作为商业引流业态，在整体空间深处设置品质型社交餐饮空间；同时充分利用部分露台及敞开空间，结合外部歌剧院灯光效果，打造半室外开放式休闲餐吧氛围；暂不考虑单设轻餐茶饮等不需要排烟功能业态，建议该类业态与其他功能区融合设置。将餐饮与各色艺术生活空间、书店、零售业态进行组合搭配，打造一站式全体验艺术美学场所。

（4）公共配套

1）业态一：客服及集散中心

业态描述：打造集售票、取票、票务服务、会员发展、歌剧院形象展示、演出剧目宣传、集合点（Meeting Point）等多功能于一体的客服及集散中心。

空间需求：客服及集散中心总建筑面积 $300m^2$，规划一间，设计上融入歌剧艺术元素，临歌剧院主出入口设置，主要承接票务、问询及寄存功能，设置询问台、服饰寄存间、失物招领中心等空间，同时在集散中心主墙面，增加对其他各业态的位置电子路牌及路线指引。

2）业态二：礼品商店

业态描述：售卖地区歌剧院和城市文创衍生品。

空间需求：礼品商店总建筑面积 $300m^2$，规划一间，礼品商店具备宣传歌剧院以及补贴运营成本的作用，建议位置选取与人流动线规划相结合，将商铺设置在人流必经的售票处、演出厅入口或剧院出口等重要节点位置，引导人流从店铺内部经过。

5. 公共空间建议

充分利用帷幕空间大层高特点，在动线上合理设置活动或展示节点，增加空间灵活性。

（1）设计原则

1）空间的融合性

公共空间作为各独栋的物理串联载体，需要以统一的设计语汇，将不同功能的区域进行承接和带动，以衔接割裂的空间。

2）设计的创新性

公共空间的设计可以跳脱于各个空间的主题，形成独有的风格，与歌剧院的核心理念相匹配。

3）功能的复合性

公共空间在一定程度上是各类物业的弹性延展空间，承载一部分的拓展功能，实现内容的互补和区域的拓展。

（2）明晰动线

公共空间整体分设一纵一横两条轴线，分别为主次动线。

1）主动线

南北向主动线连接望海路下车点至歌剧厅，承载歌剧院主要客流量，如售票厅等相关配套服务业态需设置在该主通道上，整体形成舒适宜人的步行系统和开阔的集散空间。

2）次动线

东西向次动线串联各独栋组成的艺术街区，形成慢行系统，为观众打造艺术体验和消费氛围。

（3）聚焦节点

空间上根据业态类型打造三个公共空间主题节点，包括展览节点、教育节点和艺术生活节点。

1）展览节点

位于展馆聚集区，一方面可以作为展馆的室外集散空间；另一方面也可以作为临时拓展空间，增设可拆卸快闪店或联名品牌展销，增加话题点，提高收益。

2）教育节点

位于教育类业态聚集区，主要面向地区市民及儿童客群，为访客提供趣味交互空间，供教育拓展及儿童游乐，同时为市民提供休憩的公共座椅等。

3）艺术生活节点

位于文创与艺术生活功能区，通过具有艺术吸引力的特色小品、公共设施、户外演艺空间及观赏平台等，聚集人气，打造具有浓厚艺术氛围的户外空间交互节点。

15.2 配套交通的咨询与管理

15.2.1 咨询内容

文化场馆项目不仅涉及内部交通组织及衔接，如观众流线、货运交通流线、演员流线、贵宾流线，以及停车布局及其交通组织、人行交通布局及组织，还涉及外部交通，如网约车、出租车、地铁、公交等交通形式的组织及出入口布置。这些都是交通咨询的主要内容，通过交通咨询研究，开展交通仿真设计，编制交通影响评价报告。

15.2.2　重难点分析

1. 内部交通组织分析

（1）人行交通

综合分析项目内部步行交通的需求，并根据项目特点提出人行交通的流线设计建议，包括观众流线、贵宾流线、后台演职员流线、游客流线、展览流线等，同时还需考虑消防疏散的要求。

（2）货运交通

文化场馆项目涉及舞美道具、展品、设备等使用，重点分析运输通道的设置、卸货区等交通组织，须满足项目运营使用要求。

（3）小汽车交通

结合项目周边的建设情况，分析小汽车的出入口位置、数量、车道宽度等，重点分析车库内和首层的小汽车交通组织流线、停车布局、关键机动车设计要素（如转弯半径、坡度设置方式、车道宽度等），确保满足项目使用需求。

2. 外部交通组织分析

（1）地铁

根据项目及其配套设计，分析周边片区轨道交通规划，明确不同类型人群的地铁接驳需求，分析项目平面和竖向空间的衔接。

（2）公交

分析项目与公交枢纽的人行衔接，包括公交站的位置、距离以及衔接的通道布局、标高等交通要素，积极营造安全舒适的步行环境。

（3）出租车及网约车

分析项目周边上、下落客区及蓄车区规模和布局，进行相关交通组织设计。

（4）市政交通接驳

不同的交通方式，其接驳设施不同，包括但不限于地铁出入口、公交站、临时上下落客区、VIP 落客区、大巴停车区、装卸货区等，因此，交通接驳方式多样，接驳设施布局及组织要求较高，均须重点分析。

3. 停车位数量需求分析

根据周边片区交通规划，以及项目使用需求，开展项目停车位规模研究，明确项目停车位数量，合理布局停车位，有效利用停车空间。

4. 施工期间交通疏解

结合项目施工时序和施工条件，对地块内外的交通组织进行详细研究，制定施工期间的交通疏解方案，确保项目施工周期内交通组织合理顺畅。

15.2.3 咨询管理措施

1. 交通需求分析与预测

项目周边路网的交通运行状况，除了受项目的影响外，还受区域交通发展的影响。项目实施前，全过程工程咨询单位不仅要协助建设单位对项目交通量进行分析预测，而且还需要对区域交通需求发展进行分析预测，区域交通发展作为项目研究的背景，其交通量应作为项目背景交通量。

为明确项目开发对周围道路产生的影响，需要分别预测背景交通量与项目交通量。在预测出背景交通量与项目交通量后，将项目交通量与背景交通量进行叠加，根据叠加后的交通量，结合各主要影响道路和节点的通行能力，得出在项目开发后各主要影响道路和节点的交通运行状况，据此评价开发项目建设对区域交通影响程度。交通需求预测流程，如图 15.2-1 所示。

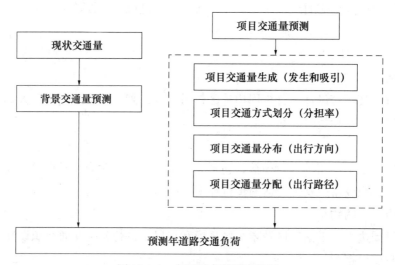

图 15.2-1 交通需求预测流程图

（1）背景交通量预测

背景交通量预测包括自然增长交通量预测和其他新建项目交通生产量预测两部分。

1）自然增长交通量预测。除周边在建/拟建项目外，项目周边其他用地基本保持不变，背景交通的空间分布面广，起讫点分散全市甚至更广范围，在未来发展中，影响该交通量增长的因素多、关系复杂。预测时宜采用趋势分析法，即预测项目所在片区背景交通量增长趋势时，主要综合市区居民出行情况、历年车辆统计情况、公共交通发展情况等几方面进行预测。

2）其他新建项目交通生产量预测。其他新建项目交通生产量预测即评价项目范围内城市更新单元地块以及紧邻研究范围的城市更新，根据四阶段法对评价范围内其他新建项目交通生成量进行预测。交通生成量预测主要采用全方式出行量法预测和车流生成率法预测。其中，全方式出行量法预测的目的在于整体把握项目的交通生成情况，为慢行交通、公共交通预测及分析提供依据；车流生成率法预测的目的在于分析建设项目对周围路网的影响。

将现状过境交通的自然增长交通量和研究范围内其他建设项目的交通生成量在路网上叠加，形成项目开展交通影响评价的背景交通量。

（2）建设项目交通量预测

建设项目交通量预测从基本出行需求和其他功能出行需求两方面进行预测，对交通方式、交通出行特征、交通分布等进行分析，然后根据项目交通需求的流向分布特征，采用SUE（Stochastic User Equilibrium）随机用户均衡模型进行交通量分配，将各交通小区之间的交通生成量分配到规划路网上。

2. 交通仿真

综合考虑项目预测交通需求后，全过程工程咨询单位应协助建设单位结合项目建筑设计方案，建立空间模型（如轨道车站、公交站、周边地块、项目及其配套设施等），设定参数，将项目建筑方案转换成仿真环境。

（1）开展人行交通仿真。模拟不同时段、不同区域行人的运动情况，结合仿真的相关结论，提出交通组织方案设计存在的问题，以及对相关交通组织的改善建议，直至项目潜在交通问题得到优化并解决。

（2）开展车行交通仿真。车行交通仿真包括外部道路交通仿真和项目场地内部（包括建筑内）车行交通仿真，根据工作日、节假日开展交通仿真运行分析，模拟实际交通运行。结合仿真情况提出交通设施规模、布局等方案修改意见和改善建议，直至项目潜在交通问题得到优化并解决。

3. 项目交通影响评价

（1）目的

交通影响评价目的是从微观层面促进城市交通与土地利用协调发展，实现建设项目交通组织与项目周边城市交通运行的协调，同时通过对项目的交通影响研究，提出相关交通改善措施及建议，为政府相关管理部门提供建设决策依据。

（2）主要任务

交通影响评价的主要任务是在对建设项目实施后可能造成的交通影响进行预测评估的基础上，根据城市交通发展政策和相关交通规划，提出改善对策和措施，削减建设项目对城市交通的不良影响，保障交通安全、有序运行。

（3）技术路线及方法

交通影响评价在对项目周边土地利用状况、交通设施及交通流量调查的基础上，采用四阶段法预测项目影响区内各交通小区背景交通量和项目生成交通量，然后将背景交通量与项目生成交通量进行叠加，得到项目建成后周边道路的交通状况变化情况，并进行评价分析。其技术路线，如图 15.2-2 所示。

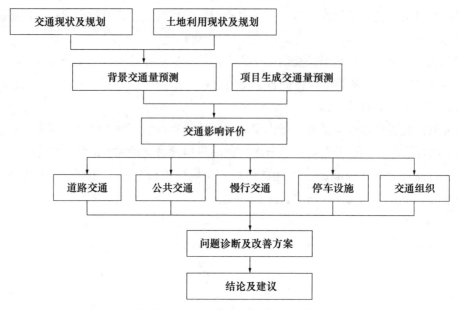

图 15.2-2　交通影响评价技术路线图

（4）交通改善措施与建议

为了更好营造片区交通环境，根据周边交通条件以及项目特点，全过程工程咨询单位应根据评价结论，给出项目建设对公共交通、慢行交通、道路交通等方面的影响，并对交通提出全方面改善建议，如：

1）道路交通优化。包括但不限于拓宽现有道路、设置道路连接通道、优化交通信号灯配时、错峰出行、单向管控等。

2）交通管制。具体措施有：遵循"多出少进"的原则，交警对进入主要通道的车流实行管控，将部分车辆分流到周边道路，绕行到达；规范出租车和网约车专用的上下落客区，保障出租车和网约车"即停即走"，同时规定停靠最长时间，避免车辆排队溢出到周边道路，影响交通运行；利用项目周边次干路，在路内预留私家车停靠区域，规范私家车路内停车，并结合导航公布相关停车位信息，同时对路内停车做好电子抓拍，保证车辆有序停靠，避免私家车停靠在主干路上影响车辆快速通行。

3）预约停车。实行预约停车，车辆有序停放。根据项目运营信息预约停车，保障项目运营的停车需求，减少兜圈子找停车位、占用道路资源违停等对道路运行的影响，实现区域客流快进快出，有效支撑交通疏散。

4）优化公交场站设施。结合现有配置的公交场站设施，推进项目周边加快配建公交首末站及旅游大巴停车场，以便满足片区需求，补足规划的设施缺口。

5）宣传绿色出行。可通过使用须知、公众号、新闻媒体等途径，加大绿色出行宣传力度，倡导乘坐公共交通或者慢行交通，减少小汽车上路，引导公众提高低碳出行的意识；同时，应与公共交通合作宣传，利用地铁多渠道、多平台不断推出"绿色出行"宣传，包括在地铁车站、列车媒体屏播放绿色低碳宣传片，通过进社区、进校园及地铁市民开放日的方式宣传绿色出行理念,以鼓励市民优先选择公共交通出行;此外,也可与共享单车合作宣传,设置多个活动现场,开展市民问卷调查、知识学习等环节,呼吁市民在"最后一公里"路途上能够文明、安全、绿色出行。

15.2.4　实施案例

1. 研究背景

SZ 歌剧院项目定位为世界级高标准艺术殿堂、片区文化交流新平台、艺术文化新地标和世界级旅游目的地,是国际一流、功能完备、风格独特、环境友好、世界知名的创作、生产、演出、经营相结合的大型歌剧院综合体。项目所处地块由 WH 路从中间穿过,分为南北两个地块。其中南区用于建设歌剧院主场馆,用地面积约 10.8 万 m^2,主要建设 2100 座的歌剧厅、1800 座的音乐厅、1000 座的小歌剧厅、500 座的多功能剧场以及歌剧艺术交流、文化展览、教育休闲等公共文化服务设施;北区用于建设歌剧院附属设施。

由于项目周边路网支撑相对薄弱,仅有北侧 WH 路,投入使用后产生的交通需求可能引起交通拥堵。因此项目建设前特开展交通咨询专项论证。

2. 交通咨询内容

交通咨询内容主要包括两个方面:一是前期规划设计阶段通过对项目核心区交通组织研究、交通仿真设计及交通影响评价研究,对项目地块内的交通组织规划设计提出详细建议及措施,确保地块内交通组织合理顺畅,为项目外部交通衔接方案、内部交通流线设计提供有效支撑。二是施工准备阶段制定歌剧院地块施工期交通疏解方案,保障施工的顺利进行。全过程工程咨询单位主要工作内容如下:

(1)研究核心区交通组织

1)研究人车交通组织模式

分析不同类型交通需求和特征,确定交通设计目标和指导原则,明确歌剧院核心区内的人行和车行交通组织。

2)研究对外交通组织及出入口布置

① 根据歌剧院及配套区设计方案,结合周边用地开发方案,对地铁站选址方案进行研究,提出选址与布局建议;对 WH 路快速路路线进行评估,并对接驳匝道等进行研究,提出合理建议。

② 协调并优化地铁周边地块详细设计、轨道设计方案和望海路及 WH 路地下快速路的空间和功能关系,解决好不同类型人群的地铁接驳需求,明确平面和竖向空间衔接,完成南北两区地上地下连接部分交通组织设计,提出工程关系与施工顺序,协调推进歌剧院与轨道快速路的建设。

③ 统筹南北地块开发及设施布局,合理预测歌剧院及周边车行、人行交通流量,分类合理布置交通设施,明确地面及地下对外出入口位置具体方案,制定不同类型车辆、人流进出交通组织总体方案,并明确不同标高设施布局和进出交通组织。

④ 确定歌剧院及周边地块等重大建筑物的出入口，确定歌剧院核心区停车场位置。确定场站出入口，开展车行交通组织详细规划方案，合理设置小汽车的进出交通组织。

⑤ 完成歌剧院地块施工期间的交通疏解方案，并通过相关主管部门审批。

3）协调内部交通组织及内外衔接

确定内部交通设施布置指导原则，提出场地内和建筑内部交通组织方案及咨询意见，包括观众流线、贵宾流线、货运流线、后台演职员流线、布景道具流线、消防车流线等；协调内部及外部交通组织方案，并落实项目进出口位置及通道设置，优化项目出入口、通道与周边路网的衔接配合关系，并对建筑方案提出协调建议。

4）优化停车布局及交通组织

合理进行停车库分区，优化停车位布局，有效利用停车空间。优化地下车库交通整体组织方案，明确通道及交通组织格局。

5）制定人行交通布局方案及优化人行组织

① 对地铁 13 号线歌剧院站与歌剧院衔接方案进行研究，结合建筑功能布局制定设计方案，配合项目建设周期计划，制定工程预留方案。

② 分析片区周边及项目内部步行交通需求，优化现有步行设施总体方案，并根据项目特点提出步行系统总体改善建议。

③ 完成内外部步行体系分层功能设计，并提出地块之间、建筑间、各层之间衔接建议，尤其是解决好建筑与轨道站点、公交枢纽场站衔接。

6）详细研究人行空间交通

① 明确项目人行系统与相邻地块衔接通道位置、高度、宽度、形式等，重点参考其与周边设计条件，确定人行空间的总体布局形式。

② 提出歌剧院核心区与轨道站点、公交枢纽的人行衔接方案，即衔接通道布局、通道宽度、通道形式、衔接标高等。

③ 明确内部外部的立体步行网络、通道宽度、形式等，以及各层之间垂直交通的衔接转换设施要求，并结合建筑设计落实方案。

④ 对内部垂直交通设施提出安排并优化，估算项目可容纳人流及设施要求。

7）详细研究场地内部道路交通

制定场地内部道路设计及与周边衔接设计方案，合理优化机动车与人行、活动广场、景观空间、建筑人行出入口、地下车库出入口等关系，明确通道位置、尺寸、断面等。

8）研究停车交通方案

提出小汽车停车布局方案，研究并确定关键机动车设计要素，包括转弯半径、坡道设置方式、坡道坡度、通道宽度等，确保参数设计为车辆提供顺畅运行的通道。提出货运、出租车、公交场站等交通设计方案，同时制定交通组织流线及设施设计方案。

9）研究交通管理措施

根据建筑方案，优化停车位布局，协调建筑墩柱与车位、通道的关系，并提出相关停车管理措施。

（2）项目核心区及建筑内部交通仿真设计

1）人行交通仿真

① 重点问题分析

梳理规划方案，明确仿真要解决的核心问题。

② 仿真客流 OD 分析

A. 预测轨道站点节假日及工作日流量数据、公交场站高峰进出场站客流数据、出租车上下落客数据等公交客流数据，以及慢行客流与小汽车客流数据，明确不同类型客流时变特征。

B. 分析不同类型客流 OD 特征和路径特征。

③ 空间模型建立及参数标定

A. 根据项目建筑设计方案，构建项目基础数据模型，将建筑方案转换为仿真环境。建立轨道车站、公交站、歌剧院及配套设施、周边地块、立体过街系统行人仿真模型。

B. 根据不同的情景假设，设定外部输入参数。参考行人类型的不同，将行人参数输入模型中。

④ 人行交通仿真（分工作日晚高峰和节假日高峰小时两种情况）

A. 模拟不同时段不同区域行人运动情况。

B. 通过仿真软件对轨道车站、公交站、歌剧院、配套设施区及周边地块设施规模合理性分析、设施布局合理性分析，并输出仿真结果。

⑤ 人行交通仿真结论及方案优化调整建议

A. 根据工作日晚高峰行人仿真结论，对工作日晚高峰交通设施规模、空间布局、客流组织等提出优化建议，并制定工作日行人疏散应急预案。

B. 根据节假日高峰小时行人仿真结论，对节假日高峰小时设施规模、空间布局、客流组织提出建议，并制定节假日高峰小时行人疏散应急预案。

C. 综合工作日和节假日仿真结论，结合方案评价中存在的问题，对设施布局、通道宽度、楼扶梯、交通组织等提出改善建议，对仿真模型进行修正，模拟交通运行，直至项目潜在交通问题均得到解决。

⑥ 3D 效果渲染视频

根据仿真内容进行 3D 效果渲染，输出真实度高、场景清晰合理、美观的 3D 仿真动画视频。

2）车行交通仿真

① 重点问题分析

A. 划定研究范围及边界。车行交通仿真包括外围道路交通仿真和场地内部和建筑内部车行交通仿真。

B. 梳理规划方案，对拟研究的重点问题进行分析和明确。

② 仿真客流 OD 分析

A. 依据地块及周边规划设计规模和目标，预测周边道路交通流量，并预测高峰时进入地块内部的车流量。

B. 分析不同类型车辆 OD 特征和路径特征。

③ 空间模型建立及参数标定

A. 构建基础模型数据，建立包括平面模型及 3D 模型的空间模型。

B. 参数标定：对模型中确定型和随机型参数进行标定。

④ 车行交通仿真（分工作日晚高峰和节假日高峰小时两种情况）

A. 对交通仿真模型进行校核、标定和有效性确认，开展交通仿真运行分析，模拟实际交通运行。

B. 标记拥堵路段、节点等，辨识交通问题及空间分布情况。

⑤ 车行交通仿真结论及方案优化调整建议

A. 根据工作日、节假日交通问题提出交通设施规模、布局等方案修改意见。

B. 综合工作日和节假日仿真结论，结合方案评价中存在的问题，对设施布局、通道宽度、楼扶梯、交通组织等提出改善建议，并对仿真模型进行修正，模拟交通运行，直至项目潜在交通问题均得到解决。

⑥ 3D 效果渲染视频

根据仿真内容进行 3D 效果渲染，输出真实度高、场景清晰合理、美观的 3D 仿真动画视频。

（3）项目交通影响评价

1）基础调查和资料收集

了解项目地块及周边范围的建设情况，搜集上层规划及建设的相关资料，并组织开展项目周边片区现状背景交通量的相关调查工作，为项目开展提供基础。

2）开展项目现状分析及规划解读

结合上层规划文件深入解读项目现状及各评价年限中土地利用与交通系统的关系，以及对既有上层规划中关于评价年限拟开展的相关交通设施规划建设情况进行解读。

3）开展交通需求分析

① 根据项目建设进度、周边城市发展、交通系统建设以及项目辐射影响范围，对研究范围内近期、远期城市建设、轨道建设、道路系统建设等进行针对性假设。

② 根据各片区功能定位和规划要求的详细程度不同，划分不同交通小区。交通产生吸引预测、方式划分及交通分布均应以该交通小区划分为基础开展。

③ 开展背景交通需求预测。基于项目周边地块现状交通调查，结合研究范围内评价年限的人口岗位情况、周边地块规划建设情况，进一步测算评价年研究范围背景交通量的产生、吸引及空间分布等要求。

④ 开展项目交通需求预测。分析预测项目人口岗位分布情况，在此基础上开展项目交通产生及吸引预测，分析预测项目交通分布，借鉴国内外先进城市经验，根据不同交通发展模式提出交通方式划分的多种预测方案，结合周边路网情况开展项目进出交通分配，明确评价年限内周边路网交通流量运行情况。

4）开展项目交通影响评价

① 路网交通影响评价

根据建设项目新生成交通加入前后路网机动车交通服务水平的变化，确定建设项目对机动车交通系统的影响是否显著，即对有本建设项目和无本建设项目（即背景交通情况）两种情况下，评价年限、评价时段的道路交通服务水平进行对比分析，进而评价建设项目新生成交通需求对道路交通系统的影响程度。

② 公共交通影响评价

公共交通包括轨道交通和常规公交。结合评价年限研究范围内的公共交通设施规划建设情况，主要对建设项目出入口步行范围内的公共交通系统进行评价，本轮主要选取出入口步行 500m 范围内的交通系统进行评价。

③ 慢行交通评价

结合评价年限研究范围内慢行交通设施规划建设情况，对慢行交通设施服务水平、慢行交通设施安全性、便利性和环境品质等方面进行综合评价。

④ 项目进出交通组织及停车设施评价

对建设项目的出入口数量、布局和对外交通组织方案进行评价。结合相关交通发展政策、法定规划或者相关规划设计规范、标准等对建设项目的停车设施等交通设施配置的合理性进行校核分析。

5）交通改善措施及评价

① 结合交通影响评价结果，根据相关交通规划和建设项目自身情况制定交通改善措施，以最大程度降低建设项目的交通影响，解决建设项目原交通组织设计方案存在的问题，并对主要建设项目内部交通系统、外部交通系统、内外交通衔接等改善措施进行进一步优化。

② 针对提出的改善措施进一步分析评估，当改善措施可行且评价范围内改善后的交通系统运行指标基本符合现行相关标准要求时，可判断建设项目的交通影响为可接受范围。

6）提出评价结论

根据交通改善措施及评价结果，提出最终评价结论、必要性改善措施和建议性改善措施，配合建设单位进行交通影响评价报建相关工作。

3. 交通需求预测

（1）预测前提条件界定

项目开展近景年 2025 年及远景年 2030 年预测，预测时段以工作日晚高峰为交通需求高峰日高峰时段。影响最大内容包括项目交通生成量预测与背景交通发生预测两项，基于最不利原则，预测前提如下：

1）WH 路快速化改造 2025 年完成并投入使用，歌剧院地下车库连接 WH 路快速路。

2）近景年研究范围内的更新地块建设项目按全部建成且投入使用考虑。

3）远景年紧邻研究范围的蛇口老镇更新项目按全部建成且投入使用考虑。

4）研究范围内公共交通设施按计划建成并正常运营。

5）研究范围内慢行交通设施按计划建成并正常运营。

（2）背景交通量预测

1）城市居民出行情况

近年来，随着经济的持续快速增长、人口规模特别是常住人口规模的不断扩大、小汽车拥有量的高速增长，城市居民出行总量以年均10%的速度增长，未来仍将保持6%～8%的增速。

2）历年车辆统计情况

根据历年车辆统计数据，市内近三年年均车辆增长约10万辆，增长率为3%。除实施限购之外，还发布限行令，即主城四区、原特区外部分中心城区及道路高峰时段禁止外地车辆通行。由此可见，我市未来小汽车保有量将以较为平缓趋势增长。

3）公共交通发展情况

随着城市的发展，研究范围新增地铁13号线及3处公交场站，未来片区公共交通将成为片区居民机动化出行的主要方式。

综合上述几方面，预测项目片区年交通量平均增长率取值3%。交通增长基本模型为：

$$Q_n = Q_{2022} \times (1 + \lambda)^{n-2022}$$

式中：Q_n 为第 n 年道路交通量；Q_{2022} 为2022年道路交通量；λ 为年平均交通增长率；n 为年份。

计算得到2025年道路交通流量约是现状年的1.09倍；2030年考虑蛇口片区更新体量巨大，背景增长以周边更新项目交通增长为主，不再进行自然增长。

4）其他项目交通量预测

项目评价范围内城市更新单元地块主要有中信城开DJT项目、BDCB五期项目、XXMW项目以及紧邻研究范围的SK老镇城市更新，预计上述前三个项目于近años年（2025年）建成，SK老镇城市更新于远景年（2030年）建成，根据四阶段法对评价范围内其他新建项目交通生成量进行预测。

采用全方式出行量法预测和车流生成率法预测，二者的计算结果互为校核，取其中较大者，即车流生成率法结果，作为预测的其他建设项目车流生成量。项目不同方式推算交通生成量对比分析，如表15.2-1所示。

项目不同方式推算交通生成量对比分析 表15.2-1

序号	不同项目	方式一：按全方式出行率计算道路晚高峰机动车交通量流量（pcu）			方式二：按车流生成率指标计算道路晚高峰机动车交通量流量（pcu）		
		发生量	吸引量	合计	发生量	吸引量	合计
1	中信城开DJT	428	886	1314	439	1168	1607
2	BDCB五期	293	535	828	239	619	858
3	XXMW	701	448	1149	778	407	1185
4	2025年其他项目总量	—			1456	2194	3650

续表

序号	不同项目	方式一：按全方式出行率计算道路晚高峰机动车交通量流量（pcu）			方式二：按车流生成率指标计算道路晚高峰机动车交通量流量（pcu）		
		发生量	吸引量	合计	发生量	吸引量	合计
5	SK 老镇城市更新单元	1513	4538	6051	2175	6525	8700
6	2030 年其他项目总量	—			3631	8719	12350

综合考虑片区人口分布、项目地理区位，以及周边干道交通组织等因素分析，预计项目建成后，机动化出行主要以北向交通分布为主，约占 70%。其中 WH 路是主要的北向交通性主干道，随着 WH 路快速化改造，未来 WH 路北向联系交通吸引将进一步提高。采用 SUE（Stochastic User Equilibrium）随机用户均衡模型，将各交通小区之间的交通生成量分配到规划路网上。

5）背景交通量汇总

将现状过境交通的自然增长交通量和研究范围内其他建设项目的交通生成量在路网上叠加，形成项目开展交通影响评价的背景交通量。其中 WH 路快速化改造，考虑未来 SK 国际海洋城开发，快速路分流过境交通变化较大，地下快速路背景交通量以《WH 路快速化改造工程方案设计》预测交通量校核修正，2025 年 WH 路地下快速路背景交通量开往市区的相反方向 1946pcu/h，市区方向 2184pcu/h。2030 年 WH 路地下快速路背景交通量蛇口方向 2371pcu/h，市区方向 2662pcu/h。

（3）建设项目交通预测

1）交通生成量预测

SZ 歌剧院包含剧场演出、文化体验、观光旅游等功能，交通需求主要包含观看演出客流及商业、旅游休闲客流。主要分为歌剧院基本出行需求和其他出行需求预测，如图 15.2-3 所示。

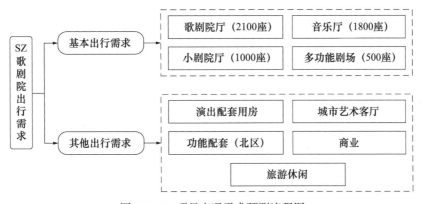

图 15.2-3　项目交通需求预测流程图

2）基本出行需求

项目设有 4 个厅，分别为 2100 座歌剧院厅、1800 座音乐厅、1000 座小剧院厅以及

500座多功能剧场。基本出行需求受大厅同开情况影响,项目开展相关剧院调查。根据调研,剧院4厅同开的情况较少,基本以两个大厅同开的情况居多,上座率为85%;项目基本出行需求如表15.2-2所示。观众出行方式比例和载客比例受剧场运营方案影响,结合项目高标准定位,以歌剧表演、音乐类为参考,载客比例取两人,出行方式以50%小汽车出行取值较为合适。根据测算,项目诱增基本出行需求为3315人次。

项目基本出行需求表　　　　　　　　　　　　　　　　　表15.2-2

序号	歌剧院演出情况	上座率	出行需求(人次)
1	1个大厅单开:歌剧院厅(2100座)	85%～100%	1785～2100
2	2个厅同开:多功能剧院(500座)、音乐厅(1800座)		1955～2300
3	2个厅同开:歌剧院厅(2100座)、音乐厅(1800座)		3315～3900
4	3个厅同开:音乐厅(1800座)、小剧院厅(1000座)、多功能剧院(500座)		2805～3300
5	4个厅同开:歌剧院厅(2100座)、音乐厅(1800座)、小剧院厅(1000座)、多功能剧院(500座)		4590～5400

3)其他出行需求

项目主要业态为T05场馆与园林类型,以及部分商业、住宅和办公,参考《SZ市建设项目交通影响评价工作指引(试行)》及《建设项目交通影响评价技术标准》CJJ/T 141—2010各生成率指标,以及根据类比同类型地铁直接覆盖的商业、公园项目,确定生成率,计算得出其他出行诱增需求为4455人次。项目其他出行需求生成量计算,如表15.2-3所示。

项目其他出行需求生成量计算表　　　　　　　　　　　　表15.2-3

序号	类型	建筑面积(m²)	高峰小时生成率	生成量(人次)	备注
一	商业客流:1745人次				
1.1	公共服务和文创体验区	26800	建筑面积:5人/100m²	1340	综合性商业:10～30人次/100m² 专营店:5～15人次/100m² 市场:5～15人次/100m² 以上均按建筑面积测算
1.2	大湾区艺术教育中心	6720		336	
1.3	连接体文创空间配套	1380	建筑面积:5人次/100m²	69	
二	场地旅游休闲客流:工作日1819人次、节假日6670人次				
2.1	旅游观光	121265	用地面积:工作日1.5人次/100m²	1819	旅游观光面积为歌剧院项目其他用地面积(扣除建筑占地面积与交通设施用地面积,含大屋面公共空间),不考虑海滨休闲带。
2.2			用地面积:节假日5.5人次/100m²	6670	参考海滨休闲带公园出行率特征,工作日人流较少,约7万人次/d,节假日可达25万人次/d,晚高峰占比23%

续表

序号	类型	建筑面积（m²）	高峰小时生成率	生成量（人次）	备注
三			办公等配套客流：891 人次		
3.1	原创歌剧制作中心	24753	建筑面积：3 人 /100m²	743	包括排练厅、工作室等，按其他办公类计算（建筑面积：1.5～3.5 人次 /100m²）
3.2	原创歌剧制作中心配套库房	7600	建筑面积：0.821 人次 /100m²	62	按仓库类计算
3.3	管理和物业用房（区域1）	850	建筑面积：3 人 /100m²	26	按其他办公类计算（建筑面积：1.5～3.5 人次 /100m²）
3.4	管理和物业用房（区域2）	2013	建筑面积：3 人 /100m²	60	按其他办公类计算（建筑面积：1.5～3.5 人次 /100m²）

4）交通方式划分

通过类比同类型地铁直接覆盖的商业、公园项目，综合考虑歌剧院区位、轨道交通供给和机动化出行分担率，预测歌剧院观众、配套商业、旅游休闲客流小汽车出行分担率分别约为 50%、30%、10%，如图 15.2-4 所示；不同出行方式下，不同需求人群客流量统计，如表 15.2-4 所示。

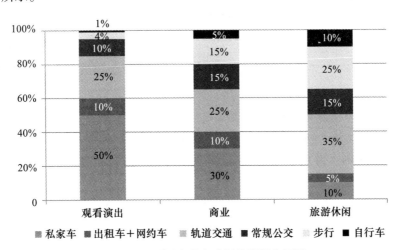

图 15.2-4　项目出行方式划分预测分析图

项目需求出行量计算表　　　　　　　　表 15.2-4

序号	组成部分	私家车（人次）	出租车＋网约车（人次）	轨道交通（人次）	常规公交（人次）	步行（人次）	自行车（人次）
1	剧院演出	1658	332	829	332	133	33
2	商业办公	791	264	659	395	395	132
3	工作日旅游休闲	182	91	637	273	455	182
4	节假日旅游休闲	667	333	2334	1000	1667	667

5）交通出行特征

歌剧院演出时间主要集中在工作日晚上和休息日，晚上开演时间大多为19：30或20：00，散场时间大多为21：30或22：00。考虑歌剧演出需要提前入场、观看演出前会提前用餐，以及剧院周边商业配套和滨海环境景点的吸引，预测开演前90min观众陆续抵达；而散场时间较晚，旅游、商业交通基本消散完毕，与WH路背景交通错峰，对市政交通影响不大。

根据出行特征时间分布推算，歌剧院诱增交通在高峰时段存在一定的错峰，预测高峰时段诱增到达量占诱增总量的80%，则工作日晚高峰歌剧院诱增交通为1326pcu。项目高峰诱增出行量，如表15.2-5所示。

项目高峰诱增出行量计算表　　　　　　　　　　　　　　　表15.2-5

序号	组成部分	私家车（pcu）	出租车＋网约（pcu）	高峰占比	载客率	高峰诱增总量（pcu）
1	剧院演出	1658	332	80%	2	796
2	商业办公	791	264	80%	2	422
3	工作日旅游休闲	182	91	80%	2	109
4	节假日旅游休闲	667	333	80%	2	400
5	工作日合计	2630	686	80%	2	1326
6	节假日合计	3115	929	80%	2	1618

6）交通分布

综合考虑片区人口分布、项目地理区位，以及周边干道交通组织等因素分析，歌剧院项目主要通过HH大道、科苑南路、WH路等疏解交通，对周边片区的吸引占20%，对外围片区的吸引占80%，北向是主要方向。其中WH路是歌剧院直接对外通道，歌剧院交通主要通过WH路集散。

7）交通量分配

根据项目交通需求的流向分布特征，采用SUE（Stochastic User Equilibrium）随机用户均衡模型，将各交通小区之间的交通生成量分配到规划路网上。根据分配结果，项目新增交通量主要分配到WH路上，研究范围内其他道路分配的车流量较小。

4. 交通影响程度评价

（1）出入口评价

项目被WH路分隔为南北两个地块，为强化路网支撑，南北地块均通过设置内部道路提高路网覆盖，并在WH路上开设出入口，其中北区地块出入口开设在WH路路段上，南区地块出入口分别开设在HH大道、HH滨路路口，形成十字交叉口，如图15.2-5所示。

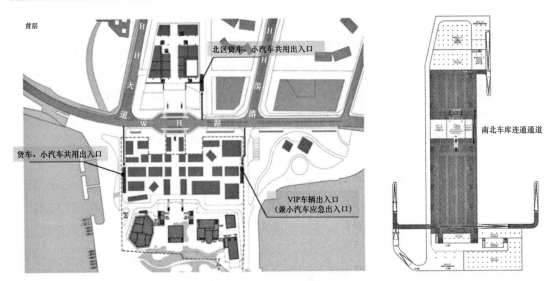

图 15.2-5　项目地面平面图、负一层车库平面图

歌剧院北区地块：在内部通道设置一处货车和小汽车共用车库出入口。

歌剧院南区地块：在 HH 大道交叉口的内部道路上，设置一处货车和小汽车共用车库出入口，在 HH 滨路的内部道路上，设置一处 VIP 车库出入口（兼小汽车应急出入口）。其中货车采用错峰单向交通管控以实现与小汽车共用车库出入口。

地下车库出入口：歌剧院南北区地下车库负一层设置有连通通道，实现南北车库的联系。南区地下车库负二层设置专用匝道接入 WH 路地下快速路 Z7/Z8 匝道上。WH 路已在 HH 大道工作井位置，预留歌剧院停车场接入条件。

1）出入口数量评价

项目共配建 1003 个机动车停车位，其中歌剧院北区和南区在负一层停车场设计的停车位分别是 200 个和 399 个。项目北区和南区在负一层停车场通过地下连接体贯通两个车库从而形成一体，南区在负二层停车场设计的停车位是 404 个。根据《车库建筑设计规范》JGJ 100—2015，停车位数量"大于 1000 个时，机动车出入口不得少于三个"，项目共计开设四处出入口，均为小汽车两车道规模，数量设置满足规范要求，如表 15.2-6 所示。

项目机动车库出入口和车道数量分析表　　　　　　　　　　　　表 15.2-6

出入口和车道数量规模	特大型	大型		中型		小型	
	>1000	501~1000	301~500	101~300	51~100	25~50	<25
机动车出入口数量	≥3	≥2		≥2	≥1	≥1	
非居住建筑出入口车道数量	≥5	≥4	≥3	≥2		≥2	≥1
居住建筑出入口车道数量	≥3	≥2	≥2	≥2		≥2	≥1

2）出入口位置评价

依据市交通运输委员会2015年颁布的《建设项目机动车出入口开设技术指引》（试行）：

设置在主干路上的建设项目出入口与相邻交叉口或出入口的距离不应小于100m，且应右进右出。

设置在次干路上的建设项目出入口与相邻交叉口的距离不应小于80m，相邻出入口之间的距离不应小于50m。

设置在支路上的建设项目出入口，距离与干路相交的相邻交叉口不应小于50m，距离与支路相交的相邻交叉口不应小于30m，支路上相邻出入口之间的距离不应小于30m。

出入口与直线式公共交通站台边缘或港湾式公共交通站台渐变段端点之间的距离不应小于15m，宜大于30m。

依据《车库建筑设计规范》JGJ 100—2015：相邻机动车库基地出入口之间的最小距离不应小于15m，且不应小于两出入口道路转弯半径之和。

根据上述规范要求，项目地块满足规范出入口设置要求的区域，如图15.2-6所示。

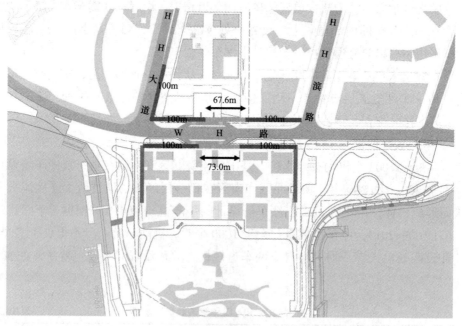

图15.2-6　项目地块出入口设置

歌剧院北区地块：内部道路于WH路段开设出入口，距离HH大道（主干路）与WH路（主干路）平面交叉口161.9m，满足规范；满足距离HH滨路（次干路）与WH路（主干路）平面交叉口95.7m，不满足规范，考虑项目中轴线的重要性及保障建筑空间一体化设计，建议结合歌剧院北区建筑布局设计开设出入口。

歌剧院南区地块：按照规范要求，歌剧院南区出入口按照规范要求需要设计在歌剧院南区中轴线之上，将对项目整体性造成严重割裂，不符合歌剧院建筑设计理念。此外，路中开口交通组织不利于歌剧院主要交通来向车流的驶入（北向来车需经HH大道路口调头），对于歌剧院周边道路交通组织运行不利，因此建议在HH大道、HH滨路路口上开设内部道路出入口，提高项目交通可达性，同时优化交叉口渠化组织设计和信号优化，减少交通影响。

3）出入宽度与转弯半径评价

根据《市建设项目机动车出入口开设技术指引》，各汽车出入口的宽度，双向行驶时不应小于7m，单向行驶时不应小于5m。地面出入口考虑的是货车和小汽车共用，根据《车库建筑设计规范》JGJ 100—2015要求，中型车道路最小转弯半径8.00～10.00m，歌剧院出入口宽度及转弯半径均满足规范要求，如表15.2-7所示。

项目地块机动车出入口宽度及转弯半径评价表　　　　　　表15.2-7

序号	地块出入口	内部道路出入口宽度	转弯半径	车库出入口宽度	结论
1	歌剧院北区	15m	12m	7m	满足规范
2	歌剧院南区西侧出入口	15m	12m	7m	满足规范
3	歌剧院南区东侧出入口	10m	12m	7m	满足规范
4	歌剧院地下匝道	—	>20m	8.15m	满足规范

4）出入口通行能力评价

闸机设置在车库出入口平缓段，三处地面出入口设置双向闸机，地下匝道设置单向双闸机。根据中央收费智能道闸经验和类似项目出入口闸机通行能力，道闸按照7s通过一辆车计算，单向闸机通行能力约为514pcu/h。

入场时，快速路联络道的驶入匝道由一车道逐渐变为两车道，假设外围片区诱增观演私家车全部经过地下车库专用道到达，高峰时期入场流量530pcu。为提高车辆驶入效率，地下匝道至少设置两台闸机，通行能力1028pcu/h，V/C为0.52，入口服务水平等级为B，处于可接受水平。考虑保障车辆快速进入车库和观众按时入场，匝道设计方案中驶入匝道在连接地下车库前由两车道拓宽为四车道，建议设置四台闸机，通行能力2056pcu/h，V/C为0.26，入口服务水平等级为A，处于可接受水平。

散场时，时间较晚，与WH路地面交通量错峰，但散场时车流量集中瞬发，散场交通流量为829pcu，以半小时疏散考虑，至少需要四台闸机支撑离场，通行能力为2056pcu/h，V/C为0.81，出口服务水平等级为D，处于可接受水平，匝道通行能力满足出入要求。建议散场时结合地面出入口实现半小时疏散。

5）歌剧院地下匝道方案设计及评价

如果歌剧院不接地下快速路，歌剧院交通量由WH路地面道路驶入。晚高峰经WH路驶入歌剧院交通量约1062pcu，是现状背景交通量（1470pcu）的0.72倍，是未来背景交通量（1910pcu）的0.56倍，地面拥堵情况加剧。

如果歌剧院接地下快速路，将为歌剧院交通需求提供专门的集散路径，届时从地下快速路起点（东滨路）至歌剧院约 2.8km，假设平均车速 35km/h，则行程时间仅为 5min，而 WH 路快速路北往南交通量增加至 2995pcu/h，服务水平为 C 级，交通较为顺畅，不会对地下快速路造成影响。因此歌剧院接地下快速路后，将极大地保障歌剧院交通需求的出行体验，同时能够减少歌剧院项目地面交通量，在一定程度上缓解地面交通拥堵，也没有给地下 WH 路带来较大负担，有利于 WH 路（HH 大道～HH 滨路段）的交通疏解。

总体上，匝道设计方案与车库布局相对合理，能够满足分开施工，符合下一步开展深化设计等工作的基本需求。可以尽快明确匝道实施主体，开展方案深化设计。

（2）路网交通运行评价

1）交通运行评价

① 路网运行评价

根据交通预测结果，对无项目与有项目情况下各道路服务水平进行对比。项目新生成交通分配在路网上后，项目周边晚高峰时段交通流量均有一定幅度的增加。

近两年，在无项目情景下，除了 JSJ 路（WH 路以南段）的服务水平达到 F 级，其余路段服务水平均可接受；在有项目情景下，JSJ 路（WH 路以南段）的服务水平仍为 F 级，部分路段服务水平虽有下降但仍处于可接受范围。而地面 WH 路的部分路段服务水平降为 E 级，处于不可接受范围，如地面 WH 路（中心路以东、西行方向段）服务水平由无项目情景的 C 级下降到有项目情景的 E 级（行程延误 15min）。因此有项目情景下，除上述提到路段，余下路段的服务水平不变且均可接受。

远景年，随着交通量的增长，相较于近景年，必将引起部分道路服务水平下降甚至服务水平处于不可接受的范围。在无项目情景下，JSJ 路（WH 路以南段）的服务水平仍为 F 级，地面 WH 路的部分路段服务水平为 E 级，处于不可接受的范围，如地面 WH 路（中心路以东、西行方向段）服务水平为 E 级（行程延误 17min），其余道路的服务水平均可接受。在有项目情景下，JSJ 路（WH 路以南段）的服务水平仍为 F 级，地面 WH 路（中心路以东、西行方向段）服务水平由无项目情景的 E 级（行程延误 17min）降为有项目情景的 F 级（行程延误 25min），即便有地下道路分流，该段拥堵还是会加剧。地面 WH 路〔中心路以东（南行）～HH 滨路、西行方向段〕服务水平由无项目情景的 E 级降为有项目情景的 F 级，地面 WH 路（8 号匝道～JSJ 路、东行方向段）服务水平由无项目情景的 E 级降为有项目情景的 F 级。而部分路段服务水平虽有下降但仍处于可接受范围内。因此有项目情景下，除上述提到路段，余下路段的服务水平不变且均可接受。

② 交叉口交通运行评价

根据现状交叉口服务水平和各交叉口交通流量预测结果，结合交叉口服务水平判定标准，分别对近景年、远景年的无项目与有项目情景下各交叉口服务水平进行对比。

近几年，在无项目的情景下，除了 WH 路～中心路（北行）交叉口的服务水平为 D 级，其余交叉口的服务水平在 C 级及以上；在有项目的情景下，WH 路～中心路（北行）交叉口的服务水平由无项目情景的 D 级降为有项目情景的 E 级。其余各交叉口的服务水平在 C 级及以上。因此，在近几年歌剧院交通量叠加到背景交通量后，交叉口服务水平有显著变化的是 WH 路～中心路（北行）交叉口，其余交叉口的服务水平变化在可接受范围内。

远景年，在无项目的情景下，WH 路～中心路（北行）交叉口的服务水平为 E 级，其余各交叉口的服务水平在 C 级及以上；在有项目的情景下，WH 路～中心路（北行）交叉口的服务水平由无项目情景的 E 级降为有项目情景的 F 级，WH 路～JSJ 路交叉口的服务水平由无项目情景的 C 级降为有项目情景的 D 级，JSJ 路～蛇口新街交叉口的服务水平由无项目情景的 C 级降为有项目情景的 D 级。因此，在远景年歌剧院交通量叠加到背景交通量后，交叉口服务水平有显著变化的是 WH 路～中心路（北行）交叉口、WH 路～JSJ 路交叉口和 JSJ 路～蛇口新街交叉口，其余交叉口的服务水平变化在可接受范围内。

2）交通组织评价

① 外部交通组织

项目主要交通为北向交通，主要依靠 WH 路主干路、HH 大道主干路、HH 滨路及中心路次干路实现对外联系。由于 HH 大道、HH 滨路及中心路等道路为城市内部生活性干路，信号路口较多，通行延误较大，因此主要对外联系依靠 WH 路实现。

② 内部交通组织

A. 小汽车交通组织。项目北区地面设置一处地面出入口，南区地面设置两处车库出入口。对外联系方面，北向车流沿 WH 路（西行方向段）驶入项目北区出入口，或者在 WH 路～HH 大道交叉口转向驶入项目南区出入口。最后主要通过 WH 路（东行方向段）疏散。内部出行方面，车流主要借助 WH 路（东行方向段）、HH 大道、HH 滨路等道路，经 WH 路～HH 大道交叉口驶入项目区域，疏散时则主要借助以上的道路和交叉口。

B. 出租车、网约车交通组织。WH 路歌剧院段，展宽 WH 路南侧，并利用项目红线内空间设置深港湾上下落客区，考虑网约车等客的排队需求较高，将深港湾内部上下落客点设置为网约车点，同时将广场空间用地和 WH 路慢行空间进行一体化设计。

一部分出租车、网约车主要沿 WH 路（西行方向段）行驶到上落客区，然后沿 WH 路（西行方向段）或右转沿 HH 大道驶离；出租车、网约车沿 WH 路（西行方向段）行驶到 WH 路～HH 大道交叉口后掉头转向行驶到 WH 路，最后沿 WH 路（东行方向段）或转向沿 HH 滨路驶离；第三部分出租车、网约车主要经 HH 大道行驶到上落客区，最后沿 WH 路疏散。

C. VIP 车辆交通组织。VIP 车主要沿 WH 路、HH 大道等主干路经 HH 滨路～WH 路交叉口后驶入项目内部道路，可直接入地库，或根据需求驶入地块内部上落客。

D. 货车交通组织。货车主要借助 WH 路驶入驶出。沿 WH 路（西行方向段）行驶的货车可直接右转驶入项目北区出入口，或经 WH 路～HH 大道交叉口后左转驶入项目区域。沿 WH 路（东行方向段）行驶的货车可直接右转驶离项目南区出入口。

E. 演员大巴交通组织。来自 WH 路的演员大巴经 WH 路～HH 滨路交叉口转向驶入项目内设置的临时大巴停车位；大巴驶离时经 WH 路～HH 滨路交叉口沿 WH 路、HH 大道离开项目区域。

（3）公共交通影响评价

根据相关技术标准要求，结合项目及周边片区特征，项目的常规公交评价显著影响指标为：项目主要步行出入口500m范围内是否有公交站点，以及公交（含轨道）站点的背景交通剩余载客容量为负值或项目新生成的公共交通出行量超过相应背景公共交通（含轨道交通）线路的剩余载客容量。

1）轨道交通评价

根据轨道交通规划，项目研究范围内轨道线路有13号线，项目主要利用轨道站点为规划站点歌剧院。

据统计，高峰小时地铁线的运能约6万人次。假设预计13号线歌剧院站地铁线的平均剩余运能为50%，可知项目周边地铁剩余运力为3万人次，可满足项目工作日2124人次/h、节假日3822人次/h的出行需求。

综上所述，轨道线路运力满足项目轨道出行需求，即项目对轨道交通影响不显著。

2）公交场站方案评价

根据《WH路快速化改造工程方案设计》，地面主干路全线布设公交停靠站14对，平均间距约590m，其中歌剧院段规划布设两对公交中途站。

考虑歌剧院项目中轴线的重要性和完整性，结合设计和使用方的建议，取消歌剧院段中轴线的一对公交站点，保留东西两侧站点，并扩容为三车位站台。两对公交站点总共12个公交车位。假设歌剧院公交站点线路主要以蛇口山地块配建公交首末站，场站面积6500m²，按照1000m²/线路测算，约有7条线路停靠WH路公交中途站，根据《市公交中途站设置规范》，并站线路超过5条时，须至少设置3个泊位。公交中途站泊位方案满足规范要求。

按照6min发车频率，40人次载客率推算，能够提供2800人次/h的运力。根据交通需求预测，常规公交在工作日晚高峰诱增需求为1000人次，满足规范要求。

3）公交中途站评价

根据《公交中途站设置》要求，当公交中途站设置在交叉口下游时，距对向车流进口道停止线延长线的距离应遵循两点原则：一是当出口道右侧展宽增加车道时，公交中途站应设在该车道拓宽段下游至少15m处，并应与出口道进行一体化展宽设计；二是当出口道右侧不展宽时，公交中途站在主干路上距对向车流进口道停止线延长线不宜小于80m。当公交中途站设置在交叉口上游时，宜设在右侧车道最大排队长度上游至少15m，当进口道右侧展宽增加车道时，应与进口道进行一体化展宽设计。

项目附近设置有两对公交站，其中歌剧院北区西侧的公交站在HH大道～WH路交叉口西出口道拓宽段下游78.8m处，北区东侧的公交站在中心路（南行）～WH路交叉口西出口道下游80.0m处；歌剧院南区西侧的公交站在HH大道～WH路交叉口东进口道上游146.6m处，南区东侧的公交站在HH滨路～WH路交叉口东出口道下游80.0m处。设计满足规范要求，如图15.2-7所示。

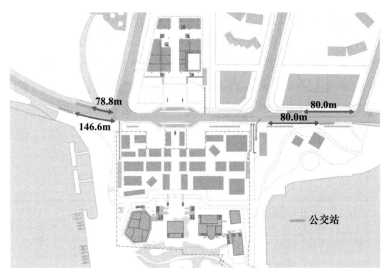

图 15.2-7　项目出入口周边公交中途站规划布局图

（4）慢行交通评价

1）人行道通行能力评价

根据法定图则和现状建设情况，项目临近 WH 路的慢行道宽度为 3m，项目建筑退线预留较大的慢行广场空间，周边 HH 大道、HH 滨路的慢行道宽度为 3m。按照人行道通行能力每小时为 1400 人 /m 测算，满足项目工作日 983 人次 /h、节假日 2195 人次 /h 的慢行出行需求。项目建设对慢行系统影响程度不显著。

2）交通组织分析

歌剧院各层之间以垂直交通为主，地面交通以歌剧院内部公共行人空间为主，借助内部道路和市政道路，在公交站、车辆上落客区以及地下歌剧院地铁站快速进出项目，其中歌剧院北区有 4 处垂直交通点，南区有 10 处垂直交通点，地铁连接体有 3 处垂直交通点。通过垂直交通连接商业、地铁站点、停车库及其他公共空间，增强步行交通出行的感官体验和舒适度，满足商业、购物、车辆停放等多方面需求，步行环境良好。

（5）静态交通评价

1）小汽车停车位评价

由歌剧院对机动车泊位数的规划设计条件可知，歌剧院规划机动车总泊位数为 1040 辆，其中南区机动车泊位数为 751 辆；北区机动车泊位数为 289 辆。

按照地方标准测算，歌剧院需配建停车位规模约 571～765 个。按照需求测算，歌剧院需配建停车位规模约 1315～1836 个。

考虑歌剧院作为地标性建筑的高定位，与周边滨海休闲带公园融合开发，未来观光旅游休闲客流吸引力强大。但受投资规模和建筑面积制约，同时考虑未来 WH 路交通压力较大，建议实行观演预约停车，并结合严厉交通手段控制，采用低规模方案，考虑自用及 VIP 车位，配建停车规模 1000 个。另外，根据前文的停车规模测算，在保障观演需求情况下，基本车位最少设置 829 个。因此停车规模测算结果与规划文件中歌剧院对机动车泊位数的规划设计条件相近，符合规划条件要求。

2）出租车、网约车停车位评价

根据前文对出租车和网约车的出行交通预测，在工作日和节假日的高峰小时出行人次分别为686人和929人，假设出租车和网约车的平均载客率为2人/辆，上落客时间为30s，停车位利用率系数为0.7。此外为保障乘客顺利上下车，建议泊位设置数量上调20%，计算可以得到在工作日和节假日的停车位需求分别为5个和7个，如表15.2-8所示，因此，停车位数量能够满足需求。

项目出租车、网约车停车位计算参数表 表15.2-8

序号	分类	出行人次（人）	平均载客率（人/辆）	提前到达比例	上落客时间（s）	利用率系数	建议增加比例	泊位需求（个）
1	工作日	686	2	100%	30	0.7	20%	5
2	节假日	929						7

3）货车泊位规模评价

按照《深圳市城市规划标准与准则》（2018版）配建货车泊位标准，计算项目应配建装卸货泊位规模，按照地下车库设计方案，车库方案地下二层设置15个货车泊位。

根据计算结果，歌剧院演出需求应配建装卸货泊位9个，地面文化群落区域的商业装卸货泊位需求为9个。考虑错峰共用地下车库货车车位和文化群落区错峰利用地面内部道路区域实现装卸货，目前地下车库设计方案的货车泊位能够满足货车停车需求。

4）旅游大巴停车位评价

SZ歌剧院与上海大歌剧院规模相近，考虑到座次、演出级别以及观演人员的出行特性具有相似性，因此参考上海大歌剧院的大巴停车位数量设置情况，SZ歌剧院的大巴停车位设置12个。方案中歌剧院南区设置8个大巴停车位，北区结合深化方案设置4个大巴停车位，符合要求。

5）自行车停车位规模评价

按照《深圳市城市规划标准与准则》（2018版）配建自行车停车位标准，计算歌剧院南区自行车停车位191～273个，规划方案配建250个，符合要求；歌剧院北区自行车停车位115～189个，尚未开展建筑方案深化设计，建议按照地方标准要求落实配建不少于115个。

5. 交通改善措施及建议

根据评价结论，项目建设对公共交通、慢行交通方面未造成显著影响，对局部道路交通有影响。为了营造片区更好的交通环境，根据周边交通条件以及项目特点，对各方面交通提出相应的交通改善建议。

（1）改善措施

主要包括道路交通优化、交通管制、预约停车、绿色出行宣传、公交场站设施优化共计五项措施。

（2）项目交通改善措施汇总及建设时序，如表15.2-9所示。

项目交通改善措施汇总及建设时序表　　　　　　　　　　　表 15.2-9

序号	措施类型	改善措施	改善内容	建议完成时间
1	必要性措施	道路交通优化	推进歌剧院停车场接入地下快速路	与项目同步完成
2			渠化 WH 路～HH 大道交叉口	与项目同步完成
3			拓宽 WH 路（东滨路～HH 大道段）机动车车道宽度	2030 年
4			优化 WH 路～HH 大道交叉口信号灯配时	与项目同步完成
5			渠化 WH 路～HH 大道交叉口	与项目同步完成
6			优化 WH 路～HH 大道交叉口优化信号灯配时	与项目同步完成
7			优化 WH 路～中心路交叉口优化信号灯配时	2025 年
8			优化出租车、网约车上落客区	与项目同步完成
9			货车错峰出行，单向管控	与项目同步完成
10			取消公园出入口信号灯设置行人过街天桥	2030 年
11		交通管制	大型活动演出时实施交通管制措施	2025 年
12		预约停车	实行预约停车	2025 年
13		公交场站设施优化	补足公交场站设施	与项目同步完成
14			优化公交站点布局	与项目同步完成
15	建议性措施	道路交通优化	优化项目周边道路的信号配时设置信号绿波带	2025 年
16		绿色出行宣传	加大宣传力度，倡导绿色出行	2025 年

第16章 后评价咨询与管理

16.1 项目后评价目的与原则

为了加强政府投资项目全过程工程咨询管理，进一步规范政府投资项目后评价工作，提高政府投资决策水平和投资效益，根据《政府投资条例》，选择已竣工验收并投入使用或运营一定时间后的项目，运用规范、科学、系统的评价方法与指标，对其投资决策、建设管理、项目效益等方面的实际效果进行评价，提出相应结论、对策和建议，并反馈给项目有关单位，形成良性项目决策机制。

根据工作需要可对单个项目或者项目建设、运行的某类问题、某一阶段进行专项评价，也可以对同类型或相互关联的多个项目进行综合评价。对分期建设且每期项目之间存在功能联系、建设内容扩展的项目，在后期项目审批前可对前期项目进行项目后评价，为后期项目的决策论证提供参考。

项目后评价工作应坚持目标导向、问题导向，遵循独立、客观、科学、公正的原则，建立顺畅的信息沟通和反馈机制。

16.2 项目后评价范围内容与方法

16.2.1 项目后评价范围

列入后评价的项目主要从以下有代表性的项目中选择：

（1）在国家战略方面发挥重要作用，对推动高质量发展有重大指导作用和借鉴意义的项目。

（2）对行业和区域发展、产业结构调整有重大影响的项目。

（3）对资源节约集约利用、生态环保、科技创新、促进社会发展、维护国家安全有重大影响的项目。

（4）采用新技术、新工艺、新设备、新材料、新型投融资和建设运营模式，以及其他具有特殊示范意义的项目。

（5）工期长、投资大、建设条件复杂，项目建设方案、项目总概算等发生重大调整或者结（决）算严重滞后的项目。

（6）征地拆迁等规模较大、可能对弱势群体影响较大的，特别是在实施过程中发生过社会稳定事件的项目。

（7）重大社会民生项目。

（8）社会舆论普遍关注的项目。

（9）其他需要进行后评价的项目。

16.2.2 项目后评价内容

项目后评价内容包括项目全过程总结评价、效果和效益评价、目标和可持续性评价、后评价结论和主要经验教训、对策建议等。

16.2.3 项目后评价方法

项目后评价应当注重定性和定量相结合，可采取对比法、逻辑框架法、成功度评价法、综合评价法以及国际通行的其他方法，并深化社会公众的参与程度。具体项目的后评价方法应根据项目特点和后评价的要求，选择一种或多种方法对项目进行综合评价。大型公共建筑后评价指标体系，如表16.2-1所示。

大型公共建筑后评价指标体系评价表　　　表16.2-1

评估模块	一级指标	二级指标	三级指标	备注
全过程总结评价	前期决策阶段评价	—	—	
	实施准备阶段评价	—	—	
	建设实施阶段评价	—	—	
	项目运营阶段评价	—	—	
效果评价	适用性评价	总体规划的合理性评价	项目选址评价	
			建筑布局功能分区评价	
			交通组织流线评价	
			景观规划评价	
		内部布局的合理性评价	内部功能分区评价	
			内部空间结构评价	
			内部交通组织评价	
		技术设备的功能适宜性评价	给水排水设备评价	
			电气设备评价	
			暖通设备评价	
			智能化设备评价	
		结构及场所安全性评价	人防及紧急避难场所设置评价	
			消防设施的设置评价	
			场所安全性评价	
		施工便利性评价	—	

续表

评估模块	一级指标	二级指标	三级指标	备注
效果评价	适用性评价	使用者舒适度评价	室内采光和照度评价	
			室内温度和湿度评价	
			室内隔声效果评价	
			室内空气质量评价	
		材料运用的合理性评价	材料的安全性评价	
			材料的耐久性评价	
			材料的自洁性评价	
		未来功能的可调整性评价	设备接口预留评价	
	经济性评价	建筑布局经济合理性评价	建筑可使用面积系数评价	
		结构选型经济合理性评价	钢筋配比率评价	
		技术设备经济合理性评价	给水排水设备经济性评价	
			电气设备经济性评价	
			暖通设备经济性评价	
			智能化设备经济性评价	
		工程造价经济指标合理性评价	造价指标评价	
			主要材料指标评价	
效益评价	绿色性评价	建设过程中资源消耗评价	—	
		运营维护过程中资源消耗评价	用水量合理性评价	
			用电量合理性评价	
			其他能耗合理性评价	
			设备选型能效评价	
			能源资源管理措施评价	
		绿色技术实施效果评价	可再生能源技术评价	
			围护结构热工性能评价	
			遮阳设计评价	
			设备技术管理和监控评价	
			材料的环保性评价	
		室内环境质量评价	室内声环境评价	
			室内光环境与视野评价	
			室内热湿环境评价	
			室内空气质量评价	
		建筑对周边环境影响评价	—	
	美观性评价	外观设计原创性及完成度评价		
		建筑外观的地域和民族性评价	—	

续表

评估模块	一级指标	二级指标	三级指标	备注
效益评价	美观性评价	建筑外观的时代性评价	—	
		城市空间的协调性评价	—	
		内部装饰的协调性评价	装饰设计风格评价	
			装饰设计色调评价	
			装饰设计造型评价	
	社会评价	社会影响评价	对居民生活水平的影响评价	
			对当地就业水平的影响评价	
			对弱势群体的影响评价	
		社会层面的分析评价	对社会环境条件的影响评价	
			对社会服务的评价	
			对公共安全的影响评价	
		社会互适性评价	与城市发展规划的适应性评价	
			对当地组织、政府的互适性评价	
			与技术、文化条件的互适性评价	
目标评价	项目目标的适宜性评价	—	—	
	项目目标的实现程度评价	—	—	
可持续性评价	规划和政策延续性评价	—	—	

16.3　工作程序

可委托专业机构承担项目后评价任务。后评价承担机构应当结合项目特点和后评价工作任务组建后评价工作组，独立开展后评价工作。参建单位应会同建设单位、使用或运营单位等按有关要求提供项目后评价所需的文件资料。

后评价承担机构在开展项目后评价的过程中，应当采取适当方式听取社会公众和行业专家的意见，并在后评价报告中予以客观反映，在提交正式项目后评价报告前，应以书面或会商形式征求被评价单位及其他有关单位意见。

16.4　案例分析

16.4.1　项目概况

1. 项目目的

2008 年，沈阳市区面积 3470.6km^2，市区人口 587.5 万。随着社会的发展、人民生活水平的逐步提高，人们对文化艺术生活的追求不断提升。但沈阳拥有的公共文化艺术设施布局分散、规模较小、条件较差，已经远远不能满足人民群众的文化生活需要。为进一步完善和提升沈阳市的城市功能，沈阳市政府决定在交通便利的青年大街和五里河公园交汇处建设沈阳文化艺术中心（现名盛京大剧院，以下简称艺术中心）。

2014年落成的艺术中心，具有综合剧场、音乐厅及多功能厅三大功能，其造型独特、功能完备、设施先进、环境优雅，完善了城市功能、满足了人民不断增长的文化艺术生活需要、拉动了区域经济发展及相关产业的发展，是国内一流的标志性文化建筑。

2. 项目位置

艺术中心位于沈阳市沈河区沈水路518号，青年大街以东，五爱隧道以西，二环路以南，浑河北岸以北。场地周围绿树掩映、一湾碧水、环境极佳。附近交通便利，紧邻二环路、地铁二号线并有238路、152路、109路、272路、126路、214路、333路等公交车站，地理位置得天独厚，十分优越。

3. 项目性质、特点及难点

（1）项目性质

艺术中心是沈阳市委、市政府结合沈阳市经济发展战略，适应国家提出的文化大发展方针，为了满足人民群众对文化生活日益增长的需要，完善城市功能，挖掘和彰显盛京文化底蕴，提升沈城市民文化素养、活跃百姓业余文化生活而确定的大型公益性项目、文化艺术设施和惠民工程。

艺术中心体现了公益惠民和文化惠民。艺术中心每场演出都设置了惠民票。开展了"艺术惠民社区行"活动，把艺术带到百姓身边，让百姓更多地感受艺术给日常生活带来的乐趣。同时，艺术中心在每个月第一周的周六设为"市民开放日"，在开放日为市民呈现不同形式的公益惠民讲座，市民可以与艺术家及演出团面对面交流，普及文化知识，让更多的百姓了解文化艺术知识。艺术中心的落成体现了政府投资的重点工程以丰富百姓业余文化生活、提高市民文化素养的宗旨。艺术中心的落成，凝聚着建设者们的聪明智慧和辛勤劳动，彰显着历史文化和现代科技，它既是展示沈阳形象的主要标志，更是传播优秀文化的主要载体。

（2）项目特点

1）艺术中心的建筑设计师们发挥丰富的想象力和建筑灵感，选择建筑元素为宝石，历史元素为前清文化的代表作——故宫，文化元素为太阳鸟。建筑师把浑河比喻成龙袍上的玉带，艺术中心就好比玉带上面镶嵌的宝石。故有：一朝发祥地、两代帝王城，玉带绕古都、宝石添新景。艺术中心的装修设计在空间布局上规整同时也体现活力；在色彩运用上低调且不乏味；在环境塑造上，现代中传承文化，三个厅堂和一个公共空间都选择了具有特点的主题。

2）艺术中心临水而建，与沈阳周边的青草、树木、浑河的流水互相映衬，与沿河开阔的自然景观融为一体，使艺术中心更具梦幻和灵气，建筑钻石立面更加宏伟壮观，给过往的人们耳目一新的视觉享受。同时因其选址临近浑河仅百米之遥，在前期勘察、设计及研究过程中，充分考虑了特殊地质因素、防洪因素等。

3）艺术中心 64 个切割面玻璃构成完美"巨钻"，特有的建筑外形呈现多角度不规则折射面，在周边不同方向、不同距离、不同角度观看艺术中心，具有"步移景异"视觉效果。

4）艺术中心采用设计优化的钢结构单层网壳体系，而且采用铸钢节点连接技术，最大铸钢节点重达 103t，属国内第一。艺术中心的玻璃幕墙体系"生根"安装在钢结构网壳体系之上，两层复杂的结构体系紧密相接，使钻石外罩体系更加灵活、轻盈。

5）独有的结构造型设计。多功能厅、综合剧场、音乐厅结构采用垂直叠加和空间结构大悬挑形式，音乐厅空间结构体系采用缓粘结预应力混凝土技术，叠在综合剧场上方，且水平方向悬挑 23m，结构紧凑、造型独特而富有震撼力。

6）艺术中心设计有先进的舞台技术与工艺，在后舞台仓内设有尺寸为 18m×18m 的芭蕾舞车台，可倾斜 5.7 度，并预留了冰车台仓位。

（3）项目技术难点

1）主体结构——国内难度最高、复杂性最大

艺术中心结构设计创造性地将 1200 座的音乐厅叠在 1800 座的综合剧场上方，悬挑跨度达 23m，这部分结构被全国超限高层建筑工程抗震设防审查专家委员会一致认为设计难度是目前国内难度最高、复杂性最大的工程之一。同时，项目采用了缓粘结预应力混凝土技术，项目参建单位编制的《沈阳文化艺术中心缓粘结预应力混凝土技术质量验收标准》，填补了国内空白。

2）钢结构——国内罕见钢结构建筑外观和安装技术

艺术中心结构设计新颖，钢结构屋盖外形呈现钻石外观，由 38 组预埋钢件、26 个铸钢节点、89 根钢结构主构件和 576 根次构件组成，钢结构工程总用钢量近 12000t，单根主构件最长达 63m、单根主构件最大重量约 98t，主构件最大壁厚达 75mm；铸钢节点最大重量达 103t，长度达 10m，铸钢节点最大壁厚达 120mm，属特殊超大超重节点，在国内建筑钢结构工程中的应用极为罕见；钢结构铸钢节点安装采用的电脑三维模型高空定位技术，已荣获国家专利。

3）玻璃幕墙——世界最大的钻石

如同通体透亮的水晶一般的独特建筑造型，是艺术中心的一大亮点，采用了 13060 块"四层双中空双 Low-E 超白钢化夹胶玻璃"组成 64 个三角切割面，建筑外形总长度 110m，宽 78m，高 60m，整个建筑的外观好似一颗巨钻，从各个方向眺望均呈现步移景异、晶莹剔透的效果。

4）采暖制冷新技术——国内剧场首次大面积采用地板辐射供冷技术

一层大厅和 7.5m 共享大厅采用低温辐射地板采暖、供冷技术，冬天提供采暖热水供热，供回水温度为 50/45℃，夏季提供空调冷水供冷，供水温度根据地面防结露要求控制（通常为 16～20℃），同时辅以空调新风系统，大大提升了室内空气的品质。地面辐射供冷整套技术较复杂，涉及热泵、温湿度控制和防结露控制等技术。一层大厅面积 2400m²，

7.5m 共享大厅 3400m²，大面积采用地板辐射供冷技术，在国内大剧院尚属首次。

5）灯光系统——国内外同规模相比设备先进、技术成熟

艺术中心调光台设备运用了 ETC 成熟的网络技术，可实现相互热备份，可自动、实时、无间隙切换，一个专业调光师即可控制整场演出。

6）音响系统——舞台音响设备系统处于国内外领先地位

数字调音台采用国际知名的德国 LAWO 网络数字调音台和国际知名品牌德国 d&b 扬声器，在系统调试过程中，"主数字调音台与备数字调音台"切换和"主数字调音台与备模拟调音台"切换均达到很好的效果，在调音台输出电平一致的情况下，主观听感完全无法感知主备信号的切换，充分保证了现场演出安全。同时，综合剧场声桥及两侧音响室设计上，独特地将扬声器预留位吸声处理，减少了空腔共振、反射及回声等现象。

7）舞台机械——整体技术水平达到了国际一流、国内领先水平

艺术中心的整体功能完整，三个厅功能基本覆盖了所有舞台表演艺术种类的使用需求。综合剧场舞台设计与国家大剧院相同，都是"品"字形舞台，但功能较前者又有创新与突破，主舞台采用子母台设计，使主升降台变化更多，更加实用；多功能厅实现全机械化、自动化、模块化，会议模式、剧院模式、T 形台模式、伸出式舞台、平面大厅等多种使用功能布局可任意切换。机械的变化充分结合建筑设计，实现建筑功能最大化。

4. 项目规模及主要建设内容

艺术中心占地面积 65143.47m²，总建（构）筑面积 85509m²，建筑总高度 60.173m，项目总投资约 14.45 亿元，属一类高层公共建筑。艺术中心内设 3 个主要功能厅，分别为：1800 座综合剧场、1200 座音乐厅及 500 座多功能厅。

总建（构）筑包括主体建筑和主体建筑以外、大平台范围以内的室外总体建（构）筑两大部分。主体建筑包含综合剧场 20626m²、音乐厅 7063m²、多功能厅 5886m²、地下车库 3474m²、排练厅化妆间等其他附属用房 31695m²。主体建筑以外、大平台范围以内的室外总体建（构）筑包含附属用房（含内部餐厅、厨房、设备机房）2097m²、配套用房 1754m²、停车场 3920m²、道路和广场 8994m²。另外还建设：外壳玻璃幕墙表面积约 30000m²，绿化面积（±0.00m 标高绿化及＋7.50m 标高大平台绿化）26929m² 等。

5. 项目参建单位组成

2008 年 7 月，沈阳市发展改革委员会批复了艺术中心项目建议书。2010 年 6 月，批复了调整项目建议书，按照沈阳市委、市政府的工作部署，沈阳市国有资产监督管理委员会（以下简称国资委）为艺术中心项目法人，沈阳五里河建设发展有限公司（以下简称五里河公司）受国资委委托，行使艺术中心项目建设法人职责。项目参建单位如表 16.4-1 所示。

项目参建单位信息统计表　　　　　表 16.4-1

序号	专业工程或服务名称	单位名称
1	项目管理（含工程监理）	浙江江南工程管理股份有限公司
2	施工图设计	上海建筑设计研究院有限公司

序号	专业工程或服务名称	单位名称
3	招标代理	沈阳志诚招投标有限公司
4	造价咨询	辽宁同泽工程造价咨询有限公司
5	法律咨询	北京隆安律师事务所沈阳分所
6	会计师事务所	辽宁华清会计师事务所有限公司
7	前期咨询	中建精诚工程咨询有限公司
8	桩基础	沈阳中建东设岩土工程有限公司
9	试验桩施工	中冶沈勘工程技术有限公司
10	施工总承包	中国建筑一局（集团）有限公司
11	钢结构	江苏沪宁钢机股份有限公司
12	幕墙	沈阳远大铝业工程有限公司
13	消防	大连爱瑞克机电设备有限公司
14	舞台音响	北京奥特维科技有限公司
15	舞台灯光	杭州亿达时灯光设备有限公司
16	舞台机械	总装备部工程设计研究总院
17	标识	沈阳东越标识设计制作有限公司
18	室外配套	沈阳市市政工程修建公司
19	室内装饰装修（多功能厅区域）	北京港源建筑装饰工程有限公司
20	室内装饰装修（综合剧场区域）	上海中建八局装饰有限责任公司
21	室内装饰装修（音乐厅区域）	深圳市洪涛装饰股份有限公司
22	智能化	北京中加集成智能系统工程有限公司
23	管风琴	山东同力科技发展有限公司（德国克莱斯）
24	座椅	北京时尚怡合家具有限责任公司
25	电梯	巨人通力电梯有限公司

艺术中心项目 2011 年 6 月开工建设，2014 年 6 月竣工并取得竣工验收备案书，2014 年 11 月正式投入使用。

6. 项目总投资

（1）总投资匡算

沈阳市发展和改革委员会文件《关于沈阳五里河建设发展有限公司调整沈阳文化艺术中心工程项目建议书的批复》中，总投资为 102447 万元。

（2）投资估算

沈阳市发展和改革委员会文件《关于沈阳文化艺术中心调整可行性研究报告的批复》中，项目投资估算为 113814 万元。

（3）概算

沈阳市发展和改革委员会文件《关于沈阳文化艺术中心初步设计及概算的批复》中，

批复项目概算投资为 125484 万元。

（4）财务决算

由于技术规范的更新，抗震设防标准的提高，人工、材料的政策性调整以及经市政府及相关部门批准增加使用功能等原因，工程竣工财务决算实际总投资为 144513.66 万元。

（5）资金来源

艺术中心建设资金来源为沈阳市财政拨款和地方债券。其中：沈阳市财政拨款为 82369.77 万元，地方债券资金 35000 万元。

7. 项目工期

艺术中心项目于 2011 年 6 月正式开工建设，2012 年 9 月 20 日钢结构吊装完毕，2013 年 1 月 20 日混凝土结构封顶，2014 年 6 月 27 日通过竣工验收。

8. 工程质量

艺术中心工程通过科学管理，严格要求，顺利地通过各项工程验收，同时取得了中国建设工程鲁班奖、中国钢结构金奖、辽宁省世纪杯、辽宁省优质主体结构工程、"哈、长、沈"三市优质工程观摩金杯奖等奖项。

9. 项目运营现状

艺术中心工程移交后，市文广局委托保利公司进行运营管理，运营管理资金来源为政府财政拨款。艺术中心自 2014 年 11 月 1 日正式运营开始至 2015 年 11 月 1 日，历经一年时间，共组织演出 253 场，其中综合剧场演出 124 场，音乐厅演出 66 场，多功能厅演出 63 场；公益演出 12 场，商业演出 211 场，大型活动及会议 30 场。平均上座率 75%，平均票价 260 元。

16.4.2　项目前期决策后评价

1. 立足市情、完善功能

文化是人类的灵魂，是民族生命力、创造力和凝聚力的重要源泉，是经济发展和社会文明进步的内在驱动力。沈阳市的文化艺术基础氛围比较好，以东北文化艺术为其鲜明特色，文化艺术积淀深厚，但由于历史原因，沈阳的文化基础设施整体水平仍然不能适应现代化大都市建设和发展的需要。市一级的演出剧场和音乐厅空白。市政府立足市情，为满足市民不断增长的文化艺术生活需要，根据沈阳城市总体发展规划，作出了科学整合城市文化资源，完善城市功能、提升城市文化品位，提高市民文化艺术素养，丰富群众文化生活，推动文化事业繁荣发展，加快实现沈阳市由文化资源大市向文化产业强市转变的重要决策。艺术中心正是在这样的背景下应运而生的。

在 2007 年 10 月 29 日的市长办公会议纪要第 93 号"关于辽宁省美术馆选址规划会议纪要"中即已明确提出"统筹规划建设好包括美术馆、音乐厅在内的沈阳市艺术中心，对于提高我市城市品位，完善城市功能，具有重要意义"，"按照建设现代化大都市的要求，高水平规划设计沈阳市艺术中心，既体现艺术中心的整体布局、与周边建筑相协调，又体现美术馆、音乐厅等单体建筑特点，努力将其建成国际一流、富有震撼力的标志性建筑"，并将其列入 2008 年沈阳市城建计划，作为沈阳市公建重点工程项目。

项目建成后取得了良好的社会效益，为市民提供了高品质文化和艺术生活的活动场所，满足了广大市民对艺术文化的需求，改善了沈阳市文化艺术设施多年不完备的状况。项目的建成切合省委、省政府实施的沈阳经济区一体化战略，和"一小时经济圈"的建设构想，促进了辽宁省、沈阳市文化行业与国内、国际优秀演出团体进行各种形式的文化交流，也为辽宁省、沈阳市今后承接国内外各类综合性文化、艺术活动提供基础硬件保证，弥补了辽宁省、沈阳市文化产业基础设施建设的空白。另外，艺术中心的建设，极大地推动了大浑南的建设，促进了经济增长，取得了良好的经济效益。

2. 统筹规划、决策缜密

2008 年 4 月 7 日，沈阳市城市规划委员会以"2008 年城市规划委员会第二次会议纪要"的形式正式通过了由德国奥尔＋韦伯＋建筑师建筑设计事务所、中国中元国际工程公司、沈阳市建筑设计单位的三家联合设计的《沈阳文化艺术中心建筑设计方案》，该方案包含 1200 座音乐厅（含音乐欣赏室）、500 座室内演奏厅与美术馆（含学术报告厅）三部分功能，沈阳市发展和改革委员会于 2008 年 7 月 25 日对沈阳文化艺术中心项目建议书进行了批复。

市政府在该方案的基础上经过数次讨论和调整，最终确定了包含 1800 座综合剧场、1200 座音乐厅、500 座多功能厅三部分功能的设计方案。2010 年 9 月 19 日市发展和改革委员会下发《关于沈阳文化艺术中心初步设计及概算的批复》（沈发改审字〔2010〕201 号），项目批复概算 125484 万元。与原建设方案相比，新的建设方案使用功能上增加了综合剧场、取消了美术馆、露天音乐广场、音乐喷泉等，将学术报告功能厅调整为可以满足各类综艺节目、话剧、戏曲演出及时装发布、会议等使用要求的多功能厅，在建设规模上综合剧场从 1400 座调整为 1800 座，音乐厅从 500 座调整到 800 座，最终确定为 1200 座。具体调整内容如表 16.4-2 所示。

项目调整前后建设规模及技术经济指标对照一览表　　　　表 16.4-2

项目	初稿	调整内容				
		第一次	第二次	第三次	第四次	第五次
总地块面积（hm²）	0	0	0	22.40	22.40	6.51
红线内占地（hm²）	4.55	4.55	4.55	10.69	22.40	6.51
总建（构）筑物面积（万 m²）	4.57	5.50	5.50	13.94	19.04	9.96
综合剧场（席）	0	1400	1400	1800	1800	1800
音乐厅（席）	1200	800	800	1200	1200	1200
多功能厅（席）	0	150	150	500	500	500
室内演奏厅（席）	500	0	0	0	0	0
音乐欣赏室（席）	126	0	0	0	0	0
美术馆（万 m²）	2.12	2.10	2.10	2.33	1.63	

续表

项目	初稿	调整内容				
		第一次	第二次	第三次	第四次	第五次
学术报告厅（席）	0	200	200	0	0	0
玻璃罩壳（万 m²）	1.6	2	2	3.18	2.98	3
道路及室外停车场（万 m²）	2.53	2.14	2.14	11.48	1.51	2.17
绿化面积（万 m²）	1.81	1.81	1.81	8.73	7.63	2.93
水景面积（万 m²）	0	0	0	2.42	1.58	0
露天音乐广场（万 m²）	0.26	0.26	0.26	1.7	2.58	0
室外总体（万 m²）	0	0	0	0	8.30	1.68
商业用房（万 m²）	0	0	0	1.3	0.81	0
机动停车位（台）	265	550	550	750	740	297
总投资（亿元）	4.50	7.94	5.50	13.53	15.00	11.80

在整个决策过程中，市政府始终从满足城市功能的角度出发，统筹规划，针对沈阳市文化产业的实际需求，结合辽宁省内相关场馆的配置情况，充分征求和吸纳市委、市人大、市政协、文化艺术系统专家的意见和建议，建设内容和标准经过了多次专题会议的充分探讨，方案确定后还组织专家进行了正式的评估论证。决策过程严谨、缜密、民主、公开。最后拟定的使用功能和建设内容能够切实满足沈阳市民对高雅文化艺术的需求，为辽宁省与国内外文化交流提供了硬件保障，填补了沈阳市文化基础产业建设空白。

3. 审批严格、程序严谨

根据建设内容和标准的变化，五里河公司积极组织修改《项目建议书》并及时对《可行性研究报告》进行相应调整。为了保证编制质量，通过公开招标择优选择具备工程咨询甲级的中建精诚工程咨询有限公司（以下简称中建精诚）负责具体编制工作和项目前期的经济分析、专项评估等工作。在方案的修改过程中，中建精诚提供了大量、精确的数据，对项目在技术上是否可行和经济上是否合理进行科学的分析和论证，为市政府进行投资决策提供了重要依据。《项目建议书》和《可行性研究报告》的编制依据充分，建设功能和内容符合市政府相关会议精神，编制内容完整齐全、符合《国家发展改革委、建设部关于印发建设项目经济评价方法与参数的通知》（发改投资〔2006〕1325号）、《投资项目可行性研究指南》等规定，满足国家关于编制深度的要求，能够为下步工作提供依据。在前期决策阶段，各项工作完全符合基本建设程序，立项决策方法科学，依据充分，程序合法。

市发展改革委分别对沈阳文化艺术中心《项目建议书》和《可行性研究报告》进行了批复。《项目建议书》和《可行性研究报告》的编制、修改、评估及送审等审批程序合法、合规。

4. 决策水平后评价

就沈阳文化艺术中心工程前期决策阶段相关资料以及后来工程建设和运营的实际情况看，艺术中心决策严谨、科学、合理。

16.4.3　项目准备工作后评价

1. 资金来源后评价

（1）完善的资金申请程序

五里河公司按照财政部关于印发《基本建设财务管理规定》的通知和沈阳市人民政府批转市发展改革委等 9 部门《关于政府投资建设项目管理办法的通知》（沈政发〔2013〕13 号）文件精神，依法、合理、及时筹集、使用建设资金。

根据艺术中心的建设规划，投资管理部会同公司各部门编制建设项目年度投资计划，经公司副总经理、总经理、董事长审签后，报沈阳市城乡建设委员会（以下简称市建委），市建委会同沈阳市发展改革委员会（以下简称发展改革委）和沈阳市财政局根据相关规章制度，审批项目的建设内容、投资、规模和标准，编制年度政府投资城建项目计划。

五里河公司每月定期召开资金使用计划会议，由项目管理公司编制工程产值报表，经五里河公司各部门研究确认后，报公司领导审签。由财务部严格按照基本建设程序、年度投资计划、工程完成产值、相关合同约定向市财政局申请建设资金。市财政局根据下达的年度城建计划、年度支出预算，项目建设进度，查看相关合同约定，现场实地核查工程进度后，按照财政专项资金管理等有关规定，及时拨付建设资金。通过国库集中支付系统将建设资金拨入五里河公司国库集中支付账户，严格做到专款专用，严格资金管理。

五里河公司按照相关要求，向市财政局、市建委等相关部门定期报送工程基本信息、工程进度报表及财务报表等，分析工程进度和资金使用情况，并随时接受市财政局、市建委、纪检监察、审计部门对建设资金的监督检查。

完善的资金申请流程和拨付流程，切实保障了工程的顺利进行，为艺术中心工程圆满竣工奠定了坚实的资金基础。

（2）建设资金拨付完全满足建设任务需求

五里河公司完全履行建设资金申请程序，公司各部门与项目管理公司紧密配合，科学管理，资金到位率满足艺术中心建设任务的需求，上报需求资金与实际到位资金对比如表 16.4-3 所示。

上报需求资金与实际到位资金对比表　　　　　　　　　　　　　表 16.4-3

序号	年度	计划投资额（万元）	实际到位资金（万元）	到位率	实际完成投资额（万元）	备注
1	2007	19000.00		—		
2	2008		1000.00		148.81	
3	2009	15000.00	15000.00	100%	1768.30	

续表

序号	年度	计划投资额（万元）	实际到位资金（万元）	到位率	实际完成投资额（万元）	备注
4	2010				5157.59	
5	2011	67150.00	25500.00	38%	18493.28	
6	2012	70000.00	37283.00	53%	31118.88	
7	2013	23200.00	23200.00	100%	42745.66	
8	2014	17971.00	12500.00	70%	12844.77	
9	2015				4443.86	
10			2886.77			地债利息
11		212321.00	117369.77	55%	116721.15	

根据相关数据显示，艺术中心实际到位资金控制在计划投资额以内，并满足实际完成投资需求。完全符合《基本建设财务管理规定》和《关于政府投资建设项目管理办法的通知》相关文件规定。

市财政局按照拨付流程分年度合理、有效地调度、管理城建资金，使有限的城建资金发挥最大的效益，做到了投资合理，拨付及时，确保了工程进度的顺利进行。

（3）使用地方债券资金的利与弊

《关于沈阳文化艺术中心初步设计及概算的批复》中"资金来源为项目概算投资125484万元，其中地方债券资金15000万元，其余为城建资金。"艺术中心实际资金来源与预计资金来源相符。但实际拨入的资金中含地方债券资金35000万元，其余为财政拨款，与原批复不符。

在艺术中心项目中使用的35000万元地方债券资金，从市财政局资金使用角度分析，发行地方债券资金一方面能有效缓解市财政局资金支出压力，及时下拨项目建设资金，保障资金需求，加快工程建设进度，促进城市文化业的发展；另一方面地方债券资金在艺术中心项目中的投入能发挥财政资金的引导和带动作用。通过财政投融资平台，吸引银行信贷和社会资金投入，有利于促进地方金融业的发展。但是一般地方债券利率比国债高一些，未来偿还地方债券的本金与利息还需要大笔资金。对于艺术中心工程上使用的35000万元地方债券资金所产生的2886.77万元利息，无疑增大了该项工程的成本。

2. 方案设计及初步设计后评价

剧场建筑作为城市文化的名片，其主体建筑将成为城市标志性建筑，其建筑风格成为方案设计中一个最需要慎重考虑的内容。方案设计在考虑剧场建筑风格的同时，与其实用功能的有机结合也是剧场建设中应十分注重的问题。既要在建筑风格上展现剧场"地域性、艺术性和突破性"那种不同凡响的视觉效果，又要力避"重建筑、轻功能"式的设计。本工程在方案设计阶段通过面向国际方案征集，最终选定德国奥尔＋韦伯＋建筑师建筑设计事务所、中国中元国际工程公司、沈阳市建筑设计单位三家联合设计的《沈阳文化艺术中心建筑设计方案》。

（1）方案设计指导思想

1）融入城市中的标志性建筑

"金廊"和"银带"周边有很多重要建筑，为了与这些建筑及各方向城市空间呼应，采用了无方向性建筑形态，使建筑形象在各角度城市界面均有统一完美地展现。

2）建筑与景观的融合

将建筑部分体量有机地融于自然景观，使建筑对自然景观和临水界面的影响达到最小，实现融于自然、享受自然的目的。规划的步行道路系统与自然景观交织成网状，城市交通与公园在这里合二为一。

3）浑河两岸的承接

从浑河大桥进出沈阳市区，艺术中心用这个简洁、独特的造型营造了新的城市界面，完成了浑河两岸城市空间的承转起合。

4）与周边景观、道路的交织

建筑向浑河方向建立一块过街平台，避免形成周边道路环绕的建筑"岛屿"，使从地铁、艺术中心出入的人流轻松逾越交通屏障到达河边，连通了艺术中心与浑河带状公园的景观与交通。

5）与沈阳城市文化契合的建筑形象

沈阳是著名古老的皇城，如果把浑河比作皇袍上的腰带，那么坐落在浑河岸边的艺术中心就好比腰带上的宝石，是整个城市形象的点睛之笔。这块镶嵌在自然草坪上的水晶，将成为浑河两岸及沿河带状景观联系的亮点。独特的建筑造型，人们从岸边、大桥、青年大街、二环路等各个方向眺望，其立面均呈现不同形态，如艺术一般，从每个角度观赏都有不同的感觉。

6）艺术交流的容器

公共空间的开放使得市民获得一处有丰富内容的集艺术鉴赏、文化消费、休闲交往、教育娱乐为一体的文化中心，给艺术未来的运作带来独特优势，拉近了市民休闲活动与文化活动的关系。

该方案将环境与艺术、市民休闲与文化活动有机地结合起来，其功能涵盖综合剧场、音乐厅和多功能厅，是国内最具代表性的文化建筑之一。

（2）初步设计

本工程初步设计及施工图设计通过公开招标选定国内从事剧场工程设计经验最为丰富的上海现代建筑设计有限公司承担，保证了设计主体的可靠性。设计单位在初步设计阶段重点从建筑、结构、舞台工艺、消防等各个角度进行认真分析、调研，确保设计质量，为后续施工图设计提供了充分依据，保证了设计的连续性及一致性。初步设计阶段除按照《建筑工程设计文件编制深度规定》展开设计外，又针对工程的特殊性组织了一系列论证及专项试验，确保初步设计的合理性及技术成熟性。

1）主要开展专家论证项目

①结构安全性能评价

艺术中心工程大跨度、大空间、大悬挑、不规则等结构体系的建设复杂程度、技术难度已超出国家现行规范的要求，需通过全国超限委员会专家的评审。2010年12月20日全国超限高层建筑工程抗震设防审查专家委员会对艺术中心组织超限高层抗震设计的专项审查，审查意见认为艺术中心结构设计安全、技术可行。

② 消防性能化论证

艺术中心工程建筑体量庞大、功能复杂，在消防设计上存在防火分区和防烟分区面积过大、疏散距离过长等无法满足现行规范要求的问题，需要运用消防性能化设计方法进行分析论证。本项目设计单位委托国内专业的消防咨询公司上海泰孚建筑安全咨询有限公司编制了《沈阳文化艺术中心工程消防性能化设计评估报告》并于2011年1月13日，由沈阳市消防局组织并通过消防性能化专家论证，保证了本项目消防安全。

③ 舞台灯光、音响方案论证

舞台灯光、音响技术发展较快，舞台灯光、音响设计方案及设备配置直接关系建成后使用效果。为充分评估本项目灯光、音响设计质量，五里河公司于方案设计完成后组织了国内灯光、音响权威专家对设计方案进行全面评估、论证，通过专家论证，进一步优化了设计方案、降低投资300余万元。

④ 工艺流线专家咨询

为保证艺术中心建成后各类人员及车辆使用达到最优效果，五里河公司聘请国家大剧院建设专家在初步设计阶段进行全程技术指导，专家从演员流线、观众流线、VIP流线、布景流线、车辆流线、检修流线等不同方面对建筑设计进行指导并提出宝贵意见，保证了项目实施的可靠性。

2）组织专项研究试验

本工程整体建筑无方向性，外幕墙为异形不规则玻璃幕墙，为验证极端情况下风荷载对建筑的影响，确保设计安全，设计单位于2010年10月组织了建筑风洞试验，提取了大量试验数据，为设计提供了有利计算依据。

本工程钢结构、混凝土结构属于超限结构形态，建设单位不仅组织全国超限高层建筑工程抗震设防审查专家委员会对艺术中心组织超限高层抗震设计的专项审查，还根据审查意见进一步组织钢结构整体模型试验、铸钢节点试验、铸钢节点与混凝土结构连接振动试验等专项试验，通过试验数据分析并进一步优化设计，确保施工图设计的可行性。

3）概算编制水平

设计单位原编制概算金额13.67亿元，审计局审定概算14.45亿元，审定金额较原编制金额超出0.8亿元，扣除管风琴、地债利息、方案设计费、维护能源费、土地解封费等后期增加概算外费用6332万元，实际审定概算仅较原编制概算增加1568万元，超概算比例仅为1.1%。在建设周期长、工程技术特别复杂的情况下，本工程概算编制项目相对完整、价格水平符合编制时期价格水平并适度考虑价格波动风险、工程量计算相对准确。但通过结算与原概算对比分析，也发现存在个别项目单价水平偏离市场价、个别项目工程量计算偏差较大的现象。

3. 招标投标后评价

（1）招标范围合法、合规

艺术中心项目严格遵守公开、公平、公正、诚实信用的原则，依法采用公开招标方式采购工程建设项目，重要设备根据市财政局要求通过政府采购择优选择供应商，招标程序合法、合规。

根据《招标投标法》和国家计委《工程建设项目招标范围和规模标准规定》（国家计委令第3号）的规定：勘察、设计、施工、监理以及与工程建设有关的重要设备、材料等的采购，如达到下列标准之一的，必须进行招标：

1）施工单项合同估算价在200万元人民币以上的。

2）重要设备、材料等货物的采购，单项合同估算价在100万元人民币以上的。

3）勘察、设计、监理等服务的采购，单项合同估算价在50万元人民币以上的。

4）单项合同估算价低于第1）、2）、3）项规定的标准，但项目总投资额在3000万元人民币以上的。

在本项目经市发展改革委批复的《可行性研究报告》中，关于招标工作批复，如表16.4-4所示。

招标基本情况信息统计表　　　　　　　　　　　表 16.4-4

类别	招标组织形式		招标方式		不采用招标方式	招标范围		招标估算金额（万元）	投标单位资质等级要求	拟划分标段（个）
	委托招标	自行招标	公开招标	邀请招标		全部招标	部分招标			
可研编制	√		√			√			甲级	
勘察	√		√			√			甲级	
设计	√		√			√			甲级	
监理	√		√			√			甲级	
建筑工程	√		√			√			一级	
安装工程	√		√			√			一级	
设备	√		√			√			一级	
重要材料	√		√			√			一级	

五里河公司严格遵照《招标投标法》《工程建设项目招标范围和规模标准规定》（国家计委令第3号）等相关法律规定和市发展改革委批复的《可行性研究报告》规定的招标范围组织招标工作。招标范围和中标单位资质等级均符合相关规定。

艺术中心工程共发布招标公告81次（含政府采购发布招标公告27次），成功招标42项，发出中标通知书42份（含政府采购8份），通过招标选定承包单位并签订合同金额

131441 万元，其中施工类合同占 15 份，合同金额 114952 万元；采购类合同占 11 份，合同金额 9901 万元；服务类合同占 14 份，合同金额 6588 万元；剩余 2 份招标项目含在施工总承包单位承包范围内，由五里河公司与总承包单位共同作为招标人组织招标，由总承包单位与中标人签订合同。通过公开招标选定的中标单位均为行业内业绩突出、经验丰富、综合能力较强的企业，充分保障了工程建设的顺利进行，提高了工程项目的社会效益和影响。

（2）招标程序公开、公正

本项目招标组织形式依法采用委托招标方式，即委托具有相应资质的中介机构代理招标。本项目招标代理公司为沈阳志诚招标公司（以下简称志诚招标公司），志诚招标公司是具备工程招标代理及政府采购代理甲级资质的招标代理机构，同时又具备丰富的大型建设项目的招标代理工作经验，在组织招标工作过程中严格遵守招标纪律和工作原则，并提出了非常专业化的意见和建议。

本项目的招标方式为公开招标。在程序方面，招标中严格执行推荐投标人、评标、定标"三分离"原则。每次组织招标工作均邀请市发展改革委招标投标监管部门监督整个招标过程。通过公开招标，在较广的范围内择优选择信誉良好、技术过硬、具有专业特长及经验丰富的设计单位、监理公司、施工企业和生产供应商，从而保证了工程的质量，降低工程造价，杜绝了劣质产品通过非正常渠道流入，预防了职业犯罪的发生，且从未发生投标人投诉事件。

为了保证工程招标的公开、公正，规范招标投标活动，加强对招标投标活动的监督管理，五里河公司组织项目管理公司根据多年大型场馆类项目管理经验，并结合本项目实际特点，组织编制了《沈阳文化艺术中心项目管理手册》，其中制定了详细的招标投标工作程序和招标文件审批流程，通过严细管理有效地保证了招标质量。

（3）招标团队优秀、专业

优秀的工程培养优秀的人才，艺术中心招标管理团队的各个成员均在本项目的建设过程中作出了巨大的贡献，同时也收获了珍贵的经验和荣誉。沈阳文化艺术中心工程建设规模大、结构复杂、施工难度大、专业技术性强，招标项目多，对工期和造价控制的要求较高，招标工作量巨大。为了做好本项目招标工作，根据《沈阳文化艺术中心项目管理手册》相关要求，由招标代理公司、五里河公司、项目管理公司、沈阳隆安律师事务所共同组织专业人员，成立招标小组具体负责招标文件编制工作。

每次招标前均由项目管理公司组织经验丰富的专业工程师和造价工程师对招标图纸和工程量清单进行详细的审核，在招标文件中对设计深度不满足要求的工程量清单，在编写工程技术要求时进行明确和补充。每个招标文件从招标文件、评标办法、合同条款、工作界面划分、违约条款设定等方面均由招标小组充分讨论通过，招标文件发售前严格执行招标文件审批制度。

剧场项目的难点在于通过合理的舞台机械设计满足使用功能和如何保证厅堂的建筑声学、灯光及音响效果。项目管理公司具有丰富的剧场项目建设经验，通过组织对国内外多个剧场进行实地考核，充分了解了剧场项目的特点和难点，并研究确定本项目招标控制的重点内容。通过组织专家论证和中标单位的深化设计完善了设计的不足，优化了资源配置，节约了工程造价。

本项目招标工作量巨大且工期紧张，为了保证整体工期要求，招标小组根据本工程特点经过充分讨论确定了合理的工期要求，并针对每项工作单独划分了节点工期，有效地保证了整体工期的实现。由于舞台工艺系统专业性较强，为了保证招标质量，招标小组在招标前进行了大量的市场调研和分析，同时还咨询行业内专家针对本工程实际特点进行充分的论证。在做了大量的基础工作后，根据工程特点组织编写招标文件、合同条款。建成的艺术中心通过了声学、光学性能的各项检测，检测结果均符合设计要求，满足演出要求。同时艺术中心竣工时还针对舞台机械、灯光、音响、管风琴专门组织各行业内的权威专家成立验收小组进行专项验收，验收小组对本工程也给予了高度的好评。

（4）招标控制价编制水平高

为了有效利用国有资金，并依据《辽宁省建设工程招标控制价管理规定》和《建设工程工程量清单计价规范》等法规的规定，对实行工程量清单招标的项目设定投标最高限价即招标控制价，投标报价高于招标控制价的按废标处理。

在发售招标文件前，根据项目特点和招标要求，招标小组专门组织编制了施工组织设计，施工组织设计深度已达到指导施工的要求，根据完善的施工组织设计再编制招标控制价，招标控制价经沈阳市基本建设工程预决算审核中心审定后公布。

本项目共编制并发布招标控制价 21 项（不含政府采购），预算总金额 128273.51 万元。中标总金额 119254.01 万元，节约建设资金 9019.5 万元（节约比例 7.03%），确保了国有资金的有效利用，项目资金控制，如表 16.4-5 所示。

项目资金控制信息表 表 16.4-5

序号	招标项目名称	招标控制价（万元）	中标金额（万元）	节约投资（万元）	节约比（%）
1	大剧场舞台机械	6828.60	5028.81	1799.80	26.36
2	桩基础	2868.95	2678.02	190.93	6.65
3	多功能厅及音乐厅舞台机械	5166.00	4018.00	1148.00	22.22
4	电梯设备采购与安装	1454.63	1260.00	194.63	13.38
5	施工总承包	40795.84	40258.89	536.96	1.32
6	钢结构	22594.29	20311.12	2283.18	10.11
7	舞台灯光设备采购与安装	2684.00	2158.00	526.00	19.60
8	舞台音响设备采购与安装	2411.00	2165.69	245.31	10.17
9	大剧场、音乐厅座椅采购及安装	793.24	669.23	124.01	15.63
10	消防	2696.67	2599.85	96.82	3.59

续表

序号	招标项目名称	招标控制价（万元）	中标金额（万元）	节约投资（万元）	节约比（%）
11	幕墙	18522.00	18473.70	48.30	0.26
12	智能化	2996.60	2588.68	407.92	13.61
13	精装修（一标段）	4455.80	4250.48	205.32	4.61
14	精装修（二标段）	6711.67	5995.98	715.69	10.66
15	精装修（三标段）	5703.22	5268.23	434.99	7.63
16	室外配套	1232.14	1228.51	3.63	0.29
17	标识	126.30	95.34	30.96	24.51
18	滤波器采购	104.33	80.99	23.34	22.37
19	灯具采购	83.58	80.55	3.03	3.62
20	灯具采购（第二批次）	35.14	34.63	0.50	1.43
21	节能检测	9.50	9.30	0.20	2.11
22	合计	128273.51	119254.01	9019.50	7.03

（5）招标工作小结

从各项招标工作综合分析，本工程各项招标工作均合法、合规、合程序，遵循公正、公开和诚实信用原则，无地区、部门、行业的限制，无排斥或限制潜在投标人的行为。招标文件条款设定合情合理，招标程序公开公正，招标工作组织严密，工程工期设定合理，招标控制价编制水平较高，工程投资定价准确，通过充分的市场竞争有效地利用了国有资金。中标单位业绩、信誉、技术实力较强，招标投标过程规范，无暗箱操作行为，无投标人投诉情况。中标单位均及时签订了合同，但也存在一些不足。

1）政府采购效率较低，一定程度上影响了工程总体进度

根据市财政局要求，本项目设备采购类招标采用政府采购的方式组织进行。由于采用分期付款方式对供应商要求较高，导致多次流标。如管风琴招标项目，先后共组织了5次招标，第1次发布招标公告的时间为2011年10月底，第5次开标时间为2012年10月底，历时1年。其他设备如水泵、冷却塔、直燃机等采购项目的招标时间也均持续7个月之久。政府采购一定程度上影响了工程总体进度。

2）由于工程结构极为复杂，在工程实施过程中对部分招标清单项目进行调整，导致部分招标项目的结算价款超过中标金额。

本工程建设期不足3年。为了保证总体建设工期，部分招标项目在满足招标条件的情况下马上组织招标工作。但由于本工程结构极为复杂，属超高、超限建筑，国内没有可借鉴项目，施工技术难度较大，在工程实施过程中，逐渐发现采用常规的方式不能满足结构和施工安全等需要。因此，通过组织行业内权威专家充分论证后，对部分招标清单项目进行了调整，导致部分招标项目的结算金额超过中标金额、超过工程概算。

本项目体量较大，专业施工队较多，为了满足总体建设工期，在建设高峰期出现大量的交叉施工现象，为施工现场各项管理工作增加难度。同时，由于北方冬季时间较长，只能通过采取组织冬季施工的方式满足总体工期的要求，但因此却增加了工程投资。因此在今后的建设过程中，建议根据项目特点确定合理的建设工期，对于结构复杂技术难度高的建设项目，应在技术储备充足、试验研究和论证充分、各方面因素考虑周全后组织招标工作，更有利于工程建设的实施管理和投资管理。

4. 开工准备后评价

（1）工程项目有明确的指导思想

1）建设目标

确保"鲁班奖""詹天佑奖"。

2）指导思想

追求完美、打造品牌、质量创优、管理创新、投资创省。

3）施工管理指导思想

主体做优、装修做精、机电做细、整体至极。

4）项目管理工作原则

监督与指导相结合、网格与专业管理相结合、检查与验收相结合。

（2）代建制成果显著

根据沈阳市人民政府关于艺术中心工程建设工作的相关文件及指示精神，市委、市政府确定市国资委为艺术中心工程的项目法人，市国资委授权五里河公司为项目代建单位，负责组织建设项目的可行性研究、设计、采购、施工、竣工、移交等工作。

五里河公司实行董事会领导下的董事长、总经理负责制；设董事会、监事会、董事长、总经理、副总经理；公司设工程部、财务部、投资管理部、综合部四个职能部门，项目代建单位组织机构设置合理、职责明确，项目代建人员水平高，出色地完成了项目法人单位交予的任务。

（3）履行基本建设程序，采用绿色建筑设计

本工程严格履行基本建设程序，在工程开工前，办理并经审批通过了项目建议书、环境影响评价报告、节能报告、可行性研究报告、初步设计、建设项目选址意见书、建设工程消防设计、坐标测量回执、BM 点测量、土地勘测定界技术报告书、建设用地规划许可证、国有建设用地划拨决定书、国有土地使用证、建设工程规划许可证、建筑工程施工许可证、建筑工程施工图审查备案证书、建筑工程质量、安全监督手续等文件，建设资金已到位。

项目前期为了达到绿色建筑效果，组织专家论证，对冰制冷、浑河水利用、收集雨水、采用光伏玻璃幕墙、真空玻璃幕墙、声学等进行了专项研究。最终设计采用了浮筑楼板、隔声门、吸声板、降噪板、溴化锂直燃机、低温地板辐射技术、轻集料混凝土小型空心砌块、双中空双 Low-E 钢化夹胶玻璃幕墙、泡沫混凝土保温板、LED 光源等绿色建筑设计。

节地方面，由于建设地块总面积由 223952m² 缩减至 70344m²，因此结构设计采用将音乐厅竖向叠加在综合剧场上，节约了用地面积，但是给结构设计带来了不便，设计单位采用了缓粘结预应力结构体系，该体系在国内建筑工程中首次应用，为今后设计缓粘结预应力结构工程提供了参考。

（4）施工现场准备充分

项目开工前编制了项目管理手册，明确了项目的建设目标、项目审批的工作流程、投资管理制度、招标管理制度、政府采购管理制度、预算管理制度、合同管理制度等 18 项工程管理制度；使建设管理有章、有序、高效、系统、全面地开展，为艺术中心的顺利完成奠定了基础。

项目管理机构（含监理机构）如期进场，管理、监理人员到位，并编制完成了项目管理策划、项目管理实施细则、项目建设总控进度计划、项目监理规划、监理实施细则；组织了图纸会审、设计交底；开展了水准点、坐标点移交工作。

现场完成了房屋拆迁、排迁、移书、七通一平工作；施工组织设计通过总监理工程师审批，施工单位建立了现场质量、安全生产管理体系，施工管理人员到位，施工机械具备使用条件，主要工程材料已落实；施工单位企业资质、营业执照、安全生产许可证、项目经理、技术负责人、安全员、质检员、特种作业人员等资格证书均经审批合格；开工报告已报审，开工条件附件齐全；满足《辽宁省建筑工程施工许可管理实施细则》规定，具备开工条件。

16.4.4 项目建设实施后评价

1. 合同执行与管理后评价

（1）合同来源合理合法

本项目为大型公共建筑，根据《招标投标法》和国家计委《工程建设项目招标范围和规模标准规定》（国家计委令第 3 号）的规定：勘察、设计、施工、监理以及与工程建设有关的重要设备、材料等的采购在达到一定规模时必须组织公开招标。五里河公司严格执行相关规定，通过公开招标选定承包单位。本工程共签订各类合同共 104 份，合同签约总金额为：133695 万元，其中施工类合同 32 份，合同金额 115605 万元；采购类合同 11 份，合同金额 9901 万元；服务类合同 41 份，合同金额 8189 万元；无标的额的服务协议 20 份，具体比例如图 16.4-1 所示。

通过招标签订合同 40 份，签约合同金额 131441 万元。通过直接委托签订合同 64 项，签约合同额 2236 万元，其中 20 项合同无标的额。具体比例如图 16.4-2 所示。

通过直接委托签订合同 64 份，20 份无合同金额，17 份为施工类合同，合同金额 652 万元，服务类合同 27 份，金额 1583 万元。具体比例如图 16.4-3 所示。

上述部分合同采用直接委托方式，原因分析如表 16.4-6 所示。

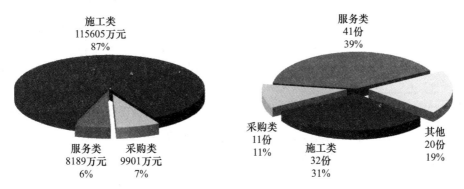

图 16.4-1　项目不同类型合同分类情况占比分布图

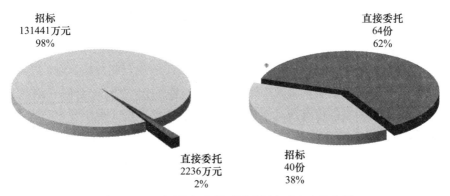

图 16.4-2　项目签订合同不同委托方式占比分布图

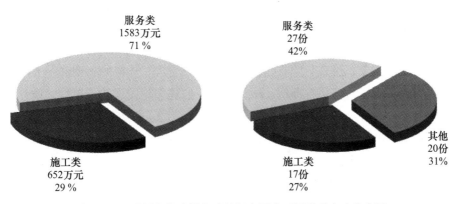

图 16.4-3　采用直接委托方式签订合同中不同类型占比分布图

部分合同采用直接委托原因分析表

表 16.4-6

序号	委托原因	合同数量	备注
1	属特种行业，合同来源单一，不具备招标条件，如给水、电力、燃气外线、有线电视外线	19 份	合同来源单一
2	必须委托原产权单位负责，如军用电缆迁移、排水管线迁移、树木迁移等	6 份	合同来源单一

续表

序号	委托原因	合同数量	备注
3	根据审批要求，合同来源单一，如环境影响报告评估、城建档案技术咨询	4份	政府职能部门审批要求
4	标的额较小，并且时间紧迫，如北侧围挡施工、临建绿化施工、排水管线迁移方案论证、冷热源方案论证等	6份	未达到法定招标规模
5	由于技术性较强，符合条件的单位唯一，不具备招标条件，如钢屋盖结构关键节点试验、钢屋盖结构整体模型试验、预应力混凝土斜交梁柱空间框架节点抗震性能试验、抗震设防专项技术论证	4份	合同来源单一
6	招标失败（施工图审查）	1份	两次请示发展改革委
7	续签合同（法律顾问）	2份	
8	根据工程审计需要，经市审计局与市财政局、市建委协调，选用辽宁公信为结算审核单位	1份	

在建设过程中，五里河公司能够严格按照相关法律的规定实行招标制，招标项目和范围符合招标法及市发展改革委批复的《可行性研究报告》中的规定，合同来源合法、合规。部分合同由于诸多原因虽然没有履行招标程序，但也严格执行《沈阳文化艺术中心项目管理手册》（以下简称《管理手册》）中规定的合同签订程序，选定的承包单位在资质、业绩、经验、信誉、技术实力等各方面均位于行业内领先地位，完全满足工程需要，且合同金额均低于按照相关取费标准计算的金额。

（2）合同签订程序合理

五里河公司在工程建设过程中严格履行基本建设程序，依据《招标投标法》《合同法》等法律、法规加强合同管理。为规范艺术中心工程建设过程中的各项管理工作，科学研究，认真组织，依法管理，五里河公司编制了《管理手册》，确定了"监督与指导相结合、网络与专业管理相结合、检查与验收相结合"的项目管理工作原则，明确了五里河公司的组织机构，明确了五里河公司各部门、项目管理（监理）单位、造价单位、设计单位的职责，制定了各项行之有效的财务管理制度，行政管理制度，工程管理制度（包括投资管理制度、招标管理制度、合同管理制度、设计管理制度、签证管理制度、档案管理制度等）并分别制定了详细的审批流程，确保各项制度能够得到落实，确保政府投资项目的顺利实施，严格控制项目投资，充分发挥政府投资效益。

由于本项目具有建筑功能独特、体型复杂、涉及专业多、技术专业性强、投资额大等特点，并且本项目实际建设期短，可借鉴类似工程经验极少，合同数量多、标的额大、履约时间长。因此为保证项目的顺利实施，通过公开招标的方式确定了由项目管理公司作为本项目管理单位。项目管理公司具有丰富的大型公建项目、剧场项目合同管理经验，在五里河公司的领导下，配合五里河公司各部门全面实施工程招标、合同管理、造价控制等项目管理工作。

为加强合同管理，五里河公司聘请了北京隆安律师事务所沈阳分所作为常年合作的法律顾问单位，协助五里河公司负责合同的起草、审查、签订等工作，在保证合同合法性、有效性的前提下，最大限度地防范了合同签订和履行过程中的法律风险，充分维护了五里河公司的合法权益。同时，项目管理公司还制定了一套完整的合同管理制度，包括合同的审批、合同履行的跟踪管理及合同的归档管理等方面的程序及制度，并严格按照各项程序及制度执行，从而保证能够及时、准确地了解和掌握各种合同的签订及履行情况，达到了合同履约率 100% 的管理目标。

为了保证合同签订的严密性，规范合同管理制度，加强对合同签订的监督管理，在《管理手册》中制定了详细的合同订立程序。

在合同审批阶段，各部门负责人对合同条款逐条校对，确保符合招标文件相关规定和满足工程建设的需要，对存在问题的条款拾遗补缺，及时提出调整意见。法律顾问以法律、法规为准绳，确保合同的公正性、合法性，充分保障合同双方的正当利益。

在合同签订阶段，为了规范化管理，由法律顾问对合同进行统一编号，并按施工类合同、勘察设计类合同、设备采购类合同对合同封皮设计不同的样式。合同签订盖章必须具备如下条件：

1）中标通知书已正式发布。

2）合同呈批表办理完成、合同文本已按各部门意见调整完成。

3）签约合同版本与调整完成的合同呈批版本一致。

4）合同双方已确认合同条款，并在合同文本上签字盖章。

5）合同对方已按招标文件约定提交履约担保，履约担保已由法律顾问和财务部门审查通过。

合同签订后，由法律顾问负责合同文本的归档和分发，并登记台账和签发记录。为了方便各部门和单位对合同的执行情况进行监督管理，合同文本除发给合同乙方外，五里河公司各部门均留存一份、项目管理公司留存一份，法律顾问留存一份。项目管理公司与法律顾问及时沟通并更新各自登记的合同台账。合同档案管理规范。

通过制定严格细致的合同管理制度，明确了合同管理责任主体，制定了合法合理的管理程序，保证了合同履约率和时效性。在合同管理制度的约束下，各部门及相关合同管理人员严格执行相关程序，按章办事，承包单位自觉履行合同约定的义务，保证了工程的顺利竣工。在本项目的建设过程中，五里河公司通过严格细致管理，有效地提高了合同管理工作效率和工作质量。

（3）合同变更控制严格

根据《中华人民共和国招标投标法实施条例》第五十七条规定："招标人和中标人应当依照招标投标法和本条例的规定签订书面合同，合同的标的、价款、质量、履行期限等主要条款应当与招标文件和中标人的投标文件的内容一致。招标人和中标人不得再行订立背离合同实质性内容的其他协议。"为了做好合同管理工作，在招标阶段五里河公司就组织招标小组研究确定了主要合同内容，形成了完整的合同条款，合同签约时严格依照招标文件约定的合同条款签订。

在合同执行过程中，五里河公司严格控制合同的变更，针对确实发生变更的合同，本着实事求是的原则，五里河公司与承包单位签订了补充协议，对原合同进行了补充和修改。本项目共签订补充协议13份，签订原因主要如下：

1）由于设计方案变化，导致项目投资额、建设规模及工程主要结构、体系、主要功能均发生变化，根据原合同相关约定签订补充协议：如项目管理（含工程监理）服务合同、前期咨询合同、工程设计合同、环境影响评价技术服务合同。

2）根据工程实际需要，对原合同部分条款进行调整（设备数量、规格，服务期限等）：如试验桩（施工、检测）及工程桩桩基检测合同、电梯采购及安装合同、桩基础工程施工合同、用电维护协议、水泵设备采购及空调设备采购（政府采购合同）、造价咨询合同、预应力检测合同。

本项目合同变更程序合理，严格按照《管理手册》的规定办理；变更原因清晰、合理且事实确凿；变更依据充分，均根据原合同相关条款执行；变更内容约定明确，无争议。

（4）履约及时充分

工程管理的核心是合同管理，即按建设单位与承包商签订的合同文件规定对工程项目的进度、质量、投资进行控制和管理。另外包括为了工作顺利开展而进行的合同信息管理。合同管理是一项严谨、细致的工作，在本项目建设过程中，合同管理人员以高度负责的工作态度，严格执行合同管理制度，将管理工作做细、做实。通过规范化管理减少合同履行中的纠纷、争端、降低了合同履行风险。

为了确保合同履约率，督促承包单位自觉履行合同约定的义务，五里河公司以合同条款为依据，严格要求承包单位履行合同。本项目采取了合理的管理措施，保证合同履约率，具体如下：

1）五里河公司委托了专门的法律顾问，从招标环节开始介入直至合同履行完毕，全过程负责合同法律问题，既确保了合同签订过程的合规性，又利于提高合同履行阶段的规范性、减少合同履行中的纠纷、争端、降低了合同执行风险。

2）鉴于合同管理涉及质量、进度、验收、计量等环节，涉及面广、系统性强。五里河公司、项目管理公司结合各岗位管理职责，建立健全了合同管理流程，明确各岗位人员所承担的合同管理责任以及相互之间的工作界面、工作接口等，为合同全面高效履行奠定了基础。同时针对施工合同、采购合同及工程服务合同的特点及差异，采取了差异性的合同管理措施和支付审核流程，使合同管理工作更加具有针对性。

3）签署合同后，按合同交底制度向合同执行期间所涉及的岗位人员进行系统全面的交底，明确合同履行重点以及合同履行期间的重点关注问题等，建立合同交底制度，以促进合同全面有效地履行。

4）在合同执行过程中，严格监督合同履行程度，对合同履行存在偏差的项目及时发文督促承包单位加大资源投入，保证节点工期、工程质量等要求。

5）施工承包合同专用条款约定施工总承包可分包或建设单位指定分包的部分工程，施工总承包单位与分包人签订分包合同。非经建设单位同意，施工总承包单位不得将承包工程的任何部分分包。施工总承包合同同时约定工程分包不能解除施工总承包单位的任何责任与义务，且应在分包场地派驻相应管理人员，保证分包合同的履行；分包人的任何违约行为或疏忽导致工程损害或给建设单位造成损失，总包施工单位承担连带责任。

6）规范合同档案管理，建立合同管理台账，并对合同管理台账实施动态管理、使之全面真实地反映合同履行情况，按月编制合同管理报告、定期分析评估各月度合同履行过程中存在的问题、原因等，以此商定针对性的解决措施。

7）根据实际施工进度及合同约定，按月以合同项为基础编制月度支付计划，明确各月度使用的资金额度，为沈阳市财政部门及时安排建设资金提供计划与依据，从而确保了建设资金能够按照计划逐步到位。

8）延续执行早期工程建设期间创立的合同执行情况白皮书制度，定期总结、分析并报告合同履行情况，及时掌握各项合同的执行情况，对发现的问题及时采取合理措施进行纠偏，提高了合同管理效率。

总之，本项目合同来源合理、合法；制定了详细的合同管理制度；合同管理程序合理且能够得到很好的执行，合同管理严密；合同条款设定合理、合法，能够结合大型剧场特点，针对性较强；变更控制严格；承包单位履约意识强，均认真、全面、及时地履行合同义务；所有合同都得到全面、高效地履行，没有发生合同价款支付不及时、拖欠工程款等问题，合同履行过程中没有发生一起争议或诉讼。

2. 勘察设计后评价

（1）勘察工作后评价

本项目基地是污水处理厂旧址，南临浑河、北临二环、东临五爱隧道、西临地铁二号线。地质情况复杂，地质勘查工作尤为重要。建设单位通过公开招标方式选定了具有丰富经验的勘察单位。勘察单位按照规范及建设单位要求对基地地质情况进行了详细勘察。通过勘察，提供了场地地形地貌特征及各层承载力数值、提出了拟用桩型及其持力层、提出了基坑开挖防护措施、提出了地下水水位高度并判定地下水对钢筋混凝土是否腐蚀、给出了抗震烈度建议值及冻土深度等有价值的参数，保证了工程设计尤其是施工图设计的顺利实施。

在桩基础工程施工期间，除原有地表浅层中已知污水处理厂基础外，未发现异常地质情况，工程桩及支护桩施工顺利。

通过勘察，探明本工程基地范围内有大量优质中砂、砾砂等混砂，作为大宗建筑材料，此项资源可以充分利用。五里河公司根据探明储量，通过与混凝土供应商充分洽商，确定将基地范围内混砂以置换商品混凝土形式用于本项目建设，节约建设资金 79.59 万元，审计机关审定实际勘察费 76.43 万元，通过混砂置换可以看出节约的建设资金高于实际发生勘察费，充分体现了勘查工作的成效。

（2）施工图设计后评价

艺术中心施工图设计单位为上海建筑设计研究院有限公司（以下简称上海院），严格贯彻五里河公司提出"高水平设计"要求和"功能齐全、配套齐全、技术先进、设施一流"的设计理念，在初步设计的功能基础上，进行了施工图设计。施工图设计科学合理。以下将重点对艺术中心施工图设计中最具特色的混凝土结构、钢结构、建筑声学设计、建筑室内装饰设计进行评价。

1）混凝土结构难度达到国内顶级水平

艺术中心建筑设计方案中，音乐厅为竖向垒加、悬挑在综合剧场上空。音乐厅建筑模型，如图16.4-4所示。

图16.4-4　项目音乐厅建筑模型图

为了实现设计方案，上海院在五里河公司的精心组织下，通过结构超限审查、多轮反复计算验证、采用建筑信息模型BIM技术等技术手段，最终通过采用超大截面混凝土梁＋缓粘结预应力＋低氯离子混凝土设计及施工技术，解决了设计方案中音乐厅悬挑＋悬挂不规则的钢筋混凝土复杂空间结构的技术难题；实现了综合剧场与音乐厅竖向叠加的完美组合。音乐厅最大悬挑投影跨度为22.8m，且悬挑部分上倾斜角度为13°，悬挑面积达970m²，此设计目前为剧场建筑的首创，也是目前国内悬挑面积最大的悬挑混凝土构件，结构设计难度达到了国内顶尖水平，剖面图如图16.4-5所示。

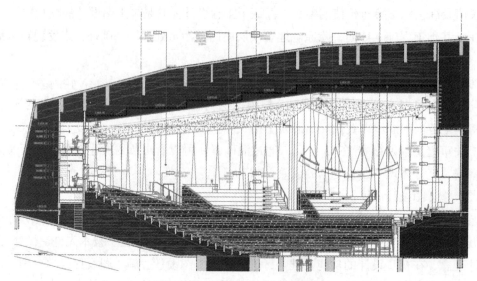

图16.4-5　项目音乐厅建筑剖面图

2）钢结构体系国内首创

艺术中心整体建筑外围护结构的支撑体系——主体钢结构设计采用了大跨度、非常态、无序、单层网壳空间结构体系，钢屋盖外形尺寸为 179m×112m×60m，完全通过埋件及铸钢节点与混凝土结构连接支撑，首次实现在大型不规则单层网壳空间结构内部不设支撑柱。钢结构主节点设计采用了大量的大型铸钢节点，并通过 10：1 缩尺整体模型试验，验证了设计技术参数；从而解决了钢结构多杆件相贯线焊接的技术难点，同时也最大限度地保证了工程设计的结构质量安全。铸钢节点构造复杂，外形尺寸大，重量较重。其中最大的铸钢节点外形尺寸为 11.74m×5.06m×3.14m，壁厚最大处达 120mm，质量（重量）达 103t，属特殊超大超重节点，为目前国内建筑工程中设计、施工的最大铸钢节点，如图 16.4-6 所示。

图 16.4-6　项目钢结构最大铸钢节点图

施工图完成后，通过 10：1 缩尺整体模型试验进行分析，建设单位又进一步优化了 7 个钢结构面内次杆件，并降低造价约 200 万元，使施工图更加合理。

3）完美的建筑声学设计

艺术中心建筑声学设计顾问［上海现代建筑设计（集团）有限公司章奎生声学设计研究所］对建筑声学设计根据建筑隔声，吸声及声扩散反射等不同声学要求、装饰要求及防火阻燃要求，通过优选建筑声学材料［面密度≥30～50kg/m²GRG 板，不同厚度的 KT 板、FC 板、石膏板，穿孔板（木穿孔、金属穿孔），阻燃织物软包、硬包、岩棉板、吸声喷涂等］和噪声与振动控制材料［容重需不小于 800kg/m³ 的加气混凝土砌块，工程设备和空调系统减振和消声采用减振器（弹簧减振器、橡胶减振器、弹性吊钩、弹性支撑等）；空调系统消声（消声器、消声弯头、静压箱），隔声门］。

在建筑声学施工之前，建筑声学设计顾问进行了专项设计交底，装饰施工完成后，通过 2014 年测试演出（多功能厅 4 月 29 日、综合剧场 9 月 19 日、音乐厅 10 月 1 日），测试演出期间进行了声学检测，检测结果验证了 3 个厅堂的声学设计技术指标和施工质量完全符合现行国家、行业规范的要求和演出的需求。尤其是音乐厅的实际声学指标达到甚至超过国内先进水平，受到中国国家交响乐团、著名钢琴演奏家李云迪等国内知名艺术团体和艺术家的一致好评。

4）建筑室内装饰设计

艺术中心多功能厅、综合剧场室内装饰设计采用现代建筑美学和沈阳的传统古典艺术相结合。多功能厅观众厅两侧采用仿皮植物硬包装饰板，后侧采用沈阳故宫饰面造型的木质穿孔板，既满足了声学反射和吸声的需求，同时质感鲜明、典雅大方；综合剧场装饰设计风格取自沈阳浑河，饰面板和座椅面料的颜色取自沈阳故宫城门的色调，整个厅堂气势磅礴、宏伟壮观；音乐厅舞台上方设置"浮云"式反射板，四周墙面采用香槟金色木饰面板，天花采用表面带三角形机理的装饰板且造型如同数鹰展翅，属罕见的音乐殿堂。

5）科学合理的冷热源体系

沈阳地处东北，冬季严寒、夏季凉爽、春秋季时间短且温度变化较大。剧场运行不同于办公场所，有其独特规律，要求冷热源供应时间可控、室内温度调节可控、有利于节能环保。结合上述特点及要求，建设单位组织设计单位多方案比选、充分论证，最终在市政热网＋冷水机组、冷水机组＋燃气锅炉、燃气溴化锂直燃机、燃油溴化锂直燃机四个冷热源供应方案中择优选择了燃气溴化锂直燃机方案。该方案具有一次性建设费用低、运行时间可控、温度可控、节能环保等优点。通过一年的实际运行测算，本方案冷热源费用消耗仅为传统市政热网＋冷水机组费用的 50%，值得推广应用。

6）BIM 设计节约投资

本项目不仅结构体系复杂，机电安装工程同样具有专业种类多、技术要求复杂的特点。本着优化管线排列、合理利用空间、节约建设资金的目的，建设单位果断采用 BIM 技术。在设计单位牵头组织、施工总承包单位具体负责、各参建单位协同配合的情况下，有效地将 BIM 技术充分应用到工程实施中。通过 BIM 技术应用，各层平面空间更加合理、多工种管线走向更加优化，并减少了施工期间的协调工作量，最终机电安装工程实现节约投资 800 余万元的良好效果。

7）完善的深化设计制度

本项目属大型公共建筑，舞台机械、灯光、音响及建筑幕墙、钢结构、智能化等专业因涉及特定专业设备、主要节点做法等会根据中标企业不同而不同，这就需要中标企业在中标后根据自身投标时所选用设备参数、企业技术优势等进一步完善原施工图，以达到可以满足现场施工的要求。针对深化设计特点，项目管理公司编制了详细的深化设计制度，以控制深化设计质量、保证深化设计后投资不超中标价，深化设计审核流程如图 16.4-7 所示。

综上所述，艺术中心施工图设计管理，通过采取从源头强化设计管理，积极协调建筑设计与机电、装饰专业设计的关系；采用设计驻地代表制度、以视频会、专题会议的形式及时处理施工中遇到的问题，不仅保证了施工图纸出图质量和设计深度，同时最大限度地减少了设计变更，为项目投资目标、进度目标的实现提供了支撑，夯实了基础。

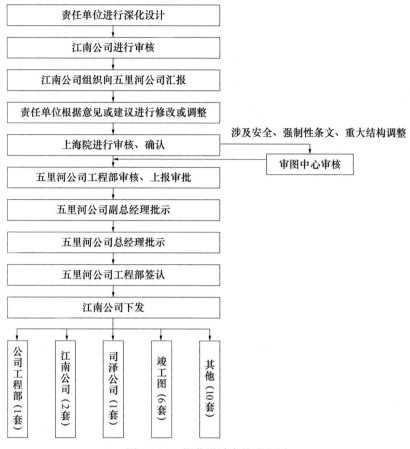

图 16.4-7　深化设计审核流程图

现场施工期间未发生重大设计变更，未出现停工待图等现象。通过严格的施工图设计管理，施工图预算也达到了较高的水平，依据施工图预算作为招标控制价顺利完成了相关施工单位的招标工作。

3. 工程质量控制后评价

（1）完成工程质量创优目标

工程经批复后，建设单位明确工程质量目标：确保"鲁班奖"。针对高标准的质量目标，建设单位、监理单位制定了严格的质量管理制度并在工程全过程贯彻执行。通过原材料源头把控、方案审查、样板间引路等质量控制手段，项目实现最初制定的质量目标，并荣获 2015 年度"鲁班奖"。

重点质量控制方法举例：本项目综合剧场主台区域高大模板支撑体系采用军用梁军用墩组合搭设的转换平台（属于非建筑工程的模板支撑系统）保证了搭设高度为 57.5m 的台塔顶板的混凝土梁板施工质量和施工安全。剧场主台区域高大模板支撑施工安全监理工作如下：

1）模板支撑方案选择及专家论证

综合剧场主舞台区域自台仓底板（-19.5m 标高）至主舞台上空 38m 标高楼板的垂直

距离达 57.5m，其模板支撑体系施工是本项目的重大危险源之一。该模板支撑施工之前，施工总承包单位经过钢管扣件式满堂支撑架方案设计、计算、评审，以及市场调查和技术研究，最终对 38m 标高楼板模板支撑体系采用八三式铁路轻型军用桥墩（竖向支撑）和六四式铁路军用梁（水平支撑）搭设的转换平台及碗扣式脚手架组合支撑体系。

督促施工总承包单位按照《危险性较大的分部分项工程安全管理办法》（建质〔2009〕87 号）要求，并考虑模板支撑架体的施工难度及其特殊性，为保证施工安全，组织省级以上专家对模板支撑方案进行了论证。

2）转换平台竖向支撑安装安全监理

① 竖向支墩底部安装质量控制

转换平台的竖向支撑由四组相同的竖向支墩组成，每组竖向支墩底部的水平军用墩大样如图 16.4-8 所示。

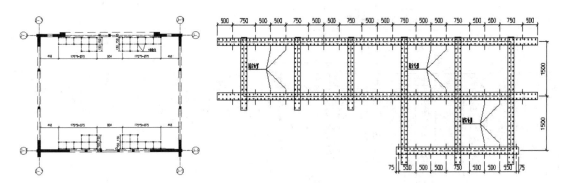

图 16.4-8　台仓底板—转换平台之间支墩平面布置图及竖向支撑底部军用墩大样图

方案中支墩底部的构造为水平安装军用墩，并采用植筋、抱箍的工艺与台仓底板固定。在方案实施过程中总包施工单位考虑植筋可能会导致台仓底板渗水，采用混凝土对支墩底部的部分水平军用墩进行包裹。为了保证竖向支墩的稳定性，总监理工程师与总包施工单位技术人员沟通，并建议对支墩底部的水平军用墩（"L"形的长短边）进行加长处理，以增加每组支墩的整体稳定性，最终总包施工单位采纳了监理单位的意见。

② 竖向支墩穿越楼板的质量控制

由于竖向支墩安装之前，台塔东、西两侧悬挑楼板的混凝土已浇筑完成，须在支墩穿过楼板处开孔方可使竖向支墩连续不断穿越楼板；同时，竖向支墩的斜撑无法正常安装，须在悬挑楼板上下位置增加横向支撑，而且支墩周边的空隙须塞紧填实，方可保持支墩的稳定。监理人员对每一个洞口周边的填塞及横向支撑进行了全数检查，验收合格后方允许竖向支墩继续向上安装。

③ 竖向支墩连墙件安装质量控制

方案中竖向支墩分别在 15.55m、25.6m 标高处采用预埋螺纹钢（已完成的结构采用植筋方式）与台塔东、西两侧的混凝土结构做抱箍拉结。

由于竖向支墩与台塔东、西两侧的混凝土结构之间的间隙较小，无法满足植筋条件；

且如果事先预埋螺纹钢影响竖向支墩安装。经现场察看、研究，总监理工程师提出采用对拉螺栓双面夹钢板做抱箍的建议，总包施工单位采纳了监理单位的建议，最终解决了竖向支墩连墙件安装的难题。

3）转换平台水平支撑安装安全监理

① 竖向支墩顶部横梁、垫梁安装质量控制

军用墩顶部设置多层多排横梁、垫梁，作为军用梁的安装支座。横梁、垫梁、军用墩之间采用拼接板、螺栓进行连接。如拼接板、螺栓数量不足或螺母未紧固，将影响支座的稳定性。监理人员对拼接板安装位置、拼接板和螺栓的数量及拧紧程度进行全数检查，经验收合格后方允许军用梁安装。

② 转换平台水平支撑（六四式铁路军用梁）安装质量控制

转换平台水平支撑由六四式铁路军用梁组成。每榀军用梁均需在地面拼装完成后整体吊装。军用梁节点处的钢销、撑杆销栓是军用梁的安全附件。钢销须顶紧，且其末端设有专用保险销；撑杆销栓端部设有螺母，螺母外端设有专用保险销。因安全附件安装繁琐，施工人员对其安装很容易忽视，施工过程中曾出现遗漏或用其他材料替代的现象。如钢销不顶紧，或保险销安装不到位，在吊装过程中比较容易发生钢销脱落而导致军用梁单元节分离；同时也会影响单榀军用梁的刚度。监理人员对每榀军用梁的节点逐一全数检查，验收合格后方允许吊装。

4）分段验收

竖向支墩每安装一定高度（4 步距），监理人员即对连接用的高强度螺栓安装数量、方向、拧紧程度及支墩斜向、横向支撑安装情况，依据《钢结构工程施工质量验收标准》GB 50205—2020、施工方案、六四式铁路军用梁手册、八三式铁路轻型军用桥墩施工手册进行全数检查、验收（监理单位主动进行检查、验收，每次验收均要求总包施工单位方案编制人、现场管理人员、质量检查员、安全员参加），验收合格后，方允许继续向上安装，以保证安装质量和施工安全。

5）垂直交叉施工协调及楼板施工活荷载控制

① 垂直交叉施工协调

综合剧场主舞台区域高大模板支撑施工期间，本项目主体钢结构也在台仓上部施工，为了防止发生高空坠物、物体打击事件，监理单位会同建设单位对总包施工单位和钢结构施工单位的施工工作，提前 1 日安排，对次日的施工按不同时间段、不同工作面进行专项协调，杜绝上下同时交叉作业，保证了高大模板支撑的安装安全、顺利地进行。

② 综合剧场 38m 标高楼板施工活荷载控制

综合剧场 38m 标高楼板钢筋、混凝土施工之前，监理单位负责人针对楼板上材料堆放、水平混凝土泵管安装方向、水平混凝土泵管与楼板钢筋之间的处理、混凝土浇筑顺序、混凝土浇筑强度、楼板混凝土最后合拢时的注意事项等施工细节问题与总包施工单位方案编制人、现场管理人员进行了充分的沟通；施工期间安排监理人员现场旁站，对楼板施工的活荷载及施工细节进行了严格的监督和控制，保证了混凝土浇筑的施工安全。

综合剧场主舞台区域高大模板支撑方案的实施，通过监理单位强化施工过程质量控制和安全监理，总包施工单位方案编制人、技术人员、现场管理人员的理解、配合以及施工人员的共同努力，切实做到了方案先行、严格实施、过程控制、分段验收，保证了综合剧场 38m 标高楼板混凝土顺利浇筑完成；确保了项目施工安全。

（2）技术效益后评价

艺术中心结构复杂、技术难度高，施工技术采用了缓粘结预应力等《建设部建筑业新技术应用示范工程管理办法》中建筑业 10 大项新技术的 52 个子项新技术。艺术中心取得了中国建设工程鲁班奖、中国钢结构金奖、辽宁省世纪杯、辽宁省优质主体结构工程、"哈、长、沈"三市优质工程观摩金杯奖等 20 多项奖项，如表 16.4-7 所示；获得了建筑施工现场可重复使用的工具式栓接钢筋加工棚专利、多角度连接调整装置专利等 5 项专利，有高大空间军用梁及军用墩模架施工工法等 5 项施工工法获奖。

艺术中心综合剧场主舞台高大空间军用梁及军用墩模架的应用，解决了 57.5m 高支模难题，节省了施工工期，提高了施工质量及安全系数。为今后类似工程复杂结构模架支撑体系提供了良好的借鉴。

艺术中心采用的缓粘结预应力技术，首次在建筑工程中应用，解决了大悬挑、大跨度、大空间结构体系技术难题，为今后类似工程提供了良好的借鉴。

艺术中心钢结构施工技术研究及应用，解决了"大型铸钢节点高空安装定位""厚板高空焊接""卸载监测点位置的选择""吊耳连接板的确定""施工过程仿真模拟分析"等技术难题。这些技术的研究与应用创造了显著的社会效益和经济效益，对于今后类似工程复杂结构的安装提供了可靠的参考。为今后新奇、特异钢结构工程的高质量按期完工提供了良好的借鉴，其社会意义巨大。

工程获得技术成就、奖项情况统计表　　　　　　　　　　　表 16.4-7

序号	获得的技术成就、奖项	获奖年份
1	中国钢结构金奖	2012 年
2	"创新杯"建筑信息模型（BIM）设计大赛最佳 BIM 建筑设计二等奖	2012 年
3	"创新杯"建筑信息模型（BIM）设计大赛最佳 BIM 协同设计奖三等奖	2012 年
4	"AAA 级安全文明标准化工地"	2012 年
5	沈阳市新貌杯	2012 年
6	辽宁省质量科技成果二等奖	2012 年
7	辽宁省优秀质量管理小组	2012 年
8	省级"文明工地"	2012 年
9	全国工程建设优秀 QC 小组活动成果一等奖、二等奖	2013 年
10	中国钢结构协会科学技术奖三等奖	2013 年
11	辽宁省优质主体结构工程	2013 年
12	辽宁省优秀质量管理小组	2013 年

续表

序号	获得的技术成就、奖项	获奖年份
13	上海第五届创作杯原创佳作奖	2013 年
14	沈阳市优质结构工程奖	2013 年
15	绿色施工示范工程	2013 年
16	中国建筑学会优秀施工组织设计奖推荐三等奖	2014 年
17	中施企协科技进步奖二等奖	2014 年
18	"哈、长、沈"三市优质工程观摩金杯奖	2014 年
19	全国大型地标性公共建筑工程优秀项目管理成果二等奖	
20	"中建杯"优质工程金奖	2015 年
21	辽宁省建设工程世纪杯	2015 年
22	中国建设工程鲁班奖	2015 年

4. 达到绿色建筑施工标准

艺术中心是第一批辽宁省建筑业绿色施工示范工程，对辽宁省建筑业绿色施工起到了推动作用。

（1）环境保护绿色施工

1）"声、光、尘"控制。按绿色施工环境保护技术要点，确保工地现场的噪声与振动、光污染、扬尘的控制。土方施工阶段，直接对所挖掘出的砂土就近堆放，土方回填就近取土，减少了运距的同时降低了尘土总量；现场砂土运输过程中采用彩条布覆盖；干燥季节对现场运输道路进行洒水润湿，防止扬尘。

2）污水、有毒有害物质处理及地下水土保护利用。对水污染的控制、处理、排放，对化学品等有毒材料、油料的储存地防漏防渗，对地下水环境的保护及措施，充分利用降水施工所抽取的地下水进行场地润湿、混凝土泵车等运输工具的清洗、混凝土养护等，同时，结构达到设计自平衡后立即停止降水施工，保护了地下水资源。

3）建筑垃圾减量化计划与再利用。制定建筑垃圾减量化预测计划，做好现场对建筑垃圾的分类和回收再利用的过程控制和对生活垃圾的管理。

4）土壤及地下资源保护。保护地表环境和对周边各类地下管道、管线保护；施工现场对有毒有害废弃物的处理得当。

5）为保护古树，对建筑设计进行了修改，充分降低了树木的砍伐量，施工中对现场周边的树木增设临时围挡，保护树木。

6）现场食堂均办理了卫生许可证，炊事员持有效健康证明，并定期进行身体检查。

（2）节约材料与材料资源利用绿色施工

1）根据就地取材的原则进行材料选择并有实时记录。

2）建立健全机械保养、限额领料、建筑垃圾再生等制度。

3）采用了粗钢筋直螺纹机械连接技术、缓粘结预应力技术、HRB400 高强度钢筋、大型铸造类铸钢节点施工技术等技术措施大幅降低钢筋使用量。

4）采用玻璃钢模板技术、竹胶板模板和双面覆膜多层板模板技术、大型钢模板技术、扣件式钢管支撑架体、碗扣式钢管支撑架体、组合槽钢梁底支撑体系等技术措施大幅降低木材的使用量、提高了木材使用的周转率。

5）创造并应用"可拆卸可周转式吸烟棚"和"可拆卸可周转式钢筋加工棚"两项专利、采用组装式"军用梁＋军用墩"技术降低了周转材料的使用量。

6）现场临近设施、安全防护设施采用定型化、工具化、标准化，降低了建筑材料的使用量、实现了材料周转。

7）采用新型隔声墙体，降低了砖材的使用量。

8）混凝土及砂浆配合比设计中采用了粉煤灰、矿渣、减水剂等新型材料，降低了混凝土及砂浆中的水泥用量。

9）对装修工程中各项目进行实测实量的深化设计，形成面材、块材的预先总体排版，降低装修材料损耗率。

10）对项目各建筑材料的运输进行路线规划，同时对砂土等材料的运输设置彩条布降低材料运输的损耗率。

（3）节水与水资源利用绿色施工

1）水资源控制指标。制定工程项目的水资源消耗指标，现场的施工和生活用水，按不同的工程项目，都应分别制定用水定额指标。

2）分路供水、分别计量与台账。施工、生活、办公分路供水、分区域设置、分别计量，建立台账。

3）非传统水源利用。实行水资源分级利用，现场建立雨水、中水或再利用水的收集利用系统和循环水的收集处理系统；制定有效的水质检测与保障措施，加大非传统水源的利用量。

4）节水措施与设施配置。提高用水效率，现场供水管网布置合理，施工中采用节水施工工艺，现场喷洒路面，绿化浇灌不使用自来水，采用节水型产品。

（4）节能与能源利用绿色施工

1）施工能耗控制指标。制定工程项目单位能耗指标，分别设定生产与施工、生活、办公三个区域的用能指标。

2）分路供电、分别计量与台账。施工、生活、办公分路供电、分区域设置、分别计量，建立台账。

3）优选高效节能、禁限淘汰落后设备。项目使用了国家、行业推荐的节能、高效、环保的施工设备和机具；禁止耗能超标机械进入施工现场。

4）大型机械设置与工地照明。合理设置大型施工机械设备，合理安排工序，使用能效比高的用能用电设备；合理配置各类用能设备、节能型灯具和施工照明器具，现场照明设计符合了国家现行标准《施工现场临时用电安全技术规范》JGJ 46—2005 的规定。

5）项目临近设施结合了风向及日照等自然条件，可拆卸周转式临建钢板房的热工性能满足相应标准要求，顶棚采用了吊顶。项目大量采用直螺纹套筒的钢筋施工技术，极大地降低了现场焊接施工的工作量，减少了能源消耗。

（5）节地与土地资源保护绿色施工

1）执行黏土砖禁限规定。砌筑工程施工未使用黏土制品，保护了土地资源。

2）对施工现场平面布置实现了道路的组织规划、动态化管理。

3）施工临时性用地的审批手续齐全。

4）推广应用新型墙体材料。非黏土类新型墙体材料使用有成效。施工用地保护。

5）保护了现场原有道路，降低了道路二次规划的总量。

6）混凝土施工采用了预拌混凝土，提高了成品率。

7）现场临时性建筑等区域实现了场地硬化，防止了水土流失。

8）采用了"护壁桩＋锚杆"的深基坑施工方案，降低了土方开挖和回填的总方量，保护用地。

9）施工现场的临时性办公室及生活用房采用了双层轻钢活动板房，提高了土地的使用率，同时，职工宿舍满足了"2m²/人"的使用面积要求，满足居住舒适度的前提下降低了临时性用地的使用量。

10）结构降水施工充分利用了结构自重，将降水时间提前至结构自平衡阶段，降低了地下水资源的利用量。

11）钢筋加工实现了配送化，减少了材料对临时性场地占用。

12）现场施工按照园林设计要求，实现了场地绿化的目标。

5. 竣工验收交接后评价

（1）竣工验收阶段后评价

1）竣工验收、检测计划

由于艺术中心工程体积庞大、涉及专业多，有些尚无国家验收标准及验收程序，因此五里河公司提前做好了工程验收准备工作，并制定验收、检测方案及验收、检测计划。

本工程检测及验收工作从 2014 年 3 月开始，6 月结束，历时 4 个月时间，除消防工程历经 2 次通过外，均 1 次验收通过，实属罕见。这与计划的编制及严格的执行是密不可分的。

2）验收特点

由于艺术中心工程结构复杂、舞台工艺先进，部分工程尚无国家验收标准，因此，由五里河公司组织编制了《沈阳文化艺术中心钢结构工程施工质量验收标准》《沈阳文化艺术中心缓粘结预应力混凝土结构工程施工质量验收标准》《沈阳文化艺术中心舞台机械系统施工质量验收标准》《沈阳文化艺术中心舞台灯光系统工程施工质量验收标准》《沈阳文化艺术中心舞台音响系统工程施工质量验收标准》等 5 项验收标准，填补了相关领域空白。

3）工程检测

在竣工验收之前，需要完成工程检测工作。

其中，舞台机械进行了自检，灯光音响在自检的基础上，委托了第三方检测单位（北京泰瑞特检测技术服务有限公司）检测。检测结果满足国家、企业标准规定。

缓粘结预应力结构检测：艺术中心工程的音乐厅部分为大跨空间缓粘结预应力混凝土结构受力体系，且悬挑部分属超长悬挑结构。该部分结构具有以下特点：

① 工程属于大跨与超长悬挑空间结构，体系复杂，结构受力状态受施工、环境因素的影响较为敏感。

② 工程体量大，预应力筋布置集中，对混凝土浇筑质量、钢筋布设、张拉控制工艺均提出了较高的要求，施工难度较大。

③ 胶粘剂固化时间较长，其凝结硬化过程对工程的受力影响复杂，仅依靠理论计算分析难以准确把握结构的受力性能。

④ 工程施工过程中的模架工程复杂，其拆卸过程对结构施工阶段的受力影响及施工安全影响较大。

⑤ 音乐厅结构部分的低阶振型较多，在使用中遭遇较多低频分量时，可能引起较大结构振动反应，从而影响该结构部分的使用舒适性。

由于艺术中心工程结构形式和施工工艺的复杂性，加之施工过程中可能出现难以预料的因素，容易造成工程质量及安全隐患，影响工程的后续使用。特别是工程中使用了先进的缓粘结预应力混凝土技术。由于缓粘结预应力技术在国内的设计、施工经验较少，其对本工程的施工过程管理与工程质量控制提出了很高的要求。为了该项技术的有效实施，保证结构在施工与使用阶段的安全与适用性，因此，开展了缓粘结预应力结构的安全性与适用性检测工作。

沈阳市建设工程质量检测中心于 2012 年 11 月至 2015 年 4 月期间对沈阳文化艺术中心工程音乐厅缓粘结预应力结构进行了从施工初期到试运营阶段的持续检测。

① 本工程缓粘结预应力钢绞线专用胶粘剂符合《缓粘结预应力钢绞线专用粘合剂》JG/T 370—2012 技术指标要求，制作缓粘结预应力钢绞线所用的钢绞线符合《预应力混凝土用钢绞线》GB/T 5224—2023 技术指标要求，缓粘结预应力试件钢绞线锚固性能符合《缓粘结预应力钢绞线》JG/T 369—2012 技术指标要求。

② 预应力筋张拉端处实测有效张拉荷载达到设计张拉荷载。张拉结束后，预应力筋沿其长度方向的应变梯度较大。随着时间的推移，预应力筋存在一定的预应力损失，但损失大小处于合理范围。除预应力筋的张拉施工外，结构的其余施工工况对预应力筋的受力影响不明显。依据检测数据的长期发展趋势可知，目前预应力筋的应变变化主要由温度变化引起，具体变化趋势与温度变化趋势相反。

③ 混凝土的受力状态受施工工况变化的影响较为明显。依据检测数据分析可知，施工前期的各工况变化，如预应力筋张拉、模架拆除等使混凝土在短时期内受力发生较大的改变；在室内装修期间，由于装修荷载是逐步施加在结构上的，因此混凝土的受力变化趋势较为缓和。混凝土的应变变化也受温度变化的影响，具体变化趋势与温度变化趋势相同。绝大多数的混凝土检测点位处于受压状态，个别检测点位处于轻微受拉状态。在试运营期，各测点数据稳定。

④ 多功能厅和音乐厅的演出活动对音乐厅缓粘结预应力结构的受力影响程度和影响范围很小。

⑤ 音乐厅缓粘结预应力结构的受力检测工作的检测结果与数值计算结果数据吻合度较高，结构的受力变化规律基本一致，音乐厅结构混凝土浇筑、缓粘结预应力筋张拉、模架拆除、装饰装修及试运营期间的结构受力状态均符合结构设计要求。

⑥ 由变形观测数据与数值计算结果比较可知，在音乐厅结构混凝土浇筑、缓粘结预应力筋张拉、模架拆除、装饰装修及试运营期间，音乐厅结构变形均在预期变形范围内。

⑦ 由施工期的音乐厅结构动力特性检测与数值分析结果比较可知，沈阳文化艺术中心结构整体动力特性符合结构设计要求，且施工质量较好；音乐厅结构部分的楼板竖向振动频率满足《混凝土结构设计规范》GB 50010—2010 和《高层建筑混凝土结构技术规程》JGJ 3—2010 的相关要求。

⑧ 由使用期的音乐厅结构动力特性及振动舒适度检测结果可知，在正常使用阶段，音乐厅结构楼板振动符合《建筑工程容许振动标准》GB 50868—2013 中相应条款的振动舒适度要求，不会发生振动舒适性方面的问题；音乐厅及多功能厅之间不会发生振动的相互干扰；周边临近道路的交通荷载不会对音乐厅结构产生振动影响。

综上所述，沈阳文化艺术中心音乐厅缓粘结预应力结构所用材料性能满足设计与规范要求，预应力张拉、模架拆除施工过程合理，工程施工质量良好，结构构件受力状态变形达到设计要求，音乐厅结构的振动舒适性性能优良。

4）竣工验收的组织

合理的组织是通过验收的前提，由于项目的特殊性，存在很多非常规的工程，对于非常规工程的验收，必须提前编制方案，结合工程特点、组织有序，例如舞台工程（包括灯光、音响、舞台机械）、管风琴工程等。

工程验收由施工单位自检、监理单位组织工程预验收、建设单位组织竣工验收组成，由于舞台工艺及管风琴工程的特殊性，必须组织国内行业专家验收。

① 舞台机械及灯光音响验收

组织国内相关专家进行验收，建设单位邀请了 7 位国内知名专家组成专家验收小组。

验收专家小组受五里河公司委托，对艺术中心舞台机械、灯光、音响系统工程进行了验收。专家验收小组分别听取了专业承包单位的设计、制造、安装、调试及监理单位的质量评估汇报，审查了竣工图及档案资料，对舞台机械系统工程进行了现场查验及演示，验收专家小组一致同意通过验收。

② 管风琴验收

专家验收小组还通过对管风琴所有组件的检查、技术服务的评价、提交的技术资料的审查以及管风琴音质、音色的主观评价等四大方面的验收，以及管风琴进场开始安装至今的安装全过程的质量检查后，一致认为本项目管风琴工程实体质量合格，技术资料齐全，且均能满足管风琴合同及招标投标文件的要求，因此认定本项目管风琴工程质量等级为"合格"。

通过合理的计划、组织，一次验收合格，且专家一致认为工程质量标准高，多项施工验收标准填补了国内相关领域空白。

③ 工程竣工验收

沈阳市建设工程质量监督站通过汇报会、工程实体检查、档案资料审查等考核，一次通过验收，并对工程质量给予高度评价。

（2）项目建设成果后评价

建成后的艺术中心有 1800 座综合剧场、1200 座音乐厅、500 座多功能厅。是集综艺、舞剧、歌剧、话剧、芭蕾舞剧、音乐会、大型魔术、大型交响乐、民族乐、服装发布会、新闻发布会、T形台、中央式舞台、展览厅、宴会等众多艺术形式的综合性场所。

通过多功能厅测试演出、综合剧场"迎国庆展风采建设美好沈阳"文艺演出晚会、中国国家交响乐团音乐会 3 场试运行演出及声学测试效果，完全达到国内一流剧院水平。

截至目前，艺术中心已成功进行了话剧红灯记、老舍五则、管风琴音乐会、歌舞剧梅兰芳、理查德·克莱德曼钢琴演奏会、李琦"十年之后"演唱会等演出，受到中国国家交响乐团、著名钢琴演奏家李云迪及国内知名艺术家的一致好评。

（3）交接后评价

1）竣工资料管理与交接后评价

① 工程档案管理科学规范

依据辽宁省《建筑工程文件编制归档规程》DB21/T 1324—2021 及相关规定，在艺术中心项目建设过程中严格执行工程档案归档的制度和程序，高标准、严要求、细化过程管理，确保工程档案归档完整、准确、科学、规范，一次验收合格。

竣工档案从立项、招标投标、勘察、设计、材料配送、主体和配套施工，到装饰装修、绿化亮化，真实地记录了整个工程的全过程。五里河公司在《沈阳文化艺术中心项目管理手册》中，制定了"工程档案管理制度"。

在档案资料形成过程中加强实时监管控制管理，确保工程档案资料与工程实体同步，防止出现后补现象，做到"现场验收前看档案"，对不提供相应报验资料的部位拒绝进行验收。严格按照规范进行工程档案审核，做到"档案核查看标准"，实行"以分部或者子分部工程为单位，分阶段控制"的原则，在过程中严格按标准要求进行分阶段整理，查漏补缺，定期组织竣工档案检查工作，对工程档案进行检查，及时发现问题并积极落实，并将每次的检查结果均在下次的技术交底中进行重点强调，杜绝再犯类似的错误，对不符合要求的档案要求责任单位整改到位。通过过程整理及检查，既为下步工程开展理清了思路，又为竣工阶段的工程档案汇总减轻了压力。

工程档案竣工验收阶段，根据工程档案管理制度，对各类档案的组卷成册顺序、档案封皮制作、备考表、卷内目录、案卷脊背、页码等各方面分别进行检查验收，彻底无误后方可装订组卷。同时要求项目监理单位对竣工资料和竣工图的完整、准确性进行监督和审查，确保竣工档案数据准确、章戳手续齐全，图物相符，以最大限度保证工程档案的准确性。加强工程声像档案、电子档案资料管理，对工程建设前貌、建设过程及竣工全貌进行拍照、录像工作，保证电子档案齐全完整，提高了工程竣工结算、审计工作效率。

艺术中心工程结构复杂、施工技术难度大、设备先进、工程档案涉及面广，经与沈阳市城市建设档案馆交换意见，提交了艺术中心特有且沈阳市唯一一个管风琴以及智能化专业的工程档案，填补了同类工程档案的空白，为其他同类工程项目学习借鉴提供参考。艺术中心清晰、完整、专业的竣工档案受到省市审计人员及档案验收部门的一致认可，2014年6月25日取得《建设工程竣工档案初验合格证》。

② 工程档案交接快捷高效

在工程竣工验收后，公司制定了竣工档案交接方案，成立由建设单位、项目管理（监理）单位、施工总承包及其他参建单位组成的竣工档案移交小组。对工程档案进行了整理归类，分别为以下四大部分：

第一部分：工程建设项目手续，包括项目开工建设前期立项报建审批手续、工程竣工验收及备案手续。

第二部分：工程竣工图纸。

第三部分：工程档案资料。

第四部分：随机资料、使用说明书。

由于市委、市政府给予了高度重视，在充分做好工程档案交接准备工作的基础上，接收单位市文广局以及运营使用单位保利公司就艺术中心工程的接收制定了工作方案，组成了工程接收领导小组和专业队伍。2014年10月29日双方人员在五里河公司档案室进行顺利交接，一次完成了全部工程档案的交接工作。保利公司的接收人员一致认为艺术中心的工程档案归档整齐、卷目清晰、分类规范，是保利公司所运营众多工程中档案编制和归档最好的。

艺术中心工程档案全面且层次清晰，质量高，不仅方便工程使用、运营管理、后期维护等查询方便，也将成为其他同类工程编制工程档案的范例和参考依据。

2）工程实体移交后评价

按照市委、市政府关于艺术中心工程移交等有关工作指示，为了尽快让老百姓到艺术中心观看演出，享受艺术氛围，五里河公司自2014年6月27日完成竣工验收备案工作开始到2014年10月20日期间，在认真组织设备系统正常运转和工程维护管理的同时，积极做好工程移交前的各项准备工作，等待市委、市政府确定使用单位后快速高效完成工程移交。

针对艺术中心工程实体的移交工作，依据市政府五里河公司组织项目管理公司和各参建单位作了充分的准备工作。

① 组织编制具有可操作性的工程移交方案。按照建筑结构及装饰装修、机电系统及设备安装、舞台设备工艺、工程档案等专业类别，分组明细、内容明确、组织健全、计划周全。

② 系统常态运转，24h值守监管，为工程移交提供保障和前期工作。特别是对监控室、变电所、生活水泵房等重要部位和机房设立24h值守制度，监护设备系统运转情况。

③ 全面组织开荒保洁，进行卫生环境清扫。组织远大公司委托专业保洁公司对钻石幕墙玻璃表面的内外侧进行了一次保洁工作，组织各专业对室内外环境卫生以及机房等所有区域、部位以及细部进行彻底的卫生保洁工作，为工程移交打造和展现崭新的工程环境和工程形象。

④ 积极编制工程使用说明书，充分做好工程档案资料准备，为使用单位快速启动艺术中心运营工作提供完备的资料、完善的服务和便利的条件。

2014年10月20日市文广局、保利公司接收人员进驻工程，五里河公司组织的工程移交机构与接收工作机构顺畅对接，有序交接，按计划、有组织、高效进行，2014年11月1日完成全部艺术中心工程实物移交、工程档案资料移交以及水、电、燃气等时点抄表交接工作。与此同时组织各参建单位对使用单位进行工程移交内容的培训和顾问工作。

艺术中心工程移交工作在双方的周密谋划、计划细致、密切配合、专业对接、科学组织下，仅仅一周的时间顺利移交，高效完成。已运行一年，艺术中心工程设备系统运转正常，使用功能良好。

3）财务档案移交后评价

五里河公司拿到艺术中心工程竣工财务决算批复后，按照《国有建设单位会计制度》要求完成固定资产相关账目结转的工作，按照《会计电算化工作规范》将所有会计数据拷贝存储到光盘上，按照《会计档案管理办法》将会计凭证、会计账簿、会计报表及其他资料归档整理，编制会计档案移交清册。五里河公司财务部及时与接收单位沈阳市文化广播新闻出版局（以下简称"市文广局"）取得联系，按照其要求填列固定资产移交清单，办理固定资产财务转账及移交所需的其他资料等。

艺术中心工程财务档案是整个工程项目建成的重要组成部分，是不可缺少的财务信息资源。它完整、系统地记录和反映五里河公司代建艺术中心工程从开始到竣工的实际的经济活动情况，是公司预算和财务资金计划的重要依据，也间接体现了五里河公司科学的管理方法。

（4）竣工决算与调整批复概算后评价

艺术中心工程的竣工财务决算工作于2015年8月1日开始，至2015年8月31日结束。五里河公司依据财政部《基本建设财务管理规定》《财政部关于进一步加强中央基本建设项目竣工财务决算工作的通知》（财办建〔2008〕91号）和《建设项目（工程）竣工验收办法》的有关规定制定竣工决算工作方案，保证决算工作有序进行。决算编制首先进行了往来账项的清理、建设资金的梳理、工程物资的盘点、费用的分配和成本的归集、项目招标投标和合同履约情况分析、概算的执行分析等项工作；然后结合使用单位资产管理特点，合理划分了各类资产的界限，详细编制了交付使用资产明细表，最后出具竣工财务决算报表和竣工财务决算说明书。

艺术中心工程批复概算投资额125484.23万元。其中，工程费用：102729.70万元；其他费用：16779.09万元；预备费：5975.44万元。艺术中心工程竣工财务决算后实际总投资144513.66万元，比批复概算125484.23万元，超支19029.43万元。其中，工程费用超支 20100.92 万元；其他费用超支 4903.95 万元。工程竣工财务竣工决算金额与原批复概算金额对比分析，如表 16.4-8 所示。

工程竣工财务竣工决算金额与原批复概算金额对比分析表　　　　表 16.4-8

序号	工程名称	结算金额（万元）	原批复概算（万元）	超概算额（万元）	概算调整的依据及原因
	总计	144513.66	125484.23	19029.43	
一	工程费用	122830.62	102729.70	20100.92	
（一）	主体工程	120614.20	98305.97	22308.23	
1	土建工程	87032.77	60215.31	26817.46	概算偏小或漏项、人工和材料费上涨等
2	机电安装工程	17170.49	19992.15	−2821.66	优化设计
3	专用设备	16410.94	18098.51	−1687.57	市场调研优化方案，公开招标节约，缩小规模，调整功能
（二）	室外总体工程	2216.42	4423.73	−2207.31	整体优化设计
二	其他费用	21683.04	16779.09	4903.95	按实调整
1	3.5 亿元地方债券资金贷款利息	2886.77		2886.77	根据经市财政局确认的《关于沈阳文化艺术中心地债利息情况的有关说明》，将截至 2015 年 9 月共需偿还的地债利息 2886.77 万元列入工程成本中
2	房产税	14.42		14.42	根据工程实际进度，2013 年 6 月原办公区域临建房拆除，新办公地址根据浑南税务局要求，需按税法规定缴纳房产税
3	建设单位管理费税金	43.26		43.26	按照现行税法及税务局实际收缴税率 5.6% 计取
4	方案设计费	450.00		450.00	2014 年 7 月根据市政府关于市建委、市发展改革委、市财政局对《市规划国土局关于将沈阳文化艺术中心功能修改方案列入城建计划项目的请示》的办理意见，将增加方案设计费 450 万元，计入艺术中心调整概算中
5	社保保障费	3099.95		3099.95	由于政策性文件调整，社保费取费基数、取费系数均发生变化，因此增加社会保障费
三	预备费		5975.44	−5975.44	未发生

6. 工程进度控制后评价

艺术中心主体结构多为大空间、大跨度，技术复杂程度高，发展改革委批复建设工期 36 个月，交叉作业多，施工和协调难度大。自工程开工以来，采取多种措施保障工程进度，工程于 2011 年 6 月开工，2014 年 6 月竣工，最终按约定实现进度目标。进度控制重点采用如下方法：

（1）编制合理的总控制性计划

根据发展改革委批复的 36 个月建设周期，建设单位组织项目管理公司编制工程总控制性计划，将工程设计、招标、采购、现场施工等环节围绕 −19.5m 深基坑—钢结构—主体结构—声学装饰—舞台机械等关键线路精心编排、合理穿插。总控计划要求及时创造开工条件、技术保障到位、资源供应到位、资金筹措到位等，并将上述要求分解落实到责任单位及责任人、明确完成时间，为工程顺利实施奠定了坚实基础。

（2）确保关键里程碑节点

关键里程碑节点是确保总体计划实现的重中之重，本工程设定了-19.5m台仓结构、±0.00结构、7.5m结构、主体结构结顶、钢结构吊装完成、幕墙安装完成、建筑声学装饰完成、音乐厅管风琴开始安装、舞台机械安装完成、机电系统联动调试、消防专项验收等若干里程碑节点。针对不同节点工作采取不同保证措施，如音乐厅管风琴安装是制约音乐厅最终工期的关键环节，建设单位采取工厂监造确保按时发货、现场室内装饰春节加班施工提供作业面、施工总承包单位和舞台机械承包单位为管风琴吊装和垂直运输提供技术支持等保障措施，最终实现管风琴按照里程碑节点开始安装并按时完工。

（3）网格化管理措施

大规模、多工种同时施工，按施工楼层、标高、子单位工程的关键部位划分，项目管理公司分别配备专业人员进行分区管理，做到责任人对外统筹辖区内所有专业进度协调，涉及具体专业问题内部密切配合。做到横向管理无盲区、纵向管理有深度，充分体现网格化管理的优势。

（4）定量、定责、定时措施

施工后期是工程进度管理比较棘手的阶段，因大规模施工基本完成，剩余工作具有量小、分散、费工等特点。针对这种情况，项目管理公司按照"定量、定责、定时"三定原则抓进度，即阶段性统计所有施工面剩余工作量，做到逐个房间、逐个部位涉及所有专业内容未完工作进行登记造册，以会议形式落实责任单位、责任人及完成时间，并将会议形成的文件下发各个施工单位，通过每日进度调度会等形式检查、落实。此种模式适用于工程收尾后期，效果较为显著。

7. 工程投资控制后评价

2010年9月，市发展改革委批复艺术中心项目概算投资125484万元。建设过程中，经市政府及发展改革委同意增加投资15099.81万元，经市政府及相关部门同意列支投资4161.47万元，政策文件调整增加投资14053.58万元，共计增加投资33314.86万元，艺术中心由批复概算125484万元客观上应增加投资至158798.86万元。

由于五里河公司具有专业健全的投资控制组织体系、详细规范的投资控制制度与程序、通过分解目标层层控制、随时掌握各项技术资料对投资的影响程度并及时纠偏、先算账后变更、严格审核工程签证和新增综合单价等举措及较高的投资控制管理水平，不仅将艺术中心投资控制在14.45亿元内，节约投资1.4亿元，并且工程结算速度快、质量高、资料规范、管理到位，受到审计部门的一致好评。

（1）投资控制组织体系专业、健全

在项目实施过程中，建设项目投资控制以建设单位为管理核心，项目参与各方共同协作完成的多方位、多层次的系统工作。为了保证投资能够有效使用，避免分段控制与管理造成的职责不清，防止出现失控状态，五里河公司专门设立了负责投资控制的部门，并通过公开招标选择了具有监理、造价咨询、会计咨询等相关资质的专业化中介机构组成一个健全的组织体系协助其实现投资控制目标，明确各自承担的职责及其任务，做到职权一致、职责明确，加强投资控制班子的力量。定期收集工程项目实际投资数据，进行投资的计划值和实际值的动态比较分析（包括总投资目标和分投资目标等多层次比较分析），进行投资测算如发现偏差，则及时采取措施纠偏，以尽可能地实现投资控制目标。

（2）投资控制制度详细、程序规范

制度是投资控制的保证。为此建设单位组织编制了《沈阳文化艺术中心工程项目管理手册》，对工程中各个环节均制定了详细的规章制度，对投资的每个环节也有规范的操作程序。《沈阳文化艺术中心工程项目管理手册》中规定了投资管理制度、预算管理制度、工程签证管理制度、新增综合单价管理制度、工程款计量支付制度、工程结算审核管理制度等。其中详细明确了各项制度的原则、上报审批流程、时限要求等具体内容，使投资控制工作能够制度化、规范化、程序化。

例如制定工程款计量支付制度和支付会签制度，规定凡支付工程款必须经管理公司、造价咨询公司、投资管理部审核，经投资控制负责人、总监理工程师、造价咨询负责人、工程部负责人、财务负责人等共同签字后，财务人员方可付款，弥补了"一支笔"的缺陷。

（3）分解投资控制总目标，通过层层控制，有效控制投资

五里河公司以政府相关部门批准的概算及变更调整文件作为投资控制的总目标，并把投资目标分解到各个单位单项工程中，控制施工图预算，再以经财政等政府相关部门审核的预算为依据编制招标控制价，用招标控制价控制投标价格，用投标价格控制合同价格，用合同价格控制结算价格，如此层层控制，使各阶段投资目标相互联系、相互制约。前者控制后者，后者细化前者，确保有效控制项目投资。

（4）随时掌握各项技术资料对投资的影响程度，及时纠偏，有效控制投资

为随时掌握设计变更、技术核定单、工程签证、新增综合单价等技术资料对艺术中心工程投资的影响程度，投资管理部除了严格审控工程签证和新增综合单价，也对技术核定单和设计变更单从投资角度分析由此增加或减少的投资情况，纳入投资控制范围。

五里河公司编制了《沈阳文化艺术中心项目动态投资控制表》，列出了所有与投资有关的数据，对全过程中每一个影响投资的因素如工程签证、新增综合单价、设计变更、施工方案等都要进行经济分析，量化登记到项目动态投资控制台账中，并实时根据工程进展更新数据，掌握工程实施过程中的投资变化情况，不断地把投资计划值与实际值进行比较，发现偏差、分析原因并及时采取纠偏措施，最终有效地将工程造价控制在投资目标范围内。

（5）先算账后变更，最低程度增加由于设计变更引起的工程造价

对于大型工程项目来讲，设计变更是不可避免的，并且多数设计变更都会导致投资增加。因此，严格控制设计变更对投资控制至关重要。艺术中心制定了设计变更的管理办法，在施工过程发生变更前，逐一研究每个设计变更的必要性，如确需变更，要组织对图

纸和现场情况进行深入分析，根据变更情况，选择最优变更方案，采取先算账后变更的办法最低程度增加造价。

例如，在审批艺术中心精装修工程范围内的嵌入式小口径 LED 光源，功率由原招标时 4.4W 变更为 1W 的设计变更过程中，根据投资控制程序对此变更进行经济分析。施工单位认为只是功率发生变化，其他都没有改变，综合单价应执行投标价格 764 元/套。由于此款灯具采购数量大（共需 1947 套）、造价金额高，五里河公司组织管理公司、造价咨询公司进行大量的市场调查，调查结果为由于此产品为定制加工产品，市场询价与施工单位出入甚大。为有效降低工程造价，不影响工程进展，五里河公司组织管理公司、造价公司、施工单位成立询价谈判小组邀请国内知名灯具生产商及代理商参加竞争性谈判，最后选择一家国内一线品牌灯具生产商，其所报交货期最短、价格最低（210 元/套），有效降低工程造价 108 万元。

（6）严格审核工程签证，确保工程签证准确合理

在施工过程中工程签证控制的核心是工程量认证和新增材料价格确认两项关键内容。对工程量的认证由施工单位在发生签证事件起 7 日内提出签证申请，由施工单位通知建设单位、监理单位、造价咨询单位相关人员同时到场实测实量，共同签字确认，并由施工单位对现场情况进行照相取证。若发生的签证内容分部分项价格在投标工程量清单中没有，则新增材料价格在报《签证申请表》的同时一并上报《新增单价申请表》至管理公司、造价咨询单位、建设单位审核。为避免工程签证不及时申报而导致签证证据缺失现象，艺术中心严格实行 7 日申报制度，超过期限不再补签。通过对工程签证的严格控制，避免了工程量虚报、新增材料价格高估现象，确保了工程签证金额的准确、合理。

（7）严格审核新增综合单价，有效控制项目投资

新增综合单价是由于设计变更、工程签证、工程量清单漏项等原因导致实际施工内容与投标工程量清单项目特征不一致，而新增的综合单价。艺术中心严格执行新增综合单价上报审批程序，实行以合同中规定的新增综合单价确认原则为依据，合理地确认新增综合单价，经施工单位上报，项目管理公司、造价咨询公司、建设单位审批确认后生效。对每笔确认的新增综合单价进行经济分析，编制新增综合单价动态分析表，分析新增综合单价对项目投资影响程度，计入动态投资控制表中，有效控制项目投资。

（8）工程结算速度快、质量高、结算资料规范，受到审计部门的一致好评

艺术中心工程结算编报与初审速度快、质量高、结算资料规范，是本项目工程造价管理的突出亮点。从施工单位开始上报结算到结算初审完成共用 118 日，初审建安工程造价约 13 亿元，速度快、质量高、结算资料规范，受到审计部门的一致好评。艺术中心结算管理举措在于：

1）严格执行工程签证、新增综合单价 7 日内上报制度，打破了工程签证和新增综合单价审核进度制约工程结算的常规局面

投资管理部对各项制度高度重视、狠抓落实，在严格审核控制工程签证、新增综合单价、认真把控工程造价的基础上，严格执行工程签证、新增综合单价 7 日内上报制度，确

保在工程结算前基本完成工程签证和新增综合单价的审核工作，打破了工程签证和新增综合单价审核进度制约工程结算的常规局面。

2）在竣工验收前5个月，召开结算动员大会，发布结算审核实施方案，为结算工作顺利开展打下了良好开端

为了做好工程结算管理工作，投资管理部于2014年1月17日组织召开艺术中心结算动员大会，发布了由项目管理公司编制的《沈阳文化艺术中心工程结算审核实施方案》（以下简称结算审核方案），明确了结算初步审核范围、审核原则、审核目标、审核时限，成立了结算审核组织机构、配备了审核相关人员、对任务和职责进行具体分工，对结算报审资料、争议处理程序、审核纪律提出了具体要求。

3）听取施工单位结算汇报，全面了解结算进展，为结算工作顺利开展打下良好基础

结算动员大会结束两周，投资管理部组织听取了各施工单位结算汇报，对结算进展情况进行了一次全面排查摸底，对各施工单位提出了具体结算要求，督促施工单位务必按规定时限上报结算资料，为结算工作顺利开展打下良好基础。

4）每周召开结算例会，周末专题会议研究疑难问题，大幅加快了结算速度

为及时了解结算情况，协调处理有关结算的争议问题，自2014年2月17日至2014年9月26日，每周五下午投资管理部与项目管理公司根据结算审核方案组织相关单位召开结算例会，听取、解决各参建单位有关结算的问题，召开结算例会30余次。同时在结算过程中执行"两个来回"制度，并对于疑难问题安排周六、日召开专题会议研究解决，大幅加快了结算速度。

5）编制结算时间表并严格监督，保证按期完成结算

2014年6月27日艺术中心完成竣工验收，随即五里河公司投资管理部征求施工单位、项目管理公司、造价咨询公司的相关意见，编制结算时间表。其中明确了各施工单位的结算上报时间、项目管理公司和造价咨询公司的结算初审时间及审核人员与配合对接人员。每周了解结算进度，严格监督，保证了如期完成工程结算的上报与初审工作。

6）要求施工单位上报结算承诺书，显著提高了结算资料的上报质量

要求施工单位上报结算承诺书作为结算资料的一部分，其中要求各单位对报送的工程竣工结算书及工程竣工结算资料的真实性、准确性、完整性及有效性负责，保证审减率不超过3%。通过此项措施，显著地提高了结算上报的质量，加快了审核速度，避免了"注水"结算的发生。

7）制定详尽的结算要求，有效规范结算书的编制，为结算审核打下良好基础

五里河公司投资管理部编制下发结算要求，并召开会议给予说明与解读。结算要求中明确了竣工结算书的格式要求、结算资料的上报内容及流程、结算书的装订要求、工程签证合订本的要求、新增综合单价合订本的要求等，并附结算书样表给予说明。通过制定详尽的结算要求，有效地规范了相关单位结算书，为下一步结算审核工作打下良好基础。

8）制定详尽的结算初审要求，有效规范结算审核书的编制，为结算审计打下良好基础

五里河公司投资管理部编制下发结算初审要求。其中明确了结算审核书的格式要求、

结算审核资料的上报内容及流程、结算审核书的装订要求等，并附结算审核书样表给予说明。通过制定详尽的结算审核要求，有效地规范了项目管理公司和辽宁同泽造价咨询有限公司（以下简称"同泽公司"）的结算审核书，为下一步结算审计工作打下良好基础。五里河公司初步审核结算资料报审计单位后，资料的整齐规范得到审计单位一致好评。

通过上述结算管理举措，在投资管理部的严格监督下，项目管理公司以严谨的工作作风、高效的审核效率、"管理、监理、造价"三位一体的创新管理手段，结算工作得以完美收官。艺术中心20项结算上报从7月1日到8月1日用时一个月，从8月1日到9月30日完成17项结算初步审核，10月27日完成全部结算初步审核工作，从上报到结算全部初审完成共用118日，这是五里河公司有史以来结算工作完成最快的一次，在艺术中心表彰大会上被沈阳市城乡建设委员会副主任总结为"结算完成速度第一"。

结算审计部门高度称赞艺术中心的结算编报初审速度快、质量高、管理到位、资料规范全面，结算审计审减率仅为1.78%，能出现如此低的审减率，实属罕见，并指出此种项目管理与监理一体化的管理模式值得在政府投资工程中大力推广。

8. 资金管理后评价

五里河公司按照"有约在先，先收后支，专款专用，专项专供，专号存储，单一取项"的原则，严格按照艺术中心项目批复的概预算，合理控制和使用建设资金，建立有效的资金运行机制，保证建设资金在可控状态下运行。

（1）签订三方资金监管协议

在签订工程施工合同时，五里河公司与参建单位和开户银行三方签订资金监管协议，依据合同履约条款的规定，公司对各参建单位提交的履约保证金、银行履约保函、预付款保函以及质量保证金等进行严格控制与管理，完全控制了建设资金使用的全过程，确保资金使用没有发生转移、挪用、挤占和侵占的情况，完全符合国家有关规定的要求。

（2）完善的资金支出审批流程

五里河公司财务部根据市财政局下达的预算指标通知，按照规定用途安排使用资金，严格做到专款专用，专号存储，专项专供，保证资金切实使用在艺术中心工程建设中。

艺术中心《项目管理手册》制定的建设资金支出审批制度中，明确了资金支出的审批依据为建设投资计划、工程施工合同、经审核的工程预结算等。每月25日前，由工程部、项目管理公司根据各相关单位报送的工程产值和已经签订的相关合同中的付款约定，经同泽公司审核出具工程进度款审定表。每月月初，五里河公司召开资金使用计划会议，经研究后，由财务部汇总编制当月资金使用计划，经公司副总经理、总经理、董事长审签通过后，严格按照资金使用计划拨付资金。

根据每月审签的资金使用计划，由项目管理公司起草建设项目资金拨付审批单并出具审核意见，五里河公司工程部、投资管理部出具工程拨款情况审核意见，财务部核实工程款累计支付情况并出具审核意见，经领导审签后，财务部按照付款相关规定办理付款手续。当月如发生计划外建设资金支出，工程部、项目管理公司须事先向财务部报送建设资金支出追加计划，待财务部编制的追加计划获批后再予以执行。计划外建设资金一律不得支付。

（3）工程尾款支付程序合理

支付艺术中心项目尾款时，项目管理公司、律师事务所、五里河公司各部门按照"程序严密、管理科学、履约到位"原则，各司其职，保证尾款支付零漏洞。

项目管理公司起草《尾款支付审批单》，负责对请款单位提交的《审核报告》中的最终结算金额进行核实，同时对工程质量、档案、回访、付款金额、违约情况等事项逐一核查，确定无异议后签字确认，转报五里河公司工程部。五里河公司工程部负责对请款单位负责的工程是否存在质量问题、违约情况、各承包单位之间是否有款项往来等情况逐一核实，并对请款单位提交的报告以及项目管理公司提交的付款说明进行确认，无误后上报工程部负责人签字确认。隆安律师事务所负责对请款单位违约责任进行核查确认。财务部负责对请款单位提交的累计支付金额、开具发票是否齐全、最终结算金额等相关事项进行核实，无异后签字确认。公司副总经理、总经理、董事长审签通过后，财务部按照《尾款支付审批单》办理尾款支付手续。

（4）建设单位管理费控制合理

按照《基本建设财务管理规定》和《国有建设单位会计制度》，五里河公司对建设单位管理费实行总额控制，分年度据实列支，计划管理、量入为出，审批权限合理，程序规范化、制度化，做到节支。

在资金支出过程中严格控制待摊投资的支出范围，控制建设单位管理费的支出总额。对每一笔费用支出层层把关，如报销票据的真实性、合规性、完整性，报销费用是否符合有关会计制度、准则，是否履行审批程序，确保没有超概算批复控制额度。按照《基本建设财务管理规定》，业务招待费支出不得超过建设单位管理费总额的10%，艺术中心项目发生的业务招待费只占建设单位管理费总额的1.86%。

（5）完善的财务制度

为保证财务核算规范，体现财务核算的专业水平，五里河公司通过公开招标委托辽宁华清会计师事务所有限公司常年派驻财务人员负责公司日常财务核算及项目竣工财务决算报告编制工作。根据基本建设制度的有关规定，按照每个基本建设项目单独建账，单独核算。财务部严格按照批准的概预算建设内容，做好账务设置和账务管理工作。公司采用金蝶财务核算软件，实行会计电算化管理，使财务管理的核算工作实现了标准统一、资料完整和报告准确。

在统一会计政策的指导下，五里河公司根据自身特点，从企业内部管理出发，制定适合艺术中心项目财务管理制度。内容涵盖了内部控制制度、会计核算制度、岗位责任制度、报表制度、资金管理制度、竣工财务决算制度等，根据工程的进度做好财务核算及财务管理工作，确保艺术中心工程有序进行。财务管理贯穿于工程管理的全过程之中，涉及概算编制审核、工程成本控制、资金筹集、竣工决算等各个环节，并以批复概算为指导依据，确保工程实际施工情况与财务管理及会计核算工作一致。

此外，公司各部门与财务部保持密切配合、及时沟通的关系，通过建立例会制度，使两者之间的信息资源得以共享，以便及时发现问题及时解决问题。通过建立完善的财务管理制度，不仅有利于确保基建财产物资的安全完整，而且有利于基建管理部门加强成本控制，实现投资效益最大化。

总之，艺术中心实践证明，对建设资金的科学控制和有效管理，提高了建设资金的使用效率，规范了建设资金的有效使用，确保了资金的及时到位及使用安全。资金使用上未出现失误，合理控制了工程成本，对政府投资其他建设项目的资金管理具有相应的借鉴价值。

16.4.5 项目运营后评价

1. 项目运营规划

为了有效地提升城市的文化品位，提高城市的居住吸引力，丰富城市的旅游产品，沈阳市委市政府决定建设一个国际一流、富有震撼力的标志性建筑。沈阳文化艺术中心建设项目正是在这样的背景下应运而生的。

在项目建议书中，规划由市政府、市政府国有资产监督管理委员会确定相关单位，负责沈阳文化艺术中心的运营与管理工作。负责沈阳文化艺术中心的运营与管理工作的单位在项目实施阶段组织编制运营与管理规划，以便项目移交后立即投入运营。

沈阳文化艺术中心是沈阳市政府为"文艺中心"项目而成立的项目法人单位。其机构主要由五大部门组成：综合剧场、音乐厅、多功能厅、美术馆及物业管理部。综合剧场、音乐厅、多功能厅和美术馆根据各自的业务独立开展各项工作，并各自设置业务机构；物业管理部负责"文艺中心"的配套基础设施供应维护管理及安保工作，为综合剧场、音乐厅、多功能厅、美术馆及观众提供专业化的优质服务。各部门按工作需要进行分工，做到职责明确，业务流程清晰。

在人员机构方面，综合剧场、音乐厅、多功能厅和美术馆除设置管理、经营、技术等专业型人员外，保安、保洁等方面工作由物业管理部按照社会化招标、专业化公司负责管理的方式管理运作。"文艺中心"初步拟定人员总数为50人（未包含美术馆人数），其中：综合剧场15人，音乐厅10人，多功能厅10人，物业管理部15人。

2. 实际项目运营情况

艺术中心的建设填补了沈阳市文化设施的空白，艺术中心功能齐全，具备多种演出形式，吸引了更多的国内外剧团前来演出，提高了市民的文化素养，带动了周边城市的经济发展、旅游产业。

在项目建成后，为了给沈阳百姓提供更专业化的演出和服务，市政府决定选择一家国内优质的剧院管理公司进行运营，通过市场调查、研究分析，选择了北京保利剧院管理有限公司（以下简称保利公司）为艺术中心的运营管理单位，由市文广局与剧院管理公司签订运营管理合同。

保利公司是中国保利集团文化板块重要组成部分。在全国共运营管理了43家剧院，演出及剧院管理业务已进入全国15个省市自治区，并打造了华中、华北、东北、山东、西南、长三角、珠三角等多个院线平台，成为综合性发展的集团化剧院管理企业。其中主要有北京保利剧院、中山公园音乐堂、上海东方艺术中心、东莞玉兰大剧院、武汉琴台大剧院、深圳保利剧院、常州大剧院、合肥大剧院、无锡大剧院、上海保利大剧院、威海会议中心大剧院、厦门嘉庚大剧院、南京青奥大剧院、舟山普陀大剧院等。

保利公司在艺术中心设置了总经理、副总经理、总经理助理各 1 人，部门经理 5 人，其余人员 92 人，共 100 人。

3. 运营对比分析

通过保利公司的运营管理，艺术中心已成功举办演出 253 场，获得了社会各界人士及沈阳百姓的一致认可。作为一个整体的建筑工程，由一家公司进行运营比原规划的 5 家公司运营更为合适，因为综合剧场、音乐厅、多功能厅是紧密相连的，不可分割的整体，如果将其硬性分开，会造成界面不清，不利于运营。

运营人员由计划 50 人增加至 100 人，费用有所增加，但是原拟定的人员数量考虑有所欠缺，例如物业配置 15 人，负责配套基础设施供应维护管理及安保工作，无法满足目前配套基础设施供应维护管理的需求。因此保利公司根据以往剧院管理经验进行了人员优化及合理配置。通过 1 年的运营来看，目前的人员配置是合理的，能够满足演出的需求。

4. 实际经济效益与预测经济效益对比

（1）预测经济效益：

1）综合剧场（1800 座）收入

年演出场次平均为 300 场，平均票价为 200 元，上座率为 80%，门票分成为 20%；则年收益为 1728 万元。

2）音乐厅（1200 座）收入

年演出场次平均为 240 场，平均票价为 200 元，上座率为 80%，门票分成为 20%；则年收益为 921.6 万元。

3）多功能厅（500 座）收入

年演出场次平均为 300 场，平均票价为 100 元，上座率为 80%，门票分成为 20%；则年收益为 240 万元。

4）年能源费用（包括水、热、电、煤气等费用）

水价 5 元 /m^3、热（冷）价 64 元 /m^2、电价 1 元 /（kW·h）、燃气价 6 元 /kg，年费用估算为 1158 万元。

（2）实际经济效益：

艺术中心运营 1 年当中，共组织演出 253 场，其中综合剧场演出 124 场，音乐厅演出 66 场，多功能厅演出 63 场；公益演出 12 场，商业演出 211 场，大型活动及会议 30 场。平均上座率 75%，平均票价 260 元。

从 2014 年 11 月 1 日保利公司接收艺术中心开始，至 2015 年 11 月 1 日止，年能耗费用 480 万元。

（3）实际经济效益与预测经济效益对比分析

通过实际经济效益与预测经济效益对比看，演出场次没有预测得多，因此收益相对预期减少，能耗费用方面，通过精细的运营管理，实现了节能目标。

艺术中心项目 2014 年 11 月正式运营，运营 1 年时，运营期利润预测与实际情况如表 16.4-9 所示。

运营期利润预测与实际情况表 表 16.4-9

序号	费用名称	预测金额（万元）	实际金额（万元）	备注
一	收入合计	4849.60	3477.97	
1	主营业务收入	2889.60	1517.97	
2	其他业务收入	1960.00	1960.00	
二	主营业务税金及附加	161.82	85.01	
三	主营业务成本合计	4558.00	3392.96	
1	人员费用	2100.00	1792.80	
2	管理费用	500.00	420.16	
3	设备维修与折旧	400.00	400.00	
4	能源费用	1158.00	480.00	
5	销售费用	400.00	300.00	
四	利润总额	129.78	—	

上表显示，由于艺术中心项目年实际演出场次未达到预期目标，所以年实际主营业务收入低于预期收入。实际年收入 3477.97 万元，其中市财政拨款收入 1960 万元，实际年利润 = 实际年收入 − 实际成本费用及税金 = 3477.97 − 3477.97 = 0 万元。当年收入与支出持平。

艺术中心项目建成后，产权归属市文广局，交由保利公司进行经营。艺术中心项目作为政府投资工程，市财政每年投入 1960 万元作为运营费用。借鉴以往政府投资大型场馆的建设和运营情况客观分析，并结合当前实际情况，如物价上涨引起能源费用增加；人们文化品位的日益提高，需进一步提高演出质量等因素，若由政府相关部门或下属单位运营，需要组建专门的运营机构和配备专业的管理及技术人员，且单独聘请专业的表演团队进行演出，成本较高，难以取得预期的建设目标和效果。艺术中心目前的运营单位保利公司，经营管理着 43 家国内一流的剧院，具有专业的运营管理机构和人员、丰富的运营管理经验，演出模式基本为全国各个剧院进行巡演，剧院利用率得到极大提高，并且大幅度降低演出成本，使艺术中心真正成为老百姓消费得起的高雅文化艺术殿堂。

艺术中心项目的建成，完善了城市功能，满足了人民日益增长的物质文化需要，拉动了区域经济发展，实现了公益惠民和文化惠民，促进了沈阳市文化产业和全民艺术素养的提高。艺术中心项目的国民经济价值远远大于财务经济价值。

16.4.6 可持续性后评价

艺术中心以其独特的建筑造型，浓厚的艺术气息，精湛的施工工艺，先进的技术设备，成为目前我国技术含量高、功能齐全、国内一流的剧院建筑之一。同时，体现着沈阳这座历史名城的时代精神和文化意识，完善和提升了沈阳的城市功能与文化品位，促进了沈阳市文化产业和全民文化艺术素养的提高，满足了人民群众日益增长的物质文化需要，推动了区域经济发展，拉动了相关产业的良性发展，其鲜明的建筑造型已经成为沈阳乃至东北地区重要的人文建筑景观和文化艺术标志。

1. 建筑功能可持续

艺术中心建筑风格独特、配套设施完善、功能设施先进、环境幽雅宜人，主要功能包括容纳 500 名观众的多功能厅、1800 名观众的综合剧场、1200 名观众的音乐厅，并设有相应的舞蹈排练厅、合唱排练厅、综合排练厅、琴房等相关设施。三大主功能厅均配有国内外先进的演出配套设施设备，经过精密的声学计算，演出效果可以与国家大剧院相媲美，且音乐厅管风琴配置居全国第三，能够满足大型歌剧、舞剧、芭蕾舞剧、话剧、杂技、大型魔术、大型交响乐、民族乐、服装发布会、新闻发布会等多种表演艺术形式的演出，无论是地方性的惠民演出还是国际性的大型演出，均可以实现。

2. 技术质量可持续

艺术中心在筹建之初，便未雨绸缪，对项目的设计特点、技术难点、质量目标等各方面进行科学决策、周密部署，使其对灾害的易损性和损失性降到最小，保证了项目的耐久性、可靠性、维护性。项目造型独特、结构设计新颖，施工工艺精湛、施工质量过硬，拥有缓粘结预应力施工技术、钢结构铸钢件高空安装定位方法、高大空间军用梁及军用墩模架施工工法等多项新型专利技术；研究编制的舞台机械系统、灯光设备系统、音响设备系统等五项企业验收标准，填补国内质量验收标准的空白；项目造型、结构、空间、设备均具备灵活性、实用性和可更新性，缩短了项目的更新使用周期，并在工程建设领域中起到了很好的借鉴作用。

3. 能源、环境可持续

艺术中心以"绿色、科技、人文、可持续性"建设理念为指导，针对项目设计、施工、周边的环境可持续性进行多方面研究，严格按照国家相关规定，采用先进设备、技术和设施，最大限度地减少对能源、水资源和各种不可再生资源的消耗，对项目及周边环境和生态系统不产生不良影响，同时，外部的休闲景观也进一步深化了文化艺术内涵，提高了文化艺术中心的环境品位。

4. 社会影响可持续性

近年来，沈阳的节庆文化、社区文化、田园文化、广场文化等为沈阳百姓日常生活增添了幸福感，同时展现了城市文化色彩，使城市更具活力。同时，艺术中心的投入使用，为具有深厚文化积淀的沈阳文化演艺团体提供了实施演出和专业训练的一流场所，创造了展示专业演艺团体实力和魅力的舞台。享誉国内外的京剧、评剧、话剧、杂技、歌舞、曲艺等沈阳专业艺术院团可以在家乡的艺术中心为百姓呈现精彩演出，让百姓真正欣赏和体验家乡的专业文化内涵和潜力，让百姓受益，让盛京文化绽放异彩。

艺术中心的落成，为沈阳市民和旅游观光者提供了一个学习艺术、鉴赏文艺、展示才艺的重要平台，以及观光旅游、休闲娱乐的重要场所，对促进沈阳区域文化的发展，提高本地专业艺术院团的专业水平，扩大其知名度，对丰富沈阳市民业余文化生活、提高市民生活质量起到了积极作用。

5. 运营管理模式可持续

艺术中心由沈阳五里河建设发展有限公司负责建设，项目建成后移交至沈阳市文化广电出版局，并由其委托沈阳保利大剧院管理有限公司运营管理。沈阳保利剧院管理有限公司具有专业化、市场化、标准化的管理水平和管理规范，能够积极配合我市政府管理剧院运营模式的需要，充分利用其演出业务资源优势及院线平台优势，与国内各大剧院组成院线联盟、资源共享，打造信息联通的经营、服务、发展体系，与国内外高档演出剧目合作，将众多优秀演出作品和世界精品演出带到艺术中心的舞台，打造沈阳市具有综合特色的文化演出阵地。

6. 拉动国民经济可持续性

本项目地处沈阳市核心区域，是城市金廊经济商圈以及交通、商业、旅游的繁华地带，特殊的地理位置已经形成苏家屯、新民、辽中、虎石台等周边地区抵达艺术中心观看演出、观光旅游、购物的半小时经济圈，以及鞍山、盘锦、本溪、铁岭、法库等城市抵达艺术中心观看演出、旅游、购物的 1 小时经济圈。在"金廊"与"银带"交汇处将日益形成集商业购物、旅游开发、娱乐休闲、餐饮服务、高雅艺术欣赏于一体的浑河沿岸新的经济带、商业中心和旅游景区，对拉动周边及地方经济相关产业发展，促进 GDP 增长，起到积极的作用。同时，各企业在参与艺术中心的建设过程中积累了丰富的经验，并为企业开拓建筑市场，奠定了一个高含金量、绝无仅有的工程业绩，成为企业谋求发展的无形资产，从而促进了建筑业良性发展。

16.4.7 存在问题与建议

经过对艺术中心项目前期决策、建设实施、项目运营等全过程的评价，可以看出本项目整体建设管理水平在国内是先进的；建成后运营情况良好，起到了引领文化产业发展的作用。但回顾过去，建设者仍认为存在一些不足，分析如下，希望能为后续建设者提供借鉴。

1. 初期功能定位不清晰，造成项目方案久拖未决

本项目自 2008 年 4 月 7 日确定了由德国奥尔＋韦伯＋建筑师建筑设计事务所、中国中元国际工程公司、沈阳市建筑设计单位三家联合设计的包含 1200 座音乐厅、500 座室内演奏厅与美术馆三部分功能，红线内用地面积 45499m²，总建筑面积 45694m²，建筑物占地面积 6071m²，到 2010 年 3 月 17 日最终确定内设 1800 座综合剧场、1200 座音乐厅、500 座多功能厅，红线内用地面积 65143m²，建筑面积 85509m²，建筑物占地面积 20990m²。期间使用功能、建筑规模、占地面积、工程投资反复调整，历经六次重大变化后确定。上述调整使得工程开工时间延后两年，给工程投资、工期等带来若干连锁性影响。建议今后建设单位在立项阶段论证清楚城市定位、功能需求及建设标准，在征集设计

方案阶段就明确条件，避免拿到一个设计方案后反复修改。

2. 设计方案不尽合理，造成投资等多方面不利影响

本项目最终确定的设计方案为钻石形状玻璃外壳，内部 1200 座音乐厅叠加在 1800 座综合剧场上方，500 座多功能厅与 1800 座综合剧场平行设置。此方案给工程带来以下几点不利影响：

（1）玻璃外壳加大投资，不利清洗

沈阳地处严寒地区，节能措施要求高。玻璃材质节能效果差，为实现节能效果，经过反复论证和实验检测，最终采用 8mm Low-E 双银 ＋ 12A ＋ 6mm Low-E 单银 ＋ 12A ＋ 6mm ＋ 1.52PVB ＋ 6mm 双中空夹层 4 片全超白钢化玻璃。尽管采用此种玻璃满足了节能要求，但其造价高昂，玻璃幕墙造价高达 5000 元 /m²，是常规玻璃幕墙造价的两到三倍。

玻璃外壳为 64 个不规则三角形切割面组成的钻石形状，受北方气候影响，建成后容易落灰，不易清洗。尽管预留了清洗用的蜘蛛人挂点，但因清洗费用高、耗时长、危险性大，工程运行 1 年来尚未进行过清洗。

（2）混凝土结构体系增加施工难度和投资，延长了工期

本项目通过采用超大截面混凝土梁＋缓粘结预应力＋低氯离子混凝土设计及施工技术，解决了设计方案中音乐厅悬挑＋悬挂不规则的钢筋混凝土复杂空间结构的技术难题。尽管顺利安全完成了结构施工，但这种结构体系给工程施工带来了较大难度，支撑体系超出现有规范，仅支撑措施费就比常规支撑体系增加 600 万元，工期比单层结构延长了 3 个月。

（3）上下大空间叠加不利于消防疏散

1200 座音乐厅属人员密集场所，叠加在综合剧场上空，底标高 25m，给人员疏散带来困难。经过消防性能化设计并组织专家论证，增加了消防疏散通道宽度，在 7.5m 和 0.00m 两个共享大厅设置准疏散安全区才得以通过审批。

3. 政府采购效率低下，带来施工期被动抢工

本项目大型设备如管风琴、直燃机组、空调机组、水泵、冷却塔等采取政府采购招标模式。政府采购审批流程长、环节多、效率低，评审方法不尽合理，造成多次采购不成功。如管风琴自 2011 年 3 月开始第一次采购招标，到 2012 年 12 月，历经 10 个月共 5 次招标方成功选定中标单位，其余设备采购也经历 2～3 次招标方成功。一度影响现场施工进度，建议政府部门重新考虑审批流程、提高采购效率。

第5篇

工程实践案例

文化场馆项目按照建筑功能性质不同，具体可以分为博物馆、美术馆、科技馆、图书馆、档案馆、剧院等建筑类型，随着城市发展的需要，文化商业综合体也陆续出现，不同类型建筑往往具有较大差异，工程咨询与管理方面各有侧重点。本篇收集了9个具有代表性的全过程工程咨询实践案例，进行了系统分析。

此书稿编写之际，部分工程实践案例仍处于项目前期实施阶段，其编写内容也是对项目前期实践成果的总结。同时，考虑该部分项目的保密性要求，对该部分工程实践案例进行保密性处理。

第 17 章　SZ 歌剧院

17.1　项目概况

项目选址位于滨海区域，项目用地中间有一条市政道路穿过，将项目用地分为南北两个地块。项目南区用地建筑面积约 10.8 万 m²，北区用地面积约 3.1 万 m²，南北区设置地下连接体。

项目总建筑面积约 19.68 万 m²，其中南区建筑面积 19.08 万 m²，包括主要展演功能区 7.68 万 m²、公共服务和文创体验区 2 万 m²、配套及停车设备用 5.48 万 m²、方案造型引带来的其他空间 3.92 万 m²；地下连接体 0.6 万 m²。主要建设歌剧厅 2100 座，以西方歌剧为主；音乐厅 1800 座，以交响乐为主；小歌剧厅 1000 座，以中国戏剧、轻歌剧为主；多功能剧场 500 座，用于各种表演和音乐演出等。项目总投资 54.53 亿元。项目目前处于设计阶段，尚未开工建设。

17.2　项目特点与重难点分析

17.2.1　项目特点

1. 项目定位高

项目定位为创作生产和演出结合的大型歌剧院综合体，以高雅文化浇筑城市灵魂，以独特形象彰显城市精神风貌，打造世界级高标准艺术殿堂、国际文化交流新平台、艺术文化新地标、世界级文化旅游目的地。

2. 项目标准高

项目承载了市民对高品质文化生活的期待。歌剧院片区将作为一个整体，以歌剧院为核心，打造海岸、街区、建筑、公园一体化的文化艺术带，展现山海一体、充满魅力的滨海标志性景观，营造永不落幕的公共文化生活，将片区打造为国际知名人文活力海湾。

3. 功能大而全

项目南区功能定位为以歌剧厅、音乐厅、小歌剧厅和多功能剧场为主的核心展演功能区，以歌剧艺术交流、文化展览、教育休闲为主的公共服务和文创体验区，停车库和设备用房为主的演出服务及配套设施；北区功能定位规划为以歌剧创排、歌剧制作、仓储等功能为一体的歌剧制作基地。

17.2.2　总体建设重难点

1. 项目的特殊性

作为演出生产经营相结合的剧院综合体，建设规模及投资大；方案造型复杂，与常规剧院做法相比，舞台抬升高度 19m，并采用约 30m 大悬挑结构构件及 65m 大跨结构形式。

应对措施：对标国内外一流剧院，实现项目定位；与审批部门充分沟通，确定建设投资规模，组织设计单位开展限额设计；开展方案可实施性论证，组织设计单位开展大屋盖建筑、消防、结构、剧院运营等专项研究。

2. 项目的标志性

设计方案为国际一流设计团队创作，设计理念将建筑、音乐、大海融为一体，体现建筑与海的关系；设计创意对材料、构造及实施提出更高要求，打造出极具标志性的建筑效果。

应对措施：项目进行设计方案国际竞标，确定中标方案后，组织设计单位开展设计方案建筑效果及材料研究；开展材料专项调查研究，严格把控建筑设计样板，进行材料实地考察，确保样板的可落地性。

3. 项目的专业性

项目涉及剧场声学、舞台工艺、灯光音响等专业性设计内容；涉及公众、演职人员流线等复杂流线，比常规设计更加复杂。

应对措施：优选施工图设计总包单位，重要专项设计如舞台、声学、景观等优选国内外一流设计单位分包；组织设计单位进行流线专项研究，组织交通咨询顾问、全过程工程咨询单位严格把关，组织剧院运营专家组评审。

4. 项目的国际化

项目团队国际化程度较高，如方案设计单位、声学设计单位、舞台工艺单位等均为外方单位；选用的设备需要国际采购，如管风琴、灯光音响等，可能涉及合同法律风险。

应对措施：全过程工程咨询单位开展全过程合同管理，合同签订前做好不同合同界面划分及合同谈判，实施中及时进行合同跟踪及检查，做好合同中相关要求及支付管理；同时，引进项目专项法务顾问，进行项目全过程法律风险分析，以合法规避风险。

5. 项目协调工作量大

项目参建单位众多，涉及使用单位、建设单位、全过程工程咨询单位、设计单位、施工单位及各分包单位、周边工程（地铁工程、市政道路工程）等单位，协调难度大。

应对措施：引入全过程工程咨询单位，协助建设单位开展全过程管理，为建设单位设计管理、工程管理增添力量，满足项目精细化管理、高质量建设的需求；建立与周边工程项目沟通协调机制，确保高效沟通。

6. 项目建设条件复杂

项目与城市轨道地铁工程、市政道路地下快速交通改造工程同期建设；场地三面临海，施工受海堤安全影响，场地为填海区域，固结未完成。

应对措施：提前统筹梳理工作时序，开展项目设计及施工衔接，确保各项目设计有效衔接，施工落实落地；方案设计初期，组织召开专家评审会论证项目设计可行性、后续施工可行性，以规避风险，确保落地性。

17.2.3 组织管理重难点

1. 使用方组织协调难点

建设功能需求复杂，设计阶段剧院运营团队尚未成立，剧院使用需求尚不清晰，与使用单位协调沟通工作量大。

应对措施：建立高效三级需求决策机制；召开"市重大文体设施规划建设工作领导小组、使用单位项目指挥部、使用单位＋建设单位需求推进会"，根据重要等级进行层级决策。建立需求分阶段确认机制；根据项目初步需求开展设计，通过设计反馈需求合理性，进行设计需求的分阶段确认，确保项目推进速度及品质。

2. 审批方组织协调难点

方案屋盖悬挑结构超红线、南北区连接体与地铁用地红线重叠、红线外滨海休闲带一体化设计、边防巡逻需求、消防、防潮设计等众多审批协调沟通问题难度大。

应对措施：充分借力项目定位优势，加强使用单位、建设单位高层领导协调力度，助力加快相关事项的沟通协调；充分利用 IPMT 管理机制，与审批单位如市规划和自然资源局、市发展改革委、市财政局、市住房和城乡建设局、市交通运输局、市轨道办等进行高效沟通。

17.2.4 设计重难点

1. 实现国际一流剧院声学标准

项目音乐厅的背景噪声指标选择 NR15，为剧场国际最高的声学设计指标，该标准高于国家规范等级。从设计品质、施工质量和竣工验收等各方面考虑，均需采取有效的声学保障措施。

2. 实现更优的交通通行组织

项目引入交通顾问，提前开展交通规划研究工作，梳理内外部交通条件，明确交通需求；统筹组织歌剧院与地铁、市政道路工程开展项目周边交通优化设计，确保交通设计方案落地；开展交通需求调研，调研国内类似剧院项目，稳定交通需求。

3. 实现剧院项目专项工艺目标

项目功能组合多元化，不仅专项工艺比常规项目更为全面，与国内类似剧院项目相比较，其专项工艺涉及内容更为复杂。如国内为数不多的"六宫格"舞台技术、玻璃材料屋盖、特殊消防、剧场工艺（舞台机械、灯光音响、声学装饰）、展陈等。

17.2.5　施工重难点

1. 施工技术复杂，须统筹好工期、质量与安全

项目涉及周边地铁与市政道路工程，三大项目基坑同期建设（基坑深度达 11m、基坑临海、施工交叉）；超高混凝土墙体（混凝土浇筑质量难以保证、超高混凝土墙体易失稳）；不规则造型的大屋盖（高空吊装、屋面防水、结构缝处理）；错综复杂的剧场主体结构（施工支模难度大、结构受力复杂）。

2. 复杂的机电系统、专业的剧场工艺设备、高标准声学及公共装修，需统筹好设计和施工

项目建设内容除涉及建筑、结构、机电等常规专业外，还涉及舞台工艺、剧院声学等专业，为满足剧场声学指标要求，对各类机电设备的使用参数、施工处理提出了更高要求。同时，为实现舞台工艺、剧院声学等专业设计要求，需使用舞台机械、灯光音响等各类专业设备，因此，需要精心设计、优化招标、合理统筹实施。

17.3　咨询管理实践

17.3.1　项目实施策划

1. 总体目标策划

（1）质量目标。确保市优质结构奖、优质工程金牛奖；确保省建设工程金匠奖，确保中国钢结构金奖；争创鲁班奖、争创詹天佑奖。

（2）进度目标。根据市政府会议纪要，确保完成市"十四五"重大文体设施规划建设目标，确保项目按工期计划顺利完成。

（3）投资目标。确保投资与项目品质相匹配，合理确定项目投资估算、设计概算；设计阶段实行限额设计，结算不超概算。

（4）设计目标。充分体现世界高标准艺术殿堂的定位，确保省优秀工程勘察设计奖，力争获得全国优秀工程勘察设计奖（一等奖），力争 WAF 文化类大奖（World Architecture Festival）。

（5）BIM 技术目标。争创龙图杯（中国图学学会）、创新杯（中国勘察设计协会）、全球工程建设业卓越 BIM 大赛。

（6）绿色建筑目标。争创绿色施工工地；争创绿色建筑三星认证。

（7）安全文明目标。确保市"双优"，省"示范"；力争国家 AAA 级安全文明标准工地；同时达到住房和城乡建设部以及建设单位安全检查评分 85 分，安全愿景零伤害、安全目标零死亡。

2. 建管模式及组织架构策划

（1）建管模式

与传统建设组织模式相比，应用 IPMT 管理模式主要有以下优势：

1）组织优势。通过实施 IPMT 管理模式，信息交流更直接、快捷，各参建单位管理人员协同工作，所有信息均第一时间共享，消除了沟通壁垒，降低了沟通成本，优化了资源配置。投资单位、建设单位、施工单位之间的融合进一步加强，形成一套整体机制支持项目建设，改变以往多方指挥、各自指挥的弊端，建设单位可以免去大量的管理和沟通协调工作，减少人员投入，从具体事务中解放出来，将注意力集中关注于影响项目的重大因素，确保项目管理的大方向。

2）效率优势。采用 IPMT 管理模式分工协作效率高，可以充分发挥建设单位的优势，有利于建设单位在设计管理、招标采购、进度投资等方面的主导作用，从而对参建单位的管理更加有效，更有利于发挥建设单位的项目管理能力。

3）集成管理优势。IPMT 管理模式的特点，决定了项目进展中各管理层必须密切配合、相互融合、相互协调，确保项目进度计划要求。这种模式有利于发挥建设单位的集成管理优势，促进各阶段工作的合理衔接，实现建设项目的成本、质量、进度控制目标，从而获得更好的投资效益。

综合考虑项目情况，为了进行全面深入的管控和精细化管理，本项目建管模式采用 IPMT ＋ EPC ＋全过程工程咨询。

（2）组织架构策划

1）IPMT 组织结构

本项目组建 IPMT，以"统一指挥、协调控制、合理分配、灵活简约"的原则，建立扁平化矩阵式组织架构，纵向划分为决策层、管理层和执行层三个层级，横向由各平行的职能部门或工作执行小组组成。项目 IPMT 牵头单位为使用单位和建设单位，成员单位为市发展改革委、市规划和自然资源局、市住房和城乡建设局、市交通运输局、市轨道办、区政府等，包括审批管理组、需求管理组、建设管理组。实施策划项目总体架构如图 17.3-1 所示。

IPMT 工作职责如下：

① 审批管理组：使用单位和建设单位根据职责分工，各自牵头办理项目建设涉及的相关报批报建手续，负责投资转固和产权登记等工作。市发展改革委、市规划和自然资源局及住房和城乡建设局等单位负责项目可研及概算、资金计划、用地规划、施工许可、项目验收等手续审批；市财政局负责项目建设资金拨付、决算结算等手续审批。

② 需求管理组：组织项目需求提出、研究和确认，明确项目规模、建设目标、功能用途、运营管理单位、景观设计、交通需求等，制定运营管理要求，牵头办理前期审批手续。组织 IPMT 会议或收发正式函件，对项目方案设计、初步设计、施工图设计三个阶段的需求进行确认。

③ 建设管理组：组织项目设计深化和建设实施，牵头办理项目建设中的报批报建手续，协调处理与周边地铁交通项目相关事宜，负责项目建设进度、质量、安全、投资管控、项目验收、项目移交等工作。

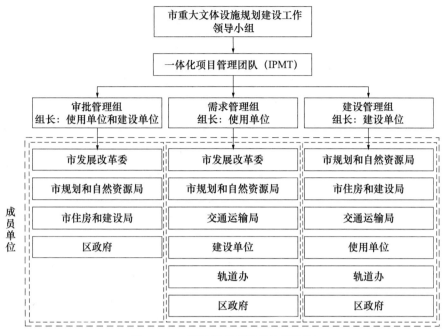

图 17.3-1 实施策划项目总体架构图

2）项目组织结构

为贯彻落实市委市政府有关工作部署，高效推动项目建设工作，决定成立建设单位项目建设指挥部，负责项目建设的全面统筹指挥，指挥部办公室设在项目综合组，负责指挥部的日常工作。下设前期设计管理组、工程管理组、材料与设备组、信息科技组、造价管控组、项目综合组等六个工作组，工作组人员及职责具体如下：

项目综合组：统筹项目信息资料收集上报、会务信息化、物资保障、重要公文的审核把关、对外宣传和沟通协调等工作。

设计管理组：负责项目前期需求、可行性研究、概算编制和申报，组织开展规划、方案、初步设计、施工图设计和施工配合等管理工作，并负责相关的招标、合同与成本管理。

工程管理组：负责项目建设进度、质量、安全、投资管控，负责办理项目相关招标、合同、造价管理、结算、决算等管理工作。

材料与设备组：负责研究幕墙、装饰、园林景观等主要核心材料以及舞台工艺、声学、绿色低碳等专项技术，以及视觉样板的制作。

信息科技组：负责项目 BIM 技术应用、项目建设信息化等工作。

造价管控组：负责项目投资控制管理，包括可研、概算、招标控制价、结算、决算等各项管理工作。

全过程工程咨询单位成立全过程工程咨询项目管理部，下设 6 个管理部，即综合管理部、造价管理部、招采管理部、设计管理部、工程管理部、工程监理部等。建设单位、全过程工程咨询单位、设计及施工单位三线并行，矩阵式管理，全面系统有序推进项目建设。项目组织结构如图 17.3-2 所示。

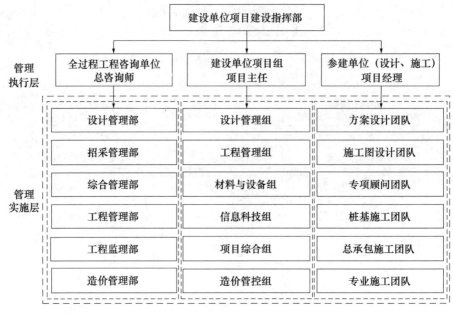

图 17.3-2　实施策划项目组织结构

3. 招标管理策划

（1）总体原则

1）多种招标方式相结合。包括但不限于公开招标、邀请招标、预选招标、单一来源采购、竞争性谈判（磋商）等。

2）桩基施工先行。打破传统模式（概算批复后与施工总承包一起招标），实施土石方开挖、基坑支护、桩基施工先行招标。

3）专业导向原则。SZ 歌剧院含舞台工艺、声学装修等专项内容，规模大，委托专业承包商进行建设实施，更有利于提升项目品质。

4）全范围择优。优选国内外优质承包商、精细策划招标方案、创新招标举措、发挥建设单位集中管理优势。

（2）施工总承包单位招标

项目拟采用一个标段进行施工总承包招标，初步拟定招标范围包含：主体结构工程、钢结构工程、给水排水、暖通、机电安装工程、机房、设备用房、地下室工程、室外工程（市政管网、场地整形）等。待取得概算批复后，再组织总承包施工招标。

4. 投资管理策划

（1）投资控制目标

开展同类项目投资调研，进行投资对比，合理测算本项目投资估算和设计概算，依据批复概算设置目标成本，严格控制，避免预算超概算、结算超概算。

（2）投资控制重点及难点

1）工程地质条件较差，属于填海区，根据初勘报告，存在大量孤石，桩基施工宜采用超前钻工法，投资控制难度大。

2）工程整个屋面采用玻璃材质，外表皮采用玻璃砖，材料单价高，幕墙排版形式越复杂单价越高；对具有声学设计要求的功能区域，声学装饰造价远高于常规装饰，声学装饰构造越复杂，造价越高。

3）舞台机械、舞台音响、舞台灯光多数为非标材料、设备；同时，大空间对于空调系统配置要求较高，需进行观众厅座椅下送风；舞台工艺设备对于供电配电保障及用电质量要求较高，投资控制难度大。

（3）投资控制措施

1）设计阶段

① 全过程工程咨询单位进行造价精细管控，提出优化意见。

② 设计阶段提供主要设计样板，使用单位、建设单位及全过程工程咨询单位共同参与设计，确定建筑材料以及设备系统，减少施工阶段选材问题导致的变更；复杂节点、基坑、基础等影响大的分项工程细化至施工图深度，确保概算的精确性。

③ 严格控制施工图和初步设计统一性；控制施工图质量及设计深度，避免施工过程大量变更。

2）施工阶段

主要材料全部在施工图阶段进行封样，控制变更，加强设计变更审核，减少变更数量；剧院工艺顾问配合审查剧院设计方面的重大设计变更。

5. 进度管理策划

（1）项目建设工期策划

开展国内类似剧院项目调研，结合本项目特点分析论证，研判本项目建设工期约5年，以此为依据制定项目里程碑节点计划。

（2）保障措施

① 细分进度计划，建立例会制度，提升管理效率；重点任务落实到人，按照时间节点，逐条督办，如图 17.3-3 所示。

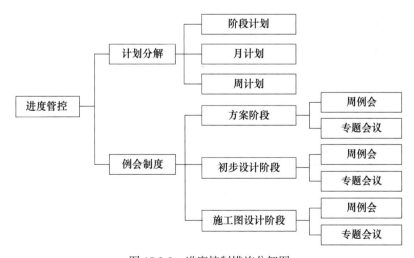

图 17.3-3　进度控制措施分解图

② 根据项目建筑分布情况，现场分区分层开挖建设，采用流水施工作业，科学统筹；制定本项目与周边工程的建设时序，保障项目建设有序推进。

6. 设计管理策划

（1）需求管理

通过对方案设计、初步设计、施工图设计、深化设计等不同阶段需求内容进行分解，充分发挥全过程工程咨询单位主观能动性，编制设计任务书，及时与使用单位沟通，对需求进行分阶段确认，对使用单位需求提资百分百做到留痕管理。

（2）设计成果质量管理

通过全过程工程咨询单位流程化监督控制及建设单位的履约考核制度，采取以下措施：

1）建立完善的设计成果审核制度。设计成果由使用单位、建设单位、全过程工程咨询单位多维度审核，明确责任；全过程工程咨询单位将审核意见清单化，统一汇总，落实专人对接。

2）设计项目负责人牵头管理、主创设计师效果把控。注重主创建筑师主导，全过程设计质量控制。由项目负责人统筹管理，并对联合体内部运行机制全面负责。

3）运用高效先进的设计工具及措施。开展 BIM 正向设计，采用 BIM 手段提高设计质量。

4）驻场设计。设计工作的重要节点时期，要求设计团队驻场设计，便于提高沟通效率、加快设计进度。

5）设计例会、专题会议。通过定期会议，集中解决技术、进度、质量和投资控制问题。

（3）专项设计品质管控

1）将专项工艺设计纳入施工图设计承包招标，由施工图设计承包单位负责专项设计合同管理，切实打通专项设计与建筑设计的沟通路径。

2）通过三家以上比选，择优选择专项设计分包团队，对专项设计团队的人员进行面试审核。

3）发挥使用单位资源，在相关工作开展前，加强专项设计流程控制，参观学习交流，完善专项设计任务书，并由使用单位对专项设计成果进行预评估。

4）在管理过程中，全过程工程咨询单位严格控制专项设计条件的信息输入，由专家咨询平台顾问审核设计条件，就设计成果组织专家顾问评审。

7. 质量及安全文明管理策划

（1）质量创优策划

明确第三方质量评估、统筹管理、领导带班检查制度、6σ精益化管理等创优管理机制，制定创优相应措施。

（2）质量安全文明管理策划

1）贯彻六个统筹管理

明确质量安全文明管理目标，贯彻六个统筹管理，即统筹工期进度，把握关键节点，压实主体责任；统筹优势资源，督促各参建单位将优质资源整合到项目建设中；统筹现场管理，优化组织设计，明确责任，坚守底线，加强动态管控；统筹技术管理，以流程化、清单化、可视化的指导书，把组织设计、专项方案的措施落实到位；统筹策划、部署、推进和检查工作，有针对性地加强管理人员和员工的培训工作，以精细化的管理弥补建筑工人缺乏的短板；统筹监督检查和奖惩工作，通过考核评价和激励措施，发挥杠杆效应，确保各项工作落到实处。

2）6S 管理及管理清单

制定 6S 管理措施，实施四个管理清单，即预防措施清单、预警清单、应急响应措施清单、复工检查要点清单。

3）成立"四队""一制"

成立"重大隐患整改队"，对发现的隐患立即整改落实；成立"6S 专项管理队"，按6S 管理标准持续完善现场文明施工与工作环境；成立"违章作业纠察队"，针对人的不安全行为，及时制止，管理责任落实到分包单位，配套奖惩措施要执行到位；成立"技术把关队"，重点对危大工程技术方案、安全技术交底、作业指导书进行审核把关，贯彻落实；建立以网格化责任制为基础的"楼栋长制"，确保项目所有区域、工段、工区、楼栋、楼层等空间的质量安全隐患问题及 6S 管理问题有专人负责监督、专人负责整改落实。

（3）材料设备管理策划

项目涉及大量的非标设备，如舞台机械设备、舞台灯光设备、舞台音响设备、管风琴、反声罩、超大超宽隔声门、特殊玻璃、特殊石材、声学座椅、特大显示屏等，实施品牌推荐、限定参数、带样招标、厂家考察等材料设备控制策略。从源头把控材料设备质量，本工程拟对重要货物设备及影响结构安全、装饰观感的大宗材料、构配件等进行厂家考察。由全过程工程咨询单位编制考察计划，施工总承包单位、全过程工程咨询单位、建设单位项目组、建设单位机关等组成考察组，对生产厂家的生产规模、生产工艺、质量保证系统、材料及设备的生命周期、供货周期、售后配件的质量等进行实地考察；通过现场考察比较，了解各厂家设备的构造、功能、特性、优点和价格，为下一步采购材料及设备提供详细的资料和依据。

8. 报批报建管理策划

根据项目实际情况，按照立项阶段、方案与可研阶段、初步设计与概算阶段、施工图设计阶段等不同阶段梳理报批报建的审批事项和相关流程；相关报建工作申报后，应及时跟踪审批流程，并做好协调与沟通。对于审批不予许可或退文情况，应积极协调后续处理工作，如遇不能解决的问题应及时上报；实施清单化管理，项目前期管理工作流程，详见附录 2。

9. 合同与履约管理策划

（1）明确目标

确定合同履约评价目标、实现投资控制目标、实现工程如期完工并移交、实现质量控制及安全管理等目标。

（2）管理方法

1）对合同进行分级分类管理。合同按照类别进行分类管理，定期对项目合同台账进行更新；结合合同体系、合同范围、承发包模式、合同种类、招标方式及合同条件判断合同风险，结合合同条款进行风险预控制。

2）引入专项法律顾问，全过程严格把控合同风险。组织法务咨询单位及时进行合同审核，主要涉及合同招标挂网前、合同中标谈判及合同履行过程中，直至合同履行完成全过程把控，降低合同履约风险。

3）严格进行合同履约评价工作。参考第三方巡查对工程质量安全评价结果，结合合同要求的各工作具体的履行情况，具有针对性和有效性地进行合同履约评价，制定奖罚办法，奖优罚劣，构建起创先争优的氛围。

10. 资源管理策划

结合项目本身定位，为提升项目品质，通过整合使用单位、建设单位及其他参建单位的行业资源，为项目量身搭建专家咨询平台，引入剧院建设、剧院运营以及剧院艺术家等资源，为项目设计、施工、运营全生命周期品质实时把控。

11. 专项策划

（1）目标信息化与标准化策划

1）BIM 信息化管理

项目采用 BIM 全过程精细化管理模式，采用统一标准、统一平台，实现数字化交付，正向设计应用于施工、运维各阶段；搭建项目 BIM 协同管理平台，开展全过程 BIM 技术应用。

2）智慧工地

利用建设单位智慧管理平台，通过 AI 视频、物联感知技术对工地场景中的施工机械、建筑材料、施工规范、特种设备管理、绿色施工、工地巡检等业务实现在线智慧化管理，沉淀工地监管数据，从机械设备运行数据、环境监测数据、车辆清洗数据、巡检隐患数据等多维度分析工地管理现状，实时更新施工现场数据，全方位感知施工现场状况。

3）智慧建造

基于 BIM 的智慧工地平台管理系统，综合运用 BIM、物联网、云计算、大数据、移动通信等技术手段，实现对施工现场人、机、料、法、环的全面监控与分析，实现项目的全面管控。

4）档案管理

① 利用项目管理平台。指定专人负责，及时要求各参建单位分阶段、分批次及时上传成果文件，实现各单位成果档案高效收集及电子档案存档；按建设单位档案管理清单要求，对档案进行分类管理，统一档案归口，及时进行档案收集、汇总，并做好档案分阶段归档工作；使用平台高效的检索能力，提高档案查找效率。

② 引入专业摄影服务团队。为留下全过程建造影像记录，开展专项摄影单位招标，进行项目建造全过程摄影，制作项目全过程建造视频影像记录。

5）标准化建设

项目依据建造工艺标准，功能、设计、选材、绿色节能等产品标准，需求研究、前期策划、招标采购、验收交付、履约评价、运行维护等政府工程管理标准进行项目建设。

（2）全生命周期运维管理策划

1）设计阶段明确运维管理目标。在设计各个阶段充分考虑项目功能需求的同时，本着绿色经济的原则，对项目全生命周期的综合价值进行预分析，通过采用先进的技术打通运维管理的新模式，适度超前采用智能化、信息化的运维管理手段。

2）完善运维需求，建立运维数据库。项目施工过程中应结合本工程特点对剧场、展厅、舞台中心、商业漫游区、城市客厅等各个功能区块，进行运维管理需求的分解，及时构建满足运维需求的 BIM 建筑模型、建筑设施信息数据库、楼宇自控系统和 FM 管理系统等模块。

3）做好数字化资产移交。项目竣工后，及时进行数字化资产移交，数字化资产移交前，首先组织全过程工程咨询单位、运维单位、设计单位及施工单位对数字化资产进行检查，确保模型满足运维的深度及使用要求，确保数字化资产的有效移交。

4）建立完善的运维反馈机制。项目试运行及竣工验收阶段，需施工单位编制详实的项目使用手册，并对运营方（使用单位）进行设备、设施操作使用指导，直至运营方完全具备操作使用能力；同时需对主要设施设备进行清单化梳理，明确相关厂家信息，便于质保期后的运维管理。

17.3.2　技术咨询论证

1. 竞赛方案可实施性论证

（1）组织市场调研

结合 SZ 歌剧院项目竞赛方案的特点，组织开展类似剧院项目考察，包括但不限于国家大剧院、上海大歌剧院、江苏大剧院、天津茉莉亚音乐学院、上音歌剧院、珠海大剧院、廊坊丝绸之路文化中心、大连国际会议中心、重庆大剧院、巴黎巴士底歌剧院、里昂歌剧院、台北表演艺术中心、香港戏曲中心等，形成调研报告。

（2）组织专家论证会，编写方案可实施性评估咨询报告

鉴于项目设计方案复杂程度均高于国内同类剧院项目，自项目建筑方案国际竞赛完成后，全过程工程咨询单位协助使用单位、建设单位先后多次组织召开方案可实施性专家会，广泛听取业内权威专家在规划、建筑、结构、幕墙、消防、造价、流线等方面的意见，从经济性、技术性、安全性、可行性等方面开展方案综合评估，编写方案可实施性评估咨询报告，并组织设计单位对竞赛方案进行优化。

2. 开展歌剧院地铁站站位研究

（1）项目背景

项目主体建筑距离规划的地铁歌剧院站较近，存在声学影响，需要开展地铁站位方案比选。

（2）项目剧场声学指标

项目各核心观演厅堂具体声学背景噪声指标，如表17.3-1所示。

项目不同观演厅堂声学背景噪声指标表 表17.3-1

类别剧场	歌剧厅（2100座）	音乐厅（1800座）	小歌剧厅（1000座）	多功能剧场（500座）
背景噪声	≤NR20	≤NR15	≤NR20	≤NR25

（3）项目声学研究

1）选定类似项目地铁振动测试点进行现场实测，通过市场调研与筛选，选定类似项目地铁振动测试点进行现场实测。

2）开展类似项目地铁振动引起的建筑物内二次辐射噪声实测值与NR15指标比较，如表17.3-2所示。

地铁振动引起的建筑物内二次辐射噪声实测值与NR15指标对比表 表17.3-2

序号	测点位置	测试时状况	中心频率（Hz）				
			31.5	63	125	250	500
1	NR15噪声评价曲线		65	47	35	25	19
2	实测点1	地铁运行	52.5	53.9	52.5	45.9	28.4
3	与NR15的差值		−12.5	6.9	17.5	20.9	9.4
4	实测点2	地铁运行	43.5	50.6	53.7	42.3	34.5
5	与NR15的差值		−21.5	3.6	18.7	17.3	15.5
6	实测点3	地铁运行	42.1	47.3	49.5	37.3	32.1
7	与NR15的差值		−22.9	0.3	14.5	12.3	13.1

3）组织声学顾问编制并提交《声学前期地铁交通噪声与振动影响评估和研究》报告，报告给出如下结论：

不论是设站方案1还是设站方案2，采用合格的浮置板轨道（FST）系统均可大大降低地铁运行产生的振动和噪声。不采用浮置板轨道时固体噪声会大大超过项目标准，而采用浮置板轨道就可以提高本项目达到噪声与振动标准的可能性，尽管在10~20Hz范围内结构振动级会略有提升。采用浮置板轨道也将使本报告没有包含的区域受益。

（4）组织专家论证

特邀请国内知名声学专家评审，专家经评审形成了如下意见：

1）如果不采取隔振措施，距离轨道265m的观演建筑，振动达标，但二次结构噪声不达标。如果轨道采取"浮筑道床"的隔振措施，则振动和二次结构噪声都达标。

2）《声学前期地铁交通噪声与振动影响评估和研究》报告所给出的"建议地铁在通过大剧院区域采用弹簧浮置板减振结构"的结论是正确的，能够满足项目的减振降噪要求。

3）虽然计算结果表明，项目结构和地铁轨道的结构可以连接在一起。考虑计算误差以及实际情况的复杂性，还是希望结合隔振层的设置，把歌剧院建筑结构和地铁轨道的结构断开，以增加保险系数。

4）目前国内地铁线路总长超过 4000km，是全世界拥有最大规模地铁工程的国家。根据国内 20 年的地铁减振降噪工程实践的经验，基本事实是：地铁线路采用钢弹簧浮置板减振后，可降低 7～20dB 的振动。这种情况下，只要建筑的连续结构的任意边缘与地铁线路超过 80～100m，噪声振动问题基本可忽略不计。如北京的国家大剧院，距离地铁 1 号线 90m，其歌剧院、音乐厅、戏剧院等室内振动完全无感。

综合调研与专家意见分析，需采取地铁主动减振措施"浮置板轨道（FST）系统"；如地铁采取合理的浮置板轨道（FST）系统减振措施，两个地铁歌剧院站设站方案均能满足声学指标要求；为了防止地铁振动引起的结构二次振动噪声对剧场声学的影响，建议歌剧院建筑基础底板应与地铁结构断开，设置合理的隔振缝。

（5）结论

全过程工程咨询单位协助建设单位对地铁歌剧院站设站方案进行研究，结合项目最新设计方案，以声学研究结论为主要依据，综合考虑城市设计、轨道交通、施工组织与征地拆迁难度等各影响因素，经征求使用单位、市轨道办、市地铁集团等单位意见，最终确定地铁设站方案。

3. 开展舞台抬升论证

为了把地面空间更多地留给市民，本项目建筑方案主创设计师将项目核心展演区四个剧场舞台和观众厅作了抬升设计处理，由于舞台抬高，造成舞台设施和道具必须采用垂直运输方式，导致可能出现装台效率低、消防疏散难度增加、能耗较高等问题。全过程工程咨询单位协助建设单位就建筑形式与建筑功能平衡、公共安全和剧院后续运营管理等方面的问题，组织开展市场调研。一方面聚焦于项目与城市关系，认为设计理念新颖，非常有创意，有建设成为未来经典歌剧院和旅游打卡地的可能性。在提供多样性的可达方式、优化建筑体量和内部 VIP 流线、进行消防性能论证之后具备可实施性。另一方面关注剧院本身的功能和后续运营管理，认为剧院要好用好演。建议设计单位要对垂直升运能力、演职人员的流线和功能用房面积、剧场抬高与现有剧场安全标准的可行性进行充分研究。

同时，通过实地考察大连国际会议中心、重庆大剧院、北京天桥文化艺术中心等类似项目，调研巴黎巴士底歌剧院、里昂歌剧院、台北表演艺术中心等类似项目，结合运营方反馈意见，全过程工程咨询单位综合判断，认为舞台抬升没有影响演出效果和观众体验，垂直运输技术可行，相关完善措施如下：

（1）舞台和大厅的抬升可以创造良好的海景空间，避免潮湿的台仓对设备的影响。在设计方案中，抬升的舞台和大厅更能把首层公共空间提供给公众，建立建筑场地与滨海步道的联系。

（2）采用垂直运输的舞台布景货运方式技术上可行，需要运营时定期开展维护保养。相较同层卸货剧场，采用垂直运输的舞台布景货运方式会增加运输时间，SZ 歌剧院项目需对货梯进一步优化，减少运输时间。

4. 引进专业的交通顾问，开展交通研究

综合考虑本项目涉及地铁歌剧院站、市政道路下穿及其附属设施、南北地块地下连接通道等交通设施，聘请专业交通顾问，并与市交委、地铁公司共同成立歌剧院片区交通指挥部，综合协调、统筹规划，为本项目预留最好的交通条件，并研究南北两区交通连接方案。

5. 引进专项法务，强化合同管理

开展项目专项法务招标，进行项目全过程法律风险分析，规避法律风险；全过程工程咨询单位开展全过程合同管理，做好合同签订前不同合同界面划分及合同谈判，做好实施中合同跟踪及检查，做好合同中的其他要求及支付管理。

17.4 咨询管理成效

17.4.1 健全项目管理组织机制

1. 组建 IPMT 管理模式

本项目具有投资额大、技术性强、科技含量高等一系列特点，为实现项目在质量、安全、工期、成本全面受控的前提下有序推进，对项目管理模式和专业化水平提出了更高的要求。IPMT 是以资源最优化配置为导向的跨部门、跨层级的虚拟决策机构，通过延伸建设单位的职能和范围、整合项目管理方的技术和资源，实现资源共享、分工明确、信息流畅的联合管理团队。

本模式通过 IPMT 扁平化的矩阵式管理，实现了灵活高效地决策、管理和执行，全面系统有序推进了项目建设；充分发挥了团队各成员的专业技术和管理能力，有效融合各方资源和渠道，协同配合、集中攻关；在实现资源最优化配置的同时，能灵活高效地应对突发事件，确保项目决策和监督的专业性、政策性和严肃性。

2. 组建全过程工程咨询管理架构

项目通过打破常规管理模式，以国际化、市场化的思路，创新项目建设管理机制，组建全过程工程咨询项目管理部，设置项目指挥长、项目总咨询师、项目技术负责人和项目总监理工程师，下设 6 个管理部，即综合管理部、造价管理部、招采管理部、设计管理部、工程管理部、工程监理部，按照矩阵式管理模式组建各专业小组，与建设单位指挥部项目组联合办公。

3. 搭建项目专家咨询平台

为确保项目实施做到专业决策，全过程工程咨询单位面向社会广泛整合业界专家资源，组建专家咨询平台。该平台目前共收录了 158 位剧院相关领域有着丰富经验的技术权威专家和学者，按所擅长的领域不同，分为剧院建筑、建设与运营、剧院工艺三大专业平台。

17.4.2　高水平技术咨询服务

1. 编制设计任务书

为了确保项目设计工作高效有序推进，全过程工程咨询单位依据《项目方案设计与建筑专业初步设计国际竞赛任务书》《项目可行性研究报告》及其批复等，组织编制项目建筑设计任务书，并与使用单位、建设单位开展设计任务书多轮专题会议和专家论证，完成多版设计任务书成果，明确使用功能，为设计提供清晰需求，打造别具一格的建筑风格、定制化的舞台工艺、世界级的声学标准、高质量的演出，实现"场团合一"。

2. 明确 SZ 歌剧院项目、市政地下快速路改造工程及地铁歌剧院站工程建设时序

项目南北地块连接通道漫游层（设置在负一层），地铁歌剧院站厅下沉至地下负一层漫游层之下（即负二层）、轨道下沉至地下负三层；市政地下快速路从地铁歌剧院站南北区连接通道漫游层下方，设置匝道连接项目地下车库，三个项目空间关系紧密衔接。

全过程工程咨询单位积极协助建设单位组织以上三个工程项目的施工时间、时序、方案和设计衔接等各项前期协调工作，基于地铁歌剧院站采用的设站方式，经与地铁、市政道路建设单位多轮研究，完成了《地铁歌剧院站、市政地下快速路改造工程及 SZ 歌剧院项目的建设施工时序咨询报告》。

3. 开展交通组织设计

全过程工程咨询单位组织对项目周边交通状况进行认真分析，优化完善交通设施布局，与地铁市政快速路接驳实现零距离通行，合理提升项目交通条件。

4. 明确绿建三星设计标准

全过程工程咨询单位编制完成本项目绿色建筑策划，组织设计单位开展绿建三星设计标准研究，经多轮专家评审论证，最终明确项目绿建三星设计标准，贯彻绿色、低碳、智慧理念，突出先进性、实用性，力争打造成为世界性文化地标。

第18章　郑州大剧院

18.1　项目概况

郑州大剧院项目位于郑州市民公共文化服务区（CCD），项目总建筑面积约 12.77 万 m²，其中地上建筑面积约 6 万 m²、地下建筑面积约 6.77 万 m²。地上主要建设内容包括：1687座歌舞剧场、884 座音乐厅、421 座多功能厅、461 座戏曲排练厅、驻场剧团用房、培训教室、剧务及管理用房等。地下主要建设内容包括：地下车库（含平战结合人防建筑面积19924m²）、地下展厅、舞台台仓、设备用房、布景制作间、其他设备及附属用房等。项目先后获得河南省优质工程奖、第十三届中国钢结构金奖，2022—2023 年度国家优质工程等一批省级、国家级荣誉。

项目总投资 20.67 亿元，开工日期为 2017 年 3 月 4 日，竣工日期为 2020 年 5 月 22 日，工期总日历天数 1173 天。建成后的项目实景图，如图 18.1-1 所示。

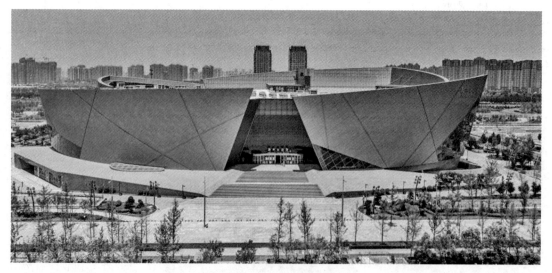

图 18.1-1　郑州大剧院实景图

18.2　项目特点与重难点分析

（1）项目定位标准高、体量大，功能复杂，新技术、新材料应用广泛，建设工程要求质量高。

（2）项目将"歌舞剧场、音乐厅、戏曲排练厅、多功能厅"四个场馆融合在长度 200 多米的大型观演建筑中，需解决交通、消防、声学、结构四个方面错综复杂的问题，以此来实现最专业、最齐全的剧院功能。

（3）项目结构复杂，建筑最长边为 204m，跨度大，深基坑、高大模板应用多，施工难度大。外围护结构采用双向倾斜 V 形空间变径钢管结构柱及外围钢桁架、屋顶平板网架，并利用下部三个混凝土单塔结构作为网架支座，组成了一种新型的特殊混合结构体系，采用了托柱转换、Y 形柱转换、搭接柱转换等多种结构转换形式。

（4）项目声学要求高，各个场馆的声学指标不同，需要通过不同工艺实现各场馆声学效果且互不干扰，达到隔声、降噪要求。

（5）项目涉及专业分包单位多，需整体谋划各个施工阶段各专业施工秩序，总体协调工作量大，专业性高。

（6）项目采用设计总承包管理模式，对设计管理要求高，设计是龙头，需要建立行之有效的沟通机制，准确全面地解决设计管理中遇到的难题。

18.3　咨询管理实践

1. 全过程工程项目管理的工作内容（包括但不限于）：

（1）组织方案选择、设计招标、工程勘察、初步设计概算编制；

（2）办理项目方案、初步设计、施工图等文件的审查审批手续；

（3）组织施工图设计、总承包单位招标、专业分包单位招标、第三方检验试验招标、设备材料选购招标等；

（4）负责办理土地使用证、工程规划许可证、施工许可证、人防、消防、绿化、市政等手续；

（5）工程合同的洽谈签订与履约的监督和管理，严格进行质量、进度、投资和安全文明施工等方面管理；

（6）编制年度进度计划、投资计划、用款计划申请；

（7）组织工程基础等各分部工程验收，参加竣工验收，协助项目竣工备案，配合结算审计，组织资产和建设档案移交、工程保修等；

（8）协助建设单位（使用单位）做好运营阶段初期项目整体移交工作，确保合同履约，实现集成管理。

2. 全过程工程咨询的实践与方法

（1）做好全过程工程咨询前期策划。明确项目开展指导方针、管理理念、文化基调，确定项目实施总体方向、目标，统一思想；在明确目标定位的前提下，统筹资源、计划、责权利关系，明确管理模式、组织方式、管理机制，指导全局工作。全过程工程咨询前期策划作为分解落实、层层推进、过程核验、反馈及纠偏的纲领性文件，也是项目落成后评估项目建设成效的重要标准与参照、总结工程实施成败得失的准绳。

（2）高度重视设计管理工作。设计管理是项目管理成败的关键一环，设计管理的好坏直接影响到项目建设的工程质量及投资控制。本项目属于设计总承包性质，设计管理的工作重点包括：组织高效的图纸会审工作，对设计方案及图纸进行优化，必要时专门组织专家论证；结合使用单位（运营单位）对设计功能进行优化，让建筑更加服务于人；对因变更引起的签证严格控制，对设计变更程序作严格限制；加快设计工作推进进度，加强设计与后续实施的紧密度。

（3）重视新技术的研发和应用。全过程工程咨询模式下的项目管理有义务推动建筑业新业态发展，积极运用数字化，在工程项目中推动 BIM 技术、智慧建造、智慧工地、智慧园区和智能建筑管理系统等新技术在工程项目中的应用，从而实现对在建项目"人、机、料、法、环"的智能管理。

（4）充分发挥施工总承包单位在剧院项目中的优势。施工总承包单位在项目整个建设周期内发挥着重要作用，因为剧院项目涉及的专业工程多，鼓励建设单位在建设资金充足和各项条件允许的情况下，在招标时除了特殊专业（如舞台机械、灯光音响、管风琴）以外的工程尽可能地纳入施工总承包范围内，避免出现过多的分包单位，导致建设单位、全过程工程咨询单位协调量大，影响工程推进。

（5）坚持以结果为导向的全过程管理。以实现建设项目各阶段目标为宗旨，整合建设项目的投资咨询、工程勘察、工程设计、工程监理、项目管理、运营维护咨询及 BIM 咨询等服务，满足一体化咨询服务需求，提高工程质量、保障安全生产、推进绿色建造和环境保护、促进科技进步和管理创新，实现资源节约、费用优化，从而提升建设项目综合效益，达到建设项目全生命周期价值最大化。

18.4　咨询管理成效

郑州大剧院项目通过全过程工程咨询模式下的科学管理、精心统筹，已于 2020 年 5 月 29 日顺利通过竣工验收，并得到了各界的一致好评。项目建设阶段顺利完成，得益于全过程工程咨询模式与各参建单位的积极配合，在建设单位的全力支持下，项目在前期策划、报批报建、设计管理、投资控制、质量控制、进度控制、合同管理等方面取得了显著成效。

1. 投资控制成效

以工程的概算 20.67 亿元作为造价控制的目标值，在项目实施前，编制《郑州大剧院项目投资控制管理办法》，实施过程中严格执行省市区政府的相关文件，严格招标投标、合同签订中的投资控制工作，为建设单位提供大量数据支撑，做好招标控制价编制，严格按合同进行计量、计价、变更确认及结算的审核，加强施工过程中各环节的控制，节约投资，控制成本，提高效益。在保证质量、进度的前提下为建设单位节省投资 2.98 亿元，将工程总造价有效控制在批复的概算之内。

2. 设计管理成效

全面统筹设计管理，积极开展剧院功能市场调查与研究，组织设计成果精细化审核，把控设计品质，从设计阶段完善项目使用功能，在项目策划、初步设计及施工图设计各阶段，专业设计管理团队针对建筑、结构、机电、给水排水、舞台机械、灯光音响等提出设计优化建议上千条，其中 90% 以上被采纳，既节省了投资，又完善了使用功能。如本项目音乐厅管风琴音栓原设计数量为 55 个，经市场调研，发现管风琴设计功能不能满足项目建设定位与演奏家的使用要求，结合管风琴演奏家等使用需求，组织知名管风琴专家论证，最终确定本项目音乐厅的管风琴音栓数量调整为 92 个，可满足国内外管风琴各类剧目的演出，为打造一流音乐厅奠定了良好的基础，满足了项目"国内一流，世界先进"的定位要求。

3. 进度控制成效

结合本项目的特点、外部复杂条件和工程复杂性，项目整体实施策划，组织编制了各类工作计划及项目管理手册、作业指导书等，很好地指导了项目实施工作；倒排工期，制定切实可行的施工进度计划，同时根据现场施工进度，定期（每月、每周、每日）组织施工进度推进会，以日保周，以周保月，以月保年，及时对工程进度采取纠偏。自项目开工以来，面对工期紧、任务重的内部环境，以及扬尘治理严厉管控的外部环境，统筹各参建单位迅速组建项目管理机构，建立完善的各项工作计划，合理组织施工，行动迅速，积极开展项目建设，制定严格的奖惩措施，最终项目竣工比计划工期提前 4 个月，大大缩短了建设周期，集中体现了全过程工程咨询的优势。

4. 质量控制成效

剧院项目是所有房建项目中最为复杂的项目，在项目前期阶段，全过程工程咨询单位就按照国家优质工程的总目标制定本工程质量计划书，做好了评优策划，施工过程要求一次成优。截至目前，项目获得了各项省级、国家级质量奖项、专利奖项、科学技术成果等数十项。

5. 安全控制成效

项目施工全过程实现了安全生产零事故的目标，得到了建设行政主管部门的一致表扬，最终获得了国家级建设工程项目安全生产标准化工地、河南省安全生产标准化工地等荣誉。

全过程工程咨询的管理模式避免了传统模式中各自为政、问题传递、责任不清等问题，规避了建设单位的管理风险，保证了工程投资、进度、质量和安全。工程投入运营以来，成功举办了 2020 年第 35 届中国金鸡百花奖颁奖典礼、2021 年黄河文化月开幕式、中国共产党郑州市第十二次代表大会等多场大型活动，目前工程各系统运行良好，功能满足设计及使用要求，建设单位和社会各界均非常满意。

第19章 SZ文化馆

19.1 项目概况

项目用地面积约 31367m²，项目总投资约 12.65 亿元，新建建筑面积 83290m²（地上建筑面积 56990m²，地下建筑面积 26300m²），建设内容包括演艺活动区（含 1200 座综合剧场和 500 座先锋剧场）、交流展示区、辅导培训区、艺术图书阅览区、业务用房、管理用房、储存后勤用房、文化服务配套、公交首末站、停车库、人防及设备用房。项目紧邻地铁 5 号线，并预留与规划地铁 22 号线的连接通道。项目已于 2022 年 8 月正式开工建设，计划于 2025 年 12 月竣工。

19.2 项目特点与重难点分析

通过重点、难点分析，查找或研究解决问题的办法与机制措施，最终实现项目目标。

19.2.1 项目特点

项目以"片区中心，国内标杆"为定位，融合教育、交流、培训、表演、展览、文创等功能于一体，是一座覆盖各种群体、各艺术门类的具有公共公益群众文化服务性质的综合性文化地标建筑。以"文化之舟"为设计理念，文化是舟，城市是海，舟与水在这里交融。漂浮于河流之上的文化之舟，通过建筑空间的匠心营造，形成了从地面到建筑内部多层次的开放共享体系。开放的入口，延伸向上的文化阶梯，将文化收拢聚集，又再次传播升华，为市民提供一艘文化"云舟"。

在功能组合方面，综合剧场、先锋剧场一起组成室内"演艺大街"，首层群众文化广场、下沉戏曲广场、4 层艺展广场与屋顶花园组成室外共享"艺术长廊"，共同创造出一个立体空间，迎接来访的市民，与"文化之舟"的概念一起，形成一个亲切、自由、开放、包容的精神家园。

塔楼地下 2 层，地上 7 层，主体结构总高度 36.0m，平面尺寸为 186.1m×89.6m。结构体系为钢筋混凝土框架－剪力墙结构，部分大跨度、长悬臂采用钢桁架，平面布置采用 8 个横平竖直的钢筋混凝土筒体（部分筒体设型钢暗柱），框架柱在不同区域分别采用钢管混凝土柱、型钢混凝土柱或钢筋混凝土柱。宏观层面，结构体系形成"多筒体巨形结构"。剪力墙主要布置于筒体、剧院周边区域。

1200 座综合剧场、500 座先锋剧场和 500 座多功能演艺报告厅，位于塔楼中部区域依次相邻布置。3 个空间屋盖形式均为大跨度，跨度为 21.0～31.2m，其屋盖采用钢桁架＋钢筋桁架楼承板，钢桁架高度分别为 2.5m、3.0m。剧场大跨度上空设置梁抬柱，形成"钢桁架抬柱"转换，以满足以上楼层转化为小空间的需求。东侧入口大厅区域，3 层通高，1～3 层通高，采用钢管混凝土柱，高度 18～24m，柱截面采用钢管混凝土柱，4～6 层主梁根据跨度需求，分别采用钢梁、钢桁架。

19.2.2　设计重难点

1. 功能分区复杂，设计规划布局难度大

场馆分为八个功能区块，每个区块按照动静划分，所涉及功能组合具有复杂性、多样性。在进行场馆设计时需认真分析空间关系及系统配置。

2. 交通组织流线多，流线设计影响因素多

本项目具有复杂的功能组合，因此各种不同的车流和人流形成平面交通和竖向流线组织，直接影响各项功能的使用，需要开展大量的数据分析工作。

3. 大悬挑、大空间结构形式，结构设计存在挑战

本项目的功能特点，在剧院及展厅部位均为无柱大空间，其中剧场楼座部分为大悬挑结构；为实现动静分离，其余功能用房按照模数化设计进行空间分割，各个单元结构降板较多，局部存在连续降板，标高变化明显。建筑整体为超长结构，较为规整，但局部造型为凸显空间上延伸，设计为大悬挑结构。

剧场区域的大跨度 30m 空间通过钢桁架或钢梁满足建筑需求；同时为实现剧场内的无柱大空间，本项目采用了空腹夹层板，有效地将结构层层高控制在柱跨的 1/30～1/20，且还可利用结构层来穿机电管线，这是本项目的又一结构设计难点。

通过合理设置后浇带及加强带，适当提高楼板的配筋率，板钢筋按"细""密"的原则配置，科学选择混凝土配比，确保超长结构整体建造质量。

由于建筑物的立面效果要求，在项目南侧主入口位置采用了钢桁架来实现 25m 的大悬挑，这也给项目的结构设计带来较大挑战。

19.2.3　施工重难点

1. 基坑阶段场地狭小、平面布置难度大

项目现场可用地面积严重不足，特别是基坑施工阶段，红线内基坑北侧仅有一片面积较小的空地，且此处受到地铁通风口影响，可用地平面不规则，场地利用率较低；红线内南侧局部空地现为儿童医院工人用房，红线内东西两侧基坑边线毗邻红线，红线外周边为市政道路及居民用房。

2. 基坑施工过程安全管控难

基坑开挖面积约 1.78 万 m²，基坑开挖深度 5.6～12.3m。基坑支护体系采用咬合桩、双排桩＋放坡、局部角撑。项目基坑西侧为河道，距离项目红线约 14.5m，且水位较高；

北侧地下为运营中的地铁 5 号线区间隧道，地铁隧道距离基坑围护结构 51m；东北侧有地铁站；南侧有 2 栋小高层建筑，距离基坑边线约 10m；东侧为市政大道，周边地下管线众多。

在整个基坑施工过程中，防止基坑位移变形、基坑渗漏水，以及周边地铁、建筑、管线沉降位移，是基坑施工管理的重中之重。

3. 防扰民，安全施工管理压力大

项目地处闹市区，与场地一河之隔的是居民区，周边办公楼、商业区较多。施工阶段，可能会产生施工噪声及光污染等问题，投诉率居高不下，夜间施工许可办理困难，对进度影响大，环保、文明施工管理压力较大。

4. 项目结构复杂，施工难度大

本项目设有多个功能空间（演艺活动区、交流展示区、辅导培训区、艺术图书阅览区、业务管理、文化服务配套、公交首末站、人防及停车库），其中剧场部分看台结构呈弧形，最大层高 8m；剧院桁架上、下弦钢梁跟钢筋混凝土结构组合，形成上下双梁结构，钢结构和土建交叉施工难度大。8 个核心筒，内有钢骨柱，剪力墙厚度 800mm，最大层高 8m。

5. 钢结构与钢筋混凝土结构钢筋节点施工深化设计难

本项目劲性钢柱、钢梁较多，钢结构与土建钢筋、幕墙节点种类多，节点复杂，如果不进行提前模拟，现场钢结构跟钢筋很容易碰撞、叠合，若不提前发现，对项目进度和结构施工质量都会产生较大的影响。劲性钢柱、钢梁节点通过 Tekla、Revit 等 BIM 设计软件提前模拟优化钢结构节点，钢结构模型与土建模型、幕墙模型交叉碰撞拟合，提前深化、优化连接节点问题，确保结构安全可靠。

6. 主体钢结构、大跨度桁架吊装施工难度大

结构内桁架布置分散，单件吊装重量大，且位于结构中部，吊装距离远，常规吊装方法对起重性能要求高，塔式起重机型号选择及布置、桁架吊装方法选择及构件分段为本工程难点；大跨度悬挑结构桁架，构件规格较大，重量重，属于高空无支撑状态，施工难度大。

悬挑桁架采用支撑措施，散件吊装，对吊装过程进行施工模拟验算，计算悬挑结构预起拱值，从而控制支撑卸载后结构下挠值，同时保障支撑卸载过程中结构构件受力转换的安全性。施工过程中进行结构变形观测，实时监测结构变形情况。桁架结构编制专项焊接方案，明确桁架焊接顺序，减少焊接变形。

7. 不同剧场、演艺厅装饰要求不同，装修内容复杂

本项目内多个不同建筑功能分区装修标准各不相同，同一空间装修也涉及多种装饰材料；装修施工既涉及主体结构施工、机电安装施工的协调配合，又要考虑装修施工细部节点的可行性，确保装修效果是施工的难点之一。

19.3　咨询管理实践

19.3.1　项目总体策划

结合项目总体建设目标，全过程工程咨询单位编制项目建设总体策划方案。以项目策划方案为核心，分别编制工程建设进度总控制计划、项目前期报批报建工作计划、招标采购工作计划、报奖计划等，以指导项目有序开展。

19.3.2　报批报建管理

依据项目策划方案，全过程工程咨询单位编制了前期报批报建工作手册、前期报批报建人员工作量化督办表，并以每日督办表、周计划、周总结的方式动态管控。在报批报建过程中，协助建设单位积极与规划和自然资源局、发展改革委、住房和城乡建设、水务、人防、交通、地铁等重要审批部门进行事前沟通，协调设计工作，为项目按计划实施创造了条件，为项目有序推进提供了保障。

19.3.3　设计管理

全过程工程咨询单位协助建设单位开展设计管理工作，主要工作内容如下：

1. 设计管理工作内容

（1）制定设计管理工作大纲，明确设计管理的工作目标、管理模式、管理方法等。对项目设计全过程的进度、质量、投资进行管理。

（2）根据使用功能需求条件，转化成设计需求参数条件，要求设计单位按时提交合格的设计成果，检查并控制设计单位的设计进度，检查图纸的设计深度及质量，分阶段、分专项对设计成果文件进行设计审查。

（3）负责组织对各阶段（方案、初步设计、施工图）及各专业（包括但不限于规划、总图、建筑、结构、装饰、景观园林、幕墙、电气、泛光照明、通风与空调、给水排水、建筑智能化系统、室外道路、建筑节能环保与绿色建筑、民防、消防、燃气、电梯钢结构、预应力、建筑声学、灯光、音响、基坑支护工程、地基处理、边坡治理、建设用地范围外的管线接入工程、水土保持工程、厨房工程、10kV 外接线工程、污水处理工程、建筑永久性标识系统、地下综合管廊、海绵城市、工业化建筑以及其他与本项目密切相关的系统、专业和特殊工程）的设计图纸设计深度及设计质量进行审查，减少由于设计错误造成的设计变更、增加投资、拖延工期等情况。对设计方案、装修方案及各专业系统和设备选型优化比选，并提交审查报告。

（4）协调使用各方对已有设计文件进行确认。确认设计样板，组织解决设计问题及设计变更，预估设计问题，解决涉及的费用变更、施工方案变化和工期影响等，必要时开展价值工程解决设计变更问题。

（5）组织专项审查，包括但不限于：交通评估的审查、环境影响评价的审查、结构超限审查论证、消防性能论证、深基坑审查、建筑节能审查等。对评估单位提出意见的修改、送审，直到通过各种专业评估。组织工程勘察、设计、施工图审查、第三方检测等前期阶段的各项服务类招标、合同签订及实施监督。

（6）对项目全过程进行投资控制管理。负责组织设计单位进行工程设计优化、技术经济方案比选并进行投资控制，要求限额设计，施工图设计以批复的项目总概算作为控制限额。

2. 设计阶段的信息管理

（1）建立设计阶段工程信息编码体系；

（2）建立设计阶段信息管理制度，并控制其执行；

（3）进行设计阶段各类工程信息的收集、分类存档和整理；

（4）运用计算机辅助项目的信息管理，随时向建设单位提供项目管理各种报表和报告；

（5）协助建设单位建立有关会议制度，整理会议记录；

（6）督促设计单位整理工程技术和经济资料及档案；

（7）填写项目管理工作记录，每月向建设单位递交设计阶段项目管理工作月报；

（8）将所有设计文档（包括图纸、技术说明、来往函件、会议纪要和政府批件等）装订成册，在项目结束后递交建设单位。

19.3.4　招标采购管理

根据项目整体实施计划，全过程工程咨询单位编制合理的招标计划及招标范围划分。招标计划需根据工程实际需要及建设单位和相关主管部门的招标时间合理划分招标范围，月度和年度招标计划上报建设单位审批，认真开展各类招标文件的编制及招标投标的组织管理，严格管理招标管理流程，具体工作如下：

（1）全过程工程咨询招标采购管理人员根据项目招标计划及项目进展，拟定招标方案，报建设单位审议确定，形成最终招标方案。

（2）按照经会议审议通过的招标方案编制招标文件，招标文件初稿编制完成后，与建设单位进行多次内部审核讨论，建设单位上会审议后形成最终版招标文件。

（3）在答疑时间截止前，全过程工程咨询单位及建设单位可根据实际情况随时编写补遗文件；补遗文件可与答疑文件合并为同一文件，或者单独编写，答疑补遗内容不应修改招标文件及招标方案的实质内容。答疑补遗文件经建设单位上会审议后形成最终版发布。

（4）合同是工程建设质量、进度、投资三方面控制的重要依据，各项条款内容稍有不明确或不合理即会对工程造价造成很大影响。因此，在签订完善的合同，并在合同条款中明确双方权利、义务和所承担的责任非常重要。要根据工程实际情况、结合所选用的合同文本，与建设单位共同商讨，仔细分析合同条款，明晰责权利关系，并合理利用合同文本条款，在合同履约过程中有效控制，在招标文件中明确最终签订的合同条款，既能避免标后合同变更谈判，也加快了合同签订工作。

19.3.5　合同及造价管理

1. 合同管理

全过程工程咨询单位招采合约部负责起草工程类、货物采购类、咨询类等标准合同文本，负责工程范围、工程界面划分、工期、质量、现场场地状况、工程技术规范及标准等技术部分的起草和提供。全过程工程咨询单位应会同建设单位造价管理工程师对合同价款、计价方式、付款方式、付款进度、付款依据等经济部分工程的起草与提供。合同签订完成，全过程工程咨询单位造价管理工程师应及时完善项目合同台账，按合同编号、合同名称、合同中标单位、合同价、合同签订日期、乙方负责人联系方式等制定合同台账，以便日后项目管理快速搜索。

2. 造价管理

（1）造价管理目标

政府投资项目遵循科学、规范、效率、公开的原则，量入为出、综合平衡。严禁超投资，即工程实际投资避免"三超"现象的发生，竣工决算不得超出批复总概算。项目建设全过程可分为五个阶段，即前期阶段、开工准备阶段、施工阶段、竣工验收和移交阶段、保修阶段。

全过程工程咨询单位的造价管理主要为：过"三关"，资料关、问题关、程序关；管"六段"，可研阶段、概算阶段、招标阶段、施工阶段、结算阶段、决算阶段；全过程无缝衔接组织、协调、管理，做好管控工作。

（2）主要职责

1）制定造价管理制度。

2）编制造价管理实施细则。

3）协助建设单位编制、审核与调整建设项目投资估算。

4）协助建设单位对建设项目进行经济评价。

5）协助建设单位审核、调整设计概算，向发展改革委申报概算投资，并配合发展改革委评审工作。

6）参与工程招标文件的编制，协助建设单位拟定施工合同的相关造价条款。

7）组织造价咨询单位编制工程量清单和招标控制价，对工程量清单和招标控制价进行准确性复核，控制总价及各分项不突破概算指标。

8）协助建设单位做好清标工作，指出投标文件中不符合招标文件要求内容、投标文件中比较含糊容易引起争议的内容，在询标环节让投标单位进行澄清，规避风险。

9）根据概算及中标价情况，建立《项目投资动态控制表》，不定时组织交底。

10）协助建设单位对各类招标项目投标价进行合理性分析。

11）建设项目工程造价相关合同履行过程的管理，并建立《合同台账》管理。

12）编制资金使用计划，工程计量支付的确定，审核工程款支付申请。

13）施工过程的设计变更、工程签证和工程索赔的处理，做好《工程变更管理台账》。

14）提出工程设计、施工方案的优化建议，各方案工程造价的编制与比选。

15）协助建设单位进行投资分析、风险控制。

16）协助建设单位对各类工程竣工结算进行编制与审核。

17）协助建设单位对竣工决算进行编制与审核。

18）建设项目后评价。

19）建设单位委托的其他工作。

19.3.6　BIM 技术应用管理

1. 制定实施目标

实现基于 BIM 的工程咨询：建立 BIM 实施的协调机制及实施评价体系，负责项目 BIM 管理平台的管理，实现项目各参与方的协同，基于 BIM 开展工程咨询工作，包括基于 BIM 的所有技术审查、项目例会等。

组织要求各参建单位制定对应 BIM 实施方案，其中包含编制依据、工程概况、BIM 应用范围、组织架构、使用软硬件情况、各参建单位的工作职责、BIM 模型标准、BIM 工作进度计划、BIM 具体实施方案、BIM 方案执行的相关保证措施。

审核项目 BIM 总体实施方案和各专项实施方案，规范 BIM 实施的软硬件环境，审核招标投标文件 BIM 专项条款，审核项目的 BIM 实施管理细则、各项 BIM 实施标准和规范。

2. 设计阶段

审查 BIM 可视化汇报资料、管线综合 BIM 模型成果、BIM 工程量清单、BIM 模型"冲突检测"报告。审查 BIM 相关模型文件（含模型信息），包括建筑、结构、机电专业模型，各专业的综合模型及相关文档、数据，模型深度应符合各阶段设计深度要求。

3. 施工阶段

以多方 BIM 模型数据的协同管理为核心，以计划管理为主线，实现施工过程数据和结果数据的规范、有序，强化应用 BIM 模型的实效性，利用 BIM 模型可视、虚拟、直观地为项目管理各方提供决策数据支持，提升施工总承包项目整体管理水平，获取 BIM 的最大应用价值。

管线综合分析和优化调整，分析基于 BIM 的管线系统解决方案。基于 BIM 技术的多专业协调与配合措施，在本项目中，建立了良好的 BIM 信息平台，确保与信息上下游的紧密结合。利用 BIM 技术的直观、信息量大等优势进行管线综合平衡、现场施工状况监控与分析，包含辅助施工方案的确定、质量、进度、安全、成本控制与管理。

利用"科学管理＋智能调度＋BIM/CIM 深度应用"的现代管理技术，以进度管控为重点突破，通过实模对比，结合投资曲线图、工程量矩阵图实现工程进度联动展示，辅助工期研判分析与进度纠偏，实现工程项目进度智能调度。

19.3.7　工程技术管理

（1）根据本项目的工程特点，分析项目开展过程中的各种情况，就本工程的重点、难点做好识别及分析，与施工总承包单位一起研究确定重点、难点的应对技术措施。

（2）舞台工艺专项工程和主体工程的建筑安装衔接配合的保证措施。

（3）装配式建筑、绿色建筑、海绵城市、新能源等新技术、新材料应用方面的施工保证措施。

（4）钢结构技术应用分析，如：对钢结构、构件吊装作业环节的安全性保障措施等。

19.3.8　质量安全管理

为保证整个目标的实现，全过程工程咨询单位组织各参建单位专业人员根据工程的特点结合实践经验，制定了各工程项目的质量控制措施，严格控制施工质量。要求各参建单位切实做好质量管理工作，增强质量意识，坚持每项工作的自检、复检、报检制度，在抢进度的同时必须保证质量。加强监督检查，要求各技术管理人员加强对项目情况、图纸、文件编制要求的熟悉和认真核对。做好事前控制，每项工作开始前召开各参建单位技术交底会。加强事中控制，要求各参建单位加强过程监控，各参建单位的工程管理人员和技术人员应加强考勤管理，发现问题应及时出具整改通知单督促整改，必要时召开质量专题会议；对出现的质量问题能采用不同措施进行全面控制。

根据"安全第一、预防为主"的安全生产管理方针，结合各项目的实际情况，建立健全安全生产责任制，消除安全隐患，杜绝重大安全事故的发生。项目部组织各参建单位共同对施工现场安全生产情况进行定期或不定期的检查，形成书面的安全检查记录。必要时签发项目管理工作联系单或召开专题会议。

（1）严格审查项目质量安全控制目标、施工质量安全控制流程及质量安全控制任务的分配。

（2）质量安全控制的主要方法：运用组织措施、技术措施、经济措施、合同措施并建立相关制度对项目质量安全进行控制。

（3）对设计变更质量控制、大宗设备和材料采购质量控制、项目施工质量控制，以及对工程质量安全控制专项方案的审核、质量控制"实施细则"的制定与执行、工程施工质量现场品质联检、工程质量报告的提供及工程质量资料整理等进行全过程、全方位的控制管理。注意加强质量安全管理工作的量化，事前对项目管理人员及监理人员、施工人员进行针对性的技术培训及交底工作。

（4）严格按国家、省、市有关要求，对本工程的办公区域、施工区、宿舍区的环境和职业健康安全进行控制，确保影响全过程工程咨询服务过程的健康安全环境处于受控状态。

19.3.9　档案与信息

全过程工程咨询单位组织开展如下工作：

（1）根据项目资料的时间、内容、类型等进行资料分类、编码，依托专业的信息管理软件及先进的信息技术平台，全过程保存与项目有关的电子文档资料，以实现信息的高效检索与共享。

（2）负责对勘察、设计、监理、施工等单位的工程档案编制工作进行指导，督促各单位编制合格的竣工资料，负责项目所有竣工资料收集、整理、汇编。

（3）依托先进的信息管理软件或信息技术平台，对工程建设过程中如质量、安全、文明施工等信息进行高效分享、传递、监督、反馈、管理。

19.3.10　舞台工艺专项咨询

1. 舞台工艺设计简介

项目包括综合剧场、先锋剧场、多功能厅及黑匣子剧场。其舞台工艺设计情况如下：

（1）综合剧场。综合剧场是馆内综合性演艺场所，功能定位为中型甲等剧场，满足举办大中型群众文艺综合演出、承办各级群众文艺赛事（国家级、省级）、举办示范性文化艺术活动或进行综合性业务培训（大师班等）的功能。综合剧场演出舞台须具备多功能变化可控性。

综合剧场舞台区由主舞台、左右侧舞台组成。主舞台宽 30m，深 24m；上场口侧舞台宽约 20m，进深 24m；下场口侧舞台宽约 20m，深 24m；台面至栅顶净高 26m，主舞台台口宽度 18m，高 11m，满足音乐剧、综合演出、话剧、戏曲、会议等活动的功能需求。

（2）先锋剧场。先锋剧场是小型演绎剧场，为无扩音系统的音乐厅，能够承办原生合唱、钢琴、声乐、先锋话剧、各类高端讲座等类型的演出或活动，为文化馆现代舞创客厅兼音乐厅，观众席座位数为 500 座。

先锋剧场舞台区由主舞台、左右侧舞台组成。主舞台宽 26m，进深 20m；上场口侧舞台宽约 16.2m，进深 20m；下场口侧舞台宽约 7.6m，深 20m；台面至栅顶净高 18m，主舞台台口宽度 16m，高 7m，满足音乐剧、综合演出、话剧、戏曲、会议等活动的功能需求。

（3）多功能厅。多功能厅呈矩形，长 28.6m，宽 22.6m，净高约 12.85m。观众席共设计座位为 500 席（含活动座椅 150 座），主要满足小型文艺演出、会议报告、培训教学的举办以及录制与转播等活动的功能需求。

（4）黑匣子剧场。黑匣子剧场呈矩形，长 16m（含座椅收纳区），宽 16m，净高约 7.5m。可容纳 90 人左右，满足乐队、演员等排练的需求。

2. 舞台工艺设备品牌选用调研

根据项目定位，为确保项目在全国乃至国际范围内的前瞻性和引领性，保证项目在全市公共文化服务中的龙头作用和标杆地位，购置一流先进硬件设备是必要的前提，全过程工程咨询单位协助建设单位进行舞台工艺设备品牌选用调研及论证。

舞台灯光选用的灯具类型为当前舞台灯光的主流设备。除了灯光控制台，其他灯光设备基本上都为国产化，包括灯光控制柜、网络系统、LED 灯具、效果灯。近几年，我国的灯光设备技术已基本接近国际水平，出口也比较多，能够满足国内外各大演出团体的使用要求，采购国产灯光设备在成本、维护响应方面都有比较大的优势。经论证，本项目最终决定采用国产灯光品牌。

综合剧场舞台音响需要覆盖全场，实现高音质电声，先锋剧场及多功能厅舞台音响较为常规。通过对行业中主流品牌的调研可知，目前国内剧场、会堂、演艺中心等以会议演出功能为主的大中型场所，普遍采用进口品牌音响设备，而国产音响设备应用范围主要为小型会议室、KTV、小型体育馆等对音质要求不高的场所。为满足剧场类演出的需求及运营管理，建议在音响及控制台、灯光控制台、摄录等主要设备及关键控制设备方面采用进口品牌。

3. 舞台工艺进口产品清单专家论证

全过程工程咨询单位项目管理部协助建设单位组织召开政府采购进口产品专家评审会议，七位专家对项目的舞台专业设备及高清录像设备、录音棚、钢琴等专业设备进口清单充分论证，经过公开公正地讨论，提出如下意见：

（1）舞台灯光系统。电脑灯光控制台、网络扩展处理器、4K 网络解码器为核心产品，对性能要求高，建议采购进口品牌产品。

（2）舞台音响系统。数字调音台、音箱、功放、音源设备、周边设备、有线、无线乐器话筒、内部通信系统及背景广播系统（机架工作站，腰包机），进口品牌设备参数质量性能均优于国产品牌产品，建议采购进口品牌产品。

（3）舞台视频监控系统（专业级高清摄控一体机），舞台摄录系统及 4K 超高清专业录像设备（摄像机，镜头、视频切换主机等）4K 摄像机及相关设备在国内尚属空白，只能采购进口品牌产品。

（4）虽然国内部分产品可以满足录音棚专业设备参数要求，但是从大声压级、大动态范围录音实际使用情况来看，国内无专业细分话筒，录音调音台及其周边处理设备，国内处于空白，只能选用进口品牌。建议大型录音可考虑与 500 座多功能厅结合使用。

（5）进口品牌钢琴产品制作均使用精选的木材制造音板，保证了极佳的声学品质；精湛的手工技艺确保了乐器的弹奏性能，机械灵敏度极高，使演奏者的水平得到最大程度的发挥，建议演出钢琴采购进口品牌产品。

19.4　咨询管理成效

SZ 文化馆项目功能复杂、技术难点多、相关设计专业交融面广。在总体工作上强调全面部署，逐点击破。对于本项目中的舞台机械、幕墙及室内等专业，项目设计管理部多次组织技术考察，对标相关级别项目，通过大量论证及横向对比，完善项目相关设计及参数设置，为后期施工招标合理性打下基础。

坚持设计先导、技术管理是项目成功的保障。本项目采用多轮专家评审、专家论证等方式，在全专业的技术端为项目保驾护航；以保证项目质量、高效推动项目进展为核心，采用清单工作法，包括但不限于任务清单、责任清单、时限要求等，从审批单位到项目单位，再到项目设计管理部及设计院，全面联动逐一确认，将设计管理渗透到每一个环节，并提供具有价值的设计咨询成果报告，以下咨询意见对保证项目质量发挥重要作用：

（1）建筑专业咨询提出对剧场演员房间、培训房间净高的优化意见，以及大堂改为直柱优化意见，提升了房间、走道净高空间，提升了空间视觉效果。

（2）结构专业咨询提出对项目叠合板下结构进行优化，以及不影响建筑设计效果的情况下，取消该区域防火涂料。经测算，此条咨询意见为建设单位节约投资约 1000 万元。

（3）幕墙专业咨询提出对建筑幕墙外立面优化意见 200 条，节约投资约 500 万元。

（4）暖通专业咨询提出空调系统使用的双冷源冷水机组优化为常规机组，此项节约投资 1000 万元。

（5）幕墙专业咨询提出在广场采用 100mm 厚花岗石，根据功能不同改为 50mm 厚花岗石和 100mm 厚花岗石（消防车道）；10mm 厚不锈钢作为面材的部分花池更换其他材料，此项节约投资 1900 万元。

（6）从运维管理角度提出对公交场站位置的优化意见，减小了运维管理的压力，便于使用单位进行运维，同时减少了公交场站对建筑的空间占用，增加了景观空间。

在项目实施过程中，严格执行政府相关文件，严格把控招标投标、合同签订中的投资控制工作，严格按合同要求进行计量、计价、变更确认、结算以及决算的审核，将投资控制在预算范围内。加强施工过程中各环节的控制，严格把控施工过程的设计变更，严厉禁止后批先建，要求所有涉及费用变更的联系单必须要提供充足的依据，保证合情合理。

第 20 章　WX 音乐厅

20.1　项目概况

WX 音乐厅项目用地面积约 6.66 万 m²，总投资约 22.45 亿元，总建筑面积约 10 万 m²，主要建设内容包括"一厅两中心"。"一厅"建设内容包括 1500 座交响音乐厅和 500 座多功能厅两个部分，地上建筑面积约 3.4 万 m²（含 0.4 万 m² 商业）、地下一层约 2 万 m²；"两中心"建设内容包括艺术交流中心和演艺商业中心，地上建筑面积约 2.6 万 m²，地下面积约 2 万 m²。

项目秉承"湖畔之滨，江南胜地，享誉国内，跻身国际"的建设宗旨，锚定"争第一、创唯一"的建设标准，打造一座"国内一流、国际知名、厅团合一"的交响音乐厅，承担文化传播、形象展示、国际交流的重任。项目已于 2023 年 4 月正式开工建设，计划于 2026 年 6 月竣工。

20.2　项目特点与重难点分析

20.2.1　项目特点

项目使用单位为该市某交响乐团，使用单位和建设单位拥有共同的企业法人，是典型的"厅团合一"。

（1）项目性质。项目属于市重点文化设施，采取企业自营，市、区政府重大决策，审计局、公建中心过程管控的建设模式。

（2）功能需求。项目主要以交响乐演出为主，辅助以多功能演出；主要以交响乐演出、交流、创新、引领等为目标，兼顾音乐文化艺术培养、普及和发展等功能。

（3）建筑特点。建筑造型以明月、重檐飞扬、立体幕墙为主题，既有超大超高的空间构造和拱架结构，又有景观通道、云上步道、空中花园客厅的空间布局，并且建筑外立面使用了新材料、新工艺及新技术等。

（4）资金来源。项目的资金来源不同于其他政府投资的大型公建文化场馆，本项目的资金来源于企业自有资金。

20.2.2　重难点分析

1. 沟通协调难度大

项目参与单位多，沟通协调面广；重点事项多，沟通协调量大；决策层级多，决策流程线长。

2. 关键环节工期控制难

关键环节进度控制主要包括设计和施工两个阶段，设计阶段主要包括方案设计进度、概算批复进度、预算编制及审核进度，进度不仅受设计的制约，也受审批时间限制；施工阶段主要包括项目的地下结构进度、地上结构进度、幕墙装饰进度、工艺施工进度，进度不仅受自身施工时间影响，也受各专项施工交叉作业制约。

3. 主要功能技术需求多

（1）使用功能需求。主要涉及交响乐专业演出、高端商业演出、文化艺术展示交流及音乐艺术教研等多种用途。

（2）建筑效果技术需求。项目对幕墙饰面、室内公共区域饰面及景观设计等方面都有特殊效果及品质要求。

（3）空间结构技术需求。项目采用椭球钢结构及悬挑屋面等特殊结构形式。

（4）机电专业技术需求。项目对建筑消防、节能、舞台空间空气调节、恒温恒湿、展陈声光等设计都有较多要求，将建设成为高度集成的智能化建筑。

（5）专用设备技术需求。项目涉及舞台工艺、文物储藏设备、文物安防等专用设备。

4. 特殊专业设计

项目不仅有舞台工艺设计，还包括艺术品和展陈设计。舞台工艺、艺术品、展陈对项目进度、成本影响大。因此，舞台工艺设计方案、艺术品设计方案和展陈方案等需与建筑设计方案进行技术衔接，主要包括舞台工艺与建筑工程施工界面的技术设计衔接、机电安装专业（含智能化）技术设计衔接、运营管理需求与建筑设计方案技术衔接、运营管理需求与建筑工程技术衔接。

5. 投资控制难度大

项目是国内首个交响乐综合体，项目定位高、建设标准高，专项技术多、技术难度大，装修方案品质要求高；另外，部分方案待定，不可预见性因素多，对造价影响大，易导致结算超概算。

6. 招标控制难度大

本项目采用 EPC 工程总承包模式，EPC 外工程主要包括舞台工艺、管风琴、声学座椅，需由建设单位单独招标；EPC 内工程主要包括以下内容，由 EPC 工程总承包单位进行招标，涉及招标内容多，招标质量控制难度大。

（1）主体结构工程：主体混凝土结构、主体钢结构；

（2）建筑装饰工程：幕墙外装饰、室内一般装修、室内精装修；

（3）机电安装工程：机电安装、智能化、泛光照明、消防工程；

（4）室外工程：室外市政管线工程、室外景观工程；

（5）特种设备采购：电梯设备、人防门和设备。

7. 工程施工难度大

（1）混凝土、钢结构及幕墙工程技术要求高、施工难度大

1）观众厅外墙施工技术方案：观众厅外墙均为双曲剪力墙结构，施工难度极大，必须积极探索新工艺、新方法，才能确保高质量完成。

2）钢结构安装施工技术方案：椭球节点构造复杂，安装难度大，深化设计需结合施工构造、安装工艺综合考虑；三角玻璃幕墙施工难度大，同时防反光、防积灰均是难点；上大下小的屋面造型，钢构安装与支撑方案的选择，是施工安全与工期的保证。

3）幕墙安装施工技术方案：防水排水节点、建筑泛光照明、后期维护措施是深化设计的重点；UHPC 加工与安装精度是重点，须保障建筑外立面的观感效果与品质；悬挑挑檐幕墙安装措施是难点；上大下小的建筑造型，安装方式、顺序、成品保护等措施，需要综合考虑。

（2）机电安装、装饰装修工程技术要求高、施工难度大

1）机电安装施工技术方案：机电专业多、管线多，管线综合排布难度大；楼层标高较为复杂，管线安装操作施工难度大；需满足声学要求的机电设备和管线减振降噪做法。

2）室内精装修施工技术方案：超高、超大、超重吊顶施工措施难度大，装饰效果需满足声学技术需求；精装修施工工艺水平要精细，保障建筑内饰面的观感效果与品质是重点；与管风琴界面划分需清晰，界面装饰风格衔接要协调。

（3）管风琴、舞台工艺专业要求特殊

建筑装饰界面与管风琴装饰施工界面是厅内重点，衔接处理是关键；管风琴机房恒温恒湿，装饰施工需重点关注；管风琴控制及供电管线与机电工程点位的综合排布、施工工艺措施是重点；舞台音响扬声器、舞台区接口箱与装饰界面处理是重点；舞台工艺机房声学、照明、抗干扰、特殊消防措施等专业性强。

20.3　咨询管理实践

沟通决策机制是项目建设的重中之重，针对本项目的沟通决策问题，采用 IPMT 模式的组织架构，按照层级权限建立了由下而上的方案优选的汇报请示机制、资源共享与优势互补的全面协调机制、上传下达和由内及外的信息传递机制、收发窗口与系统全面的信息共享机制；推动了快速决策，避免了议而不决现象；实现了责任明确、流程顺畅的管理全过程管理。

一体化项目管理团队（IPMT）由建设单位项目组成员与全过程工程咨询单位项目管理部成员共同组建，下设外部联络组、设计管理组、成本采购组、工程管理组和综合管理组，如图 20.3-1 所示。各组职责分工如下：

外部联络组：外部协调管理、资金需求管理、对外文稿管理、外部会议管理、参观接

待管理。

设计管理组：技术调研管理、初步设计管理、施工图设计管理、设计变更管理、竣工图管理。

成本采购组：成本造价管理、招标采购管理、合同信息管理、资金支付管理、竣工结算管理。

工程管理组：施工进度管理、施工质量管理、施工安全管理、施工协调管理、工地迎检管理。

综合管理组：综合办公管理、信息档案管理、项目计划管理、报批报建管理、项目会务管理。

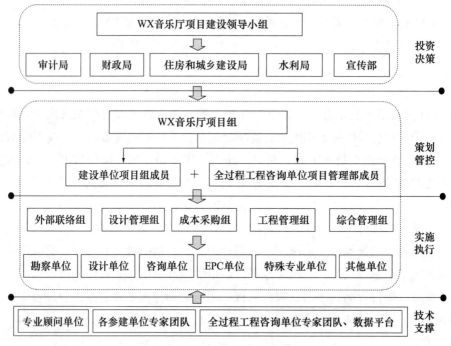

图 20.3-1　项目组织管理架构图

1. 项目管理组织机制

（1）实行项目负责人制。专人专项专责，权责明确，利于项目建设全过程全方位的统筹管理，保障项目建设过程的系统性与有序性。

（2）组建专项管理团队。优化配置人力资源，全过程参与本项目建设各阶段，利于项目全过程、全方位的工作衔接与综合协调，培养具备综合性项目管理能力的人才。

（3）编制项目管理手册。针对本项目编制执行度高的项目管理手册，包含项目层级的管理制度、工作流程、统一用表；与集团层级的建设管理制度、工作流程有机衔接；以专业为单位建立各专业管理细则。

（4）建立指挥与支撑机制。设立项目建设指挥部、专班领导机构；强化内部资源调度支撑与外部环境协调；督查督办与支持支撑相结合；保障项目管理过程高效高质，顺利实现建设目标。

2. 项目管理目标

（1）质量目标。建设工程鲁班奖。

（2）进度目标。2025 年 12 月完成消防验收，2026 年 5 月完成工程移交。

（3）投资目标。总投资不突破概算，分项投资合理。

（4）安全文明目标。省安全生产文明施工示范工地，国家 AAA 级安全文明标准化工地。

（5）绿色建筑目标。建立设计与施工过程的绿色建造体系，获得绿建二星认证。

（6）团队建设目标。打造廉洁高效的项目管理专业团队，建立规范科学的项目管理示范体系。

3. 其他具体措施

（1）投资控制管理。充分沟通，科学决策分项投资额；重视认价工作，提前开展准备工作；严控过程变更，强化过程结算，严格审核结算，确保结算不超概算。

（2）进度控制管理。结合项目实际情况，分析不同阶段对项目进度有较大影响的节点，其中设计阶段包括方案设计进度、概算批复进度、预算编制及审核进度；施工阶段包括项目的地下结构进度、地上结构进度、幕墙装饰进度、工艺施工进度，制定进度保证措施如下：

1）配套市政工程早确定早穿插，施工满足配套市政管线接入需求。

2）工期激励，奖惩并举。以关键节点为主，合理细化进度节点，设置节点激励，加大奖惩激励力度。

3）幕墙主龙骨与钢结构施工同步。主体结构、钢结构与幕墙主龙骨同步深化、同步施工。安装方案充分论证，措施安全可靠；驻场监督主材加工，保障供应计划。

4）加快基坑工程施工进度。增加设备投入，优化计划进度，保证工程进度款及时拨付。

5）专业单位早确定早衔接。加强概算及预算协调，尽早取得审批文件，并完成舞台机械招标、管风琴招标，确保 2025 年 2 月完成声学座椅招标。

（3）招标品质管理。结合项目实际情况，EPC 外工程招标方案由全过程工程咨询单位编制报建设单位审定后公开招标；EPC 内工程招标方案由全过程工程咨询单位审核报建设单位审定，全过程工程咨询单位监督招标过程；EPC 内重要分包，拟选用定范围招标方式（实力强、业绩多、服务好），由 EPC 牵头单位组织、全过程工程咨询单位监督、建设单位审定的方式确定。

20.4　咨询管理成效

通过 IPMT 管理模式，实现了整合资源共享信息、强化沟通加快决策、规范程序统一流程、保障目标有序推进的良好效果，主要成效如下：

1. 项目进度有序推进

根据市区两级领导指示，要求本项目要按照举办 2026 年迎新春音乐会的总体目标推进项目建设；要求项目 2025 年 12 月完成消防验收并具备演出条件。

2022 年 10 月已完成 EPC 单位招标；2022 年 12 月完成了建筑初步设计；2023 年 3 月取得了桩基（围护）施工许可；2023 年 5 月完成了桩基础；2023 年 8 月地下结构工程已开工；2023 年 12 月完成了结构至 ±0.000 施工；力争 2024 年 5 月完成主体结构工程；2024 年 12 月完成钢结构工程；2025 年 4 月完成幕墙工程；2025 年 8 月完成室内精装修工程；2025 年 12 月完成消防验收，具备试运营条件。

2. 设计管理全面统筹

依托项目建设单位的资源和全过程工程咨询单位的服务水平，充分发挥沟通协调作用，明确建筑使用功能需求；借助专业顾问团队技术与经验，从未来运营使用角度对建筑功能进行持续深化完善；利用各参建单位类似工程经验及专家资源，分析各种使用场景情况，持续优化建筑功能。

依托设计团队实现对主体建筑的把控，同步对各专项设计（室内、幕墙、景观、泛光等）进行统筹，全系统保证项目品质。在材料定样、需求沟通、报批报审等方面发挥设计团队的技术长处，借助设计院力量顺利推进项目进展。通过建筑师负责制，加强设计与造价、招标、采购、施工等多方面的联系，保证设计方案的可实施性，增加设计落地性。

根据各阶段设计成果，要求各设计院进行充分的市场技术与造价成本调研，建立技术方案与材料设备选用优化机制，确保项目设计技术先进、总投资科学合理。全过程工程咨询单位深度参与设计全过程，提供设计过程及阶段性设计文件造价成本咨询意见或报告。建立一体化项目管理团队各专业"技术－成本"优选调研论证汇报机制，造价工程师深度参与以配合设计过程造价管理。设计成果按规则报批，结合预转固制度，有效控制成本变化风险。利用全过程工程咨询单位数据库资源，给特殊材料设备认价提供数据支撑，确保成本合理。

3. 招采合约管理依法合规

总体策划发包方案，各分包划分合理，专业分包标段与项目特点相结合，实行总承包管理服务。

招标范围界面清晰，合同条款合理可行。发包范围界面清晰，技术衔接不漏不重；合同条款设置合理，约束条款执行度高；标前充分进行市场调研，择优选择承包单位。

招标进度满足总控，招标流程依法合规。招标进度满足项目总控计划；招标方式与流程符合市投监管；招标投标资料齐全且及时归档。

4. 投资造价管理有效控制

投资决策科学规范，进行项目"四算"前后对应。项目功能需求合理，投资成本构成全面且符合市场价格行情，估算概算适当宽松，预算结算严格管控，结算总额不超概算。

资金计划保障进度，过程结算严控变更。年度资金计划符合项目进度需求，过程支付符合合同约定付款条件，过程变更签证严格实行评审机制。

规范竣工结算流程，及时申报审计定案。限定时间内组织竣工结算申报与审计，按单项合同或分部工程实行过程结算，及时协调处置结算争议审定竣工结算。

5. 报批报建管理清晰有序

总控计划为纲，专项进度细化分解。理清报批报建的审核审批流程，按报建时序与前置条件细化分解，分项进度满足项目总控进度节点。

资料提早准备，平行交叉同步推进。行政审批与技术评审两条主线，理清申报资料与流程，提早准备，两条主线平行交叉、同步推进。

利用项目优势，建立联席协调机制。以市级重点项目资源优势为依托，结合一体化项目管理团队优势，协调加快推进重点环节审批进度。

6. 工程施工管理严控质量安全

严把合同履约责任，健全质量保证体系。工程管理以"确保项目质量安全为前提，以保障工程施工顺利推进为各级管理基本任务"的管理宗旨，以"精细化、清单化、制度化、规范化、常态化"为管理路线，坚持高标准、严要求，不搞形式主义，全面贯彻落实国家、行业、规范及建设单位各项工程管理规定，对违规行为严管重罚，举一反三。

建立以建设单位与监理部牵头、EPC 施工单位为主的主体责任保障体系；建立以施工平面布置与资源配置投入相结合的施工组织方案评审机制；建立以安全保障为主、工艺方案最优的危大工程专项技术方案论证机制；建立以质量创优、技术创新相结合的品质保障与文明施工标准机制。

第21章　SZ自然博物馆

21.1　项目概况

SZ自然博物馆项目总用地面积42000m²，总建筑面积105300m²（地上48143.4m²、地下57156.6m²），主要由陈列展览区、藏品保管保护区、公共服务区、科普教育区、综合业务与学术研究区、地下停车库、设备用房七部分组成，其中设置陈列展览区35210.46m²，藏品保管保护区16751.6m²，公共服务区12767.84m²，科普教育区9892.99m²，综合业务与学术研究区3872.38m²，地下停车库19649.25m²，设备用房7155.48m²。

本项目以"世界一流、中国气派、地区特色"的现代大型综合性自然博物馆为建设目标，建成后将成为区域第一座创新型自然博物馆和公共文化、文明形象展示的重要窗口。项目已于2022年3月正式开工建设，计划2025年12月竣工。

21.2　项目特点与重难点分析

分析项目特点与重难点，主要包括以下方面：

21.2.1　方案效果落地难

项目方案设计理念先进、造型独特与周围环境关系密切且方案效果落地具有很大困难。

21.2.2　施工技术复杂

项目工期紧，施工技术复杂，如组合幕墙体系、全绿化屋顶、特殊影院建设、展陈工程等，如何统筹工期、进度、质量与安全具有一定难度。

21.2.3　维生系统需求不明确

项目重在揭示生物与生物、生物与生态环境之间的联系，部分展示活体植物及湿地等生态环境，需要更加严格的条件和展陈空间。

21.2.4　幕墙方案落地困难

幕墙体系采用曲面形、多维度空间设计，造型独特，设计复杂，与周围环境关系密切，方案效果落地具有很大困难。

21.2.5　展陈工程要求高

（1）展品展项非标准化，艺术性强，技术要求高，国内暂无展陈设计施工行业统一标准及相关行业资质，展陈公司精细化程度低。

（2）考虑展陈工程的特殊性以及博物馆的重要性，展陈工程与建筑工程、机电安装、智能化工程、装饰工程各专业工程协调难度大。

21.2.6　安全管理风险大

本项目危大工程有深度达 6.9～16.4m 的深基坑工程、大跨度钢结构安装工程等满堂支撑体系及工具式模板工程，安全管理风险大。

21.3　咨询管理实践

21.3.1　管理模式

根据项目的建设特点和建设单位的实际需要，全过程工程咨询单位可开展"1＋N＋X"菜单式工程建设全过程咨询服务模式，其中"1"是项目管理咨询，为必选项，贯穿于项目实施阶段的始终；"N"为招标代理、勘察、设计、监理、造价咨询等专业技术咨询和其他工程专项咨询中的一项或多项，且至少有一项是有资质要求的专业技术咨询业务；X 是其他专项咨询服务。

引入 IPMT 管理模式，优化组织结构，采用矩阵式组织结构模式，充分发挥"建设单位＋全过程工程咨询单位＋施工总承包单位"三线并行及"建设单位机关部门＋建设单位项目组设计管理＋建设单位现场施工管理"三级联动机制优势，如图 21.3-1 所示。

21.3.2　衔接移交管理

项目采用桩基先行，在桩基单位与施工总承包单位衔接移交管理方面，采取了以下措施。

1. 建立沟通机制，及时协调解决

桩基工程进入扫尾阶段，要求桩基施工单位、监理单位对照图纸、合同，按"三查四定"原则，对桩基施工内容全面梳理形成施工、监理自查报告，做好桩基配合和收尾工作，并建立沟通机制，及时协调解决桩基工程与总承包工程移交过程中产生的问题。

2. 借鉴经验，梳理清单

为使项目桩基工程和总承包工程环环相扣、无缝衔接，缩短建设工程周期，全过程工程咨询单位邀请其他桩基先行建设项目到现场进行经验交流分享，梳理总承包施工阶段须注意的问题并形成清单，逐一落实。

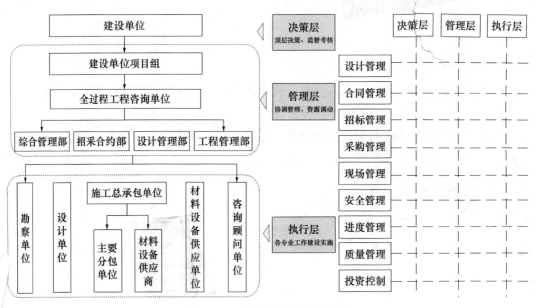

图 21.3-1　项目管理组织架构图

3. 高度重视，召开项目推进会

为谋划项目高质量发展建设，确保项目有序高效推进，全过程工程咨询单位与建设单位联合主持召开总承包单位第一次项目推进会，提前布置总承包进场前的各项工作。

4. 制定移交计划，按期推进

全过程工程咨询单位组织召开桩基工程与总承包工程工作面移交交底，推动按期落实工作移交计划。

5. 两图两清单，总承包单位梳理进场前工作

在项目桩基与总承包单位交接阶段，根据总承包工程总进度计划，调整完善项目网络计划图和甘特图，并按不同单位分别梳理进场阶段任务清单，明确各项工作的完成时限、责任单位、责任人员以及紧前紧后关系，有力有序推动项目建设。

6. 优中选优，点火仪式传递精品理念

要求总承包单位统筹优势资源，通过优质优价，督促各参建单位将优质资源整合到项目建设中。组织前往钢结构生产厂考察，并举行钢结构点火开工暨动员誓师大会。各参建单位以此次仪式为契机，明确目标、统一思想，以过程精品打造结果精品。

21.3.3　综合管理

1. 建章立制，细化人员考核奖惩机制

为压实管理人员职责，以公平公正为原则，奖优罚劣，制定项目考核细则，并对考核细则内容进行宣传，每月定期对管理人员的职业素养、工作能力、工作绩效等方面进行全方位考核，督促管理人员在岗履职。

2. 依托日报周报月报制度，促进管理提升常态化

利用全过程工程咨询单位日报、每月高质量发展简报以及施工单位每周"四队一制"

周报，开展项目管理日常总结，更有利于发现现场安全、质量、进度等各项问题，采取措施及时纠偏，推动项目参建单位实现高质量履约。

3. 清单化管理，深化落实"四队一制"和"5个100%"

为进一步提升项目安全生产水平，提高风险防范能力，要求施工单位按照建设单位要求，落实成立总承包隐患整改行动队、总承包违规行为纠察队、总承包6S行动队、专项方案审核把关队、网格化分区责任制的"四队一制"管理模式，围绕人、机、环境、管理等要素，每日开展隐患排查整治工作，形成机制，实行清单化管理，常态化压实各方主体责任；推动实现现场隐患排查整治"5个100%"，对于现场存在的质量安全隐患，施工单位要做到100%发现、100%在APP系统上传、100%及时落实整改，监理单位要做到100%记录在案、100%复查到位，及时发现问题、解决问题。

4. 注重学习，知识武装

通过组织专题学习等形式，提升项目人员管理能力、专业能力和业务水平。经过专题学习后，通过考试检验学习效果，达到以考促学强理论、以学促用增实效的目的。项目已组织开展工程桩、锚索和冠梁施工、施工图纸和重大安全隐患判定导则及《建筑施工安全检查标准》JGJ 59—2011等考试。

为快速达成高质量管理的共识，全过程工程咨询单位协助建设单位组织主要管理人员前往其他项目进行学习交流，观摩考察学习其优秀做法，并在本项目进行推广。

21.4　咨询管理成效

21.4.1　设计管理成效

SZ自然博物馆项目形体空间复杂、涉及专项多，及时解决设计过程中遇到的问题，是提升设计质量的关键。

（1）明确展陈顶层设计及建设单位需求，大纲先行，做好展陈区域的分区规划，以功能流线为引导进行设计，展陈专项工程施工统一纳入智慧化工地管理范畴，建立协同机制，并纳入总承包管理。同时，从造价、专业技术、施工等不同层面进行界面切分，明确布展与展项工作界面划分和展项技术需求，减少因分工不明确造成的扯皮，避免工期延误。

（2）原消防方案存在多处与《建筑设计防火规范》GB 50016—2014不符的设计，方案团队聘请特殊消防设计顾问，针对项目的具体情况进行分析，设计过程中与市住房和城乡建设局保持密切沟通交流，采用9种新工艺、新材料、新技术的策略解决消防设计不足的问题，最大程度保证消防方案概念落地。

（3）建筑外立面的倾斜石材幕墙和首层的疏散门相互影响，既要满足消防疏散的规范要求，又不破坏幕墙外观的效果，设计采用与幕墙契合的平开门作为疏散门，其旋转轴垂直于水平面，达到疏散人员可徒手开启的要求，并在设计阶段制作实体样板，验证方案的落地性。

（4）幕墙体系采用直纹曲面、多维度空间设计，造型独特复杂，与周围环境关系密切，方案效果落地具有很大困难。设计通过参数化对曲面幕墙进行优化，减少不同类型的种类，采用标准组合框架，单元拆组式施工，实现装配式快速建造，也为后期维护提供了便利。多渠道开展调研及组织专家评审，进一步提高幕墙耐久性、安全性、可实施性。施工阶段，做好设计交底工作，样板先行，择优选择施工队伍，加强施工过程的把控与监督。

（5）针对不良地质条件，通过对每根桩采取常规成孔法、投放填充物法、灌注混凝土法等处理方案，解决不良地质问题。

（6）建筑形体复杂，从方案阶段到施工图阶段，由多家国内外设计单位参与，多平台的协同设计、国内外软件的衔接转化等均面临挑战。项目运用 BIM 技术建模，分阶段制定全专业建模方式及数据标准化流程，为施工的可实施性及运维的可持续性奠定基础。同时，BIM 模型辅助设计师理解建筑内部空间、检查梁板柱及机电管线碰撞情况、控制各区域净高，进行大跨度空间楼板舒适度及复杂节点有限元分析，优化结构用钢量，并辅助概算量。

21.4.2 报批报建管理成效

已取得如下报批报建手续：2021 年 12 月，取得用地规划许可证；2022 年 3 月，取得可研批复；2022 年 3 月，取得土石方、基坑支护和桩基工程施工许可证；2022 年 8 月，取得建筑概算批复；2022 年 11 月，取得工程规划许可证；2023 年 5 月，取得主体工程施工许可证。

21.4.3 招标管理成效

截至 2023 年 6 月，项目已完成招标 32 项。工程总承包单位招标时，鉴于本工程溶洞数量多，全过程工程咨询单位在设计院提供溶洞处理图纸前，收集溶洞处理等资料，编制《关于 SZ 自然博物馆项目溶洞处理费用计取的建议》，列出常用溶洞处理方法，提出本项目溶洞费用计取方式的建议；在设计院提供溶洞处理图纸后，结合方案，组织调研其他项目资料情况，确定按照总价包干计取费用，编制投标报价中对应描述。同时，工程总承包单位招标时，应开展下述工作，并取得相应成效。

（1）针对施工总承包招标时间紧、体量大等特点，根据时间节点倒排招标各环节工期，编制招标计划，明确各方职责及时间，共组织召开 8 次总承包招标推动会，确保总承包招标工作按时完成，能与桩基单位尽早交接。

（2）招标控制价初步成果出来后，针对超概问题，多次组织召开专题会议，查找原因，组织设计优化，安装专业从超概 7148 万元缩减至超概 4922 万元，优化投资约 2226 万元。

（3）招标前开展钢结构产能、运距等调研，合理设置钢结构运距，对潜在投标人（项目负责人及管理团队、企业资信／市场信誉、业绩、资质等）、同类项目情况、同类项目经济技术指标、材料调查设置、招标方案主要内容设置等进行充分调研，根据调研情况编制招标文件，保证了招标工作顺利进行。

（4）编制进场准备阶段工作清单、合同签订流程等，加快招标合同签订流程，推动总承包单位尽快进场。2023 年 3 月 13 日定标结果公示结束，2023 年 3 月 14 日发中标通知书，并召开总承包第一次见面会，2023 年 4 月 7 日合同签订完成。

21.4.4　造价管理成效

（1）可研阶段：对可研初审意见、批复进行工程建设其他费、类似项目对比分析，共同梳理初审意见进行回复，说明资金缺口情况，初审建设工程其他费 2.16 亿元，最终批复金额 2.61 亿元，争取投资约 4500 万元。

（2）概算阶段：概算编制阶段，做好询价及同类项目对比分析工作，加强同类项目调研分析对比，多次组织召开专题会议，共形成会议纪要 46 份，提供 7 次 200 多份询价成果供概算编制单位参考使用。

（3）预算阶段：在调研沟通交流时，同步开展询价工作。本项目方案及初步设计共进行 2 轮询价，第 2 轮收到 12 家报价，对两轮询价、测算进行对比分析，确定按照询价均价下浮 20%。施工总承包工程针对超概问题查找原因，进行设计优化，安装专业从初版超概 7148 万元到超概 5137 万元，优化投资 2011 万元。

21.4.5　工程管理成效

项目从开工至今，现场质量安全管控较好，在建设单位第三方质量安全评比中名列前茅。在建设单位所有建设项目中，本项目施工单位 2022 年度质量得分排名第一，安全得分排名第七；2023 年第一季度质量得分排名第一，安全得分排名第十。监理单位 2022 年度质量得分排名第一，安全得分排名第五，综合得分排名第三；2023 年第一季度质量得分排名第二，安全得分排名第五，综合得分排名第二。

1. 质量管理

（1）坚持样板引路制度，制定工序样板计划，项目已完成钢筋笼加工、冠梁模板、锚杆加工、锚杆注浆质量等工序样板的验收。通过样板先行，指导现场施工，确保一次成优。坚持每道工序 100% 举牌验收，加强过程管控。开展质量大比武活动，提高工人质量意识。

（2）监理部每天安排专人对现场质量把关，形成质量问题清单，并督促施工单位整改落实。

（3）开展质量管理专题会，对项目近期质量工作进行总结，并开展下一步质量提升工作，加强项目自查自纠，充分发挥质量管理体系作用。

（4）积极挖掘施工现场质量亮点，并安排专人管理，将冠梁、支撑梁警示反光贴，腰梁处混凝土面凿毛、植筋规范，锚索施工记录二维码牌，阳角部位反光贴保护等打造成项目亮点。

2. 安全管理

（1）督促施工单位每日开展安全教育早班会，宣传安全生产知识和各工序的安全风险点以及防范措施，提高工人安全意识。

（2）严格夯实清单化管理，通过早巡场、晚闭合管理制度，制定每日安全问题销项清单，及时消除现场安全问题。

（3）每周组织安全联合大检查，由总监带队分两组人员分别对生活区及施工现场进行全覆盖检查，并按照"四定"原则逐条落实整改。

（4）督促施工单位采取有效措施，加强安全宣传。在施工现场醒目处喷涂、张贴安全警示标语，基坑边安装加高加强型围挡，内部临时道路设限速牌、安装凸面镜，未施工区域100%覆盖绿网等。

（5）为提升项目安全文明管理，落实建设单位关于在建工地扬尘防治相关指示要求，全面贯彻落实扬尘防治6个100%工作，组织编制桩基阶段6个100%扬尘防治措施指引。

3. 进度管理

（1）编制土石方、基坑支护和桩基工程进场阶段39条任务清单，明确具体落实时间和责任人，安排专人及时跟踪督促，确保按时完成清单各项工作。通过进场前任务清单落实，施工单位在一个月内达到正常施工状态。

（2）为确保桩基工程顺利完工，春节复工后第一周组织召开誓师大会，参建单位联合签订建设桩基工程全面完工责任状，为新一年高质量发展起笔。定期召开桩基工程总经理月度联席会，统筹各层级资源，建立各参建单位联动机制，以解决现场疑难问题。

（3）按照120%配置优势资源，确保每个工作面合理穿插、同步施工。周任务清单具体落实到每天，要求施工单位早上九点前统计当天各工种工人数量发至管理群，每天通报当天工作安排及现场资源配置情况，做到专人跟踪、专人落实。

（4）制定倒排计划，将施工总进度计划和资源投入情况详细分解到每月、每周，并安排专人进行跟踪，及时反馈、及时纠偏。增加作业班组和机械设备，合理组织班组加班加点，确保每周生产任务按期完成。开展进度天天读，对当日进度计划完成情况进行分析，现场施工进度滞后时，及时组织相关管理人员召开反思会，确保采取有效措施赶工。

4. 技术管理

（1）泥浆循环技术应用。本项目基坑工程施工工艺多，产生大量泥浆、废水。秉持绿色可循环发展理念，采用成品泥浆箱、筛砂机系统。泥浆经过筛砂机处置，可有效降低泥浆中渣土及砂的含量，有利于控制泥浆的性能指标、提高泥浆循环使用效率。分离出可利用砂制作砂袋。

（2）钢筋笼多套网技术应用。项目场地区域属岩溶中等发育区，为避免灌注时溶洞段混凝土向溶洞空间扩散，导致桩身混凝土快速流失，本项目采用在钻孔溶洞分布段桩身钢筋笼外侧，设置多层镀锌钢丝网＋尼龙密目网的新技术，有效减缓混凝土的快速扩散，减少混凝土的流失。

（3）钢结构工程。项目除核心筒结构外，其余主体结构均为钢结构。钢构件采用轧制标准型钢或焊接非异形截面钢材，采用焊接或螺栓连接拼装，楼板为钢筋桁架楼承板。优化用钢量，修改部分楼层次梁、核心筒内排钢柱截面，对梁截面进行强度代换；在不影响结构安全、不破坏公共空间的基础上，考虑增加公共区及核心筒内支撑柱，减少承重梁跨度。

（4）BIM 全过程全专业应用。在工程建设的全过程、全专业推行推广应用 BIM 技术，建立可视化、精细化、多维度、可模拟的设计和建造模式，形成与实体建筑孪生共长的数字建筑，构筑高精度的数字资产。开展风景园林专业技术、管线综合技术、桩基入岩分析、场地规划、土方出土等场景应用。

第22章 武汉东西湖文化中心

22.1 项目概况

项目建设地点位于武汉市东西湖区吴家山，临空港大道以西、三店西路以南、新城一路以北地块。项目总用地面积196825m²，净用地面积160105.65m²，总建筑面积152600m²，其中地上建筑面积98300m²，地下建筑面积54300m²。容积率0.62，建筑密度29%，绿地率30%，配套建设机动车停车位1544个，建设内容及功能分区面积如表22.1-1所示。项目于2018年1月正式开工建设，2022年4月完工。

建设内容及功能分区面积统计表 表22.1-1

序号	建筑名称	总建筑面积（m²）	备注
1	剧院	22000	
2	文化馆	11000	
3	档案服务中心	10800	
4	市民阅读中心	28000	地上建筑面积98300m²
5	文化创意中心	15300	
6	博物馆、科技馆	10000	
7	商业配套	1200	
8	地下室（含人防）	54300	地下建筑面积54300m²

项目批复概算总投资为18.08亿元，主要建设目标如下：

（1）质量目标：符合国家及地方验收标准要求，确保楚天杯，争创鲁班奖。

（2）进度目标：850日历天。

（3）投资目标：确保项目实际投资不突破区发展改革委批复的设计概算总投资。

（4）安全目标：确保获得武汉市安全生产与文明施工样板工地。杜绝死亡、重伤及重大机械事故，无火灾事故。

22.2　项目特点及重难点分析

22.2.1　进度管理方面

项目是湖北省重点工程，施工难度较大，但总工期仅 850 日历天，加之 2019 年军运会与疫情的影响，进度管理将是一直贯穿项目建设期的难点。

22.2.2　造价控制方面

项目采用限额设计，要求设计概算不得突破投资估算金额，结算造价不得突破设计概算。由于项目建设模式为 EPC 模式，即"设计—采购—施工"模式，建设单位与工程总承包商签订工程总承包合同，把建设项目的设计、采购、施工和调试服务工作全部委托给工程总承包商负责组织实施，建设单位只负责整体的、原则的、目标的管理和控制。

项目所有专业分包、设备采购均由 EPC 总承包单位负责实施，由于工期紧迫、面临交付，EPC 施工总承包单位采用费率招标或方案招标，项目总投资存在不可控的风险。同时在 EPC 管理模式下，往往 EPC 施工总承包单位在考虑利益最大化的情况下，对单一工程随意切分，不但给造价控制带来风险，同时给现场管理造成混乱。

22.2.3　施工工艺方面

1. 文化创意中心钢结构安装

（1）建筑造型为"上大下小"的倾斜形体，采用悬挂方案，在建筑顶部设置整层高的悬臂钢桁架，桁架下设置层层退台的吊柱，满足建筑造型效果；

（2）上、下弦钢管对接焊缝为一级焊缝，焊接质量要求高；

（3）吊装难度较大，且整个桁架体系受力转换是工程成败的关键；

（4）保证高空作业人员的安全及高空吊装，也是本工程的重点。

2. 剧院网架钢结构顶升工程

（1）剧院观众厅、主舞台屋面结构形式为网架钢结构，居于剧场中部位置，场地较为狭小，无法满足吊车作业条件，只能靠塔式起重机配合拼装；

（2）采用地面拼装＋同步顶升方式，顶升至一定标高后，安装马道、转换层等构件，直至顶升落位，剧院网架为空间钢管网架结构体系，采用相贯螺栓球、焊接球，所有构件均在工厂内加工制作，因此杆件加工尺寸精度是本项目控制的重点，同时球形节点拼装精度也是网架安装成功的关键；

（3）网架钢结构设计前应进行碰撞建模试验，如网架与混凝土牛腿位置关系碰撞，可有效减少安装风险。

3. GRC 挂板、石材开缝设计

（1）本项目外墙 GRC 挂板、石材幕墙缝隙均为开缝，尤其在窗洞口、玻璃幕墙交界处，均存在渗漏隐患；

（2）在施工图深化设计阶段，需要重点控制细部防水节点做法优化，在施工过程中严格按照节点做法实施、验收；

（3）通过雨水天气后的巡查及后期淋水试验进行专项检查，确保无渗漏。

4. 机电安装管线综合

项目内部管线众多，在前期 BIM 设计策划中，要考虑管线排布的合理性以及后期精装修效果，在 BIM 设计成果完成后，组织项目参建单位进行评审，并邀请专家进行技术咨询，确保可实施操作性，并在后期施工过程中，严格按照 BIM 设计成果进行施工。

5. 剧院观众厅 GRG 吊顶施工

（1）剧院观众厅墙面、顶棚材料为造型 GRG 材料，GRG 板材全部在工厂加工完毕后运至现场进行安装；

（2）为确保安装精度及美观，需要根据现场实量尺寸进行深化设计，加工时采用计算机辅助建模，针对现场造型变化，将整体吊顶分割为若干排，同排 GRG 板材分块设计成同尺寸、同形状的板块，加工运至现场安装，安装时辅以测量仪器控制精度；

（3）考虑 GRG 板材自身重量，需要设计单位对荷载进行验算；

（4）GRG 吊顶由若干板块组成，因此接缝处理尤为重要。为避免后期出现开裂现象，接缝处应采用掺抗裂纤维、与 GRG 吊顶材料一致的专用接缝材料。

6. 声学设计与施工

（1）声音是演出、视听效果的保证，因此在设计阶段就要对各场馆声学进行设计，尤其是剧院、影院、排演厅等部位；

（2）在选择装饰材料时，应考虑材料声学效果，包括墙面、顶棚、地面、座椅等，材料选定后，需对材料进行声学检测验证；

（3）严格按照声学设计图纸实施，注意调试阶段各专业的配合。

22.3　咨询管理实践

22.3.1　实践内容

1. 全过程工程项目管理

全过程工程咨询单位在建设单位的授权范围内履行工程项目开始至保修结束的建设全过程、全方位管理，包括项目总体策划、项目管理流程设计、基本建设程序相关手续办理、勘察、设计、招标采购管理、造价咨询管理、合同管理、资金管理、计划管理、施工现场管理、竣工验收、移交、财务竣工结算及保修期管理等。具体包括：

（1）协助建设单位进行项目前期策划、经济分析、专项评估与投资确定；

（2）协助建设单位办理土地征用、规划许可等有关手续；

（3）协助建设单位提出工程设计要求，组织工程设计方案的评审，组织工程勘察、设计、施工图设计审查、第三方检测等项目的招标、签订合同并监督实施，负责组织设计单位进行工程设计优化、技术经济方案比选并进行投资控制；

（4）协助建设单位组织工程施工、设备材料采购的招标工作；

（5）协助建设单位与工程项目总承包企业或施工企业及建筑材料、设备、构配件供应等企业签订合同并监督实施；

（6）协助建设单位提出工程实施用款计划，进行工程竣工结算和工程决算，处理工程索赔，组织竣工验收，向建设单位及相关单位移交竣工档案资料；

（7）工程保修管理，组织项目后评估等。

2. 造价咨询管理

全过程工程咨询单位配合和协助建设单位管理好造价咨询公司，确保其保质保量完成项目建设全过程造价咨询服务，在项目实施过程中充分发挥好项目管理职能，协调相关单位完成造价咨询工作。协助建设单位分析索赔事项，分清责任，及时提出反索赔，挽回不必要的损失，按照合约规定，为建设单位投资决策控制提供依据。

3. 进度控制管理

项目进度受疫情的影响极大，全过程工程咨询采取如下应对措施：

（1）及时编制完成工程总控计划及设计、招标采购、现场施工等单项控制性计划，明确各项工作的里程碑节点，报建设单位批准后执行；

（2）加强设计管理，提高设计文件特别是施工图的质量，及时组织图纸会审及日常施工中各专业人员的阅图审图工作，及时发现图纸中存在的问题，最大限度减少设计变更，将变更解决在施工前，保障施工顺利进行；

（3）及时审批并严格控制工程变更、参与处理现场施工中存在的各项技术问题，检查设计代表驻场服务及质量；

（4）合理分解进度目标，围绕进度目标检查、督促 EPC 总承包单位按期完成各项招标采购工作，加强合同管理，利用合同约束促进承包单位进度控制；

（5）及时督促项目监理部及施工单位落实甲控乙供材料／设备的有关报审工作，提前做好样品、品牌的确认工作，避免施工期间停工待料；

（6）跟随建设总控计划、阶段性计划的推进，定期或不定期核查施工单位各项资源投入情况，并采取针对性纠偏措施，定期核查施工单位基于近期及远期施工进度计划需提前落实的各项备料、劳动力及机械设备储备情况，必要时应落实专人驻场监造及抽查等；

（7）协助、配合 EPC 总承包单位针对施工类招标合理划分施工标段，清晰界定各施工标段工作界面，减少各专业分包施工间干扰；协助建设单位及时落实资金计划及资金保障，做好合同款、进度款过程支付，确保各阶段、各类应付资金按时足额支付；

（8）参与工程例会及进度协调专题会议，针对施工过程进度制约因素及时下达纠偏指令，促进项目监理部及施工单位的进度控制意识，针对项目监理部、EPC 总承包单位制约进度的违约违规行为及时落实纠偏及处罚，严格执行合同约定的工期奖罚制度。

4. 招标采购管理

项目采用 EPC 总承包管理模式，为实现招标采购工作高质量且有计划推进，全过程工程咨询单位采取以下应对措施：

（1）在项目实施阶段，组织建设单位、EPC 总承包单位明确专业分包招标类型、方式，严格遵循《招标投标管理条例》规定，确定专业分包招标种类以及方式；合理划分标段，不得随意切割；

（2）参与专业分包招标过程，监督招标过程合法性，不得出现最低价中标、围标等情况；

（3）督促 EPC 总承包单位编制《招标采购计划》，计划必须与总进度计划对应；

（4）遵从先设计、后施工的基本建设程序，优先保证设计开始、施工总承包进场节点目标；各项目招标采购计划的安排，在项目报建、设计进度许可的前提下，尽可能连续安排，并考虑前后招标采购项目的搭接，缩短招标采购周期。

5. 造价控制管理

由于本项目已委托湖北华中天地国际工程咨询有限公司进行全过程跟踪审计咨询服务，全过程工程咨询单位主要职能是配合和协助建设单位管理好造价咨询公司，确保其保质保量完成项目建设全过程造价咨询服务，在项目实施过程中充分发挥好项目管理职能，协调相关单位完成造价咨询工作，主要做好以下几点：

（1）对初步设计概算进行审查，是否存在漏项、局部造价不合理的情况，确保概算金额不突破总投资金额；

（2）在施工图设计阶段，要督促施工单位及时上报施工图预算，并报相关部门进行审查，确保预算不超概算，如超概算，及时要求设计单位进行优化调整；施工图设计要采用成熟技术、成熟工艺，采用被其他类似工程使用证明技术可行、质量可靠的材料与设备，采用性价比合适的国产材料、设备，慎重采用进口材料与设备；

（3）在施工阶段，认真审核承包单位报送的施工组织设计，做到技术可行、经济合理、安全可靠、节能减排、省材省时；严格控制材料采购的价格和质量，从而降低工程成本；严格审核设计变更，非必要不得随意变更；严控现场签证变更项目，在 EPC 总承包模式下，无法进行现场签证的，坚决不允许签证；及时审核进度款申请，对合格工程量进行计量，及时签署付款凭证；

（4）项目竣工结算后，项目管理部、项目监理单位组织进行深入调查、收集资料、分析研究，编制《项目后评估报告》，对项目投资执行情况作出正确评价。

22.3.2　咨询工作其他举措

1. 编制业务手册

为明确全体参建单位职能分工，促进全体参建单位高度紧密配合，提高参建单位的责任意识，约束参建单位全面履行合同约定的各项义务，确保工程建设期间本工程的各项管理工作规范、有序，真正实现对项目建设全过程、一体化、专业化的管理，达到项目资源最佳配置和优化，最终确保项目投资效益最大化，全面实现项目预定目标。依据国家、省及市现行的有关建设行业法律、行政法规及项目管理规范的相关要求，以现代项目管理理论为指导、本着责权对应的基本原则，针对工程实际，编制《项目管理手册》，作为本项目建设期间指导、规范全体参建单位、参建人员日常建设行为的纲领性文件。

2. 组织参与初步设计内部评审会议

在初步设计方案完成后，2018 年 8 月 16 日，由建设单位牵头、全过程工程咨询单位组织，项目参建各方参加，同时依托总公司资源平台，邀请建筑、结构、电气、给水排水、规划、消防、交通、发展改革等相关审批部门，以及行业相关专家、使用单位等进行内部评审并形成会议纪要，在评审意见的基础上进行初步设计方案修改后再报批。进一步增加了图纸设计深度，以及有效地与各使用单位进行对接，充分了解使用意图及需求，为后续初步设计报批以及施工图设计打下坚实基础。

3. 制定整体实施策划以及阶段施工任务书

编制并适时调整项目实施阶段工程建设进度总控制计划。根据整体工作计划可以督促、协助参加项目建设的各方按照上述总控制计划的要求，编制各自的工作计划，使之相互协调，构成二级计划系统，应检查各方计划的执行情况，通知有关单位采取措施满足计划进度要求。

因受疫情及武汉汛期影响，建设工期顺延，按照建设单位的要求，武汉东西湖文化中心项目于 2021 年 12 月 31 日整体完工。针对工期节点目标，全过程工程咨询单位于 2020 年 8 月组织 EPC 总承包单位梳理剩余工程量，倒排施工进度计划，并在进度计划的基础上，编制了《武汉东西湖文化中心 2021 年竣工移交施工策划方案》，并在每月底组织召开进度专题会，对比月进度完成情况以及根据月进度完成情况制定下月工作任务，每周监理例会上，全过程工程咨询单位对进度进行全方位对比，并提出下周工作计划安排，日常管理过程中及时检查、督促，确保项目如期交付完成。

4. 全面统筹设计及施工

全过程工程咨询单位作为本工程设计管理的责任主体，接受建设单位委托，根据项目管理合同约定，全面行使设计管理职能并承担相应管理责任。建设单位、全过程工程咨询单位及相关参建单位，如其他专业设计单位、施工单位、造价咨询单位等通过全过程工程咨询单位的组织与设计单位发生相关联系及配合，落实相关设计管理工作。

5. 使用单位对接

鉴于保证项目使用功能是项目建设的根本目标之一，因此，及时落实项目使用单位需求，充分保障项目使用功能满足使用需要是各方共同追求的目标。然而受项目建设工期、建设投资的约束，针对使用单位提出的功能需求，全过程工程咨询单位从项目建设全局角度出发，组织设计单位协助建设单位界定哪些功能需求是必备功能，哪些功能需求是奢侈性需求，具体围绕项目建设目标应如何落实等等，并结合项目建设单位内部管理决策权限规定，同时应遵循设计管理相关规定客观给予确定并落实。

22.4　咨询管理成效

22.4.1　初步设计阶段管理成效

项目部进场初期，项目正处于初步设计阶段，各场馆功能定位及使用需求仍不明确，全过程工程咨询单位利用初步设计优化的契机，充分发挥公司后台设计支持团队力量，于 2018 年 3 月 18 日提交了《关于武汉东西湖文化中心项目运营、建设相关标准和定位的参考意见》，得到了建设单位、设计单位的认同，使各单体场馆功能定位更加清晰明确，同时及时组织使用单位与设计单位进行对接，优化场馆建设指标，有效推动了初步设计方案的确定。

初步设计图纸出来后，项目部立即对初步设计图纸进行审查，并依靠公司内部优质资源以及外聘专家，提供初步设计优化建议 536 条，涉及建筑、结构、暖通、装修、电气、给水排水、幕墙、概算造价等等，并于 2018 年 8 月 16 日参加由建设单位组织的初步设计专家协审会议，与参会专家交流、探讨，为初步设计的批复打下坚实基础。

22.4.2　施工图设计阶段管理成效

（1）根据施工图设计文件，各单体场馆均大量采用 GRC 挂板幕墙，初步设计概算为 450 元 /m^2，但经市场调研，由于项目设计 GRC 挂板均为大板，市场造价为 900～1000 元 /m^2，已超初步设计概算 3000 万元，经与建设单位、设计单位沟通，建议剧院外墙由 GRC 挂板幕墙改为石材幕墙，对局部外墙进行优化设计，从而使幕墙造价不突破概算金额。

（2）2020 年 7 月 15 日，由全过程工程咨询单位组织，项目参建各方参加，并邀请专家对武汉东西湖文化中心项目泛光照明方案进行评审，经过与会各方讨论，为确保本项目泛光照明品质提升及效果，决定采用方案一。但方案一概算造价约 2400 万元，超初步设计概算 700 万元。经全过程工程咨询单位建议，优化海绵城市方案（海绵城市概算造价 4000 万元），在确保海绵城市建设的前提下，提升本项目整体品质。

（3）在施工图图审完成后，全过程工程咨询单位组织建设单位、EPC 总承包单位、设计单位、造价咨询单位进行项目工作界面划分，明确竣工交付标准，同时将工作界面划分告知使用单位，也让使用单位了解本项目建设的工作。

22.4.3　项目进度管理成效

从项目正式开工到交付使用，本项目建设总工期只有 850 日历天，实施过程中影响因素：2019 年 10 月军运会影响（项目南侧东西湖体育中心为军运会比赛场馆，现场停工约 50 天）及疫情影响（2020 年 1 月 23 日武汉封城，4 月 8 日解封，受疫情管控要求，工人严重短缺），项目已突破合同工期要求。

2020 年复工后，项目部重新调整进度管理小组，以项目经理为组长，项目总监为副组长，各标段负责人为组员。围绕 4 月份调整后的总进度计划，每天形成日报，反馈设计和施工进度；每周形成周报，对比进度计划。同时，建立进度预警机制，形成黄色、橙色、红色三级预警机制。由于受疫情影响，全国各地建筑工地工人需求量较大，同时因武汉特殊的地理位置，现场作业人员严重短缺，虽经参建各方共同努力，现场实施进度仍滞后较多。进入 7 月份，武汉市建筑行业市场供需基本恢复正常，全过程工程咨询单位组织 EPC 总承包单位进行进度计划调整，根据建设单位要求 2021 年 12 月 31 日完工的节点目标，梳理剩余工程量，倒排施工进度计划。

全过程工程咨询单位进度管理小组向 EPC 总承包单位下发《武汉东西湖文化中心 2021 年完成竣工移交施工策划方案》，并对总进度计划进行分解形成月进度计划，先后形成 8～11 月份施工任务分解书，同时在月施工任务分解书的基础上，细化周进度施工任务，并安排进度管理小组成员对各项任务、工作进度进行考核，出现偏差及时预警。在每月底的进度专题会上，由进度管理小组组长对各项进度完成情况进行剖析，并对后续施工提出新的要求。经过几个月的进度管理，取得一定的成效，虽局部分部分项工程存在滞后情况，但项目总体工期受控。

22.4.4　项目投资管理成效

项目建设单位是武汉临空港文化发展有限公司，项目部常驻机构为武汉东西湖文化中心项目建设专班，指挥部团队成员非常少，无专职的造价管理人员，因此在项目实施阶段，建设单位就已委托湖北华中天地国际工程咨询有限公司进行全过程跟踪审计咨询服务（包括工程量清单审核、控制价审核、施工阶段全过程工程造价控制、工程结算审核等相关服务）。

全过程工程咨询单位造价控制职能主要是配合和协助建设单位管理好造价咨询公司，确保其保质保量完成项目建设全过程造价咨询服务，在项目实施过程中充分发挥好项目管理职能，协调相关单位完成造价咨询工作。协助建设单位分析索赔事项，分清责任，及时提出反索赔，挽回不必要的损失，按照合约规定，为建设单位投资决策控制提供依据。

在初步设计阶段，全过程工程咨询单位针对初步设计概算进行全方位审核，并向建设单位提交审核报告，包括总价对比、单体造价对比、漏项建议汇总、市场价对比、主要材料设备价格审核、指导图纸调整等等。

在施工图设计及项目施工阶段，全过程工程咨询单位多次组织 EPC 总承包单位与造价咨询单位进行对接，确定各项材料、设备价格以及进度款核算，为工期进度保驾护航。

22.5　项目实施的改进建议

EPC 项目的优点是有利于整个项目的统筹规划和协同运作，可以有效解决设计与施工的衔接问题。然而，本项目在实施的过程中，设计管理与整体施工部署衔接度不够，从以下几个方面提出改进提升建议：

（1）EPC 总承包模式下的设计管理主要体现在进度管理、质量管理、设计接口管理、设计优化管理和设计限额管理五个方面。EPC 总承包模式下的设计进度必须配合项目的采购、施工进度计划，并根据项目实际情况实施动态管理。应进一步加强设计条件、设计范围的控制，以提高设计质量，保证设计进度；推行限额（限量）设计以节约成本。

（2）做好与设计单位的充分沟通，对现场进行细致的调查和测量，掌握现场条件；复杂条件应进行专项实验或分析论证，提高设计条件的准确性、完整性、严谨性；确定条件时尚需预留合理发展空间，难以确定的条件作为遗留问题应提出解决办法或处理措施。

（3）对设计的进度进行控制。实施时结合施工进度在现场进行图纸的深化设计，优先安排工艺关键线路上的子项的设计，优先安排采购设备技术条件成熟的子项设计，优先安排解决遗留问题的现场设计确认，从系统的角度协调好进度与工作量的关系，确定开展计划，保障设计进度可控。

（4）对设计的质量进行控制，审查初步设计、施工图设计深度，及时组织初步设计概算、施工图预算审核，确保概算不超估算，施工图预算不超概算。

第 23 章　SZ 博物馆

23.1　项目概况

23.1.1　项目概况

SZ 博物馆总用地面积约 3.24 万 m²；总建筑面积约 12.6 万 m²。项目作为展示中华文明的重要窗口，是展示建设中国特色社会主义先行示范区成果的重要载体，也是展示区域发展成就的重要地标，力争打造国际领先、地区特色的大型综合性历史文化与艺术博物馆。项目文物展藏条件优越，展厅空间开阔，布局丰富灵活，展陈面积超 4 万 m²；设有报告厅、科教放映厅、多功能厅、贵宾接待厅等，具备承办国事活动、对外文化交流、重大事件纪念活动的功能。在博物馆"展与藏"功能之上，更叠加现代公共建筑创新空间、空中市民广场、山海观景台、屋顶云上花园，承载社会教育、学术科研、艺术交流等多元文化交流功能。项目的建设将助力打造区域文化新标杆，进一步提升区域公共文化服务能级，助力成为文化中心城市和彰显国家文化软实力的现代文明之城。

项目桩基础、基坑支护及土石方工程已施工完成，正处于施工总承包招标前期，施工图设计已完成，总承包招标已具备挂网条件。

23.1.2　建设目标及功能定位

项目旨在建成"历史类、艺术类、自然历史类收藏展示在内的""具备承担重大国事活动、对外文化交流等国家使命的能力"以及"一流社会公众服务"等的综合性博物馆；建成"全面涵盖博物馆核心业务、文物保护、展示手段、观众体验及文化传播等方面"的示范性智慧型博物馆；建成"面向国内和国际，辐射东南亚、南亚、西亚、非洲等地区，广泛传播中国声音、树立中国形象""掌握国际博物馆发展话语权"的国际化博物馆。

SZ 博物馆在功能方面定位为"系统展示中华文明的重要窗口""展示中国特色社会主义区域高端公共文化服务水准的窗口""拓展文物藏品征集的重要渠道""培养高水平文博人才的重要基地""文博领域研讨交流的学术高地""促进文明交流互鉴的重要平台""提升完善区域博物馆发展体系的重要标杆"以及"促进文化创意产业发展的重要基地"等高端水准和目标。

23.2 项目特点与重难点分析

23.2.1 项目特点

SZ博物馆立体复合的建筑布局联通地下、地面与空中，使建筑与城市格局和山海景观融为一体，为人们提供复合多维、珠玉纷呈的未来文创生活体验场景。

（1）入口层。架空、开放入口层连接建筑与城市地面、地下空间，成为城市活力、文化场域、滨海地景的交互带。

（2）大堂与中庭。公共大堂定位为开放城市客厅，通高中庭以信息化帆幕为界面，提供立体交互场景，塑造都市媒体空间和事件场所。

（3）专题展厅。位于2、3、4层的连续大平层展厅，可供灵活布展；利用翼角飞檐观山阅海览城，并形成一系列特色空间。

（4）观海窗与展厅。飞檐之间提供观海览城的长卷视窗，运用建筑空间构成特点，设置沉浸式展厅，通高展厅、生态共享空间。

（5）空中市民广场。见证剧场、文创聚落、立体凉园适应亚热带滨海气候，空中市民广场是整层无柱开放空间，为市民提供全天候空中观景与文创交互场所。建筑挑檐坡面在南北两侧转化为阶梯式都市剧场，是观山望海览城的绝佳场所，参观者和市民在此享受壮丽海景并见证城市发展，通过人的亲身体验把湾区城市建设过程转化为历史性的超大事件展品，创造项目的绝对亮点；文创聚落提供研修学习、科创讨论、文化交流的多样化场所，绿心花园提供舒适宜人的都市空中立体园林。

（6）云上展厅。位于6层的云上展厅提供天光可达的平层展厅，汇聚世界文明精华，使观众感受高度自主、任意徜徉的文化超市般参观体验。

（7）未来花园。屋面的未来花园以彩墨泼染意象组织生机蓬勃的空中花园，展现在热土上绘就最美好的未来画卷。

（8）地下展厅。基座设置地下层临时展厅，远期可调整为库房使用。

23.2.2 项目的重难点

SZ博物馆项目外观为"上大下小、层层挑檐"的新颖建筑造型，体现了"文明之树、时代明灯"的建筑理念，功能空间多样，空间结构复杂。内部中厅高达44m，钢梁最大跨度约41m，挑檐桁架最大悬挑约21m，五层以上钢管混凝土拱梁跨度约97m，楼层最大平面尺寸达148m。

（1）项目钢结构用钢量大，钢材强度等级高，厚度40mm以上钢板用量超过一半，高空焊接量大，焊接要求高，节点构造复杂，安装难度大。外围钢骨斜柱、大跨度重型钢梁、拱桁架的安装是难点，连接节点为关键要点（尤其是拱桁架与水平预应力拉杆、斜柱的交接节点）。钢结构安装与支撑方案的选择，是施工安全与工期的保证，加工、运输、安装各环节均需紧密衔接。钢结构深化设计需结合施工构造、安装工艺及幕墙工程综合考虑。

（2）工程层高高，柱跨大，局部区域存在搭设高度 8m 及以上或跨度 18m 及以上的模板支撑体系、跨度 36m 及以上钢结构安装工程、用于钢结构安装等满堂支撑体系或将承受单点集中荷载 7kN 及以上、核心筒施工方案可能采用分段架体搭设高度 20m 及以上的悬挑式脚手架工程，危大工程的施工安全管控是本项目的重点。

（3）项目结构造型独特，构件数量多，存在斜柱拱梁等异形构件，保证测量和施工的精度是工程重点。

（4）由于上大下小的建筑造型，垂直运输设备布置难度大，安全影响因素较多。部分构件吊重超过 10t，属于危大工程。施工中各工种间的交叉作业、高空作业较多，如何确保高空施工作业的安全管理是施工过程中的重难点。施工单位针对现场情况依据各项安全生产法规、标准规范的具体要求，制定切实可行的安全控制管理措施，确保施工过程中的人员、设备和消防安全；督促专业承包商加强安全生产管理，建立有效的安全生产保障体系，加强各项安全生产管理工作，保证安全设施措施到位，确保不发生重大安全事故，争创安全文明双优工地是本项目的重点。

（5）工程机电系统丰富，标准高，调试复杂。安装操作的高度高，管线密集，交叉作业和相互干扰多。博物馆技术区域（文物储藏、修复）的机电技术保障是重点（空气洁净、恒温恒湿、安防、消防等）。应充分做好施工准备、合理安排好施工顺序及强化技术协调和管理是保障机电功能实现的重点。

（6）项目地下室和地上主体均为平面超宽超长的结构，地下室大体积混凝土施工、楼板裂缝控制技术措施，是本工程质量控制工作的重点。

（7）工程对防水要求高，主要包括：1）结构部位如地下室底板、混凝土外墙、地下室顶板、卫生间结构防水、屋面、墙体的防裂防水；2）各种管道口在楼板、出屋面、外墙的封堵防水；3）屋顶花园、外墙门窗、室内外交界处等的平立面防水均是重点工作内容。4）必须处理好伸缩缝、后浇带等处的防水工程质量。

（8）基坑深度 10～12m，属危大工程。基坑内支撑的换撑拆撑，是地下室施工时的重点与难点。

（9）项目位于填海区域，地下水位高，施工期间需保障工地现场的降排水。地下室底板的施工进度将会直接影响后续施工，若地下室底板施工不能按期完成，进入雨季（台风季节）施工后势必将严重影响项目总工期目标的实现。故须在有限的时间内按期完成地下室底板施工，并保证其施工质量，是工期进度目标的重点。

（10）项目红线与主体建筑边线距离狭小，红线范围内用地紧张，现场平面布置、场地内的交通组织及材料运输调配难度较高。周边配套市政工程建设期与 SZ 博物馆建设高峰期重合，红线外占地协调难度大，片区交通疏解及施工工作面统筹难度高。合理做好施工场地部署、交通运输规划和管理，是安全文明生产重点。

（11）工程任务重、工期紧，施工总承包单位应根据建设单位的工期要求制定总进度计划，并将指定专业承包人的进度计划纳入施工总进度计划中，明确指定专业承包人的工期节点和进场作业时间，采取严密的计划管理措施，综合协调指定专业承包人的施工进度计划，组织好各专业各单位之间的流水施工和穿插作业，确保实现节点工期和总工期目标。在进度保证措施方面，应从环境、材料（特别是周转材料、外加工材料等）、机械设备、劳动力、施工方法上做出重点安排。

（12）由于项目的质量目标要求为争创"鲁班奖"和"詹天佑奖"，各专业工程都必须满足《中国建筑工程鲁班奖评选办法》《中国土木工程詹天佑奖评选办法》等高标准要求（施工过程中如有最新版发布，按最新版执行），此项工作贯穿本项目的全过程。对结构实体质量、各专业功能质量、尺寸偏差限值、观感质量作高标准严要求，混凝土结构实体检验、钢结构焊缝检测等项目须达到评优标准，不允许出现评优的否决项目。积极采用新技术、新工艺、新材料、新设备，其中有一项国内领先水平的创新技术，采用"建筑业 10 项新技术"不少于 7 项。

（13）项目应将 BIM 技术全过程、全场景应用于深化设计、钢构件智能生产及加工追踪、施工模拟、施工验证、进度管理、可视化交底、质量安全管理和智慧工地等。积极开展科技创新，积极推行绿色建造和智能建造，实现高质量发展，打造优质建造项目。

（14）项目作为重要文化场馆项目，竣工验收期间合理组织或者参与各项专项验收，以及施工单位如何快速有效地进行完工后的综合调试，是竣工验收和交付工作的重点。

23.3　咨询管理实践

23.3.1　招采合约实施情况分析

1. 招采合约实施策划

策划方案主要采用大总包＋专业承包的方式。大总包划分思想来源为：

（1）根据项目施工总体管理需求，施工总承包承担总承包管理服务。

（2）根据专业属性及施工组织管理模式，施工总承包一般包含土建工程、普通装饰、机电安装工程。

（3）根据建设单位《建设工程公开招标指引》，建设工程招标原则上应采用大标段或者总承包招标。

（4）根据项目结构特点划分，项目为单体建筑钢结构和混凝土结构，具有不可分割性。专业承包主要根据专业属性、体量及施工图设计进度划分为幕墙、精装修、智能化园林绿化工程等进行专业工程发包，根据项目体量与施工进度需求进行标段划分，标段体量需有利于选择优质承包商。

综合考虑上述因素，本项目标包划分情况，如表 23.3-1 和表 23.3-2 所示。

建筑工程标包划分情况统计表　　　　　　　　　　表 23.3-1

序号	服务类别	金额（万元）	比例
1	咨询服务	13378	5.55%
2	施工总承包	130692	54.22%
3	专业承包	93988	38.99%
4	货物采购	3000	1.24%
5	合计	241058	100%

展陈工程标包划分情况统计表　　　　　　　　　　表 23.3-2

序号	服务类别	金额（万元）	比例
1	咨询服务	8009	13.37%
2	方案设计	590	0.98%
3	专业 EPC	49612	82.82%
4	货物采购	1693	2.83%
5	合计	59904	100%

施工总承包、专业工程（建筑工程）及专业工程（展陈工程）不同标包发包范围，分别如表 23.3-3～表 23.3-5 所示。

施工总承包发包范围统计表　　　　　　　　　　表 23.3-3

序号	承包内容	比例	包含主要分项工程				
1	土方工程	1.9%	土方回填				
2	建筑结构工程	65%	混凝土结构	钢结构	减震隔振措施	人防增量	
3	室内装饰工程	2.2%	室内初装修				
4	机电安装工程	23.7%	给水排水、消防、暖通工程	电气工程	变配电、发电机	抗震支架	充电桩
5	设备采购安装	3.0%	电梯	库房门	风淋门		
6	配套工程	2.7%	室外管网	建设方临建	厨房配套	白蚁防治	
7	总承包管理服务	1.5%					
8	合计	100%					

专业工程（建筑工程）发包内容统计表　　　　　　　　　　表 23.3-4

序号	专业工程	包含主要分项工程			说明
1	桩基础、基坑支护及土石方工程	桩基础	基坑支护	土方开挖场地清障	已单独发包

续表

序号	专业工程	包含主要分项工程			说明
2	幕墙装饰工程	外立面金属幕墙、玻璃幕墙	金属板屋面（不含屋面光伏板系统，建议其单独发包）	主体建筑泛光照明	① 外立面幕墙工程体量大，展开面积约10万m²；施工品质要求高；工程实施难度大，安装工艺专业性强；市场具备幕墙专业资质和施工业绩的总承包单位少，一般均由专业单位独立实施 ② 因与钢结构技术衔接紧密，应早招标以同步深化设计 ③ 因本项目外立面特殊造型，安装难度大，建议主体建筑泛光照明纳入幕墙同步施工
3	室内精装修工程	室内二次精装修	标识工程	—	① 本项目室内精装修与展陈工程联系紧密，界面交叉多，重要区域装修品质要求高，装饰效果方案确定较晚，施工图出图较晚，因此后续单独发包 ② 精装修施工期紧张，体量大，建议按照公共空间、展厅、报告厅等特殊功能区域划分标段，每标段体量约5000万元
4	弱电智能化工程	—			智能化系统工程专业性强，与装饰工程阶段联系紧密，且专业设备多，设备技术更新周期短、市场价格变化快，早招标不利于设备择优选型和造价控制，建议后续单独发包
5	室外景观工程	室外景观绿化、空中花园景观绿化	景观区域地面硬质铺装	室外景观小品等	主要以绿化种植、地面硬质铺装、景观小品等为主，且本项目景观工程需要与红线外大景观统一方案设计风格与效果，方案确定较晚，因此后续单独发包
6	舞台影音设备	报告厅影音设备	影院影音设备	—	专业声像设备工程，以设备采购为主，具体功能需求与布置方案一般与室内装饰阶段同步，建议单独采购，也可纳入室内精装修承包范围或智能化工程承包范围

专业工程（展陈工程）发包内容统计表　　　　　表 23.3-5

序号	发包内容	包含主要分项工程				说明
1	咨询服务类	展陈及运营咨询	展陈方案设计	智慧博物馆方案设计	展陈监理等	（1）请市文体局、国博推荐行业内知名承包商范围，结合市场有关情况，确定调研范围 （2）量化清标考察投标人展陈理解、设计整合能力、代表性项目和类似项目业绩、主要设备品牌、商务报价等 （3）优选量化清标等级高的投标人
2	基本陈列厅	共6个展厅约6000m²，划分2～3个标段				
3	专题展厅	共12个展厅约12000m²，划分4～6个标段				
4	开放展陈	共15300m²，依据实施内容、部位、楼层，划分2～3个基础装修标段和2～3个陈列布展标段				
5	沉浸式多媒体展廊	300m²，为1个标段				
6	智慧博物馆	本项为软件开发和系统集成，不宜划分标段				
7	文物修复设备	包含恒温恒湿箱、疝气老化箱、恒压X探伤机、高压蒸汽清洗机、激光清洗机等				
8	文物库房设备	包含密集架等				

2. 策划重点

合约范围评估：鉴于项目结构包括混凝土结构＋劲钢混凝土结构＋钢结构、幕墙支撑构件与钢结构焊接＋幕墙支撑构件工程＋工作面协调等因素，依据项目特点，本次策划仅对施工总承包、幕墙专业工程、电梯采购及安装、特种门采购及安装进行评估：

（1）施工总承包

方案优劣对比：对于总承包招标范围有两种方案，且这两种方案互斥：方案一为钢结构不纳入总承包范围，方案二为钢结构纳入总承包范围，现对两种方案进行对比分析，如表 23.3-6 所示。

总承包招标范围方案比选情况分析表　　　　　表 23.3-6

序号	方案	优点	缺点
1	方案一	（1）可以选择钢结构工程专业承包单位，从一定程度上降低不具备钢结构工程施工经验的总承包单位的技术风险 （2）钢结构工程专业发包避免总承包提取高于总承包管理费的费用	（1）主体结构工程人为拆分为两个标段，即施工总承包＋专业承包，发包模式罕见 （2）总承包工作内容相对较少，总承包管理协调积极性不高 （3）总承包责任意识不强，可能会压缩专业承包工期 （4）垂直运输机械利用较难统筹，存在影响钢结构工程实施进度的风险 （5）加大发包人管理协调工作量
2	方案二	（1）能够发挥总承包管理优势，总承包责任明确，降低发包人管理协调工作难度 （2）有利于总承包统一策划、组织创优评奖 （3）有利于总承包统一协调工作面和施工时序（本项目工作面矛盾更加突出） （4）有利于现场安全文明施工、疫情防控 （5）发包模式较常用，减少不可预见风险	（1）总承包一般需对钢结构工程进行专业分包，收取的总承包管理费高于标准 （2）对总承包选择专业承包控制力较弱，存在分包风险 （3）存在以包代管风险

类似项目情况：类似钢筋混凝土＋钢结构项目均将钢结构工程包括在施工总承包范围，如龙华两馆、中山大学深圳图书馆和体育馆、前海法治大厦、辽宁省科技馆和博物馆，这些案例项目实施效果表明，国内及行业内大型施工总承包企业均具备承担本项目施工总承包能力，且能够控制钢结构工程实施风险。

建设单位《建设工程公开招标工作指引（试行）》第六条、《关于建设工程招标投标改革若干规定的通知（深府〔2015〕73 号）》第十三条均提倡大标段大总包，以及几乎未见过具有"施工总承包资质（仅限钢结构工程）"施工企业的市场案例，结合前述分析，故本项目采用方案二可行。同时，经钢结构工程分包单位批准拟采取以下措施纳入招标文件。

施工总承包招标采用量化清标，施工总承包业绩和钢结构工程业绩采取双控方式。其中钢结构工程业绩作为清标项之一，非联合体投标人可自行提供钢结构工程业绩，或提供分包协议和拟分包单位的钢结构工程业绩；联合体投标人要求承担钢结构工程的联合体成员提供结构工程业绩。

中标人签订施工合同后，对总承包的分包单位进行资信审查，资信审查标准在招标阶段的合同条款中约定。

（2）幕墙专业工程

方案优劣对比：依据本项目建筑形体和幕墙支撑体系，幕墙工程存在两种互斥方案：方案一为幕墙纳入施工总承包招标范围，方案二为幕墙工程专业承包，现对两种方案进行对比分析，如表23.3-7所示。

幕墙专业工程招标方案比选分析表　　　　　　　　表 23.3-7

序号	方案	优点	缺点
1	方案一	（1）能够发挥总承包管理优势，总承包责任明确，降低发包人管理协调工作难度 （2）有利于总承包统一策划、组织创优评奖 （3）有利于总承包统一协调工作面和施工时序（本项目工作面矛盾更加突出） （4）有利于现场安全文明施工、疫情防控 （5）按施工总承包发包方案一，幕墙支撑体系与钢结构工程统筹考虑，减少实体工程移交风险	（1）现调研的施工总承包企业基本采用分包或合作方式实施幕墙专业工程 （2）存在一定程度的实施风险和技术风险 （3）收取超额管理费 （4）对总承包选择专业承包控制力较弱，存在分包风险 （5）存在以包代管风险
2	方案二	（1）发挥专业承包优势，降低项目实施风险和技术风险 （2）发包模式常见，优质承包人较多，有利于择优竞争 （3）幕墙中标净下浮率高于施工总承包	（1）发包人需参与管理协调 （2）需协调专业承包与总承包技术对接 （3）需协调施工时序和工作面 （4）钢结构安装精度和变形对幕墙工程影响较大 （5）可能会重复增加脚手架等措施费

类似项目情况：如华润大厦、平安大厦、京基100等标志性项目均为幕墙专业承包，结合前述，本项目幕墙工程拟采用专业承包。

按上款方案选择，鉴于幕墙钢支撑体系与钢结构工程相关联，故将幕墙钢支撑体系纳入总承包范围，在技术条件上要求总承包采取措施保证钢结构安装精度和控制钢结构变形，在商务上策划商务条件，在管理上做好时序策划和控制。

招标时序策划：依据2022年2月20日《项目总控计划》，施工总承包2022年10月30日招标完成、幕墙专业工程2022年12月30日招标完成，对于智能化、装修装饰专业工程依据施工总进度计划倒排，对于电梯、库房门采购及安装重点进行分析，综合评估后确定招标计划。

（3）电梯采购及安装

电梯采购及安装招标时序有两种方案：一是在初步设计完成后混凝土结构施工前完成招标；二是主体结构封顶前完成招标，两种方案对比，如表23.3-8所示。

于2022年7月完成施工图，招标完成时间仍无法满足施工图阶段提资，结合上面分析，拟采用方案二招标时序。采用方案二招标时序，设计阶段应依据通用标准，充分研判设备需求，预留相关专业变更条件，但设计不能含有特定的、指向性的条件。

电梯采购及安装招标方案比选分析表　　　　表 23.3-8

序号	方案	优点	缺点
1	方案一	（1）可以早期确定设备型号和参数，为结构、机电设计提资 （2）不发生变更或早变更，减少改造 （3）确定设备投资	（1）可能出现更新型设备 （2）可能存在设备需求变更 （3）合同履约周期长，增加履约风险 （4）2022 年度招标工作强度大
2	方案二	（1）可选新型设备 （2）设备需求更完善和明确 （3）合同履约周期短，降低履约风险 （4）招标工作强度相对均衡	可能发生土建、机电专业变更

（4）特种门采购及安装

特种门主要安装部位位于地下室，与人防门类似，须在结构施工阶段预留埋件或安装条件，以保证特种门安装质量和防护等级，原则上能够尽早完成招标，即 2022 年 12 月完成；或者设计在充分技术调研基础上，考虑特种门构造、安装方式和运输路径，完善预留预埋措施，本子项招标可延后至主体封顶之后。

23.3.2　合同管理实施情况分析

本项目已签订合同 43 份，合同金额约 4 亿元，其中服务类合同 41 份，工程类合同 2 份。工程类已签订的《项目桩基础、基坑支护及土石方工程合同》在实施过程中主要有以下问题：

（1）合同中部分存在部分不合理条款，例如，停工期间无停工费用补偿、仅工期顺延。目前政府招标投标行为审查较为严格，此类问题需在后期施工总承包合同中避免，但例如停工补偿该如何计取，首先考虑的是大型机械的进退场费及租赁费，其次从现场看护方面对施工企业进行补偿，这部分费用需严格依照相关定额标准计算。

（2）合同结算中存在部分争议，例如现场施工区及办公区围挡的计量计价问题，已实施的围挡形式与已标价工程量清单不一致，部分围挡超出红线是否计价等争议。此类问题严格按照现行国标工程量清单计价规程及合同进行结算。另工程桩空桩回填在清单中列两条清单，一项为中粗砂回填，一项为原土回填，两清单综合单价相差较大，施工时利用中粗砂进行回填。然而设计图纸中未明确具体采用何种回填方式，因此导致中粗砂回填成为结算争议。

（3）工程招标控制价编制时，对于土方弃置降效费的计取及结算原则不明，导致实施中较难界定何为降效，以及如何证明降效成为合同履行过程中的头等难题。

服务类《SZ 博物馆项目监理服务合同》主要采用每月人员流量计费的方式支付基本监理服务费，然而人员流量计费需要花费较多时间精力去统计监督与管理。在项目停工时为防范财政资金支付风险，需对监理单位人员进行控制，严格把控合同履约成效。

设计类合同存在付款节点设置与实际设计成果交付不匹配的情况，由于本项目建设单位无法跳节点支付，导致部分设计费无法支付，因此后期在设置服务类合同支付节点时，需充分考虑此类情况的发生，防范合同支付无法达标，存在支付压力。

23.3.3　投资控制实施情况分析

1. 概算批复情况

项目概算投资 263964 万元（不含展陈工程），其中：工程费用 229309.43 万元、工程建设其他费用 23608.60 元、预备费 11045.97 万元，资金来源为市政府投资。

2. 概算申报情况

本项目建筑工程初步设计概算较前期可研批复各分项超额较大，全过程工程咨询单位需协助建设单位通过限额设计控制项目概算金额，主要有以下重大举措：

（1）各分项限额设计：通过分专业审查，对各个专业做法进行优化，例如室内装饰装修、幕墙工程材料等。

（2）建筑工程与展陈工程界面划分：本项目展陈需求一直不明确，导致设计工作无法同步进行，建筑工程及展陈工程概算申报不同步，因此在界面划分时，部分区域如开放展厅、闭门展厅的室内精装及二次机电均需有明确界面，部分界面模棱两可的亦可划分到展陈工程中。

（3）材料设备品牌档次控制：尽量采用国产品牌，非特殊材料设备尽量不采用进口品牌，本项目最终所有材料均考虑国产品牌；部分机电类材料、无特殊要求的材料设备非必要采用中高档即可。

（4）功能用房经济指标控制：根据市相关标准规范严格把控功能用房面积，防止评审风险。

3. 合同实施情况

项目建筑工程概算与实际投资对比分析，如表23.3-9所示。

项目建筑工程概算与实际投资对比分析　　　　　　表 23.3-9

序号	项目费用名称	概算投资（万元）	占总投资比重（%）	合同金额及费用（万元）
一	建筑安装工程费用	229309.43	86.87%	26602.23
二	工程建设其他费用	23608.60	8.95%	13482.19
三	预备费用	11045.97	4.18%	—
合计		263964	100.00%	40084.42

招标控制价分析，通过施工总承包控制价对比概算、多方询价、调整设计标准、调整材料档次等措施，合理确定招标控制价，项目概算汇总后实际最终招标控制价15亿元（含暂列金1亿元），扣除暂列金后控制价与概算持平。

变更办理情况：基坑施工合同累计变更7份，申报费用4041万元，目前均待签发变更令。

23.3.4　设计管理实施情况分析

1. 设计管理总述

设计工作的整体有序推进是目前已完成两个重要节点目标的前提条件。一是项目概算申报，需设计提供稳定的概算图纸，并配合概算编制进行造价控制及图纸内容调整；二是总承包招标，需设计完成总承包招标施工图，要求图纸的深度和准确度均能达到指导施工的程度。

概算编制作为 2022 年主线工作，需设计与造价形成工作联动，并联推进相关工作，做到充分交底、实时跟进、动态调整。在基于成本控制的前提下，全过程工程咨询单位协助建设单位，要求设计单位从形体、层高、立面材质、结构体系、机电管材等多方面进行优化，进行多维度成本控制，于 2022 年 4 月 15 日完成初步设计概算编制图纸，后续持续配合造价的概算编制工作，进行相关图纸内容修改，从设计方面保证了概算申报工作的顺利推进。

项目于 2022 年 1 月完成人防征询，1 月完成排水系统对水务集团的意见征询，3 月完成用水节水报告备案，5 月取得超限高层抗震审查的批复，以上成果均是报批报建重要环节，为项目报建工作稳步前进打下基础；项目于 2022 年 4 月完成了基坑支护施工图及桩基础施工图下发，保证了 2022 年上半年现场施工进度按计划推进；全过程工程咨询单位协助建设单位并行推进总承包招标施工图，于 2022 年 6 月 10 日完成内部审查版施工图，截至目前已完成了第一次精审和相关单位审核，幕墙、景观、装修等各专项设计工作正全面推进。

2. 设计管理重难点

（1）使用需求的确认与管控

博物馆设计属于专业化程度高、设计复杂系数高、设计精细化程度高的"三高"项目类型。本项目定位高，在需求沟通和设计管控方面，对全过程工程咨询团队的管理能力及管理精细化程度提出了更高的要求，全过程工程咨询单位协助建设单位，采取以下对应措施：

1）统一沟通途径。面对复杂的需求和专业的使用单位，信息的有效传达和管控是重点。统一的信息传递途径，保证信息唯一性和通达性，避免信息不对称、需求前后矛盾等常见问题。

2）确立沟通机制。组织使用单位、意向运营单位按需召开筹建工作推进会议，在会议上明确使用需求，并以会议纪要的形式备案，保障使用单位的需求切实落地，也保证了设计依据的严肃性和可追溯性。

3）不等不靠，主动作为。在运营单位尚未确定、使用单位未提出清晰的使用需求的情况下，主动统筹谋划，针对各专项设计，逐一形成专题设计成果进行汇报，例如幕墙设计、中庭室内设计、光伏板设计、厨房设计、智慧博物馆设计、面积划分等专项，主动寻求使用单位、运营单位的共识和建议，推动项目进程。

　　4）建立项目需求台账。根据各层级意见动态整理，各专业形成管控要点清单，做到改有所依、依有所查。

　　（2）消防性能化设计及报审工作

　　由于项目外立面折板式多重挑檐造型和内部众多高大空间、竖向功能叠加的布局策略、边庭和中庭联通的立体交通模式以及空中市民活动空间的亮点打造，使本项目的消防设计存在诸多难点，需要进行特殊消防性能化设计和专家论证。全过程工程咨询单位协助建设单位，组织设计院、消防顾问单位对消防设计难点进行逐一梳理，对解决方案进行反复推敲，对涉及的消防产品进行市场调研，掌握准确信息，消防汇报文本累计迭代完善29稿，向市住房和城乡建设局消防设计审查处进行8次全面汇报，措施与方案已获得认可，同意近期尽快安排上会。

　　期间，根据消防要求对库房区进行了大规模调整，机电专业修改工作量极大，配合难度高。在项目部的统筹协调下，设计院克服重重困难，于短时间内按计划完成了相关图纸的调整工作。

　　（3）幕墙设计及样板段推进

　　项目幕墙展开面积超10万 m^2，含五种主要幕墙系统，面板形态复杂，材料品种丰富、标准高。幕墙的品相与肌理、面材与细部对项目"城市风貌"的打造至关重要，是体现建筑效果的关键点，同时也是左右项目投资的关键点。对于幕墙（含样板段）设计的把控，始终贯穿在项目部上半年的设计管理重点之中。

　　全过程工程咨询单位协助建设单位已累计组织幕墙头部施工企业10家、各类面板厂家9家进行调研座谈，召开幕墙专项设计会议20余次，向使用单位共计汇报4次。对于幕墙设计阶段的材料和构造方案选择、施工阶段的安装工艺和时序、与钢结构实施界面、使用阶段的维保清洗方案、消防攀登道的可行性进行了全方位的比选和推敲，从而反馈或指导设计，引导设计图纸进行优化。

　　为提前判断幕墙质感、表面工艺和基本工法的实施成效，确保建成效果满足参建各方要求，全过程工程咨询单位协助建设单位组织开展幕墙样板段调研工作，通过实地调研类似案例后，经过多轮讨论确定了幕墙样板段实施方案，目前已完成设计图纸，正在配合开展后续招采流程。

　　（4）明晰智慧博物馆界面

　　智慧博物馆目前尚无国家标准和行业标准，未形成适用的标准化体系和成熟模式，且存在与建筑智能化工作内容重叠的区间。极易与建筑智能化、博物馆智能化等产生概念和应用范围上的混淆。当前各新建博物馆都结合自身实际进行多种尝试和探索，缺少全流程系统化的智慧博物馆模式可供借鉴。可研批复文件中明确要求下阶段工作明确智慧博物馆与弱电智能化工程的边界，合理分配弱电智能化工程和智慧博物馆投资。

　　为高效有序推进项目智慧博物馆工程设计咨询、工程实施、招采等相关工作，全过程工程咨询单位通过查阅大量相关文献、与意向运营咨询单位沟通交流、对多达8家的智慧场馆解决方案提供商进行了广泛调查，对"智慧博物馆"的内涵及定义、工程界面及具体内容进行了深入研究，形成调研报告；通过收集 6 家潜在投标人报价，完成设计任务书编制和服务费用测算。

（5）净高超 8m 展厅的自动灭火系统设计

根据现行行业规范《博物馆建筑设计规范》JGJ 66—2015 要求，展厅内需采用预作用自动喷水灭火系统，但 SZ 博物馆项目大部分展厅净高均超过 8m，净高超 8m 的部位设置预作用自动喷水灭火系统，无规范依据；咨询消防报审单位、消防顾问以及外部消防评审专家一致认为，如需设置预作用自动喷水灭火系统，需通过实体试验确定设计参数。由于实体实验时间周期过长，为满足消防设计及项目建设工期的要求，全过程工程咨询单位协助建设单位，组织设计单位进行了大量的咨询，最终解决了项目净高超 8m 展厅的自动喷水灭火系统的设计问题。

3. 设计管理工作亮点

（1）设计质量过程管控

全过程工程咨询单位协助建设单位对多版概算图纸进行了全专业的细致审图以及专项重难点分析，通过多轮滚动审查的方式，落实前序意见和使用需求，显著提高了图纸的完整性和设计质量，避免后续产生大量的变更。同时，全过程工程咨询单位协助建设单位召开多次专题会、协调会、沟通会，落实修改完善各项设计重难点。尤其是建筑防水防涝防洪、幕墙构造、消防管材、光伏设备、库房恒温恒湿空调以及配套机房、各专业之间相互配合的预留预埋、管线综合。推进机电专业与建筑结构、绿建、厨房及 BIM 专项之间的协调沟通等工作，有效促进了设计成果的品质提升。

（2）材料设备品牌库的初步建立

为建立 SZ 博物馆项目材料设备品牌库，全过程工程咨询单位协助建设单位，组织设计单位、造价咨询单位进行了大量的调研工作。在建设单位已有的材料设备品牌库的基础上，结合当地其他某建设单位的品牌库作了有益的补充，并与设计单位进行了深入的专业对接，充分吸纳借鉴了设计单位意见，对于调整部分类目的品牌分档起到了借鉴作用；对于不在上述建设单位品牌库的类目，进行了案例收集和市场厂家咨询调研，形成本项目材料设备品牌库初稿。

在控制建设成本的前提下，为更好地满足项目品质需求，原则上科研行政办公区域采用中档（B 类）品牌，公共区域采用中高档（A 类）品牌，避免采用纯进口建筑材料设备。以项目品牌库初稿为基础，后续协助建设将征询使用单位和运营单位意见，与造价工程等各部门深入讨论，对类目及品牌进行适当调整，最终形成本项目品牌库。

（3）树立成本意识，落实设计优化

在可研批复的框架内，基于成本控制的前提下，全过程工程咨询单位组织设计单位及造价咨询单位开展调研及专家评审等工作，形成分析报告辅助决策。例如，以消防给水系统管材经济性、适用性、合理性为出发点，结合概算编制情况，组织设计单位及造价咨询单位对自动喷水灭火系统的管材进行了科学而审慎的研讨分析，并对国内新建场馆类似案例进行调研；由于相关生产厂家较少，对潜在厂家进行了地毯式的摸排询价；先后召开 6

次专题技术会议进行研讨，并最终确定了消防给水系统的管材，节约建设成本超2000余万元。

（4）周边协调及市政接驳

全过程工程咨询单位协助建设单位多次组织沟通会、协调会及技术对接会，与环境公司、基建事业部、能源公司及相关设计单位进行对接，明确市政接入点坐标、市政管线路由、实施时序及技术相关要求，并对后续的市政管线实施落地进行相关规划。

23.4　咨询管理成效

23.4.1　实践体会

1. 思想层面

要在项目启动伊始确立"理念为魂、需求为本、策划为纲"的总体指导思想。理念为魂就是要在项目前期阶段明确项目定位、设计理念、管理理念、管理目标等宏观构想，以指导项目总体策划实施。需求为本就是要在项目建设全过程牢牢树立以终为始的指导思想，在项目实施各阶段逐级推进、逐层递进，有效落实使用需求，尤其是对项目运营习惯等提前介入，重点在设计阶段予以落实，施工阶段在不影响工期、投资前提下适度控制需求变化。策划为纲就是在总体指导思想框架下，编制项目总体策划方案，对项目实施进行全方位、全过程统筹规划，制定项目总体实施纲要，指导项目具体实施。

2. 管理层面

作为全过程工程咨询单位，应重点做好团队管理、招标策划、工期安排几个方面。

（1）团队管理是作为全过程工程咨询总负责人面临的重要课题，一是要狠抓内部小团队有机融合，二是要统筹众多参建单位派驻项目部之间的高效协同，三是调度参建单位高层领导对项目资源倾斜，四是寻求各类审批、审查机构理解支持。

（2）招标策划是项目实施成败关键因素，合理划分标段、科学设置招标时序、择优选择实施单位、精心挑选实施团队、严密制定合同条款都是招标策划的重要工作，任何一个环节偏差都会对项目实施产生重大影响。

（3）工期安排是使用单位、建设单位最为关切的目标之一，做好工期安排应尊重科学、尊重事实、投资匹配。尊重科学是指使用单位不提出过度压缩的建设工期目标，此情形要科学制定各阶段工期计划，并定期对比分析、及时纠偏；尊重事实是指少量基于重大任务立项的项目，工期超出常理，较定额工期压缩过多，此情形应制定多线并行的、资源超配的紧凑型计划；投资匹配是指针对不同工期安排尤其是过度压缩工期项目，应匹配相应标准投资指标。

3. 实施层面

作为项目落地环节，实施层面要重点做好技术先行、工艺先行、市政先行三项工作。

（1）技术先行：一是优先做好设计及审计审查、深化设计、评估论证等工作，为招标、施工创造条件；二是提前研究影响项目实施的重要技术方案、施工方案编制审查，必要时组织专家评审；三是先行策划项目技术创新实施方案，在项目实施期间有序落地。

（2）工艺先行：一是工艺需求先行，工艺需求明确后方具备开展设计工作条件；二是工艺招标先行，工艺类专项全部需要深化设计，中标后完成深化设计及审查确认，进一步与主设计匹配建筑各专业条件，方正式具备现场施工条件；三是工艺先行进场，工艺设施需要主体工程各专业配合诸多条件，如预埋件定位、预留洞口、预留通道等等，需要工艺单位提前进场确认条件及实施情况是否满足工艺要求。

（3）市政先行：一是道路管网先行，永临结合，既可以降低投资，又可以提升项目文明施工形象；二是绿化先行，既可以提高部分绿化景观效果，又可以提升项目整体形象。

23.4.2 咨询管理成效

项目在使用功能、建设标准、涉及专业等方面都有着综合性强、标准要求高、综合协调难度大的特点。建设单位引入全过程工程咨询单位以缓解本单位人力资源编制不足的现状，解决项目迫切需要的综合管理能力强、专业技术水平高的人才需求，从而实现将项目打造为高质量精品工程的目标。

项目采用监理合同延伸全过程工程咨询的模式，通过配置行业内以及工程建设项目经验丰富的项目负责人、设计管理负责人以及招标合约负责人，对项目的全方位策划进行深入研究。项目通过长达三个月的策划，各位负责人加班加点最终形成了令建设单位满意的项目策划。从实施进度、质量把控、设计管理、合约规划、合同管理等多方面形成了具有针对性的策划方案，并在项目推进过程中动态调整，保证项目实施风险具有可控性。

第 24 章　之江文化中心

24.1　项目概况

项目建设用地面积 17.2 万 m²（其中一期建设用地面积 16.65 万 m²、二期建设用地面积 5328m²），一期总建筑面积约 32 万 m²（其中地上建筑面积 16.5 万 m²，地下建筑面积 15.5 万 m²），主要包含浙江图书馆新馆（地上建筑面积 5.9 万 m²，地下建筑面积 2.6 万 m²）、浙江省博物馆新馆（地上建筑面积 6.99 万 m²、地下建筑面积 3 万 m²）、浙江省非物质文化遗产馆（地上建筑面积 2 万 m²，地下建筑面积 1.5 万 m²）、浙江文学馆（地上建筑面积 1.5 万 m²、地下建筑面积 0.5 万 m²）、公共服务中心（地上建筑面积 0.1 万 m²，地下建筑面积 7.9 万 m²），二期主要建设内容为绿化工程。项目建设开工时间为 2019 年 2 月 28 日，竣工时间为 2023 年 6 月 30 日。总投资约 32.36 亿元人民币。

24.2　项目特点与重难点分析

24.2.1　项目特点

1. 项目重要性

浙江省之江文化中心建设工程为浙江省"十三五"文化基础设施建设的领头项目，是建设文化强省的重大举措。它是集浙江省图书馆新馆、浙江省博物馆新馆、浙江省非物质文化遗产馆、浙江省文学馆、公共服务中心等多功能空间于一体的大型、新型文化综合项目，也是集聚文化资源、促进全省公共文化设施网络提质升级的龙头项目，对增强浙江省文化活力、提升文化竞争力具有重要意义。浙江省博物馆新馆定位为浙江历史文化的展示窗，指导、引领区域公共博物馆建设和交流。浙江省图书馆新馆定位为综合性、研究型、现代化的全省重要知识信息枢纽和区域图书馆网络中心。浙江省非物质文化遗产馆定位为浙江记忆的活态展示、生活体验中心，突出区域性非遗保护的综合性、代表性、示范性。浙江省文学馆定位为集文学基地、展览、资料档案于一体的综合省级文学场馆。未来，浙江省之江文化中心将成为长三角地区乃至国内一流的标志性重点文化设施，也是"文化浙江"的一张金名片。

2. 技术先进性

本工程共采用"建筑业 10 项新技术"（2017 版）7 大项、15 小项内容，如表 24.2-1 所示。

建筑业 10 项新技术应用汇总表

表 24.2-1

序号	新技术条文号	新技术项目名称	应用部位	应用量
1	2.1	高耐久性混凝土技术	主体结构混凝土	277500m³
2	2.2	高强高性能混凝土技术	浙江省文学馆负二层～三层墙、柱 浙江省博物馆新馆负二层～二层墙、柱	10300m³
3	2.5	混凝土裂缝控制技术	地下室底板、外墙、室外顶板	约 135000m²
4	2.7	高强钢筋应用技术	地下室及主体	约 46900t
5	2.8	高强钢筋直螺纹连接技术	地下室及主体	约 412000 个
6	2.10	预应力技术	主体框架梁	约 68t
7	3.1	销键型脚手架及支撑架	地下室及主体结构	约 113 万 m³
8	4.3	混凝土叠合楼板技术	主体结构	3100m³
9	5.6	钢结构滑移、提升施工技术	博物馆地上连廊	约 3000t
10	5.7	钢结构防腐防火技术	主体钢柱	约 2500t
11	5.8	钢与混凝土组合结构应用技术	地下室及主体	约 1900t
12	6.1	基于 BIM 的管线综合技术	安装工程	1 项
13	8.2	地下工程预铺反粘防水技术	地下室底板	12.5 万 m²
14	8.5	种植屋面防水施工技术	地下室顶板、屋面	约 5.5 万 m²
15	9.6	深基坑施工监测技术	工程现场	1 项

24.2.2 项目重难点

（1）项目体量庞大、功能复杂、建设工期短、质量要求高；

（2）项目采用 EPC 总承包带方案招标，设计任务书对部分功能及设备选型未明确，导致设计变更多；

（3）项目采用设计牵头的固定总价 EPC 总承包管理模式，设计富裕系数小；固定总价合同下，限额设计容易导致建设标准或装修标准下降；

（4）本项目涉及舞台、机械车位、展陈、安防、景观照明等专项设计，专项设计要求高；

（5）固定总价合同，涉及的无价材料较多；

（6）除公共服务中心结构设计使用年限为 50 年，耐久性年限为 100 年，其余四馆均为双 100 年，故项目的结构设计使用年限及耐久性年限长；

（7）地下室面积大、基坑围护形式复杂，地下室总建筑面积 15.5 万 m²，基坑采用排桩＋混凝土支撑支护、排桩＋预应力锚杆等支护方式，施工难度高、质量要求高、现场管理难度大。

24.3 咨询管理实践

24.3.1 全过程工程咨询服务综述

1. 工程质量目标

（1）设计成果符合国家、省、市现行规范及项目行政审批主管部门要求；工程设计质量达到《建筑工程设计文件编制深度规定（2016 版）》及其他国家现行规范的要求；限额设计的同时不得降低建设单位要求的使用功能和建筑标准。

（2）符合国家及地方验收标准要求，确保工程一次性验收合格。

（3）确保"钱江杯"，争创"鲁班奖"。

2. 建设工期目标

（1）2019 年 8 月 27 日前完成 ±0.000 地下室结构的施工图设计并报审通过，完成办理正式的施工许可证。

（2）2020 年 12 月 31 日前完成主体竣工。

（3）2023 年 6 月 30 日前完成室外配套所有工作内容，完成项目五方主体验收，完成环保、规划、消防等职能部门的验收，完成城建档案馆档案移交，完成建委备案并交付使用。

3. 投资控制目标

（1）总投资控制目标：32.36 亿元。

（2）各单体的投资不突破已批复的概算。

4. 安全文明生产目标

（1）施工现场按照《建筑施工安全检查标准》JGJ 59—2011 评定达到合格标准。

（2）安全文明施工必须达到浙江省、杭州市建设工程安全生产、文明施工标准化工地要求。

5. 其他目标

（1）绿色建筑：达到绿色建筑三星级要求，住房和城乡建设部绿色施工示范工地。

（2）海绵城市：满足杭州市的海绵城市建设要求。

24.3.2 咨询服务的理念及思路

1. 以合同管理为主线

本项目采用 EPC 总承包＋全过程工程咨询的建设模式，合同形式包括全过程工程咨询合同和 EPC 总承包合同，两份合同相辅相成、相互促进。EPC 总承包单位与建设单位签订承包合同，有效地利用其在多领域技术上的专业优势和管理上的丰富经验，使项目按时、保质、保量地完成；全过程工程咨询单位在建设单位的委托下，利用自身在管理、技术、法律等方面的专业知识，通过对总承包单位的监督、管理和咨询服务，使项目高效运转，达到三大建设目标。

2. 以设计管理为重点

由于设计的龙头作用，项目品质及工程造价主要取决于设计阶段，因此设计管理是全过程工程咨询的重点。本项目由于是带方案招标及全过程工程咨询单位未参与前期的方案阶段，管理重点主要放在投标方案的审核、设计任务书比对、扩初阶段图纸审核、设计变更审核等，具体详见设计管理成果。

3. 以 BIM 技术为创新

BIM 技术是目前建筑业重要的创新手段，对于本项目而言，除了以可视化、空间信息为基础的管线综合、净高分析等传统的应用点外，文化场馆项目有其特有的应用点。由于本项目前期全过程工程咨询单位未参与方案设计阶段，因此对 BIM 技术在扩初设计阶段进行了重点应用，主要包括场馆布局与流线模拟、外立面随机开窗分析、展厅消防疏散模拟、舞台气流组织模拟等应用，验证了设计方案，提高了设计品质。此外，考虑到项目施工中将会遇到的重难点，策划了施工阶段的应用点。

4. 以确保投资效益为目的

严格控制项目按已批准的 32.36 亿元概算指标进行建设，督促 EPC 总承包单位做好限额设计，各单体各专业预算均不得突破概算，严格按合同进行计量、计价、变更确认及竣工决算的审核，确保投资控制在概算范围内。

24.3.3　咨询服务的方法及手段

1. 策划先行

为促进全体参建单位高度紧密配合，提高参建单位的责任意识，约束参建单位全面履行合同约定的各项义务，确保工程建设期间本工程的各项管理工作规范、有序，制定了《浙江省之江文化中心建设工程全过程咨询策划方案》《浙江省之江文化中心建设工程投资管理实施细则》《浙江省之江文化中心建设工程设计管理实施细则》《浙江省之江文化中心建设工程综合管理实施细则》等项目管理文件，并在内部及参建单位交底学习。

2. 制度管理

项目实施过程中，为规范项目建设过程中的各项工作，明确各参建单位的工作职责，强化质量、安全、进度及材料管理，结合工程实际情况，项目部编制了《浙江省之江文化中心建设工程现场管理制度》。经建设单位审核批准，该制度作为 EPC 总承包单位合同补充协议附件，对承包单位的现场施工行为起到较好的约束作用，为各项目标的实现提供了有力保障。

24.4　咨询管理成效

本项目自身概况、实施模式等均有其特色，合理分析重难点，提前做好应对措施，是项目顺利实施的重要保障。

24.4.1 设计施工管理成效

如前所述，本项目设计管理难度大，咨询团队的现场设计管理人员及公司后台专家，以审核图纸为重点，对设计文件的合规性、可实施性、是否满足设计任务书的需求、是否方便建设单位后期运营维护等方面进行了重点审核，得到了建设单位的认可，成果如下：

（1）2019年6月19日完成初步设计优化，共提供初步设计优化建议247条，分为建筑、结构、暖通、装修、电气、给水排水、幕墙等专业；

（2）2019年9月24日完成对已出施工图的审查，分为建筑、结构、给水排水、暖通、电气等专业，共提供施工图审查意见210条；

（3）2019年12月20日完成对11月30日版图纸的审核，分为建筑、结构、给水排水、暖通、电气等专业，共提供施工图审查意见560条；

（4）2020年6月12日完成对3月6日版施工图与招标投标文件及设计任务书的核对工作，并提出200余条未响应招标投标文件、设计任务书要求及不满足相关规范、标准的审核意见；

（5）完成对设计BIM实施方案、施工BIM实施方案、设计阶段及施工阶段模型、设计阶段BIM成果文件的审核，提出优化建议200余条；

（6）2020年10月21日完成对8月5日版施工图与招标投标文件及设计任务书的核对工作，并提出100余条未响应招标投标文件、设计任务书要求及不满足相关规范、标准的审核意见；

（7）施工阶段主要是对方便现场施工及便于建设单位后期使用等方面提出建议：建议增加幕墙清洗装置，方便后期外幕墙清洗；金属屋面建议可拆卸，方便后期屋顶设备维修、更换，否则可能导致使用阶段对屋面的破坏性拆除，付出比建造更大的代价；建议采用闭式冷却塔，方便后期运营使用，为冷却塔免费供冷提供可能等等。

24.4.2 项目投资控制成效

本项目建设单位是浙江省文化和旅游厅，无专职的造价管理人员，全过程工程咨询团队专门设立了造价合约部，常驻服务并与建设单位同台办公，随时解决建设单位提出的工程造价问题，取得以下成效：

（1）10天内编制完成概算审核报告，包括总价对比、单体造价对比、漏项汇总、市场价对比、主要材料设备价格审核、指导图纸调整等；

（2）对项目电梯、幕墙等专业分包招标文件提出审核意见，对分包单位资质的合法性、合规性、资质、业绩是否与本工程相匹配进行了审核；

（3）对品牌变更的必要性和可行性进行审核；

（4）处理关于疫情期间停工损失等索赔；

（5）对本工程EPC总承包合同补充协议提出合理化建议，并协助建设单位完成签订工作；

（6）从审计及风险控制的角度，提出了本项目EPC总承包工程合同风险控制的建议；

（7）起草、编制浙江省之江文化中心建设项目无价材料（设备）选型及定价实施细则；

（8）根据本项目特点及实际情况，编制、调整本工程季度、年度资金使用计划；

（9）督促落实招标采购计划时间节点安排的实施，确保招采工作满足施工进度要求；

（10）督促EPC总承包单位处理施工图图审之前存量变更及后续工程变更费用联系单事宜；

（11）出具EPC总承包施工图预算审核报告，并进行概算与预算对比分析。

24.4.3　BIM 技术应用成效

如前所述，由于未参与本项目的方案设计，因此在扩初设计阶段，对扩初设计方案进行了严格地把控，BIM 技术是其中重要的保障手段。在前期方案设计中，通过与设计单位BIM 团队合作，进行场馆布局与流线模拟、外立面随机开窗分析、展厅消防疏散模拟、舞台气流组织模拟等，设计方案得到了对比及验证，提升了设计品质。此外，对于施工图阶段的 BIM 技术应用，主要解决了图纸问题、碰撞问题、净高问题等，全过程工程咨询单位对问题一一审核，均反馈设计并修改，提高了图纸质量，减少了后期设计变更。

24.4.4　质量管理成效

（1）建立项目工程质量管理制度，拟定罚款条款，各参建单位均须严格遵守本制度规定；

（2）建立样板先行制度，通过对样板的验收及评价及时调整设计构造、选材、施工工艺等方面的不合理之处，避免展开施工时因大面积返工造成工期、品质和成本方面的损失，同时将样板质量作为工程验收标准和依据；

（3）举牌验收制度，对原材料进场、关键工序、关键节点进行现场举牌拍照验收，保留影像资料，以便后期追溯；

（4）实行材料品牌报审制度，原材料进场应提供进场计划并进行品牌报审，报审通过后方可采购原材料，避免材料进场后因品牌问题导致材料退场。

项目已获得2022年上半年度杭州市建设工程结构优质奖、中国钢结构金奖。

24.4.5　安全管理成效

（1）督促现场参建各方安全管理体系的建立和有效运行，形成 PDCA 良性循环；

（2）建立项目安全生产及文明施工管理制度，各参建单位均须严格遵守本制度规定；

（3）按照住房和城乡建设部相关要求，对危险性较大的分部分项工程的专项施工方案实施风险管控；

（4）项目部推行周联合大检查、日常巡查、不定期检查制度等，做到及时发现安全隐患，及时通知施工单位落实整改，严格复查整改落实情况；

（5）落实"管生产必须管安全""谁主管谁负责"的安全管理精神，对相关人员进行履职评估。

项目荣获 2020 年度浙江省"文明现场、和谐工地"竞赛先进工地等荣誉称号及 2021 年度"红色工地"省级示范项目。

第25章 海口国际免税城（地块五）

25.1 项目概况

海口国际免税城项目坐落于海口市西海岸城市副中心，西侧紧邻海口重要交通枢纽新海港，东临城市主干道滨海大道，距南港约 500m，接驳海秀快速路、新海港，近海南环岛高铁，是港口离岛游客必经之路。因此是以免税商业为流量入口，"免税＋文旅"双轮驱动的文商旅综合体。项目占地面积 45 万 m^2，计划投资 128.6 亿元，总建筑面积 93 万 m^2。项目由六个地块组成，涵盖免税商业、有税商业、高档办公、高端酒店、人才社区等多种业态，满足商旅休闲、度假居住、办公艺展等复合功能，致力于打造全球首个免税商业文旅休闲目的地。其中地块五总建筑面积 28 万 m^2，建成将成为世界最大单体免税店。地块五项目于 2019 年 5 月 31 日开工，2022 年 6 月 21 日完成竣工验收，2023 年 10 月 28 日开业。

25.2 项目特点与重难点分析

25.2.1 项目特点

1. 项目背景

（1）双循环战略下中国内需迎来大发展

党的十八大以来，中共中央在以习近平同志为核心的党中央坚强领导下，提出加快构建以国内大循环为主体、国内国际双循环相互促进的新发展格局的重大战略部署。十年奋进，国内消费规模稳步扩大，结构持续升级，模式不断创新，我国已成为全球第二大商品消费市场，消费持续多年成为我国经济增长的第一拉动力。在持续扩大内需战略的背景下，国内超大规模的市场优势更加明显，为国内外消费行业提供了更多的发展机遇。站在国内大循环与国内国际双循环的交会点上，海口国际免税城顺势而为，抢抓机遇，六个地块合理分布业态，打造沉浸式的消费场景，满足消费者吃住行游购娱一揽子需求，进一步激发离岛免税消费，在供给侧端引领创造新需求，为国内消费者提供高品质的消费空间和服务。

（2）海南国际自由贸易港建设迈向新台阶

自《海南自由贸易港建设总体方案》实施以来，海南省充分围绕国家赋予海南建设全面深化改革开放试验区、国家生态文明试验区、国际旅游消费中心和国家重大战略服务保障区的战略定位，充分发挥海南自然资源丰富、地理区位独特以及依托超大规模国内市场和腹地经济的优势，在自由贸易港的打造上取得了阶段性的成果。海口国际免税城积极响应国家战略，坚持高起点谋划、高标准建设，对标国际一流旅游消费目的地，打造具有世界一流服务水平和艺术标准的世界级的免税购物天堂，创造崭新的海南城市名片和商业地标。主题中庭作为海口国际免税城的核心视觉点，以艺术点亮商业空间，以科技赋能消费体验，成为引领中国和世界的室内商业美学场景营造的新标杆。

（3）数字经济战略推动海口国际免税城应用场景、商业模式革新

"十四五"数字经济发展规划强调要"突出科技自立自强的战略支撑作用，促进数字技术向经济社会和产业发展各领域广泛深入渗透，推进数字技术、应用场景和商业模式融合创新。"海口国际免税城以数艺科技赋能商业场景，通过全过程的数字化应用，实现海南在地文化的创造性转化与创新性发展，以主题中庭实现文商旅产业消费闭环，创新文商旅商业新模式。

25.2.2　项目重难点分析

1. 规模大、元素多，空间布局复杂

12 个主题互动艺术装置错落分布于 4875 多 m^2 的主题中庭和飞天梯区域，分布在 5 个楼层，穹顶最高点 44m。有拔地而起的、有倚墙而立的、有悬挂空中的、也有和建筑、电梯交织融合的。有 47m 长的室内最大的单体雕塑飞天梯，有 4443 个灯球组成的光明之树。

实践中从以下三个方面解决这一问题：

（1）运用 BIM 建模，在设计阶段充分考虑安装流程，制定严密的施工计划。

（2）借助全站仪、三维扫描仪等高科技手段，采用分布式多层并行施工方案。

（3）所有产品在厂内进行整体预拼装，防患于未然。

2. 艺术水准高、质量要求高

主题中庭由荣获 6 次奥斯卡最佳视觉效果奖的维塔工作室（Weta Workshop）倾力设计，由业内顶级文商旅集成商大丰实业落地实施，以电影级的视觉质感，构建了一个童话书中的梦幻海南。本项目的每一个细节都在全过程工程咨询单位的组织下，经过建设单位和维塔工作室确认，包括尺寸、材料、工艺、颜色、绝大多数品牌，每一个主题互动艺术装置的效果也都经过提前试制，直到效果满意后再实施。

实践中从以下三个方面解决这一问题：

（1）发挥多部门协同设计优势，做好艺术与技术融合深化设计工作。

（2）选材用料全部使用国际 / 国内一流品牌产品，做到起点不打折扣。

（3）采用国际工程管理模式，贯彻落实 ISO 9001 : 2015 质量保证体系。

3. 涉及专业多、配合难度大

主题中庭是海口国际免税城涉及专业和配合单位最多的一家。内部包括雕塑、结构、

灯光、音响、视频、互动、总控、电气、吊挂、BIM、舞美和演艺等12个专业。外部配合涉及建设单位、全资单位、设计单位、咨询单位、总包施工单位、结构、建筑、网架、机电、暖通、消防、精装、智能化、防火卷帘、电梯、商业照明、幕墙等近20家单位。不同专业的工作方式和行规区别较大，需要相互了解、磨合。

实践中从以下三个方面解决这一问题：

（1）开工前勘察现场，和总包施工单位等召开协调会明确施工接口和内容。

（2）在施工计划中明确各专业交叉施工工序，进场前再次确认。

（3）确保工期、突出重点、合理穿插、攻克难关、保证质量。

4. 项目工期紧、安装难度大

项目前后历时10个多月，面对这样一个体量大，充满挑战的项目，建设单位领导一直坚守在一线，施工团队更是一刻不敢松懈，期间主要参与人员经常加班，几乎没有休息。现场交叉施工多，经常抢作业面。为此，由建设单位和全过程工程咨询单位专门组成主题中庭作业面协调小组，每天在群里约定工作面顺序。

实践中从以下三个方面解决这一问题：

（1）保质保量，确保完成与总包、各分包等施工单位的接口作业。

（2）克服困难，建立24h问题反馈解决机制，做到日日有进展。

（3）留有余地、倒排工期，合理安排施工机具，确保紧要工序按期完成。

5. 组建现场团队、素质要求高

常规项目现场以项目负责人牵头成立的项目部为主，而本项目是业内水准最高的项目，专业性强，对现场团队的专业性要求很高。各专业时刻要保证现场有人负责对应工作，甚至需要专业工程师带队干活。此类高标准高要求的前沿项目，一支专业素养过硬的现场团队是必不可少的。

实践中从以下三个方面解决这一问题：

（1）公司事业部总领项目，项目负责人和各专业工程师等组成现场管理团队。

（2）厂内试装核心技工，派驻现场参与安装工作，保持团队的一致性。

（3）派一流的表面处理、上色等熟练技工，进行最后的表面美化工作。

6. 演艺场景多、系统调试复杂

每一个互动主题装置中的每一个专业都需要单独调试，再对每一个主题雕塑进行联合调试，每一个专业也需要全场联合调试，最终才可以通过总控系统按照导演的方案进行联合联调。面对8大场景、3种模式，现场调试工作量很大。无论是灯光、音响、视频、互动，还是总控，乃至演艺，都是一个非常庞大复杂的调试过程。因为这是一个全新的创作，建设单位和设计单位也没有明确的指示，只有做出效果了再反向确认。

实践中从以下三个方面解决这一问题：

（1）抽调一流的、参与诸多重大项目的各部门技术骨干组成调试队伍。

（2）根据本项目特定空间，调试前进行多场景预编排，减轻现场压力。

（3）组织设计单位和建设单位代表现场全程指导，调试出最满意的演绎场景。

25.3 咨询管理实践

25.3.1 全过程工程咨询服务综述

1. 建设目标

（1）数字赋能，打造国家文商旅融合发展示范标杆

"十四五"规划明确指出，要促进数字技术与实体经济深度融合，赋能传统产业转型升级，推动购物消费、旅游休闲等场景数字化，打造智慧共享的新型数字生活。海口国际免税城的主题中庭作为核心项目节点，在内容设计、施工建造、落地呈现、商业运营等全流程贯穿了数字技术，全面凸显了数字化应用。项目旨在以数字美学创造视觉享受，以数字互动创造便捷体验，以数字集成创造智慧运行，全方位赋能海口国际免税城数字化建设，以数字科技促进文商旅业态融合和模式创新，打造世界领先，具有示范意义的数字文商旅新标杆。

（2）科技先行，构建服务消费者的多维沉浸体验场

海口国际免税城项目致力实现文化和科技的深度融合，以国际领先的科技手段动态表达海南的地域文化和自然风貌，全面提升文化的感染力和体验度。通过人文美学场景构建、沉浸式互动演艺打造和体验式消费的叠加探索数艺科技对商业场景的集成表达，激活数艺科技在商业场景中的价值力。多种高科技手段的集中运用，多重感官维度的沉浸体验，为消费者带来无与伦比的购物、休闲、娱乐体验，最终构建海口国际免税城以消费体验为核心的虚实结合的元宇宙生态，创造具有强烈商业价值和美学价值的引力场，引领商业消费的价值蜕变。

（3）艺术添魅，探索数字艺术在文商旅综合体的创新应用

海口国际免税城主题中庭综合运用多种艺术表现手法，其注重数字艺术与传统艺术形式的融合，探索在文商旅综合体内的空间叙事，用抽象化的艺术语言，创造一个充满张力的超现实梦幻演艺互动空间。项目以综合性的雕塑美学思维和互动演艺思维，合理布局内容点位，结合中庭的手扶电梯，休息座椅等装置，进行一体化艺术设计，力求为游客呈现一个真实可感的梦幻世界。项目以人的体感为出发点，力求实现游客物理空间的感受体验与数字世界高新技术相结合，为未来的文商旅综合体美学场景构建树立新的标杆。

2. 建设内容

（1）工程方面内容

工程方面主要包括主题中庭中地面树、百合树冠、悬浮叶冠、光明之树、屏幕主题化、月亮桥、树鹿、主题柱、地面座椅、复杂扶壁树、主题座椅、飞天梯等各主题雕塑的结构、灯光、音视频及媒体交互等的深化设计、加工、制作、供应及安装。

电气集成方面，综合考虑灯光、音响、视频、互动、雕塑、装饰、总控等多个专业的特点，进行合理的设计和施工，根据各主题雕塑的分布设计电气桥架、机柜、供电、隔离

等内容。装置内的设备和布线提前规划设计，贴合装置造型布线，兼顾功能和美观，在提高集成度的前提下保证各专业间独立和统一，不互相产生干扰，为后续系统稳定运行提供保障。

系统集成方面，对灯光、音响、视频、互动等各专业的通信协议、组网结构和数据交换特点进行系统分析，设计满足异构装备协同、时间轴同步、智能节目调度控制的总控网络架构，可以灵活接入各种演艺装备，控制数据带宽的动态分配，规划虚拟通信网络，最后实现上千个设备的高精度同步运行，呈现完美的中庭演艺。

（2）其他方面内容

1）主题内容

项目以"天际秘林"为主题，提取海南自然美景元素，通过传统雕塑、工业设计、高新材料、尖端工艺、互动体验、光影技术等手段，突破传统中庭空间，创造一个充满张力的超现实梦幻演艺互动空间，用沉浸式演艺的方式打造新消费场景互动空间。

2）故事大纲

小男孩与小女孩在光球的指引之下，穿梭奇妙的平行宇宙，来到一处梦幻中的海南岛，在海南岛中，他们在八大主题场景中游历穿梭，逐渐让梦幻的海南岛复苏。最终，所有复苏的能量点亮了岛上的核心光明之树。

3）演艺场次

整场演绎分为引流序列—前奏—八大主题序列—终曲—纯白序列—过渡序列—全彩序列七个部分。

4）场景营造

项目打造浮光树冠、寻鹿花谷、紫云山巅、流彩飞瀑、明镜之河、金沙海滩、蓝梦海湾、幻蝶森林八大主题场景，每个场景都有一个独特的色调，一个独特的故事，和一个独特的主题生物。将故事设定中的特色造型通过艺术雕塑构置在中庭，与演出实现实时互动，让游客身临其境，畅游奇幻的海南世界。

25.3.2 实施方案

1. 创意方案

海口国际免税城 AURA 天际秘林营造出一个天马行空的梦幻海南世界。该沉浸式主题中庭由荣获 6 次奥斯卡最佳视觉效果奖的维塔工作室（Weta Workshop）倾力打造，以电影级的视觉质感，构建了一个童话书中的梦幻海南。

2. 落地实施

主题中庭各主题结构、雕塑是本项目的核心部分，精细化要求非常高，工厂试制和现场施工非常关键。

（1）前期以深化设计为主

各专业总体设计方案完善确认：包括各专业总体设计和清单复核确认，土建和钢结构界面复核确认，各专业功能用房要求复核确认，各专业用电量要求复核确认，土建预留孔洞、沟槽复核确认，土建和钢结构载荷复核确认，互动方案需求深化，互动系统架构设计，互动控制方案设计等。

现场前期配合需完成事项：包括熟悉并准备进场手续，主题中庭吊耳完成，中庭地面预埋件和基础钢架完成，主题中庭管线桥架敷设完成，精装单位交叉收口对接，与迅达电梯飞天梯设计配合，LED屏钢架施工，机电、暖通、消防等对接配合，现场构筑物数据扫描，点云处理等。

（2）演艺创制同步推进

主要包括剧本大纲撰写、动态分镜确认、角色三视图设计、LED屏场景气氛图、地面场景气氛图和场景设计细化等，在前期效果设计和场景效果确认的基础上，进行三维建模、材质贴图、角色绑定、动画预演、动画制作等深化设计工作，最终进行MP绘制、特效制作、灯光渲染、合成、剪辑、调色、输出等工作。

（3）中期以打样试制为主

雕塑首样：包括雕塑首样深化设计、雕塑首样制作等。

各专业施工图深化设计确认：结构施工图深化，雕塑模型深化，雕塑图纸深化，功能用房提资，系统集成桥架管线图设计，灯光音视频专业施工图深化，设备吊挂施工图深化，互动控制网络接口设计，互动设备功能选型测试，互动设备隐蔽式安装设计，系统集成设计，BIM设计等。

各专业系统设备采购和制造：包括结构和配套件采购、制造，雕塑模型打印、模具制作，雕塑厂内制作拼装，雕塑厂内表面处理，雕塑拆分运输，分布式网架和吊挂设备采购、制造，系统集成设备的采购、制造，灯光系统主设备和辅材采购，音视频系统主设备和辅材采购，灯光音视频系统自制结构件制造，互动系统主要设备和辅材采购，互动硬件底层开发，互动软件功能开发，互动传感器场外开发及预制，互动系统场外单机集成预测试，各专业设备预装配及工厂试验等。

（4）现场安装稳步推进

各专业系统设备安装：包括编制专业施工方案和安装前准备，分布式网架安装，吊挂设备主体结构的安装，各种设备主体和分支结构的安装，其他支架和连接件的安装、调整，系统集成桥架管线、箱盒安装，系统集成电缆敷设，灯光电源柜、机柜安装及与装置无关主设备安装，音视频音响、机柜安装及与装置无关主设备安装，互动控制分配系统安装测试，互动设备隐蔽安装及收口，互动媒体软件安装运行，雕塑现场安装，喷涂前基础处理，设备表面逐层喷涂，灯具、音视频设备与雕塑相关安装及组装等。

（5）后期以调试移交为主

各专业系统设备检查调试：包括编制检查调试大纲和调试前准备，检查结构、表面油漆整体质量和效果，检查灯光音视频系统接线、布置，灯光系统设备调试，音视频系统设备调试，灯光系统功能检查和性能测试，音视频系统功能检查和性能测试，集成互动功能检查和性能测试，互动设计效果测试及优化，各系统集成联合调试等。

最终在竣工验收完成后，通过培训实现系统工程逐步移交。

3. 技术领域

（1）全过程的数字化应用，打造文商旅综合体的新方向

本项目实现全过程的数字化应用，数字化贯穿项目的全生命周期，实现数字化设计、数字化建造、数字化运营一体化。

1）数字化设计

应用大量先进的三维辅助设计软件进行设计，打破软件互通壁垒、做到雕塑艺术造型与结构、灯光、音响、互动等专业间相互转换。利用模型直出精准加工，确保加工、装配、安装顺利进行。如总长度 47m 的飞天梯采用了先进的 Grasshopper 软件技术，运用算法生成模型。

2）数字化施工

深化设计施工中还融入了先进的大空间三维扫描技术生成三维点云数据，提高生产、施工的精度，使安装、进场更为便捷。

3）数字化运营

主题中庭通过智能实时交互感知、时间轴精准同步算法、声光电协同控制、场景预编程技术等核心技术，把繁杂的系统变得简单，只需几步操作即可呈现完美的艺术效果和故事情节。同时通过智能节目调度算法，实现白天夜晚、工作日、节假日、自定义时间、自动节目切换功能，满足演艺、灯光秀、实时互动和顾客游玩动线的匹配。稳定、可靠地实现中庭的各种主题装置在演出过程中的完美配合、与顾客和观众进行实时交互。

（2）多专业融合的实践者，构筑数实融合的商业新空间

主题中庭开辟数字与艺术交互领域的多专业融合的模式，运用集结构、雕塑、灯光、音视频及媒体交互等专业的深化设计、加工、制作、供应及安装等多专业、多种高科技手段，引领商业消费场景的蜕变性转型，从感官互动、自然生态、大型雕塑、多媒体演出四个部分层层推进故事叙述并振奋体验者的感官，最终呈现奇妙、美丽、令人叹为观止的沉浸式演艺，将物理空间的感受体验与数字世界的高新技术相结合。

1）合抱之木，生于毫末。结构是装置形态表达的重要支撑

海口国际免税店主题中庭中的生命之"气"——光明之树，结构部分主体高 23.5m，顶部枝杈东西方向宽 12.3m，南北方向宽 10.5m。结构错综复杂，为了完美呈现其生命状态与翩迁灵动，结构部分采用有限元计算辅助设计，满足艺术效果的同时，确保大型钢架结构的总体安全及可靠性。

2）光随影动，炫彩变化。光影是天际秘林的效果表达

整个天际秘林主题中庭灯光系统具有三种演艺模式，包括大型多媒体演出模式、互动模式、日常模式。整体灯光设计注重场景的美化和变换、调度，不拘泥于艺术装置的细节表现，音乐与灯光、互动、装置紧密结合。系统构架先进，可扩展性强，可与 VID、AUD 和 INT 等系统无缝对接，支持高刷新率、无损、4K 视频直接控制像素类灯具设备。

3）雕塑传神，不拘于形。雕塑是主题中庭的生命力

不同于传统雕塑，在主题中庭中将雕塑与灯光、互动、演绎系统完美融合。深化设

计落地了 12 个雕塑装置，其中包含森林形式的抽象雕塑、悬浮的树状艺术品、飘浮在空中的装置、47m 的沉浸式电梯隧道、27m 高的 LED 大屏雕塑等；同时将传统雕塑工艺与多种新型工艺完美结合，铸造生产过程采用了全球领先的 3D 打印失蜡铸造工艺，通过层层拼接实现大型雕塑的 3D 打印 1:1 创意还原，并整合了金属锻造、CNC 雕刻模具、聚碳酸酯吸塑、GRC 翻制、FPR 翻制等工艺，确保艺术造型具有深度并具有一定的前瞻性；为保证项目落地，本项目全程采用参数化设计生产落地流程，在 Rhino、ZBrush、3DMax、CAD、SW 等软件切换时保留原始数据，可以在本专业及各专业流程中快速运用。

4）巨幅大屏，细腻画面。视频是最具冲击力的视觉

本项目整体视频系统包含三个部分：各装置视频信号终端、投影系统、LED 视频墙（屏幕主题化）。视觉冲击力与体验感营造中庭氛围感，所有系统采用 4K 高清无损信号，呈现生动细腻的画面，而且终端 4K 高清投影机采用激光光源，提供了超长使用寿命（25000h）和极高可靠性。另外巨幅的 P2.5 LED 大屏（12m 宽 ×27m 高，共计 324m²）可拼接超 8K 画质，联动中庭整体灯光演艺、艺术雕塑、音乐悦动等，为游客创造一个奇幻海南岛的艺术体验空间。

5）线上线下，破壁联动。互动系统给游客带来沉浸式体验

本项目采用数字化跨媒体孪生交互系统。以互动式 I/O 系统、数字孪生软件系统、互动式信号分配系统，三大系统为背景，通过 AI 双目动作捕捉、红外深度、激光雷达、微波传感等先进的传感采集方式，将游客位置、距离、动作等信息采集，与灯光、音响、视频、中控、多媒体内容等系统相关联。

6）不见其人，只闻其声。音频给游客带来顶级视听体验

主题中庭项目音频系统由"天际秘林"和"飞天梯"组成，其中"天际秘林"的主题中庭通过各种雕塑和声光电及多媒体手段，在听觉上为游客展现一座风景多变的岛屿天堂，当游客触碰光球的一刹那，地面树音效环绕回响，悬浮叶冠高处扬声器缥缈于天际，配合着光明之树逐一点亮的音效，仿若置身于森林之中，感受着大自然律动呼吸的节奏。

25.4 咨询管理成效

25.4.1 应用情况

主题中庭以沉浸式体验场景给消费者带来全包裹式畅玩体验，从而调动消费者的感官体验和思维因素，强化情感和体验，最终创新海口国际免税城以消费体验为核心的元宇宙生态；以体验式商业空间为海口国际免税城与消费者之间构筑一道通往品牌文化、感知品牌深度的桥梁；以多媒体视觉与交互装置创造文商旅体验标杆，延长消费者停留时间，借助沉浸式主题中庭实现海口国际免税城文商旅消费闭环。

本项目未来可应用复制场景有以下几种可能：

1. 未来免税商业的公共空间复制应用

以本项目为示范标杆，推广复制到国内、国际其他免税城的主题中庭、公共空间的创新打造，推动单一免税城向免税商业文旅休闲目的地方向转变。

2. 存量商业价值重塑与再造的应用

利用本主题中庭商业创新手段，以"一次性重投入＋后期轻运营"模式激活存量商业空间，通过数字艺术赋能文商旅计划，解决存量商业缺少空间内容力、缺少体验吸引力、缺少区域产业带动力的问题，推动存量商业价值体系的重塑与再造。

3. 文商旅综合体的创新体验场景应用

本项目始终坚持以消费者为中心，围绕消费新需求，推动文商旅融合高质量发展。"天际秘林"主题中庭既是一个策展型的空间，为游客停留提供可休憩、可观演的集散中心，同时也是一个沉浸式、植入式的数字艺术空间，结合国际商业美学设计，用数字科技传递国际的创意文化力量，让每一位消费者既能在此享受顶级的视觉盛宴，也能用艺术光影的语言表达自我，真正实现"人—货—场"无界交融，为新商业综合体的创新应用提供可复制的场景。

25.4.2　经济效益

1. 完善免税销售布局，助推海南自由贸易港经济增长

海口国际免税城打造了国际一流的沉浸式购物体验环境，为海南完善全岛免税销售布局，持续放大离岛免税政策效应，提升免税购物国际竞争力注入了新动能，将有力助推海南打造国际旅游消费中心，让更多"海外购"变成"海南购。"据省商务厅提供的统计数字显示，2023 年 10 月 28 日，海南 11 家离岛免税店总销售额超 7 亿元，创下海南离岛免税店单日销售额历史新高，接近以往历史最高值的 2 倍。与此同时，当日中免线上商城独立访客达 200 万人次，创历史新高，购物人数超 12 万人次，销售额超 5 亿元。

2. 转化海口旅游通道流量，使"人流"变为"价值流"

海口国际免税城项目紧邻海口重要的交通枢纽新海港，距海口美兰国际机场 1h 车程，其填补了海南港口免税店的空缺，至此，海口免税市场形成了"机场＋市内＋港口"的多元化格局。2021 年上半年新海港进出港旅客量达 509.91 万人次，未来预估每年660 万～700 万客流量，到 2030 年达 1600 万人次。本项目通过联通广场地下，以 156m直达通道连接起新海港 GTC，有效转化港口出入客流。

在海南自贸港建设的总体框架下，为满足 2035 年全面实现贸易、人员进出、运输往来的自由便利，自贸港方案首提第七航权，赋予海南自贸港国内航空枢纽的最高自由度。海口美兰国际机场作为入岛门户，受益于海南的高净值客户聚集效应，实现机场、免税城客流共享、价值共生的双赢局面。

3. 延长游客停留时间，推动海口旅游转型升级

提起海口，目前尚未有一个地标性的游购娱目的地，海口多半是作为去陵水等海南其他旅游胜地的中转站。骑楼老街和钟楼，承载了历史，却走不进未来。现在，我们终于有

了海口国际免税城这朵"海棠花",以沉浸式主题中庭为引爆点,将游客短时效、快节奏的商业购买行为转化为吃住行游购娱于一体的旅游休闲行为,进而使海口承担起海南国际旅游目的地的门户担当。2021 年,海南接待游客总人数 8100.43 万人次,实现旅游总收入1384.34 亿元,海口国际免税城一站式"免税商业文旅休闲目的地"将为海南 8000 余万游客提供新的旅游好去处。

4. 创新商业体验场景,塑造前卫商业网红打卡点

主题中庭按照新西兰维塔工作室公司"国际级沉浸式主题中庭空间"打造,以先进的技术与产品融合理念,全力为游客呈现沉浸式、超震撼的文旅新体验,力求通过话题性、体验性、跨界性的场景革命,重构人与商业的连接,全面加强项目商业竞争力,形成"眼球经济"效应,塑造前卫商业网红打卡点。

附　　录

附录1：项目招标投标各阶段招标采购全过程工作流程图

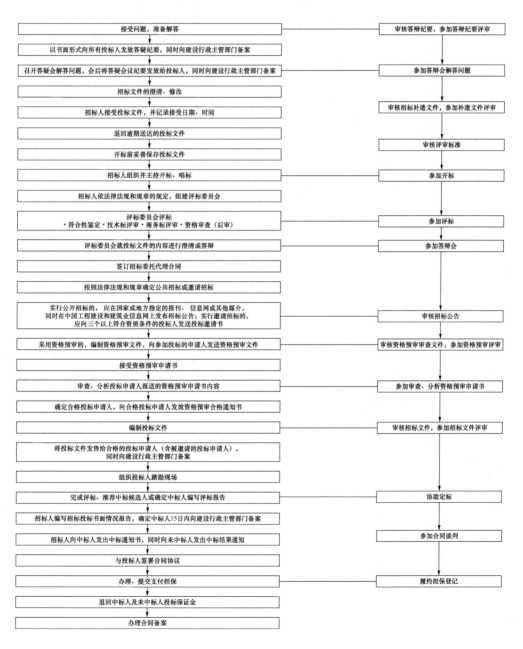

附录2：SZ 歌剧院项目前期管理工作流程表

立项阶段前期管理工作流程表

表 1

序号	流程分类			办理单位		审批单位	成果或批文	备注
	报批报建流程	招标流程	技术流程	主办单位	协办单位			
1	报批报建流程		概念方案编制				概念方案	
2			论证材料编制				论证材料	
3	项目生成					市规划和自然资源局／市发展改革委	登记赋码；下达项目首次前期经费文件（俗称前期经费下达文件）（2个工作日）	（1）多规合一平台； （2）项目登记意向需求申请，各方信息平台论证，初步选址意见获取、项目论证
4			原有资料收集	使用单位	建设单位	市规划和自然资源局	报建审批文件及竣工图纸等、地籍资料、周边设施相关资料	规划国土部门通过市地下管线综合信息管理系统查询及施工影响范围内的地下管线现状资料，并向相应地下管线权属单位申请协助提供地下管线现状资料，同时利用多规合一平台调取数据
5	出具选址及用地预审意见和规划设计要点					区规土管理局	选址意见书及用地预审意见和规划设计要点（25个工作日）	
6	法定图则调整							
7			项目前期实地踏勘				形成踏勘成果（指引）	
8			概念方案研究				概念方案	

续表

序号	报批报建流程	流程分类		办理单位		审批单位	成果或批文	备注
		招标流程	技术流程	主办单位	协办单位			
9		地铁运营安全影响及防范措施可行性评估单位招标					核发中标通知书、签订合同	
10			地铁运营安全影响及防范措施可行性评估报告的编制				地铁运营安全影响及防范措施可行性评估报告	针对地铁运营安全保护区以及建设规划控制区内的项目
11			对地铁设施的监测方案及监测布点平面图、剖面 CAD 图				出具监测方案和图纸	
12	地铁安全保护区内工程勘察作业对地铁结构安全影响及防范措施可行性审查			使用单位	建设单位	市地铁集团	地铁运营安全保护区内工程勘察作业审批（20 个工作日）	
13		勘察单位招标					核发中标通知书、签订合同	
14			地形测量、管线探测、红线放点、初步勘察				地形测量、管线探测、红线放点、初步勘察报告	包含地质灾害危险性评估内容
15			地质灾害危险性评估（初稿）				地质灾害危险性评估报告初稿、确认	

序号	报批报建流程	流程分类		办理单位		审批单位	成果或批文	备注
		招标流程	技术流程	主办单位	协办单位			
16			地震安全性评价（如有）				地震安全性评估报告备案	若一类、二类建筑高度大于80m，三类、四类建筑高度大于60m，需要办理地震安全性评价
17			涉及河道管涵、地铁、铁路、高速公路、燃气（LNG）、军事通信等线路对用地的影响研究					
18	海域、机场、河道、文物用地护范围用地手续的办理			使用单位	建设单位		海域范围用地批复；机场范围用地批复；河道范围用地批复；文物保护区范围用地批复	可能涉及海域手续（如果中标方案深入海里）
19		可行性研究报告编制单位招标					核发中标通知书、签订合同	
20		全过程工程咨询单位招标		建设单位	使用单位		核发中标通知书、签订合同	
21		造价咨询单位招标					核发中标通知书、签订合同	
22	征收地			使用单位	建设单位	市政府土地管理部门及派出机构		
23	上报市政府批地审定					市规划和自然资源局		

表 2

方案和可研阶段前期管理工作流程

序号	流程分类			办理单位			审批单位	成果或批文	备注
	报批报建流程	招标流程	技术流程	主办单位	协办单位				
1			项目接收	使用单位	建设单位			移交会议纪要拟定、呈批，形成纪要	
2			项目策划方案编制	建设单位				形成策划方案	
3			方案设计任务书编制及确认					终版方案设计任务书	
4		方案设计单位招标							
5		景观设计单位招标							
6		施工图设计单位招标		建设单位	使用单位			核发中标通知书、签订合同	
7		岩土设计单位招标							
8			中标方案优化						
9								确认版建筑设计方案	
10			方案阶段建筑面积预测绘		使用单位				由设计单位组织测绘
11			方案设计图纸审查	建设单位					全过程工程咨询审查
12			方案设计图纸艺术效果建设单位艺术委员会审查						
13		氡浓度检测单位招标						核发中标通知书、签订合同	
14			氡浓度检测报告编制						

475

序号	流程分类			办理单位			审批单位	成果或批文	备注
	报批报建流程	招标流程	技术流程	主办单位	协办单位	使用单位			
15	涉及铁路、高速、燃气（LNG）、海域、军事通信等方案报建							相关批复	
16			详细蓝图提供						
17	可行性研究报告及固定资产投资项目节能审查（20个工作日）			建设单位		使用单位	市发展改革委	市发展改革委于项目可行性研究报告的批复：20个工作日（审批办理7个工作日，技术审查13个工作日）；市发展改革委关于×××项目节能审查意见的复函	年综合能源消费量满1000t标准煤或者年电力消费量不满500万kWh的项目需要进行单独的固定资产投资项目节能审查
18	划拨土地决定书或者签订土地使用权出让合同						规划和自然资源部门	划拨土地决定书或者土地使用权出让合同（10个工作日）	划拨土地决定书包含建设用地规划指标内容
19	人防意见征询						市应急办	《人防工程建设意见征询单》（5个工作日）	
20			地铁专项工程专家审查						针对重大、复杂项目
21	地铁安全保护区工程设计方案对地铁安全影响及防范措施可行性审查						地铁集团	地铁集团批复意见（20个工作日）	针对地铁规划安全保护区以及建设规划控制区内的项目（对地铁设施影响重大的技术方案，须经地铁公司技术委员会审核的时间不计入此时间）
22			海绵城市						

476

续表

序号	流程分类			办理单位		审批单位	成果或批文	备注
	报批报建流程	招标流程	技术流程	主办单位	协办单位			
23			绿色建筑方案专项设计、绿色建筑上机模拟					
24		交通影响评价报告编制单位招标					核发中标通知书、签订合同	
25			交通影响评价报告编制	建设单位	使用单位			
26			交通影响评价审核					开专家评审会
27	建设工程规划许可证核发、建筑物命名核准					区规土管理局	《建设工程规划许可证》《××项目建设工程规划审查意见的函》《工程规划审查意见》（10个工作日）及《市建筑物命名批复书》	
28	供水、供电、燃气、排水、通信接入点确认						供水、供电、燃气、排水、通信接入点	
29	临时用地审批			建设单位		土地监察局	临地使用权出让合同	红线面积有限，需要租赁土地的项目
30			详细勘察				详细勘察方案及报告	
31			勘察专项审查					全过程工程咨询审查
32	勘察文件审查情况备案					市住房和城乡建设局	申报流水号	

附 录

478

初步设计及概算阶段前期管理工作流程　　表3

序号	报批报建流程	招标流程	技术流程	主办单位	协办单位	审批单位	成果或批文	备注
1			初步设计任务书编制及确认	建设单位	使用单位		初步设计终版文件	
2		水土保持方案设计单位招标					核发中标通知书、签订合同	
3	生产建设项目水土保持方案审批		水土保持方案编制				水土保持方案	
4						区环水局 市水务局	《市水务局准予行政许可决定书》或水土保持方案备案回执	
5			初步设计				初步设计图纸	
6			风洞实验					
7			开展专项设计及专业评审：室内装饰、景观、绿建、超限、智能化、幕墙、基坑（含评审）等				专项设计	还包括海绵城市、标识、电梯、消防、隔振、展陈、交通、剧院工艺、声学、泛光照明等
8			专项设计建设单位艺术委员会审查					
9			装配式建筑专项设计					
10			装配式建筑专家评审					
11	超限高层建筑工程抗震设防审批					市住房和城乡建设局	超限高层建筑工程抗震设防专项审查的批复	

续表

序号	报批报建流程	流程分类		办理单位		审批单位	成果或批文	备注
		招标流程	技术流程	主办单位	协办单位			
12	迁移、移动城镇排水与污水处理建设施方案审核					市水务局	市水务局准予行政许可决定书	施工办理
13			土石方、基坑支护工程、桩基础工程施工图设计				土石方、基坑支护工程、桩基础工程施工图	
14			基坑、桩基础工程施工图设计文件审查					
15	基坑、桩基础施工图设计文件审查情况备案（专项）			建设单位	使用单位		网上管理流程备案	
16	工程测量报审（开工验线测量）						市建设工程开工验线测量报告	
17	建设工程验线						市建设工程规划许可证或市建设工程桩基础报建证明书	
18	占用、挖掘道路审批					区交委（区交警队联办）	占用、挖掘道路和临时路口开设审批意见	施工办理
19	占用城市绿地和砍伐、迁移城市树木审批					区城管局	市（市或区）城市管理局行政许可决定书	
20			水土保持施工图编制				水土保持施工图	

续表

序号	流程分类			办理单位			审批单位	成果或批文	备注
	报批报建流程	招标采购流程	技术流程	主办单位	协办单位	使用单位			
21			初步设计审查及确认（主体）						全过程工程咨询审查
22			概算编制					概算报告	
23			初步设计阶段建筑面积测绘						
24	可研修编报审（如有）						发展改革委	相关批复	概算超可行性研究报告估算 20% 以上的，可行性研究报告修编并重新审批可行性研究报告
25	概算报告评审及报审						发展改革委	概算审批	
26	概算批复						发展改革委	相关批复	
27	建设项目用水节水评估报告备案			建设单位		使用单位	区环水局市水务局	建设项目用水节水评估报告行政许可决定书（备案：即来即办）	
28	建筑工程土方、基坑、桩基础施工许可证核发（专项）						区住房和城乡建设局	土方、支护及桩基础施工许可证	
29			特殊消防专家评审						
30	建设工程消防设计审核或备案						区住房和城乡建设局	建设工程消防设计审核意见书、建设工程消防设计备案复查意见书	

480

表4

施工图设计阶段前期管理工作流程

序号	报批报建流程	技术流程	主办单位	协办单位	审批单位	成果或批文	备注
			建设单位	使用单位			
1		施工图主体设计	建设单位				
2		施工图设计阶段建筑面积测绘					设计单位组织测绘
3	供气方案审核				燃气公司	审核确认意见书	
4	光纤到户通信设施报装				通建办		施工办理
5		开展施工图专项设计：室内装饰、展陈					
6	绿色建筑设计阶段评价标识				建设科技促进中心	取得绿色建筑星级认证	
7	地铁安全保护区内工程施工作业对地铁结构安全影响及防范措施可行性审查		建设单位	使用单位	地铁集团	地铁集团批复意见	
8	建筑工程装修消防设计审核、备案（施工图内含装修图，可不再重复申报）					建设工程消防设计审核意见书、建设工程消防设计备案复查意见书	主体消防完成后
9		施工图设计审查					全过程工程咨询单位审查
10		图纸会审					
11	建设工程施工图设计文件审查情况备案	建设工程施工图设计文件审查			市住房和城乡建设局	生成申报流水号；施工图审查合格书	审查单位完成审查后，由建设单位在系统中生成流水号再告知审查单位，审查单位才能进行录入

481

序号	报批报建流程	流程分类		办理单位		审批单位	成果或批文	备注
		招标流程	技术流程	主办单位	协办单位			
12	建设工程施工许可证核发					区住房和城乡建设局	建筑工程施工许可证	
13		施工围挡、场平单位招标					核发中标通知书、签订合同	施工办理
14		绿化迁移服务招标					核发中标通知书、签订合同	施工前办理
15	出具开设路口审批			建设单位	使用单位	规划和自然资源部门	建设工程规划许可证（市政类线性工程）、建设工程审查意见函	提前沟通开设路口事宜
16		土方、支护及桩基础工程施工招标					核发中标通知书、签订施工合同	施工办理
17		施工总承包单位招标					核发中标通知书、签订合同	

参 考 文 献

［1］周子炯．建筑工程项目设计管理手册［M］．北京：中国建筑工业出版社，2022．

［2］阚洪波．项目策划与工程管理［M］．北京：中国建筑工业出版社，2021．

［3］李冬，胡新赞，等．房屋建筑工程全过程工程咨询与实践案例［M］．北京：中国建筑工业出版社，2020．

［4］杨卫东，等．全过程工程实践指南［M］．北京：中国建筑工业出版社，2018．

［5］吴玉珊，等．建设项目全过程工程理论与实务［M］．北京：中国建筑工业出版社，2018．

［6］中国工程建设标准化协会．建设项目全过程工程咨询标准 T/CECS 1030—2022［S］．北京：中国计划出版社，2022．

［7］浙江省住房和城乡建设厅．浙江省全过程工程咨询服务标准 DB33/T 1202［S］．2020．

［8］湖北省住房和城乡建设厅．关于印发湖北省房屋建筑和市政工程全过程工程咨询服务导则（试行）、湖北省房屋建筑和市政工程全过程工程咨询服务合同示范文本（试行）的通知（鄂建文〔2022〕41号）［Z］．2022-12-09．

［9］山东省住房和城乡建设厅．关于发布全过程工程咨询服务内容清单的通知（鲁建标字〔2021〕40号）［Z］．2021-12-15．

［10］陕西省住房和城乡建设厅．关于印发陕西省全过程工程咨询服务导则（试行）、陕西省全过程工程咨询服务合同示范文本（试行）的通知（陕建发〔2019〕1007号）［Z］．2019-1-9．

［11］湖南省住房和城乡建设厅．关于印发全过程工程咨询招标文件试行文本、全过程工程咨询合同文件试行文本全过程工程咨询服务试行清单的通知（湘建设〔2018〕17号）［Z］．2018-2-2．

［12］住房和城乡建设部．建筑工程咨询分类标准 GB/T 50852—2013［S］．北京：中国建筑工业出版社，2013．

［13］国家计委办公厅．投资项目可行性研究指南（试用版）（计办投资〔2022〕15号）［M］．北京：中国电力出版社，2022．

［14］国家发展改革委，建设部．建设项目经济评价方法和参数（第三版）［M］．北京：中国计划出版社，2006．

［15］刘淑芬．论图书馆建筑设计任务书［J］．图书馆建设，2007（1）：16-18．

［16］刘婧．商业综合体商业业态的建筑策划与设计［D］．天津：天津大学，2013．

［17］常设中国建设工程法律论坛第十二工作组．建设工程勘察设计合同纠纷裁判指引［M］．北京：法律出版社，2021．